空间信息系统原理

（第二版）

王家耀　武　芳　王光霞　钱海忠　成　毅　编著

科学出版社

北　京

内 容 简 介

本书第二版将第一版的7个部分共20章调整为10章。主要内容包括：空间信息系统基础理论，空间信息系统的认识论与方法论及空间信息系统的结构与功能等基础理论；空间信息系统的空间和时间及其参照和时空基准的现代化；基于全球导航卫星系统、遥感和地图的空间信息系统的数据获取方法；多源异构空间数据的融合处理的背景与基本方法；空间数据模型与存储管理，面向对象、三维、时态、超地图四维空间（或时空）数据模型，以及空间数据分布式存储管理技术；数字高程模型的数据结构、不规则三角网和规则格网的构建方法及数字高程模型的精度评估模型；图形拓扑空间关系、方位（方向）空间关系和度量空间关系等图形空间关系的数学模型及图形空间关系自动构建方法；网络分析、缓冲分析和叠置分析等空间分析的基本概念与技术方法，以及空间数据仓库、空间数据挖掘与知识发现的架构和基本方法；空间数据多尺度变换与可视化表达的基本理论和方法、三维城市建筑群模型的自动综合方法及其可视化，以及空间信息系统环境下的空间数据多尺度显示的技术方案；空间信息服务技术及服务模式的发展与演进，时空大数据平台的技术体制和关键技术。同时，各章都有相应的“总结与展望”。

本书可作为地理学、测绘科学、地图制图学与地理信息工程、地理信息科学等学科与专业研究生的教学参考用书，亦可供从事测绘科学与技术、地理信息系统（工程）研究与应用领域的科技工作者参考。

图书在版编目（CIP）数据

空间信息系统原理/王家耀等编著. —2版. —北京：科学出版社，2023.5
ISBN 978-7-03-073938-4

Ⅰ. ①空… Ⅱ. ①王… Ⅲ. ①空间信息系统 Ⅳ. ①P208.2

中国版本图书馆CIP数据核字（2022）第224963号

责任编辑：杨 红 郑欣虹/责任校对：杨 赛
责任印制：张 伟/封面设计：有道文化

科学出版社 出版
北京东黄城根北街16号
邮政编码：100717
http://www.sciencep.com
北京中石油彩色印刷有限责任公司 印刷
科学出版社发行 各地新华书店经销
*
2001年5月第 一 版 开本：787×1092 1/16
2023年5月第 二 版 印张：25 1/2
2023年5月第三次印刷 字数：625 000

定价：138.00元

（如有印装质量问题，我社负责调换）

第二版前言

《空间信息系统原理》一书自 2001 年出版以来，已经过去 20 多年了。其间，相关科学技术快速发展，出现了一系列研究成果，为本书内容的更新创造了条件；同时，本书作为相关学科专业研究生、博士生和科技人员的参考书，经过 20 多年的应用，也为本书再版积累了宝贵的经验。对于本书第二版，作者有以下说明：

一、关于本书的名称和定位。作者再次阅读了陈述彭院士为第一版所做的序，"空间信息系统原理这个中文名词，在航天专家们乍一看来，也许理解为'天地一体化'的测控、通信与传输的工程系统。仔细阅读，就会认同本书的初衷，主要是讨论宇宙间的时、空坐标系统下的多维分析、转换与表达的科学原理与技术问题。广义的'空间'包含着地球，大于地球而更加抽象；而狭义的'地球空间'则是指地球信息中具有空间特性的一部分。时间和空间在哲学上是并存的，而在信息工程技术中往往又是可以相互转换的。"尽管近几年来学界"全"字满天飞，如"全息地图""全息地理信息""全空间地理信息系统""全时空地理信息系统"，等等，但正如钱学森院士早在 31 年前论述"开放的复杂巨系统的研究方法"时指出的(钱学森等，论地理科学)，有的人"空谈系统运动是由子系统决定的，微观决定宏观"，等等。一个很典型的例子就是'宇宙全息统一论'(注：王存臻、严春友，《宇宙全息统一论》，山东人民出版社，1988)。他们没有看到人对子系统也不能认为完全认识了。子系统内部还有更深更细的子系统，以不全知去认不知，于事何补？甚至错误地提出"部分包含着整体的全部信息""部分即整体，整体即部分，二者绝对统一"，这完全是违反客观事实的，也违反了马克思主义哲学。据此，本书的书名仍定为《空间信息系统原理》，内容仍定位为"地球信息中具有空间特性的一部分"。

二、关于本书的内容组织结构调整。本书第一版采用部分、章、节的组织结构，全书共 7 个部分 20 章。第二版归纳调整为 10 章。第 1 章，空间信息系统基础理论，由第一版第一部分的第一、二、三章构成；第 2 章，空间信息系统的时空基准，是第二版新增加的，吕志平教授提出了宝贵修改意见；第 3 章，空间信息系统数据的获取，由第一版第二部分的第四、五、六章构成；第 4 章，多源异构空间数据的融合处理，是第二版新增加的，由武芳教授撰写；第 5 章，空间数据模型与存储管理，以第一版第三部分的第八、九、十章为基础，增加了"空间数据分布式存储管理"内容，由成毅教授、崔晓杰博士撰写；第 6 章，数字高程模型，以第一版第四部分的第十一、十二、十三章为基础，增加了"数字高程模型(DEM)的精度评估模型"，由王光霞教授撰写；第 7 章，空间关系，主要包括本书第一版第五部分第十五章图形空间关系的内容；第 8 章，空间分析与空间数据挖掘，由第一版第五部分的第十六章空间分析和新增加的"空间数据挖掘与知识发现"构成；第 9 章，空间数据多尺度变换与可视化表达，主要由第一版第六部分的第十七、十八章构成，扩展了空间数据自动综合的方法，增加了"三维城市建筑群模型的自动综合方法"，由钱海忠教授撰写；第 10 章，空间信息服务技术的发展，主要包括基于网络服务的空间信息共享与空间数据互操作模式、基于网格服务的信息资源共享与协同解决问题模式、基于云计算的空间信息服务模式及基于"网格集成"

与“弹性云”的混合式服务模式，取代了第一版第七部分第十九、二十章的内容。王利军、程士源、周正等三位博士生参与了本章部分内容的编写工作。

三、关于各章的“总结与展望”。本书第一版各章最后都有个简短的“小结”。考虑到第二版将第一版的 7 个部分共 20 章的内容归纳合并为 10 章，所以每章最后都增加了一节“总结与展望”，分别对各章的重点内容进行了总结，并对各章相关领域的科技发展进行了展望，希望对读者有所帮助。

总的来看，第二版共 10 章的内容组织结构，同第一版 7 个部分共 20 章的内容结构相比较，显得比较紧凑，而且增加了一些新的内容，删除了同本书相关度较低或没有必要列入本书的内容。全书内容及文字由王家耀修改审定。

科研助理孔志娟同志负责本书的手稿打印及整理，在此表示感谢！

唯有科学的批判，才有真正的科学。虽然本书作者尽了心也尽了力，但由于水平有限，不当之处在所难免，恳请读者批评指正。

作　者

2022 年 5 月

第一版序

因特网上的信息流，辐射到全世界的城市、乡村和智能小区。跨国公司涌现，经济区域重组的新潮流，资源再分配和环境全球变化的大趋势，扑面而来，令人目不暇接。战争也不再分什么前线和后方。生活在21世纪“地球村”里的人们，每天都要和数字化的世界打交道。信息领域的科学家、企业家和工程师们，更是夜以继日，面对着电脑屏幕，考虑海量数据的处理、存储、分析、模拟和显示。其中不仅有产业化、工程化的优化管理与技术创新问题，还有更深层次的科学原理、数据挖掘和知识创新问题。当今空间时代与信息社会，人们生活在量化的“数字地球”之中，不仅要善于掌握和运用海量的统计数据仓库，还要随时随地明确自己生存和生活空间的“定位”。凡事都要做到既不错位，也不越位，又不缺位！这就是“空间定位系统”的实质和社会需求。

辛勤耕耘才能培育出生机勃勃的伊甸，磁性的核心才能生成璀璨的晶体。《空间信息系统原理》是王家耀教授指导下的研究集体的力作，是为迎接信息时代新世纪奉献给青年博士、硕士研究生的一部专业参考书。它既是一部知识创新的专著，又是一部起点很高的新教材。对于推进我国信息领域的原始创新和自主开发，必将产生非常深远的影响。

有幸先睹为快，受益匪浅。深感这是一部内容非常丰富，引人入胜的著作。捧读本书，就像是走进一座辉煌的宫殿，或是一家宏大的博物馆，也许会有些眼花缭乱、扑朔迷离的感觉。我建议读者们不要停留在表面上某些名词术语、定义的推敲，而是赶快深入堂奥，去领悟其中闪光的学术观点，去寻求其中原始创新的启示。例如，“空间信息系统”这个中文名词，在航天专家们乍一看来，也许理解为“天地一体化”的测控、通信与传输的工程系统。仔细阅读，就会认同本书的初衷，主要是讨论宇宙间的时、空坐标系统下的多维分析、转换与表述的科学原理与技术问题。广义的“空间”包含着地球，大于地球而更加抽象；而狭义的“地球空间”则是指地球信息中具有空间特性的一部分。时间和空间在哲学上是并存的，而在信息工程技术中往往又是可以相互转换的。这只是我个人学习本书的理解和体会，未必完全正确，也未必得到您的认可。斗胆把自己的学习心得写下来，一则表示自己作为本书一个真实读者的敬意，以此就正于作者和读者朋友；二则表示衷心的祝贺，为本书的成功而雀跃欢呼！

陈述彭

新世纪的前夕

第一版前言

空间信息系统（spatial information system，SIS）是地球空间信息科学（geo-spatial information science-geomatics）的技术系统，它是基于计算机技术和网络通信技术的解决与地球空间信息有关的数据获取、存储、传输、管理、分析与应用等问题的信息系统。

空间信息系统是地理信息系统（geographic information system，GIS）、土地信息系统（land information system，LIS）、地籍信息系统（cadastral information system）等的总称，在人类面临的全球性环境问题的解决，经济与信息的全球化，国家经济战略、安全战略和政治战略的研究与决策，自然资源的调查、开发与利用，区域和城市的规划与管理，自然灾害预测和灾情监控，工程设计、建设与管理，环境监测与治理，战场数字化建设与作战指挥自动化等诸多方面，空间信息系统都有着十分广泛的应用。

空间信息系统是实现“数字地球”战略目标的有效技术途径。“数字地球”是为实现各自的国家目标服务的。在“国家”这种群体形式存在的今天，谁掌握了“数字地球”，谁就可以对本国及世界其他国家的经济、军事及其他相关状况了如指掌，成为制定和实现国家经济战略、安全战略和政治战略目标的重要工具（李树楷和薛永祺，2000）。数字地球主要包括三个部分：一是可联网的、分布式的地球数据库，有大量的地理空间信息；二是一个三维界面和一个多分辨率浏览器；三是具有集成和显示不同数据源信息的机制。可以认为，数字地球就是三维或四维多媒体或超媒体的地球空间信息系统（geo-spatial information system），简称空间信息系统。

空间信息系统是复杂的技术系统，涉及数据获取、存储、管理、传输、分析和利用诸多方面，但其核心是空间信息获取、空间数据模型、数字高程模型、空间关系与空间分析、空间数据的多尺度显示与可视化。同时，作者在多年从事该领域的研究生教学和科研工作的实践中深刻体会到，掌握空间信息系统方方面面的技术是非常必要的，但仅此又是不够的，还必须深刻理解空间信息系统的基础理论，特别是地学基本规律。理论是技术的先导，没有先进理论指导的技术是盲目的技术，没有先进技术支持的理论是落后的理论。这是千真万确的。另外，空间信息系统科学是多学科交叉的综合性学科，随着计算机科学技术、空间科学技术、信息科学技术及其他各相关科学技术的发展，空间信息系统技术发展十分迅速，了解空间信息系统发展前沿技术是非常重要的。以上就是作者把空间信息系统科学基础、空间信息获取、空间数据模型、数字高程模型、空间关系与空间分析、空间数据的多尺度特征与可视化、空间信息系统前沿技术等作为本书的七个部分的用心所在。

撰写一部空间信息系统原理的博士生参考用书是作者多年的愿望。自 1993 年以来，作者主持大型 GIS 设计和研究，指导一大批博士后、博士和硕士在该领域做了大量研究工作。例如，崔铁军（博士后）关于高质量数字高程模型研究、王青山（博士）关于面向对象地理数据模型研究、翟京生（博士后）关于空间图形代数变换研究、武芳（博士）关于数字地图自动综合研究、蔡少华（博士）关于图形空间关系研究、白玲（博士）关于 GIS 中地理网络分析的研究等这些研究成果，为本书的撰写奠定了坚实的基础。因此，可以说，这本书是作者多年从事科学研究、研究生培养等工作的结晶。还应该说明的是，本书总结和吸收了该领域近期许多学者的理论与技术成果，对此，作者尽可能在书中的相关部分作了注明，在此向这些成果的作者表示深深的谢意。

本书内容共七个部分 20 章。第一部分：空间信息系统科学基础。包括地球空间信息科学概念(第一章)，空间信息系统基础理论(第二章)，空间信息系统及其结构与功能(第三章)。第二部分：空间信息获取。包括地图数据采集(第四章)，遥感数据采集(第五章)，GPS 数据采集(第六章)，3S 技术集成(第七章)。第三部分：空间数据模型。包括地理空间认知模型与地理数据模型分析(第八章)，面向对象的地理数据模型(第九章)，时空数据模型(第十章)。第四部分：数字高程模型。包括数字高程模型及其数据结构(第十一章)，不规则三角网(TIN)的建立(第十二章)，规则格网数字高程模型(DEM)的建立(第十三章)。第五部分：空间关系与空间分析。包括空间图形的代数变换(第十四章)，图形空间关系(第十五章)，空间分析(第十六章)。第六部分：空间数据的多尺度特征与可视化。包括空间数据的多尺度特征与自动综合(第十七章)，空间数据可视化(第十八章)。第七部分：空间信息系统的前沿技术。包括现代空间信息系统的核心技术(第十九章)，空间信息系统技术的新发展(第二十章)。内容的选择主要是考虑到硕士生在该学科领域已有的基础和博士生教学参考的需要，当然也与作者在该领域的研究进展有关。书中的每一章都有一个简短小结并给出了进一步研究的主要参考文献，当然，随着科学研究的不断深入，研究生在学习过程中还可增选一些书中未列入的参考文献。

本书撰写过程中得到了老一辈著名科学家陈述彭院士的指导和帮助，我们表示崇高的敬意。

由于作者水平和知识面有限，加之时间仓促，本书不当之处在所难免，恳请读者批评指正。

作　者

2000 年 7 月

目　　录

第 1 章　空间信息系统基础理论

空间信息系统是地球空间信息科学的技术系统，了解空间信息系统的科学基础对于理解空间信息系统具有重要意义。本章主要介绍地球空间信息科学概念、空间信息系统的认识论和方法论及空间信息系统的结构与功能。

1.1　地球空间信息科学概念

1.1.1　地球系统科学

地球系统科学(earth system science)是研究地球系统的科学。地球系统，指的是由大气圈、水圈、岩石圈和生物圈(包括人类本身)等四大圈层组成的作为整体的地球。它包括了自地心到地球外层空间的十分广阔的范围，是一个复杂的非线性系统。在它们之间存在着地球系统各组成部分之间的相互作用，物理、化学和生物三大基本过程之间的相互作用，以及人与地球系统之间的相互作用。所以，地球系统科学是一门新的综合性学科，它是将构成地球整体的大气圈、水圈、岩石圈和生物圈等作为一个相互作用的系统，研究其间物理的、化学的和生物的过程，并与人类活动结合起来，借以了解现在和过去，预测未来(黄秉维，1996)。

地球系统科学是 20 世纪 80 年代中期提出的一个新兴科学前沿领域。它的产生和发展是人类为解决所面临的全球性环境问题的需要，也是科学技术向深度和广度发展的必然结果。

就解决人类面临的全球性环境问题而言，我们经常说，气候变暖、沙漠化、人口增加是当今人类面临的三大问题。今天，残酷的事实使我们认识到，人类面临的环境问题的严重性在于它们已不再只是局部或区域性问题，而是跨越国界的全球性问题。气候变暖，臭氧洞的形成和扩大，沙漠化和水资源短缺，植被破坏和物种大量消失，以及由此而带来的频繁的沙尘暴现象，有哪一个不是全球面临的共同问题！这些重大的环境问题，就科学内容而言已经远远超出了单一学科的范围，不仅涉及大气、海洋、土壤、生物等各类环境因子，而且与物理、化学和生物过程密切相关。因此，只有从地球系统的整体着手，才有可能弄清这些问题产生的原因并寻找到解决问题的办法。这里要特别指出的是，上述重大全球环境问题主要是人类不合理开发利用地球资源所造成的，就影响的强度和速度而言已经接近自然变化，并还在继续加剧，这就有可能对未来人类的生存环境产生长远且不可逆转的后果。这个残酷的事实迫使人们从全球的角度来制定对策，控制和调整人类自身的行为，使整个地球环境朝着有利于人类的方向发展。在这个意义上，中国政府多年来采取的在黄河、长江中上游地区退耕还林的政策，可以说是一个长远的战略性举措。

从科学技术的发展来看，地球观测技术的发展，特别是由全球导航卫星系统(global navigation satellite system, GNSS)、遥感(remote sensing, RS)和地理信息系统(geographic information system, GIS)组成的地球观测系统，提供了对整个地球系统进行长期的、立体监测的能力，为收集、处理和分析地球系统变化的海量数据，建立复杂的地球系统的数学模型提供了工具。只有科学技术的发展再加上自然科学各分支学科自身的进步，才有可能从整体上研究整个地球系统及其变化(符淙斌，1998)。

由于地球系统科学面对的是综合性问题，应该采用多种科学思维方法，这就是大科学思维方法，包括系统方法、分析与综合统一的方法、模型方法。

系统方法：地球系统科学的主要科学思维方法。因为地球系统科学本身就是将地球作为整体系统来研究的。这一方法体现了在系统(综合)观点指导下的系统分析和在系统分析基础上的系统综合的科学认识的过程。

分析与综合统一的方法：从地球系统科学的概念和所要解决的问题来看，分析与综合统一也是地球系统的科学思维方法，包括从分析到综合的思维方法和从综合到分析的思维方法，实质上是系统方法的扩展和具体化。

模型方法：针对地球系统科学所要解决的问题及其特点，建立正确的数学模型，是地球系统科学的主要科学思维方法之一。因为在地球系统科学研究中，遥感技术提供了大量的原始数据，数学模型应该也有可能广泛应用于地球系统科学研究，采用现代计算方法，得出全球变化与区域可持续发展的规律。

关于地球系统科学的研究内容，目前得到国际公认的主要包括气象和水系、生物化学过程、生态系统、地球系统的历史、人类活动、固体地球、太阳影响等。

综上所述，可以认为，地球系统科学就是研究组成地球系统的各个圈层(子系统)之间的相互联系、相互作用机制，地球系统变化规律和控制变化的机理，从而为全球变化预测建立科学基础，并为地球系统的科学管理提供依据。

1.1.2 地球信息科学

地球信息科学(geo-informatics，或 geo-information science，GISci)是地球系统科学的组成部分，是研究地球表层信息流的科学，或研究地球表层资源与环境、经济与社会的综合信息流的科学。所以，地球信息科学可以定义为研究人类活动参与下的地球系统内信息流的科学(谭海樵等，2009)。地球信息科学的本质，是从信息流的角度揭示地球系统的发生、发展及其演化的规律，从而实现人口、资源、环境的协调发展。就地球信息科学的技术特征而言，它是记录、测量、处理、分析和表达地球参考数据或地球空间数据学科领域的科学。

“信息流”这一概念是陈述彭院士针对地图学在信息时代面临的挑战而提出的。他认为，地图学的第一难关是解决地球信息源的问题。在 16 世纪以前，人类曾经以最艰苦的探险，组织最庞大的队伍和采用当时最先进的技术装备去解决这个问题；到了 16～19 世纪，地图信息源主要来自大地测量及建立在三角测量基础上的地形测图；20 世纪前半叶，地图信息源主要来自航空摄影和多学科综合考察；20 世纪后半叶，地图信息源主要来自航空航天遥感和全球导航卫星系统(GNSS)；21 世纪，地图信息源主要来自小卫星群。但是，一个明显的事实是，无论地图信息源是什么，其信息流程都明显表现为：信息获取→存储检索→分析加工→最终视觉产品。特别是在当今信息化、网络化时代，信息更不是静止的，而是动态的，表现在“信息获取→存储检索→分析加工→最终产品→提供服务”的整个过程中。

地球信息科学属于边缘科学、交叉科学或综合科学。它的基础理论是地球科学理论、信息科学理论、系统科学理论和非线性科学理论的综合，是以信息流作为研究的主体，即研究地球表层的资源、环境和社会经济等一切现象的信息流过程，或以信息作为纽带的物质流、能量流，包括人流、物流、金融流(资金流)等的过程，都被认为是信息流所引起的。

国内外许多著名专家都认为，地球信息科学的主要技术手段包括 RS、GIS 和 GNSS 等高新技术，即所谓的“3S”技术(陈俊勇，1997)。或者说，地球信息科学的研究手段，就是由 RS、GIS 和 GNSS 构成的对地观测系统。其运作特点是，在空间上是观测地球的整体，而不是局部；在时间上是长期的，而不是短时间的；在时序上是连续的，而不是间断的；在时相上是同步的、协调的，而不是异相的、分属于不同历元的；在技术上不是孤立的，而是 RS、GIS 和 GNSS 三种技术的集成。在对地观测系统中，对地信息的获取或采集，主要是利用卫星遥感技术，但在获取遥感影像的同时，还必须同步地获取由 GNSS 技术求得的相应瞬间遥感平台和地面的三维定位信息，这些由 RS 和 GNSS 所获取的信息必须数字化后进入 GIS 加以存储、处理、分析和更新，才有可能用于有效的研究。

1.1.3　地球空间信息科学

地球空间信息科学(geospatial information science 或 geomatics)，是以 GNSS、GIS、RS 等空间信息技术为主要内容，并以计算机技术和通信网络技术为主要技术支撑，用于采集、量测、存储、管理、分析、显示、传输和应用与地球和空间分布有关的数据的一门综合性和集成性的信息科学和技术(李德仁和李清泉，1998)，是地球信息科学的重要组成部分。地球空间信息，广义上指各种机载、星载、车载和地面测地遥感技术所获取的地球系统各圈层物质要素存在的空间分布和时序变化及其相互作用的信息的总体。

近三四十年来，空间定位技术、航空航天遥感技术、地理信息系统技术和计算机网络等现代技术的发展及其相互渗透，逐渐形成了地球空间信息的集成化技术系统，使得人们能够快速及时和连续不断地获得有关地球表层及其环境的大量几何与物理信息，形成了地球空间信息流和数据流，从而促进了地球空间信息科学的产生。地球空间信息科学不仅包含了现代测绘科学技术的全部内容，而且体现了多学科的交叉与融合，并特别强调了计算机技术的应用；它不局限于数据的获取和采集，而是强调从采集到存储、管理、处理、分析、显示和发布的全过程。地球空间信息科学的这些特点，标志着测绘科学由单一学科走向多学科的交叉与渗透；从利用地面测量仪器进行局部地面数据采集到利用各种机载、星载传感器实现对地球整体的、连续的、长时间的数据采集；从提供静态测量数据和单一地图产品到实时/准实时提供随时空变化的测量数据和多样化地图产品。

地球空间信息科学的主要研究内容，包括地球空间信息的基准、标准化、时空变化、组织、空间认知、不确定性、解译与反演、表达与可视化等基础理论，以及全球卫星导航定位技术、航空航天遥感技术、地理信息系统技术和数据通信网络技术等基础技术。

1.1.4　地理信息科学

地理信息科学是信息时代的地理学，是地理学信息革命和范式演变的结果。它是关于地理信息的本质特征与运动规律的一门学科，它的研究对象是地理信息，它是地球信息科学的重要组成部分。

地理信息，是关于自然、人文现象的空间分布与组合的信息，它表征地理环境的数量、质量、分布特征、内在联系和运动规律。空间，是地理环境存在的一种状态。地理信息存储于一定的载体，并能从一个载体传递至另一个载体，形成所谓的信息流。数字地理信息是计算机或二进制化的地理信息，数字地理信息化过程是数字地理信息采集、存储、传输、分析、表达和应用的全过程。

地理信息科学的提出与理论创建，来自两个方面：第一，技术与应用驱动，这是一条从实践到认识，从感性到理论的思想路线；第二，科学融合与地理综合思潮的逻辑扩展，这是一条理论演绎的思想路线。两者相互交织，相互促动，共同推进地理学思想发展、范式演变和地理信息科学的产生(杨开忠和沈体雁，1999)。地理信息科学本质上是在两者的推动下地理学思想演变的结果，是新的技术平台、观察视点和认识模式下地理学的新范式，是信息时代的地理学。人类认识自己赖以生存的地球表层系统，经历了从经典地理学到地理信息科学的漫长历史时期。不同的历史阶段，人们以不同的技术平台，从不同的科学视角出发，就会得到关于地球表层的不同的认知模型(闾国年等，1999)(图 1.1)。

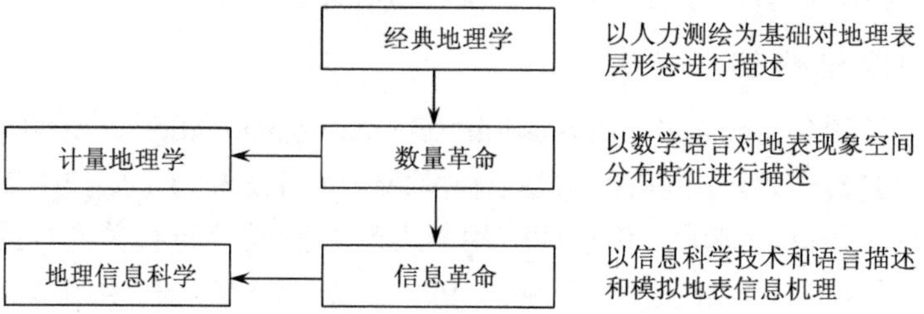

图 1.1　从经典地理学到地理信息科学

地理信息科学的研究内容，包括理论、技术和应用三个层次，它们构成了地理信息科学的内容坐标系(图 1.2)。

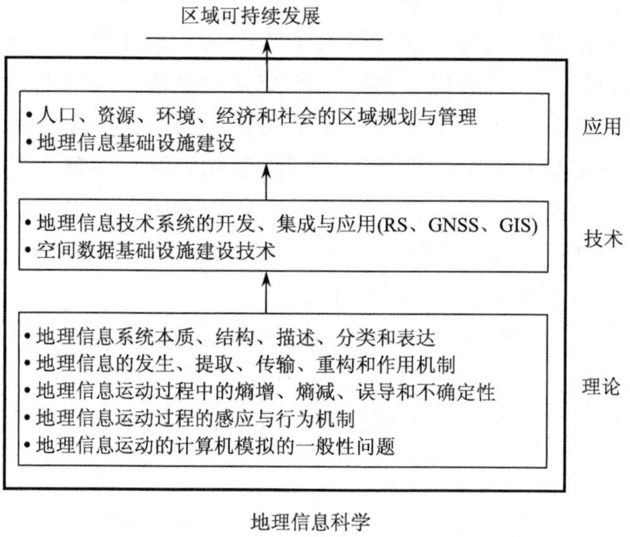

图 1.2　地理信息科学的内容体系

1.2　空间信息系统的认识论与方法论

1.2.1　地理系统理论

地理系统，指某一个特定时间和特定空间的，由两个以上相互区别又相互联系、相互制约的地理要素或过程组成的，并具有特定功能和行为，与外界环境相互作用，并能自动调节和具有自组织功能的整体(承继成，1997)。

地理系统可以用数学形式描述为

$$S=\{\Omega,R\} \tag{1.1}$$

式中，$\Omega=\{x_1,x_2,x_3,\cdots,x_n\}$表示系统各地理要素的集成，$x_1,x_2,x_3,\cdots,x_n$为$n$个不同类型的地理要素；$R\subset x_1,x_2,x_3,\cdots,x_n$表示它们之间的相互联系、相互制约关系。

地理系统是一种宏观范围的时空有序结构，具有自组织功能。这种功能表现在地理系统形成和发展的整体过程中，经历着混沌、平衡、演变等不同的阶段。

地理系统的自组织(self-organization)，是指系统在无外界的强迫(制)条件下，系统自发形成的有序行为，能调节自身功能的行为。地理系统及其各子系统(如河流、湖泊子系统，森林、草原子系统等)，都具有自组织功能，如沙漠中的灌木，高山岩石裂缝中的树木，等等，都是地理系统自组织行为的结果。

地理系统形成之初，呈混沌状态，研究地理系统混沌状态的理论称为地理系统的混沌理论，这是地理系统自组织的起点。混沌(chaos)，又称“混乱”“紊乱”“无规划”等，它是研究事物的初始阶段如何进行自组织的理论。自然和社会领域到处都存在着杂乱无章的事物，飘忽不定的状态，极不规则的行为。但是在这些无规则现象的深处，都蕴藏着一种奇异的秩序。混沌不是简单的无序或混乱，而是没有明显的周期性和对称性，但却有丰富的内部层次性和有序性。研究地理系统混沌理论的目的，就是从地理系统的紊乱中寻找规律，而自相似理论与分形分维原理就是从紊乱中寻找规律的有效方法。自相似理论的核心思想是，无论是自然或社会现象，在统计意义上，总体形态的每一部分都可以被看作是整体标度(指级别或观测数目等)减少的映射，不论形态多么复杂，它们在统计或概率上的相似性是普遍存在的。Mandelbrot 认为，自然和社会现象的复杂的几何形态，可以用幂函数来表达：

$$D=\frac{\log\left[N(r)\right]}{\log r} \tag{1.2}$$

式中，D为分形数；r表示长度，或面积，或体积；$[N(r)]$表示以r作为尺度的观测数目。分形(fractal)是复杂形态的一种参数量，只有具有自相似性结构的形体，才能进行分形研究。分维(dimension)是指一个几何形体的维数等于确定其中任意一个点的位置所需要的独立坐标的数目，分为拓扑维和分维数。拓扑维指一个几何图形中的任意相邻点，只要它们是连续的，无论怎样拉伸、压缩、扭曲，无论变成何种形态，相邻点的关系都不会改变，它是拓扑变换的不变量。拓扑维定义为

$$d=\frac{\ln N(r)}{\ln\left(\frac{1}{r}\right)} \tag{1.3}$$

而分维数则定义为

$$d_0=\lim_{r\to 0}\frac{\ln N(r)}{\ln\left(\frac{1}{r}\right)} \tag{1.4}$$

地理系统发展过程中，自组织功能行为的结果表现为地理系统的平衡状态。描述这种平

衡状态的有地理系统协同论、人与自然相互作用理论/人地系统理论、整体性与分异性理论/地带性规律、地理空间结构与空间功能/区位理论等。按照协同论的观点，地理系统的各要素或各子系统之间，既存在着互相联系、相互依存、相互协作的一面，又存在着相互制约、相互排斥、相互竞争的一面。既有协同性，又有制约性，这是普遍规律。例如，如果地形发生明显变化，则气候与植被随之变化；如果气候改变了，则植被首先随之改变。地理系统协同论的一个重要思想是，地理系统的各要素或子系统功能相加具有非线性特性，整体功能即效果可能大于各部分功能之和，也可能小于各部分功能之和，这要由系统的结构或系统的有序程度来决定，其中序参量对整个系统起着控制作用。气候与地形是农、林、牧系统的序参量，可耕地资源与淡水资源是西北地区农业系统的序参量。序参量和系统配合得好，效果就好；反之亦然。人与自然相互作用理论/人地系统理论，在历史上曾有过环境决定论、人定胜天论、人与环境协调理论等，但是完备、最科学的还是现在的可持续发展论。可持续发展论的核心，是资源、环境、社会和经济的协调发展。地球的资源和环境的容量是有限的，人们对地球或自然界的索取，不能超过地球的承载力；人们对资源和环境的利用，必须遵循客观规律。经济和社会的发展，既要满足当代人的需要，又要不影响后代人的需求，也就是不能以对资源和环境的破坏为代价来换取社会经济的增长。地理系统的整体性与分异性理论/地带性规律，是地理系统宏观的、普遍的规律。地理系统就是整体性与分异性的统一。地理空间的整体性(geospatial entirety)，指任何地理系统或区域系统都是“人类-自然环境综合体”，都是资源、环境、经济和社会的综合体；地理空间的分异性(geospatial differentiation)或地带性，指由于地球表层物质和能量分布的不均匀性所造成的地理空间的分异特征，如海陆分布的差异，地形高低的差异，岩石组成的差异，温度和降水的差异，矿产资源、土地资源、淡水资源、生物资源的差异，以及人口、社会和经济的差异。这种差异性表现出明显的地带性规律，如地理空间气温、降水的纬度地带性和经度地带性，植被、地貌类型的垂直地带性，等等。地理空间结构与地理空间功能具有区位特征。地理空间结构(geospatial structure)指在一特定的空间范围或区域内，资源、环境、经济和社会诸要素的组合关系，或耦合关系，以及同一空间范围内的资源、环境、经济和社会等的配套关系。地理空间结构功能(geospatial structure function)，指区域所具有的经济和社会发展潜力的大小，或可持续发展能力的大小。具有最佳地理空间结构的地区，一定具有最强的地理空间结构功能。地理空间区位(geospatial location)，指一特定的空间范围内，对社会经济发展有利的部位。即使某个空间范围的地理空间结构有好有坏，功能有强有弱，那也不能说明局部情况不能有差别。这完全取决于局部条件，这就是区位。也就是说，在空间结构好的区域内，可能存在局部相对较差的；在空间结构差的区域内，也可能存在局部相对较好的。在空间结构功能强的区域内，可能存在局部功能相对较弱的；在空间结构功能弱的区域内，也可能存在局部功能较强的。地理空间区位理论可以用于军事地理空间结构分析与运用。

地理系统的平衡状态是相对的，是变化中的平衡。地理系统变化的主要方式是“渐变”与“突变”，渐变到一定程度就会发生突变。这时，地理系统的自组织功能已不能发挥作用，所以地理系统的突变是自组织的终点。地理系统的突变(catastrophe)理论，是研究系统状态随外界控制参数连续改变而发生的不连续变化的理论。这种理论认为，在条件的转折点(临界点)附近，控制参数的任何微小变化都会引起系统发生突变，而且突变都发生在系统结构不稳定的地方。地理系统的突变现象，最典型的是地震、火山爆发、生物种群的突变等。

1.2.2　地理信息理论

地理信息理论(geographic information theory)，是地理科学理论与信息科学理论相结合的产物(承继成，1996)。主要研究地理信息熵、地理信息流、地理空间场、地理实体电磁波、地理信息关联等的理论。

地理信息熵(geographic information entropy)，用来度量地理信息载体的信息能量，即地理信息载体的信息与噪声(noise)之比，简称“信噪比”，是评价地理信息载体质量的标准。Shannon 以熵作为信息载体的平均信息量的度量，而 Winer 认为信息就是负熵。设有 N 个概率事件发生，每个事件发生的概率为 $p_i, p_i = 1/N(i = 1, 2, \cdots, N)$，于是信息熵为

$$H = -K\sum_{i=1}^{N} p_i \log p_i \tag{1.5}$$

地理信息流(geographic information flow)是由于物质和能量在空间分布上存在着不均衡现象所产生的，它依附于物质流和能量流而存在，也是物质流、能量流的性质、特征和状态的表征和知识。地理信息流是地理系统的纽带，有了地理信息流，地理系统才能运转。空间信息系统(或地理信息系统)就是研究由于地理物质和能量的空间分布不均衡性所造成的物质流和能量流的性质、特征和状态的表征和知识，研究地理信息流的时空特征、地理信息传输机理及其不确定性与可预见性。

地理空间场理论(theory of geographic spatial field)即地理能量场信息理论，按照这种理论，对于不同的地理实体，它们的物质成分可能不同，这样就可以形成不同的地理空间或地理空间场；不同地理实体的地理空间，对人类具有不同的吸引力，这样就可能形成某些特殊的地理空间或地理空间场；不同的地理空间或地理空间场具有不同的物理参数量，也就是具有不同的能量信息的空间分布特征。空间信息系统中经常要研究的“重点地区”(或重点目标)，就是这里所说的特殊地理空间或地理空间场。

地理实体的电磁波能量信息理论，是作为空间信息系统的主要信息源的遥感信息的基础理论。遥感信息，指运用传感器(sensor)从空间或一定距离，通过对目标物的电磁波能量特征的探测与分析，获得目标物的性质、特征和状态的电磁波信号的表征及有关知识。大量事实证明：任何物质都具有反射外来电磁波的特征(隐形飞机等除外)；任何物体都具有吸收外来电磁波的特征；某些物体对特定波长的电磁波具有透射特征；任何地理实体由于它们的物质成分、物质结构、表面形状及特征的不同，都具有不同的电磁波辐射特征；任何同属性或同一类型的地理实体由于它们的物质成分和物质结构存在一定的变幅，它们的电磁波辐射数值也存在一定的变幅；由于同一类型的电磁波辐射值存在一定的变幅，所以地物波谱是一个具有一定宽度的带，部分波谱带还存在重叠。这些都是遥感信息形成的基础理论。

地理信息关联性理论，是从事物间的联系、依存和制约的普遍性原则出发，研究地理信息间的内在联系和机理，把握庞杂和瞬变的信息之间的相互关系，发挥地理信息综合集成的优势，更全面、客观、及时地认识世界，以此作为指导可持续发展研究中进行模拟、评估和预测，以及指导高水平的地理信息共享的基础理论(俞志谦，1997)。地理信息关联的体系可以用“维”来描述。首先，人是自然和社会的中心，可以作为地理信息关联体系的原点；自从有了人就存在人地关系，这就可以划分出人类系统和自然两维，它们涵盖和贯穿了整个人地关系；人的能动性是决定人类社会发展方向的重要因素，因此能动维是地理信息关联体系

的第三维。无论自然维、人类系统维和能动维，都是在时间和空间中相互联系和发展变化的。所以，自然维、人类系统维和能动维构成了地理系统的三维模式；而人类系统和能动性作为第一维，时间和空间分别作为第二维、第三维，就构成了地理信息关联的三维模式。地理信息关联性理论，对于空间信息系统的信息获取、组织、分析、综合、模拟、评估、预测，以及地理信息融合、信息共享等，都具有重要的理论指导作用。

1.2.3　地理本体理论与方法

本体(ontology)原本是哲学领域用以描述事物本质的概念，一般理解为关于“存在”的科学，即关于“存在”的本质的哲学理论研究，是对客观存在的一个系统解释或说明。它关注的是客观现实的抽象本质，所以也称本体论，在西方哲学领域已经存在2000多年了。

虽然本体论源于哲学，但多年来国际科学界对本体论的研究热度却一直很高，特别是在计算机语言学、人工智能、知识工程、数据库等信息科学领域的研究尤为“火热”。追溯本体论从哲学领域的研究到它在信息科学领域的“火热”，主要原因是信息科学层面的本体与哲学层面的本体有着密切的联系，也可以说是哲学领域的本体在信息科学领域的应用。信息科学领域的语义网、语义网格和语义网络技术中的本体应用就是很好的例证。语义网(semantic web)，是在互联网的飞速发展和广泛应用中，为解决搜索引擎智能化水平低和网页功能单调等问题提出的，其目标是要使Web上的信息具有计算机可以理解的语义，以便实现计算机翻译，并为人们提供智能服务。它是通过改变现有互联网依靠汉字信息来共享资源的模式，利用本体描述语义信息，达到语义级的资源共享，提高网络服务的智能化水平和自动化程度。语义网格(semantic grid)，是语义网与网格(新一代Web)相结合的产物，其目的是探究语义网技术在网格环境中的应用，用本体描述的语义来丰富网格，其根本目的是使网格更智能化。语义网络(semantic networks)是知识的一种图解表示方法，由节点、弧线或链线组成，通过简单的语义三元组(实际是本体的一种形式化描述)构成的有向图为数据结构提供强大的、灵活的知识表示能力，以方便被计算机识别和应用。目前，语义网络的研究主要集中在三个方面：一是，语义网络知识表示及形式转换和推理；二是，语义网络知识表示的工程应用，利用语义网络促进知识共享；三是，通过语义网络分析概念之间的关联性。这些研究的基础是本体论。

国际学术界明确给出本体的定义大约是在1991年。综合分析国际上关于本体的定义，大致包含四个主要方面：一是概念化，客观世界现象的抽象模型，把领域的知识抽象为一个个确定的对象；二是明确的定义，对每一个对象的概念及它们之间的联系进行合理的定义；三是形式化，对概念及它们之间的关系进行精确的数学描述且达到计算机可读的水平；四是共享，本体中反映的知识是其使用者(包括领域的专家和一般用户)共同认可的。

将哲学领域的本体引入地理信息科学领域是必然的。当本体被引入地理信息科学领域时，地理信息本体(geo-information ontology)的概念就自然而然地出现了。它除具有一般信息科学领域的本体的基本共性外，还具有自身的特点。目前，虽然对地理信息本体的定义说法不一，但我们可以理解为：研究地理信息科学领域不同层次和不同应用方向上的地理信息概念的详细内涵和层次关系，并给出概念的语义标识。地理本体(geo-ontology)是把有关地理科学领域的知识、信息和数据抽象成由一个个具有共识的对象(实体)，并按照一定的关系组成的体系，同时进行概念化处理和明确的定义，并形式化表达的理论与方法。

地理本体可以用一个五元组来表示：

$$GO = (GCD, GRD, GFD, GID, GAD) \tag{1.6}$$

式中，GO 表示地理本体；GCD 是一系列地理概念或类的定义；GRD 为一系列地理关系的定义；GFD 是一系列地理函数的定义；GID 为一系列地理概念实例的定义；GAD 是一系列地理公理的定义。

关于本体论及其在地理信息科学领域应用的研究，国外起步较早，但文献较少；国内该领域的研究起步于 21 世纪初，进展较快，主要成果集中在地理本体与地理信息分类、地理本体构建、基于地理本体的空间数据组织管理与表达、基于地理本体的地理信息检索与地理知识查询、基于地理本体的地理信息共享与互操作、基于地理本体的地理信息服务及服务组合、基于地理本体的时空推理、地理空间语义网格等方面。

1.2.4　地理空间认知理论与方法

美国地理信息与分析国家中心(National Center for Geographic Information and Analysis，NCGIA)在 1995 年发表的“高级地理信息科学”(advancing geographic information science)报告中，提出地理信息科学的战略领域有三个，其中之一为“地理空间的认知模型”(cognitive models of geographic space)。美国地理信息科学大学研究会(University Consortium for Geographic Information Science)于 1996 年发表的“地理信息科学的优先研究领域”(research priorities for geographic information science)报告中，也把地理信息的认知(cognition of geographic information)列为第二个重点问题。可见，地理空间认知理论已成为地球空间信息科学公认的基础理论，也是空间信息系统或地理信息系统公认的基础理论。

认知(cognition)是一个人认识和感知他生活于其中的世界时所经历的各个过程的总称，包括感受、发现、识别、想象、判断、记忆、学习等。奈瑟尔把认知定义为“感觉输入被转换、简化、加工、存储、发现和利用诸过程”。所以，可以说认知就是“信息获取、存储转换、分析和利用的过程”，简言之就是“信息的处理过程”(王家耀，1997)。

20 世纪 50 年代初，信息科学和计算机科学的问世，给了人们一个很重要的启示：人脑就是一个加工系统，人们对外界的知觉、记忆、思维等一系列认知过程，可以看成是对信息的产生、接收和传递的过程。计算机和人脑两者的物质结构大不一样，但计算机所表现出的功能和人的认知过程却是如此的类同，即两者的工作原理是一致的，都是信息加工系统：输入信息、进行编码、存储记忆、输出结果。

地理空间认知，是研究人们怎样认识自己赖以生存的环境，包括其中的诸事物、现象的相互位置、空间分布、依存关系，以及它们的变化规律。我们之所以强调“空间”这一概念，是因为我们认知的对象是多维的、多时相的，它们存在于地理空间之中。

地理空间认知通常是通过描述地理环境的地图或图像来进行的，这就是所谓的“地图空间认知”。地图空间认知中有两个重要概念：一是认知制图(cognitive mapping)；二是心象地图(mental map)。认知制图，它可以发生在地图的空间行为过程中，也可以发生在地图使用过程中。所谓空间行为，是指人们把原先已经知道的(长期记忆)和新近获取的信息结合起来后的决策过程的结果。地图的空间行为如利用地图进行定向(导向)、环境觉察和环境记忆等行为。空间信息系统(或地理信息系统)的功能表明，人的认知制图能力是能够用计算机模拟的，当然这只是一种功能模拟，模拟结果的正确程度完全取决于模拟模型和输入数据是否能客观、正确地反映现实系统。心象地图，是不呈现在眼前的地理空间环境的一种心理表征，是在过去对同一地理空间环境多次感知的基础上形成的，所以，它是间接的和概括的，具有不完整性、变形性、差异性(当然也有相似性)和动态交互性。心象地图可以通过实地考察、阅读文字材料、使用地图等方式来建立。

地理空间认知包括感知过程、表象过程、记忆过程和思维过程等基本过程。地理空间认知的感知过程，是研究地理实体或地图图形(刺激物)作用于人的视感觉器官产生对地理空间的感觉和知觉的过程。地理空间认知的表象过程，是研究在知觉基础上产生表象的过程，它是通过回忆、联想使在知觉基础上产生的映像再现出来。地理空间认知的记忆过程，是人的大脑对过去经验中发生过的地理空间环境的反映，分为感觉记忆、短时记忆、长时记忆、动态记忆和联想记忆。其中，感觉记忆是指视觉器官感应到刺激时所引起的短暂(一般按几分之一秒计)记忆；短时记忆是指感觉记忆中经注意而能保存到 20 秒以下的记忆；长时记忆指保持时间在一分钟以上的信息存储；动态记忆指随着现实世界客观事物的不断变化如何组织记忆，空间信息系统中各种灵活多样的信息查询功能，信息的增加、删除、修改功能，就是计算机模拟人脑动态记忆过程的最好例证；联想记忆是指通过与其他知识的联系进行的记忆。地理空间认知的思维过程，是地理空间认知的高级阶段，它提供关于现实世界客观事物的本质特性和空间关系的知识，在地理空间认知过程中实现着“从现象到本质”的转化，具有概括性和间接性(王家耀和陈毓芬，2000)。

1.3　空间信息系统及其结构与功能

1.3.1　空间信息系统的基本概念

地球空间信息系统(geo-spatial information system)，简称空间信息系统(SIS)，是地球空间信息科学的技术系统，它是基于计算机技术和网络通信技术的解决与地球空间信息有关的数据获取、存储、传输、管理、分析与应用等问题的信息系统。地理信息系统(GIS)是地理信息科学的技术系统，它是在计算机硬软件的支持下，运用系统工程和信息科学的理论和方法，综合地、动态地获取、存储、传输、管理、分析和利用地理信息的空间信息系统。可以说，地理信息系统(GIS)是空间信息系统(SIS)的典型代表。SIS 是一个比 GIS 更广的概念，它显然具有与地理信息系统相同的功能部件(functional components)，但是它能处理的数据和能解决的问题要更广泛一些。不过，在一般不至于造成混乱的情况下，SIS 与 GIS 两个术语是可以互相代用的。

SIS 或 GIS 与一般信息系统最大的区别在于，它不仅能够存储、分析和表达现实世界的各个对象的属性信息，而且能够处理其空间定位信息，能够将空间信息和属性信息有机地结合起来，从空间和属性两个方面对现实世界的各个对象进行查询、检索和分析，并将结果以各种直观的形式精确地表达出来。其主要特征如下：

(1) SIS 或 GIS 的物理外壳是计算机化的技术系统，该系统由计算机硬软件环境、多功能软件模块、能准确描述地理实体的空间数据和便于人机交互的用户界面组成。

(2) SIS 或 GIS 的操作对象是地理空间数据，即地理实体的空间位置数据及相应的属性数据和拓扑关系数据，这是它们区别于其他类型信息系统最根本的标志，也是它的最大特点和难点。

(3) SIS 或 GIS 的技术优势，在于集地理空间数据采集、存储、管理、分析、制图、显示与输出于一体的数据流程，在于空间分析、预测预报和辅助决策的能力，这也是它们研究的核心。

1.3.2　空间信息系统的结构与功能

空间信息系统(SIS)是一个复杂大系统，由基础支撑和功能支撑两大部分组成(图 1.3)。基础支撑包括空间数据库子系统和支撑工具(模型库、算法库、知识库和符号库)子系统；功能支撑系统包括空间数据获取与更新、多源异构空间数据融合、空间数据多尺度变换、空间数据查询与检索、空间数据分析与挖掘、空间数据可视化与输出和空间决策支持等子系统。

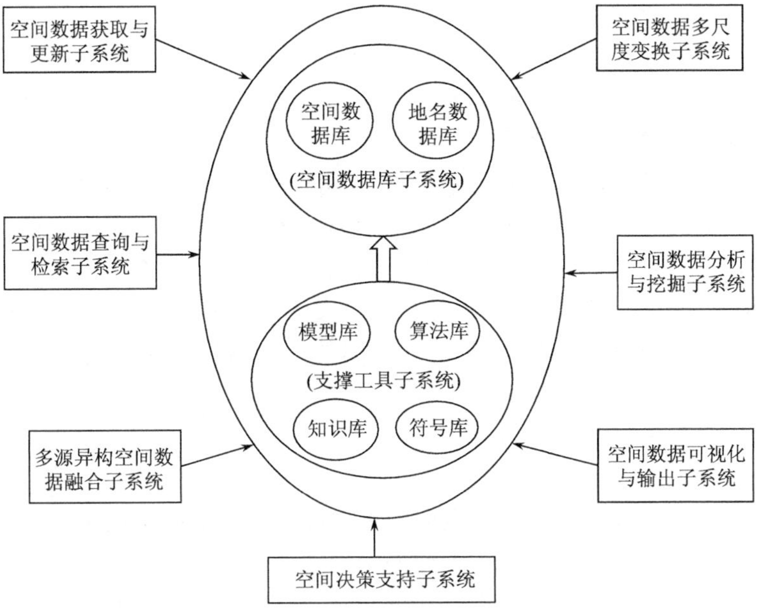

图 1.3　空间信息系统构成框架

1. 基础支撑系统及其功能

基础支撑系统是 SIS 的核心，是系统赖以运行的基础，是系统各种操作的对象和工具。

1) 数据库支撑子系统

它是 SIS 的核心，包括空间数据库和地名数据库。没有空间数据库，SIS 就成了无源之水、无本之木。它依赖于时空数据基础设施建设，通过时空数据输入与更新子系统提供现势性强、可信度高的时空数据，为 SIS 的查询检索、分析与挖掘、可视化、时空信息服务与决策支持提供所需时空数据集。时空数据模型、结构及存储管理功能至关重要，是对其进行高效操作的关键。没有地名数据库的支撑，只有图形而没有相应的地名或要素名称注记的地图是无法使用的。地名或要素名称注记是地图内容的一个重要组成部分，也是制图者和读图者之间信息传递的重要方面。

2) 模型库、算法库、知识库和符号库构成的支撑工具子系统

模型算法库：面向用户的各种分析、挖掘与应用模型(算法)的集合，为 SIS 的空间分析与数据挖掘、时空信息服务和决策支持等应用提供模型(算法)支持。它通过调用空间数据和

知识实现这些操作。

知识库：与使用 SIS 有关的各种知识的集合，是决策支持的核心。在知识推理过程中还要调用空间数据库中的数据；因为模型(算法)本身是一种过程性知识，所以推理过程中还要调用模型。

符号库：它以空间信息可视化和图形显示为目的，包括符号制作工具及其支撑的地图(普通地图和专题地图)符号库和军事标图符号库，用于地图、战场态势标绘和作战方案模拟的可视化与显示。

2. 功能支撑系统及其功能

SIS 的外部操作系统是 SIS 应用的基础支撑，没有外部操作系统，内核系统也无法应用。

1) 空间数据获取与更新子系统

空间数据源是 SIS 赖以生存的基础，否则，SIS 就是“空的”。它通过 GNSS、RS、地图数据采集等多种手段获取和更新空间数据，保持空间数据的现势性、可靠性和一致性。

2) 多源异构空间数据融合子系统

对于空间信息系统而言，对不同时空基准、不同语义、不同尺度(比例尺)、不同时间的多源异构时空数据进行一致性处理至关重要。利用内核系统中空间基准支撑子系统提供的转换模型和转换参数，对基于不同空间基准的空间数据进行转换；对不同语义的空间数据，采用基于地理本体理论的语义转换规则库，通过语义转换自动适配器，实现语义不同的空间数据的转换；对于不同尺度(比例尺)和不同时间的空间数据，通过自动匹配算法实现一致性处理。

3) 空间数据多尺度变换子系统

尺度是时空数据的重要特征，指数据表达的空间的相对大小和时间的相对长短。不同尺度所表达的信息密度有很大差别。时空数据的多尺度包括空间多尺度和时间多尺度。空间多尺度，指时空数据按其表达的空间的大小分为不同层次；时间多尺度，指时空数据表示的时间周期及数据形成周期的不同长短。在一定意义上，时间尺度与空间尺度是一致的，即较大的空间尺度往往对应于较长的时间周期。SIS 中的时空数据多尺度，一般是指信息被观察、表示、分析和传输的详细程度，主要通过地图内容自动制图综合的方法来实现。而自动制图综合的基础是建立多尺度时空数据变换模型库、算法库和知识库，它们被存储在 SIS 的内核系统的支撑工具子系统中，在进行时空数据多尺度变换处理时调用支撑工具子系统中的模型、算法和知识。

4) 空间数据查询与检索子系统

时空数据查询检索是 SIS 的基本功能，它通过空间数据库引擎(SDE)高效访问大规模空间数据库，为 SIS 的空间分析和数据挖掘提供数据支撑。

5) 空间数据分析与挖掘子系统

空间分析与数据挖掘是 SIS 深化应用所必需的功能。空间分析包括网络分析、缓冲区分析、叠置分析及地形分析等；时空数据挖掘的目的是发现空间知识以支持空间决策。空间分析和数据挖掘都需要依赖模型(算法)，同时需要调用空间数据。通过空间分析研究得到的新的模型(算法)可以存入模型(算法)库，数据挖掘发现的知识可以存入内核系统的知识库，进一步丰富模型(算法)库和知识库的内容。

6) 空间决策支持子系统

SIS 发展的高级阶段，应该具备决策支持功能。空间决策支持子系统是在 SIS 内核系统(空间数据库子系统和由模型库、算法库、知识库、符号库组成的支撑工具子系统)的支持下，通过查询检索、空间分析和数据挖掘实现的，是一种数据、模型和知识支持下的辅助决策子系统。目前，空间决策支持系统有 5 种服务模式：①基于网络服务(web service)的时空信息共享与时空数据互操作服务模式，如天地图的 GeoGlobal；②基于网格服务(grid service)的信息资源共享与协同工作(解决问题)服务模式，如 Google Earth；③基于云计算的云端一体化服务模式，如目前流行的云 GIS；④基于网格集成与弹性云的“混合式”服务模式，目前正在研究过程中；⑤基于位置的时空信息服务(LBS)模式，如目前应用最为广泛的车载导航电子地图系统。

7) 空间数据可视化与输出子系统

空间数据可视化与输出子系统是 SIS 的重要组成部分，包括二维和三维可视化与输出。它是在空间数据库、符号库的支持下，利用地图制图功能，直观地表达查询检索、空间分析与数据挖掘及基于知识推理的结果，为用户提供结论性的专题地图和专题数据集以及各种比例尺的数字地图和各种输出方式(屏幕显示、彩色打印)输出的可视化(模拟)的地图。

1.4 总结与展望

1.4.1 总结

1. 空间信息系统是地球空间信息科学的技术系统

认识地球空间信息科学，首先要认识地球系统科学(Earth system science)。地球系统科学是研究地球系统的科学，而地球系统指由大气圈、水圈、岩石圈和生物圈(包括人类本身)等四大圈层组成的整体地球，是一个复杂的非线性系统，所以地球系统科学面对的是全球性综合性问题，必须采用包括系统方法、分析与综合方法和模型方法的大科学思维方法。

地球信息科学是地球系统科学的信息化范式或地球系统科学的重要组成部分，是研究地球表层信息流的科学，属于交叉学科和综合性学科。其主要技术手段是由 GNSS、RS 和 GIS 组成的对地观测系统。

地球空间信息科学是地球信息科学与“地球”和“空间分布”与“时序变化”有关的综合性和集成性的信息科学技术，其主要技术支撑是 GNSS、RS 和 GIS，以及计算机技术和通信网络技术、人工智能和时空大数据技术。

空间信息系统的全称为“地球空间信息系统”，是地球空间信息科学的技术系统或技术实现。

2. 空间信息系统的认识论和方法论是构建系统的理论指导

SIS 的“空间”有广义与狭义之分。广义的“空间”包括地球且大于地球；狭义“空间”指“地球空间”，即地球信息中具有空间特性的一部分。狭义的“空间信息系统”，可以称为“地理信息系统”(GIS)。

作为空间信息系统的认识论与方法论，主要包括地理系统理论、地理信息理论、地理本体理论和地理空间认知理论等四个方面。地理系统，指某一特定时间和空间由两个以上相互区别又相互联系和制约的地理要素或过程组成，且有自动调节和自组织功能的整体，以地理系统理论作为空间信息系统的理论基础，要求空间信息系统必须反映地理系统的规律性。地理信息系统是研究地理系统的科学平台。地理信息理论(geographic information theory)，是地理科学理论与信息科学理论相结合的产物，地理信息系统是地理信息的计算机信息系统，要以地理信息理论(地理信息熵、地理信息流、地理空间场、地理信息关联等理论)指导地理信息系统的建设和应用。将地理本体理论引入空间信息系统是必然的，可以指导地理信息分类、地理空间数据组织管理与表达、地理信息检索与地理知识查询、地理信息共享与互操作、地理信息服务与服务组合、时空推理等。地理空间认知理论作为空间信息系统或地理信息系统的基础理论是公认的，因为认知就是信息获取、存储转换、分析和利用的过程，即信息处理过程；人脑就是一个信息加工系统，计算机(电脑)和人脑虽然物质结构大不一样，但计算机所表现出的功能与人的认知过程却是如此类同，两者都是信息加工系统，所以地理空间认知理论作为空间信息系统的基础理论是必然的。

3. 空间信息系统的结构和功能决定着其服务和工作能力

空间信息系统与地理信息系统具有基本相同的结构和功能。当然，空间信息系统处理的数据和解决的问题要更加广泛。

空间信息系统是一个复杂大系统，由基础支撑和功能支撑两个部分构成。基础支撑系统是核心，包括空间数据库和工具库(模型库、算法库、知识库、符号库)等两个子系统；功能支撑系统包括空间数据采集与更新、空间数据查询与检索、多源异构空间数据融合、空间数据多尺度变换、空间数据分析与挖掘、空间数据可视化和空间决策支持等子系统。基础支撑系统和功能支撑系统是互相关联的。建立基础支撑系统的空间数据库、工具库之间的接口关系，以及功能支撑系统中的各子系统与基础支撑系统中各子系统之间的相应接口关系，是一项重要任务，对于整个空间信息系统有序、高效运行至关重要。

1.4.2　展望

1. 地球空间信息科学对发展空间信息系统具有理论指导意义

空间信息系统是地球空间信息系统的简称，是地球空间信息科学的技术系统或技术实现，大家熟悉的地理信息系统是地理信息科学的技术系统或技术实现。所以，空间信息系统必须是一个能反映地球空间信息科学规律的计算机信息系统，为广大用户提供地球空间信息的智能服务，让从事地球空间信息科学研究的人们利用空间信息系统进行科学研究，揭示地球空间信息科学规律；地理信息系统必须是一个能反映地理信息科学规律的计算机信息系统，为广大用户提供地理信息的智能服务，让从事地理信息科学甚至地理科学研究的人们能利用地理信息系统进行地理信息科学甚至地理科学研究，揭示地理信息科学规律。可以这么说，空间信息系统是地球空间信息科学的第三语言，地理信息系统是地理信息科学或地理科学的第三语言。

2. 认识论和方法论对发展空间信息系统具有直接指导作用

地理系统理论从认识论角度指导空间信息系统中相互区别、相互联系和相互制约的地理要素的空间(位置)、属性及其随时间变化的数据组织与管理，反映地理空间的分异性和地带性规律，以及地理空间结构与地理空间功能的区位特征。地理信息理论用以度量信息量，研究信息流的时空特征、传输机理及其不确定性，确定空间信息系统中要研究的地理空间或地理空间场，以及基于地理信息关联理论的信息获取、组织、分析、综合、模拟评估、预测及信息融合和共享等。地理本体理论是哲学领域的本体论在地理信息科学领域的应用，可用于指导地理信息的分类、地理本体构建、地理空间数据的组织与表达、地理信息检索与查询、地理信息共享与空间数据互操作、地理信息服务与服务组合、时空推理、地理空间语义网格构建等。地理空间认知理论贯穿空间信息系统(广义、狭义)建立与应用全过程，是空间信息系统的基础理论。作为空间信息系统的认识论和方法论，地理系统、地理信息、地理本体和地理空间认知等理论的研究和应用，还有很大的发展空间。

3. 空间信息系统的体系结构和开发模式将发生深刻变革

互联网、物联网、云计算、人工智能、大数据等新兴信息技术的快速发展，推动了空间信息系统的体系结构、开发模式、服务模式的不断进步，功能得到了显著增强。

在新兴信息技术的支撑下，空间信息系统的体系结构将向基于网格集成与弹性云相结合的“混合式”结构发展，充分发挥“网格集成”与“弹性云”各自的优势；标准组件式开发模式将更适合数据服务、功能服务、知识服务分布式特点和面向用户的服务组合需求；基于网格集成与弹性云的“混合式”体系结构、标准组件式开发模式的空间信息系统将向基于“资源池”的时空大数据平台的技术体制发展，一改过去的“可视化展示”平台而向跨层级、跨地域、跨系统、跨部门、跨业务的智能服务平台和工作平台特别是协同工作平台发展。

第 2 章　空间信息系统的时空基准

空间数据的时空基准是空间信息系统最基础的支撑，空间和时间是空间数据的最基本特征。本章首先从哲学层面论述空间和时间、空间参照和时间对照、人类活动和时间空间，然后分别介绍时间基准和空间基准及其研究现状和未来发展。

2.1　空间和时间及其参照

2.1.1　空间和时间的基本概念

空间和时间同自然界和人类社会的万物万事息息相关，同人类的工作、学习和生活息息相关，离开了空间和时间，一切都将不存在。

1. 空间

空间是什么？人类生存在其中，但如果让我们解释，可能说不太清楚，或者有各种各样的说法。《辞海》(第六版)给出的广义和特定意义上的解释是：广义指宇宙空间，包容所有物质(包括天体(含地球)及其运动在内)的三维空间容积(辞海编辑委员会，2010)。特定意义上指太空、外层空间。地球大气层以外的宇宙空间部分。其下界高度尚无法确定，但常指距海平面 100 km(上下幅度为 10 km)高度。包括行星空间、行星际空间、恒星空间、恒星际空间、星系空间和星系际空间等。

《不列颠百科全书》(国际中文版，修订版)给出的空间(space)解释是“无限的三维范围，在此范围内，物体存在，发现发生，且均有相对的位置和方向”(徐惟诚，1998)。所以，在实践中，仅涉及范围和如何测量空间的问题，如位置、方向、长度、宽度、高度、面积、体积等。

2. 时间

对于时间的概念，这里仅关注两个方面：一个是理论上的概念；另一个是更加实际的、自然的概念。在理论方面，牛顿将普通生活中“相对的、明显的和普通的时间”比作出自于自然本质且稳定的“绝对的、真实的和数学上的时间”，而没有参照任何实物。由于这一理论与实践相冲突，后来被爱因斯坦的引力理论推翻。在实践中，仅涉及如何测量时间的问题。诺贝尔奖获得者费曼曾经说过：并不是时间本身使物理学家感兴趣，而是如何测量时间。

测量时间涉及两个量(徐惟诚，1998)：一是，历元；二是，时间间隔。任何经历规律性变化的自然现象都可以用来测量时间。为测量时间，需要某些定量的过程。已经采用的过程有两个：一是动力时，它基于 1687 年牛顿的引力运动定律；另一个是电磁时，它基于 1864 年麦克斯韦的电磁定律。动力时在理论上可以通过仅受引力作用的任何天体的运动得到，而实际上是从行星或卫星的轨道运动得到。因为在这种运动中，所有非引力作用可以忽略不计或很小，这种时间被称为“历书时”(ET)。电磁时是通过原子钟的运转和靠计数电磁波的周数得到的，称为“原子时”(AT)。动力时与电磁时的区别在于：前者涉及实体的运动，而后者不涉及。

基于地球自转的动力时，不是上述定义下的动力学时，它是通过天文仪器观测相同恒星(或太阳)连续两次经过观测者所在的子午线而得到的。这样可测得恒星时或视太阳时。因为地球赤道面与地球绕太阳公转所在的平面(黄道面)存在23.5°的夹角，所以视太阳时相对于动力时是不均匀的，它不适用于民用，故引入平太阳时(即人们虚设的平太阳的时角)，作为地球自转的测量。自1820年以来虽已发现地球自转速率相对于历书时和原子时有10^{-7}的变化，但自转时至今仍在使用。借助中星仪、等高仪和照相天顶筒可以测定自转时。各地的平太阳时是不同的，它们与地理经度有关：每向东15°，地方平太阳时就增加1小时。格林尼治子午线为起始点的平太阳时就称为世界时(UT)，或称为格林尼治平时(CMT)。为避免地方平时的不同而造成使用的不方便，1884年将全球划分为24个时区。同一时区内使用统一的标准时间，不同时区内的标准时间差整数小时，而分、秒则是相同的。180°经度线(实际上是一条折线)被定为日界线。由东向西穿过日界线需要增加一天，方向相反则减去一天。

天文学中感兴趣的时间间隔是平太阳日、朔望月和回归年。规定七天为一个星期，这是古代迦勒底人使用的，它实际上与天文学没有什么关系。

3. 空间与时间的统一

关于空间与时间的关系，《辞海》(第六版缩印本)有很精准的描述(辞海编辑委员会，2010)。其核心思想：一是，空间与时间一起构成运动着的物质存在的两种基本形式。空间指物质存在的广延性；时间指物质运动过程的持续性和顺序性。二是，空间和时间具有客观性，同运动着的物质具有不可分割的联系，没有脱离物质运动的空间和时间，也没有不在空间和时间中运动的物质。三是，空间和时间是无限和有限的统一。就宇宙而言，空间无边无际，时间无始无终；而对各个具体事物来说，空间和时间则是有限的。四是，在自然科学中，是通过量度单位的选定和参考系的建立对空间和时间进行量度。量度空间，一般以米或分数(如厘米、微米)或倍数(如千米)为单位，而量度天体间的距离时则用天文单位、光年、秒差距；量度时间，一般以地球自转和公转为标准，由此定出各种年、月、日、时、分、秒等单位。历法是量度较长时间的系统。

2.1.2　空间基准与时间基准

空间基准与时间基准是自然与社会现象的两个基本基准系统，任何事物和任何现象都离不开这两个基准。换句话说，空间坐标与时间刻度是标识自然万物与社会现象的两个基本特征。

当前，空间基准与时间基准的有关问题，都必须在爱因斯坦的相对论框架下描述(晁定波，2008)。在相对论创立之前，时空概念一直受囿于牛顿的绝对时间观，即时间与空间无关的观念，认为时间按其自身的规律均匀地流逝。20世纪初期，爱因斯坦创立了相对论，改变了人们对自然界的看法。时间和空间不再是相互无关的绝对的东西，甚至单独谈论时间和空间都将是无意义的，只有二者的结合才是现实(Minkowsky，1908，1923)。确切地说，我们所感觉到的时空是一种四维连续空间，单独的一维时间和单独的三维空间是不存在的(Lorentz et al.，1923)。

空间信息系统中所涉及的空间基准或空间参考系有坐标(参考)框架、高程(参考)框架和重力(参考)框架三种，它们分别对应于坐标系统、高程系统/深度基准和重力系统。坐标(参考)框架(坐标系统的实现)分为参心坐标框架(区域性、二维静态的地球坐标框架)和地心坐标框架(国际地面参考(坐标)框架，ITRF)；高程(参考)框架(高程系统的实现)，由全国高精度水准控制网或通过(似)大地水准面来实现；深度基准，指测量水深的参考水面即深度基准面；重力(参考)框架，由分布在全国的若干绝对重力点和相对重力点构成的重力控制网以及用作相对重力尺度标准的若干条长短基线构成。

时间基准是高精度时间参考系统(又称时间频率系统)，其核心是守时系统，而各种时钟是守时的仪器。除地球可以看作时钟外，根据历史发展顺序，先后出现了机械钟、石英钟和原子钟。机械钟可以指示时间间隔或时间的流逝，它由摆动部分和计数部分两部分组成。1583年，伽利略发现摆的周期与摆的幅度无关，是守时史上的一大进步。1656 年，荷兰天文学家惠更斯导出单摆原理并制作了第一架摆钟，到 1925 年，最好的摆钟每日仅相差 0.001s。20 世纪 70 年代，机械钟已不再用于精密守时，仅在日常生活中使用。石英钟靠准确控制电路的振荡频率来测量时间，20 世纪 30 年代投入使用，现在最好的石英钟有很低的老化率，约 10^{-11}/日，但不能准确地预测出来。原子钟的问世开辟了时间计量和守时的新纪元。1949 年第一架氨钟在美国国家标准局诞生；1955 年第一架铯钟在英国国家物理实验室投入运转，小型铯钟的重量仅为 30 kg，准确度为 10^{-12} 量级；1960 年第一架氢原子钟在美国哈佛大学建成，其稳定度高达 10^{-14}；铷钟也是常用的原子钟，它的精度比铯钟低，有明显的老化现象。目前，最好的原子钟的日频率稳定度接近 10^{-17}。所以，高精度时间基准是由高精度原子钟守时和计时设备来维持的。

2.2 时空基准的现代化

2.2.1 高精度时间频率系统的研究、建设和应用

由于时间频率对国家的经济建设、科学研究和军事活动至关重要，世界各国都非常重视自己的时间频率系统建设，其精度大约每 5～10 年提高一个数量级。目前，美国、俄罗斯、欧盟等发达国家和地区的时间频率准确度已达到 10^{-14} 以上，长波授时和卫星授时是高精度时频传递的主要手段。

时间基准及时频应用包括守时、授时和用时等三个系统。守时系统由高精度原子钟和计时设备来维持，包括中心守时系统、备份守时系统、合作守时系统和机动守时系统；授时系统，主要通过网络授时服务系统、北斗(或 GPS)授时系统和长河授时系统播发高精度时间频率，从而实现标准时间溯源服务和标准时间授时监测；用时系统，主要利用通用型时统终端、便携式计量标准系统和嵌入式时统模块等，时间频率可应用于应急时空统一、联合行动精确时间保障、武器系统精确时间控制、战场态势感知和联合行动密切协同等领域。

理论上，任何周期运动，只要它的周期是恒定的并可观测，都可以作为时间基准(单位)。

国际上的时间频率是国际原子时(TAI)，它是国际计量局(BIPM，1988 年以前为 BIH)组织国际上多个时频实验室共同维持产生的时间尺度，是全世界民用参考时间——协调世界时(UTC)的基础。目前，全世界有 30 多个国家和地区、60 个实验室约 300 台原子钟参与 TAI 的计算，而且钟组规模还在不断扩大。此外，美国、俄罗斯、德国、法国、英国、意大利等国家都有自己的一套时间系统，不仅有自己的时频实验室，而且有自己的时间播发手段。

世界时(UT)是以地球自转为基础，通过天文观测确定的一种时间测量系统。由于受地极移动、地球自转季节性变化和其他不规则变化的影响，世界时引入了修正。修正前后的世界

时分别为：UT0 ——由天文观测直接测定的世界时；UT1——修正了地极移动对精度影响后的世界时；UT2——修正了 UT1 受地球自转速率季节性变化影响后的世界时。

协调世界时(UTC)是国际原子时(TAI)与世界时(UT1)协调后产生的标准时间。时间单位与 TAI 一致，时刻上通过闰秒与 UT1 之差保持在 0.9s 以内，与 TAI 相差整数秒。UTC 为国际上统一的民用标准时间，是标准时间频率信号协调联播的基础。

我国的时频研究和建设起步较晚，尚未建立统一的跨部门的国家时间频率委员会，缺乏完整的时频保障体系和长期发展规划，对时频问题的重要性认识不到位，很大程度上影响了工作协同和建设效果；在原子钟研制方面，取得了很好的成果，但作为守时钟在频率稳定性和可靠性方面还有一定的差距，缺乏标准化、系列化的时统装备，卫星授时终端产业化程度不够，高精度守时的原子钟、时间测量与比对设备主要依赖进口，而且长期受制于人；在用户时频终端方面，由于设备性能、授时精度和价格等难以满足用户需求，导致目前 GPS 时频终端在各个领域仍占统治地位，存在安全隐患。

时空一致性对联合行动至关重要。统一的时间是实施联合作战的基础，时间频率测量是空间信息获取和传递的基本手段。高精度的时间频率源是信息化建设的基础，高精度时间频率已成为当今世界武器系统中的核心技术之一，所以格外受到各国军方的高度重视。美国海军研究委员会等单位 2002 年联合发布的《精密时间与时间间隔科学技术的评估》报告中指出，“位置(经度、纬度、高程)和时间在防御和战斗中起着关键性作用，因为这些器件的准确度和稳定度是指挥、控制、通信和情报(C3I)及导航、技侦、电子战、导航制导和敌我识别(IFF)系统性能关键的决定性因素”。英国《新科学家》周刊网站 2014 年 6 月 15 日有报道称“全球原子钟有望实时校准”，认为“量子纠缠特性可以把极为精准的原子钟连接成网，创造出终极世界时钟”。美国哈佛大学的凯斯勒等认为，量子纠缠可提供解决“协调世界时需每日校准一次，急需一个实时计量方式”问题的方案，即当原子等量子物体纠缠到一起时，测量其中一个就会对另一个产生直接的、可以预料的影响，如果把世界各地和轨道运行卫星上的原子钟纠缠到一起，那么有助于它们步调一致地滴答定时；他的团队通过计算认为，全球原子钟网将比任何单个时钟都要精确 100 倍。因此，我们必须对时间频率的研究与建设给予高度重视，走军民融合之路，统一领导、统筹规划、明确任务、落实经费、分步实施，尽最大努力使我国我军的时间频率研究和基础设施建设步入国际先进行列(王家耀，2014)。

2.2.2　高精度空间基准的建立与维护

空间基准是大地基准(geodetic datum)、高程基准(height datum)/深度基准(sounding datum)和重/磁力基准(gravity/magnet datum)的总称，是测绘导航与地理信息的基础，提供目标定位、数据融合、多传感器集成的基准框架，关系到测绘导航与地理信息的精度，是测绘导航与地理信息最重要的基础设施之一。所以，空间基准的统一至关重要。

1. 坐标系

坐标系是参考系的数学描述，它是天文学和大地测量学中为了描述地球、人造卫星或太阳系天体的运动而建立的。坐标是描述空间点位置的一组有序数值，坐标系是描述运动着的物质存在的空间位置(坐标)的参考。为了描述或确定运动着的物质，必须建立坐标系统，坐标只有存在于某个坐标系统才有实际意义与具体的位置。坐标系分为平面坐标系(二维)、空间坐标系(三维)。确定一个坐标系统需要定义坐标原点、坐标轴指向和单位尺度三个要素。

同一空间点的坐标可以采用不同的坐标形式，如空间直角坐标、球面坐标、大地坐标等。同一空间点在不同的坐标系统中，即使采用同一坐标表示形式，其坐标值也不尽相同。

这里主要介绍天球坐标系、地球坐标系、协议天球坐标系、协议地球坐标系。

1) 天球坐标系与协议天球坐标系

天球坐标系。天球是一个假想的、半径无穷大的圆球，是天文学上描述天体位置的参照物。以天球为参照，可建立天球坐标系。根据天球中心位置的不同，天球可以分为日心天球、站心天球和地心天球，相应地也有日心天球坐标系、站心天球坐标系和地心天球坐标系之分。地心天球坐标系一般用于描述卫星的位置。北斗卫星导航系统采用地心天球坐标系描述其卫星的位置，其原点 *O* 位于地心天球的球心，*Z* 轴指向北天极，*X* 轴指向春分点，*Y* 轴垂直于 *XOZ* 平面，与 *Z* 轴和 *X* 轴构成右手坐标系。

协议天球坐标系。在岁差和章动的影响下瞬时天球坐标系的坐标轴指向在不断变化，在这种非惯性坐标系统中，不能直接根据牛顿力学定律来研究卫星的运动规律。为了建立一个与惯性坐标系相接近的坐标系，通常选择某一时刻作为标准历元，并将此时刻地球的瞬时自转轴(指向北极)和地心至春分点的方向，经瞬时的岁差和章动改正后，分别作为 *Z* 轴和 *X* 轴，由此构成的空间固定坐标系称为所取标准历元时刻的平天球坐标系，也称协议天球坐标系。

2) 地球坐标系与协议地球坐标系

地球坐标系，也称地固坐标系，主要用于描述地表、水下或低空点的空间位置。根据坐标原点的不同，可以分为地心坐标系、参心坐标系和站心坐标系。地心坐标系，也称地心地固坐标系，主要有天文坐标系、地心空间直角坐标系和地心大地坐标系三种，三者可以互相转换。其中，地心空间直角坐标系和地心大地坐标系是描述导航接收机位置常用的坐标系。地心空间直角坐标系的原点与地球质心重合，*Z* 轴指向地球北极，*X* 轴指向地球赤道与本初子午线交点，*Y* 轴在赤道平面内与 *XOZ* 平面构成右手坐标系。地心大地坐标系的地球椭球中心与地球质心重合，椭球的短轴与地球自转轴重合，起始大地子午面与起始天文子午面重合。

协议地球坐标系。由于地球表面的物质和地球内部的物质运动，地球自转轴在地球体内的位置会发生变化，这种现象称为地极移动，简称极移。为了克服地球极移的影响，采用协议地极方向(CTP)作为 *Z* 轴指向的地球坐标系称为协议地球坐标系。

2. 1984 世界大地坐标系

1984 世界大地坐标系(WGS84)是由美国国家影像制图局(National Imagery and Mapping Agency，NIMA)与其前身美国国防部测绘局(Defence Mapping Agency，DMA)从初始的世界大地坐标系 WGS60 开始发展，并在随后的 WGS66、WGS72 的基础上不断改进形成的(李厚朴等，2015)。通过使用全球定位系统(GPS)，WGS84 参考框架的实现已获得很大进展，它是通过精确计算全球定位系统跟踪站来实现的，这些跟踪站的坐标绝对精度为±5cm。

WGS84 属协议地球参考系(Conventional Terrestrial Reference System，CTRS)，是应用于导航、精确大地测量和地图制图的全球大地参考系。其原点是地球的质心，因此是一个地心坐标系，地心定义为包括海洋和大气的整个地球质量的中心。*Z* 轴指向国际地球自转服务(International Earth Rotation Service，IERS)参考极的方向，这个方向与国际时间局 BIH1984.0 协议地极的指向相差±0.005″。*X* 轴为 IERS 参考子午面与通过原点且与 *Z* 轴正交的赤道面的交线，这个方向与 BIH1984.0 协议零子午线相差±0.005″。*Y* 轴与其他两轴构成右手地心地固(earth-centered earth-fixed，ECEF)直角坐标系。

WGS84 的参考椭球为一旋转椭球，其几何中心与坐标系原点重合，其旋转轴与坐标系的 Z 轴一致。参考椭球面在几何上代表地球表面的数学形状，在物理上代表一个等位椭球，其椭球面是地球正常重力位的等位面。WGS84 采用的 4 个基本椭球常数为：$a = 6378137\text{m}$，f=1/298.257223563，GM=$3.986004418 \times 10^{14} \text{m}^3/\text{s}^2$，$\omega$=$7.292115 \times 10^{-5}$rad/s。除 4 个基本常数外，导航和大地测量还需要 WGS84 椭球的其他许多常数，这些常数可由 4 个基本常数导出。

3. 我国的大地坐标系

由于历史和科学技术的原因，我国在不同时期曾建设和使用过多种大地坐标系，经历了从参心坐标系到地心坐标系的发展演进过程。

1) 1954 北京坐标系

1954 北京坐标系(简称“BJS54”)，是 20 世纪 50 年代我国为适应经济建设和国防建设需要而建立的第一个全国统一的大地坐标系。鉴于当时的历史与技术条件，1954 北京坐标系是通过我国东北呼玛、吉拉林、东宁 3 个基线网与苏联远东大地控制网相联结，将苏联 1942 年普尔科沃(Pulkovo)坐标系延伸至我国的一个大地坐标系(李厚朴等，2015；吕志平和乔书波，2010)。

1954 北京坐标系属参心坐标系，采用的参考椭球为克拉索夫斯基椭球，椭球参数为：长半轴 $a = 6378245\text{m}$，扁率 $\alpha = 1/298.3$。1954 北京坐标系在全国的测绘生产中发挥了巨大作用，测绘成果广泛应用于我国经济建设和国防建设的许多领域。但是由于当时条件的限制，1954 北京坐标系也存在一些问题：

(1) 克拉索夫斯椭球参数同现代精确确定的椭球参数相比，长半轴大了约 108m(与 GRS80 比较)，扁率倒数大了 0.04。

(2) 只涉及两个几何性质的椭球参数 (a, f)，满足不了当今理论研究和实际工作中所需描述地球椭球的 4 个基本参数(长半轴 a，地球重力场二阶带球谐系数 J_2，地心引力常数 GM 和地球自转角速度 ω) 的要求。

(3) 大地测量几何计算中采用克拉索夫斯基椭球，而处理重力数据时采用的是赫尔默特 1901～1909 年正常重力公式。与该公式相对应的赫尔默特扁球不是旋转椭球，几何大地测量与物理大地测量采用的椭球不统一，给实际使用带来不便。

(4) 椭球定位定向有较大偏差，与我国大地水准面存在自西向东明显的系统性倾斜，东部地区最大倾斜量达 65m，全国范围平均为 29m；椭球短轴指向既不是国际上普遍采用的国际协议原点 CIO，也不是我国地极原点 JYD1968.0；起始大地子午面也不是平行于国际时间局 BIH 所定义的格林尼治平均天文台子午面，从而给坐标换算带来了一些不便和误差。

(5) 1954 北京坐标系采用分区局部平差法，系统误差累积明显，导致大地控制网产生扭曲和变形，区与区之间产生裂隙。

(6) 坐标精度偏低，相对精度约为 5×10^{-6}；较低精度的二维大地测量成果与高精度的三维大地测量成果不相匹配，造成了使用上的麻烦。

(7) 1954 北京坐标系并不是中国独立建立的坐标系，大地原点不在北京，而在苏联的普尔科沃，取名为“北京坐标系”名不副实，容易引起误解，解释其定义也不简单明了。

2) 1980 西安坐标系

针对 1954 北京坐标系存在的问题，在基于新的参考椭球面对全国天文大地网进行整体平差的基础上，建立了我国新的大地坐标系，并命名为 1980 国家大地坐标系(使用中常称为

1980 西安坐标系，简称 XA80）（李厚朴等，2015；吕志平和乔书波，2010）。该坐标系采用既含几何参数又含物理参数的 4 个椭球基本参数，数值采用 IUGG1975 年第 16 届大会的推荐值：a=6378140m，GM=3.986005×$10^{14}m^3/s^2$，J=1.08263×10^{-3}，ω=7.292115×10^{-5}rad/s。

与 1954 北京坐标系相比较，1980 西安坐标系具有如下优点：

(1) 理论严密，定义明确；大地坐标原点位于我国中部地区的陕西省泾阳县永乐镇，简称西安原点；采用多点定位，推算坐标的精度比较均匀。

(2) 采用的参考椭球比较合适，椭球短半轴指向地极原点 JYD1968.0，指向明确。

(3) 椭球面与我国大地水准面密合较好，全国范围内的平均差值为 10m，最大差值出现在西藏西南角，全国广大地区差值多数在 15m 以内。

(4) 严格按投影法进行观测数据归算，全国统一整体平差，消除了分区局部平差不吻合的控制网影响，提高了平差结果的精度。因此，采用 1980 西安坐标系通过不同类型数学模型及其转换参数转换得到的地心坐标精度均有所提高。

1980 西安坐标系相比较 1954 北京坐标系虽然具有上述明显优点，但仍然存在一些问题：

(1) 1980 西安坐标系仍然属参心坐标系，是一个二维坐标系，不能提供高精度三维坐标。

(2) 采用的椭球比现在国际上公认的或卫星定位技术中所采用的相应值要大 3m 左右，而这可能引起地表长度误差达 5×10^{-7} 量级。

(3) 采用的椭球的短半轴指向（JYD1968.0）与国际上通用的坐标系如 ITRS 或与 GPS 定位中采用的 WGS84 等椭球短半轴的指向（BIH1984.0）不同。

3) 2000 国家大地坐标系

2000 国家大地坐标系，又称 2000 中国大地坐标系（China Geodetic Coordinate System 2000，CGCS2000）（李厚朴等，2015；吕志平和乔书波，2010）。其定义与协议地球参考系的定义一致。CGCS2000 的原点为包括海洋和大气的整个地球质量的中心；定向的初始值由 1984.0 时 BIH 定向给出，定向的时间演化保证相对于地壳不产生残余的整体旋转；长度单位为引力相对论意义下的局部地球框架中的米；参考历元为 2000.0。CGCS2000 的 Z 轴由原点指向历元 2000.0 的地球参考极的方向，该历元的指向由国际时间局给定的历元为 1984.0 的初始指向推算；Y 轴由原点指向格林尼治参考子午线与地球赤道面（历元 2000.0）的原点；Y 轴与 Z 轴、X 轴构成右手正交坐标系。CGCS2000 采用的地球椭球参数为：长半轴 a=6738137m，扁率 f=1/298.257222101，地心引力常数 GM=3.986004418×$10^{14}m^3/s^2$，自转角速度 ω=7.292115×10^{-5} rad/s。

CGCS2000 的实现分为三个层次。

第一层次：连续运行参考站网（CORS）。构成 CGCS2000 的基本骨架，坐标精度为毫米级，速度精度为 1mm/a。连续运行参考站还为静态、动态定位和导航提供坐标基准。

第二层次：2000 国家 GNSS 大地控制网。包括国家 GNSS 的 A、B 级网，全国 GNSS 一、二级网、中国地壳运动 GNSS 观测网络工程，以及其他地壳形变 GNSS 监测网中除 CORS 站以外的所有站点。其三维地心坐标精度约为 3cm，速度精度为 2～3mm/a。

第三层次：全国天文大地控制网。包括空间网与地面网联合平差的约 5 万个一、二等天文大地控制点，是 CGCS2000 的加密框架，其大地点位经纬度误差不超过 0.3m，大地高误差不超过 0.5m。

与我国现行的参心坐标系相比，CGCS2000 国家大地坐标系具有以下主要特征：

(1)参心坐标系(如 1980 西安坐标系)的原点与地球质量中心存在较大偏差，2000 国家大地坐标系的原点位于地球质量中心，可以更好地阐明地球上各种地理物理现象特别是空间物体的运动。

(2)参心坐标系缺乏高精度的外部控制，长距离外部精度较低。CGCS2000 精度比现行参心坐标系的精度提高了 10 倍，相对精度可达 10^{-7}～10^{-8}。

(3)参心坐标系为二维坐标系，CGCS2000 为三维坐标系，符合客观空间实际，有利于描述和表达空间物体的位置及其运动。

(4)CGCS2000 是一个动态大地测量基准、具有较强的现势性，能满足实时导航、定位等方面有高精度和实时需求用户的基本要求。

(5)现行参心坐标系的建立和应用，主要限于中国的大陆范围，而 CGCS2000 涵盖了包括海洋国土在内的全部陆海国土。

CGCS2000 国家大地坐标系是基于国际地球参考框架 ITRF 建立的。根据对多年 VLBI 数据分析的结果，欧洲和北美大陆以每年约 18mm 的速度远离。目前 ITRF 框架点的坐标变化速率主要依赖 GNSS 手段获取，如何融合多类观测数据获取框架点的绝对坐标变化，还是需要研究的问题。

4. 关于高程/深度基准

高程/深度基准，统称为垂直基准。

高程基准，是计算陆地高程的起算面，一般采用平均高潮面。我国使用过 1956 黄海高程系，目前使用的“1985 国家高程基准”，其高程起算面是由单个验潮站(青岛)长期观测数据获得的。我国海岸线长、海域广，南北沿海有近 1m 的不准确性，更不用说世界各国采用不同的高程基准了。有学者一直探索统一的、高精度的高程基准的建立问题。郭海英等(2004)初步探讨了我国海平面系统偏差及高程基准偏差，研究了 1985 国家高程基准与全球似大地水准面之间的系统偏差及其分布规律。晁定波等(2008)提出了“全球高程基准的统一”的方案，即：假定某一点 A 是国际基准点，它位于大地水准面上。由 A 点出发，利用频移测量手段，可实现全球高程基准的统一。具体地说，基于重力频移方程，可通过两个接收机接收 GPS 卫星信号来确定频移观测量，由此可确定任意两点之间的重力位差，进而确定高程差。特别是在由海洋隔开的两个大陆之间，采用 GPS 卫星信号频移法可以实现两个大陆之间的高程联结，从而实现全球高程基准的统一。

深度基准，是计算水体深度的起算面，是海洋(江、湖)测深的起算面，采用平均低潮面，称之为“理论深度基准面”，且各地也不一致。

垂直基准的当前问题是高程基准(平均高潮面)与深度基准(平均低潮面)之间不衔接，由于两者的起算面不一致，使得数字高程模型(DEM)与数字水深模型(DDM)集成的数字海岸地形模型(DCTM)存在垂直方向上的“缝隙”(图 2.1)。为解决这个问题，美国有学者提出了一种思路和方法，认为关键在于了解用于测量的参考面之间的差异，即椭球面与地球自然表面之间的差异、椭球面与大地水准面之间的差异、椭球面与平均低潮面之间的差异，这些差异可以被表示为模型，实现在各种参考系之间进行转换，以生成无缝的沿海岸的海岸地形模型(CTM)。而 CTM 的构建，需要验潮仪长期精确测量的验潮站、气象观测以及流体力学建模工具的支持。

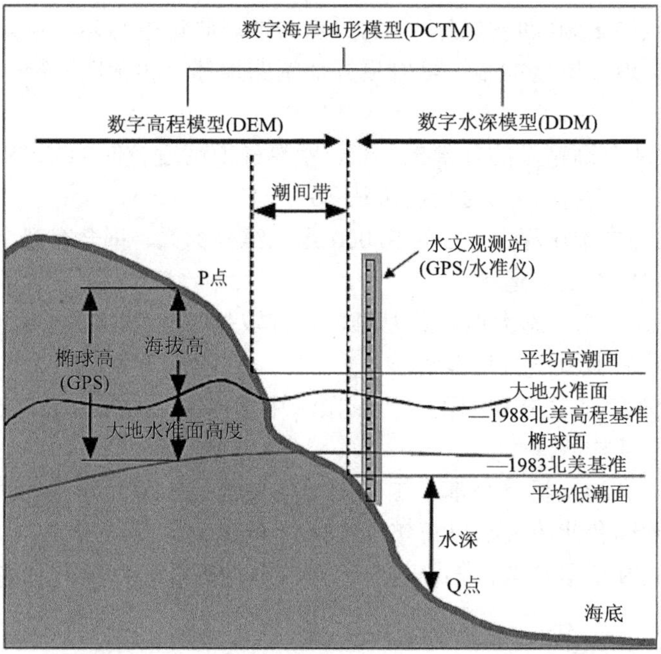

图 2.1　描述陆地高程（P 点）和近海海底地形（Q 点）数据的海岸参考系和观测站

我国该领域学者一直重视海洋垂直基准的研究。其中，海洋无缝垂直基准构建理论和方法（章传银等，2004）、测绘垂直基准相互转换与统一技术（柯灏，2012）和远距离高精度 GPS 潮汐观测及垂直基准转换（赵建虎等，2015），建立了我国高程基准与深度基准转换模型。但是，我国垂直基准模型精度有待提高，无缝垂直基准的动态实现与维护技术方法有待改进（杨元喜，2017）。

5. 关于重力测量基准

重力测量基准，是标定一个国家或地区绝对重力值的标准。20 世纪 50 至 70 年代，我国采用波茨坦重力基准，这个基准是 1909 年在伦敦举行的国际大地测量学协会会议上通过的，曾被世界各国使用。波茨坦重力基准以德国波茨坦大地测量研究所摆仪厅重力值作为基准，重力值 g=(981274.20±0.003) mGal (1mGal=0.001cm/s^2)。后来，许多国家的绝对重力测量结果表明，波茨坦绝对重力值大了 14mGal 左右，所以 1971 年在莫斯科举行的国际大地测量学和地球物理学联合会第 15 届大会决定采用 1971 年国际重力基准网（ISGN-71），与其相应的波茨坦基准点的新重力值 g=(981260.19±0.017) mGal。国际重力基准网具有较高的精度，因此除了作为相对重力测量的起始数据外，还用于重力仪格值标定的比较基线。中华人民共和国成立以来，我国先后建立了 1957、1985 和 2000 共三个国家重力基准网。目前采用的国家重力测量框架为 2000 国家重力基准网（宁津生等，2016；杨元喜，2017）。

6. 关于磁力测量基准

磁力测量按其观测磁异常的领域不同，分为地面磁测、航空磁测、海洋磁测、卫星磁测和井中磁测等。地磁场观测主要使用磁力仪，航空磁测（磁力仪安装在飞机上）比陆地磁测和海洋磁测速度快、费用低。美国和苏联先后发射过几颗低轨道测磁卫星。美国发射的“地磁卫星”，其轨道通过两极上空，能覆盖整个地球表面，卫星上除安装有光泵磁力仪和磁通门矢量磁力仪外，还安装有星像照片机，能较准确地确定卫星的飞行姿态，因而有可能进行较准确的地磁三分量的全球测量。我国 1950 年开始进行全国范围的陆地磁测，并于 1969～1972 年完成了全国地磁普测。由于数据稀少、来源不一，精度有限，更新缓慢，加之台站分布与观测均以地震监测为目的，难以满足科研及军事应用系统对地磁场模型的需求。总的来说，受条件限制国内关于磁力测量特别是卫星磁测的研究总体水平还不够高。

2.3　总结与展望

2.3.1　总结

1. 空间和时间是空间数据最基本的特征和空间信息系统最基础的支撑

空间与时间是哲学领域的一个最基本的问题。在哲学上，空间无边无际，时间无始无终；而对于具体事物而言，空间与时间却是有限的。对于(地理)空间数据，我们强调的是自然界和人类社会各种地理要素或现象的位置、方向、长度、宽度、面积和体积等测定，及其随时间变化而变化的过程；对于空间信息系统而言，强调空间与时间的统一，这是通过空间基准和时间基准来实现的。空间基准或空间参考系包括坐标参考框架、高程参考框架和重力磁力参考框架，分别对应于坐标系统、高程系统/深度基准和重力系统；时间基准是高精度时间参考系统或时间频率系统，其核心是守时系统，而守时系统是依靠高精度原子钟和计时设备来维持的。空间、时间和空间与时间的统一，高精度空间基准和时间基准的建设与维护，对经济建设、国防建设、科学研究和服务社会具有重要意义。

2. 高精度空间基准是测绘导航与地理信息最重要的基准设施之一

空间基准是大地坐标基准、高程基准/深度基准和重力/磁力基准的总称，是测绘导航与地理信息的基础，是目标定位、多源异构数据融合、多传感器集成的基准框架，关系到测绘导航与地理信息的精度，空间基准的统一对于空间信息系统至关重要。就坐标系而言，它是描述运动着的物质存在的空间位置(坐标)的参考，分为平面坐标系(二维)和空间坐标系(三维)，确定一个坐标系需要定义坐标原点、坐标轴指向和单位尺度等三个要素，如天球坐标系与协议天球坐标系、地球坐标系与协议地球坐标系等。目前，正在应用的坐标系是 1984 世界大地坐标系(WGS84)，属于协议地球参考系(CTRS)，是用于导航、精确大地测量和地图制图的全球大地参考系，是一个地心坐标系。在我国，由于历史和科学技术的原因，不同时期曾建设和使用过多种大地坐标系，经历了由参心坐标系(如 1954 北京坐标系、1980 西安坐标系)到地心坐标系(如目前正在使用的 2000 国家大地坐标系)的发展演进过程。就高程基准/深度基准(统称“垂直基准”)而言，我国曾使用过 1956 黄海高程系，目前使用“1985 国家高程基准”；深度基准是计算水体深度的起算面，采用平均低潮面，即“理论深度基准面”。就重力/磁力测量基准而言，我国在 20 世纪 50～70 年代曾采用波茨坦重力基准，后采用 1971 年国际重力基准网(ISGN-71)，先后建立了 1957、1958 和 2000 等 3 个国家重力基准网；在磁力测量方面，美国和苏联先后发射过低轨道测磁卫星，我国于 1969～1972 年采用地面磁测方法完成了全国地磁普查，显然，采用航空磁力测量和卫星磁力测量，其速度、费用都要优于地面磁测和海洋磁测。

3. 高精度时间基准对国家经济建设、科学研究和军事活动具有重要意义

时间基准及时频应用包括守时(由高精度原子钟和计时设备来维持)、探时(网络授时系统、北斗授时系统和长河授时系统）和用时（通用型时统终端、便携式计量标准系统和嵌入式时统模块）等三个系统。国际上的时间频率是国际原子时（TAI），世界时（UT）是以地球自转为基础通过天文观测确定的一种时间测量系统，UT1 是修正地极移动影响后的世界时，协调世界时（UTC）与世界时（UT1）协调后产生的标准时间，是国际上统一的民用标准时间。时间频率系统是应急保障时空统一、联合行动精确时间保障、武器系统精确时间控制、战场态势感知和联合行动密切协同，以及金融、电力等经济活动和科学特别是空间科学研究的基础。正是因为高精度时间基准对国家经济建设、科学研究和军事活动具有重要作用，所以世界各国都非常重视时间频率系统的研究、建设与应用。

2.3.2 展望

1. 我国的时间频率研究和基础设施建设将步入国际先进行列

从“测时→守时→授时→用时”全过程来看，其核心是原子钟。它是目前最准确最稳定的时间和频率标准，最好的原子钟的日频率稳定度接近 10^{-17}。目前世界上有 30 多个国家和地区、60 个实验室的约 300 台原子钟参与世界时（TAI）的计算，且原子钟的规模还在不断扩大，美国、俄罗斯、德国、法国、英国、意大利等国家都有自己的一套时间系统，不仅有自己的时频实验室，而且有自己的时间发播手段，随着伽利略计划的实施，欧洲将会摆脱美国 GPS 的控制，具备独立自主且更加完备的时频服务系统。英国《新科学家》周刊网站 2014 年 6 月 5 日报道称“全球原子钟有望实时校准”，认为“量子纠缠特性可以把极为精准的原子钟连接成网，创造出终极世界时钟”。美国哈佛大学的凯斯勒等认为，量子纠缠可提供解决协调世界时需每日校准一次的实时计量方式的解决方案，他们通过计算认为，全球原子钟网将比任何单个时钟都要精确 100 倍。我国的时频研究与建设起步较晚，尚未建立跨部门的国家时间频率委员会，缺乏完整的时频保障体系和长远发展规划。在原子钟研制方面，虽取得了不少成果，但作为守时钟在频率稳定性和可靠性方面还有一定差距，缺乏标准化系列化时统装备，卫星授时终端产业化程度不够，用户时频终端轻小型化不够，设备性能、授时精度和价格等难以满足日益增长的用户需求。但是，随着对时间频率研究与建设的重视和研究工作的不断深入，以及时统装备的标准化和系列化，坚持统一领导、统筹规划、明确任务、分步实施并不断加大投入，就必定能使我国的时间频率研究和基础设施建设步入国际先进行列。

2. 高精度空间基准的现代化仍是一项长期的任务

我国的“2000 国家大地坐标系（CGCS2000）”是基于 ITRF 建立的。根据多年 VLBI 数据分析结果，欧洲和北美大陆以每年 18mm 的速度远离。目前 ITRF 的框架点的坐标变化速率主要依赖 GNSS 手段获取，如何融合多类观测数据，以获取框架点的绝对坐标变化，还必须加强研究。我国的高程基准，曾经使用过 1956 黄海高程系，目前使用的“1985 国家高程基准”，其高程起算面仅根据单个验潮站（青岛）长期观测数据获取，对于我国海岸线长、海域广的特点，南北沿海有近 1m 的不准确性，更不用说世界各国采用不同的高程基准了。全球统一的高精度的高程基准的建立与维护，更需要进一步深入研究。深度基准是计算水体深度的起算面，即海洋测深的起算面，采用的是平均低潮面即“理论深度基准面”，不仅各地不一致，而且高程基准与深度基准之间由于两者的起算面不一致，使得数字高程模型（DEM）与数字水深模型（DDM）两者集成的数字海岸地形模型（DCTM）存在垂直方向的“缝隙”，需要进一步研究海陆无缝的垂直基准构建理论和方法，关键是要进一步研究用于测量的椭球面与地球自然表面之间的差异、椭球面与大地水准面之间的差异、椭球面与平均略低低潮面之间的差异，实现各种参考系之间的转换，以生成无缝的沿海数字海岸地形模型；进一步研究高程基准与深度基准之间的转换模型、无缝垂直基准的动态实现与维护。关于重力测量，在采用 2000 国家重力基准网的基础上，要积极推进卫星重力测量；我国磁力测量台站的分布应更加科学合理，并加强卫星磁力测量的研究与建设，以满足科研和军事应用对磁场模型的需求。

3. 时间和空间及时空统一对自然界和人类社会的重要性将越来越突出

时间和空间，是自然界万事万物和人类一切活动的基础，时空统一的关键是时空基准。哲学上有一个基本观点，即空间与时间一起构成运动着的物质存在的两种基本形式，空间和时间同运动着的物质具有不可分割的联系；社会管理与治理对空间和时间的依赖程度越来越高；在复杂非线性地理世界的表达方面，只能通过空间轴 (S_i-$X_iY_iZ_i$)、时间轴 (T_i) 和属性轴 (D_i) (i=1,2,⋯, n) 的三轴 n 维空间来实现；大数据是包括人类活动在内万事万物运动变化的产物，都具有空间与时间特性，一切大数据本质上都是时空大数据。正是基于空间和时间对自然界和人类社会的至关重要性，必将受到各国政府和军方的高度重视，空间基准和时间基准必将成为各国政府和军方的重要基础设施，时空基准的现代化必将成为发展趋势。

第 3 章　空间信息系统数据的获取

空间数据是空间信息系统最基础、最主要的核心组成部分，没有空间数据的空间信息系统是不存在的。因此，掌握空间数据的来源和获取的技术手段至关重要。本章主要介绍利用各种智能感知技术获取或采集空间数据的基本技术方法，包括全球导航卫星系统技术、遥感技术、地图数据智能采集技术及其他数据采集技术。

3.1　基于全球导航卫星系统的空间位置数据获取

3.1.1　作用与意义

全球导航卫星系统(global navigation satellite system，GNSS)，是以地球卫星为基础的无线电测时定位导航系统，可为航天、航空、陆地、海洋等方面的用户提供不同精度的在线或离线的空间定位数据。

SIS(GIS)中存储、管理和分析应用的数据，是直接或间接与空间位置或空间分布特征有关的地理信息数据，各种目标(对象)的质量和数量特征信息是定位在目标的空间位置上的，而且基于位置的地理信息每时每刻都在随着时间的变化而变化，因此 SIS 中的地理信息的现势性和精确性就成为一个非常重要的问题。GNSS 就是解决这一问题的有效方法之一，可用于测定基础地理空间数据框架、对数字地形图数据进行局部更新(如公路、边界等)、周期性变化数据的采集和用于航空摄影测量和卫星遥感信息获取中的定位、移动平台的导航与位置服务，等等。

3.1.2　GNSS 的构成

全球导航卫星系统(GNSS)，无论是美国的 GPS，还是俄罗斯的 GLONASS、欧盟的 GALILEO 和我国的 BDS，其构成基本上都包括三个部分，即空间卫星部分、地面监控部分和用户接收机。

空间卫星部分。由一定数量、运行在不同高度的轨道、以不同轨道倾角的卫星组成，向地面发出 GNSS 信号(如载波频率、卫星星历、测距码、导航数据——广播星历)。

地面监控部分。一般包括监控站、上行注入站和主控站。注入站和主控站本身也是监控站。监控站是无人值守的 GNSS 卫星跟踪站。

用户部分。指用户接收机，其主要功能是接收卫星发播的伪随机码信号，并利用本机产生相同的伪随机码，将两个码信号进行比对，得到距离观测量和导航电文，根据导航电文提取的位置和钟差改正信息计算接收机的位置和钟差。

3.1.3　GNSS 定位的基本原理和方法

1. 基本原理

GNSS 是一种采用距离交会法测距的卫星导航定位系统。如果用户在某一时刻 t_1 用 GNSS 用户接收机同时测得了从接收机至视场中的 3 颗 GNSS 卫星(A、B、C)的距离 S_{AP}、S_{BP}、S_{CP}，且该时刻(t_1)这些卫星在空间的位置也是已知的，那么就能用距离交会法求解 P 点的三维坐标(X_P，Y_P，Z_P)。其求解方程为

$$\begin{cases} S_{AP}=\left[(X_P-X_A)^2+(Y_P-Y_A)^2+(Z_P-Z_A)^2\right]^{\frac{1}{2}} \\ S_{BP}=\left[(X_P-X_B)^2+(Y_P-Y_B)^2+(Z_P-Z_B)^2\right]^{\frac{1}{2}} \\ S_{CP}=\left[(X_P-X_C)^2+(Y_P-Y_C)^2+(Z_P-Z_C)^2\right]^{\frac{1}{2}} \end{cases} \tag{3.1}$$

式中，(X_A，Y_A，Z_A)，(X_B，Y_B，Z_B)，(X_C，Y_C，Z_C)分别为卫星 A，B，C 在时刻 t_1 的空间直角坐标。

2. 测距方法

用户在某一时刻到 GNSS 卫星的距离是采用物理测距法测得的，即通过测定测距信号的传播时间来间接测定。在物理测距中，信号的传播速度通常被认为是已知的。

1) 物理测距的两种方式

(1) 主动式测距。它是用户发出测距信号，该信号传播至测线另一端时被反射回来，用户用仪器及时钟(直接或间接)测定测距信号往返传播的时间 Δt 后，即可用下式求出距离 S:

$$S=\frac{1}{2}\Delta t\cdot v+\sum\delta_i \tag{3.2}$$

式中，v 为信号的传播速度；δ_i 为各项改正数。

采用主动式测距方式时，信号离开仪器及重新返回仪器的时间都是由用户时钟来测定的，用户只需要采用短期稳定度良好的石英钟就能获得精确的结果。主动式测距的缺点是用户需要发出测距信号，这在战争环境中难以隐蔽自己，此外要同时测定至几个目标(卫星)的距离也较困难，且用户必须同时配备发射设备和接收设备。

(2) 被动式测距。它是利用位于测线另一端的无线电信号发射机(置于卫星中)，按照预定的方式在预定的时间发射测距信号，用户利用自己的时钟来测定信号到达的时间，求出信号的单程传播时间 Δt 后，用下式计算距离 S:

$$S=\Delta t\cdot v+\sum\delta_i \tag{3.3}$$

采用被动式测距方式时，信号是按照无线电发射台中的时钟来发射的，而信号到达时间却是由用户的时钟来测定的。因此，由式(3.3)求得的距离 S 中必定会包含这两台时钟不同步带来的影响，故用这种方式测得的距离被称为伪距。

采用被动式测距方式时，用户只需要接收信号，易于隐蔽自己，因而这种方式宜于为军事用户所采用。然而，无线电信号是以每秒 30 万 km 的速度传播的，采用这种方式测距必然会对两台钟的同步误差提出极高的要求。例如，如果要求同步误差对测距的影响不大于 30 cm，那么这两台钟就应同步至 1ns(10^{-9} s)以内。假设这两台钟每 3 小时可精确比对一次且不计比对误差的话，那么就需对这两台钟提出这样的要求：在 3 小时内它们的钟差不得超过 1 ns。因而，每台钟的稳定度至少应优于 10^{-13}s。事实上，只有性能极好的高质量原子钟才能达到这种精度。每个 GNSS(如 GPS)工作卫星上都配备了 4 台原子钟，但是要在数以万计的用户接收机上都配备原子钟显然是不现实的。为解决这一问题，在用户接收机中一般仍配备

石英钟，但需要把观测瞬间用户钟差 v_T 也当作一个未知参数，通过平差计算来求得它。这样，在 GNSS（如 GPS）定位中就至少有了 4 个待定参数，故在卫星导航定位中用户通常同时测定 4 个 GNSS（如 GPS）卫星的距离才有可能解得这些参数，其数学方程如下：

$$\begin{cases} S_{AP}=\left[\left(X_P-X_A\right)^2+\left(Y_P-Y_A\right)^2+\left(Z_P-Z_A\right)^2\right]^{\frac{1}{2}}+\left(v_{tA}-v_T\right)\cdot C \\ S_{BP}=\left[\left(X_P-X_B\right)^2+\left(Y_P-Y_B\right)^2+\left(Z_P-Z_B\right)^2\right]^{\frac{1}{2}}+\left(v_{tB}-v_T\right)\cdot C \\ S_{CP}=\left[\left(X_P-X_C\right)^2+\left(Y_P-Y_C\right)^2+\left(Z_P-Z_C\right)^2\right]^{\frac{1}{2}}+\left(v_{tC}-v_T\right)\cdot C \\ S_{DP}=\left[\left(X_P-X_D\right)^2+\left(Y_P-Y_D\right)^2+\left(Z_P-Z_D\right)^2\right]^{\frac{1}{2}}+\left(v_{tD}-v_T\right)\cdot C \end{cases} \tag{3.4}$$

式中，v_{tA}，v_{tB}，v_{tC}，v_{tD} 分别为观测瞬间 4 个卫星钟的钟差，可以从卫星星历中得到；S_{AP}，S_{BP}，S_{CP}，S_{DP} 中已加入了电离层延迟改正、对流层延迟改正等各种改正项。GNSS（如 GPS）卫星星座可以保证任一时刻地球上任何地方的用户至少能同时看到 4 颗导航卫星。

2）测距码

GNSS（如 GPS）是利用测距码来测定距离的。测距码是一种周期性的，按照某种特定规律编排起来的二进制代码。它是一种从某一特定结构的线性反馈移位寄存器中产生并经过移位、复合、截短等处理后形成的一种伪随机噪声码。如果用户接收机也能产生结构完全相同的测距码（称为复制码或本地码），那么就能用它来测定从接收机至卫星间的距离。其具体做法是：卫星和用户接收机在各自时钟的控制下产生出结构相同的测距码和本地码。卫星发出的测距码经过 Δt 的传播后到达接收机被接收机接收，并与通过时延器延迟后的本地码进行比对。不断调整延迟时间，使来自卫星的测距与延迟后的本地码“对齐”，此时本地码的延迟时间 T 即为卫星信号的传播时间 Δt。而伪距测量实质上就是测定信号的传播时间。测距码和本地码是否已对齐，这是根据这两组信号的相关系数 $R(t)$ 的大小来判断的。t 时刻的相关系数 $R(t)$ 定义如下：

$$R(t)=\frac{1}{T}\int v(t-\Delta t)\cdot v'(t-\tau)\mathrm{d}t \tag{3.5}$$

式中，v 表示卫星发出的测距码；v' 表示接收机发出的本地码，它们都是用幅度为 1 的正负短形波来表示的，正波形（+1）代表二进制码“0”，负波形（−1）代表二进制码“1”。这就是说，将接收到的来自卫星的测距码 $v(t-\Delta t)$ 和延迟后的本地码 $v'(t-\tau)$ 相乘，并在时间段 T 内进行积分，积分平均值就是相关系数 $R(t)$。由于测距码和本地码的结构相同，因此当 $\tau=\Delta t$ 时，相关系数 $R(t)$ 将达到最大值 1；当 $\tau\neq\Delta t$ 时，相关系数 $R(t)<1$。伪随机噪声具有良好的相关特性，当时延 τ 略偏离 Δt 时，相关系数 $R(t)$ 便会迅速减小。采用伪随机噪声码作为测距码有助于精确测定距离。GPS 接收机能自动调整延迟时间，使相关系数始终保持最大，其理论值应为 1，但由于钟误差的影响及信号传播过程中的畸变等原因，所以在进行相关处理时两种码并不完全相同，最大相关系数无法达到 1，这样，用户就能很方便地求得任一时刻接收机至卫星的伪距。

以 GPS 为例，卫星的测距码分为两种：一种是粗码捕获码（C/A 码），码元长度为 293 m；

另一种是精码(P 码)，码元长度为 29.3m。相关处理的精度约为码元长度的 1/100。因此，用精码来测距可以得到更高的精度。

3)载波相位测量

利用测距码进行伪距测量是全球导航卫星系统的基本测距方法，但是由于测距码的码元长度较大，对于一些高精度应用其测距精度还显得过低，加之美国政府的选择可用性(SA)政策，一般(如我国)不能使用 P 码获得高精度的测距观测量。为了使 GNSS(如 GPS)用于高精度定位，就不得不寻求其他的技术途径。载波相位测量技术就是在这种背景下产生的。在全球定位系统中，载波不仅被用来运载测距码和卫星电文，而且本身又被当作一种测距信号。为了消除电离层延迟误差，美国的 GPS 卫星同时使用了两种不同频率的载波：频率为 1575.42 MHz 的 L_1 载波，其波长约为 19.0 cm；频率为 1227.60 MHz 的 L_2 载波，其波长约为 24.2 cm。载波相位测量的精度可以达到毫米级至亚毫米级。因为载波的波长只是一些无任何标记的余弦波，所以进行载波相位测量时会产生整周模糊度问题。也就是说，对某一卫星进行首次载波相位测量时，能测定的仅仅是不足一整周的小数部分，而此时从接收机至卫星间究竟包含了多少个整周是无法测定的。在随后进行的各次载波相位测量中，虽然可以记录下整周数的变化量(称为整周计数)，但由于各种因素的影响，记录下来的整周计数常常会产生跳变，使后面的整周计数都产生偏差。因此，在处理载波相位测量的观测值之前，首先要对整周跳变进行探测，即找出何处发生了整周跳变；然后进行修复，即确定跳变的周数并对随后的整周计数逐一进行修正。

因为载波相位测量中存在着整周跳变和整周模糊度问题，数据处理通常要比用测距码测距时复杂得多，困难得多。所以，用户应根据不同的精度要求采用不同的测距方法。

3. GNSS 的卫星星历

进行 GNSS 定位的一个先决条件是用户必须知道观测瞬间卫星在空间的位置，因为不同的用户将在不同的时间对不同的卫星进行观测，所以实际上是要求知道所有的 GNSS 卫星在任一时刻的位置。这个问题是在全球导航卫星系统的地面监控部分的支持下得以解决的。

已于前述，监控站是无人值守的 GNSS 卫星跟踪站，其坐标已精确测定。每个监控站均配备有双频接收机、气象传感器、原子钟和微机。以原子钟作为频率标准的接收机在微机控制下对视场中的所有 GNSS 卫星进行伪距测量。为了对观测值进行对流层延迟改正，气象传感器自动采集当地的湿度、气压和相对湿度。监控站能对伪距观测进行各项改正，对观测资料进行编辑、平滑和压缩，并通过通信系统将资料送往主控站。主控站对各监控站送来的观测资料进行处理，以计算每个卫星的运行轨道及卫星钟的改正参数，并外推未来 26 小时的卫星轨道和卫星钟参数。然后，按规定格式编制成卫星导航电文送往注入站，并通过注入站将它们送往每个卫星，寄存在卫星内存中。卫星将导航电文调制在测距码的载波上按时发给用户。用户进行伪距测量时，可同时获得卫星星历，经简单计算即可得到该时刻卫星在空间的位置。

因为上述卫星星历是通过 GNSS 卫星“广播”给用户的，所以称为广播星历。由于广播星历是一种外推星历或预估星历，往往同实际情况有出入，精度较低；加之美国政府实施 SA 政策，有意在星历中加入误差，使广播星历精度大幅度下降。鉴于卫星星历在 GNSS 定位中有重要作用，而广播星历的精度又较低这一实际情况，目前不少国家和部门正在考虑或已经建立自己的 GNSS 卫星跟踪网，开展独立定轨工作，以获得较精确的 GNSS 卫星星历，称为精密星历，主要用于 GNSS 观测资料的事后处理。

3.1.4　GNSS 差分定位

以美国的 GPS 为例，在正常情况下可为陆地、海上和空中用户提供 15～25 m 的定位精度。但是，因为 SA 政策的影响，典型的民间用户可用的定位精度为 100 m，这就不能满足部分用户的要求，特别是对于飞机精密着陆或港口导航，这样的精度是不够用的。所以，不少工程技术人员在探求提高 GNSS 定位精度的方法，差分定位就是这样的技术之一。

差分定位，是通过固定站和流动站的 GNSS 同步观测，实时测定流动站相对于固定站位置的技术。它是在相距几十公里或数百公里的两个点上各置一台 GNSS 接收机，其中一个点为已知点，另一个点为待定点(可以是动态站)，利用已知点的定位解与已知位置之差作为修正待定点的定位解。两台接收机是同时观测的，且所观测的卫星是相同的。在每个点上，定位解 R' 都可以看作是实际位置 R 与误差 ΔR 之和，即

$$\begin{cases} R_1' = R_1 + \Delta R_1 \\ R_2' = R_2 + \Delta R_2 \end{cases} \tag{3.6}$$

由于在已知点上 R_1 已知，故可求得其误差：

$$\Delta R_1 = R_1' - R_1 \tag{3.7}$$

至于待定点，则无法精确得到其定位解的误差值 ΔR_2，差分定位就是用已知点求得的定位解误差 ΔR_1 修正待定点的定位解，即

$$\left(R_2\right)_d = R_2' - \Delta R_1 \tag{3.8}$$

或

$$\left(R_2\right)_d = R_2' - R_1' + R_1 \tag{3.9}$$

此即表明，差分定位的结果包含了两站定位之差加上已知点的坐标。这就意味着：差分定位实质上是一种相对定位方法；差分定位的误差是已知点与待定点导航定位误差之差，这是差分定位精度分析的基础。

如果本定位解中只有与接收机位置无关的系统性误差，则差分定位可以大幅度提高定位精度(误差被消除)；如果在定位解中只有偶然性误差，则差分定位的精度不仅不会提高，反而低于导航定位的精度(误差叠加)。然而，实际上在导航定位解中同时存在着系统性误差和偶然性误差。因此，必须对导航定位解中各主要误差源的性质和大小进行具体的分析。

应该考虑的误差源主要有卫星钟差误差、卫星星历误差、大气传播误差和伪距测量误差。由于两点是同时对相同卫星进行观测的，卫星钟差的等效观测误差几乎是相同的，它对两点间观测误差或等效观测误差之差无贡献。同样的原因，卫星星历误差将以约 D/ρ 的因子缩小反映在两点间观测误差或等效观测误差之差中，这里 D 为两点间的距离，ρ 为卫星至接收机的距离。这就是说，在差分定位中卫星钟差误差将被消除，卫星星历误差将是导航定位解的 D/ρ 倍。大气传播延迟误差中的电离层影响在同一时间内相距不太远的两点上相差不大，其差别主要是由于地理位置的差别(不同地理位置的地方时不同)和对同一卫星的仰角不同所引起的。即电离层的影响在各项误差之和中会消除大部分，保留在两点间观测误差或等效观测误差之差中的仅是两点间的差。这种差主要靠经验估计，理论估计是困难的。但是可以预料，两点间距离越远，这种误差越大，即电离层引起的等效观测误差越具有随机性，而随机

性部分在两点间观测误差或等效观测误差之差中是按误差传播规律叠加的。伪距测量误差和多路径效应对不同接收机而言基本上是随机的，它们在两点间观测误差或等效观测误差之差中基本上是叠加的。有可能引起部分系统性误差的因素是同一卫星对两个接收机的多普勒频移是相近的。当然，它们的影响在误差的数值上也不一定相等。

由上述差分定位的各种误差源的分析可以看出，差分定位的消弱系统性误差的优点在很大程度上为随机误差的叠加所掩盖，差分效果不十分明显。提高差分定位精度的关键是设法降低定位解中的随机误差，而提高 C/A 码伪距测量精度又是能否提高差分定位精度的关键。鉴于 GNSS 导航定位是动态过程(包括用户和卫星)，采用载波多普勒观测作为辅助，可以实现在动态情况下以大量观测降低 C/A 码伪距测量中的随机误差。因为这种多普勒测量的精度远高于伪距测量，所以降低伪距测量中随机误差的效果十分明显。

差分定位在很多要求实时定位且精度要求较高的领域得到了较广泛的应用。差分定位应用的局限性是作用范围受到一定的限制。差分 GNSS 是在局部区域提高导航定位精度的技术，但是当用户和监测站(已知点)之间的距离增加时，定位精度将降低。

按伪距差分的工作方式，可以分为单站差分、差分链和差分网。单站差分国内外已有应用，它有一个设在已知点上的差分站，差分站不断观测并求出每颗卫星的伪距差分改正数，同时播发这些改正数(或称差分导航信息)。在作用范围内的用户可以进行差分导航，其作用范围一般在 200～300km，导航精度一般为 3～5m，随着距离的增大而衰减。差分链是多个差分站的链接，以扩大差分导航范围，其工作原理和导航精度与单站差分无原则区别。常把这样的差分工作方式称为局域差分。差分网是以一定区域内多个差分站的卫星观测数据分别或综合求定各主要系统误差源的修订值供多个用户作差分导航。差分网与单站差分或差分链取得的差分数据不同，效果也不尽相同，差分网的导航覆盖范围较大，导航精度也较均匀。差分网的差分导航精度与距差分站的远近关系不是很大。常把这种差分方式称为广域差分。

相比之下，广域差分(WADGNSS)能以较少的监测站提供大范围均匀的高精度导航定位服务，只是在边沿地区精度才略有降低。所以，WADGNSS 在国内外受到广泛的重视。它的工作原理如图 3.1 所示(以 GPS 为例)：包括至少一个主站，若干个监测站和通信链路。每个监测站配备高质量的时钟和能够跟踪视野内全部卫星的高质量的 GNSS 接收机。在每个监测站进行 GNSS 测量，将数据送至主站；主站根据所收集的信息和已知监测站坐标计算 GNSS 误差分量；改正常向量的分量通常包括卫星钟误差、卫星星历误差、电离层误差。计算的误差改正数经过任何合适的通信链路(如卫星、电话或无线电)发射给用户。

广域差分的过程如下：

(1)在已知位置的监测站采集使用可见卫星的伪距。

(2)伪距的双频电离层测量(如果有的话)并发送到主站。

(3)主站计算改正数向量。

(4)将改正数向量发送给用户。

(5)用户将误差改正加到它们测量的伪距和采集的星历数据中，以改进定位精度。

广域差分导航定位的计算在参考站和主站共同完成，它们的详细算法请参见有关文献(魏子卿，2017)。

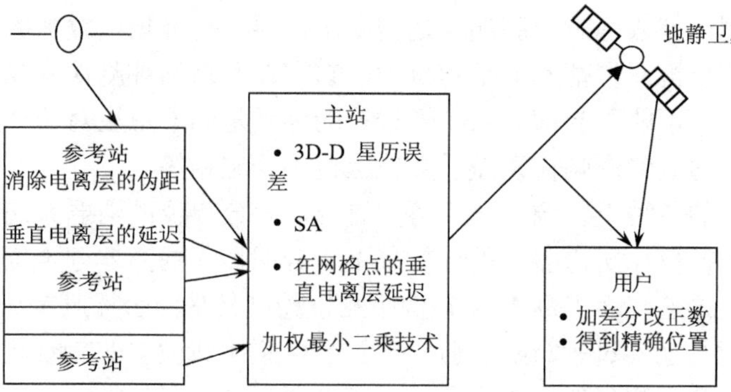

图 3.1 WADGPS（魏子卿，2017）

3.1.5 目前在轨运行的 GNSS

全球导航卫星系统是重要的国家基础设施，拥有全球导航卫星系统是国家安全、现代国防、军事应用和经济建设的需要，也是一个国家综合国力的重要标志，所以各个国家都十分重视。

目前，在轨运行的卫星导航定位系统有 4 个，即美国的 GPS、俄罗斯的 GLONASS、欧盟的 GALILEO 和中国的北斗(BDS)。这里，介绍其中最具代表性的美国的 GPS 和中国的北斗(BDS)。

1. 美国的全球导航卫星系统(GPS)

美国 GPS 的空间部分由 24 颗卫星组成，其中有 3 颗备用卫星，它们分布在 6 个轨道面上，每个相邻轨道的升交点赤经相差 60°，轨道倾角为 55°，轨道形状近似圆形，卫星距地面的高度为 20200km，运行周期 T=11h58min，每天运行两周多一点。卫星分布能保证地面上任何位置和任何时刻都可以观测到 4 颗以上卫星，最多可观测到 11 颗卫星，使之具备了在时间上连续的全球导航定位能力。

卫星播发两个载波信号，即 L_1=1575.42MHz、L_2=1227.60MHz。在载波 L_1 上调制有两种测距码及每秒 50 比特的导航电文，其中，码频率为 1.023MHz 的伪随机噪声码称为粗码(C/A 码)，另一种码频率为 10.23MHz 的伪随机噪声码称为精码(P_1、P_2)；在载波 L_2 上只调制有精码和导航电文。粗码可用于低精度测距并过渡到捕获用于精密测距的精码。粗码(C/A 码伪距)一般为民用，精码(P_1、P_2 码伪距)一般为军用。

广播星历向用户提供相对定位的已知参考点(卫星)的起算坐标和系统参考时间及相关信号传播误差修正。

GPS 的地面监控部分包括监控站、上行注入站和主控站。监控站，接收卫星下行信息数据，并送至主控站，监控卫星导航运行和服务状态；主控站，负责卫星轨道估计、卫星控制和定位系统的运行管理；注入站，将卫星轨道纠正信息、卫星钟差纠正信息和控制命令上行注入卫星。主控站设在美国本土科罗拉多·斯普林斯的统一空间控制中心(Consolidated Space Operations Center，CSOC)；3 个注入站分别设在大西洋美军基地阿森松、印度洋美军基地迪戈伽西亚和太平洋美军基地卡瓦加兰；主控站和注入站本身也是监控站，此外还在夏威夷设有监控站。

用户接收机由接收天线和信号处理运算显示两大部分组成。按使用环境可分为低动态用户接收机和高动态用户接收机，按用户所要求的精度可分为单频粗码(C/A 码)接收机和双频精码(P_1、P_2码)接收机，后者的精度较前者可提高 5～10 倍。大地测量型接收机，用于高精度静态和动态定位；导航型动态接收机，用于实时动态定位；双频接收机，用于静态大地测量和高精度动态测量，其中能同时接收 P_1、P_2码伪距值的称为双频双码接收机；单频接收机，用于低精度测量和普通导航。

美国第二代全球导航卫星系统的主要特点是：具有相当高的定位精度，由米级到毫米级；测速和测时性能具有同定位相当的精度；站与站之间不需要高精度定位所要求的可视性；用户在地球上的任何地方(空中、地面、海洋)都可以接收到信号；是一种全天候系统，一天 24 小时都能工作；获得三维定位信息。应该说，各种全球导航卫星系统(GNSS)都具备这些特点。

2. 中国的北斗卫星导航系统(BDS)

中国于 20 世纪 80 年代做出建设独立自主的卫星导航系统(Compass/北斗)的决策，根据开放性、兼容性、自主性、渐进性原则，采用“三步走”策略(杨元喜，2010)：第一步，于 2003 年建成验证系统并提供服务，共发射 3 颗卫星。其特点是：服务区域为 70°～140°E，5°～55°N，定位精度优于 20m；集定位、授时和短报文通信于一体，实现了位置报告、态势共享；授时精度高，单向授时精度达 100ns，双向授时精度达 20ns；可划分使用等级范围，具有优先权调配和能力集成功能。第二步，于 2012 年建成扩展的区域导航系统并提供服务，共发射 16 颗卫星，服务区域扩展到南北纬 55°、东经 55°～180°；定位精度 10m，采用 RTK 实时动态差分技术可提升至厘米级；广域差分服务定位精度为 1m，测速精度 0.2m/s；授时精度 20ns；可靠的短报文通信服务(授时服务)。第三步，于 2020 年建成北斗全球卫星导航系统。其空间星座由 5 颗 GEO 卫星、30 颗非 GEO 卫星(其中 27 颗 MEO、3 颗 IGSO)共 35 颗卫星组成；地面控制部分包括主控站(MCS)、注入站(US)和全球监测站(MS)；用户设备有北斗用户终端、多 GNSS 兼容终端等。北斗卫星导航系统的时间系统(BDT)摆脱了原来受制于人的状况，为国家时间系统建设提供了重要平台，BDT 溯源到协调世界时 UTC 与 UTC 同步精度在 100ns 以内；北斗卫星导航系统的坐标系统采用 CGCS2000。

目前，北斗卫星导航系统已广泛应用于测绘、动态载体导航、防灾、抢险救灾、森林救火预警、气象和江河水文测报、海洋渔业、能源、精准农业、交通物流、金融、国防、作战指挥和军事行动等诸多领域，将极大地促进中国地理信息产业的快速发展。

中国的北斗卫星导航系统有许多技术创新，对世界 GNSS 的发展作出了重要贡献。

当然，北斗卫星导航系统也还面临一些挑战，如频率资源短缺，地面跟踪站几何结构较差(仅限国土范围)、三种不同的星座(GEO、IGSO、MEO)必须有无缝的运营管理，相关政策、法规、标准尚需进一步完善，技术创新体系、应用服务体系和产业推进体系尚不够完善，产业环境有待优化，等等。

3. 俄罗斯的全球导航卫星系统(GLONASS)

俄罗斯的全球导航卫星系统格洛纳萨(GLONASS)几乎与美国的 GPS 同时开发，并于 1978 年发射第一颗卫星。尽管 GLONASS 在建设过程中受政治、经济等因素的影响，但随着俄罗斯各方面建设的稳定和复苏，以及国际商业合作的支持，GLONASS 也在积极建设和推进。经过数据加载、调整和检验，俄罗斯政府于 1996 年宣布整个系统正常运行，正式投入使用，为民用和军用用户提供实时、全球、全天候不受限的海洋、陆地、空中三维定位、测速和测时服务。

4. 欧洲的伽利略系统(GALILEO)

由欧盟和欧洲航天局计划建设的伽利略(GALILEO)系统，是第一个纯粹民用的全球导航卫星系统，总体架构设计比较完善，系统运行和建设有创新和突破，整个卫星导航产业规划全面。GALILEO 的建设计划于 2002 年启动并开始实施，第一颗在轨试验卫星 GIOVE-A 于 2005 年发射升空，对导航频段、导航信号、星载原子钟、空间辐射环境及卫星激光测距等进行了在轨测试验证。但由于系统非军方主导、多国联合开发，建设进度比较缓慢，2008 年才发射了第二颗卫星 GIOVE-B，比原计划推迟了 5 年，直到 2016 年 11 月 18 日首次以一箭 4 星方式发射了 4 颗伽利略全球导航卫星，使得 GALILEO 卫星数量达到 18 颗。目前仍处在建设之中。

前述各 GNSS 的相关运行参数受各国国情、发展策略、资源限制等因素的影响，存在一些差异。表 3.1 给出了目前在轨运行的 4 个主要 GNSS 的基本参数。

表 3.1 四个主要 GNSS 的基本参数

系统	GPS	GLONASS	BDS(全球)	GALILEO
卫星数/颗	24	24	35	30
星座构成	24MEO	24MEO	27MEO+3IGSO+5GEO	30MEO
轨道面数	6	3	3(MEO)	3
轨道高度/km	20200	19100	21528(MEO) 35786(GEO,IGSO)	23616
轨道倾角/(°)	55	64.8	55(MEO,IGSO)	55
运行周期	11h58min	11h15min	12h50min	14h22min
调制方式	CDMA	FDMA	CDMA	CDMA
基准频率/MHz	10.23	—	2.046	10.23
载波频率/MHz	L_1:1575.42 L_2:1227.60 L_5:1176.45	L_1:1062-1615.5 L_2:1246-1256.5	B_1:1561.10 B_2:1207.14 B_3:1268.5	E_1:1575.42 E_{5a}:1176.45 E_{5b}:1207.14 E_6:1278.75
时间系统	GPST	GLONASST	BDT	GST
坐标系统	WGS-84	PZ-90	CGCS2000	ITRF-96

3.2 基于遥感的空间数据获取

3.2.1 作用与意义

遥感，是一种远距离非接触式感知目标特征信息的技术，即利用传感器，不与被测物体(如大气、陆地或海洋)直接接触，在高空或远距离接收物体辐射或反射的电磁波信息，经处理和分析后，识别目标，显示其性质、形状、相互关系及其变化规律。

遥感的作用和意义十分广泛而明显。例如，在全球及区域治理方面，全球变化、资源与环境、区域可持续发展，以及地表覆盖的空间分布、地表覆盖动态变化的区域分异特征、地表覆盖动态变化趋势及其驱动力分析等，都离不开遥感技术的应用；在灾害监测方面，山体滑坡、泥石流、城市区域性地面沉降等，都需要利用遥感技术进行不间断的监测；在军事方面，遥感的作用和意义更是突出，这一点在海湾战争、波黑战争和科索沃战争、伊拉克战争、叙利亚战争中表现得很充分。

3.2.2　天空地对地观测

1. 航天遥感

指利用航天器搭载的传感器对地球和其他天体进行探测的技术。航天遥感平台包括人造地球卫星、宇宙飞船、行星和行星际探测器、航天飞机和轨道空间站等，其中主要是人造地球卫星。其运行轨道形状近于圆形，以保证所获取的影像比例尺基本一致；轨道平面与地球南北极轴线夹角较小，以获取地球上更大范围地区的信息；太阳同步轨道，可使不同地区的影像都具有近似的太阳辐照条件。其最大特点是能提供全球性、重复性的连续对地观测数据。这里，首先介绍国外的航天遥感，然后介绍我国的航天遥感。

1) 国外的航天遥感

A. 美国的航天遥感

首先要提到的是美国的地球观测系统(EOS)。1983 年，美国国家航空航天局(NASA)就今后 10～20 年的地球科学目标和相应的空间对地观测需求进行了分析论证，认为当时的对地观测卫星不能提供大容量、高精度和多学科综合的观测结果，不同系列卫星之间存在时空不同一性问题，提出以地球系统科学作为今后 20 年内的重大科学目标，发展极地轨道平台作为用于这一科学研究的最主要的地球观测系统(EOS)。美国的 EOS 计划，得到了欧洲航天局(ESA)、日本空间发展局(NASDA)和加拿大政府的支持。其基本设计要求是提供足够长时间的数据记录系列(即一个完整的太阳周期)，以帮助科学家区分人类活动和自然力对地球系统的各种影响。美国的 EOS 计划包括：

(1) 地球观测系统的上午经过系列(EOS-AM)。该系列卫星经过赤道的时间均在上午 10：30 左右，因为每天此时对全球陆地而言云覆盖量最小，最有利于对陆地进行观测。其主要目标是为了获取每天有关云、气溶胶和辐射平衡及陆地生态系统特性，土地利用、土壤、陆地能量/水分，对流层化学成分，火山喷发对气候的影响，海洋初级生产率等的观测值。

(2) 地球观测系统的下午经过系列(EOS-PM)。该系统于 2001 年实施，它要求飞行特性(如轨道参数)一致。卫星经过赤道的时间为下午 1：30 左右，收集有关星载大气探测器的气象数据，包括云的形成、降水和辐射性质，大气温湿度剖面，大气-海洋能量和水通量及动量，海冰范围、土壤水分及陆地雪被等。

(3) 地球观测系统的彩色卫星系列(EOS-COLOR)。其主要目标是收集有关海洋初级生产率的数据。观测海洋水色和生产率(包括对海洋叶绿素、浮游植物的观测)，理解海洋在全球碳循环中的作用。在中等分辨率成像光谱辐射仪(MODIS)能在 EOS-AM 和 PM 上工作之前，EOS-COLOR 将继续提供连续观测数据。

(4) 地球观测系统的气溶胶计划(EOS-AERO)。该计划于 2000 年实施。主要用于测定穿越平流层的中层对流层中的气溶胶、O_3、水汽、云及所有与辐射和大气化学有关的参量。要求使用轨道倾斜角 57°、高 705km 的卫星，以便最佳收集赤道和中纬度地区的观测数据。

(5) 地球观测系统的测高计划(EOS-ALT)。该计划于 2000 年实施。目前是获取海洋循环、冰盖质量平衡及相对海平面变化的高精度测量数据。

(6) 地球观测系统的化学计划(EOS-CHEM)。该计划于 2003 年实施。目的是测量大气化学成分和动力学、大气和海洋间化学与能量交换等变量。它同 EOS-AM 和 EOS-AERO 计划一起，提供与对流层、低层平流层动态和化学成分变化、对流层—平流层化学交换的有关数据。

(7) 美国国家海洋与大气局(NOAA)的天气卫星系列。该系列包括地球同步环境卫星系列(NOAA-GEOS)和极轨环境工作卫星系列(NOAA-POES)，始于 1974 年，每颗气象卫星的设计寿命为 5 年，持续发射，以保证观测数据的连续性。主要用于天气预报、气象学研究、温湿度剖面提取，对严重暴雨及热带飓风等进行监测。

(8) 美国的地球资源卫星(Landsat)。由美国国家航空航天局(NASA)和美国地质调查局(USGS)共同管理，自 1972 年发射第一颗陆地卫星(ERTS-1)以来，Landsat 系列卫星陆续发射，是美国用于探测地球资源与环境的系列地球观测卫星系统，曾称作地球资源技术卫星(ERTS)。其主要任务是调查地下矿藏、海洋资源和地下水资源，监视和协助管理农、林、畜牧业和水利资源的合理使用，预报农作物的收成，研究自然植物的生长和地貌，考察和预报各种严重自然灾害(如地震)和环境污染，拍摄各种目标的图像，以及绘制各种专题地图(如地质图、地貌图、水文图)等。中国科学院遥感与数字地球研究所接收、处理、存档和分发美国陆地卫星系列中的 Landsat-5、Landsat-7 和 Landsat-8 三颗卫星的数据。

美国的航天遥感除 EOS 计划的卫星系列外，值得注意的还有 SRTM、IKONOS 和 QuickBird 等。

美国的“航天飞机雷达地形测绘使命”(SRTM)计划。该项目由美国国家影像和测绘局(NIMA)与美国国家航空航天局(NASA)合作，于 2000 年 2 月 11 日发射。它搭载数台改进型特殊雷达，采集全球地形数据，生产前所未有的最高精度和最完整的地形表面地形图，建立全球数字地形数据库，满足全球三维测图需要。SRTM 采用雷达干涉测量技术，由两台雷达在相差不大的位置上获取两张影像，据其差异可计算出地面高程或高差。为达此目的，SRTM 设置了两个雷达天线，分别安置在航天飞机的业载仓和左侧长度为 60m 天线固定杆的末端。数据采集割幅为 225km。由这两种成像雷达构成的 SRTM 具有固定天线、不分昼夜、全天候的地形测图功能。SRTM 的轨道倾角为 57°，覆盖范围为南纬 56°至北纬 60°之间的全部地球表面，约占地球陆地面积的 80%。

美国空间成像公司的 IKONOS-2 卫星于 1999 年 9 月 24 日发射升空，是世界上首颗提供空间分辨率优于 1m 的商业光学遥感卫星。卫星轨道为太阳同步轨道，轨道高度 681km，轨道倾角 98.1°；卫星在地面上空的速度为 6.79km/s，每分钟可拍摄地面范围超过 2000km^2；影像采集时间每日上午 10：00～11：00；重访周期，1m 分辨率数据为 2.9d，1.5m 分辨率数据为 1.5d；卫星采用本体旋转同步取样方式进行倾斜摄影，最大倾角可达 40°，具有立体测图能力；图像数据可实时下传有关地面站，或暂时存储在星载固态存储器上待机下传。IKONOS 影像产品可分为以下几种：

(1) Geo。是经过几何纠正的，即通过统一的地面采样间距(GSD)和地图投影调整影像，以消除影像在采集过程中引起的几何变形，但没有经过拼接和调色。

(2) Geo Ortho Kit。是专门为有定位精度要求的专业用户制作的，同时提供影像采集时的相机参数。用户可通过使用商业 COTS 软件，利用数字高程模型和地面控制点制作高精度的数字正射影像产品。

(3) Standard Ortho。是为 GIS 基础制图和影像分类分析而设计的，精度高于 Geo 产品，分发速度也较 Geo 快一些，成本都低于其他数字正射影像产品。

(4) Reference。经过正射纠正和拼接处理，适合大区域地图制图和中比例尺数字正射影像产品制图应用。最低原点误差 25m CE90。

(5) Pro。用于地面控制点采集困难的地区。在无地面控点条件下，1m 和 4m 的 Pro 产品的原点误差为 10m CE90。

(6) Precision。可支持大范围及大比例尺城市规划用，满足 1∶4800 比例尺精度。为提高精度，SI 利用地面控制点和高质量数字高程模型对影像进行处理，原点误差可达 4.1m CE90。

(7) 立体影像产品。该类产品可提供 1m 分辨率的 Reference 和 Precision 两种类型产品数据。SI 提供的立体像对都带有 RPC 参数，每个立体像对都有一个低采集角(大于 60°)和一个高采集角(大于 70°)的两个影像，两者之间为 30°～45°。Reference 立体产品横向精度为 25m CE90，纵向精度为 22mCE90；Precision 立体产品横向误差为 4m CE90，纵向误差为 5m CE90。

美国数字地球公司(Digital Global)的“快鸟”(QuickBird)卫星于 2001 年 10 月 18 日发射升空，为当今全球最高分辨率的商业遥感卫星。轨道类型为太阳同步卫星，轨道高度为 450km，轨道倾角为 98°，卫星重访周期为 1～3.5d，轨道运行周期为 93.4min，其视角沿轨道方向和垂直轨道方向均可调整；成像方式为本体旋转同步取样方式；每轨拍摄约 57 景，主要景幅宽星下点为 16.5km，可达到的地面宽度为 544km；卫星姿态控制系统为三轴稳定、恒星跟踪稳定、惯性平台、飞轮和 GPS 系统联合控制，卫星图像目标定位精确，有少量地面控制点时精度可达 2m；星载固态数据记录仪的存储容量为 128GB。

美国轨道成像公司的 OrbView-3 卫星于 2003 年 6 月 26 日发射升空，运行在高约 470km 的太阳同步近圆形轨道上，可对全球拍摄 1m 分辨率全色图像和 4m 分辨率多光谱图像，成像宽度 8km，最大侧摆角±45°，重复周期短于 3d，具有立体测图能力。

美国的“锁眼”(Key Hole,KH)系列光学成像侦察卫星自 1959 年以来，已经发展到如今的第六代 KH-11。第一代至第三代为回收型照相侦察卫星；第四代(俗称“大鸟”)是一种兼有胶卷回收和图像传输两种方式获得图像信息的光学侦察卫星；第五代则是采用光电数字成像，图像数据可实时传输，可获取地面分辨率最高为 0.15m 的目标图像；第六代为高级 KH-11，是美国目前使用的主要光学成像侦察卫星，所获图像地面分辨率可达 0.1m。

美国国家侦察局主持研制的“增强型成像系统”(EIS)卫星 8x 于 1999 年 5 月 22 日发射升空，是一颗巨型卫星(重 20t)。卫星轨道近地点 2690km、远地点 3130km，轨道倾角 63.4°，每天绕地球运行 9.7 圈。该遥感卫星兼有“高级 KH-11”和“长曲棍球”两者的功能，既能光学成像，也能微波成像，分辨率为 0.3m 左右。其最大的改进是将成像带宽增加到 50km，为“高级 KH-11”的 8 倍(8x)，从而大大提高卫星的侦察能力。

另外，美国的商用小型地球观测卫星系统发展也很快，1996 年，发射了首批商用高分辨率地球观测卫星。其特点是研制周期短、生产成本低，使用与太阳同步、圆形、低高度极地轨道，具有灵活的指向能力、空间分辨率(比传统的地球观测系统高出一至十几倍的数量级)、高时间分辨率(近乎实时到两天之内)及快速传输图像数据等特点。

B. 其他国家和地区的航天遥感

其他国家和地区的卫星观测系统，首先要提到的是欧洲航天局(ESA)发射的三种卫星：

①ESA 的遥感卫星 1 号(ESA-1)，作为 20 世纪 90 年代新一代空间计划的先驱，于 1991 年发射，工作到 1995 年，1995 年 8 月发射了 ERS-2。ERS 是与太阳同步的极地轨道卫星系统，采用能全天候测量和成像的微波技术，提供全球变化观测数据，可以改善人们对海洋—大气间相互作用的理解，更新海洋循环及能量传输方面的知识，估计南北极冰盖质量平衡，监测海岸动态过程和污染，探测和管理土地利用变化。②ESA 的环境卫星(ENVISAT)，1998 年发射，任务是继续 ESA-1 和 ESA-2 进行对地观测和环境研究。③ESA 的极轨气象卫星，2000 年发射，用于气象和气候监测。

法国的 SPOT 卫星是广为人知的，属太阳同步极轨卫星系列。分别于 1986 年、1990 年、1993 年、1998 年、2002 年发射，共 5 颗卫星，组成 SPOT 卫星家族。其中，2002 年 5 月 3 日发射升空的 SPOT 5 是该卫星家族中最耀眼的一颗卫星，与前 4 颗卫星相比，其主要优势是：空间分辨率几乎提高了一个数量级，最高可达 2.5m；采用 3DORIS 轨道定位系统和卫星姿态跟踪测算调整技术，使其绝对定位精度提高到数米以内；以前后模式实时获取立体像对，具备立体测图能力；数据压缩、存储和传输等一系列技术均有显著提高。

俄罗斯的对地观测开展较早。它的地球观测系列卫星“粗制钻石”(ALMAZ-1B)的工作时间为 1996～1998 年，搭载 9 种传感器，主要用于地图制图、陆地表面观测、地质观测、海洋和渔业观测及突发事件监测等。几乎在这同一时期工作的俄罗斯空间站(PRIRODA-1)和俄罗斯资源监测卫星系列(RESORS-0)，主要用于地球生态、海洋循环、地质、大气、农作物状态、森林及冻原火、环境污染等的监测。需要提到的是，俄罗斯 Resur 军事侦察卫星系列的最新民用卫星 Resur DKI，2006 年 6 月 15 日发射升空，椭圆轨道，轨道倾角 70°，轨道高度最低 362km、最高 604km，空间分辨率全色 0.9m、多光谱 1.5m，景幅宽度 28.3～47.2km，重访周期 5～7d。Resur DKI 的性能十分稳定。

印度的遥感卫星发展较快，是世界上少数几个成功开发、发射并运行本国遥感卫星的国家之一，其遥感卫星系统(IRS)始于 20 世纪 80 年代中期，并分别于 1988、1991、1995、1997 年发射了 IRS-1A、IRS-1B、IRS-1C 和 IRS-1D，主要为土地利用、农林、水文、土壤分类、沿海湿地制图、自然资源和灾害监测提供观测数据。2003 年 10 月，印度发射了 Resources SAT-1(P6)，卫星搭载了多光谱传感器 LISS-4 和 LISS-3 以及高级广角传感器 AWiFS 等 3 种传感器。2005 年 5 月，印度发射了高分辨率测绘卫星 Carto SAT- 1 (P5)，卫星搭载有两台分辨率为 2.5m 的前后视全色 CCD 相机，两台相机可提供立体像对。卫星带有精确的姿态和轨道控制系统(AOCS)，利用立体航带空三测量软件模块处理数据与地面控制点数据，能测绘 1∶10000 比例尺地图。

日本的遥感对地观测是 20 世纪 90 年代发展起来的。主要有四种对地观测系统：①地球资源卫星 1 号(JERS-1)，1992 年发射，卫星搭载的 SAR 和光学传感器(OPS)，能用于冰川现象、土地利用(农林业)调查，沿海地区观测、土质制图及环境和灾害监测。②先进的地球观测卫星(ADEOS)，1996 年发射，主要获取陆地、大气和海洋数据。③ADOES Ⅱ 和高分辨率观测卫星 HIROS，分别于 1994 年和 2000 年发射，其中 ADEO Ⅱ 执行全球监测，着重水文循环，HIROS 则获取高分辨率可见光和微波数据。④热带雨测量计划(TRMM)，是美国 NASA 与日本 NASDA 合作项目，主要目的是测量热带降水，并由此衍生水文循环和大气动态。

2) 中国的航天遥感

中国的航天遥感发展很快。自 20 世纪 70 年代以来，初期主要是发展回收型对地照相卫星，使用以照相胶卷作为信息载体的框幅式广角相机和全景相机。后来研究和制订了以气象卫星和资源卫星为代表的传输型对地观测计划和雷达卫星计划。

(1)气象卫星对地观测。风云气象卫星系列包括两类气象卫星，即“风云一号”太阳同步轨道气象卫星(又称极轨气象卫星)和“风云二号”地球静止轨道气象卫星。截至 2008 年 11 月，中国共成功发射了 9 颗气象卫星。其中，“风云一号”卫星已发射了 4 颗、“风云二号”卫星发射了 5 颗，目前“风云三号”卫星(极轨卫星)和“风云四号”卫星(静止轨道卫星)也已发射，“风云四号”是世界上首颗“量子”卫星。第二颗于 2010 年 11 月 5 日成功发射，第三颗于 2013 年 9 月 23 日发射，并投入业务运行，实现了中国气象卫星从单一遥感成像到地球环境综合探测、从光学遥感到微波遥感、从公里(km)级分辨率到百米级分辨率、从国内接收到极地接收等四大技术突破，标志着中国成功实现了极轨气象卫星的升级换代。在极轨气象卫星进入崭新历史阶段时，静止轨道气象卫星的更新换代也取得了突破性进展，第二代静止轨道气象卫星“风云四号”也已发射。它是定量遥感气象卫星，采用三轴稳定控制方案，接替自旋稳定的“风云二号”卫星，其连续、稳定运行可大幅提升我国静止轨道气象卫星的探测水平。“风云四号”卫星的辐射成像通道有 14 个，覆盖了可见光、短波红外、中波红外和长波红外等波段，接近欧美第三代静止轨道气象卫星的 16 个通道。星上辐射定标精度 0.5km，灵敏度 0.2km，可见光空间分辨率 0.5km，与欧美第三代静止轨道气象卫星的水平相当。同时，“风云四号”卫星还装载有 912 个光谱探测通道的干涉式大气垂直探测仪，光谱分辨率为 0.8～1cm，可在垂直方向上对大气结构实现高精度定量探测，这是欧美第三代静止轨道单颗气象卫星所不具备的。中国新一代静止轨道气象卫星“风云四号”已交付用户使用，标志着中国静止轨道气象卫星观测系统实现了更新换代。

由于气象卫星具有获取数据的时频高，覆盖范围大，具有全天候工作能力等特点，除在气象预报领域有广泛应用外，还特别适合于地球资源、环境及灾害的宏观动态监测，如在全球环境变化研究、农作物长势监测及估产、旱灾、森林火灾、赤潮等灾害的宏观监测与预报等领域都有广泛应用和显著效益。

(2)陆地资源卫星对地观测。1999 年 10 月 14 日发射升空的“资源一号”卫星是中国与巴西开展的国际合作计划，以近极地太阳同步轨道每天绕地球运行约 14 圈，主要任务是对国土资源进行监测，向中国、巴西和世界其他有接收能力的国家和地区实时发送可见光、多光谱、短波红外和热红外遥感图像信息，广泛应用于农、林、水利、地矿、测绘、环境等领域。卫星上的有效载波包括 3 台成像传感器、1 台数据接收系统(DCS)、1 台用于检测空间高能辐射的空间环境监测仪(SEM)、1 台实验性高密度磁带机(HDDR)。3 台成像传感器分别是广角成像仪(WFI)、高分辨率 CCD 相机、红外光谱扫描仪(IR-MSS)。其中，CCD 相机是“资源一号”卫星的主要传感器，有 5 个波段，波段宽 61～220nm，覆盖可见光谱范围 450～731nm，星下点空间 分辨率为 19.5m，采用推扫式方式成像；红外光谱扫描仪(IR-MSS)也是一种重要的传感器，能提供 CCD 相机所不能提供的红外光谱部分的信息；广角成像仪(WFI)是中等分辨率 CCD 相机的辅助传感器，波段范围 530～890nm，地面分辨率为 256m。

(3)立体测绘卫星。中国的立体测绘卫星分为军用和民用(即天绘一号和资源三号)两类。天绘一号 01 星于 2010 年 8 月 24 日成功发射，是我国第一颗传输型立体测绘卫星；2012 年 5 月 6 日 02 星成功发射。01 星与 02 星稳定运行，影像获取能成倍增长，重访周期明显缩短，服务能力大大增强，标志着中国的航天测绘事业迈入了新的发展阶段，对国防安全和国家经济建设具有重大战略意义。作为我国第一代传输型立体测绘卫星，天绘一号具有以下特点：①有效载荷种类多，卫星同时携带有 2m 分辨率全色、5m 分辨率三线阵和 10m 分辨率多光谱三种相机，影像产品既可用于测制地形图，也可用于遥感监测；②覆盖范围大，卫星影像幅宽为 60km，一次摄影最大长度可达 5000km；③定位精度高，可用于无地面控制定位测图，平面精度 10m，高程精度 15m，满足测制境外 1∶50000 地形图条件；④影像获取能力强，可实现隔天重访，每天最大摄影面积可达 300 多万平方公里。

2012 年 1 月 9 日发射的资源三号 01 星是中国第一颗高分辨率民用立体测绘卫星，搭载有 1 台 2.1m 分辨率正射全色相机、两台 3.6m 分辨率前后视全色相机和一台 5.8m 分辨率正视多光谱相机，设计轨道高度为 505km，可以对全球南北纬 84°范围内的区域长期、连续、稳定地获取全色、多光谱和立体影像数据，具有高分辨率、高目标定位精度和高质量立体成像等优势。2016 年 5 月 30 日发射的资源三号 02 星，继承了 01 星的技术体制，并进行了适当改进，将前后视的分辨率从 3.6m 提高到 2.6m。02 星的测图精度与 01 星总体一致，数字地表模型(DSM)的格网大小可以提高到 10m。

天绘一号和资源三号立体测绘卫星的稳定运行，标志着中国航天测绘事业迈入了新的发展阶段。天绘一号影像产品分为 1A 级、1B 级、2 级、3A 级和 3B 级，有着广泛的应用领域。在基础测绘方面，可通过摄影测量和遥感影像处理，制作成数字正射影像、数字高程模型、地形三维仿真、红绿立体等多种高级产品，用于 1∶50000 比例尺立体测图和 1∶25000 比例尺地图更新；在军事测绘保障方面，重点测制境外地理影像和热点地区，为战略规划、指挥控制、作战训练、战场动态监测、战场地理信息更新和远程战略武器打击等提供地理影像；在国民经济建设方面，为国土测绘、水利电力、交通运输、城市规划、土地利用、农林普查、灾害监测、矿产资源调查等国土资源调查与监测提供高精度地理信息服务。资源三号可用于 1∶50000 比例尺立体测图和 1∶25000 比例尺地图更新，以及国土资源调查与监测，全面支撑了全国 1∶50000 基础地理信息数据库动态更新，用于全国地理国情普查和监测，大幅提升我国“天地图”国产卫星影像覆盖率，有效服务于应急测绘保障，积极推进在省级测绘地理信息中的综合应用，并在土地利用与督察、地质调查与监测、水利普查和监测、林业监测和资源调查、导航与电子地图更新等行业得到了广泛应用；同时，利用资源三号卫星全球地表数据获取能力，推进与各国政府部门之间的合作共享，已向全球 60 多个国家和地区提供资源三号卫星影像数据和服务。

(4) 高分系列卫星。2013 年 4 月 26 日成功发射的“高分一号”卫星，搭载了 2 台分辨率为 2m 全色/8m 多光谱的高分辨率相机和 4 台分辨率为 16m 的多光谱中等分辨率相机，其多光谱相机幅宽达 800km，在具有类似空间分辨率的同时，可在更短的时间内对同一地区重复拍摄，重复周期仅需 4 天，而世界上同类卫星的重复周期大约为 10 天，实现了高空间分辨率和高时间分辨率的较好结合。“高分二号”卫星于 2014 年 6 月 19 日发射，是我国自主研制的首颗空间分辨率优于 1m 的民用光学遥感卫星，搭载有 2 台高分辨率 1m 全色、4m 多光谱相机，具有亚米级空间分辨率、高定位精度和快速姿态机动能力等特点，主要用户为自然资源部、住房和城乡建设部、交通运输部和国家林业和草原局等部门。2015 年 12 月 29 日成功发射的“高分四号”卫星，主要用于防灾减灾。卫星长期保持在地球某一区域的上空，对该区域进行 24 小时不间断的监测，监测范围是中国及其周边面积达 4900 万 km^2 的亚洲陆海区域。“高分四号”是世界上功能最强大的地球同步轨道卫星，光谱段分辨率接近 50m，可以追踪航空母舰，中波红外谱段分辨率为 400m，很容易发现森林火情、地震或台风，监视该区域别国战略大规模杀伤性武器及海军基地。与高分一、二、四号卫星采用光学成像不同，2016 年 8 月 10 日发射的“高分三号”(GF-3) 卫星采用合成孔径雷达 (SAR) 等传感器，是中国首颗高分辨率全极化 SAR 卫星，具有高分辨率、大成像幅宽、多成像模式 (12 种)、高定位精度、全天时、全天候工作和长寿命运行等特点，构成了相对全面的对地观测系统，能实现全球海洋和陆地信息的监视监测，并通过左右姿态机动扩大对地观测范围和提升快速响应能力。GF-3 卫星获取的 C 频段极化微波遥感信息可服务于中国海洋、减灾、水利及气象等多个行业及业务部门，是我国实施海洋开发、陆地环境资源监测和防灾减灾的重要技术支撑。

(5) 高景一号商业遥感卫星。高景一号“16+4+4+X”卫星系统，是由 16 颗 0.5m 分辨率光学卫星、4 颗高端光学卫星、4 颗微波卫星以及若干颗视频、高光谱等微小卫星组成的 0.5m 分辨率商业遥感卫星系统。系统建设的第一阶段已先后于 2016 年和 2017 年发射 4 颗 (高分一号 01/02/03/04) 分辨率为 0.5 m 的光学卫星，日数据采集能力达到 300 万 km^2，实现国内十大城市 3 天覆盖一次的能力。系统最终建成后，卫星日数据采集能力将达到 1200 万 km^2，实现国内十大城市 1 天覆盖 1 次的能力。

高景一号轨道高度 530km，太阳同步轨道。其核心优势主要为：①超高分辨率。全色分辨率达到 0.5m，多光谱分辨率为 2m，能够清晰显示细腻的地物细节，适用于高精度地图制作、变化监测和影像深度分析。②优化的光谱波段设置。具有全色波段和四个标准多光谱波段 (蓝色、绿色、红色和近红外波段)；大幅宽拍摄，单景最大可拍摄 60km×70km 影像，星下点幅宽高达 12km，大幅提升观测能力，形成大面积地表观测和环境监测的独特优势。③突出的敏捷性。能迅速精准实现星下点成像，常规侧摆角最大为 30°，执行重点任务时可达到 45°；具有星下点成像、侧摆成像、连续条带、多条带拼接、立体成像、多目标成像等多种工作模式。④优异的数据采集能力。2T 星上存储空间，形成强大的数据采集能力，单颗卫星每天可采集 70 万 km^2 范围数据，在全球任何地方，可实现每天观测一次。

高景一号为全球用户提供遥感数据服务和应用系统解决方案服务，以及针对国土资源调查、测绘、环境监测、金融保险及互联网行业的增值服务；在运营服务方面，采用商业化运营模式，不仅针对不同用户的需求提供卫星准原始数据，还提供卫星数据的衍生产品服务。

(6) 小卫星对地观测。小卫星研制周期短、生产成本低、运作使用灵活、应用领域广阔，包括高空物理探测和天文观测、对地观测、全球卫星移动通信等。采用多个遥感小卫星，提供具有中等分辨率和较短重复观测周期的遥感数据，可以满足对各种地球环境及其变化进行监测评价的需求。

中国的小卫星对地观测发展很快，特别是商业卫星。例如，吉林 1 号商业卫星，是中国第一套自主研发的商用遥感卫星组，由中国科学院长春光学精密机械与物理研究所研制，为太阳同步轨道，平均轨道高度为 650km，该组卫星包括 1 颗光学遥感卫星、2 颗视频卫星和 1 颗技术验证卫星。吉林 1 号光学卫星，具备常规推扫、大角度侧摆、同轨立体、多条带拼接等多种成像模式，地面像元分辨率为全色 0.72m、多光谱 2.88m，可为国土资源监测、土地测绘、矿产资源开发、智慧城市建设、交通设施监测、农业估产、林业资源普查、生态环境监测、防灾减灾、公共应急等提供影像数据支持；吉林 1 号视频卫星地面像元分辨率为 1.12m，主要用于高分辨率视频成像技术试验验证；吉林 1 号技术验证卫星主要用于开展多模式成像技术试验验证。小卫星的发射标志着我国航天遥感应用领域向商业化、产业化发展迈出了重要一步。

北京 1 号小卫星为三轴稳定太阳同步轨道，多光谱传感器由两组线性 CCD 推扫式成像仪构成，每组成像仪由近红外波段、红波段和绿波段相机组成，于 2005 年 10 月 27 日发射。北京 1 号小卫星多光谱和全色遥感影像产品已在土地利用现状调查、农作物种植面积遥感监测和估产、森林类型识别与评价、水资源遥感监测、洪涝灾害监测与评估、城市规划、长城考古、地质找矿等领域获得了成功应用。北京 2 号是由 3 颗高分辨率卫星(3 颗 1m 全色、4m 多光谱)组成的民用商业遥感卫星星座(DMC3)，于 2015 年 7 月 11 日发射，可提供覆盖全球、空间和时间分辨率俱佳的遥感卫星数据和信息产品，为国土资源管理、农业资源调查、生态环境监测、城市综合管理和治理等领域提供空间信息支持。

珠海一号 02 组卫星由 4 颗高光谱卫星(OHS-01/02/03/04)和 1 颗视频卫星(OVS-2)组成，于 2018 年 4 月 26 日成功发射。单颗高光谱卫星配置 1 台分辨率优于 10m、幅宽优于 150km 的高光谱相机，光谱分辨率优于 2.5nm，成像范围 150km×2500km。OHS 高光谱卫星在入轨前预选了 32 个波谱段，在轨可根据需要对波谱段范围进行自定义调整。4 颗高光谱卫星可实现 5 天左右覆盖全球一次，对于特定地区可以每天多次重访扫描。视频卫星 OVS-2 的空间分辨率为 0.9m，幅宽为 22.5km。OVS-2 可以在 500km 高空清晰拍摄捕捉到地球上 0.9m 分辨率的影像；以凝视模式对目标区域进行视频拍摄时，可形成持续 120s 的视频影像。珠海一号卫星星座计划由分布在不同轨道的 34 颗视频卫星、高光谱卫星和雷达卫星组成，卫星可成像范围将覆盖全球，经地面应用系统接收、存储和处理，可为全球用户提供高时空分辨率的大数据产品及服务，同时可支撑创新企业基于此类大数据产品针对不同应用进行二次开发应用处理。珠海一号 01 组卫星由两颗视频微纳卫星(OVS-1A 和 OVS-1B)组成，于 2017 年 6 月 15 日成功发射。该卫星由珠海欧比特宇航科技股份有限公司独立运营，为光学成像卫星，光学分辨率为 1.98m，具有凝视视频和条带成像两种工作模式。

2. 航空遥感

航空遥感又称机载遥感，指利用各种飞机、飞艇、气球等作为传感器运载工具在空中进行的遥感技术，是由航空摄影侦察发展而来的一种多功能综合性探测技术。

航空遥感的兴起可以追溯到 160 年以前。1858 年，法国人利用气球获得第一幅巴黎街区的相片，后来气球让位于飞机。摄影镜头和胶片的改进也很快，1935 年，开始了彩色摄影，1943 年出现红外彩色胶片。因为航空相片的分辨率高、比例尺大，可以进行立体量测，所以即使在航天遥感高度发达的国家，航空遥感仍然是不可或缺的。航空遥感应用于大比例尺系列制图、地理信息系统、遥感的模拟试验和仪器检测，应用于城市土地资源、森林、草场资源和区域矿产资源的预测和详查，应用于工程规划设计等。中国于 20 世纪 30 年代引进航空摄影，50 年代开始应用于林业、水利、地质部门，60 年代建立了航空相片综合利用研究机构、70 年代覆盖了全国的航空摄影测量与制图，积累了多年重复摄影的资料，为研究河道、海岸、湖泊、城市环境变迁提供了重要支撑。80 年代以后，我国研发了两套重要的航空遥感系统，即高空机载遥感系统和洪水监测遥感系统。前者，包括航空遥感信息获取、处理、分析与应用共 5 个子系统，主要特点是遥感仪器完整、波谱覆盖面宽、工作模式齐全、数据获取方法灵活，具有生产作业和科学研究两方面的潜力，在资源环境调查、城市监测、测绘制图、工程规划、地质找矿、海岸调查、灾害监测等方面发挥了重要作用；后者，是集遥感技术、通信技术与地理信息系统技术于一体的全天候准实时的洪水险情监测系统，主要获取黄河洪水航空遥感图像和水位数据，可以使国家防汛指挥部看到洪水发生的实况，了解洪水水位及其变化，据此在防洪数据库中快速查询洪水造成的损失，提供及时可靠的决策依据。

航空遥感按照飞行器的工作高度和应用目的，分为高空(10000～20000m)、中空(5000～10000m)和低空(<5000m)3 类遥感作业。总的来看，航空遥感平台的飞行高度较低，机动灵活，而且不受地面条件的限制，周期短，资料回收方便，因此应用十分广泛。

飞机是航空遥感主要的遥感平台，具有图像分辨率高、不受地面条件限制、重复(调查)周期短、测量精度高以及资料(数据)回收方便等特点，可根据需要调整飞行时间和区域，特别适合于局部地区的矿产资源探测和环境监测。不足之处是飞机平台的飞行高度和续航时间受限，只能小范围进行，而且受天气和飞行姿态影响较大。遥感方式除传统的航空摄影外，还有多波段摄影、多波段扫描和红外扫描、侧视雷达等成像遥感；也可以进行激光测高、微波探测、地物波谱测试等非成像遥感。

机载航空遥感按其摄影方式有垂直航空摄影和倾斜航空摄影。倾斜航空摄影是近几年发展起来的一项高新技术，它通过在同一飞行平台上搭载多台传感器，同时从一个垂直、四个倾斜等五个角度对地面进行摄影，目前广泛应用于三维城市快速建模、应急指挥、国土安全、城市管理等领域。

3. 地面遥感

地面遥感主要指将传感器安装在地面平台(高塔(架)、车、船等)上，对地面进行各种测量和监测的遥感技术系统，是天空地一体化对地观测的重要组成部分。

地面遥感的范围很广。例如，安装在城市大街小巷高架上的摄像头，特别是高清晰摄像头，能获取海量实时动态人流车流影像信息，通过模式识别获取人流车流动态信息，这对于社会治理和管理能力的现代化具有十分重要的意义；安装在车上不同部位(车顶、车前后左右、车底盘下等)的传感器有不同种类和功能，可全方位获取道路四周和路面状况的全部高精度分辨率影像信息，根据这些信息实时生成的高精度导航电子地图对智能驾驶是不可或缺的，也是道路信息更新的重要方法；现在传感器不仅可安装在汽车上，而且出现了安装在摩托车上的轻便型高精度地籍测量系统；以舰船为平台的遥感，可以对许多海洋要素进行探测，如可以采用单波束测深仪和多波束测深仪测定深度(回波测深)，是目前水下地形测量的主要方法；海洋重力测量船，是利用安装在船上的重力加速度仪精确测量海域重力加速度值，为海洋油气勘探和军事上的导弹发射活动提供重力数据；海洋磁力测量，是利用海洋质子(旋进式)磁力仪进行海底磁力测量，适用于船舶运动中观测，具有稳定性好、湿度影响小、没有零点掉格、精度高等特点。另外，目前城市实景三维建模广泛采用的三维激光扫描仪，其地面遥感方式可以分为地面点、移动站与手持站三种，获取的点云数据均可成为倾斜摄影的有效补充。其中，地面站扫描仪补充底部点云数据，移动站可快速获取临街条带点云或室内点云数据，手持站能对单体建筑物进行完整扫描或对遮挡进行补扫。将多源点云数据融合后，即可与同步拍摄的照片进行匹配建模，作为实景三维模型的地面补充。

4. 对地观测传感器网络

传感器也称探测器，是对地观测的关键设备，是一种能把物理量或化学量转变成便于利用的电信号的器件，是获取自然和社会各种信息的主要手段和途径。

目前，各种对地观测系统所采用的传感器种类很多。在这些传感器中，若按传感器有无发射电磁波的能力，可以分为有源的(主动式)和无源的(被动式)，每种传感器又可分为扫描方式和非扫描方式、成像方式和非成像方式。

随着科学技术的快速发展和社会需求的迅速增长，传感器已经无处不在，而且向更小、更轻、更省电、更低成本、应用范围更加广泛的方向发展。在这种情况下，科学家们可以通过高速发展的网络通信技术将各种传感器相互连接起来，通过网络通信技术异地实时获取地球上任何地方的数据。传感器网络，简称“传感器网”，就是通过计算机网络相互连接起来的用于协作监测某种现象的传感器节点。作为一种传感器网络，除了传感器节点外，还包括汇聚节点和管理节点。大量的传感器节点部署在监测区域范围内或其附近，通过自组织方式构成网络。监测数据可以在多个节点上进行处理，经过多条路由传输到汇聚节点，最后通过互联网或卫星通信网传输到任务管理节点。用户通过管理节点对传感器网络进行配置和管理，发布监测任务和收集监测数据。

传感器网络具有可靠性、精确性、灵活性、低成本、高效率、部署方便等特点，具有广泛的应用领域，可以实现各种环境下的可靠监测、信息获取和融合处理。

目前，无线传感器网络采用的典型体系架构，主要有欧洲 EYES 工程移动传感器网络架构和 EASINET 网络架构。前者，是一个自组织和协作的节能传感器网络，实现了分布式处理、无线通信和移动计算的集成及新型传感器的高效组网，支持大规模移动传感器网络的应用；后者，是一个基于无线传感器网络的非常复杂的观测系统及其应用体系，包括感知层（通过各类传感器对物质属性、环境状态信息进行大规模分布式获取与识别和在线计算）、传输层（直接接入现有基础网络设施）、支撑层（高性能计算技术支撑）和应用层（根据用户需求构建实际应用平台）。

传感网（sensor web）是由一组空间分散的无线通信传感器节点组成的系统，或一个带感知节点的分布式系统。传感网区别于传感器网络的特性在于前者的一个传感器节点获取的信息可以被其他节点共享和使用，并且还能根据网络中其他传感器的各种观测行为来进行自我调整以适应整个感测环境。有代表性的传感网如美国航空航天局传感网（NASA sensor web）和开放地理信息联盟传感网（OGC sensor web）。

对地观测传感网（Earth observation sensor web）是实施地球观测的集成化观测网，亦称地理空间传感网（geospatial sensor web），是对地观测传感器与传感器网络和互联网相结合的信息系统。对地观测传感网的发展与全球对地观测集成系统（Global Earth Observing System of Systems，GEOSS）密切相关，是一体化全球对地观测集成系统的核心，体现了智慧地球（smart planet）的理念，具有全球事件感知能力、强大的协同感知能力、高效的数据处理能力和智能的决策支持能力（陈能成等，2013）。

3.2.3 对地观测图像处理

1. 遥感影像数据处理的基本原理与方法

对地观测获得的地表影像和其他观测数据需经进一步处理才能加以应用。遥感技术借助于遥感平台，利用遥感传感器从高空对地球表面进行宏观测定，因此影像在获取、形成、传输和记录过程中必然会受到如成像系统不完善性和位移、成像环境的干扰及图像信息传输和记录的不稳定性等因素的影响，导致在给定成像条件下图像数据质量的降低，产生图像的辐射量失真和几何畸变误差。通过图像预处理，可以获取位置准确、清晰度高、对比度强的图像，以提高目视判读、解译效果及目标提取的准确性。

(1) 图像校正与配准。图像校正是为消除遥感图像的几何畸变而进行投影变换和拟合的校正工作。消除辐射量失真的处理过程称为辐射量校正(radiometric correction)；消除或减弱几何畸变误差的处理过程称为几何校正(geometric correction)。几何校正通常分为粗校正和精校正。辐射量校正和几何粗校正一般在卫星地面站完成。

图像配准是同一地区不同时相、不同波段、不同遥感器系统以及不同手段获得的图像(数据)，经几何变换使同名像点在位置上完全叠合的操作。不同传感器或同一传感器在不同时间获取的图像，尽管图幅大小差异不大，但像元之间往往不能一一对应；相对于同一地区地面景物的卫星图像与地图扫描影像，由于比例尺、投影方式、表示原则和方法的不同，它们的像元亦不能相互对应。为进行图像与图像的融合处理及图像与 SIS(GIS) 空间数据库矢量数据叠加，必须进行图像配准处理，使数据元素在空间能够对应。

图像校正与图像配准的几何变换原理基本相同，差别在于地面控制点(GCP)及配准点的位置、数目的确定。欲进行图像校正与图像配准，首先必须进行几何变换，并在几何变换之后进行几何重采样处理。

图像几何校正及配准的目的，是定量地确定图像上的像元坐标与相应目标物在选定的投影坐标系中的坐标间的一种几何映射关系，从而建立像面坐标系与投影坐标系之间的对应关系。欲进行遥感图像的几何精校正及图像与图像、图像与 SIS 空间数据配准，必须提供地面控制点或配准点位的精确坐标、地面控制点或配准点在图像上的相应像元特征信息。数字影像几何校正的方法很多，如多项式、正交多项式、共线方程、随机场内插纠正等。图像几何校正方法的选择，根据图像的获取过程及成像性质，可以分为严格图像几何校正和近似图像几何校正。严格图像几何校正，依据严格成像模型(如画幅式影像、线阵 CCD 影像和合成孔径雷达影像)即共线条件方程进行校正；近似图像几何校正，依据简单、近似的通用成像模型(如多项式、直接线性变换、有理函数模型)进行校正。前者，理论严密、精度较高，但计算复杂、运算量较大，而且不同类型的卫星遥感图像处理方法不同；后者，理论不如前者严密、精度略低，但计算简单、计算量较小，并且与卫星遥感图像的成像方式无关。具体成像模型和图像校正方法参见相关著作(徐青等，2007)。

在进行几何校正后，还必须对输入图像的所有像元进行重采样，实际上是根据几何校正公式建立图像像元与投影坐标系相应位置的映射关系，以获得无畸变的图像或使图像与选定的 SIS 矢量数据配准。重采样的基本方法是利用输入图像上周围点的像元值对所求点的像元值进行内插，主要内插方法有最邻近内插法(nearest neighbor，NN)、双线性内插法(bilinear，BL)、三次卷积内插法(cubic convolution)等。

经几何变换后的遥感图像可作为正射影像进行图像的应用性处理，也可作为栅格数据存入 SIS 的数据库中，通过与其他数据的复合处理而得到有效的应用。

(2) 图像增强。图像增强(image enhancement)是为提高图像的解译和分析能力所进行的扩大影像特征之间的差别和突出图像中的某些要素的图像处理方法。目前已得到实际应用的图像增强技术种类很多，从图像处理后产生的效果来看，可以分为图像对比度增强、图像平滑处理、图像锐化处理和图像彩色合成等。

图像对比度增强(contrast enhancement)，是利用扩大图像灰度级之间的级差来改善对比度过小的图像质量的图像处理方法。包括利用图像灰度级的线性变换方法实现增强图像效果的线性增强(linear enhancement)、通过修改图像直方图而改善图像质量的直方图增强

(histogram enhancement)、将原直方图变换成正态分布或近似正态分布以实现图像增强的直方图正态化(histogram normalization)，等等。

图像平滑处理(image smoothing processing)，是一种用于突出图像的低频成分或抑制图像噪声和干扰(高频部分)，使图像亮度平缓渐变，减小突变梯度，改善图像质量的图像处理方法。按图像处理的空间，图像平滑分为空域法和频域法两类。空域法即空间域滤波(spatial filtering)，是在图像空间的几何变量域上直接修改、抑制图像数据和消除噪声的滤波，有两种方法：一是均值平滑，它是将每个像元点取以它为中心的邻域(一般取 3×3 或 5×5)平均值代替该像元值，以达到去掉尖锐“噪声”和平滑图像的目的；二是中值滤波，它是以像元点为中心的一定邻域范围内取灰度中值代替该像元的值，以达到去掉尖锐“噪声”和平滑图像的目的，是均值平滑的改进。中值滤波在消除高频噪声的同时，可以保持图像轮廓边缘的清晰度，效果优于均值平滑。频域法即频率域滤波(frequency filtering)，是在频率域内修改图像的频谱成分，以实现图像数据的改变和抑制噪声的滤波。

图像锐化处理(image sharpening processing)，是使用空间卷积或高通滤波方法增强图像边缘的图像处理方法。图像目标轮廓线是由相邻像元灰度的急剧变化形成的，一般理解为高频成分，故可通过增强或提取图像的高频成分达到图像锐化的目的。各种锐化处理，都可看成是采用一种模板与原始图像的卷积。假定模板大小为 $M \times N$ 、窗口为 $\varphi(m,n)$、模板为 $t(m,n)$，则模板运算为

$$g(i,j)=\sum_{m=1}^{M}\sum_{n=1}^{N}\varphi(m,n)t(m,n) \tag{3.10}$$

计算结果 $g(i,j)$ 放在窗口中心的像元位置，成为新像元的灰度值。

梯度法也是图像锐化处理的一种方法。它通过对原始图像进行微分运算来实现加强图像的高频成分。图像函数的梯度为

$$\nabla f(x,y)=\frac{\partial}{\partial x}f(x,y)\cdot i+\frac{\partial}{\partial y}f(x,y)\cdot j \tag{3.11}$$

梯度的模为各分量的平方和之平方根，即

$$\left|\mathrm{grad}f(x,y)\right|=\sqrt{\left(\frac{\partial f}{\partial x}\right)^2+\left(\frac{\partial f}{\partial y}\right)^2} \tag{3.12}$$

或

$$\left|\mathrm{grad}f(x,y)\right|=\sqrt{\left(\nabla_x\right)^2+\left(\nabla_y\right)^2} \tag{3.13}$$

梯度方向代表了函数 $f(x,y)$ 变化率最大的方向，定义为

$$\theta=\arctan\left(\frac{\partial f}{\partial y}\right)/\left(\frac{\partial f}{\partial x}\right) \tag{3.14}$$

梯度模在计算机图像处理中亦称为图像梯度。由图像梯度形成的图像称为梯度图像。梯度反映了相邻像元之间的灰度变化率。在图像中若存在边缘，在边缘处一定有较大的梯度值；而图像中较平滑的部分，灰度变化较小，一定有较小的梯度值。对于常数图像，各点梯度值为零。可见找到梯度较大的部分，就可以找到边缘，以不同方式用梯度值代替边缘处像元值，

就能达到突出边缘部分、锐化图像的目的。求梯度的方式较多，如 Roberts Cross 梯度、Sobel 梯度、Prewitt 梯度，等等。关于这些梯度的具体模板表示，请参见有关数字图像处理著作。

图像彩色处理(image color processing)，是把黑白图像或者多波段图像变换成彩色图像的技术过程，目的是提高图像的分辨能力。按照形成图像彩色的物理意义，把黑白图像变换成彩色图像的处理称为伪彩色处理(pseudo color processing)，而把多波段图像合成彩色图像的处理称为假彩色处理(false color processing)。伪彩色处理是把黑白图像的灰度级分成若干层次，对每个层次赋予颜色，即得到伪彩色图像。根据色度学原理，任何一种颜色均可由三原色(R,G,B)按适当比例合成，故伪彩色处理可描述为

$$\begin{cases} R(x,y)=T_R\left[g(x,y)\right] \\ G(x,y)=T_G\left[g(x,y)\right] \\ B(x,y)=T_B\left[g(x,y)\right] \end{cases} \tag{3.15}$$

式中，$R(x,y)$、$G(x,y)$、$B(x,y)$表示伪彩色图像三原色分量值；$g(x,y)$表示原始黑白图像的灰度值；T_R、T_G、T_B表示灰度级与三原色的映射关系。

假彩色处理是把多个波段的图像分别赋予一种原色而进行彩色合成的处理方法。由于在获取多波段图像时会受到大气吸收、散射等影响，一般蓝波段损失严重，在彩色合成时要由其他波段(含非可见光波段)代替，不可能得到与自然景色相同的真彩色图像，故称为假彩色合成。选定三个波段并分别按灰度级赋予相应的三原色，作如下映射：

$$\begin{bmatrix} R(x,y) \\ G(x,y) \\ B(x,y) \end{bmatrix}=\begin{bmatrix} T_R & 0 & 0 \\ 0 & T_G & 0 \\ 0 & 0 & T_B \end{bmatrix}\begin{bmatrix} g_1(x,y) \\ g_2(x,y) \\ g_3(x,y) \end{bmatrix} \tag{3.16}$$

将R、G、B三原色分量进行合成，可得到合成处理的假彩色图像$f(x,y)$，即

$$f(x,y)=R(x,y)+G(x,y)+B(x,y) \tag{3.17}$$

假彩色图像常用于图像目标分类。

(3) 图像二值化。图像二值化(image binaryzation)是将图像转变成用 0 和 1 两种灰度值表示的技术过程。设原始影像$f(x,y)$的灰度级范围为$\left[f_1,f_2\right]$，选择一个适当灰度阈值$T\in\left[f_1,f_2\right]$作为二值化阈值，对各像元的灰度值进行如下变换：

$$g(i,j)\begin{cases} 1, 若 f(i,j)\geqslant T \\ 0, 若 f(i,j)<T \end{cases} \tag{3.18}$$

式中，g表示二值化结果；f表示原始灰度值。

在图像二值化处理中，阈值T的选择是关键。阈值设定方法较多，不同的阈值设定方法形成不同的二值化处理模式，如固定阈值二值化方法、变阈值二值化方法、自适应二值化方法等。

2. 目标提取

遥感图像预处理的最终目的在于提取和识别所需要的地物信息。然而，在图像处理领域，目标识别至今仍然是一个难题。从目前情况看，国内外对线性要素(包括线状地物和面状地物边线)的提取算法研究较多，也取得了一些成果。

1）线状特征的提取

信息提取的难易程度与遥感图像的空间分辨率有关。在不同空间分辨率的遥感图像上记录着道路、河流或林地的边界、山脊线、山谷线或地质构造线、湖泊的边缘等。在 10～30m 分辨率的遥感影像上许多道路及主要河流清晰可见，而山脊线、山谷线或地质构造线都不易识别。当空间分辨率提高到 1～3m 时，道路、河流也成为面状要素了，可以通过地表分类的方法来提取。另外，不同地表覆盖的边缘在图像上以亮度坡的形式出现，而道路或河流等则呈现亮度岭或谷的形式。它们的探测方法是不同的，如梯度算子和模型卷积法、梯度方向剖面分析法、数学形态学方法和人工智能方法等。许多方法都是在单波段图像上进行试验的，这主要靠线性要素与其周围背景的反差，实际上这种反差可以通过多光谱影像的合成来提高。用于线状特征提取的具体算子很多，如伪 Laplace 算子、LOG 算子、Canny 算子、线提取算子，以及线状特征的多光谱图像提取、集成式线状特征提取、基于零交叉的线状地物检测等（余旭初，1997）。其中：伪 Laplace 算子是对 Laplace 算子的改进，由 Letel 提出，它是一种非线滤波器，实际上是一个 5×5 的 Laplace 卷积模板，最终提取的边缘为各位置上所确定的该模板与由 Laplace 算子得到的对应结果的乘积。

LOG 算子源于 Marr 和 Hildretch 提出的基于人类视觉系统处理过程的边缘检测算子。它是先对图像作 Gauss 模板卷积滤波，然后用 Laplace 算子提取边缘。这两个过程可以在数学上综合为 Laplace-Ganss 算子，即 LOG 算子：

$$\nabla^2(x,y,\sigma)=-\frac{1}{2\pi\sigma^4}\left(\frac{x^2+y^2}{\sigma^2}-2\right)\exp\left(-\frac{x^2+y^2}{2\sigma^2}\right) \tag{3.19}$$

式中，σ 表示 Gauss 函数的方差，称为多尺度因子。因为按此式所给出的模板通常很大（一般在 10～30 像元范围），所以计算量非常大，故常用两个 Gauss 函数之差来逼近，这便是 DOG 算子：

$$\mathrm{DOG}(\sigma_e,\sigma_i)=\left[\frac{1}{\sqrt{2\pi}\sigma_e}\exp\left(-\frac{x^2+y^2}{2\sigma_e}\right)\right]-\left[\frac{1}{\sqrt{2\pi}\sigma_i}\exp\left(-\frac{x^2+y^2}{2\sigma_i}\right)\right] \tag{3.20}$$

当 LOG 算子的标准差为 12.35 和 DOG 的两个标准差 $\sigma_i/\sigma_e\approx 1.6\,\mathrm{h}$，DOG 曲线与 LOG 曲线相当接近，逼近效果较好，可用 DOG 代替 LOG，这时模板尺寸和计算量可显著减少。

Canny 算子对于白噪声干扰的阶跃边缘的检测是最优的。它基于最优检测准则（漏检和虚假边缘概率最低）、最优定位性能（检测点应尽可能靠近实际边缘的中心）和无多重响应（对单个边缘只能有一个响应）等三个最优准则。不过，直接按上述准则设计算法十分复杂，对于二维图像的边缘检测，可按如下方法得到近似的最优算子。

设 G 为二维对称 Gauss 函数，即

$$G=\exp\left(-\frac{x^2+y^2}{2\sigma^2}\right) \tag{3.21}$$

又设 n 为图像中与边缘垂直的方向，可用 G 沿着 n 方向的一阶导数 G_n 近似最优算子，即

$$G_n=\frac{\partial G}{\partial n}=n\nabla G,\quad \nabla G=\frac{\partial G}{\partial x}i+\frac{\partial G}{\partial y}j \tag{3.22}$$

但 n 的方向事先未知，可用梯度方向来估计：

$$n = \nabla(G * g) / \left|\nabla(G * g)\right| \tag{3.23}$$

式中，原图像边缘点可由 G_n 算子与图像 g 卷积后所得图像中的局部最大来确定，即求满足下式的点位：

$$\frac{\partial}{\partial n} = (G_n \cdot g) = \frac{\partial^2 (G \cdot g)}{\partial n^2} \tag{3.24}$$

线提取算子特别适用于宽度为 1～2 像元线目标的提取，其原理是先用一系列模板逐像元进行检测，再取其极大值作为各像元的输出响应，即

$$f(i,j) = \max[0, \max(g * h_k)] \tag{3.25}$$

式中，$g * h_k$ 表示第 k 个模板与原图像 g 的 (i,j) 邻域卷积结果；模板 h_k 分别定义在 3×3 或 5×5 的范围内。

不同的线状地物具有不同的光谱特征曲线。目前，利用多光谱图像提取线状特征有三种方案：第一种是分别针对各波段图像，运用常规梯度算子提取边缘，然后将由各波段得到的边缘图像按逐像元同方向取梯度最大的方法求得输出边缘图像；第二种是从多光谱图像中提取特征图像，然后再采用特定的提取算法提取线状特征，此方案要求详细分析各类线状特征的光谱特性；第三种是设计利用各波段影像信息的多光谱边缘(或线)提取算子，如对应于 Roberts 梯度算子的 2×2 邻域，可以在几个波段影像中确定一个 $2\times2\times n$ 像元的邻域。

前述算法和方案各自都有不同的技术特点和优势，但在实际应用中却很难确定一个普遍适用和最佳的选择。集成式线状特征提取方法(余旭初，1997)，就是要使得在提取线状特征时不仅可以有更多的选择，而且能在统一的环境下发挥各自的优势。它是以可视化的融合界面为中心，以多光谱卫星影像为背景，各种线性特征提取算法和优选方法交互使用，涉及算法的动态选择和优化、提取结果的融合等问题。

使用数学方法提取图像像元中具有亮度值(灰度)空间方向亮度大的边、线特征的过程，称为边缘检测。在现代边缘检测理论中，最具影响力的仍是基于零交叉的二阶微分检测法。但是，将二阶微分算法用于卫星遥感影像中线状地物的提取有两个困难：一是仅要求提取线状地物而不需要阶跃边缘，并且因为线状地物一般为 1～2 个像元宽，希望提取的特征值直接定位于中心线；二是如何从零交叉图像中分别获得深色(暗线)和浅色(亮线)的地物特征。这两个问题实际上是通过零交叉线相互联系的。对于前者，问题可归结为如何获得突出线状地物的零交叉图案，这主要取决于 LOG 算子的尺度因子 σ 的选择；对于后者，有的学者提出了一种新的快速算法(余旭初，1997)，该算法分两步执行，计算量小，且在提取两类线条(亮线和暗线)时均能实现准确定位。

2) 面状地物的提取

图像中的面状地物除了边界处表现出明显的不连续性外，区域内部还具有某种同一性或均匀性。这种特征空间的分割，是面状目标提取的基础。面状地物的提取，通常采用图像分割的方法。

图像分割，是根据地物区域内部所具有的某种同一性或均匀性，把整幅图像划分为若干子区域，每一子区域对应于某一地物或地物的一部分，相邻区域之间具有明显不同的特征值。按照田捷等(1995)在《实用图象分析与处理技术》一书中给出的定义：假设给定均匀测度度量 P(二值逻辑函数)，如果某个区域满足某种均匀性，则其 P 值为 TRUE；反之，则为 FALSE。

图像分割就是求出图像$\{f(x,y)\}$的一个划分$X_1,X_2,X_3,\cdots,X_N$，使得

$$\begin{cases}\bigcup_{i=1}^{N} X_i=\{f(x,y)\}, X_i\neq\varnothing, X_i\cap X_j \\ X_i\text{是连通的} \\ P(X_i)=\text{TRUE},\text{但}P(X_i\cup X_j)=\text{FALSE},\text{如果}X_i\text{、}X_j\text{相邻}\end{cases} \tag{3.26}$$

经典的图像分割方法是基于度量空间的空间域聚类，包括灰度直方图门限法图像分割和区域增长法图像分割。

灰度直方图门限法图像分割，是基于这样一种假设：图像中的物体或背景的灰度分布具有尖峰或集中于不同的灰度集上。因此，对于图像中物体与背景存在较大灰度反差的情况，可以在建立图像灰度直方图的基础上，通过设置阈值使图像变为二值图像的方法来获得对图像的简单分割。这里，关键是二值化门限值的合理选择和分割区域的确定。

区域增长法图像分割，是考虑利用像元的空间结构关系及其他特征，如灰度级、梯度幅值、是否为边缘点等，求得图像中相似的像元的最大连通集合。定义图像$\{f(i,j)\}$的每一像素对应的n维特征向量为

$$P(i,j)=\left[P_1(i,j),P_2(i,j),\cdots,P_n(i,j)\right]^{\mathrm{T}} \tag{3.27}$$

式中，$P_1,P_2,\cdots,P_n$表示与像素有关的性质。

若两个像素可以分为一类，则这些像素肯定满足对应性质的某种相似性准则。较常用的有特征向量的差值之绝对值测度与均方差测度为

$$A(i,j;k,l)=\sum_{i=1}^{n}\left|P_i(i,j)-P_i(k,l)\right| \tag{3.28}$$

$$L(i,j;k,l)=\left\{\sum_{i=1}^{n}\left[P_i(i,j)-P_i(k,l)\right]^2\right\}^{\frac{1}{2}} \tag{3.29}$$

当取$n=1$，且$P_i(i,j)$为图像灰度时，式(3.28)代表两像素之间灰度差的绝对值，式(3.29)代表灰度的均方差。

显然，若$A(i,j;k,l)$或$L(i,j;k,l)$小于给定的阈值，则像素(i,j)和(k,l)是相似的；若像素(i,j)与其相邻的像素(k,l)相似，则将它们加以连接。

根据选择像素的不同性质，确定不同的像素特征向量，将产生不同的区域增长方法，如单一型链接、混合型链接和质心型链接等。

基于直方图的分割技术在实现时受主观因素的影响，未充分利用地物在光谱空间的特征差异，所以实际上几乎总是采用以决策理论为基础的统计模式识别技术，实质上是一种模式分类。监督分类和非监督分类就是两种基本的模式分类方法。监督分类是从事先提供的有关地物样本数据的分析中训练分类器，包括统计分类和几何分类。统计分类的理论基础是基于最小错误率的 Bayes 决策。针对此方法的缺陷，人们曾试图在遥感图像分类中引入近邻法，即直接考察待分模式X的邻域内已知样本的构成及与X的空间关系，以做出相应的归属决断。Hardin(1994)在一个复杂的监督联合分类方案中广泛地比较了 6 种近邻法和 4 种参数法，认为当训练样本的比例与真实分布的比例基本一致时，近邻法具有明显较高的精度。几何分

类是直接从已知样本集中寻找类别间具有确定函数形式和几何意义的边界方程，这种思路对解决同类异谱及非线性可分等复杂分类问题具有意义。

随着模式识别、计算机视觉和图像理解等领域的深入研究，图像分割技术得到迅速发展，以多光谱图像分析为主流的遥感图像分类与识别的研究大大丰富了图像分割的内容。这里，特别要提到的是解决分类问题的人工神经元网络分类模型、模糊分类法、纹理分类与分割和基于知识的图像分割。余旭初(1997)在对前述的分类和识别方法进行分析后，提出一个面状目标识别的智能可视化方案，把精度更高、更易操作和富有弹性的分类技术作为出发点，系统地解决遥感图像的面状目标识别问题。

最近几年发展起来的基于云计算的协同并行处理(MapReduce)技术和深度学习与深度增强学习是遥感图像处理的最佳选择之一。基于云计算的 MapReduce 并列处理技术，是采用分布计算，并对求解后的子问题合并给出完整解的计算方法。它是移动计算而不是移动数据，将目前数据处理的线性(单调逻辑推理)工作流转换为网状(非单调逻辑推理)并行处理。深度学习是人工神经网络(ANN)的发展，增加了许多隐含层和一个非监督学习的“pretraining”，随着 MapReduce 的大规模集群技术的兴起和 GPU 的应用及优化算法的出现，过去耗时数月的机器学习训练过程可缩短为数天甚至数个小时，在大规模数据处理(如多源影像数据等)中的应用前景非常广阔。从深度学习到深度增强学习，是一次不同于历次科技革命的人工智能革命，移动互联网的线下信息服务、云端“大脑”的计算能力，人工智能革命面临的是“进入人和机器共同演化的新时代”，基于计算机模拟人类感知智能和认知智能的“人工智能计划”与探究人类大脑工作生物原理和实现类脑计算的“中国脑计划”融合在一起形成的“中国脑智计划”，可理解为“深度增强学习”，为包括遥感影像数据在内的时空大数据的处理提供了新的思路和方法。

3. 多角度倾斜摄影数据处理

倾斜航空摄影是近十多年发展起来的一项高新技术，它是通过在同一飞行平台上搭载 5 台传感器，同时从一个垂直、四个倾斜共五个不同的角度采集影像，以获取丰富的建筑物顶面及侧面的高分辨率影像，拍摄相片时，同时记录航高、航速、航向和旁向重叠，还可以通过先进的定位(如 POS)、融合、建模等技术，快速生成真实三维城市模型，节省了模型细节分析时间，简化了建筑物纹理采集和处理方法，缩短了三维城市模型构建周期，提高了工作效率，降低了成本。

1) 倾斜航空摄影工作原理

倾斜航空摄影颠覆了传统的垂直航空摄影方式，它采用 5 个镜头同时获取向下(垂直)、前、后、左、右五个方向的影像数据，配合惯导系统获取高精度的位置和姿态信息，通过特定的数据处理软件进行数据处理，将所有影像纳入统一的坐标系统中。

当前广泛应用的一种倾斜航空摄影相机(Pictometly Pentax)由 5 个镜头组成。其中，一个镜头垂直向下，称为正射镜头；其他 4 个为倾斜镜头，倾斜角均为 40°。

倾斜航空摄影系统的特点包括(王伟等，2011)：

(1) 平均飞行高度 900m。

(2) 正射相机镜头的焦距为 65mm，平均地面分辨率为 15m；倾斜相机镜头的焦距为 85 mm，平均地面分辨率为 13～18 cm。

(3) 传感器尺寸为 4008×2672，像元大小为 9μ。

(4) 旁向重叠 30%，航向重叠 50%。

2) 倾斜航空摄影测量的技术流程

在实施倾斜航空摄影时，倾斜摄影相机同样需要在地面检校场对相机和惯导等进行检校，得到的检校数据用于后期数据处理。在采集每个建筑物的四个角度倾斜摄影影像后，将经过处理的惯导数据赋予每张倾斜影像，使这些倾斜影像具有在三维虚拟空间中的位置和姿态数据，便于应用中进行实时量测。

在获取倾斜摄影数据后，通过对倾斜影像数据、POS 数据和地面控制点数据进行一系列处理，以获取区域数字表面模型。倾斜摄影测量的一般技术流程如图 3.2 所示(梁玉斌和崔铁军，2017)。

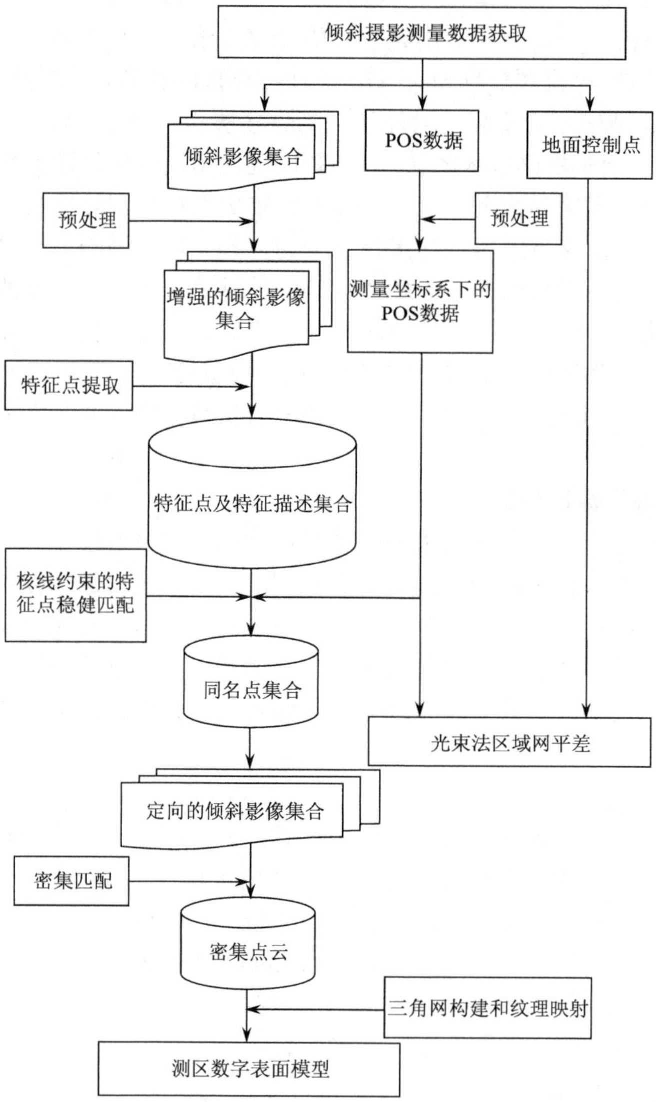

图 3.2　倾斜摄影测量的一般流程

3) 关键技术

倾斜摄影测量的关键技术主要包括数据预处理、影像匹配、影像定向、密集匹配和数字表面模型构建等五个关键技术问题(梁玉斌和崔铁军，2017)。

(1) 数据预处理。利用选定坐标系下的 POS 系统获取倾斜影像数据集的姿态和位置数据，在选定的坐标系下测量地面控制点坐标，对倾斜影像进行增强处理，使影像中的地物处理细节更突出，同时也可以改善三维模型的视觉效果。

(2) 影像匹配。影像匹配为影像定向提供同名点的坐标观测值，由于倾斜摄影的尺度、视角和转角变化较大，利用传统航空摄影影像匹配方法难以实现倾斜影像的稳健匹配。

对于倾斜摄影的影像匹配而言，特征点(同名点)的提取是关键。SIFT 算法可以从倾斜影像中提取大尺度和旋转不变性的特征点的位置、尺度及特征点所在领域的特征描述，而特征点对仿射变换和光照变化具有良好的适应性。同方向倾斜立体像对因为拍摄角度一致，仿射变形小，所以 SIFT 算法能够成功匹配，但无法适用于不同方向倾斜像对之间的匹配问题。有学者研究提出的 ASIFT 算法具有仿射变换不变性，能够提高倾斜影像特征点匹配的数量和精度。也有研究利用 POS 数据将倾斜影像重投影生成下视影像，再利用 SIFT 算法对重投影影像进行匹配(闫利等，2016)。

(3) 影像定向。影像定向的任务，是解算整个测区全部影像的摄影位置和姿态，同时求解影像特征点(同名点)的地面测量坐标，带附加参数的自检校光束法区域网平差还可以解算影像内方位光束和像片胶变参数，以补偿系统误差。

在影像稳健匹配的基础上，利用基于代数方程的相对定向方法可以求解大视角变化下影像的相对位置和姿态；在相对定向和自由网构建过程中，基于重摄影误差、光束交会角和冗余度等约束条件，可进一步过滤掉不可靠的同名点，从而得到较精确的同名点观测值；高精度 POS 数据可作为观测值参与影像定向；将地面控制点坐标作为带权观测值参与平差；采用大规模光束法区域网平差对包括同名点影像坐标、地面控制点坐标、像点坐标及利用 POS 系统获取的影像外方位元素值在内的大量参数进行整体优化，而解算光束法区域网平差目前主要采用 Levenberg-Marquardt 算法。

(4) 密集匹配。密集匹配是在影像定向的基础上求解密集同名点像点的过程。目前采用的方法主要有局部匹配、全局匹配和基于块的匹配方法。

局部匹配方法包括差异平方和(sum of squared differences, SSD)、归一化交叉相关(normalized cross correlation, NCC)和差异绝对值和(sum of absolute differences, SAD)等方法，此类方法由于暗含了影像局部区域光滑的假设(实际上并不光滑)，导致对象表面不连续的边界区域重建结果不佳，尽管有人提出通过增加边缘像素的权重来解决该问题，但匹配窗口的选择难以兼顾局部匹配的精度、匹配成功率及巨大计算量，进而影响了局部匹配方法的计算效率和准确率。

全局匹配方法是将立体匹配转化为像素标记，即在给定影像观测和有关场景结构先验假设的条件下推断视差图，像素标记可用马尔可夫随机场(markov random field, MRF)建模，并通过能量最小化解算，但基于 MRF 的能量函数全局最小化是 NP 难题，对此，有学者提出基于图割(graph cut)和置信度传播(belief propagation)的近似化算法。

基于块的匹配方法(patch-based matching method)，是以影像定向后精确匹配的同名点及其领域作为种子块，采用基于块的近似度量方法和置信度传播方法对种子块进行扩展，最终获得对象的三维表面结构。

(5)数字表面模型构建。经密集匹配后可得到测区地物的密集点云，基于点云数据可以通过三角网构建和纹理映射建立测区内地物的真三维数字表面模型(digital surface model, DSM)。这方面的算法目前已经比较成熟。

近几年来，倾斜摄影数据处理的相关理论与方法研究取得了很大进展，但仍有许多问题值得进一步研究。

第一，在影像匹配方面，对于存在大面积水域或植被等纹理单一的影像，由于特征点的局部领域十分近似，导致领域特征描述不易区分，造成难以检测的匹配粗差。

第二，地物结构的对称性和遮挡可能引起误匹配，视线遮挡导致部分同名点观测值可能出现较大误差，需要研究剔除影像匹配粗差的更为稳健的算法。

第三，由于缺乏(漏拍)纹理的影像区域缺少有效的同名点观测值，造成密集匹配方法难以获得初始值，从而导致密集匹配的失败，需要研究联合利用街景影像、车载/地面激光扫描数据等进行补充和完善。

第四，对于大范围倾斜摄影数据处理(如影像匹配、影像定向、密集匹配等)，要研究基于云计算的 MapReduce 的分布式并行处理技术流程，提高大规模海量倾斜影像处理的自动化程度和智能化水平。

第五，利用倾斜摄影影像所建立的 DSM 通常以统一的三维三角网结构存储，因此成片的建筑单体化是迫切需要解决的问题，需要研究相应的技术方法。

第六，扩展倾斜航空摄影测量技术应用领域，如集成倾斜航空摄影测量和地面移动测量技术的城市环境监测(李德仁等，2015)，倾斜摄影测量在智慧城市中的应用，倾斜摄影测量技术在应急保障中的应用等。

4. 激光点云数据处理

在测绘地理信息领域，激光点云数据，亦称“三维激光扫描数据”。当激光扫描仪(或称激光雷达)被搭载在飞机或汽车等运动平台上进行数据采集时，还要利用定位定姿系统(POS)采集传感器搭载平台的位置和姿态数据，以便解算激光扫描数据在地理坐标系下的坐标。

三维激光扫描数据通常为无拓扑结构的三维离散点集，一般称为“激光点云数据”。三维激光扫描仪可以是机载或车载，也可以安装在地面支架上，分别称为机载激光扫描、车载激光扫描和地面激光扫描。这里，重点介绍机载激光点云数据处理。

1)机载激光点云数据处理

机载激光雷达获取的数据一般包括激光测距数据、地面基站的 GNSS 数据、飞机上的 GNSS 观测数据和惯性测量装置(IMU)获取的数据。

机载激光点云数据处理主要解决以下问题。

A. 坐标解算

为实现机载激光雷达的直接对地定位，需要对点云数据进行一系列的坐标转换，涉及以下四个坐标系：

(1)激光扫描仪坐标系。其原点 o 在激光发射中心，x 轴指向飞行方向，y 轴垂直于 x 轴，z 轴指向激光扫描系统零点(即扫描角为零)，与 y 轴构成右手坐标系。

(2)惯性坐标系。其原点 o 在惯性平台参考中心，x 轴指向机身纵轴朝前，y 轴垂直于 x 轴，并指向飞机的右机翼，z 轴垂直向下，$oxyz$ 构成右手坐标系。

(3) 当地水平坐标系。其原点 o 为惯导(INS)导航中心，z 轴为指向 INS 导航中心在椭球面的法线方向(即天向)，y 轴为 INS 导航中所在大地子午线北端与大地平面的交线(即北向)，x 轴为大地平行圈与大地平面的交线(轴)，$oxyz$ 构成右手空间直角坐标系，亦称“东北天坐标系”。

(4) WGS84 坐标系，属地心坐标系。其原点 o 为包括海洋和大气的整个地球的质量中心(简称“质心”)，z 轴与国际地球自转服务局参考极(IERS Reference Pole，IRP)指向相同，该指向与历元 1984.0 时的 BIH 协议地极(CTP)一致，x 轴指向 IERS 参考子午线(IERS reference meridian，IRM)与过原点垂直于 z 轴的平面的交点，与 y 轴构成右手地心地固正交坐标系。

2000 国家大地坐标系(CGCS2000)，其构建原理与 WGS84 坐标系相同，只是采用的地球椭球参数值与 WGS84 有很微小的差别，实际应用中可不计。

关于 WGS84 和 CGCS2000 所采用的地球椭球参考值，可参见本书第 2 章。

机载激光扫描点云数据仅包含每个激光点的发射角、测量距离和反射率等数据，而不包括任何坐标和姿态等地理空间参考信息，联合 POS 数据和地面 GNSS 数据可以解算每个扫描点的地理坐标，为激光点云提供地理空间参考信息。根据前述四种坐标系的定义，要实施以下坐标转换：

(1) 激光扫描坐标系到惯性坐标系的转换。

(2) 惯性坐标系到当地水平坐标系的转换。

(3) 当地水平坐标系到 WGS84 坐标系的转换。

坐标转换的具体公式可参见相关著作。

B. 航带平差

同普通航空摄影一样，机载激光雷达通常按多条航带进行扫描，相邻航带之间保持一定的旁向重叠。

机载激光扫描系统是集全球导航卫星系统(GNSS)、惯性导航装置(IMU)和激光扫描仪等多个部件于一体的系统，获取的激光点云数据的定位精度受到来自 GNSS 定位、姿态、测距、系统集成等多种误差的影响，一般表现为系统误差。由于这些误差的存在，首先需要对机载激光扫描系统进行检校。经检校后，如果航带重叠区域的扫描点的高程仍然存在偏差，则需要通过航带平差予以消除。

基本思路是：利用航带重叠区域的同名点特征和地面控制点资料建立观测方程，采用最小二乘平差方法进行解算，首先得到一条经过平差的航带，然后以经过平差的航带作为基础航带依次把其他航带向基础航带“靠拢”。具体步骤如下：

(1) 利用相邻航带的重叠区域的同名点特征和地面控制点数据建立观测方程 $Z_D = Ax^2 + Bxy + cy^2 + Dx + Ey + F$，并利用最小二乘法解算其中的系数。

(2) 利用解算出的公式对其中一条航带的高程值进行改正，从而将数据融合到基础航带中。

(3) 采用上述方法对其他航带进行平差，将其他航带点云数据依次融合到基础航带中。

C. 点云滤波

机载激光扫描仪接收目标反射得到的是数字表面模型(DSM)，除地面点之外，还包含树木、建筑、桥梁、车辆等非地面点信息。为提取数字高程模型(DEM)，需要对激光点云数据进行滤波处理。为此，首先需要建立区分地面点和非地面点的规则，即假设条件。目前，所用的假设条件主要有：①DSM 中的非地面点高于地面，即激光扫描得到的最低点是够准确的地面点，这是所有滤波算法的前提；②地面坡度不会变化太大，自然地形的坡度变化一般在一定限度之内，而不属于地形的地物的坡度可能会超过这个限度，特别是城市建筑物、立交桥等的边界出现高程剧变，且呈现有规则的几何特征等。

激光点滤波(DEM 提取)的核心是利用判别规则和条件建立数学模型，实现地面点和非地面点的判断。目前采用的技术方法(算法)可分为 3 类(黄先锋等，2009)，即基于数学形态学的滤波法、基于内插的滤波法和基于曲面约束的滤波法。各种算法中，一个基本的问题是如何准确寻找初始地形点。解决这个问题的思路有两种：①自下而上，从局部拓展到全局，以基于数学形态学的滤波法为代表；②自上而下，先获取大范围的粗糙地形，然后逐步细化到局部，以基于内插的滤波法为代表。

(1) 基于数学形态学的滤波方法。与数学形态学(简称“形态学”)在图像处理中的应用基本相同，即通过设定滤波窗口(格网)，利用数学形态学中的开运算剔除高于地面的点，从而得到逼近地形的表面。

该法的核心和难点是滤波窗口大小的设定，即如何在剔除地物(地面点)信息的同时能较完整地保留地面点信息。理想的滤波窗口大小选择是根据局部区域中非地面点的大小而定，但实际上构成非地面点目标的建筑物、桥梁等结构复杂、形态多变，难以确定。对此，有两种处理方法：一种方法是根据地形的起伏和高程变化自适应的进行滤波窗口的调整；另一种方法是借用多尺度滤波的思想，采用逐渐增加滤波器窗口大小的方式进行滤波处理。渐变窗口设定实际上融入了多尺度滤波的思想，因此具有很好的参考价值。

(2) 基于内插的滤波方法。该法的核心思想是通过一个较粗糙的初始 DEM，逐步从备选数据点筛选并内插加密 DEM，以达到滤波的目的。其中，具有代表性的是线性预测基于不规则三角网(triangulation irregular network, TIN)加密滤波算法。在逻辑上，基于不规则三角网(TIN)加密滤波算法与线性预测算法相似。

线性预测算法，是先确定一个粗糙的 DEM，根据点到 DEM 的距离计算每个点的权值，保留权值大于给定阈值的点，并迭代加密 DEM；基于不规则三角网(TIN)加密滤波算法，是先通过一些较低种子点生成一个稀疏 TIN，然后考虑每个点到 TIN 的距离，并逐层迭代加密。所以，本质上基于内插的滤波方法是以一种逐层加密方式进行数据分类，受初始 DEM 和 TIN 的影响较大。故初始 DEM 和 TIN 的选择非常重要。

(3) 基于约束曲面的滤波方法。此法不是逐步加密地面点，而是逐步剔除非地面点。地面可以看作是一个连续且平缓变化的表面，可用带限制条件的参数曲面(如 Snake 样条曲面、正交多项式等)约束分类。约束曲面计算过程中的曲面拟合具有抑制粗差的作用，通常不需要先剔除粗差。该法过于强调地形的平缓变化，忽略了地形的复杂性，故在地形变化剧烈的地区(如山区)会存在问题。而且，这类算法计算量大，运行效率相对较低。

综上所述，虽然滤波算法研究较多，但目前仍缺乏真正高效、准确、适用性强的算法，相关研究还有很大空间(黄先锋等，2009)。例如，针对现有滤波方法中各种阈值的设定一般都是根据经验或地形特征，而未顾及各个方面的因素，不具有普适性，因此自适应阈值设定方法值得研究；鉴于数学形态学方法和内插方法各有优劣和针对性，在逻辑上前者自下而上、后者自上而下，可以研究综合利用两种方法的特点实现互补；为了提高对滤波处理过程的约束，可研究多源数据互补融合，如红外影像可确定植被区域和非植被区域，为阈值选择提供参考；引入城市数字地图数据，可避免将地面低矮建筑物误判为地面点等；顾及地面目标的激光回波与目标表面特征存在着一定的对应关系，可研究利用目标激光回波的波形特征优化点云滤波算法；随着人工智能技术的发展，机器学习技术在点云滤波中的应用成为研究热点。

2) 车载激光点云数据处理

车载激光点云数据一般包括激光扫描仪获取的激光测距数据、地面基站的 GNSS 数据、POS 数据(由高精度定位定姿系统获取)、GNSS 观测数据及 IMU 观测数据和数码相机拍摄的原始光学影像数据等。

车载和机载三维激光扫描数据处理的原理和过程很相似。其要点如下：

(1) 车载 GNSS 数据处理。利用地面基站的 GNSS 数据，通过差分技术对车载 GNSS 数据进行处理，消除车载 GNSS 数据中对流层延迟、电离层延迟、卫星星历及多路径效应等误差的影响，以提高车载 GNSS 数据的精度，得到差分 GNSS 数据。

(2) IMU 坐标的 WGS84 解算。联合差分 GNSS 数据和惯性系统 IMU 数据进行卡尔曼滤波，以给定时间间隔解算 IMU 在 WGS84 坐标系下的坐标。

(3) 扫描点坐标的 WGS84 解算。基于解算出的传感器搭载平台的位置数据，结合系统安置参考数据(IMU 与激光扫描仪之间的相对位置及姿态参数)，解算扫描点在 WGS84 坐标系下的坐标。

3) 地面激光点云数据处理

地面激光扫描的特点是存在遮挡，单次地面激光扫描无法获取地面物体的完整数据，这就需要从不同方向进行多站扫描，以获取地面物体的全方位信息。所以，在实施地面激光扫描作业之前，需要设计合理的激光扫描路线、确定扫描站点的数量和大致位置、扫描精度和数据采样密度。

地面激光点云数据处理的重点包括以下两点。

(1) 点云配准。为了重建地面目标的完整模型，必须将多站扫描数据统一到一个全局坐标系下，这个过程称为点云配准或点云拼接，是地面三维激光扫描数据处理的核心。

(2) 点云分割。为对被扫描物体进行结构分析和三维重建，必须按照一定的规则对点云数据进行划分，即经分割的点云数据中属性相同或相近且空间邻近的扫描点通常被划分为同一个分割块。为使分割块直接对应现实世界的对象，需要利用相关知识对分割结果做进一步加工处理，使点云数据经分类后被赋予更多的语义信息。目前，大多数点云分割方法是基于点云局部空间的几何属性(如局部表面法向量和曲率)，并结合区域增长算法、聚类算法和其他模式识别方法(如 Hough 变换)等来实现。

4) 激光扫描数据整合处理

机载激光扫描通常只能获取建筑物顶部和地面的点云数据，车载激光扫描一般仅能获取沿街道两侧建筑物的部分立面点云数据，而地面激光扫描通常仅能获取建筑物外部和内部的立面点云数据。为了对城市全方位、室内外一体化的三维重建，必须对机载、车载和地面激光扫描数据进行整合处理，过程如下：

(1) 在地面测量一定数量控制点的 WGS84 坐标。在地面激光扫描点云数据覆盖区域，利用全站仪和差分 GNSS 技术测定必要数量的 WGS84 坐标系下的控制点。

(2) 局部坐标系到 WGS84 坐标系的变换参数的解算。基于地面激光扫描数据中同名点的坐标，利用地面激光扫描点云数据预处理中点云配准相关原理解算局部坐标系和 WGS84 坐标系之间的坐标转换参数。

(3) 地面激光扫描数据到 WGS84 的转换。将地面激光扫描点云数据统一转换到 WGS84 坐标系下，实现机载、车载与地面激光扫描数据的融合。

激光点云数据经处理后，即可构建数字高程模型 (DEM) 和数字表面模型 (DSM)。

3.3 基于地图的数据获取

3.3.1 作用与意义

在一些特殊情况下，地图数据采集在 SIS 空间数据获取中仍不失为一种方法。从地图上采集数据的主要问题，是地图一经出版就变得陈旧，出版时间越长，地图内容越陈旧，现势性越差。这种现势性差的空间数据，对 SIS 的分析与应用是十分不利的。

地图数据采集曾经采用过两种方法：一种方法是手扶跟踪数字化，此法几乎同手工绘制一幅地图所需要的时间差不多，而且精度相对较低，现在已不采用了；另一种方法是地图扫描数字化，这种方式的速度相对快一些，精度也高一些。

地图扫描数字化方式，其技术核心是数字地图图像的识别，目前采用的基本理论与方法主要有数学形态学方法、神经元网络方法等。

3.3.2 数字地图图像分析与识别的数学形态学方法

1. 基本原理和方法

1) 图像基本形态学变换

数学形态学变换是通过结构关系 B，把图像 X 变换成为一幅新的图像。根据所采用的结构元素和约束条件的不同，其变换的形式是多种多样的。

A. 基本的形态学变换

设 X 是待变换的图像，$X \subset Z^2$，B，$\{T^1, T^2\} = T$ 为给定的结构元素。则相应的基本形态学变换如下：

(1) 扩张 (dilation)

$$X \oplus B = \bigcup_{b \in B} X_b = \{y : y \in X + b, x \in X, b \in B\} \tag{3.30}$$

(2) 侵蚀 (erosion)

$$X \ominus B = \bigcap_{b \in B} X_b = \{y \in Z^2 : y + b \in X, b \in B\} \tag{3.31}$$

(3) 打开 (opening)

$$X \circ B = X \ominus B \oplus B = \{y \in X; \forall_q, y \in B_q \subseteq X\} \tag{3.32}$$

(4) 闭合 (colsing)

$$X \cdot B = X \oplus B \ominus B = \left\{y \in Z^2; \forall_q, y \in \check{B}_q, \text{且} \check{B}_q \cap X \neq \varnothing\right\} \tag{3.33}$$

(5) 撞击 (hitor miss)

$$X \otimes T = \left(X \ominus T^1\right) \cap \left(X^c \ominus T^2\right) = \{x : T_x^1 \subset X_1, T_x^2 \subset X^c\} \tag{3.34}$$

(6) 减薄 (thinning)

$$X \bigcirc T = X / (X \otimes T) \tag{3.35}$$

(7) 加厚 (thickening)

$$X \odot T = X \cup (X \otimes T) \tag{3.36}$$

B. 统一的带约束条件的形态学组合变换模型

设 $\{B_j\}_n$、$\{T_j\}_n$ 为给定的 n 个结构元素系列，$\{A_i\}_m$、$\{O_i\}_m$ 是给定的个数为 m 的动态约束条件序列，其中，$0 < j \leqslant n$，$0 \leqslant i < m$，$D_0 = \varnothing$，$A_0 = \varnothing^c$，则统一的形态学变换的组合公式的定义为

$$\begin{cases} X \oplus \{B_j\}_n ; \{A_i\}_m = (((X \oplus B_1 \cap A_1) \oplus B_2 \cap A_2) \oplus B_3 \cap A_3) \cdots \\ X \ominus \{B_j\}_n ; \{D_i\}_m = (((X \ominus B_1 \cup D_1) \ominus B_2 \cup D_2) \ominus B_3 \cup D_3) \cdots \\ X \bigcirc \{T_j\}_n ; \{D_i\}_m = (((X \bigcirc T_1 \cup D_1) \bigcirc T_2 \cup D_2) \bigcirc T_3 \cup D_3) \cdots \\ X \odot \{T_j\}_n ; \{A_i\}_m = (((X \odot T_1 \cap A_1) \odot T_2 \cap A_2) \odot T_3 \cap A_3) \cdots \end{cases} \tag{3.37}$$

在上式中，当 $n = m = 1$ 时，公式为条件形态变换；当 $n > 1, m = 0$ 时，公式为序贯形态变换；当 $n > 1, m = 1$ 时，公式为条件序贯形态变换；当 $m = n > 1$ 时，公式为动态条件序贯形态变换。因为式 (3.37) 所采用的约束条件只能是结构元素的交、并运算，理论上不可能使不同尺度但同一几何结构的图像分离后仍保持其连接性不变，所以引入原始图像 X 作为新的约束条件，经过差的运算，重新对式 (3.37) 进行了扩展。

设 X 为待处理的数字图像，$\{B_i\}_n$，$\{T_i\}_n$ 为给定的 n 个结构元素序列，X 作为约束条件，则扩展后的结果为

$$\begin{cases} X; X \circ \{B_i\}_n, X = X / (((X \ominus \{B_i\}_n) \oplus B_1 \cap X) \oplus B_2 \cap X) \cdots \\ X; X \{B_i\}_n, X = X \cup (((X \oplus \{B_i\}_n) \ominus B_1 \cup X) \ominus B_2 \cup X) \cdots \\ X; X \otimes \{T_i\}_n, X = X / (((X \otimes \{T_i\}_n) \oplus T_1 \cup X) \oplus T_2 \cup X) \cdots \end{cases} \tag{3.38}$$

此式是数字地图图像形态分离的基础，它与式 (3.37) 一起构成了带约束条件的数学形态学组合变换的统一模型。这一模型不仅能够实现图像特征的形态分离和重建，而且对同一连接分量具有不同尺度的地图要素的分离，能够保持原始图像的连接性不变，使得数学形态学应用于实际的数字地图图像的分析成为可能。

2) 结构元素的分解与基元库的建立

图像的几何结构及纹理等概念之间是由结构元素来联系的，即通过选择结构元素对图像作变换，以获取图像几何结构方面的信息。因此，结构元素的选择是应用形态变换的前提。在理论上，目标图像的形态变化是无限的，所有这些目标形态都可选作结构元素来使用。然而，对于不同目的的图像分析，由于几何结构特点的不同，可选用不同的结构元素来描述，根据分解原理，这些结构元素又可用更简单的基元来表示。基元是更复杂的结构元素分解的最小单元，其结构形状要比图像的结构形状更简单，应能描述地图符号构图和相互关系的主要结构特征。根据地图图像的特征，确定所有 256 个可能的基元相应的编码，它能够作为结

构元素分解的最小单元，详细分解定理及推论的证明可参阅翟京生和王家耀编写的《数学形态学与数字地图图像识别》。

3）地图图像特征的形态分析模型

地图图像具有连接性、形状、尺度、纹理、拓扑与几何特征等，描述这些基本图形特征的各种形态分析模型，构成了数字地图图像形态分析和处理的主要内容。

A. 连接性及其形态分析

连接性是图形分析和不同性质图形赖以分离的基础。保持连接性不变，也是图形定量分析的基本原则。有关的算法包括连接分量的标记、分离与连接数特征的提取、分割和骨架化。

设图像 $X \subset Z^2$ 包含几个连接分量 Y_i，即 $X = \bigcup_{i=1}^{n} Y_i$，若 Y_p 是待标记的具有特征 P 的连接分量，且特征点 $Z_p \subset Y_p$，则特征分量的标记算法为

$$\begin{cases} Z_p = X \otimes \{T_i\}_n \\ Y_p = Z \otimes \{H\}_n X \end{cases} \tag{3.39}$$

式中，$\{T_i\}_n$ 表示特征结构元素序列；$H = \begin{bmatrix} 1 & 1 & 1 \\ 1 & ① & 1 \\ 1 & 1 & 1 \end{bmatrix}$。

设 $X \subset Z^2$ 由 n 个目标子块 X_i 组成，即 $X = \bigcup_{i=1}^{n} X_i$，$X^c$ 是由单像元宽度的格网构成的图像，Y_i 为 X_i 中的任意一点，则目标区域邻接关系的标记算法为

$$\begin{cases} X_i = Y_i \oplus \{H\}_n ; X^c \\ \bar{X}_i = \left[\left(X_i \oplus H \right) \oplus \{H\}_n ; X^c \right] / X_i \end{cases} \tag{3.40}$$

设图像 $X \subset Z^2$ 由 n 个连接分量 X_i 组成，即 $X = \bigcup_{i=1}^{n} Y_i X_i$，$Y_i$ 为扫描图像 X 时所获得的第一个不为零的像元，用 $Y = FP(X)$ 表示，则连接分量 X_i 逐步分离的形态学算法为

$$\begin{cases} ①\ i = 1; X'_0 = X \\ ②\ Y_i = FP\left(X'_{i-1}\right) \\ ③\ X_i = Z_i \oplus \{H\}_n ; X'_{i-1} \\ ④\ X'_i = Z'_{i-1} / X_i \\ ⑤\ \text{如果} X'_i \neq \varnothing \text{，则} i = i + 1 \text{，转②} \\ ⑥\ \text{结束} \end{cases} \tag{3.41}$$

用形态学运算来描述和提取图像 X 的连接数特征，实际上就是连接数特征的结构元素 B_i 对图像 X 的撞击，具体算法为

$$Xd = X \otimes \{B_i\}_n^d \tag{3.42}$$

式中，$\{B_i\}_n^d$ 表示连接数等于 d 的基元序列，$0 \leqslant d \leqslant 4$。

由于噪声的影响，原本分开的目标图像可能连接在一起，形成同一连接分量；构图复杂的地图符号，也存在类似问题。对这类情况，在形态分析之前，要进行连接分量的分割处理，

即把相互叠置在一起的目标图像分割成独立的子块，使其成为具有更简单的特征或更明确意义的连接分量。其形态学算法有聚类分割、合水线分割。

设目标图像 $X \subset Z^2$，如果 X 是 8-连接，X^c 是 4-连接的，则 $SK(X)$ 为图像 X 的骨架所必须满足的条件是：X 和 $SK(X)$ 的连接性一致；$SK(X)$ 为单像元宽度；$SK(X)$ 位于 X 的中轴位置。图像骨架化算法为

$$\begin{cases} ① \ i=1,\ X_0 = X \\ ② \ X_{i+1} = (X_i \bigcirc D_1) \cap (X_i \bigcirc D_2) \cap (X_i \bigcirc K_1) \cap (X_i \bigcirc G_1) \\ ③ \ X_{i+2} = (X_{i+1} \bigcirc D_2) \cap (X_{i+1} \bigcirc D_3) \cap (X_{i+1} \bigcirc K_2) \cap (X_{i+1} \bigcirc G_2) \\ ④ \ X_{i+3} = (X_{i+2} \bigcirc D_3) \cap (X_{i+2} \bigcirc D_4) \cap (X_{i+2} \bigcirc K_3) \cap (X_{i+2} \bigcirc G_3) \\ ⑤ \ X_{i+4} = (X_{i+3} \bigcirc D_4) \cap (X_{i+3} \bigcirc D_1) \cap (X_{i+3} \bigcirc K_4) \cap (X_{i+3} \bigcirc G_4) \\ ⑥ \ \text{如果} i < m,\ \text{则} i = i+5,\ \text{转②} \\ ⑦ \ SK(X) = X_4,\ \text{结束} \end{cases} \tag{3.43}$$

式中，m 为图像中最大目标图像宽度的像元个数。

B. 形状特征与形态学滤波

由于不可避免的原因和噪声对地图图形符号的影响，必然会造成图形模糊和变形，使原本连接的图像断开或分离，断开的图形合上或变形。为恢复图形原始形状特征，要根据基本形态滤波函数，研究图形噪声的去除、图像修复、形状滤波和图像的形态整型等算法。

形态学基本运算中的打开与闭合运算可构成低通、高通和带通形状滤波函数，其作用是滤除图像上微小的凸部、毛刺、空洞和凹部，使图像变得更加平滑。设形状相同但大小不同的结构元素为 B_1 和 B_2，且 $B_1 < B_2$，则有：低通滤波 $Y = X \circ B_2 \cdot B_1$；高通滤波 $Y = X / (X \circ B_1 \cdot B_2)$；带通滤波 $Y = (X \circ B_1 \cdot B_1) / (X \circ B_2)$。

为了在消除噪声的同时能保持图像的细部几何特征不变，给出基于多结构元素的形态滤波函数：

$$\begin{cases} Y = \bigcup_{i=1}^{8} (X \circ B_i) \\ C = \bigcup_{i=1}^{8} (X \cdot B_i) \end{cases} \tag{3.44}$$

式中，B_i 是个数等于 8 的结构元素序列；X 为给定的含有随机噪声的图像；C 为滤波后的结果。

为了在删除边缘噪声的同时能重建原始图像的线划，给出如下既删除边缘噪声又保持目标主部不变的形态学滤波函数：

$$\varphi(X) = X \cap \left(\bigcup_{i=1}^{m} (X \ominus C^i) \oplus B \right) \tag{3.45}$$

式中，$C^i (i = 1,2,\cdots,m)$ 为有界集合 B 的所有子集，即 $C^i \subset B$，且 C^i 的大小为 t_i，$0 < t_i \leqslant \mathrm{card}(B)$，称 C^i 为 B 的第 i 阶主部。

为了避免噪声或某些形态运算可能造成的线状图像出现不合理的断开和分叉现象，采用描述端点形态的结构元素序列，得出线状图像的形态滤波函数，包括 n 尺度合上滤波、n 尺

度打开滤波。设 $X \subset Z^2$ 为单元宽度的线状目标图像，n 为滤波线性尺度，则有

n 尺度合上滤波：

$$\begin{cases} X_1 = \bigcup_{i=1}^{8}\left[X \otimes E_i \oplus nQ_i\right] \\ X_2 = X \cup X_1 \\ X_3 = \bigcup_{i=1}^{8}\left[X_2 \bigcirc nE_i\right] \end{cases} \tag{3.46}$$

n 尺度打开滤波：

$$\begin{cases} X_1 = \bigcup_{i=1}^{8}\left[X \bigcirc nE_i\right] \\ X_2 = \bigcup_{i=1}^{8}\left[X_1 \otimes E_i\right] \cup X \\ X_3 = X_2 \oplus nQ_i \end{cases} \tag{3.47}$$

式中，$\{E_i\}_8$ 为结构元素序列；Q_i 是与 E_i 相对应的切线方向上的结构元素序列。

为解决由于图像重采样和数据压缩所产生的破坏目标图像像元间的连接关系，造成图像新的变形和分离的问题，要进行图像的形态整型。设 $X \subset Z^2$ 为待处理的图像，$\{B_i\}$ 为给定的结构元素序列，且满足 $B_i = \check{B}_i$，Y 是图像 X 形态整型后的结果，则有

$$Y = \bigcup_{i=1}^{m}\left[\left(X \oplus \{B_i\}_n\right) \cap X\right] \tag{3.48}$$

C. 尺度特征及其形态学描述

尺度是度量地图要素的长、短、粗、细和相应像元个数的重要特征量。各种基于尺度特征且保持目标图像连接性不变的形态滤波和重建函数，可以奠定线性地图要素形态分离的算法基础，包括图形的尺度分布函数、单尺度和多尺度线状目标的形态提取和形态重建等。

设 $X \subset Z^2$ 为给定的图像，$X_i = (i = 1, \cdots, m)$ 为目标图像，$\bigcup_{i=1}^{m} X_i \subseteq X$，则所有尺度小于或等于 n 的 X_i 的面积总和称为图像 X 的尺度分布函数，记为 $\varphi_n(X)$，$n \geqslant 0$。若图像 X 的面积用 $A(X)$ 表示，则图像 X 的尺度分布函数为

$$\varphi_n(X) = \left\{A(X \circ nB) / A\left[X \circ (n-1)B\right]\right\} / A(nB) \tag{3.49}$$

为分离出诸如经纬线、图廓线等具有单尺度线状图像特点的地图要素，给出单尺度线状目标的形态提取函数。设 $X \subset Z^2$ 为待处理的图像，B_{ji} 为单方向的结构元素，与结构元素 $\{Q_i\}_8$ 相同，对应关系满足 $B_{ji} = Q_{\left[j+(i-1)\times 4\right]}$。显然，$\mathrm{card}\left(B_{ji}\right) = 2$。若要提取的线状目标图像的尺度为 n，方向为 j，则有

$$\begin{cases} X_1 = \left(X \ominus nB_{j1}\right) \cup \left(X \ominus nB_{j2}\right) \\ X_2 = \left[X_1 \oplus (n-1)B_{j1}\right] \cup \left[X_1 \oplus (n-1)B_{j2}\right] \end{cases} \tag{3.50}$$

提取的单尺度线状目标图像可能与其他地图要素相交，导致图像重建后造成与此相交的图像断开，使图像的连接性特征发生变化，故给出保持图像连接性不变的单尺度线状目标的

形态重建模型。设 $X \subset Z^2$ 为待处理的图像，B_{ji} 为给定的结构元素，若 j 表示结构元素的方向，n、m 分别表示目标图像的长度和宽度，则 j 方向单尺度 n 的线状目标分离后形态重建模型的具体算法为

$$\begin{cases} X_1 = \left(X \ominus nB_{j1}\right) \cup \left(X \ominus nB_{j2}\right) \\ X_2 = \left(X_1 \oplus (n-1)B_{j1}\right) \cap \left(X \oplus (n-1)B_{j2}\right) \\ X_3 = X / X_2 \\ X_4 = \left[\bigcup_{j=1}^{4}\left(\left(X_3 \oplus mB_{j1}\right) \cap \left(X_3 \oplus mB_{j2}\right)\right)\right] \cap X \end{cases} \tag{3.51}$$

由于常规制图的各个环节和噪声的影响，同一线号的地图符号，数字化后其粗细和大小都可能发生变化，使不同线号的目标图像在部分线段尺度相同，而同线号的目标图像在部分线段尺度不同。但由于图像的连接性不变，且线划的主尺度是一致的，据此给出多尺度目标图像提取和重建的形态学模型。设 $X \subset Z^2$ 为待处理图像，Y_1 为主尺度等于 m 的目标图像，Y_2 为减去 Y_1 后 X 的重建图像，若 Y_2 的子尺度为 d，则有

$$\begin{cases} X_1 = X \ominus (m-1)Q_i \\ X_2 = X / X_1 \\ X_3 = \left\{X_2 \oplus H \cap X\right\} d \\ X_4 = X / X_3 \\ Y_1 = \left\{X_4 \oplus H \cap X\right\} n \\ Y_2 = X / Y_1 \end{cases} \tag{3.52}$$

式中，$n = \left\{n; Y_1 \cap Y_2 = \varnothing\right\}$；$Q_i$ 为结构元素。

D. 纹理特征及其形态学描述

在给定方向 j 上，目标图像 X 的非零元素间的尺度 n 变化的图案，称为地图要素的纹理图案，它是尺度和方向的函数，记为 $\varphi_{k,j}(X)$，包括图像纹理的形态标记、形态提取和重建、形态分割等。据此，可以把图像纹理的描述转换成方向和尺度的运算。根据形态位移和结构元素的性质，可以构成如下各方向尺度小于或等于 n 的图像纹理标记算法：

$$\varphi_{n,j}(X) = \bigcup_{j=1}^{4}\left[\left(X \oplus nB_{j1}\right)\right] \cap \left[\left(X \oplus nB_{j2}\right)\right] \tag{3.53}$$

考虑到图像纹理特征是用尺度和方向来描述的，除地图的各要素本身构成特定的纹理外，各要素之间也可能形成同样的纹理特征，这就给基于纹理特征的目标图像提取和重建造成了困难。但这种非纹理特征图像有一个重要性质，即它与其他目标图像保持连接关系。结合纹理尺度、方向和连接性特征，给出保持连接关系不变的图像纹理的形态提取和重建的算法：设 $X \subset Z^2$ 为待处理图像，Y 是 X 经纹理标记(涂黑)后的结果，则有

$$\begin{cases} X_1 = Y \ominus mH \\ X_2 = \left[\left(X / X_1\right) \oplus H\right] \cap X_1 \\ X_3 = X / \left(X_2 \oplus \left\{H\right\} n; X_1\right) \\ X_4 = X_3 \cap X \\ X_5 = X / X_4 \end{cases} \tag{3.54}$$

式中，m 表示图像 X 中目标线划的宽度；$n=\{n;Y_1\cap Y_2=\varnothing\}$。

在地图上，有些不同地图要素符号本身就是连在一起的，如岸线与石壁符号、等高线与陡崖符号等，其图像在纹理标记后形成同一图斑，故在提取和重建目标图像之前必须进行纹理图像的分割运算。其算法如下：设 $X\subset Z^2$ 为待处理图像，Y 是对 X 纹理标记后的图像，B_{ji} 为岸线与石壁符号的连接方向上的结构元素，于是有

$$\begin{cases}X_1=Y\ominus\{H\}n\\X_2=\left[\left(X\ominus nB_{j1}\right)\ominus nB_{j2}\right]\\X_3=X_1/X_2\\X_4=\left[\left(X/X_1\right)\oplus\{H\}m;X_3\right]\\X_5=\left(X/X_4\right)\cap X\end{cases}\tag{3.55}$$

式中，$m=\{m;X\cap X_4=\varnothing\}$。显然 X_1 是分离标记后的纹理图像岸线断开的结果，X_4 是去掉石壁符号所分离出的岸线图像，X_5 是石壁符号重建的结果。

E. 几何与拓扑特征的形态分析

前述各种形态学分析模型都是基于地图要素的分离目的提出的，但实际上从地图中分离出的目标图像不可能是单一性质的，因此必须对面积、长度和欧拉数等图像的其他几何与拓扑特征和相互关系作进一步的分析和描述，包括几何形状的形态学表示、拓扑特征的形态表示和几何关系的形态描述。

几何形状的形态学表示，包括目标图像的面积和长度、形状因子和伸长度。设 X 为 $Y\subset Z^2$ 中对应于目标图像的部分，且 $A(X)$ 和 $\mu(X)$ 分别表示目标图像 X 的面积和长度：

$$\begin{cases}A(X)=N(1)=\mathrm{card}(X)\\\mu(X)=\left[N(0,1)+N\binom{1}{0}\right]+\dfrac{\sqrt{2}}{2}\left[N\binom{0}{1}+N\binom{0}{\ 1}\right]\text{或}\\\mu(X)=\mathrm{card}\left(X/X(\ominus H)\right)\end{cases}\tag{3.56}$$

目标图像的形状因子

$$\begin{aligned}FQ(X)&=\mu(X)/2\sqrt{\pi A(X)}\\&=\left[\mathrm{card}\Big(X/\big(X/(X\ominus H)\big)\Big)\right]/2\sqrt{\pi\mathrm{card}(X)}\end{aligned}\tag{3.57}$$

用于描述目标图像 X 与圆形的偏离程度。

目标图像的伸长度

$$EQ(X)=D_{\max}(X)/D_{\min}(X)\tag{3.58}$$

用于量测目标图像与直线的偏离程度。由式(3.51)可得 $D_{\max}(X)$ 和 $D_{\min}(X)$ 的形态算法为

$$\begin{cases} ①\ j=1;n=1 \\ ②\ X_j=\left(X\ominus nB_{j1}\right)\cup\left(X\ominus nB_{j2}\right) \\ ③\ 若X_j\neq\varnothing，则n=n+1，转② \\ ④\ n_j\neq n/2 \\ ⑤\ 若j<4，则j=j+1，转② \\ ⑥\ D_{\max}\left(X\right)=\max\left\{n_1,n_2,n_3,n_4\right\} \\ \quad D_{\min}\left(X\right)=\min\left\{n_1,n_2,n_3,n_4\right\} \\ ⑦\ 结束 \end{cases} \tag{3.59}$$

拓扑特征的形态学表示，包括图像欧拉数的形态学表示、目标图像的凹度等。欧拉数是描述图形连通性的重要特征量，这里以基元四边形 $N\begin{bmatrix}1 & 1\\ 1 & 1\end{bmatrix}$ 为例，给出如下离散图像的欧拉数的快速并行算法：

$$G\left(X\right)=\text{card}\left(X\cup\left(\bigcup_{i=1}^{4}X\ominus B_i\right)\right)-\text{card}\left(\left(\bigcup_{i=1}^{2}X\ominus D_i\right)\cup\left(\bigcup_{i=1}^{2}X\ominus C_i\right)\right) \tag{3.60}$$

式中，B_i、D_i、C_i 表示结构元素。

目标图像的凹度是量测目标图像 X 与补集 X^c 的面积比值的变化程度，主要用于地图点状要素形状的整体描述。其算法如下：

$$BX\left(X\right)=A\left[CH\left(X\right)\right]/A\left(X\right) \tag{3.61}$$

式中，$CH\left(X\right)=\lim\limits_{n\to\infty}\left(X\cdot nB\right)$ 称为 X 的凸包。显然，若 X 是凹集，$CH\left(X\right)=X$，则 $RX\left(X\right)=1$。因凹陷的区域越大越深，$RX\left(X\right)$ 的值就越大；反之亦然。

几何关系的形态学描述，是图像识别和推理验证的重要前提条件。这里给出确定目标图像和形心点各自相互之间邻接关系确定的形态学算法，包括目标图像间邻接关系和图像形心间邻接关系的形态学算法。

对于前者，设 $X_i\left(i=1,2,\cdots,n\right)$ 为 n 个不同类型的孤立的目标图像，Y 是所有 X_i 的背景图像，图像 $X=\left(\bigcup\limits_{i=1}^{n}X_i\right)\cup Y\subset Z^2$，则目标图像间邻接关系的形态学算法为

$$\begin{cases} Y=Y/\left(\bigcup\limits_{i=1}^{n}X_i\right) \\ D=SK\left(Y^c\right) \\ Q_i=X_i\oplus\left\{H\right\}_n;D \\ S\left(i,j\right)=\left[\left(Q_i\oplus H\right)\cap\left(Q_j\oplus H\right)\right]\cap D \\ W=\bigcup\limits_{j=1}^{n}\bigcup\limits_{z=1}^{n}S\left(i,j\right) \end{cases} \tag{3.62}$$

式中，D 表示图像 X 背景的骨架；Q_i 表示对每个具体目标图像 X_i 进行染色的结果；$S\left(i,j\right)$ 表示指定目标图像 X_i 和 X_j 之间是否具有邻接关系的函数；当 $S\left(i,j\right)$ 给出的是任意目标图像间

的等分界线时，对其进行求并运算，则可得所有目标图像间的等分界线图 W 。

对于后者，设 P_i 为 n 个不同类型孤立的目标 X_i 的形心点，图像 $X = \bigcup_{i=1}^{n} X_i \subset Z^2$ ，则确定所有与 P_i 点相邻的形心点 $P_i(i \neq j)$ 的集合 Q_i 的形态学算法为

$$\begin{cases} P_i = X_i \ominus mH \\ X_i = X_{i-1}\left\{\left[P_i \oplus (m+1)H\right]\right\} \cap X_{i-1} \\ X_0 = X; P = \bigcup_{i=1}^{n} P_i \\ D = \left[SK\left(X^c\right)\right]^c \\ W_i = P_i \oplus \{H\}_n ; D \\ W_i' = \left(W_i \oplus H\right) / W \\ Q_i' = W_i' \oplus \{H\}_n ; D \\ Q_i = Q_i' \cap X \end{cases} \tag{3.63}$$

式中，$m = \left\{m; X_i \ominus mH \neq 0, 且 X_i \ominus (m-1)H = \varnothing\right\}$ ；D 表示各形心点 P_i 间的公共边界线；W_i 表示 P_i 和与其相邻的各形心点之间的公共边界线；Q_i 表示与 P_i 相邻接的所有形心点的集合。

地图的线状与面状要素有时相互交织在一起，形成复杂的网络图像，给要素的分离造成很大困难。考虑到线状符号在网络图像中一般是一条连续的最短路径，故只要确定了线状符号的起止位置，通过网络图像中最短路径的形态学算法，就可以实现线状符号自动分离。设 $X \in Z^2$ 为给定的网络图像，P_1、P_2 为待分离的线状目标图像的起止端点，W_i 为 P_i 扩张形成的自闭合端点集，Y_{12} 为 P_1、P_2 两点间最短路径图像，m 为最大扩张次数，则最短路径的形态学算法为

$$\begin{cases} ①\ n = 1, W_i = \varnothing 中；\ Y_{12} = \varnothing；\ X = SK(X); i = 1,2 \\ ②\ P_i = \left\{(P_i) \oplus \{H\} n; X\right\} / W_i \\ ③\ Q_i = \bigcup_{k=1}^{8}\left[(P_i) \oplus \left(\{H\}_n ; X\right) \oplus E_k\right] \\ ④\ 如果 (Q_i \cdot H) / Q_i \neq \varnothing, 则 W_i = W_i \cup \left[(Q_i \cdot H) / Q_i\right] \\ ⑤\ 如果 \left[(P_1) \oplus \{H\}_n ; X\right] \cap \left[(P_2) \oplus \{H\}_n ; X\right] \neq \varnothing 且 Y_{12} = \varnothing, 则 \\ Y_{12} = \left[\left[(P_1) \oplus \{H\}_n ; X\right] \cup \left[(P_2) \oplus \{H\}_n ; X\right]\right] \bigcirc \{E_i\}_n ; (P_1 \cup P_2) \\ ⑥\ 如果 Y_{12} = \varnothing, 则 n = n+1 \\ ⑦\ 如果\ n<m，则转② \\ ⑧\ 结束 \end{cases} \tag{3.64}$$

式中，H 、$\{E\}_8$ 表示结构元素。显然，这一算法不仅能确定 P_1、P_2 两点间的最短路径图像，而且还给出了网络图像中任意两点间是否具有连通关系的判定结果，即 $Y_{12} = \varnothing$ ，则 P_1、P_2 间没有连接的通路，不属于同一连接分量。这就为分析汉字注记的笔画和确定地图符号构图间的线划关系奠定了基础。

4) 数字地图图像的形态分解与表示

目标图像的形态分解与表示，是实现数字地图图像的数据压缩、存储、传输和识别的关键。主要包括数字地图图像的形态分解、形态分布函数和形态谱函数算法。

A. 数字地图图像的形态分解

包括目标图像形态分解的数学描述、目标图像的形态分解算法、基于形态分解的图像表示等。关于目标图像形态分解的数学描述，首先给出几个定义，然后给出目标图像形态分解的完整数学描述。

定义 1：设 $X \subset Z^2$ 为待处理的目标图像， $X_i\left(i=1,2,\cdots,n\right)$ 为 X 的子集， $X_i \subset X$ ，若 $X=\bigcup\limits_{i=1}^{n} X_i$ ，且满足分解条件子集 X_i 是 X 的简单图像、形态分解的表达式唯一、保持位移旋转和比例不变，则称子集 X_i 为目标图像 X 的一个形态分解。

定义 2：如果目标图像 X 的子集 X_i 等于大小为 r_i 的基元 B_i ，则称 X_i 为最简单的图像，即

$$X_i = r_i B_i \tag{3.65}$$

定义 3：如果目标图像 X 的子集 X_i 可表示为

$$X_i = L_i \oplus r_i B_i \tag{3.66}$$

式中， L_i 为线或孤立的像元点的集合，且 $L_i \subset X_i$ ，则称 X_i 为简单图像， L_i 为 X_i 的支撑集。

定义 4：如果目标图像与 XB_i 成一一对应的映射关系，即

$$X = \varphi\left(B_i, r_i, L_i\right) \tag{3.67}$$

则称此式为目标图像 X 的形态方程。其中， B_i 为 X 的形态变量； r_i、 L_i 为形态参数。

关于目标的形态分解算法，考察式(3.66)，可将形态分解的具体过程表述为：首先，找出最大半径为 r_1 且能够用 r_1B_1 表示的简单图像作为 X_1 ；然后，从 X 中减去 X_1 ，并且在剩余的图像部分 X/X_1 中再找出最大半径为 r_2 且能够用 r_2B_2 表示的简单图像作为 X_2 ；以此类推，直到剩余的图像部分为 $\varnothing$ ，则 $X_1, X_2, \cdots, X_n$ 就构成了目标图像 X 的一个分解，其递推算法如下：

$$\begin{cases} X_i = \left(\left(X / X'_{i-1}\right) \ominus r_i B_i^c\right) \oplus r_i B_i \\ X'_i = \bigcup\limits_{j=1}^{i} X_j \\ X'_0 = \varnothing \\ \text{约束条件}: \left(X / X'_k\right) \ominus B^c = \varnothing \end{cases} \tag{3.68}$$

考虑到 L_i 的定义和式(3.66)，则与式(3.68)完全等价的形态分解的递归算法可写为

$$\begin{cases} L_i = \left(X \bigcup\limits_{j=1}^{i} \left(L_j \oplus r_i B_j\right) \right) \ominus r_i B_i^c \\ L'_i = \bigcup\limits_{j=1}^{i} L_j \\ X'_0 = \varnothing \\ \text{约束条件}: L_{k+1} = \varnothing \end{cases} \tag{3.69}$$

将式(3.69)代入式(3.68)，可得 X_i 与 L_i 之间的数学关系表达式为

$$\begin{cases} X_i = L_i \oplus r_i B_i \\ X_i' = \bigcup_{j=1}^{i} L_j \oplus r_j B_j \end{cases} \tag{3.70}$$

关于基本形态分解的图像表示，可表述为

$$\begin{cases} X = \{X_1, X_2, \cdots, X_k\} \\ X_i = \{L_{ij}, B_i, r_i; 1 \leqslant j \leqslant k_i\} \\ Li_j = \left\{\overline{L'}_{i1}; \overline{L'}_{i1t}; \left(1 \leqslant t \leqslant K_{i1}\right) \cdots \left(\overline{L'}_{iki}; \overline{L'}_{ikit}; 1 \leqslant t \leqslant k_{ikt}\right)\right\} \\ L_i = \bigcup_{j=1}^{k_i} L_{ij} \\ \left(L_{ij} \oplus r_i B_i\right) \cap \left(L_{im} \oplus r_i B_i\right) = \varnothing \end{cases} \tag{3.71}$$

显然，上式中支撑集 L_{ij} 的元素不再是像元点的坐标点数，而是简单地表示距离的实数，用图的方式表示，形态分解后的目标图像 X 成为一个以最大简单图 X_1 的重心为原点的星状图。当然，相对于不同的结构元素和参数 K，形态分解后的简单图像 $X_1, \cdots, X_k$ 的组合对于原始图像的逼近是不同的。实验表明，K 值越大，结构元素越接近圆形，则简单图像的组合 $\bigcup_{i=1}^{k} X_i$ 越逼近原始的目标图像。

B. 数字地图图像的形态分布函数

首先给出参数结构化元素的概念，然后描述形状大小分布函数和形态协方差函数。

关于参数结构化元素概念的提出是基于这样的事实：数学形态学应用于地图要素的形状描述，主要是通过结构元素来探测图像的微几何关系和结构，结构元素的选择完全依赖于待处理的图像，实际上，目前各种形态学算法所采用的结构元素相对算法本身都是固定不变的，这就很难适应构图复杂的地图符号的描述。考虑到任意复杂的面状地图图像都可以由相应的结构元素在水平或垂直方向上通过切割图像所获得的目标大小和间距来描述，而且表示这种目标大小和间距的结构元素不可能是固定不变的，这里给出如下两个定义。

定义 1：设 n 为给定的有限正整数，则称如图 3.3 所示的结构元素 B_n 为参数化结构元素。

$(-n,-n)$	$(-n,0)$	$(-n,n)$
$(0,-n)$	$(0,0)$	$(0,n)$
$(n,-n)$	$(n,0)$	(n,n)

图 3.3 结构元素 B_n

定义 2：如果 $H_n \subset B_n$，$V_n \subset B_n$，且 $H_n = \{(0,0),(n,0),(-n,0)\}$，$V_n = \{(0,0),(0,n),(0,-n)\}$，则称 H_n 和 V_n 分别为参数化平行结构元素和参数化垂直结构元素。

关于形状大小分布函数，可描述为

$$
\begin{cases}
H\bigcirc R(X,n)=\text{card}(X\bigcirc H_n) \\
V\bigcirc R(X,n)=\text{card}(X\bigcirc V_n) \\
X\bigcirc H_n=X\bigcap_{n\in H_n}(X_n\cap X_{-n}) \\
X\bigcirc V_n=X\bigcap_{n\in V_n}(X_n\cap X_{-n})
\end{cases}
\tag{3.72}
$$

显然，$H\bigcirc R(X,n)$和$V\bigcirc R(X,n)$是n的函数，n是目标图像X在水平或垂直方向上所占像元点的个数。因此，对于图像X，以n为变量很容易给出这两个形态分布函数的曲线，它完全能反映目标图像的边缘特征和形状的复杂程度。

关于目标图像形态协方差函数，设目标图像$X\subset Z^2$，n为有限正整数，H_n和V_n分别为水平和垂直的参数化结构元素，图像X的形态协方差函数为

$$
\begin{cases}
HC\bigcirc V(X,n)=\text{card}(X\ominus H_n) \\
HC\bigcirc V(X,n)=\text{card}(X\ominus V_n) \\
X\ominus H_n=X\bigcap_{n\in H_n}(X_n\cap X_{-n}) \\
X\ominus V_n=X\bigcap_{n\in V_n}(X_n\cap X_{-n})
\end{cases}
\tag{3.73}
$$

显然，形态协方差函数和形状大小分布数相同，都是n的函数，同样能描述目标图像在水平和垂直方向上像元的个数和间距的分布状况，从而给出图像边缘和形状特征的函数表达。

C. 数字地图图像的形态谱函数

这里要讨论的是形态变换的可复原条件、图像的形态谱分解模型和图像形状的形态谱表示等问题。

形态变换的可复原条件，就是确定形态打开和闭合运算相对于图像X的等价关系成立的条件。为此，给出如下定义：

定义 1：如果满足$X\bigcirc B=X$，称X开等价于结构元素B。

如果图像X开等价于结构元素B，则下列关系成立：

(1) $X/(X\bigcirc B)=\varnothing$；

(2) X对B的侵蚀运算$(X\ominus B)$是$Z^2\times Z^2\to Z^2$的单一映射关系；

(3) 如果$(X\ominus B)=Y$，则$X=Y\oplus B$；

(4) $X\oplus B=X\oplus B\bigcirc B$。

定义 2：如果满足$X\cdot B=X$，则称X闭等价于结构元素B。

如果图像X闭等价于结构元素B，则下列关系式成立：

(1) $(X\cdot B)/X=\varnothing$；

(2) X对B的扩张运算$(X\oplus B)$是$Z^2\times Z^2\to Z^2$的单一映射关系；

(3) 如果$Y=X\oplus B$，则$X=Y\ominus B$；

(4) $X\ominus B=(X\ominus B)\cdot B$。

显然，两类等价关系分别对应于形态运算的两类可复原条件。

关于图像的形态谱分解模型，我们设$X\subset Z^2$为待处理的图像，B为基本结构元素，则图像X对于B展开的第n次形态谱分量公式为

$$
\text{SP}(X,B,n)=(X\ominus nB)/((X\cdot(n-1)B)\ominus nB)
\tag{3.74}
$$

式中，n 表示 X 对 B 的形态谱周期，且为有限的正整数；$\left|\mathrm{SP}(X_n)\right| = \mathrm{card}\left(\mathrm{SP}(X,B,n)\right)$ 表示 X 对 B 的第 n 次形态谱的谱幅度；$X(nB) = \mathrm{SP}(X,B,n) \oplus nB$ 表示 X 中包含结构元素 nB 的图像分量。

显然，形态谱的周期越小，谱分量代表的图像越是原始图像的细节部分。由于图像分量 $X(nB)$ 开等价于 nB，即 $X(nB) = X(nB) \bigcirc nB$ 在关于 nB 的侵蚀变换后，可由其 nB 的扩张反变换无失真恢复。X 对于 B 的形态谱分解模型可定义为

$$\mathrm{SP}(X,B) = \bigcup_{N \leqslant n \leqslant M} \mathrm{SP}(X,B,n) \tag{3.75}$$

式中，M,N 分别表示最大和最小频谱周期，$M = \max\{n, X \ominus nB \neq \varnothing\}$，$N = \max\{n, X \ominus nB \neq \varnothing\}$。

关于图像形状的形态谱表示，由于任意复杂的目标图像 X 都可用式(3.75)所给出的形态谱分量和相应的图像分量来描述，我们设 $X \subset Z^2$ 为待处理的图像，B 是给定的结构元素，M,N 分别为最大、最小频谱周期，且存在正整数 L、K，使 $N < L < K < M$，则 X 的不同频谱特征的图像分量可分别表示。

高频特征区的图像分量和相应的面积：

$$\begin{cases} X_H = \bigcup\limits_{N \leqslant n \leqslant M} \mathrm{SP}(X,n,B) \oplus nB \\ A(X_H) = \left|\mathrm{SP}(X_H)\right| \end{cases} \tag{3.76}$$

低频特征区的图像分量和相应的面积：

$$\begin{cases} X_L = \bigcup\limits_{N \leqslant n \leqslant M} \mathrm{SP}(X,n,B) \oplus nB \\ A(X_L) = \left|\mathrm{SP}(X_L)\right| \end{cases} \tag{3.77}$$

中频特征区的图像分量和相应的面积：

$$\begin{cases} X_Z = \bigcup\limits_{N \leqslant n \leqslant K} \mathrm{SP}(X,n,B) \oplus nB \\ A(X_Z) = \left|\mathrm{SP}(X_Z)\right| \end{cases} \tag{3.78}$$

采用上述图像形态谱表示方法，通过适当地选择带宽 L、K 和结构元素 B，可使地图符号的构图线划和汉字注记的笔画提取、分析和描述变得非常简明和实用。

2. 数字地图图像识别系统及实验结果

形态运算、关系推理和智能控制是构成数字地图图像形态分析和识别系统的主要数学模式。这些模型可以分解组合，形成图像的预处理、形态分析、符号知识和推理验证等基本的系统功能模块。由于地图符号的构图和符号间关系的复杂性，不可能简单地通过各种算法组合成固定的功能模块，必须随具体地图的内容和特点而变化。因此，问题的关键在于系统要具有灵活的控制机制，以便根据处理的地图特点，自动搜索目标的分析模型，并通过注目机制的聚焦和矛盾的解决等控制机制，实现灵活的模型组合与分解。这里，以海图黑版要素的识别为例，予以说明。

1) 系统的结构与过程控制

整个系统由 4 个主要模块组成。第一个模块，数字海图图像的获取和预处理。其主要功能是扫描格式的转换、显示、编辑、二值化、噪声滤波和数据压缩。第二个模块，图像的形态分析和特征分离。它是在海图符号的构图知识和组合规则的支持下，通过自动探测和选择

不同的数学形态学算法来实现的。第三个模块，赋属性值，形成图节点的属性表，包括两项功能：形态分离出的部分特征图像，如果已具有明显的属性(如经纬线)，可直接进行属性间几何关系的特征分析，构建相应的邻接关系图，形成图节点的属性表，以便直接进行推理验证；否则，对形态分离的特征图像，赋予不确定的属性值，同样构成相应的属性表，以便作进一步的识别。这是可同时进行的两个过程。第四个模块，特征图像的识别和验证。它是根据特征图像的属性表和邻接关系图，在注目聚焦模式控制下的一个递归过程。对于识别和几何推理后的属性值转换，系统是通过接收/拒绝模式实现的。

2) 实验结果

为了对前述数字地图图像的形态分析和识别的理论体系进行检验，翟京生和王家耀(1995)选择具体的海图黑版要素进行了实验。图幅包括了经纬线、双线路、居民地、记号房、灯塔、岸线、岩石陡岸、等深线、水深和底质注记等主要海图黑版要素。因为地图符号的构图和符号之间的组合关系都有明显的规律，它们是不同地图要素之间相互区别的主要依据，而且形态分析和识别的所有算法都是相对于具体的目标图像及其形态特征，所以由事实和规则所构成的知识库，是图像识别过程整个系统自动控制机制运行的基础。

3.3.3　数字地图图像分析与识别的人工神经网络方法

1. 人工神经网络地图模式识别的基本原理和方法

地图模式识别(数字地图图像的分析与识别)是模式识别的重要研究领域。黄德双(1996)认为，模式识别理论与神经网网络理论是相互渗透、互相映射的。模式识别与人的视觉有着千丝万缕的联系。人的视觉神经系统是人脑神经中枢最丰富的神经分布区域之一，它是人与外界事物交流的“窗口”，担负着“繁重”的“辨识”与“分类”的任务。如果揭示了人的视觉模式信息处理机制，基于视觉模型的神经网络识别系统就会有长足的发展。

1) 基本思路

任何模式识别系统，其核心都是学习(训练)与识别(匹配)，而且学习与识别都包括预处理、特征选择与提取两部分。学习，是在一定模板(标准)样本基础上，依据某一分类规则来设计模式分类器；识别，是将待识别模式与已训练好的模式分类器进行匹配，来识别未知模式的类别。

特征提取，是模式识别的关键。因为如果所基于的模式特征没有包含足够的待识别模式的信息或未能提取反映模式特征的结构信息，那么识别的结果也将面目全非。

所获得的待识别模式的数据，就是输入数据。首先将输入数据映射成样本空间中的点，对样本空间内的输入数据进行预处理，得到另一类模式，由样本空间映射成数据空间；其次，在数据空间的基础上，通过某种不变性变换，提取矢量数据中的不变特征，形成不变模式空间；再次，在提取模式不变特征后，对所选择的模式特征矢量进行一定的压缩，在尽可能保持信息量基本不变的前提下，在降维空间内选择有用的特征，以利模式识别；最后，由所得到的降维空间，来提取模式样本的特征信息，以形成特征空间。“样本空间→数据空间→不变模式空间→降维空间→特征空间”，这就是模式识别的过程原理。关于特征提取的各种算法，请参阅有关著作。

对于神经网络模式识别来说，由于神经网络本身具有自组织、自学习和自适应的特点，在某种意义上，网络本身的物理结构(如隐层单元)或网络的自学习就能实现模式变换与特征提取，只要待识别的模式在所表示域内具有一定的差异，网络就可通过自适应聚类学习找到不同模式的特征信息，以进行分类识别。

神经网络的类型很多，下面只介绍地图模式识别中应用较多的径向基函数网络。

2）径向基函数网络

径向基函数网络(radial basis function network，RBFN)是一种有效的神经网络分类器，具有良好的推广能力。研究表明，如果网络隐节点数及各隐节点中心和方差选择适当，RBFN就能逼近任意的非线性函数，且网络学习避免了像反向传播那样烦琐、冗长的计算，比通常的非线性变换单元组成的前馈网络(简称网络)快得多。

RBFN 的网络结构如图 3.4 所示。它是两层网络，包括三层节点，即输入节点、隐层节点和输出节点。输入节点数对应于输入特征的维数，输入节点与隐层节点直接相连。隐层单元的作用相当于对输入模式进行非线性变换，将低维的模式输入数据变换到高维的径向基函数空间内，以利于输出层进行分类识别。网络的输出节点与所有隐层节点加权相连，其输出值是所有隐层节点输出的加权和，每个输出节点对应一个模式类。网络的训练集中在隐层和输入层的连接权上。

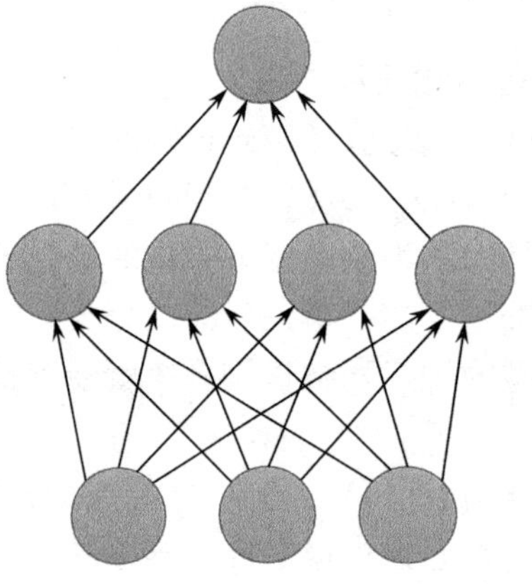

图 3.4 RBFN 的网络结构

隐层单元变换的作用，可以看作是对输入数据进行特征提取。因此，径向基函数(变换函数)是根据问题对象的特点有所选择的。其形式可以有多种，如二次函数、立方函数、高斯函数等。当隐层节点的径向基函数采用高斯函数时有

$$y_k = \sum_{h=1}^{H} \omega_{kh} \cdot Z_h = Z^{\mathrm{T}} \cdot W_k \tag{3.79}$$

$$Z_h = \exp\left[-\frac{1}{2}\left(X-\mu_h\right)^{\mathrm{T}} V^{-1}\left(X-\mu_h\right)\right] \tag{3.80}$$

式中，y_k 和 Z_h 分别表示输出节点 k 和隐层节点 h 的输出；ω_{kh} 表示连接权；$Z=\left[Z_1,Z_2,\cdots,Z_H\right]^{\mathrm{T}}$；$W_k=\left[\omega_{k1},\omega_{k2},\cdots,\omega_{kh}\right]^{\mathrm{T}}$；$X$ 表示隐层节点 h 的输入；μ_h 和 V 分别表示隐层节点 h 的均值和协方差矩阵；X 和 μ_h 表示 L 维矢量；H 表示隐层节点数。若假定 L 维特征空间中各维分量之间相互独立，则 V 成为对角阵，Z_h 的激励区域为 L 维空间的超椭球：

$$Z_h = \exp\left[-\sum_{l=1}^{L}\frac{\left(x_l - \mu_{hl}\right)^2}{2\sigma_{hl}^2}\right] \tag{3.81}$$

式中，x_l、μ_{hl} 和 σ_{hl}^2 分别为隐层节点 h 的输入矢量、中心矢量和方差矩阵对角线上第 l 个分量，超椭球的中心和形状分别由 μ_h 和 σ_h 确定。

在小样本情况下，μ_h 通常按训练样本选取。σ_h 可以取固定的 σ：

$$\sigma = \frac{\max\left(\left\|\mu_i - \mu_j\right\|^2\right)}{\sqrt{2H}} \quad (1 \leqslant i, j \leqslant H) \tag{3.82}$$

RBFN 的训练是有指导的训练，训练即是最小化误差函数：

$$\begin{aligned} J(n) &= \frac{1}{2}\sum_{t=1}^{n}\lambda^{n-t}\sum_{k=1}^{k}\varepsilon_k^2(t) \\ &= \frac{1}{2}\sum_{t=1}^{n}\lambda^{n-t}\sum_{k=1}^{k}\left[d_k(t) - y_k(t)\right]^2 \\ &= \frac{1}{2}\sum_{t=1}^{n}\lambda^{n-t}\sum_{k=1}^{k}\left[d_k(t) - Z^{\mathrm{T}}(t)W_k(n)\right]^2 \end{aligned} \tag{3.83}$$

式中，$\varepsilon_k(t)$、$d_k(t)$、$y_k(t)$ 分别表示对应于第 t 个模式的第 k 个节点的误差信号、期望输出和实际输出；k 表示输出节点数；n 表示迭代次数；λ 表示加权遗忘因子，它的作用是将过去样本对当前估值的影响逐渐遗忘掉，使所估计的参数尽量反映当前时刻样本的特性，通常 λ 取值范围为 $0 \leqslant \lambda \leqslant 1$。

网络的训练可由递推最小二乘算法完成。递推最小二乘算法是基于误差梯度为零来递推得到网络连接权值向量的迭代形式，它可使训练时间大为缩短。具体算法请参考相关文献。

2. 基于径向基函数网络的地图数字注记识别

这里，运用一幅大比例尺地形图的二值扫描图像进行数字注记识别实验。识别过程如下：

(1) 数字注记的分割。其目的是把数字注记从背景中分离出来。考虑到识别的可能性和识别效率，用鼠标在屏幕上给出注记的大致位置，然后在一定范围内搜索并提取出数字。采用图像处理中的区域标记算法，从左到右对连通的 1 像素进行标记，对单个数字进行分离。对于数字粘连的情况，根据某些先验知识(如长度比)进行分离。

(2) 特征向量提取。鉴于数字注记在尺度和位置上的差异，首先将数字规格化成高 12 个像元、宽 8 个像元的点阵；然后采用计算特征的各种方法进行特征提取，得到特征向量作为网络输入。

(3) 神经网络训练。它是分类器的学习过程，即权值的迭代过程，每次迭代都要扫描所有训练样本。网络输入节点数为 96，输出节点数为 11，对应着数字 0～9 和小数点共 11 个类别。隐层节点数取决于训练样本的总数，若每个类别选 4 个典型样本作为训练样本，则隐层节点数为 44。

所有训练样本均作为隐层节点的中心，遗忘因子取 0.9，网络的期望输出为

$$d_k(x)\begin{cases}0, X \notin \omega_k \\ 1, X \in \omega_k\end{cases} \quad (k = 1, 2, \cdots, K)$$

(4) 模式分类。网络训练完成后，即可用于模式分类。对于一个待识别模式，经过分割、

特征提取、归一化，即可将特征向量输入训练的网络，求出相应的输出，并寻找具有最大值的输出节点所对应的数字。

(5) 实验结果。该实验对每一个数字类别随机地在地图上选择 4 个样本作为训练样本，在 TDECPC586 上 1 分钟即可满足收敛条件；用训练好的网络对全图 763 个高程数字注记进行识别，总识别率为 95%。

地图上点状符号的识别与数字注记识别的原理是一致的。

3. 模糊神经网络地图模式识别的原理和方法

传统的模式分类，总是将每个待识别对象严格地划分到某一个类别集合里。但是自然界的许多现象很难用明确的边界来刻画，实际遇到的模式对象并不具有严格的属性，它们可能位于两类或多类之间，它所属于的集合范畴可能是非常模糊的。对于属于模糊集合范畴的模式，需要通过模糊度和隶属度函数来建立判决规则，以鉴别该模式的类别属性。于是，模糊神经网络模式识别受到了重视。实际上，所有神经网络分类方法都可以结合模糊集理论，推广到模糊神经网络分类器中来。

模糊神经网络模式识别的核心是模糊模式分类器。模糊模式识别一般包括模糊集特征提取、隶属度函数的构造和识别判决三个阶段。其中，特征提取针对不同的模糊模式对象有不同的方法。

1) 模糊集隶属度函数和判决准则

A. 模糊集隶属度函数

模糊集隶属度函数通常采用模糊统计法和待定函数法来构造。模糊统计法，是根据给定的模式数据及其分布模式来构造其对应的隶属度函数；待定函数法，是根据问题对象的特点和实际经验，知道了其分布的先验知识，通过给定的数据来拟合其分布模型，从而得到该模糊集的隶属度函数。

此外，还可根据模式间距离度量的方法来确定。这是一种最直观的方法。

设有 n 类模糊子集 $A_i\left(i=1,2,\cdots,n\right)$，每类的均值矢量为 $V_i\left(i=1,2,\cdots,n\right)$，则任一输入模式矢量 X 与第 i 个模糊子集 A_i 类之间的距离为

$$d\left(X,V_i\right)=\sum_{j=1}^{n}\left(x_j-v_{ij}\right)^2 \tag{3.84}$$

取所有值中的最大值 D：

$$D=\max\left\{d\left(x,V_i\right)\right\} \tag{3.85}$$

则 X 属于模糊子集 A_i 的隶属度为

$$\mu_{A_i}\left(X\right)=1-\frac{d\left(x,V_i\right)}{D} \tag{3.86}$$

按照此法，对于论域 R 中的所有模式，都可以计算出它属于每个模糊子集的隶属程度，进而可以得到对应的隶属函数分布。

常用的隶属度函数如下：

(1) 正态分布

$$\mu_A(x)=\exp\left[-\frac{(x-a)^2}{\sigma^2}\right] \tag{3.87}$$

式中，a,σ 为分布参数，满足这种分布的模糊集也称为正态模糊集。

(2) 三角分布

$$\mu_A(x)=\begin{cases}1-\dfrac{(x-a)}{b},(x-a)\leqslant b\\ 0,(x-a)>b\end{cases} \tag{3.88}$$

式中，$a,b>0$ 为分布参数。

(3) S 形分布

$$\mu_A(x)=\begin{cases}0,\ x\leqslant b\\ 2\left(\dfrac{x-b}{a-b}\right)^2,b<x\leqslant\dfrac{a+b}{2}\\ 1-2\left(\dfrac{x-b}{a-b}\right)^2,\dfrac{a+b}{2}<x\leqslant a\\ 1,\ x\geqslant a\end{cases} \tag{3.89}$$

式中，$a>b$ 为分布参数。

(4) Z 形分布

$$\mu_A(x)=\begin{cases}1,\ x\leqslant a\\ 1-2\left(\dfrac{x-b}{a-b}\right)^2,a<x\leqslant\dfrac{a+b}{2}\\ 2\left(\dfrac{x-b}{a-b}\right)^2,\dfrac{a+b}{2}<x\leqslant b\\ 0,\ x\geqslant b\end{cases} \tag{3.90}$$

式中，$b>a$ 为分布参数。

(5) Ⅱ型分布

$$\mu_A(x)=\begin{cases}0,\ x\leqslant a-b\text{或}x>a+b\\ 2\left(\dfrac{x-a+b}{b}\right)^2,a-b<x\leqslant a-\dfrac{b}{2}\\ 1-2\left(\dfrac{x-a}{b}\right)^2,a-\dfrac{b}{2}<x\leqslant a+\dfrac{b}{2}\\ 2\left(\dfrac{x-a-b}{b}\right)^2,a+\dfrac{b}{2}<x\leqslant a+b\end{cases} \tag{3.91}$$

式中，$x=a$ 时，$\mu_A(x)$ 的值为 1。Ⅱ型分布是 S 形分布和 Z 形分布的合成，a 点为分布的中心对称点，$2b$ 为分布的宽度。

B. 判断准则

在模式分类中，对未知模式的判决是根据它与标准模式的相似程度来进行的。同样，在模糊模式分类中，也是根据未知模式与标准模式间的隶属程度来判决的。根据待分类问题的性质，通常有以下两种判决准则。

(1) 最大隶属度准则。若 A 是论域 R 上的一个模糊子集，$x_1,x_2,\cdots,x_n$ 为 R 上 n 个模式样本，若

$$\mu_A(x_i)=\max\left(\mu_A(x_1),\mu_A(x_2),\cdots,\mu_A(x_n)\right) \tag{3.92}$$

则认为 x_i 优先隶属于模糊子集 A。这种准则称为最大隶属度准则。

(2) 最大隶属准则。假设论域 R 上存在 $A_1,A_2,\cdots,A_n$ 个模糊子集，$x_0\in R$ 为待分类模式，若

$$\mu_{A_i}(x_0)=\max\left(\mu_{A_1}(x_0),\mu_{A_2}(x_0),\cdots,\mu_{A_n}(x_0)\right) \tag{3.93}$$

则判决 $x_0\in A_i$，即 x_0 优先隶属于模糊子集 A_i，这种准则称为最大隶属准则。

2) 模糊极小极大神经网络分类器

模糊极小极大神经网络分类器(Simpson，1992)是将模式样本用具有各种极小极大值的“超盒子”模糊集来表示，模式样本与“超盒子”的关系可以用隶属函数值来描述，且每个“超盒子”的极小极大值点可以用学习的方法来确定。这种信息表示方式可以用前馈网络的形式来实现，在有标记样本模式分类的情况下，可以实现有导师模式的分类。

A. 极小极大“超盒子”模糊子集

假设所有待分类模式样本被归一化到超立方体空间 I^n，则某个“超盒子”模糊子集被定义为

$$B_j=\left\{X/X\in I^n,b_j\left(X,V_j,W_j\right)\right\} \tag{3.94}$$

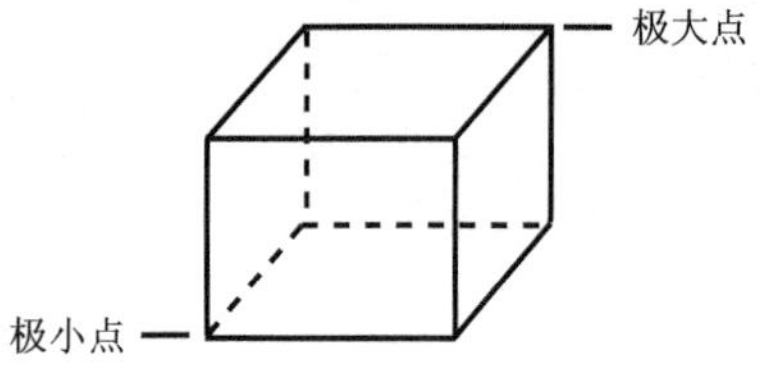

图 3.5　三维空间的一个“超盒子”模糊子集

式中，$b_j(\bullet)$ 表示输入模式 X 在“超盒子”模糊子集 B_j 的隶属度函数，一般简化为 $b_j(x)$；$X=[x_1,x_2,\cdots,x_n]\in I^n$ 表示输入模式矢量；$W_j=\left[w_{1j},w_{2j},\cdots,w_{nj}\right]$ 表示 B_j 的极大顶点矢量；$V_j=\left[v_{1j},v_{2j},\cdots,v_{nj}\right]$ 表示 B_j 的极小顶点矢量。图 3.5 给出了一个“超盒子”模糊子集。

输入 X 落入“超盒子”模糊子集 B_j 的隶属度函数定义为

$$b_j(x)=\frac{1}{2n}\sum_{i=1}^{n}\left(\max\left\{0,1-\max\left[0,\gamma\min\left(1,x_i-w_{ij}\right)\right]\right\}+\max\left\{0,1-\max\left[0,\gamma\min\left(1,v_{ij}-x_i\right)\right]\right\}\right) \tag{3.95}$$

式中，γ 表示隶属度函数的形状系数，它控制隶属度函数值随 X 与 B_j 间距离的变化。显然，$b_j(x)\in[0,1]$。当 $b_j(x)=1$ 时，X 在 B_j 内，否则在其外面。

B. 极小极大模糊神经网络分类器

根据上述极小极大“超盒子”模糊子集的概念，可以很容易构造极小极大模糊前馈网络分类器结构(图 3.6)。它类似于两层感知器网络，网络的输入节点为线性的，接受模式输入；隐层节点(图 3.7)代表每个极小极大“超盒子”模糊子集 B_j，其传输函数为式(3.95)表示的隶属度函数 $b_j(x)$，是非线性的。由式(3.95)可知，该层节点与输出节点间的所有连接权为 1。

输出节点个数代表模式类别数，它与隐层节点的连接权可以表示为

$$u_{kj}=\begin{cases}1, b_j \in B_K^2 \\ 0, b_j \notin B_K^2\end{cases} \quad (K=1,2,\cdots,C) \tag{3.96}$$

每个输出节点的传输函数是实现对隐层节点输出与权值 u_{kj} 乘积的“并”。对模糊集来说，取最大运算：

$$y_k=\max_{j=1}^{m}\left\{b_j\left(x\right)u_{kj}\right\} \tag{3.97}$$

式中，m 表示隐层节点总数。

由式(3.97)即可根据前述最大隶属度准则实现模式样本的分类。

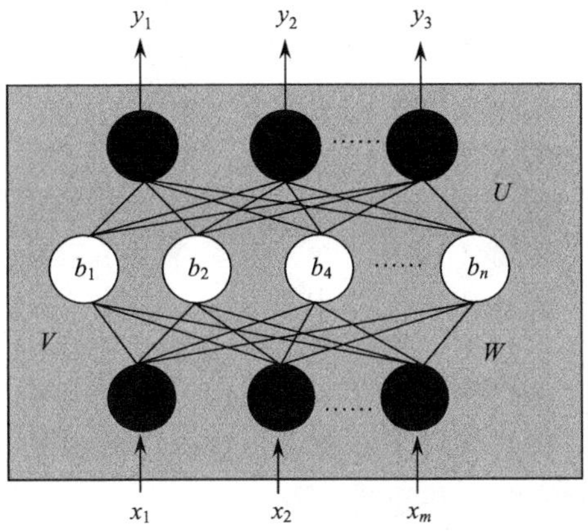

图 3.6　极小极大模糊前馈网络分类器结构示意图

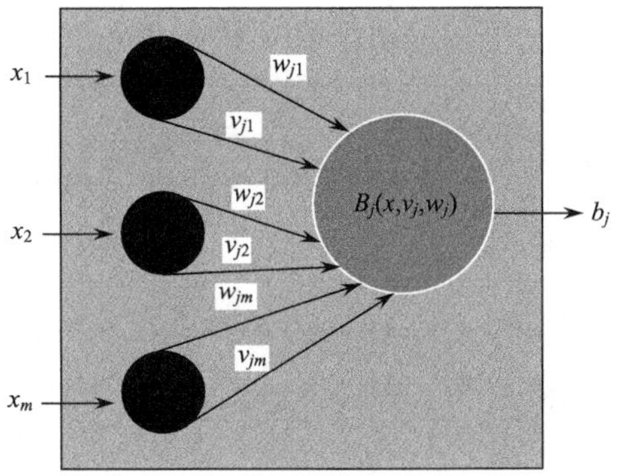

图 3.7　极大极小模糊前馈网络分类隐层节点的输入输出特性

C. 模糊极小极大分类器学习算法

当模式输入样本维数 n 和待分类模式类别数 C 确定时，模糊极小极大分类器的变化部分主要表现在隐层节点上，即包括“超盒子”模糊子集的极小极大值顶点矢量学习和“超盒子”模糊子集数的确定。“超盒子”模糊子集的变化包括盒子大小的变化(对应极小极大值顶点矢量的学习)和盒子数的增加，它们需要根据训练样本集来确定。

设有训练样本集 $\left\{X_j^{(i)}, d_j^{(i)}, i=1,2,\cdots,C, j=1,2\cdots,N\right\}$，其中 $X_j^{(i)}$ 为训练样本；$d_j^{(i)}$ 表示对训练样本的类别标记。可以通过“超盒子”模糊子集的扩充(或膨胀)，判断是否交叠和消除交叠三个过程，由这些标记的模式训练样本生成“超盒子”模糊子集，确定“超盒子”大小的学习和数目。

(1)模糊子集的扩充(或膨胀)。从训练样本集中任意取出训练样本(以下将不考虑训练样本的类别)，可以找到与该类模糊子集具有最大隶属度的模糊子集 B_j。如果 $b_j\left(x_h\right)=1$，则说明 x_h 已包含在模糊子集 B_j 内，无须扩充 B_j；否则，应满足：

$$\sum_{i=1}^{n}\left[\max\left(w_{ji}, x_{hi}\right)-\min\left(v_{ji}, x_{hi}\right)\right]\leqslant n\theta \tag{3.98}$$

式中，$0\leqslant\theta\leqslant1$ 表示超立方体的形状参数。

若上式成立，则“超盒子”模糊子集 B_j 的极小和极大顶点矢量可以按照下式进行学习：

$$\begin{cases} w_{ji}^{\text{new}} = \max\left(w_{ji}^{\text{old}}, x_{hi}\right) \\ v_{ji}^{\text{new}} = \min\left(v_{ji}^{\text{old}}, x_{hi}\right) \end{cases} \tag{3.99}$$

否则，由输入的样本 x_h 及其标记 d_h 建立一个新的“超盒子”模糊子集。

(2)判断不同模糊子集是否交叠。由学习所构造的“超盒子”模糊子集可能是相互交叠的。对于同类模糊子集，其交叠是无关紧要的；对于不同模式类别，若其分界面是非模糊的，则产生模糊子集交叠是不允许的，必须消除，否则将影响不同类别模式的分界面，进而导致分类器性能的下降。判断不同类别模式间是否发生交叠，必须对两个类别“超盒子”模糊子集在每一维上进行比较判断。在判断过程中，n 维上的最小交叠量及其对应的维数号被记录下来，以用于下面的“超盒子”模糊子集收缩。一旦某一维上不存在交叠，即停止判断。令 $\delta^{\text{old}}=1$，下面分四种情形来讨论 B_j 与 B_k 和两个“超盒子”模糊子集的交叠情况：

情形 1：$v_{ji} < v_{ki} < w_{ji} < w_{ki}, \delta^{\text{new}} = \min\left(w_{ji} - v_{ki}, \delta^{\text{old}}\right)$

情形 2：$v_{ki} < v_{ji} < w_{ki} < w_{ji}, \delta^{\text{new}} = \min\left(w_{ki} - v_{ji}, \delta^{\text{old}}\right)$

情形 3：$v_{ji} < v_{ki} < w_{ki} < w_{ji}, \delta^{\text{new}} = \min\left(\min\left(w_{ki} - v_{ji}, w_{ji} - v_{ki}\right), \delta^{\text{old}}\right)$

情形 4：$v_{ki} < v_{ji} < w_{ji} < w_{ki}, \delta^{\text{new}} = \min\left(\min\left(w_{ji} - v_{ki}, w_{ki} - v_{ji}\right), \delta^{\text{old}}\right)$

如果 $\delta^{\text{new}} < \delta^{\text{old}}$，则记 $\Delta=1$，$\delta^{\text{new}} = \delta^{\text{old}}$，表明在第 Δ 维上有交叠，继续下一维检测；如果某一维上不存在交叠，记 $\Delta=-1$，准备对交叠的模糊子集进行收缩。

(3)交叠的模糊子集校正。根据上面的分析和标记，如果 $\Delta>0$，则两个“超盒子”第 Δ 维需要校正，其他 $n-1$ 维可以不作变化，以最大限度保持原“超盒子”的形状，以保证得到最稳健的模式分类性能。下面分四种情形来校正交叠的“超盒子”：

情形 1：$v_{j\Delta} < v_{k\Delta} < w_{j\Delta} < w_{k\Delta}$, 则 $w_{j\Delta}^{\text{new}} = v_{k\Delta}^{\text{new}} = \dfrac{w_{j\Delta}^{\text{old}} + v_{k\Delta}^{\text{old}}}{2}$

情形 2：$v_{k\Delta} < v_{j\Delta} < w_{k\Delta} < w_{j\Delta}$, 则 $w_{k\Delta}^{\text{new}} = v_{j\Delta}^{\text{new}} = \dfrac{w_{k\Delta}^{\text{old}} + v_{j\Delta}^{\text{old}}}{2}$

情形 3：$v_{j\Delta} < v_{k\Delta} < w_{k\Delta} < w_{j\Delta}$

(a)若 $\left(w_{k\Delta} - v_{j\Delta}\right) < \left(w_{j\Delta} - w_{k\Delta}\right)$，则 $v_{j\Delta}^{\text{new}} = w_{k\Delta}^{\text{old}}$

(b)若 $\left(w_{k\Delta} - v_{j\Delta}\right) > \left(w_{j\Delta} - w_{k\Delta}\right)$，则 $w_{j\Delta}^{\text{new}} = v_{k\Delta}^{\text{old}}$

情形 4：$v_{k\Delta} < v_{j\Delta} < w_{j\Delta} < w_{k\Delta}$

(a)若 $\left(w_{k\Delta} - v_{j\Delta}\right) < \left(w_{j\Delta} - v_{k\Delta}\right)$，则 $w_{k\Delta}^{\text{new}} = v_{j\Delta}^{\text{old}}$

(b)若 $\left(w_{k\Delta} - v_{j\Delta}\right) > \left(w_{j\Delta} - v_{k\Delta}\right)$，则 $v_{k\Delta}^{\text{new}} = w_{j\Delta}^{\text{old}}$

3)特征提取(针对地图点状符号)

特征是指一个物体区别于其他物体的本质特性，如物体的形状、大小、颜色等。点状符号的特征是指一个点状符号区别于其他点状符号的本质特点，是人们识别一个点状符号的基本依据。一般来说，模式的特征可分为物理的、结构的和数学的三类。人们通常是利用物理特征和结构特征来识别对象，因为这些特征容易被人的视觉、听觉及其他感官所感知。但在利用计算机构造识别系统时，应用这些特征识别物体则比较困难，而计算机在抽取数学特征的能力方面要比人强得多。因此，选择合适的数学特征是实现地图点状符号自动识别的重要基础。

A. 选取特征参数的原则

符号特征参数的选取是点状符号识别的关键，直接影响到分类器的设计及其性能。因此，必须充分考虑扫描地图上点状符号的特点，选取一些实用有效的特征参数。

在研究选取地图点状符号特征参数的原则时，要考虑以下因素：一是受扫描分辨率的影响，相同的点状符号在不同分辨率地图上其大小不同；二是扫描时地图摆放的位置不同，会使扫描后的点状符号产生旋转、平移等变化；三是受手工制图方式的影响，很难保证点状符号的大小及方向的完全一致性；四是地图上有些点状符号本身就有方向变化，如桥梁符号与其所联系的道路方向一致，山洞、独立房屋符号与实地对应物体的方向一致；五是点状符号特征的提取及识别过程是在分割出来的图像上进行的，与符号在原图上的位置无关，可不考虑其平移不变性。

综上所述，选取点状符号特征参数应遵循以下原则：

(1) 所选取的特征参数应具有旋转不变性。不论点状符号在地图上的方向如何变化，从符号中获取的特征参数值应该是相同的，严格地说应该是相近的，误差在容许的阈值以内。

(2) 所选取的特征参数应具有大小不变性。这就是所提取的特征参数不受扫描分辨率的影响，具有大小不变性。这就要求在软件设计时，考虑到扫描分辨率的影响，即在不同分辨率的扫描地图上软件都能正常工作。

(3) 所选取的特征参数应便于提取和容易计算。这一原则也很重要。如果选取的特征参数计算机无法提取，或很难提取，或需计算很长的时间才能得到，即使满足大小不变性和旋转不变性，也不适合作为特征参数选取。

B. 点状符号的特征参数及其提取

基于上述选取点状符号特征参数的原则，考虑到点状符号的构图规律，叶建栲(1999)提出选取具有旋转不变性和大小不变性且计算简单方便的复杂度、扁率、比重和偏心率等四个参数，作为点状符号的特征参数。

(1) 复杂度。点状符号的复杂度用以描述符号外围的复杂程度。定义为

$$F = \frac{C^2}{A} \tag{3.100}$$

式中，C表示符号周长，指符号的计算周长，等于其 8-邻域周长与拐点数的和，符号的 8-邻域周长是扫描地图上沿某一符号外围线跟踪一周所累计的像素总数，拐点指直线段的两个端点。

可以证明，符号的计算周长C与扫描分辨率 f 成正比，符号的面积A与扫描分辨率f的平方成正比，即

$$\frac{C_1}{C_2} = \frac{f_1}{f_2} \tag{3.101}$$

$$\frac{A_1}{A_2} = \frac{f_1^2}{f_2^2} \tag{3.102}$$

(2) 扁率。这一特征参数反映符号的扁平程度，是符号的最小半径与最大半径之比，记为β。

最小与最大半径确定的方法是：首先，确定点状符号的外接矩形，使该矩形的四条边均与符号的外围线相切，这是在符号分割过程中实现的；其次，从外接矩形的中心点出发，从正北方向开始，每隔 30°向外画一条射线，这些射线与符号的外围轮廓线的交点到外接矩形的中心点的距离，称为符号的方向半径。在得到的 12 条方向半径中，最长的一条称为符号的最大半径，最短的一条称为符号的最小半径。

(3) 比重。符号的比重是指符号的黑色部分在其整个覆盖区域中所占的比例，记为P。在这里，定义为符号面积与其外接圆面积之比。符号的外接圆是以符号的外接矩形的中心点为圆心，以符号的最大半径为半径的圆。

(4) 偏心率。符号的偏心率是指符号的重心相对符号的几何中心的偏离程度，是偏心距与符号面积之比。

若符号的几何中心为(X_C,Y_C)，则符号的偏心距M可定义为

$$M=\sum_X\sum_Y(Y-Y_C)(X-X_C)f(X,Y)$$

式中，

$$f(X,Y)=\begin{cases}1,\text{黑色要素}\\0,\text{白色要素}\end{cases}$$

设A为符号的面积，则偏心率E为

$$E=\frac{M}{A} \tag{3.103}$$

可以证明，上述符号的复杂度、扁率、比重和偏心率等特征参数，具有大小不变性和旋转不变性。

4) 基于模糊神经网络的点状符号自动识别

这里，以 1∶5 万扫描地图图像为例，利用模糊极小极大神经网络分类器，进行模式样本的识别(叶建栲，1999)。

A. “超盒子”的构造

“超盒子”是具有各种极小极大值的模糊集，模式样本与“超盒子”的关系可以用隶属度函数值来表示，且每个“超盒子”的极小极大值点可以用学习的方法来确定。

(1) 建立目标模型库。对地形图上点状符号的每个训练样本提取符号的复杂度F、扁率β、比重P和偏心率E等四个特征值，并按如下形式建立点状符号的样本库：

[符号代码][样本序号][F][β][P][E]

假设某个点状符号具有L个训练样本，每个样本令提取的不变性特征值记为f_{ij}($i=1,2,3,4$为特征序号；$j=1,2,\cdots,L$，为样本序号)。以它的特征均值和方差矢量作为点状符号的特征模型，建立模型库。设特征的均值和方差矢量分别为M、N，即

$$\begin{cases}M=[m_1,m_2,m_3,m_4]\\N=[n_1,n_2,n_3,n_4]\end{cases} \tag{3.104}$$

式中，

$$m_i = \sum_{j=1}^{L} f_{ij} / L \tag{3.105}$$

$$n_i = \sqrt{\sum_{j=1}^{L} \left(f_{ij} - m_i\right)^2 / L} \tag{3.106}$$

因此，点状符号的模型库即为$\{M_k, N_k\}$，其中M_k、N_k表示第K类符号的特征均值和方差矢量。

(2)构造“超盒子”。由于受随机因素的影响，样本库中某类目标的各个样本模式的特征矢量$F_x = \left[f_{x1}, f_{x2}, f_{x3}, f_{x4}\right]$不可能恒等于模型库中该类目标的均值矢量$M_k$，而是以高斯分布的形式集中在$M_k$周围，$F_x$的每个分量$f_{xi}$也应该是以高斯分布的形式集中在各自的$m_{kj}$附近。

根据高斯分布的性质，特征值在均值 3 倍方差以外的概率几乎为零，即如果某个待分类模式属于模型库中某类目标A，那么该待分类模式的每个特征值均应落在目标A类特征均值的 3 倍方差以内。据此，很容易就能确定第k类目标的极小极大“超盒子”模型，即“超盒子”的极大顶点矢量w_k和极小顶点矢量v_k分别为

$$w_k = \left[w_{k1}, w_{k2}, w_{k3}, w_{k4}\right] \tag{3.107}$$

式中，

$$w_{ki} = m_{ki} + 3n_{ki} \quad (i = 1, 2, 3, 4) \tag{3.108}$$

$$v_k = [v_{k1}, v_{k2}, v_{k3}, v_{k4}]$$

式中，

$$v_{ki} = m_{ki} + 3n_{ki} \quad (i = 1, 2, 3, 4)$$

B. 模式分类

在这里，讨论模糊极小极大神经网络分类器在点状地图符号模式分类中的应用。

(1)建立隶属度函数。设待识别点状符号Y的特征记为矢量F_y：

$$F_y = \left[f_{y1}, f_{y2}, f_{y3}, f_{y4}\right]$$

用f_{yi}来定义符号Y第j类特征属于目标K的隶属度d_{kj}：

$$d_{kj} = \begin{cases} \exp\left[-\left(f_{yj} - m_{kj}\right)2 / 2v_{kj}\right], \left(m_{kj} - 3v_{kj}\right) \leqslant f_{yj} \leqslant \left(m_{kj} + 3v_{kj}\right) \\ 0, \text{其他} \end{cases}$$

显然，上述隶属度的值$d_{kj} \in [0,1]$，若符号Y属于目标类K，则F_y的每一个分量均应落在均值矢量M_k的周围，即在逻辑上是一种“与”的关系，于是就可以定义符号Y属于目标类K的隶属度函数为

$$b_k = \min_{j=1}^{4}\left(d_{kj}\right) \tag{3.109}$$

(2)模糊决策。它是利用模糊极小极大原理对待识别符号Y的归属做出最终判决。对于极小极大模糊神经网络分类器来说，就是构造输出节点的传输函数。由式(3.97)有

$$y_j = \min_{k=0}^{m}\left(b_k \mu_{jk}\right) \tag{3.110}$$

式中，m 表示隐层节点总数，在这里为模糊子集的个数。

根据此式，即可按照前述最大隶属度准则实现模式样本的分类。

(3) 模糊极小极大分类器的自学习。由于地形图点状符号的种类很多，其中不乏相似之处，由学习所构造的“超盒子”模糊子集很可能有相互交叠的现象发生。设模糊子集 P 和 Q 产生交叠，校正的方法是将模糊子集 Q 的极大点与 P 的极小点取中数，即

$$w_Q^{\text{new}} = v_P^{\text{new}} = \frac{w_Q^{\text{old}} + v_P^{\text{old}}}{2} \tag{3.111}$$

C. 实验结果

该实验从 1∶5 万地形图上选取 60 种常见点状符号，每种符号采集 10 个训练样本，分别提取其不变性特征，建立样本库，进而建立各种符号的模型库。用基于模糊极小极大神经网络分类器及所建立的符号模型库对 3 幅 1∶5 万地形图上的 800 多个点状符号进行了识别，正确率达 98%，有些噪声较大的符号也能正确认识出来，而且速度也很快。图 3.8 是 10 个有噪声的符号的识别结果。

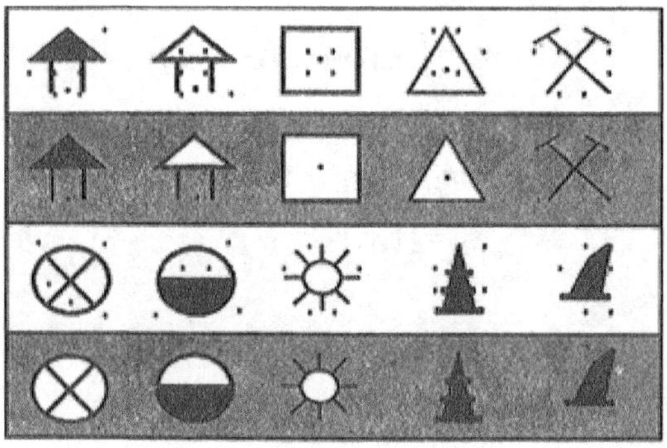

图 3.8　部分符号识别结果

3.4　总结与展望

3.4.1　总结

1. 全球导航卫星系统(GNSS)为各领域的用户提供空间定位数据

空间信息系统(SIS)中基于位置的非线性复杂地理世界各种事物(现象)的信息(数量、质量特征)是随时间而变化的,位置的精确性至关重要。GNSS 由于其高精度定位和重访周期短,是解决这一问题的有效技术手段，可用于测定时空数据框架、数字地形图数据的快速局部要素更新、周期性变化数据的采集、航空摄影测量和卫星遥感信息中的定位、移动平台的导航与位置服务等。目前，在轨运行的 GNSS，有美国的全球定位系统(GPS)、中国的北斗导航定位系统(BDS)、俄罗斯的全球导航卫星系统(GLONASS)和欧洲的伽利略系统(GALILEO)。应该说，各种 GNSS 都具备相当高的定位精度(由米级到毫米级)、测速和测时性能具有同定位相当的精度、站与站之间不需要高精度定位所要求的可视性、用户在地球上的任何地方都

可以接收到信号、全天候工作、获取三维定位信息等特点。中国的 BDS 已实现“三步走”策略，完成了全球导航卫星组网，成为真正意义上的全球导航卫星定位系统，而且还具有自身的一些特点，取得了一系列技术创新成果。

2. 基于遥感的对地观测是获取空间信息系统数据的重要技术手段

由于遥感(RS)是远距离非接触式感知目标特征信息的技术，而且具有多平台、多传感器、多角度和高空间分辨率、高光谱分辨率、高时间分辨率等特点，已成为空间信息系统的主要数据源。国外的航天遥感，以美国的地球观测系统(EOS)、“航天飞机雷达地形测绘使命”(STRM)计划、空间成像公司的 IKONOS 和数字地球(Digital Global)公司的“快鸟”(Quick Bird)为代表，还有美国轨道成像公司的 OrbView-3 卫星、“锁眼”系列光学成像侦察卫星、美国国家侦察局主持研制的“增强型成像系统”(EIS)卫星 8x，以及发展很快的美国商用小型地球观测卫星系统等；其他国家和地区的卫星观测系统，主要有欧洲航天局(ESA)发射的遥感卫星 1 号(ESA-1)和与太阳同步的极地轨道卫星系统(ERS-2)、ESA 的环境卫星(ENVISAT)、ESA 的极轨气象卫星，广为人知的法国的 SPOT 卫星、俄罗斯的地球观测系列卫星“粗制钻石”(ALMAZ-1B)、俄罗斯空间站(PRIRODA-1)、俄罗斯资源监测卫星系列(RESORS-0)和俄罗斯 Resur 军事侦察卫星系列的民用卫星 ResurDKI、印度的遥感卫星系统(IRS-1A、1B、1C、1D)、Resources SAT-1(P6)、高分辨率测绘卫星 Carto SAT-1(P5)等，日本的地球资源卫星(JERS-1)、地球观测卫星(ADEOS)、ADEOS Ⅱ和高分辨率观测卫星 HIROS、热带降雨测量任务(TRMM)等。中国的航天遥感发展很快，主要有气象卫星、陆地资源卫星、立体测绘卫星、高分卫星、高景一号商业遥感卫星、小卫星(特别是商业卫星)等六大卫星对地观测系列。中国的航空遥感特别是无人机对地观测发展很快，其中多角度倾斜摄影广泛应用于三维城市快速自动建模、应急指挥、国土安全和城市管理等领域。地面遥感是天空地海一体对地观测的重要组成部分，其传感器搭载平台可以是城市大街小巷高架(摄像头)、汽车(不同部位)、摩托车、舰船(重/磁测量船)、手持等。随着社会需求的迅猛增长和科学技术特别是互联网、智能感知技术的快速发展，传感器已无处不在。为了更高效获取和利用各类(种)传感器的数据，对地观测出现了“传感器网络”研究。对地观测数据处理，是基于遥感空间数据获取的一个十分重要的领域，除遥感影像处理的基本原理和方法研究外，多角度倾斜摄影数据处理和激光点云数据处理成为近几年研究的热点。

3. 基于地图的数据获取由于其现势性受限已成为特殊情况下的数据采集方法

在空间信息系统(或 GIS)发展的初期，因为从遥感影像获取空间数据的自动识别和特征提取等许多问题尚未得到很好解决，所以从地图上采集空间数据是基本的方法。随着摄影测量与遥感技术的快速发展，通过数字测量系统获得数字矢量地图(DLG)、数字栅格地图(DRG)、数字正射影像(DOM)、数字高程模型(DEM)等，建立相应的基础空间数据库，还可基于基础空间数据库采用智能化制图综合方法生成多尺度空间数据库，并根据实时获得的遥感影像进行动态级联更新技术获得现势性强、精度高的多尺度空间数据库。在这种情况下，摄影测量与遥感数据就成了空间信息系统的主要数据源，而从地图上获取空间数据的技术只是在特殊情况下才采用，如采用特殊手段获得的特殊地区的纸基地图，且该地区没有数字摄影测量和数字地图数据，这时就需要用数字地图图像分析与识别数学形态学方法、人工神经网络等方法，从地图上获取所需空间数据。

3.4.2 展望

1. 实现 GNSS 多系统组合应用是必然的发展趋势

世界各国对导航定位技术的研究一直十分重视，除目前在轨运行的四大全球导航卫星系统都在进一步研究其安全性、可靠性、可用性和进一步提高精度，以及日本、印度等国家也在计划建立各自的 GNSS 外，一些国家着手研究新的导航定位技术。例如，英国国防科学与技术实验室(DSTL)正在研制的精度更高的量子导航定位系统(QPS)，如果 QPS 在海上测试成功，将进一步小型化用在飞机、火车、汽车甚至手机上，为城市交通、自动驾驶提供一种后备导航工具；美国国防部高级研究项目局正在研究的可用于室内和地下导航定位及超精武器制导的芯片级组合式原子导航器(C-SCAN)即“芯片式”定位系统；北京邮电大学研制的可用于室内定位的“羲和系统”等。此外，卫星导航系统、惯性导航系统和重/磁导航系统等多种导航定位手段的组合应用，多个 GNSS 的兼容性和互操作性即 GNSS 多系统数据融合，也是未来发展的大趋势(孙凝子，2014；周巍，2013；杨元喜和曾安敏，2008)。

2. 多模式遥感技术在空间信息系统中的应用将越来越广泛

目前，遥感影像数据处理的基本原理与方法已基本成熟，图像预处理(图像校正与配准、图像增强、图像二值化)、目标提取(线状、面状特征提取)等领域相关研究更加系统化。近几年研究进展很快的基于云计算的分布、并行、协同处理技术(MapReduce)和深度学习与深度增强学习是遥感图像处理的最佳选择之一，其核心是采用分布计算并对各子问题的求解合并给出完整解，需要研究将目前数据处理的单调逻辑推理的线性工作流转换为非单调逻辑推理的网状工作流实施分布、并行和协同处理。在人和机器深度融合的新时代，深度学习和深度增强学习具有广阔的应用前景，基于计算机模拟人类感知智能与认知智能的“人工智能计划”和实现类脑计算的“中国脑计划”融合形成的“中国脑智计划”，为遥感影像数据处理提供了新的思路和方法，这方面的研究任重而道远。多角度倾斜摄影和激光点云数据处理，已基本形成相对成熟可用的技术体系。但多角度倾斜摄影数据处理在某些特殊情况还有一些问题需要进一步研究新的更为稳健的算法，对于大范围大规模倾斜摄影数据需要研究基于云计算的分布、并行、协同处理的技术流程等；激光点云数据处理重点在点云滤波，尚需研究高效、准确、适用性强的滤波算法，并研究机器学习技术在大规模点云滤波中的应用，以提高点云滤波处理的效率。

3. 从地图上采集数据急需提高地图识别的智能化水平和自动化程度

前述通过地图扫描数字化的数字地图图像识别的数学形态学方法和人工神经网络方法，虽同初期使用的手扶跟踪数字化相比其速度和精度都有所提高，但仍然有不少问题需要进一步研究。例如，数字地图图像识别的数学形态学方法，尚需进一步深入研究结构元素的分解理论，或通过模型结构变换来减弱结构元素的影响，以增强形态分析模型的稳定性；另外，一个难点是数字地图图像符号类型的识别和评价，需要根据地图图形集合的概念，运用数学形态学理论和方法，分析和抽象符号的构图规律和组合关系，将得到事实和规则知识作为识别系统智能控制的依据。数字地图图像分析与识别的人工神经网方法，由于人工神经网络本身就是机器学习的一种方法，其信息处理的高度并行性、高度非线性全局作用、良好的“容错性”和联想记忆功能、独特的信息存储和加工方式、自适应和自学习能力等，都有许多问题需要进一步深入研究。

人工智能时代的到来，为数字地图图像分析和识别的数学形态学方法特别是人工神经网络方法的进一步深化研究和应用创造了十分有利的条件。深度学习为解决数字地图图像分析和识别的“知识工程”瓶颈问题开辟了一条新的途径，因为深度学习的基础是人工神经网络。神经网络的前世是基于统计样本数据浅层机器学习模型，后来发展为反向传播算法(BP 算法)，比起过去基于人工规则的数字地图图像分析与识别系统要优越得多；神经网络的今生是基于大数据方法的深度学习，其本质是利用大数据教会计算机自己通过不断学习以获得知识和发现规律，在这种背景下，支撑人工智能的大数据、算法和计算能力的三元素已基本具备，完全可以用大规模海量数字地图图像数据、深度学习智能算法，让计算机自己不断地学习以获取图像识别的知识和规律。同时，我们也可以思考人类是如何分析和识别图像或图形的，能不能让计算机也像地图制图专家一样会思考，让计算机(电脑)人工智能与人类(人脑)智能深度融合，开展面向智能数字地图图像分析与识别的类脑智能研究，在脑机理研究成果的基础上下功夫研究地图学家在图形识别过程中的思维推理，尽可能使面向数字地图图像分析与识别的类脑计算模型和算法精准化。当然，计算机图形图像识别的难度要比语音识别和文字处理的难度大得多，这是一项长期的、未来发展有很大创新空间的、经过艰苦努力有望实现的战略性研究任务。

第 4 章　多源异构空间数据的融合处理

随着空间信息获取技术的发展和方式的多样化，多源空间数据与日俱增，数据融合研究应运而生。不同数据源、不同数据精度和不同数据模型的空间数据通过融合，可以最大限度地实现不同空间数据的完全转换，且数据质量、详细程度和现势性等都能得到极大提高，从而成为近 30 年来研究的重点和热点。

4.1　问题的提出与意义

4.1.1　问题的提出

随着测绘、遥感、计算机、通信等技术的发展，获取地球空间信息的方式越来越多样化，使得空间数据量持续增长，尤其是步入大数据时代后，数据来源纷呈，数量激增。这些数据在广泛应用的同时，也存在着一系列亟待解决的问题。

(1) 生产数据时采用的地理信息标准和数据处理要求及获取途径的不同，空间数据呈现出鲜明的异构性(即来源不同、尺度不同、分辨率不同、精度不同，现势性不同等)，造成了空间数据在几何位置、形状、属性编码、分类分级、数据模型、数据格式等方面的不一致，给不同部门之间的空间数据共享带来极大困难，加大了数据生产成本，造成人力、物力的极大浪费。

(2) 因各种应用目的而产生的空间数据，种类繁多和数量巨大，并且数据之间存在冗余性、互补性和合作性。冗余性是指它们对同一空间实体的表示、描述和解译相同；互补性是指空间数据是从不同的角度来测量空间实体的；合作性是指不同的空间数据在处理和分析过程中对其他空间信息具有依赖关系。将现有的多个“单一表现”的数据库联系在一起，建立表示同一实体的不同空间对象的联系来维持一致性，成为一项重要的工作。

(3) 大量遥感卫星源源不断的发射，对地观测已进入多平台、多传感器、多角度观测的发展阶段。然而，由于成像指标之间相互制约，单一遥感系统观测的地表信息往往并不全面。例如，遥感系统的空间、时间和光谱分辨率，分别代表了对地球表面的细节表征能力、重访观测能力和光谱探测能力，这些都是十分重要的成像指标。但是，受光学衍射极限、调制传递函数、信噪比等因素的影响，同时获得时间、空间与光谱的高分辨率影像十分困难，从而限制了其在诸多领域的应用能力。

因此，如何综合利用不同来源的空间数据，克服单一数据源的信息缺失，最大限度地发掘和利用这些数据资源，实现数据与信息的增值，更好地服务于各类分析与应用，成为亟待解决的问题。为此，国内外许多学者研究了解决这一问题的空间数据融合技术，即本节内容讨论的主题。

4.1.2　研究意义

空间数据融合问题的研究和解决，有着非常重要的现实意义。

(1) 矢量空间数据的融合，减少了空间数据的多语义性、多时空性、多尺度性、存储格式的不同以及数据模型与存储结构的差异，消除了数据间的不一致性，使新生成的空间数据在几何精度、属性精度、逻辑一致性、详细性及完整性、现势性等方面得到提高，对进一步扩大空间数据的应用范围，提高数据生产与更新效率，促进空间数据的共享，提升空间数据应用服务的质量，都具有重要意义。

(2) 遥感影像数据的融合，不仅可以提高空间分辨率，降低模糊度并达到图像增强的目的，还可以利用多时相数据进行动态监测，提高时相检测能力。同时，还可以根据先验知识，通过遥感影像信息的融合处理，完成更复杂、更高级的分类、判断、决策等任务。

4.2　空间数据融合的概念及分类

4.2.1　空间数据融合的概念

数据融合的概念产生于 20 世纪 70 年代初期，但其理论方法研究则是 20 世纪 80 年代以后才开始，并取得了快速发展，迄今仍是各应用领域的研究热点。作为一种数据综合和集成技术，数据融合实际上是许多传统学科和新技术的集成和应用。由于空间数据融合是一个非常广泛的领域，因此并没有一个统一的定义。

美国国防部认为：“数据融合是一个多级多侧面的加工过程，包括对多个数据源数据和信息的自动化检测、互联、相关、估计和组合处理。”从广义上讲，数据融合是运用一系列的技术、工具和方法处理不同来源的数据，使得数据的质量有所提高。Wald (1999) 采用了一个更加普遍的定义，即“数据融合是一个形式上的框架，在此框架下表达了融合的方式和工具，通过这些方式和工具将来自不同的源数据进行联合，其目的在于获取质量更好的信息，而质量的改善取决于应用。”这一定义的优点在于，既强调了数据融合是一个框架而不是通常意义上的工具和方法本身，同时又强调了融合结果是质的提高。

本节将所有对多源地理空间数据进行集成和整合的过程称为数据融合，是影像融合与地图合并的一种概括，是将不同的数据源合并为一个新的、更优的数据集的过程。融合后的数据集，或是分辨率的提高，或是精度的改善，抑或是为了数据之间的相互印证，也可以是使数据格式更符合特定的应用环境和要求。

4.2.2　空间数据融合的分类

针对空间数据融合的研究工作很多，Ruiz 等 (2011) 进行了系统的总结和分类。

根据数据类型不同，分为：矢量数据与矢量数据之间的融合，如数字地图合并问题；栅格数据与栅格数据之间的融合，如遥感影像数据的融合；栅格数据与矢量数据融合，如利用遥感影像进行地图更新 (以矢量数据为主)、基于辅助信息 (如矢量数据) 改善遥感影像分类 (以栅格数据为主)；其他数据的融合 (如激光点云数据、数字地表模型、三维模型等)。

根据自动化程度不同，分为自动融合、半自动融合和人工融合。

根据匹配指标不同，分为几何融合、拓扑融合和语义融合。

根据匹配用途不同，分为横向、纵向和时态融合过程。横向融合解决邻近区域的数据接边问题，纵向融合解决不同专题内容的信息融合，时态融合解决不同时间数据的变化检测和更新。

本节根据数据源类型不同，概述不同类型数据融合的内涵、理论和技术方法，重点关注矢量空间数据间的融合和栅格数据间的融合。

4.2.3　矢量空间数据融合的内涵

矢量数据融合主要是针对多平台、多层面、多获取手段、多格式的空间数据进行的融合，以实现对观测对象更好地理解，使目标信息更丰富并减少或抑制数据中可能存在的多语义性、不完全性、不确定性和误差，最大限度地利用多种数据的不同特性，改善和丰富数据的现势性和可靠性，从而有效提高多源数据的使用效率。

由于数据融合概念提出之初的主要任务是消除或缩小地图数据的几何不一致性，提高地图的几何精度，故而许多文献中亦称之为数据合并(data conflation)或地图合并。例如，Cobb等(1998)从数据集成的角度出发，认为数据融合是将同一地区两个或两个以上不同的地图数据库合并生成一个数据库，新生成的地图数据库在点位精度、详细程度或现势性等方面比源数据库好，从而获得高质量的信息。地图合并主要有两个步骤：同名实体匹配和实体的调整变换。同名实体匹配，就是通过分析空间实体的差异和相似性识别出不同来源图中表达现实世界同一地物或地物集的过程。实体的调整变换包含两个方面：一是几何位置的配准和协调；二是属性数据的转换与合并。

也有学者使用数据整合(data conflation)这一概念，这实际上是conflation在国内的另一种翻译，其目的也是为综合利用不同来源空间数据的地理信息，克服单一数据源的信息缺失。这个概念的使用者认为，空间数据整合是一种用于解决不同来源空间数据融合问题的技术体系，是指通过建立不同空间数据集的目标匹配关系，检测空间数据间的一致和不一致性，并设定一定融合规则生成一份新的信息量更丰富的数据，从而实现几何语义信息的相互补充和空间数据的变化检测与持续更新等(Ruzi et al.，2011；张云菲，2015)，解决多源数据在空间特征(坐标系统、地图投影、数据格式、数据结构)、属性特征(属性编码、属性的多重性、属性的分类分级)和时间特征(数据的更新)上的差异性，是数据整合的重点。实际上，这也是矢量空间数据融合的重点。

4.2.4　栅格数据融合的内涵

随着空间对地观测技术的快速发展，高空间分辨率、高时间分辨率、高光谱分辨率的遥感获取能力得到迅速提升，为各类应用提供了丰富的数据源。然而，由于成像指标之间相互制约，同时获得时间、空间与光谱的高分辨率十分困难，从而限制了其应用的能力。而遥感数据作为栅格数据最常见的形式，通过数据融合能够突破单一传感器的性能，有效发挥多传感器互补观测的优势，实现更加精准、全面的陆表监测。

因此，有学者认为，遥感数据融合就是利用某种算法，将两幅或多幅影像组合成一幅新影像的技术。该定义虽然十分贴近人们对数据融合的传统认识，但仍属于狭义的数据融合，因为生成新影像并不是遥感数据融合的唯一目的，也可能是为了获取更精确的特征信息、更高的地物识别精度等。

对于影像数据融合的理解，国内外许多学者分别给出了不同的诠释。例如，著名数据融合专家Alparone等(2015)在出版的融合专著中，认为遥感数据融合的目标是针对某种调查现象，协同组合两个或更多影像数据，以获取比单一影像更多的知识。张良培和沈焕锋(2016)在综合已有研究的基础上，将遥感数据融合定义为：针对同一场景并具有互补信息的多幅遥感数据或其他观测数据，通过对它们的综合处理、分析与决策，获取更高质量数据、更优化特征、更可靠知识的技术和框架系统。该定义首先在输入端强调了数据之间的互补性，并包含了遥感数据与非遥感观测数据之间的融合；在输出端，融合的结果可能是一幅高质量的影像，也可能是更优化的特征，还可能是经过某种决策获得的知识。此外，遥感数据融合也不一定限制为多个传感器的数据，同一传感器在不同成像条件下获取的数据，只要包含互补信息，就可以进行数据融合。

4.3　矢量空间数据融合技术与方法

4.3.1　矢量空间数据融合的基本思路和过程

1. 矢量空间数据融合的基本思路

矢量空间数据融合的基本思路是：首先，收集和评定要利用的多源数据，再采用空间基准变换、数据格式转换以及属性编码映射等手段，将多源多尺度矢量空间数据集成在一起，初步完成几何位置、图形形状和内容详略的统一与协调；其次，分析多源矢量空间数据在尺度、属性和空间关系上的联系与区别，进行矢量空间数据几何和属性的匹配，对相关数据进行几何形状和属性信息的修改更新，从而完成矢量空间数据几何信息、属性信息、空间关系的融合和一致性处理；最后，经检查无误后得到融合后的新的矢量空间数据(孙群，2017)。

2. 矢量空间数据融合的基本过程

矢量空间数据融合一般包括以下过程：

(1) 多源数据的可用性评价与数据汇集。

(2) 数据集成，包括空间基准变换、数据格式转换、属性编码映射统一等多源数据的一致性处理。

(3) 同名实体的匹配。

(4) 几何数据、语义信息、尺度、空间关系的一致性处理与融合。

(5) 数据质量检查与评价，最终得到融合后的新的矢量空间数据。

图 4.1 为空间数据融合处理的基本流程。需要说明的是，数据来源的情况不同，融合处理方式也会有所不同。

4.3.2　异构矢量数据的转换

1. 不同数学基础的转换

数学基础是空间位置、数据定位、空间量算、转换和空间分析的基准，所有制图数据必须同时纳入统一的空间基准才能进行分析。

1) 大地坐标系的转换

大地坐标系是测绘的基准，是描述空间位置信息的基础框架。世界上各个国家、地区为了更好地结合自身的具体位置和技术发展水平，满足自身发展需求，在不同的历史时期相继建立了符合本国、本地区的大地坐标系。当不同来源的空间数据的坐标系不一致时，就要利用转换公式进行坐标系统的转换。

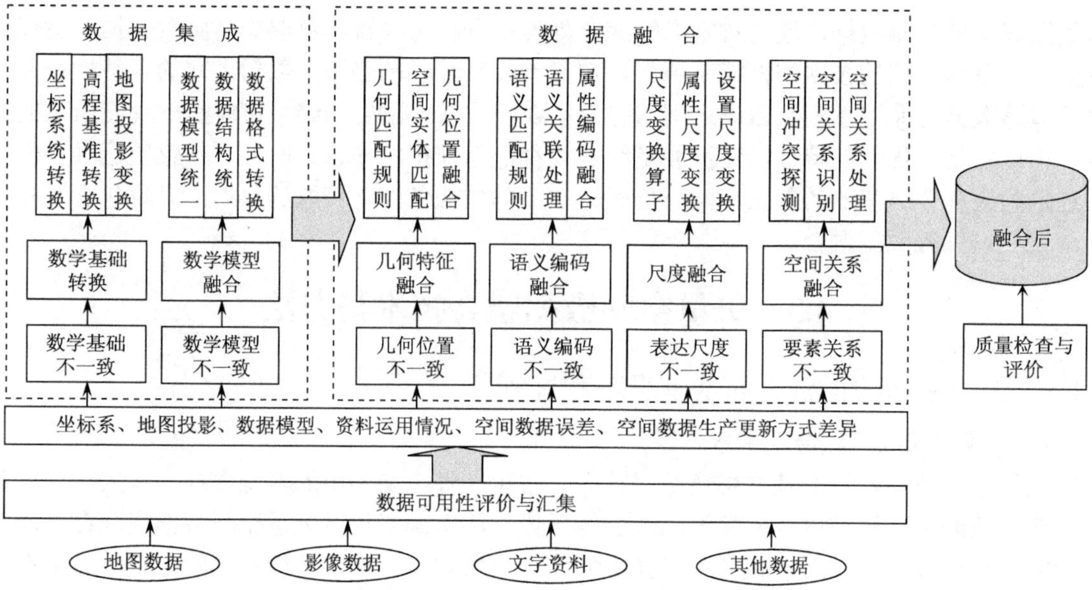

图 4.1　矢量空间数据融合处理基本流程

坐标转换可分为两类：一是，同一大地坐标系不同坐标形式的转换，例如，由大地坐标(B，L，H)转换为空间直角坐标(X，Y，Z)，此种相互转换有严密的数学关系式，计算相对简单；二是，不同大地坐标系间的坐标转换，如由 BJS54 转换为 CGCS2000。通常所说的坐标转换是指第二类坐标转换。

不同大地坐标系间的坐标转换模型常用的有以下几种：

(1) 三维相似变换模型。该类模型一般含有 3 个平移参数、3 个旋转参数和 1 个尺度参数。由若干个(一般多于 3 个)公共点坐标求得上述 7 个转换参数后即可进行不同坐标系的转换。在此转换模型中，应用比较广泛的有三参数模型、布尔莎七参数模型和莫洛金斯基模型。

(2) 二维相似变换模型。在小区域情况下，若控制点覆盖范围不大，可以采用二维相似变换模型实现不同坐标系间的转换，最常用的是相似变换四参数模型和仿射变换六参数模型。

(3) 多项式变换法。即用一个多项式表示两系统之间的变换关系。坐标系Ⅱ的坐标计算分两步进行：第一步相似变换，利用相似变换模型计算坐标系Ⅱ的相似变换后坐标；第二步多项式变换，利用坐标系Ⅱ的相似变换后坐标，根据拟合的多项式计算残差改正数，最后得坐标系Ⅱ的坐标。

(4) 格网变换法。利用两个坐标系统间公共离散点的坐标差，按一定的算法计算具有一定间隔的格网节点的坐标改正数；利用格网节点上的坐标改正数估值内插其他任意点上的坐标改正数，从而实现不同坐标系统之间的坐标变换。

已于前述(第二章)，我国地图生产中曾经使用过三种坐标系。

(1) 1954 北京坐标系(简称“旧 BJ54”)。是 20 世纪 50 年代我国与苏联 1942 年普尔科沃坐标系进行联测后定名的坐标系，使用克拉索夫斯基椭球体，现有的系列比例尺地形图采用的是这个坐标系。

(2) 1980 国家坐标系(简称“CD80”)。地球椭球体基本采用 1975 年国际大地测量与地球物理联合会第 16 届大会推荐数值，即长半径 a=6378140，扁率 α=1∶298.257。1980 年以后国家测绘局（现已并入自然资源部）组织生产的测绘数据，如车载 GPS 道路数据，遥感 TM、SPOT 数据等都是使用的这个坐标系。

(3) 新 1954 北京坐标系（简称“新 BJ54”）。是通过 CD80 坐标转换而来，具有较高的精度。它与 80 坐标系的差别主要是椭球大小和定位不一致，两者之间有数学公式可以互相转换。

有的测绘数据库采用“新 BJ54”坐标系，因此在采用纸质地图数字化时，存在“旧 BJ54”坐标系转换为“新 BJ54”坐标系的情况，需要通过坐标改正数进行转换。因我国国土范围内两种坐标系的高斯平面直角坐标改正数 X、Y 方向的最大误差分别为±15m 和±10m，相当于 1∶50 万比例尺地形图上 0.03mm，所以 1∶50 万地形图建库时必须通过修测数据对坐标进行改正，主要采用的是原西安测绘研究所联测出的偏移量进行坐标改正。

2) 高程基准的转换

常用高程系统主要有大地高系统、正高系统、正常高系统。

大地高系统是以椭球面为基准的高程系统，定义为：由地面点沿通过该点的椭球面法线到椭球面的距离，通常以 H 表示。正高系统是以大地水准面为基准的高程系统，由地面点沿铅垂线到大地水准面的距离称为正高，通常以 H_g 表示，正高实际上是无法严格确定的，所以为了使用方便，通常采用正常高系统。与正常高相应的基准面，通常称为似大地水准面。因此，也可以说正常高系统是以似大地水准面为参考面的高程系统。

正常高系统为我国通用的高程系统。我国有两套高程基准，即 1956 黄海高程基准和 1985 年国家高程基准，不可避免地存在着基于两种高程基准的空间数据并存的现象。因此，需要统一高程基准。

3) 投影变换

地图投影变换主要解决多源空间数据的地图投影不一致问题，研究并实现多种地图投影的正反解变换。当空间数据的几何坐标使用不同地图投影时，为了处理方便需要将它们变换为同一个投影，使它们的平面位置一致，此时就必须进行地图投影变换。投影变换的方法有如下三类：

(1) 解析变换法。根据采用的计算方法不同又可分为：正解变换法、反解变换法和综合变换法。正解变换法直接确定原有地图投影下点的直角坐标与新投影下相应直角坐标的关系，也称直接变换法，此方法的主要特点是表达了编图和制图过程的数学实质，同时不同投影之间具有精确的对应关系；反解变换法是根据原有地图投影的方程反解出原投影点的地理坐标（经度和纬度），再代入新的投影方程中求得该点在新投影下的直角坐标，也称间接变换法，此方法的主要特点是投影方法严密，不受制图区域大小的影响，有很广泛的适应性；综合变换法是将反解变换法与正解变换法结合起来，通常是根据原投影点的坐标反解出经纬度，然后求得新投影点的平面直角坐标，该方法的主要特点是在有些情况下，对某些投影间的变换比单用正解变换法或反解变换法要简便一些。

(2) 数值变换法。若原投影点的坐标解析式未知，或两投影间坐标的直接关系难求，则可采用多项式逼近的方法，即通过同名控制点的数值解算多项式系数，建立起两个投影间的关系。

(3) 数值-解析变换法。已知新投影方程式，而不知道原投影方程式时，可采用多项式逼近方法，求出原投影中点的地理坐标，再代入新投影解析式中求得新投影下的平面直角坐标。

目前的制图软件中，都有地图投影转换的功能，可方便地实现不同地图投影之间的转换。

2. 不同数据模型的统一

空间数据模型的统一是指将两种以上的不同数据模型融合成一种新的数据模型，新数据模型应能最大限度地包容原数据模型，然后将不同数据模型的数据向新数据模型转换。因此，新空间数据模型的设计是关键，必须要处理好地物整体性和可分析性、空间位置与属性的关系，以及由于连续的地理空间的分层与分幅造成的空间关系割断的矛盾。由于数据源多种多样，其对应的数据模型必然也或多或少会有区别，可以包含拓扑关系(复杂数据模型)，也可以无拓扑关系(简单数据模型)。空间数据模型的统一可分为以下几种情况：

(1) 简单数据模型到复杂数据模型的转换。要实现简单数据模型到复杂数据模型的直接完全转换显然是不可能的。一是简单数据模型转换为复杂数据模型必须重新建立拓扑关系；二是简单数据模型数据质量可能并不符合建立拓扑关系对数据的要求，必须经过进一步数据处理，甚至人机交互才能建立完整的拓扑关系。

(2) 复杂数据模型到简单数据模型的转换。复杂数据模型比简单数据模型要包含更多的信息，因此这种转换是由信息多向信息少的转换，这种转换是可以完全自动实现的，但是会丢失一些原有信息。

(3) 复杂数据模型之间的转换。复杂数据模型的融合必须在原有数据模型的基础上，设计出能最大限度地包容原数据模型的新数据模型，然后将其他数据模型的数据向新数据模型转换。由于新、旧数据模型在要素分层、属性编码等方面不完全一致，转换后数据之间完全打破了原来的相互关系，数据可能会出现“串层”现象，拓扑关系会变得支离破碎，必须重建拓扑关系。

3. 矢量数据融合的主要方法

1) 不同语义的融合

地理世界中，语义可以简单地看作是数据(符号)所代表的概念的含义，以及这些含义之间的关系，用来抽象地理目标的定性或定量特征，描述地理要素的特性。然而不同来源的空间数据由于生产单位不同、执行标准不同，对同一地理实体的理解不同，描述颗粒度也不相同，使得现实世界中同一制图物体的语义表达种类繁多、情况复杂。

矢量地图数据中物体语义的差异性具体表现在：要素分类分级的差异、数据编码方法与原则的差异、属性的多重性表达和属性类型不一致(字符型或数字型)等方面。

多源矢量空间数据属性特征融合的研究重点是不同语义之间的匹配问题，即发现或计算不同来源数据的语义映射关系或相似度。对于语义匹配而言，其匹配算法的核心是计算属性信息之间的相似度，包括基于字符串的方式和基于词典的方式，后者主要利用已有的词典识别出词与词之间是否近义或存在上下文关系等。在属性内容融合方面，矢量数据间的属性融合主要通过属性字段的映射转换进行，常用的方法有基于转换规则的方法和基于语义匹配的转换方法。

A. 语义匹配

在语义匹配方面有不少研究成果。例如，先利用几何信息对要素进行匹配，根据要素匹配的结果再推导要素之间语义的联系，从而可以获得不同来源地图语义模式的关系；再如，利用匹配对象的多种信息，依据模糊集理论并模拟专家的认知推理过程以完成匹配；等等。

语义相似度的计算是语义匹配的常用方法，例如，通过语义相似度的计算，再利用模糊层次聚类的方法得出匹配的最终结果；利用字符串和语义词典相结合的方法进行语义匹配，对 Schema 中元素的名称进行分词、去词缀、扩展缩写等处理，处理时以词典作为参考，通过字符串比较来计算相似度。再如，基于知识的非空间属性数据匹配策略，通过计算每个属性项的相似度并为每个属性项构建一个相似度矩阵，再计算总的相似度值来确定匹配对象。这类方法中，如何计算语义相似度是关键，现有文献中，语义相似度的计算有不少的改进方法。

基于地理本体的语义匹配也是目前研究较多的，例如，根据本体论分别对语义模式进行分析，并推导语义之间的匹配关系；基于本体的语义匹配相似性度量方法；采用面向对象的匹配方法，利用本体进行地理信息建模，以维护空间对象的拓扑关系，同时兼顾语义的一致性；基于网格服务的语义匹配方法，通过建立相关领域的本体库从而为服务功能的语义匹配提供支持，等等。

但是，因为要素语义存在一定的模糊性和不确定性，而且在数据存储上，经常会出现要素语义信息缺失的情况，所以，在空间数据匹配中，语义信息多数起辅助性判断的作用。

B. 属性融合

属性融合方法主要有两类：基于映射转换规则的属性融合和基于地理本体的属性融合。

(1) 基于映射转换规则的属性融合。主要是通过构建语义转换规则，实现要素的分类分级及编码的匹配与转换。包括：

分类分级的映射。根据两种不同语义描述体系的具体内容和对应的两种不同矢量地理信息数据中语义描述的具体情况来建立分类分级映射方案。具体来说，就是通过分析不同数据源的差异，理清不同数据源各自的分类分级关系，然后再列出两类要素中相同或相近的语义项，建立语义间的转换表，定义语义间的关联关系，消除语义之间的差异与不一致。

属性特征值的转换。实质是地理实体目标属性字段在不同语义体系之间的映射转换，体现为实体目标在 A 体系中的属性字段转换为 B 体系中的属性字段。在建立属性字段对应关系后，对浮点型、字符型和整型等数据类型的字段，要建立不同属性字段数据类型之间的对应转换，同时在相互转换时要注意信息的丢失程度。

编码的转换与统一。需制订出一种兼顾多种空间数据编码方案优点的新的要素属性编码方案，这种方案基本上既能保持对已有编码体系的兼容性，又能克服它们所存在的缺点。兼容性可以通过相应的转换机制实现，即能方便地将旧的编码转换到新的编码系统中。

(2) 基于地理本体的属性融合。从 20 世纪 90 年代末开始，国内外学者开始利用本体哲学思想对地理本体理论构成和地理本体信息学进行研究，特别是对地理本体的形式化描述语言、工具及本体创建和语义转换等方法进行了广泛的探讨，并将地理本体理论与方法的研究成果应用于地理空间数据的语义转换。其优点是为空间数据提供了形式化语义描述，对于解决空间数据的语义异质性和实现语义层次上的互操作具有很大的潜在优势。

在基于地理本体的属性特征融合方面，近些年涌现出了许多成果。这些方法通过本体来描述异构数据源间的语义，包括单一本体、多本体和混合本体等方式。代表性的方法如利用支持双向映射的混合本体模式来解决全局本体与各应用本体之间的冲突，实现数据的语义融合，以克服数据间语义异质性问题；利用本体模型通过 karma 工具对不同来源的结构化地理信息进行语义映射及异构性消除，然后对数据中的不同特征进行相似度计算，利用机器学习方法进行训练，从而实现多源数据的融合；采用多本体模式构建基于本体的地理信息集成框架，通过等级和角色的使用，实现不同细节层次之间和不同领域本体网络之间的联系；等等。

2) 几何特征的融合

几何位置数据的融合是一个比较复杂的过程，也是多源矢量空间数据融合的核心内容，是解决同名地物在不同数据库中地理位置不一致问题的关键技术，需要用到模式识别、统计学、图论以及人工智能等学科的思想和方法。几何数据融合包括两个过程：一是实体匹配，即利用相同地理实体在几何特征、拓扑关系和语义信息等方面的相似性，识别不同数据库中的同一地物(同名实体)；二是将匹配后的同名实体合并，通过融合生成新的位置数据。

A. 同名实体的匹配

同名实体是指不同数据集中表示同一地理对象或现象的空间实体，由于制图误差、应用目的不同、地图制图综合等因素的影响，现实世界中相同地物在不同来源的数据中通常都存在着差异，同名实体匹配就是通过分析空间实体的差异和相似性，识别出不同来源数据集中表达现实世界同一地物或地物集的过程。因此，分析两实体之间的相似性是确定它们是否为同名实体的主要依据。

同名实体匹配的一般步骤如图 4.2 所示。

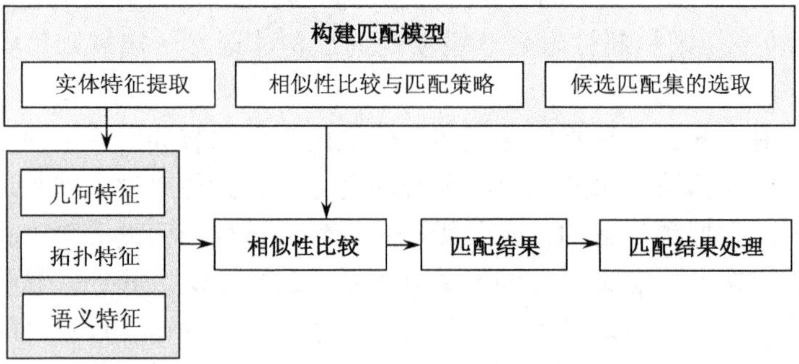

图 4.2　同名实体匹配的一般流程

同名实体匹配是一个面向应用的复杂过程，其步骤也不可能完全如图 4.2 所示的流程一成不变，需要结合实际情况及用途确定适合的匹配方法和流程。

按照匹配依据，可以将同名实体匹配划分为几何相似性匹配、拓扑相似性匹配和语义相似性匹配三类；按照匹配实体类型，可以划分为点实体匹配、线实体匹配和面实体匹配三类。因匹配的指标通常不止一个，下面按照匹配实体类型进行分类介绍。

(1) 点实体的匹配。对于点状要素的匹配，最为简单直观的方法就是利用点要素的空间位置信息衡量其是否匹配，两个点之间距离越近，其互为同名实体的可能性就越大。但是一旦数据之间的位置精度较低时，单纯依赖距离的相近性，则匹配结果会受到较大的影响。所以，对于点状要素的匹配，在其匹配过程中还需要综合考虑点要素的拓扑、方向等特征。据此，一些学者在考虑点要素空间位置信息的基础上，对点状要素的匹配进行了改进，例如，在匹配道路结点的过程中引入结点参与构成弧段的方向信息，在结点位置的基础上，通过一种“蜘蛛编码”的方法对弧段进行编码，从而其最为相似的匹配点可通过结点的“度”以及编码确定；顾及点要素邻域环境中其他已匹配的点要素，通过比较待匹配点与邻域范围内已匹配点的方位关系相似度来判断匹配对象；根据模糊集理论，通过计算点要素的可信度值来进行匹配；顾及结点及其连接弧段的结构特征，并结合距离、拓扑和方向三类约束的基于结构化空间关系信息的结点层次匹配方法；通过计算点要素的匹配可信度指标，建立点要素的一致性优化匹配模型，并转化为二分图最大带权匹配问题，从而实现点要素的全局一致性自动匹配；等等。

(2) 线实体匹配。线实体匹配作为空间数据更新、空间数据融合最主要的研究方向之一，目前已取得不少研究成果。线实体匹配大体上可以划分为结点匹配、弧度匹配以及利用线实体的形态特征匹配三类方法。

利用结点匹配。该类方法通常首先根据道路结点之间的距离远近、拓扑结构相似性等对道路结点进行匹配，再根据道路弧段之间的距离、形状以及所关联的结点等对道路弧段进行匹配。例如，通过计算更为简单的结点到折线的距离取代折线到折线间的复杂几何相似度计算，再利用格网索引的折线与结点距离进行匹配的方法；通过获得道路结点间的匹配关系对道路匹配问题进行转化，从候选匹配道路弧段集合中只需寻找一个路径，使该路径对应的道路与待匹配道路在某具体指标上最为相似的匹配方法；基于结构模式的道路网结点匹配方法，通过识别路网中的复杂道路和交叉口对道路结构进行统一，然后对交叉口进行结构化描述，提取每个道路结点的局部网络模式特征，对于待匹配道路结点，寻找对应结构模式间的最大公共子网，计算结点之间的形态相似性，并在此基础上实施基于结点匹配的线实体匹配。

利用弧段进行匹配。例如，直接利用道路网的弧段而非结点进行匹配的方法；改进的缓冲区增长算法；等等。弧段的几何特征是该方法最常用的评价指标，常用的几何特征指标有距离、形状、角度等，常用的距离指标有 Hausdorff 距离、L2 距离和 Frechet 距离等。如对传统的 Hausdorff 距离进行改进，使其能够适用于目标发生局部形状变化的情况；通过计算弧段间的离散 Frechet 距离来进行匹配；对 Frechet 距离进行简化从而计算 L2 距离的匹配方法；等等。

利用线实体的形态特征相似性进行匹配。目前线要素的形状主要通过形调函数进行描述，通过比较函数图像的相似性进行判断。如在道路网结构形态特征匹配研究中，利用道路网弧段缓冲区增长法进行全局的搜索匹配方法；利用网眼密度的选取方法和层次分析方法进行道路网的层次匹配；对道路网构建“Delimited Strokes”，而后对相同等级的“Delimited Strokes”的道路进行匹配；利用道路结点和道路弧段的特征信息，构建匹配的最优模型，并采用概率松弛法求解最优解，从而以此方法得到的道路结点间的匹配关系为基础，获得对应道路弧段间的匹配关系的全局寻优方法；利用路段间的几何差异估算候选匹配集中路段的初始概率，再利用邻接候选匹配路段的兼容性不断更新原概率矩阵，直至收敛于某一极小值，最后基于收敛的概率矩阵计算各候选路段的结构相似性，最终得到各种类型的匹配结果的基于概率松弛方法的道路网匹配方法；考虑道路自身特征和所在空间场景的相似性，顾及多尺度道路全局一致性评价的匹配方法；基于 Stroke 技术将离散的道路弧段连接为完整的道路(Stroke)，从而构建不同层次 Stroke 之间的关联匹配准则逐级进行匹配的方法；等等。

(3) 面实体匹配。面实体作为空间实体中变化最为活跃的部分，其匹配相似性度量指标也较多，匹配方法的研究也取得了丰硕的成果，总体上可以分为以下几类。

利用面积重叠率或面要素缓冲区面积重叠率进行匹配。该方法以面实体或面实体缓冲区之间的面积重叠程度作为匹配依据，重叠度越高，则匹配的可能性就越大。例如，通过计算面实体之间的面积重叠程度来确定其对应关系，该方法的优点是简单易行，是面实体匹配的常用方法，不仅能够处理一对一的面要素匹配情况，而且能够处理相对更为复杂的一对多和多对多的匹配情况；不足之处在于该类方法对匹配数据双方的位置精度要求较高，只适用于解决在位置上极为接近的两个面实体之间的匹配问题，并且该方法需要对矢量多边形进行求交运算，算法较为复杂耗时。

利用面实体轮廓形状相似性进行匹配。面实体轮廓形状越相似，其匹配的可能性越大。面实体轮廓形状的相似性主要利用形状描述函数来进行比较，其中常用的形状描述函数有傅里叶描述子、正切形调函数以及矩描述子等。例如，利用傅里叶系数构造描述面实体形状的特征向量，利用该向量对面实体进行相似性度量得到匹配结果。该类方法的优点在于轮廓形状相似性对面实体位置的准确性的依赖程度有所降低；其不足在于对于面实体同质化较为普遍的数据，形状描述方法无法识别，并且该方法只能处理一对一的匹配情况，此外当形状较为复杂或存在噪声时，形状相似度的计算还不够可靠。

利用降维技术进行匹配。降维技术主要分为将面实体转换为点实体或转换为线实体两种方法。将面实体转换为点实体进行匹配的方法，往往通过对比面实体对应顶点或质心间的距离、点和点以及点和面间的拓扑关系进行匹配判断。例如，利用形态学方法提取面实体的质心，当两待匹配面实体质心分别落在面实体的区域内，并且具有相对较为近似的形状特征时，可以认为这两个面实体互为同名实体；将面实体降维转换为线实体进行匹配，首先需要提取面要素的骨架线，从而将二维面要素匹配问题转化为一维线要素匹配问题，如基于降维技术的面状居民地匹配方法；等等。降维方法的优点是能够有效减少面要素匹配过程中的复杂性和不确定性，减少数据量，提高匹配效率，不足之处是因为进行了降维处理，所以匹配过程只是利用了面要素的部分信息，其处理复杂情况的能力会受到一定的影响。

利用面实体之间空间方向相似性进行匹配。该方法通常用东、南、西、北等定性的方位关系描述空间方向，进而通过比较方向相似性来匹配。例如，采用方向关系矩阵模型进行空间方向关系的描述，再计算空间方向的相似性及基于空间方向相似性的面实体匹配算法；再如，以已匹配的居民地作为参照，对待匹配居民地按空间邻近原则进行广度优先搜索，利用空间关系相似性约束来缩小匹配目标被选集，从而实现空间关系有序的精确匹配；等等。该类方法的优点是能够一定程度削弱匹配对象间位置差异带来的影响，但是该方法可能需要对面状目标进行栅格描述，并且现有的无论是 4 方位模型还是 8 方位模型在描述方向关系时都略显粗略。

B. 几何位置的融合

此处几何位置的融合，从狭义的角度理解是指按某种特定的应用目的，将同一地区不同来源的制图数据，采用一定的方法，按照一定的原则对数据进行重组，改善制图数据的几何精度，最终得到新的质量更高的制图数据。

狭义的几何数据融合的适用范围为同一地区不同来源的空间数据，这些数据各有优点，或者点位精度相对较高，或者现势性比较好，或者详细程度、数据完整性比较好，即参与融合的空间数据都是不能完全丢弃的，是互补的，融合的结果是产生新的数据。新数据部分或者全部集成了两种以上数据源的优点。

对同名实体的几何位置进行融合，首先要对数据源的几何精度进行评估，根据几何精度，融合应分两种情况进行讨论。如果一种数据源的几何精度明显高于另一种，则应该取精度高的数据，舍弃精度低的数据。对于几何精度相近的数据源，应该分点、线、面来探讨融合的方法。点状物体的合并较为简单，面状物体的融合主要涉及边界线的融合，可参照线状物体的合并进行。线状物体的融合可采用特征点融合法和缓冲区算法。

如图 4.3 所示，$\{a_1,a_2,a_3\}$，$\{b_1,b_2\}$为匹配成功的不同来源的同名道路，它们不仅具有不同的几何位置，而且具有不同的属性项。经过数据融合，生成新的道路$\{c_1,c_2,c_3,c_4\}$。新的道路融合了原有数据的关键点，同时还丰富了属性信息。

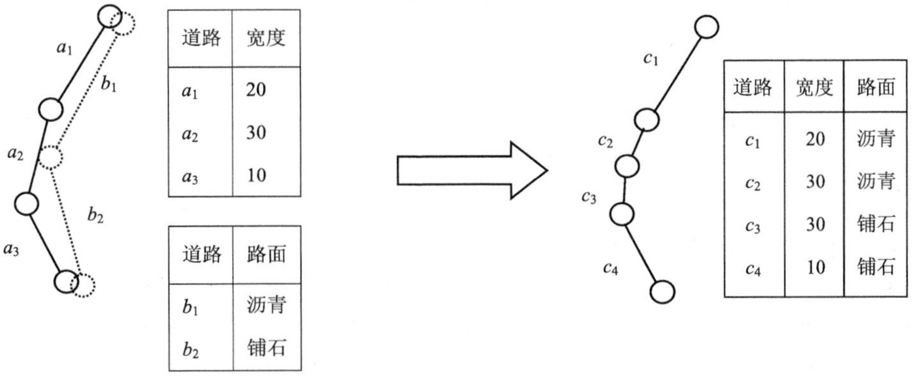

图 4.3　矢量数据的几何位置和属性的融合

目前，关于匹配后的位置调整等融合处理操作的研究不多，主要方法有以下几种。

(1) 基于同名点三角剖分的地物融合算法。该算法首先使用基于点实体匹配算法所得的匹配点分别在同一地区不同来源的图形数据中建立拓扑同构的 Delaunay 三角网，然后在各个三角形子区域内建立坐标转换方程，再根据顶点坐标求解相关参数后将三角形内所有点进行坐标变换。但由于同一个顶点可能存在于多个三角形中，该点需要在每一个三角形中都经过上述变换，会出现结点处扭曲的问题。对此，有文献提出了带边界约束的三角网剖分和带权重的三角网剖分等改进算法。

(2) 基于拓扑关系的合并变换算法。该算法将点实体分为“已调整点”和“待调整点”。“已调整点”是成功匹配到的同名点的数据，其坐标由相应的同名点确定(加权平均坐标或直接调整到对应点)，“待调整点”是未匹配到同名点。该算法认为“待调整点”的几何位置变换关系受“已调整点”的影响，因此重点就是确定“待调整点”受哪些“已调整点”的影响以及影响大小。显然，该算法的核心在于“待调整点”的位置坐标变换，但其根本在于“已调整点”的位置精度。

(3) 基于平差原理的地物融合算法。该算法首先将同一地区不同来源的图形数据分为“调整图”和“参照图”，然后根据“调整图”和“参照图”中的同名匹配点对建立坐标位移变换方程。为了计算其中的坐标调整量(即平差改正数)，算法设计了坐标移位方程、形状方程、相对位移方程和其他方程(面积方程、平行线方程、线段长度方程、邻近实体距离方程等)，然后采用约束违反定权法确定相应约束的违反值，最后联立方程组，采用按照间接平差的最小二乘解法求得坐标调整量。

(4) 基于多评价因素的融合变换算法。该算法选择要素对周围地物的影响度、要素位置的准确度和要素在不同来源数据中的重要性对地物要素进行综合评价并确定影响权重，然后为了综合不同评价因素的影响，采用加权平均的方法实现同名要素的合并变换。

由以上几种调整变换算法可以看出，空间实体调整变换通常是根据实体匹配结果，将整个待调整区域划分为几个子区域，然后在各个子区域内建立局部的坐标变换关系，进而实现不同来源空间实体对象的调整变换。此外，也有文献根据“数据同化”思想，提出基于最优插值的点集合并算法和线集合并算法，效果显著。

目前，各种 GIS 系统虽然都提供了几何位置处理的功能模块，但是这些系统大都需要通过手工干预来实现多种矢量数据几何位置的融合处理。

3) 不同尺度数据的融合

空间数据的尺度一致性处理主要解决数据源在比例尺上的差异性，其实现过程即空间数据的尺度变换，实质上就是空间数据的制图综合，即利用必要的制图综合方法在前述一致性处理的基础上对尺度不一致的数据源实施选取、化简、概括、位移等制图综合操作。

不同尺度数据的融合首先应进行同名实体不同尺度表达的跨尺度匹配，然后通过不同尺度几何数据位置和属性的融合，得到融合后的新数据。

A. 跨尺度匹配

在匹配的认知过程中，理想的匹配场景是不同尺度同名实体面积相差不多，位置基本相同，形状略有简化，方向大体一致。不同尺度数据匹配和同尺度数据匹配过程类似，重要的区别在于，因为不同尺度的数据经过了制图综合处理，所以给这一匹配过程造成了许多困难。

一是，制图综合结果的多样性增加了匹配的复杂性。制图综合规则对综合前后对象的几何约束是原则性的，这种约束给具体的综合算法留下了大量的空间，导致对同一对象会出现许多符合要求的综合结果。同时，综合规则的约束是多维的，这些约束共同作用于对象综合过程中，而实施细则和规则的权重则没有统一规范，这样产生的后果就使制图综合结果千差万别，也给不同尺度数据的匹配带来了大量的难题。

二是，形状变化的不规则性增加了匹配的不确定性。与方向、面积、位置等指标相比，形状是最直观的特征。但由于综合过程中进行的合并与化简，使得综合对象形状的变化难以描述和量测，这是跨尺度匹配的难点和关键点。

三是，多种对应关系的难以辨识增加了匹配的难度。不同尺度同名实体的对应关系复杂多样，除了一对一关系，还有大量的一对多和部分多对多关系，因此，如何判定属于哪种对应关系就比较困难，明确多对多关系对应的概念和界定规则显得非常重要。

关于不同尺度空间实体的匹配，目前的研究的成果主要有以下几种：

(1) 在研究相邻比例尺的居民地要素变化规律的基础上，基于语义对照表、居民地图形的多尺度变化规律和地图精度，采用增量式凸壳匹配方法，实现一对多和多对多匹配目标的发现(章丽萍等，2008)。

(2) 基于正切空间的多尺度面实体形状相似性匹配方法，通过源多边形外扩缓冲区搜索候选匹配集，对候选匹配集中的面要素进行组合，组合生成的多边形与源多边形进行形状匹配，从而获得最佳匹配集，实现多尺度面状要素的一对多的匹配(付仲良等，2010)。

(3) 针对居民地要素多对多匹配关系的发现和确认，从对多对多匹配的实例分析入手，根据邻近、轮廓规则、分布有序等特征，设计多对多关系的探测和发现方法。再根据典型化算法整体性、结构化的原则，从群对象的轮廓形状、对象结构、面积和方位等特征入手，设计相邻比例尺多对多匹配算法(许俊奎，2013)。

(4) 建立待匹配路段与候选匹配路段、待匹配空间场景与候选匹配空间场景的匹配对应的相似性评价关系，构造基于道路网眼的匹配判断方法，通过将待匹配路段与邻域路段的一体化评价，实现基于全局一致性评价的局部道路网匹配。以道路(或河流)作为全局性约束，将格式塔原则中的邻近性、相似性和共同方向作为局部约束，识别居民地要素群的结构，再根据居民地要素之间的空间结构关系，提取待匹配居民地要素的邻域要素并构建空间场景，通过“滑轮法”将待匹配居民地要素与邻域要素进行匹配候选集的同步搜索，实现基于全局一致性评价的居民地匹配(翟仁健，2011)。

(5) 鉴于不同尺度同名道路要素之间存在差异难以直接进行相似性评价的问题，有学者采取制图综合方法先对大比例尺道路数据进行预先处理，再将综合后的结果与中小比例尺地图道路数据进行匹配(Kang，2002)。还有学者针对多尺度条件下的道路网匹配问题，首先对道路结点以及道路弧段进行粗匹配，在此基础上利用一定的分析和评价方法得到最终的匹配结果，在匹配过程中综合利用待匹配对象的几何、拓扑以及语义信息，实现道路一对多类型的匹配(Mustière and Devogele，2008)。

其他还有采用双向匹配策略，通过计算待匹配对象的概率，来实现非一对一的匹配。

B. 跨尺度融合

跨尺度属性信息的融合主要考虑两个(或多个)尺度数据属性的分类分级是否一致，这与前述的语义数据融合大体类似，可参照前述方法。

跨尺度几何位置的融合，主要是根据两个(或多个)尺度几何位置数据的情况，计算或插值出融合后的新位置，这需要制图综合方法的支持。

4.4　多源栅格数据的融合

栅格数据最常见的就是遥感数字影像，本节将只聚焦原始影像数据(原始影像灰度值及其简单处理后的影像数据)的融合方法。

4.4.1　遥感数据融合的层次

遥感数据融合的基本原理就像人脑综合处理信息一样，充分利用多源遥感影像，通过对遥感影像及其观测信息的合理支配和使用，将遥感影像在空间和时间上冗余或互补的信息，依据某种规则进行组合，以获得被测对象的一致性解译。在遥感中，数据融合属于一种属性融合，是将同一地区的多源遥感数据加以智能化合成，产生比单一信源更精确、完全、可靠的估计和判断。优点是运行的鲁棒性，提高影像的空间分解力和清晰度，提高平面测图精度、分类的精度与可靠性，增强解译和动态监测能力，减少模糊度，提高遥感数据的利用率等。

遥感数据融合按照其融合的水平和特点，可分为像素级、特征级、决策级融合三个层次。

1. 像素级融合

像素级融合亦称数据级融合，是一种低水平的融合。经过预处理的多源遥感数据在像素级别上直接融合，而后根据需要对融合的数据进行特征提取和属性说明，其主要流程是数据融合、特征提取、融合属性说明三步。像素级融合的主要目的是提升数据的质量，如分辨率、对比度、完整度等指标。像素级的影像融合应理解为基于像素量测值的融合，而不能简单地理解为基于像素(作为数据结构和数据支撑)本身，因为特征级和决策级融合也可以使用像素的栅格数据结构。

像素级融合的优点是尽可能多地保留了地物的原始信息，具有最高精度，并且算法易于实现，应用最为广泛；缺点是算法效率低，计算量大、费时、实时性较差，并且要求影像数据是由同类传感器获取的或同单位的。若影像数据是不同单位的，那么必须采取特征级或决策级融合。

像素级影像融合的方法研究积累深厚，所涉及领域不限于遥感和 GIS。常用方法包括基于色彩模型的 IHS 变换的影像融合、K-L(Karhunen-Loeve)变换、Brovey 变换、基于多分辨率分析的融合方法(注重影像的多分辨率分解与重构)、地统计学中的协同克里格等。多尺度影像融合方法可以基于小波变换。小波变换使用一组不同尺度的带通滤波器对原始信号进行滤波，以便将其分解到一系列频带上，并在分频基础上进行影像融合。

2. 特征级融合

特征级融合是一种中等水平的融合。它先是从多源数据中分别提取特征，如利用影像边缘检测、影像分割提取线和面特征，利用特征变换从影像量测值提取判别特征，构建特征空间，然后根据某种算法进行特征融合，生成新的特征或特征矢量，以便于后续的地物解译。特征级融合实质是从多源数据中提取出相似的特征，进行有效的集成，其主要流程是特征提取、特征级融合、属性说明(融合属性说明)三步。

特征级融合的优点是可以直接在原始影像中挖掘相关特征信息，从而增加了特征信息的可信度，并能排除虚假特征，建立新的复合特征，因此融合的结果最大限度地给出了决策分析所需要的特征信息，同时实现了可观的信息压缩，有利于实时处理。目前大多数融合研究都是在该层次上展开的。其缺点是在特征提取过程中不可避免地会出现信息的部分丢失，比像素级融合精度差。

特征级融合的主要算法有加权平均法、贝叶斯估计、神经网络法、聚类分析、DOS 证据理论、熵法、表决法等。特征级融合方法的独特性表现在其与面向对象融合处理的无缝对接、与具体应用的信息有效性和针对性等方面。

3. 决策级融合

决策级融合是最高水平的融合。它是利用含有信息附加值的“影像”(指由原始影像派生的结果，如影像分类结果，称为决策)进行处理的一种方法。亦即对多源数据分别进行处理以提取信息，然后将获取的信息按照一定的决策规则进行融合，以提高数据的容错性，便于对所研究对象有更好的理解。决策级融合主要解决不同数据产生结果的不一致性，从而获取更可靠的决策知识。其主要流程是特征提取、属性说明、属性融合、融合属性说明四步。

决策级融合的优点是具有很强的容错性和很好的开放性，可以汇集众多信息融合方法，算法分析能力较强，可以全方位反映目标及环境信息；缺点是其对图像预处理、特征提取与特征识别有较高要求，所以决策级融合的代价最高，难度最大，需要一整套成熟的信息优化理论、特征提取方法以及丰富的专业知识。

决策级融合的代表算法包括 Bayesian 条件概率方法、证据理论方法、模糊集合和模糊逻辑方法、专家系统等。前述像素级融合中如多分辨率分析和克里格等方法，可泛化用于特征级和决策级融合，但需要经常调整和修改。

以上三种多源遥感数据融合的方法都有各自的特点，在具体应用中应根据融合目的和软、硬件条件选用。表 4.1 是对上述三种方法特点的综合比较。

表 4.1　三种融合方法综合比较

融合方法	信息损失	实时性	精度	容错性	抗干扰力	工作量	融合水平
像素级	小	差	高	差	差	小	低
特征级	中	中	中	中	中	中	中
决策级	大	强	低	强	强	大	高

由上可以看出，像素级融合是特征级和决策级融合的基础，特征级融合本身也是决策级融合的基础。具体应用中，如果可以分别进行像素级、特征级或决策级融合，哪个更优其实并没有确切的答案，要视具体的应用而定。通常情况下，像素级融合所输入的数据必须是相称的，即是对同一物理现象的观测所得，否则就只能进行特征级或决策级融合。即使数据是相称的，特征级融合也更适合于同质的遥感数据，如具有不同时间、空间、光谱尺度的光学数据。异质数据的融合，如光学数据与雷达、热红外数据的融合，因其成像机理差异巨大，更适合采用特征级、决策级的融合方法。当然，这三种融合策略并不是完全不兼容的，多层次联合的融合也是一个前沿研究方向。

4.4.2　遥感数据融合的分类

根据融合的数据类型，遥感数据融合可分为如下四大类。

(1) 同质遥感数据融合。指同一成像手段观测数据之间的融合，以可见光-近红外波段成像的光学数据之间的融合最为常见。这类融合的主要目的是缓解空间分辨率、时间分辨率、光谱分辨率之间的固有矛盾，以获得最优的时、空、谱分辨率。最为成熟的是全色-多光谱数据融合，也包括多时相融合、全色-高光谱融合、多光谱-高光谱融合、时-空融合、时-空-谱一体化融合等。

(2) 异质遥感数据融合。指不同成像手段观测数据之间的融合，如光学-红外数据融合、光学-雷达数据融合等。通常异质数据更适合于特征级、决策级的融合，如利用不同传感器数据进行地物分类、参量反演等。此外，异质数据亦可用于像素级的融合，但因其成像机理差异太大，很难将它们融合成一幅满足物理属性(如没有光谱畸变)的数据，往往是满足视觉判读和一些特定的应用需求。

(3) 遥感和站点数据融合。遥感和地基观测各有优势与不足。遥感能提供大范围的面域观测数据，但其成像过程复杂，观测精度常难以保证；地基观测精度高，但站点稀疏，只能以“点”代“面”。因此，这两种数据的融合，是获得高精度空间连续地表数据的重要手段，也是空天地一体化协同观测与融合的发展重点。

(4) 遥感和非观测数据融合。遥感数据还可以与一些非观测数据进行融合处理与协同应用。例如，遥感数据与陆面、大气、水文动力学模式进行融合(亦称数据同化)，遥感数据可以为模式提供更精确的初始场与边界条件，使模式不断地依靠观测自动调整模式轨迹，从而减小模拟误差。此外，遥感数据还可以与地图、统计数据等进行典型领域的综合应用。

4.4.3　遥感数据融合的主要方法

1. 空间配准

空间配准是遥感数据有效融合的基础。对于两幅影像的空间配准，一般把其中一幅称为参考影像，以它为基准对另一幅影像进行校正。其主要步骤为：①特征选择。在欲配准的两幅影像上，选择明显特征点。②特征匹配。采用一定配准算法，找出两幅影像上对应的明显地物点作为控制点。③空间变换。根据控制点，建立影像间的映射关系。④插值。根据映射关系，对非参考点影像进行重采样，获得同参考影像配准的影像。

空间配准的关键，是通过特征匹配寻找对应的明显地物作为控制点。几何校正、辐射校正的目的，主要在于去除透视收缩、叠掩、阴影等地形因素以及卫星扰动、天气变化、大气散射等随机因素对成像结果一致性的影响；根据影像融合的区域范围裁剪影像，以便减少融合运算像元个数，提高运算速度；对影像进行各种变换和数据压缩、格式转换等，以突出有用信息，减少维数。对各类遥感数据，要除去明显错误的数据和冗余的数据，进一步精简所选数据中的有用部分，用维数减少或者变化方法以减少变量的有效数目，或者寻求变量的等价表示，并将数据转化为有效的形式。

2. 数据融合

在前述四类遥感数据融合中，针对时-空-谱光学遥感数据的融合，理论发展和技术应用最为成熟，其主要目的是提升影像的分辨率，缓解空间分辨率、时间分辨率与光谱分辨率之间的矛盾，下面对其融合方法进行简述(张良培和沈焕锋，2016)。

1) 多视超分辨率融合

多视超分辨率融合，也称超分辨率技术，主要通过对具有亚像素位移的多视场(多时相、多角度)遥感影像进行处理，融合出一幅或多幅高空间分辨率的影像。20 世纪 80 年代，Tsai 和 Huang(1984)就提出对同一遥感器的不同时相影像进行融合，生成一幅具有更高空间分辨率影像的设想，由此开启了影像融合的一个重要研究分支——超分辨率技术。之后，该技术在近景影像处理、视频影像处理、医学影像处理等领域得到了非常深入的发展和广泛的应用。SPOT 5 卫星通过硬件与软件相结合的方式，将两幅相互错位的 5 m 分辨率影像融合出 2.5 m 的高分辨率影像，成为遥感领域的成功应用典范。但是，由于遥感成像的复杂性与时空多变性，通过最经典的纯“软件”方式进行遥感影像超分辨率融合的研究一直未见报道。

Shen 等于 2009 年实现了真实观测条件下多时相遥感影像的超分辨率处理，在不改变观测系统的条件下有效提升了影像空间分辨率，证明了 Tsai 和 Huang 的原始假设。之后有学者在该方向陆续发表多篇论文。但是，如果成像重访周期较长，在不同时相的遥感影像中地面目标就可能发生变化，这对超分辨率处理的影响较大，是一个重要的限制因素。而多角度遥感成像传感器可以获得几乎同一时间不同角度的影像，比多时相更加具备超分辨率的前提条件，目前学者们已经进行了有益探索，并已发展了多个可行的处理方法。

2) 多尺度遥感影像融合

空间分辨率、光谱分辨率与成像幅宽在遥感成像中也存在相互制约的关系。例如，高分一号卫星 8 m 多光谱影像的幅宽是 60 km，而 16 m 多光谱影像的幅宽可以达到 800 km；EO-1 中 Hyperion 和 ALI 传感器的光谱波段数分别是 242 和 9，而它们的幅宽则分别是 7.5 km 和 37 km。多尺度融合主要是缓解空间-光谱分辨率与成像幅宽之间的矛盾，通过对不同空间或光谱尺度的遥感数据进行处理，以获得最优的空间/光谱分辨率与影像幅宽。近年研究表明，利用遥感影像进行多尺度融合具有较大的优势，基于机器学习的多尺度融合方法，以及基于光谱分辨率增强技术的遥感影像多尺度融合方法，取得了较好的应用效果。

当然，在上述多尺度遥感影像的融合中，如果输入影像的尺度差异过大，往往难以获得理想的处理效果。此外，随着可用卫星资源的增加，对更多尺度的多源数据进行融合，其应用效果值得期待。

3) 空-谱遥感信息融合

空-谱遥感信息融合主要解决空间分辨率与光谱分辨率之间的制约问题。利用同一区域两幅或多幅具有不同空间、光谱分辨率的遥感影像进行融合，获得同时具有高空间分辨率和高光谱分辨率的遥感影像。全色-多光谱融合是最经典的遥感融合技术，自 1986 年 SPOT 1 卫星系统可同时提供全色和多光谱影像以来，该技术得到了快速发展，并涌现出了大量方法。总体而言，现有主流的全色-多光谱融合方法可分为四类，即基于成分替换的融合方法、基于多分辨率分析的融合方法、基于模型优化的融合方法和基于稀疏表达的融合方法。其中，前两类融合方法发展较早，ENVI、ERDASIMAGING 等专业遥感软件已多有引入，也有学者将这两类方法统一到同一个融合框架中。基于模型优化融合方法的核心思想是把融合看作一个逆问题，建立待融合影像与全色-多光谱观测影像之间的关系模型，并构建最优化能量函数，通过模型的优化求解得到融合影像。由于模型更加严谨，相较于传统方法，该融合方法具有较高的融合精度，尤其在光谱保真度方面性能更优，但模型求解较为复杂，效率较低。基于稀疏表达的融合方法是在模型优化方法基础上的进一步发展，近年来备受关注，被认为是新一代融合方法，其基本思想是假定待融合影像满足稀疏特性，通过字典学习建立全色与多光谱影像之间的映射关系，并以此重建融合影像。其优缺点和基于模型优化的方法相近。

全色-高光谱融合和多光谱-高光谱融合近年来也逐渐受到关注，许多全色-多光谱融合方法的应用已扩展到这两类融合方法之中。此外，学者们已提出基于模型和基于混合像元分解的全色-高光谱融合和多光谱-高光谱融合方法。相比于全色-多光谱融合，多光谱-高光谱影像的融合更具挑战性，特别是当全色、多光谱影像与高光谱影像的波谱范围不一致时，如何在保持光谱特性的同时，实现空间分辨率的提升，依然是一个难点。

空-谱融合近年受到极大关注。评价空-谱融合主要有两个方面：一是空间信息的融入度，即影像空间分辨率的提高程度；二是光谱信息的保真度，即对原有光谱信息的损伤程度。这二者是不可以兼得的，即没有任何一种方法能够在两个方面同时达到最优，只能在一定程度上进行某种折中。因此，在融合方法选择上，也要根据应用目的而定。

4) 时-空遥感信息融合

时-空融合是为了缓解时间分辨率和空间分辨率相互制约的问题，通过融合多源遥感数据的高空间分辨率和高时间分辨率特征，来实现高空间分辨率数据在时间上的连续。常见的遥感数据时-空融合方法大体分为基于混合像元分解的融合方法、基于时空滤波的融合方法和基于稀疏表达的融合方法等三类。其中，基于混合像元分解的融合方法已发展成为一种较为成熟的时-空融合模型，主要适用于地物空间信息无明显变化、属性信息存在变化的情况。基于时空滤波的融合方法最为流行，应用范围也较广，这类方法框架简单，一般通过辅助多源、多时相遥感数据进行算术运算，并利用移动窗口内相似像元预测融合影像。代表性方法有时空自适应反射率影像融合方法、增强时空自适应反射率的影像融合方法、非局部滤波方法等。基于稀疏表达的时-空融合方法正引起国内外学者的广泛关注，该类方法基于稀疏表达理论，通过学习不同时相影像数据之间的变化规律，预测未知影像，被证明能很好地预测出地物类型的变化，但由于该类方法于近年才兴起，其普适性仍待进一步验证。总的来说，遥感数据时-空融合技术已经取得较大的进展，并有望得到更广泛的应用。然而，针对时间序列地物影像变化较大或数据缺失严重等问题，至今未完全解决，仍需进一步深入研究。

5) 时-空-谱一体化融合

上述各种遥感影像融合技术相对独立发展，由于缺乏统一的处理框架，它们仅能对特定的影像进行处理，不能适应当前多传感器组网对地观测的发展趋势。主要问题包括：①大多数融合方法只针对两个传感器数据，不能充分利用多传感器数据包含的冗余、互补信息；②主要针对一个或两个分辨率指标之间的融合，无法同时融合空间、时间和光谱特性，以得到空间、时间、光谱分辨率兼优的融合影像。因此，有必要发展时-空-谱遥感信息的一体化融合方法，建立统一的融合框架，实现对多时相、多谱段、多尺度数据的联合建模与处理。

在一体化融合理论方法发展中，国内学者做出了较大贡献。从 2010 年开始，武汉大学在国家自然科学基金的资助下开始相关研究，首次提出了时-空-谱一体化融合的概念与基于最大后验概率理论的融合框架，并发表了相关的研究成果。香港中文大学对遥感数据的时、空、谱关联模型进行了进一步探索，同样基于最大后验估计理论，提出了一种新的时-空-谱一体化融合方法，但仍然是针对两个传感器（Landsat 和 MODIS）数据的融合方面。

4.5 总结与展望

4.5.1 总结

1. 数据支撑与尺度不匹配是多源异构空间数据融合处理的研究难点

在本章提及的融合处理中，数据支撑是所涉及的核心概念之一，处理不当将成为技术软肋和应用的障碍。数据支撑指数据所隐含的几何特性，如形状、大小、方向等。作为规则或非规则格状型的场分布数据，格状数据是基于有限数据支撑的，即是底层场变量经卷积而生成的数据。影像数据是具有规则支撑的格状数据，而地学研究和应用中涉及许多具有非规则支撑的格状型数据，如资源普查、环境监测、生态建模和社会经济统计数据。点支撑数据可视为特例，以简化问题。

多源数据往往是多(空间)尺度的。尺度的主要表现形式是数据支撑。相对于非规则的数据支撑，规则的格网或者像素可能使融合处理更方便，尤其是在它们彼此大小成整数倍比例时，如地球观测系统的全色波段与多光谱波段的像素大小之间。一般不同数据支撑的存在，使得数据融合时面临尺度不匹配问题。为解决此瓶颈问题，应在理清基本概念和逻辑框架的基础上，以区域化变量理论和信息论为指导，重点研究不规则数据支撑、尺度不匹配的场分布数据(包括通过或转换为场模型表示的空间数据，如点位偏差数据)的处理分析机制，探索地统计学用于数据融合的新途径，集成多尺度信号分析与重构方法和信息论方法等，提升数据融合的系统性和科学性。

2. 语义不一致性是多源异构空间数据融合处理的一大障碍

除了尺度不匹配，数据融合中的另一障碍是语义不一致性。数据的语义是指某一数据源的数据取值的含义或所指。例如，高程值本来是指“纯”地面的海拔高程，如果地表被树木或建筑物遮挡，航测或其他技术所量测和推算的高程值就不是真正的高程值。因此，来源不同的高程数据，其语义不一致性将造成融合处理的复杂性，影响融合的精度。

上述的讨论是面向场分布数据的。空间对象和位置数据是 GIS 的范畴。地图合并的关键是同名对象的匹配。传统的匹配是基于几何的，近年来越来越多的讨论聚焦于语义匹配。语义不一致性将造成对象数据合并的困难，需妥善处理。有学者提出了一个 4 组分-元组的空间特征定义方法和基于几何和语义相似度的线性组合的融合过程，以及相应的误差测度方法。进一步的研究将是语义畸变的形式化以及语义畸变与几何畸变现有模型的关联性。另外，需要研究通用的模型，用以估计误差，以便进行几何和语义匹配。

语义不一致性常常与尺度不匹配纠缠在一起，使得融合处理的难度系数增大，影响数据融合的处理效率和精度。另外，新地理学的出现，如基于含有社区产生的内容的网络地图等众源数据的使用，地图特征的解释越来越多样化。于是，数据融合的架构需要足够普适，灵活处理语义不一致性和尺度不匹配，以适应复杂数据环境下的融合要求，满足应用需求。

3. 时间维度使空间数据融合更加复杂化

空间数据的重要特性之一是其空间和时间交织。上述的诸多处理隐含了静态数据，即仅考虑了空间特性。变化检测是数据的时间维显现作用的应用场合。变化检测可以基于双时相数据，也可以基于时间序列。前者相对简单，后者较为复杂，但可以提供量化地表过程物候特征的源数据。其他基于非影像数据的时间序列的时空分析方法也可考虑。基于多帧影像的超分辨率技术也利用了时间维信息。具体来说，同一场景下获取的降采样(低分辨率)影像序列包含了该场景高分辨率影像的信息。每帧影像所包含的信息不尽相同，对其进行数学处理，如正则化或者概率方法，可以恢复较高分辨率影像，即提高影像分辨率。

除了上述多时相影像或数据的融合处理，现代信息获取方式日益实时和连续。传感网代表着时代特征。传感网是一个用于环境监测，由空间分布的且能够进行内部通信的传感器组成的系统。地理空间传感网是一种互联网环境下包含数据采集、查询和处理的新型观测信息服务系统。研究地理空间数据和信息服务资源的整合是提高传感网资源有效利用的重要途径。

很明显，时间维度将使尺度不匹配和语义不一致性的问题越发复杂化。上述三方面问题需要加以全盘考虑，并进行适当处理，以实现时空数据的配准与融合。时序影像和海量传感网的数据处理将涉及时空配准等处理技术。

4.5.2　展望

1. 矢量数据融合理论与技术还面临一系列新问题

地理信息科学领域有关空间数据融合的研究经历了 30 余年的发展，取得了可喜的进步。经典的数据融合方法在矢量数据、影像和非影像型场数据融合等方面将继续发挥积极作用。

随着数据获取方式的发展、数据形式的变化、地图生产与更新需求的演进，多源矢量空间数据融合技术的发展面临着一系列新的问题，需要进一步的研究(孙群，2017)。

(1)基础理论研究需要加强。多源矢量空间数据融合主要研究多源空间数据在属性和几何位置上更深层次的相互印证、相互补充和相互关联，而当前无论是从理论还是实践上都还没有形成完整的理论和技术体系。研究者们对产生矢量空间数据差异性的地学根源很少研究，对集成与融合处理中所遵循的各种规则和标准研究还很匮乏。

(2)技术手段需要交叉融合。当前的多源矢量空间数据融合研究往往集中在单个方面，而没有从整体和全局的角度去研究空间数据融合，各个研究部分之间缺乏联系与配合，整个过程缺乏有效的控制。另外，目前空间实体匹配的几何相似性度量模型还不很完善，多尺度空间数据匹配的规则研究还有待深入；语义相似性度量模型大多是基于语义距离的模型，边权值的确定还没有具体的标准。

(3)跨尺度融合需要重点关注：①研究适合于尺度间匹配的同名实体的效率高、效果好的自动综合算法。②研究不同尺度下同名实体的属性信息融合方法。以后需要主要解决：当空间数据的几何尺度发生变化后，对原有的属性信息进行重新分类分级，计算新尺度下的属性类级；当多个空间数据集的几何尺度基本一致，而属性信息的尺度不一致时，则需要对匹配后的同名实体进行属性信息的相互印证和补充。

2. 栅格数据融合面临新技术、新趋势和新挑战

经过几十年的发展，遥感数据融合研究已经取得了长足的进展，然而，遥感数据融合的发展还远未成熟，具有前瞻性的研究方向主要包括(张良培和沈焕锋，2016)：

(1)时-空-谱一体化融合的拓展。随着具有不同时、空、谱特征卫星资源的增加，一体化融合将具有更加重要的应用前景。目前一体化融合主要在理论框架的构建上取得了突破，但在一些技术细节如时-空-谱关联模型、影像自适应加权、优化求解等方面仍需进一步研究和发展。

(2)空天地观测数据的跨尺度融合。航天、航空、地基观测具有天然的互补优势，空天地耦合观测是对地观测技术的热点与前沿。然而，空天地传感器设计与观测机制迥异，获取的点、线、面数据在观测尺度上差异巨大，对它们进行融合存在较大的不确定性。如何顾及空天地观测数据的空间代表性差异，挖掘它们之间的相关性与映射关系，并实现跨尺度的数据融合，是一个重要的发展趋势。

(3)传感网环境下的在线融合。实现多传感器优势互补的最优方式是构建对地观测传感网，它将具有感知、计算和通信能力的传感器与万维网进行有机结合，使分布式资源整合为一个独立、自主、任务可定制、动态适应并可重新配置的协同观测系统。传感网环境下数据多源、海量，但对数据处理的效率又有更高的要求，因此，基于并行计算、云计算等框架建立高性能计算方法，实现数据的在线融合与协同分析，是一个十分重要的新挑战。

第 5 章　空间数据模型与存储管理

空间数据模型与存储管理是“空间信息系统”的重要内容。空间认知模型是空间数据模型的理论基础；面向对象的空间数据模型、三维空间数据模型、时态空间数据模型和超地图四维时空数据模型是基本的空间数据模型；地球空间信息离散格网数据模型是空间数据模型的一种扩展；科学的空间数据存储管理方法直接关系到数据的高效应用。

5.1　空间认知模型

5.1.1　地理空间与地理空间实体

不同学科对“空间”(space)的概念有不同的解释。从物理学角度看，空间是指宇宙在三个相互垂直方向上所具有的广延性。从天文学角度看，空间是指时空连续体系的一部分。在地理学中，地理空间(geographical space)是指物质、能量、信息的存在形式在形态、结构过程、功能关系上的分布方式和格局及其在时间上的延续。而地理信息系统中的地理空间(geospace)被定义为绝对空间和相对空间两种形式。绝对空间是具有属性描述的空间位置的集合，它由一系列不同位置的空间坐标值组成；相对空间是具有空间属性特征的实体的集合，它由不同实体之间的空间关系构成(陈述彭等，1999)。地理空间的数学描述可以表达为：设$E_1,E_2,\cdots,E_n$为n个不同类的地理空间实体；R表示地理空间实体之间的相互联系、相互制约关系；$\Omega=\{E_1,E_2,\cdots,E_n\}$表示地理空间中各组成部分(实体)的集合，那么地理空间可以表示为$S=\{\Omega,R\}$。

依附地理空间存在着各种事物或现象，它们可能是物质的，也可能是非物质的，如土地类型、资源分布、行政区划、水系、人口分布、工农业布局、城市规划、道路网结构等。这些事物和现象的一个典型特征，是与一定的地理空间位置有关，都具有一定的几何形态，因此，我们称为地理空间实体。在地理空间中，实体不仅反映事物和现象的地理本质内涵，而且反映它们在地理空间中的位置、分布状况以及它们之间的相互关系。

地理空间实体具有四个方面的特征：空间位置特征、属性特征、时间特征和空间关系。

1. 空间位置特征

表示地理空间实体在一定的坐标参考系中的空间位置或几何定位，通常用地理坐标的经纬度、空间直角坐标、平面直角坐标、极坐标等方式来表示。空间位置特征也称为几何特征，包括空间实体的位置、大小、形状、分布状况等。

现实世界中地理空间实体各种各样，既有像温度一样的空间连续状态，也有像物质三态(固体、液体、气体)一样的非连续状态。按照几何定位特征和空间维数，地理空间实体分为点、线、面、表面和体五类地理空间实体。

(1)点状实体：0 维，即地理空间中的一个点或点状要素。点在二维欧氏空间R^2中用一实数对(x,y)来表示，在三维欧氏空间R^3中用一个数组(x,y,z)来表示。

(2)线状实体：一维，地理空间中的线状要素，或者实体之间的边界。在几何上是一段弧段或链，在 R^2 中用一组实数点列来表示：

$$(x_1, y_1), (x_2, y_2), \cdots, (x_n, y_n) \quad n > 1$$

在 R^3 中则表示为

$$(x_1, y_1, z_1), (x_2, y_2, z_2), \cdots, (x_n, y_n, z_n) \quad n > 1$$

(3)面状实体：二维，地理空间中呈现面状(或区域)的要素，在 R^2 中是指由一组闭合弧段所包围的空间区域，在几何上呈现为多边形。在 R^3 中指的是空间曲面。

(4)体状实体：三维，表示地理空间中呈现体状的物体，在 R^3 中描述为由一组或多组闭合曲面所包围的空间实体。

(5)表面实体：三维，主要用来表示地理空间中包围体状实体的表面，主要在 R^3 中描述。实际上，表面实体的几何形态就是面状实体在 R^3 中所描述的空间曲面。但为了描述方便，表面实体通常用 2.5 维来模拟，因为对于其面上的每一个水平点只有一个唯一的数值，例如，地球表面的地形高程。

2. 属性特征

属性特征(也称非空间或专题特征)是与地理空间实体相联系的、具有地理意义的数据或变量，用于表达实体本质特征和对实体的语义定义，以区别于其他实体。属性通常分为定性和定量两种，定性属性包括名称、类型、特性等；定量属性包括数量、等级等。在整个地理空间中，各实体按照地理语义组成层次结构。同一类实体根据属性间的内在联系，可以构成一棵树，比如道路或河流都有多个级别，一级、二级、三级道路或河流就构成相应的一棵树。属性之间的相关关系反映实体之间的分类分级语义关系，主要体现为属性多级分类体系中的从属关系、聚类关系和相关关系。从属关系主要反映各实体之间的上下级或包含关系；聚类关系反映各实体之间的相似程度及并列关系；相关关系则反映不同实体之间的某种直接或间接的并发或共生关系，这种关系可以是比较确定的因果关系，也可以是比较模糊的统计关系等(郭达志等，1997)。

3. 时间特征

时间特征是指地理空间实体随着时间而变化的特性。地理空间实体的空间位置和属性相对于时间来说，常常呈现相互独立的变化，即在不同时间地理实体空间位置可能不变，但属性类型可能发生变化，或者相反，属性类型不变，而空间位置发生变化。

4. 空间关系

空间关系是指地理空间实体之间存在的一些具有空间特性的关系，如拓扑关系(topological relationship)、顺序关系(order relation)、度量关系(metric relation)等。拓扑关系是指拓扑变换下的拓扑不变量，如实体之间的相邻、连通、方向和包含关系等。顺序关系描述实体在地理空间中的某种排序，如前后、上下、左右、东南西北等。度量关系用地理空间中的度量来描述实体之间的关系，如实体之间的距离、区域的面积等。

GIS 中许多空间查询和空间分析功能主要依赖于实体空间特性的表示，特别是拓扑关系的有效存储和表示。其他空间关系可以通过一定的数学模型或算法求解。因此，研究拓扑关系是十分重要的。

5.1.2　空间认知抽象

空间信息系统(地理信息系统)首先是一个信息系统，信息系统的抽象过程也是空间信息系统的抽象过程。由于空间信息的复杂性和人们认知地理空间的方法不同，对系统的抽象步骤产生一定的差别，或者不同的学科和部门对空间世界的不同侧面感兴趣，可以按照自己的认识和思维建立不同的模型。

开放地理信息系统协会(Open GIS Consortium，OGC)制定的 Open GIS 规范旨在使不同的地理信息系统之间具有良好的互操作性，以及在异构分布式数据库中实现信息共享的途径。为了实现这个目标，首先必须建立开放式的、人们共同认可的、统一观点的地理空间认知模型。Open GIS 基本地理空间认知模型抽象分为九个层次，如图 5.1 所示。

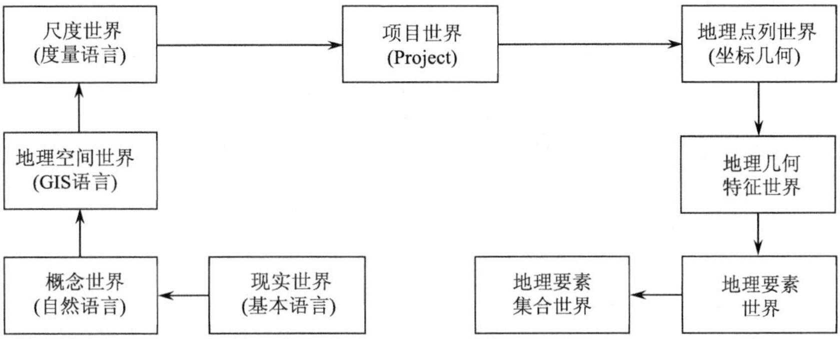

图 5.1　Open GIS 九个抽象层次

(1) 现实世界：实际存在的、复杂混沌的大千世界。

(2) 概念世界：由人们认识并命名的事物组成的世界。

(3) 地理空间世界：反映地图和 GIS 的世界，用抽象和符号的方式表达概念世界中与地图和地理数据有关的事物。

(4) 尺度世界：经过量测确定几何特征和定位精度的地理空间世界。

(5) 项目世界：是尺度地理空间世界的一个被选择部分，按照语义来构造，如 GIS 中的专题层。

(6) 地理点列世界：在一个特殊的地理层中定义的点列，它们与软件系统相关联。

(7) 地理几何特征世界：基于空间点列来构造的地理要素几何特征，它们与软件系统相关联。

(8) 地理要素世界：地理要素由几何特征、属性特征及空间参考系统组成，它为地理信息处理提供一个开放界面。

(9) 地理要素集合世界：由单个要素组成。

以上从第二层到第九层，每一层都是由前一层派生而来。前五个层次(现实、概念、地理空间、尺度、项目等世界)均是对现实世界的抽象，也称为感知世界，不进行软件建模，后四个层次(地理点列、地理几何特征、地理要素、地理要素集合等世界)均是对现实世界的数学和符号描述，也可称为 GIS 工程世界，易于进行软件建模。在这九个层次之间通过八个接口使它们相连接，实现了由现实世界到 GIS 工程世界或地理要素集合世界的转换。

另外，国际标准化组织(ISO)的地理信息标准化技术委员会(TC211)也正在制定地理空间认知的概念模式，规定以数据管理和数据交换为目标的地理信息基本语义和结构，准确描述地理空间信息，规范地理空间数据管理，促使人们对地理空间信息有一个统一的认识和一致的使用方法，促进地理信息系统的互操作性。其基本思路为：确定地理空间论域—建立概念模式(概念建模)—构造既方便人们认知又适合计算机解译和处理的实现模式。论域是人们对真实世界或假想世界中感兴趣事物的讨论范围，地理空间论域包括地理要素的空间属性、非空间属性、它们的功能以及各要素之间的相互关系。概念建模是建立真实世界某些部分的抽象描述或建立相关概念集合的过程，如点、线、面就是描述地理要素形状的几何概念集合，这些几何概念集合称为概念模型。为了进行协调一致的表达，需要使用一种人类和计算机可共同接受的语法分析规范语言——概念模式语言。从现实世界到概念模式是一个走向抽象化的过程，如图 5.2 所示。

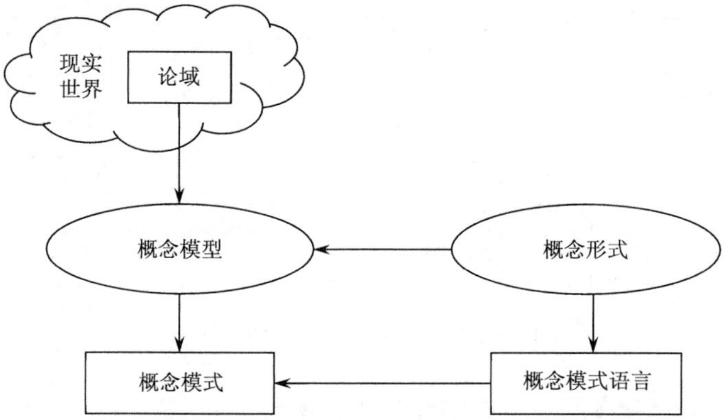

图 5.2　ISO/TC 211 的抽象层次

Open GIS 基本地理空间认知模型的抽象层次比较细致，相对来说也比较烦琐。而 ISO/TC211 的抽象化过程不能构成完整的地理空间认知模型。为了简单、明晰地描述 GIS 抽象过程，通过分析研究，归纳为三个层次来进行抽象，如图 5.3 所示。

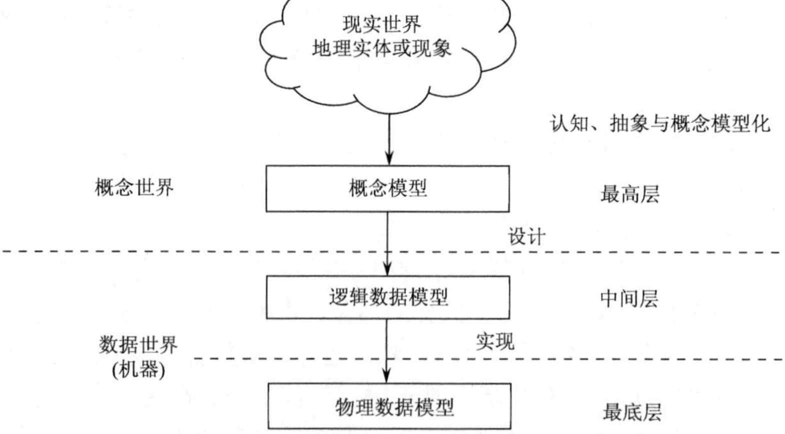

图 5.3　GIS 三个抽象层次

概念模型是地理空间中实体与现象的抽象概念集，是地理数据的语义解释，我们称为地理空间认知模型。从计算机系统的角度看，它是抽象的最高层。构造概念模型应该遵循的基本原则是：语义表达能力强；作为用户与 GIS 软件之间交流的形式化语言，应易于用户理解；独立于具体计算机实现；尽量与系统的逻辑数据模型保持统一的表达形式，不需要任何转换，或者容易向逻辑数据模型转换。

逻辑数据模型是 GIS 对地理空间数据表示的逻辑结构，是系统抽象的中间层，由概念模型转换而来。它是用户通过 GIS 看到的现实世界地理空间。逻辑数据模型的建立既要考虑用户易理解，又要考虑便于物理实现，易于转换成物理数据模型。

物理数据模型是概念模型在计算机内部具体的存储形式和操作机制，是系统抽象的最底层。

5.1.3　地理空间认知模型

地球表面上的各种地理现象和物体错综复杂，用不同的方法或从不同的角度或视图认知地理空间，可能产生不同的概念模型。根据 GIS 数据组织和处理方式，目前地理空间认知模型大体上分为三类，即基于对象(object-based)、基于网络(network-based)和基于域(field-based)的认知模型，如图 5.4 所示。

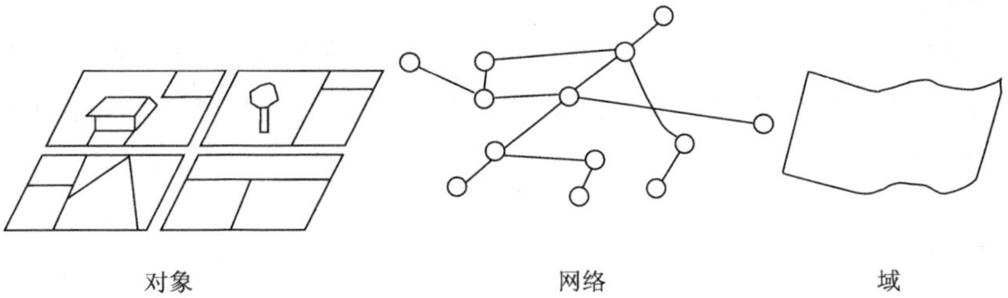

图 5.4　地理空间三种认知模型

1. 基于对象的模型

基于对象(object-based)的模型将研究的整个地理空间看成一个空域，地理实体和现象作为独立的对象分布在该空域中。按照空间特征分为点、线、面三种基本对象，对象也可能由其他对象构成复杂对象，并且与其他分离的对象保持着特定的关系，如点、线、面之间的拓扑关系。每个对象对应着一组相关的属性以区分出各个不同的对象。基于对象的概念视图标识单个地理现象，这些现象按照空间、时间和非空间属性以及与其他现象在空间、时间和语义上的关系来描述，如图 5.5 所示。

一个基于对象的视图尽管不受限制，但只适合于那些具有完整边界的地理现象，如建筑物、道路、公共设施和管理区域等人文现象以及湖泊、河流、岛屿和森林等自然现象，它们可以作为单个地理现象来处理。本章 5.1.1 小节中讨论的地理空间与地理空间实体和第 7 章 7.2.1 小节中讨论的拓扑空间关系都是按照基于对象的观点来研究和讨论的。

2. 基于网络的模型

基于网络(network-based)的空间模型与基于对象的模型的某些方面相同，都是描述不连续的地理现象，不同之处在于它需要考虑通过路径相互连接多个地理现象之间的相交情况。实现上，网络是由在 R^2 中的若干点及它们之间相互连接的线(段)构成。即在地理空间中，通

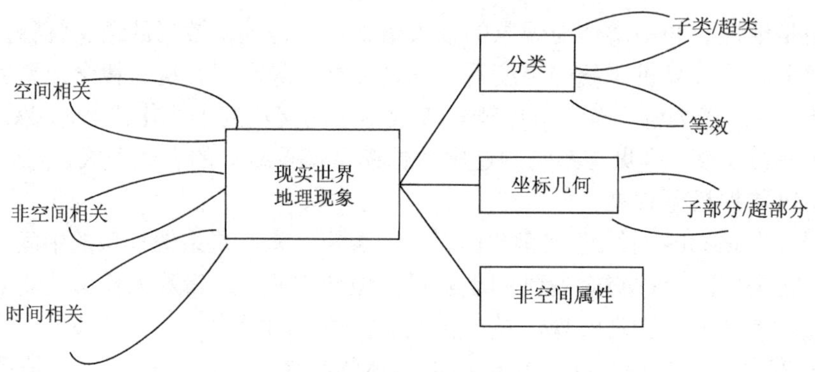

图 5.5 单个地理现象

过无数“通道”互相连接的一组地理空间位置。现实世界许多地理事物和现象可以构成网络，如铁路、公路、通信线路、管道、自然界中的物质流、能量流和信息流等，都可以表示成相应的点之间的连线，由此构成现实世界中多种多样的地理网络(白玲，1997)。按照基于对象的观点，网络模型也可以看成基于对象的模型，它是由点对象和线对象之间的拓扑空间关系构成的。

3. 基于域的模型

基于域(field-based)的空间模型把地理空间中的事物和现象作为连续的变量或体来看待，例如，大气污染程度、地表温度、土壤温度以及大面积空气和水域的流速和方向。根据不同的应用，域可以表示二维、也可以表示三维地理空间。对于一个 2D 域，在 R^2 中任意给定一个空间位置都对应一个唯一的属性值。对于一个 3D 域，在 R^3 中任意给定一个空间位置都对应一个唯一的属性值。某些现象如大气污染是 3D 现象，但仍然可以用 2D 域来表示。根据这种属性分布的表示方法，基于域的模型又分为图斑模型、等值线模型和选样模型(贺建忠，1995)。

1)图斑(piecewise)模型

图斑模型将一个平面划分成一些简单的连通区域(regions)，每个区域用一个简单的数学函数来表示一种主要属性的变化。在每个区域中的任何两点之间，至少存在一条路径，这条路径上的点全部在该区域内。因此，一个区域可能包含其他一些区域，但是不能被其他的区域分离。许多 GIS 扩充了复杂对象的概念，将许多区域表示为一些简单区域的并。在图斑模型中，根据表示地理现象的不同，可以对应不同类型的属性函数。

(1)常量：这是比较简单的情况，每个区域中的属性函数值保持一个常量。图斑模型常常被用于描述土壤类型、土地利用状况、植被以及生物的空间分布等。除了单一属性值，还有多属性值的情况，地理空间中的任何一点(x,y)，对应一个属性元组$(a_1,a_2,\cdots,a_n)$。

(2)线性函数：对平面上划分的每个区域，对应的属性函数值的变化不是常量，而是一个线性函数，这里要求属性变量的测量尺度是连续的。TIN 模型就是一种线性图斑模型的简单形式，它将每个划分区域都近似为三角形且将选择的点都作为三角形的顶点。选择三角形是为了保证从一点到另一点的高程变化保持连续。

(3)高阶函数：有些情况下，在一个区域内，要求属性函数为一个高阶函数，以提高表示的精确性。例如，在 TIN 模型中，使用二次多项式可以更精确地模拟地面高程，使地面高程变化在三角形的顶点保持连续。

2) 等值线模型

该模型用一组等值线 $c_1, c_2, \cdots, c_n$，将地理空间划分成一些区域，每个区域中的属性值处于相邻的两条等值线的值之间，等值线区域的这种特征表示了属性函数的连续性，两条相邻等值线之间的区域中属性值的变化是两条等值线的连续插值。等值线模型使用得非常广泛，是一种描述地形的好方法。

3) 选样模型

许多属性变量值的离散化是通过采集有限个点的属性值来确定的，栅格形式的数据就是均匀规则选样的结果，如 DEM 模型。在有些情况下，如果密度变化适合于局部分布情况，不规则的选样将更加有效。TIN 模型就提供了一种根据不规则选样点进行连续插值的方法。

5.2　地理空间数据模型

空间信息系统的核心是地理空间数据库，地理空间数据库需要存储、管理、查询具有空间定位特征、属性特征、空间关系和时间特征的地理空间数据。由于地理空间数据几何特征、尺度特征、语义特征的复杂性，使得地理空间数据模型也变得非常复杂，成为区别于通用数据库系统的主要标志。

按照地理信息系统的认知和抽象过程，地理空间数据模型是系统抽象的第二步，即建立系统的逻辑数据模型，我们简称为地理空间数据建模，它建立在对地理空间进行充分认知、完整抽象的地理空间认知模型(或概念模型)基础上，并用计算机能够识别和处理的形式化语言来定义和描述现实世界地理实体、现象以及相互关系，是现实世界到计算机世界的直接映射。

地理空间数据模型相关研究较多，定义和分类也比较混乱，有的将一两种空间算法称为地理空间数据模型，也有的将空间数据结构或某种空间数据表示方法定义为地理空间数据模型。我们认为地理空间数据模型应该是地理实体及其关系的形式化抽象和数学描述，其目的是揭示地理实体或地理空间的本质属性，并对它进行抽象化，使之转化为计算机能识别、处理和存储的数据。一个地理空间数据模型可能由多种数据结构来实现。

5.2.1　地理空间数据模型分类

常见的地理空间数据模型种类繁多，建模过程中采用的理论基础和模型机制也不相同。例如，加拿大地理信息系统(CGIS)采用的数据模型是在 1973 年发明的 N 维空间数学方法 Peano 基础上发展起来的；ArcGIS 的数据模型是以拓扑数据结构和关系数据库为基础建立起来的；法国全国 1∶5 万和 1∶10 万地图数据库的数据模型是在超图数据结构(HBDS)的基础上建立起来的；美国的 TIGER 系统是在 Corbertt 二维单元结构的理论支撑下建立起来的；美国的 TDGIS(three dimensional GIS)是在八叉树数据结构理论研究的基础上发展起来的；MapInfo、SDE 和 SDO 采用无拓扑面条状数据结构存储空间数据，采用关系模型存储属性数据。

从以上分析可以看出，由于地理空间数据的复杂性，很难有一个完美的数据模型能够一体化地表达地理空间对象的空间、属性和时间特征，绝大多数模型是从应用的角度出发，侧重表达某一个或两个维度。按照不同的分类标准，可以将目前的地理空间数据模型划分为不同类型。

1. 按照表达地理空间概念的方法划分

地理空间概念是人们在对现实世界地理空间认知的过程中形成的。例如，基于域和基于对象的认知模型，按照计算机能够识别和处理的方式转化为人们常用的栅格数据模型和矢量数据模型。

1) 栅格数据模型

在栅格数据模型中，点是一个像元，线和面分别由一串和一片彼此相连的像元构成。每一个栅格像元记录着不同的属性(如灰度、色彩)，每个像元用一对(x,y)坐标来标识，像元的属性可以表示为$f(x,y)$。因为栅格像元有大小，所以表达某一区域表面的栅格数据是一个不连续的、离散的数据。

栅格数据的空间分辨率是按一个像元在地面所代表的实际面积大小来确定的，对于100m的分辨率，一个面积为100 km^2的区域就有100行×100列个栅格，即10000个像元，可想而知一幅地图图像需要相当大的存储空间。随着分辨率的增大，对存储空间的要求还要呈几何级数地增加。数据量大是栅格结构的一大特点，正是因为它的数据结构简单，不同类型的空间数据层不需要经过复杂的几何计算就可以进行叠加操作。例如，两幅或更多幅遥感图像的叠加操作等。另外，它是某些地理空间实体和现象必不可少的表示方法，如表面实体、TIN、DEM等。栅格数据的表达形式非常适合模拟连续变化的地理空间，特别是属性特征随空间变化程度很高的区域，如在卫星图像上所表现的海岸带分布。栅格数据的缺点是不便于表示点、线状实体，主要是因为这两类实体没有大小，而栅格数据中的像元是有一定大小的；另外栅格数据不适合于表达和分析地理实体之间的空间关系。

2) 矢量数据模型

矢量数据的基本类型起源于“spaghetti”模型。点用一空间坐标对表示，线由一串坐标对组成，而面是由线形成的闭合多边形。如果向三维地理空间扩展还包括表面和立体，根据是否在数据结构中建立实体之间的拓扑关系，矢量数据模型又分为拓扑数据模型和spaghetti数据模型。

在拓扑数据模型中，多边形的边界被分割成一系列的弧和结点，弧、结点和多边形之间的空间关系可以在属性数据中体现出来。在spaghetti数据模型中，两个相邻的多边形之间的共同边界分两次记录，这既浪费了大量的存储空间，同时也导致双重边界不能精确地匹配。拓扑数据模型的弧的左、右多边形被精确定义，因此多边形边界不会重复，空间对象的拓扑属性，如邻接性、包含关系和连通性很容易求得。通常空间对象的拓扑属性是在spaghetti数据模型空间坐标基础上定义的。在GIS中，拓扑生成意味着给spaghetti数据增加拓扑结构。例如，假设有一幅用CAD软件生成的多边形spaghetti图，在进行空间分析操作之前可在GIS中增加或建立拓扑关系。一旦空间数据建立了拓扑关系，修改、增加或删除多边形边界不仅影响到中间点的空间坐标，也影响到弧和结点的拓扑属性，因此，在应用前还需要重新建立数据的拓扑关系。

采用矢量数据模型可以非常自然地表达空间实体及其之间的相互关系，表达的空间数据比栅格数据模型占用的存储空间要少得多，比较适合表达地图上的图形，地理空间对象也都能被精确地表达，因为中间点能较好地拟合成光滑曲线。拓扑数据模型使得需要拓扑信息的空间处理和分析非常有效。

由于栅格和矢量数据模型各有其优缺点，目前的 GIS 软件都支持栅格和矢量两种数据模型。

3) 矢量-栅格一体化模型

许多 GIS 软件同时支持矢量和栅格数据模型，利用两种数据结构之间的转换来实现一些功能，但这需要增加很多存储空间和运算处理时间，为了避免这些问题，有些学者(如 Molenaar、龚健雅)提出了矢量-栅格一体化思想和方法。

在矢量-栅格一体化模型中，面状对象用矢量边界的表达方法，同时也用栅格方法表达。线状对象一般用矢量方法表达，如果将矢量方法表示的线状对象也用像元空间填充表达的话，就能够将矢量和栅格的概念统一起来，进而构建矢量-栅格一体化的数据模型。假设一个线状对象数字化时，恰好在所经过的栅格内都获得了取样点，这样的数据就具有矢量和栅格双重性质。一方面它保留了矢量数据的全部特性，对象具有明显的位置信息，并能建立拓扑关系；另一方面又建立了栅格与对象的关系，即路径上的每一点都与对象直接建立了联系。因此，可采用填充线状对象路径和填充面状对象空间的表达方法作为一体化数据结构的基础。从本质上说，矢量-栅格一体化数据模型是一种以栅格为基础的数据模型。

2. 按照应用通用数据库的状况来划分

通用数据库具有非常成熟的技术，并在市场上获得巨大成功，为常规数据管理和数据查询提供了强有力的手段。因此，目前绝大多数 GIS 软件均以通用数据库为其核心，对地理属性数据进行统一的管理，帮助用户统一查询、检查、增删改数据，保证数据的独立性、完整性和安全性。但因为通用数据库在存储和管理地理空间数据时还是有局限性，所以，都采取了一定的解决办法，从而形成了以下几类地理空间数据模型。

1) 混合数据模型(hybrid data model)

混合数据模型利用一组文件形式来存储地理空间数据及其拓扑关系数据，利用通用关系数据库管理系统(RDBMS)的关系表来存储属性数据，通过一个唯一的标识符来建立它们之间的关联。基于混合数据模型的 GIS 软件在商业上获得了巨大成功，它们提供了强大的空间分析能力、高效的显示性能和合理的属性访问机制。这方面的软件有 ESRI 公司的 Arc/Info、MapInfo 公司的 MapInfo、Intergraph 公司的 IGDS 以及 Bentley 公司的 MicroStation 等，它们基本上都支持工业标准的关系数据库(如 Oracle、Ingres、In-formix、Sybase 和 SQL Server 等)。但由于空间数据和属性数据的分开存储，混合数据模型在表现地理空间数据方面缺乏完整的表达语义和存储机制。

2) 集成数据模型(integrated data model)

集成数据模型是一种纯关系型数据模型，其空间数据和属性数据都用关系数据库的关系表来存储，使用标准关系连接机制建立空间数据与属性数据的关联。集成数据模型具有关系数据库查询、检索、数据完整性和安全性机制等优点，利用数据库表的大二进制数据字段(BLOBs)来存储可变长的空间数据。但在数据类型方面有一定的局限性，用户不能自定义数据字段，缺乏空间 SQL。这方面的 GIS 软件有 IBM 公司的 GFIS、System-house 公司的 VISION、Unisys 公司的 System9、ESRI 公司的 Spatial Database Engine(SDE)和 Grade 公司的空间数据插件 SDO 等。

3) 面向对象数据模型(object-oriented data model)

20 世纪 90 年代初，人们利用面向对象技术建立 GIS 软件，从而提出了面向对象数据模型。它是对地理对象的属性数据(状态)和对这些属性数据进行操作的方法(行为)进行统一建模，并永久存储。面向对象数据模型可以建立对象层次结构，符合地理要素层次分类结构，具有便于应用开发和数据建模等优点。目前，面向对象 GIS 软件有两种趋势：一是建造纯面向对象数据的存储；二是在关系数据库的基础上建立存储对象的机制。这方面的软件有 GDS、Laser Scan 和 Small World 等。

三种数据模型如图 5.6 所示。

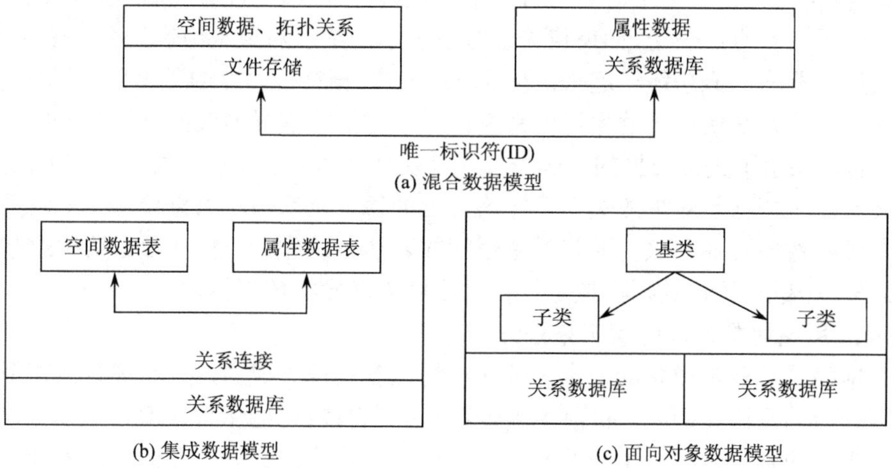

图 5.6　以数据库为核心的地理数据模型

3. 其他分类方法

根据地理空间数据结构的发展和 GIS 应用领域的不断扩展，人们提出了许多新的数据模型。如基于特征的数据模型、超地图空间数据模型(崔伟宏，1995)、时空一体化数据模型和四维时空数据模型等。

5.2.2　面向对象的空间数据模型

面向对象的空间数据模型，是面向对象数据模型在空间域的扩展应用。

1. 面向对象的基本思想和概念

面向对象(object-oriented)是一种范式(paradigm)，是一种人们观察和分析问题的方法论(methodology)。基于这种方法论，人们可以用自然的方式认识和模拟现实世界。《大英百科全书》提出，人类在认识和理解现实世界的过程中普遍运用着三个构造法则：一是，区分对象及其属性，例如，区分一棵树和树的大小或空间位置关系；二是，区分整体对象及其组成部分，例如，区分一棵树和树枝；三是，不同对象类的形成及区分，例如，所有树的类和所有石头的类的形成和区分。面向对象的概念和方法就是建立在这三个常用法则的基础之上的。正是由于面向对象方法是人们认识和理解现实世界的自然思维过程，使它成为软件开发、生产、应用于广泛领域的共同基础，使人们对软件系统从需求分析、设计、编码、测试、维护到用户应用整个软件生命周期取得高度一致的认识和理解，各阶段可以很容易地平滑过渡和规范文档，极大地提高了软件生产的效率和质量。因此，相继出现了面向对象的方法学、面向对象的程序设计语言、面向对象的数据库、面向对象的地理信息系统、面向对象的业务模型以及分布式对象模型。这些统称为对象技术。在软件工程中，对象技术是一种软件系统组成和结构设计的工程技术，它将对象作为软件系统结构的基本组成单元，以数据为中心，并将数据及对其进行的操作封装起来，以标准的接口规范对外提供服务(冯玉琳等，1998)。

面向对象技术的发展，使得软件设计进入一个新的境界，特别是大型软件系统，如管理信息系统(MIS)、地理信息系统(GIS)等，可以较容易地开发、管理和维护。软件系统以对象为基本单元进行模块划分，对象封装了数据和操作功能，人们可以通过提供统一的对象总线机制将对象模块组装起来，形成各种新的软件系统，提高软件的复用性，并且这些对象模块独立于语言，独立于计算机平台，从而实现软件系统的分布性，以适应迅猛发展的网络计算和 Internet。从软件技术的发展可以看出，人们正在逐步使计算机系统从计算机处理问题的方法空间过渡到人们认识问题和解决问题的认知空间，使计算机更具智能化。人们思考问题是并行的、多维的、开放的和归纳演绎的，而计算机是串行的、单维的、封闭的和预定程序的，对象技术可以减少它们之间的差异，能够使人们认识问题的认知空间与计算机解决问题的方法空间一致起来。

1) 面向对象的基本思想

面向对象是一种方法学，它比较自然地模拟了人们认识客观世界的方式，能够建立比较完整的、易于人们理解的软件系统的概念和机制，并且成为软件系统的设计和实现的软件工程方法。面向对象的基本思想包括(邵维忠和杨芙清，1998)：

(1) 从问题域中客观存在的事物出发来构成软件系统，用对象作为对这些事物的抽象表示，并以此作为系统的基本构成单位。

(2) 事物的静态特征(可以用数据来表达的特征)用对象的属性来表示，事物的动态特征(事物的行为)用对象的服务或方法来表示。

(3) 对象的属性与服务结合为一体，成为一个独立的实体，对外屏蔽其内部细节(即封装)。

(4) 对事物进行分类。把具有相同属性和相同服务的对象归为一类，类是这些对象的抽象描述，每个对象是它的类的一个实例。

(5) 通过在不同程度上运用抽象的原则，可以得到较一般的类和较特殊的类。特殊类继承一般类的属性与服务。

(6) 复杂的对象可以用简单的对象作为其构成部分(即聚集)。

(7) 对象之间通过消息进行通信，以实现对象之间的动态联系。

从以上可以看出，面向对象的方法以类的形式进行描述，并通过对类的引用而创建对象，它是系统的基本构成单位。这些对象对应着问题域中的各个事物，它们内部的属性与服务刻画了事物的静态特征和动态特征。对象类之间的继承关系、聚集关系、消息和联合真实地表达了问题域中事物之间的各种关系。这种分类结构能够直接模拟人们认识过程中由一般到特殊的演绎功能和由特殊到一般的归纳功能。类既反映出对象的本质属性，又提供了实现对象共享的机制。

2) 面向对象的基本概念

利用面向对象的思想进行系统分析与设计或系统建模时，需要建立如下基本概念。

(1) 对象(object)。对象是现实世界中实际存在的实体(或事物)，是构成系统的基本单位。一个对象由一组属性和对这组属性进行操作的一组服务构成。属性是一些数据项，用来描述对象的静态特征。服务是一个操作序列，用来描述对象的动态特征（行为）。每一个对象都有一个标识号（ID）来唯一标识。

（2）类（class）。类是具有相同属性和服务的一组对象的集合，它为属于该类的全部对象提供了统一的抽象描述，其内部包括属性和服务两个主要部分。类的作用是定义对象。类给出了属于该类的全部对象的抽象定义，面对象则是符合这种定义的一个实例。类可以是子类也可以是超类（父类），它们在系统中形成复杂的层次体系结构。

（3）封装（encapsulation）。封装就是把对象的属性和服务结合成一个独立的系统单位，并尽可能隐蔽对象的内部细节。封装是面向对象方法中的一个主要原则，将属性和服务封装起来构成不可分割的独立单位，内部信息隐蔽，外部提供接口界面与其他对象发生联系。

（4）继承（inheritance）。继承是超类和子类之间共享属性和服务的机制，它表达了超类与子类之间的一种关系，超类对象是所有子类对象的一种综合（generalization），而子类对象则是超类对象的一种特例（specialization）。如果一个类具有两个或更多个超类，则称为多重继承。

（5）消息（message）。消息是向对象发出的服务请求，包括提供服务的对象标识、服务标识、输入信息和回答信息。对象通过对外提供的服务在系统中发挥作用，其他对象请求该对象执行某个服务时，它就是响应这个请求，并完成指定的服务。

（6）多态性（polymorphism）。对象的多态性是指在超类中定义的属性或服务被子类继承后，可以具有不同的数据类型或表现出不同的行为，使得相同属性或服务名称的超类和子类具有不同的语义。

（7）永久对象（permanent object）。永久对象就是生存期可以超越程序的执行时间而长期存在的对象。即通过外存存储对象，使对象能方便地存储、恢复、转换以实现对象的共享。

面向对象的基本概念在应用中体现出三个层次：第一个层次的特征是封装，封装是面向对象系统设计的核心，它的作用是将外在界面与内部实现分开，即隐藏对象内部数据或操作的细节，对象间的通信是在明确定义的界面上进行的；第二个层次是在封装的基础上增加继承性和多态性，即在类的基础上组成类库，类可以构成层次继承结构，类库则为系统开发提供强有力的支持和灵活性；第三个层次是应用系统框架，是在类库基础上更高级的抽象，通过抽象和继承为对象的重用提供可能性，设计人员可以根据具体目标，利用、扩展和定制框架。

2. 面向对象的建模技术

1）建模方法和过程

面向对象的方法适合于软件系统生命周期的各个阶段，如面向对象的分析、面向对象的设计、面向对象的程序编码以及面向对象的系统维护等，但主要的还是面向对象的分析与设计。面向对象的分析与设计针对问题域中客观存在的实体建立其模型中的对象，用对象的属性和服务分别描述实体的静态和动态特征，把具有相同属性和相同服务的对象归结为类。用分类结构描述超类与子类之间的继承关系，用组装结构描述实体间的组成关系，用实例连接和消息链表示实体之间的静态联系和动态联系。实际上，面向对象的分析与设计就是建立系统的模型，通过将所有对象组织为一个分层结构来表达现实世界客观实体及其之间的相互关系，真实地模拟现实世界问题域。面向对象的方法为系统模型的建立提供了分类、概括、联合、聚集四种语义抽象技术和继承、传播两种语义抽象工具（张巍等，1995）。

（1）分类（classification）：是把一组具有相同结构的实体进行归类的过程。这些实体是属于这个类的实例对象，对象与类的关系表现为 is-instance-of 的关系。分类抽象提供了从广泛意义上的类型得到一个特定对象的特化机制。

(2) 概括 (generalization)：是将一组具有部分相同属性结构和服务的类归纳成一个更高层次、更具一般性类的过程。前者为子类，后者为超类，子类与超类的关系表现为 is-a 的关系。

(3) 联合 (association)：把一组属于同一类的对象组合起来，形成一个更高级的集合对象，这一抽象技术称为联合。集合对象中的每个对象称为它的成员对象。成员对象和集合对象之间的关系表现为 is-member-of 的关系。

(4) 聚集 (aggregation)：聚集与联合类似，但它是把一组不同类型的对象组合起来，形成一个更高级的复合对象。每个不同类型的对象称为该复合对象的组件对象。组件对象与复合对象的关系表现为 is-part-of 的关系。这种抽象技术可以十分有效地用于描述复杂对象。

(5) 继承 (inheritance)：在类型的层次结构中，子类依赖于超类，即子类的属性和服务从超类继承过来。继承的引入可以减少信息冗余，保持系统完整性。

(6) 传播 (propagation)：传播是用来描述属性值间的依赖性和获得服务的过程。其基本原理就是成员对象的相关属性只存储一次，然后再将这些属性值传给复杂对象，这样当成员对象的属性值被改变后，复杂对象的属性值无须修改，因此极大地减少了信息冗余并保证了信息的一致性。

面向对象分析与设计方法——OMT (object modeling technology) 和工业标准 UML (unified modeling language) 为系统建模提供了定义、描述和表达现实世界的有效方法以及形式化语义。利用面向对象的方法如 OMT 对系统进行建模，我们称为对象建模。面向对象的软件系统可以看成是一些互相作用的对象的集合，这些对象提供各种服务。对象模型描述的就是这些对象以及它们之间的相互关系。一般情况下，建模在系统分析和系统设计两个阶段完成，分析模型代表问题域，不考虑实现细节，分析中的对象我们称为语义对象，其模型为语义模型。设计模型代表解题域，它们从分析模型发展而来，描述系统应该怎样构造。通过系统分析和设计可以得到完整的系统模型。对于信息系统如数据库、地理信息系统来说，因为服务或操作的主体是数据，所以称为数据模型，它们构成系统的框架和体系结构，也为用户提供了自然、友好的应用界面，使用户容易理解和操作。

2) 建模语言和开发工具

软件工程的实践证明，建模语言一直是面向对象技术研究的重点。在该领域标准建模语言 UML (unified modeling language) 已经成为国际通用的标准。

UML 是一种定义、描述和构造软件产品以及软件系统和非软件系统建模的可视化语言。它在 Booch、OTM、OOSE 及其他面向对象方法的基础上发展起来，统一了 Booch、OMT 和 OOSE 的表示方法，成为软件系统甚至非软件系统的标准化建模语言。UML 的设定目标是：运用面向对象概念来构造系统模型；建立起从概念模型直至可执行体之间明显的对应关系；着眼于那些有重大影响的问题；创建一种对人和机器都适用的建模语言。UML 采用了一整套成熟的建模技术，它一出现立即引起国际工业界、科技界和许多用户的广泛关注，并成为可视化建模语言事实上的工业标准。

关于 UML 的主要内容和 UML 的支持环境——开发工具 Rose，请参考相关著作。

3. 面向对象的地理空间数据模型实例

作为实例，在对现实世界地理空间认知和抽象的基础上，利用面向对象方法建立一个通用的面向对象地理空间数据模型(object-oriented geographic data model，OOGDM)，为研制地理信息系统基础软件提供模型支撑。该数据模型独立于物理实现，即具体的地理空间数据库管理系统可以是关系型，也可以是纯面向对象型。

1) OOGDM 框架结构

人们认知现实世界的事物和现象及相互之间的关系，总是在一定的范畴内进行，即确定问题域(论域)；然后，明确研究对象；最后构造对象之间的相互关系。OOGDM 的问题域就是现实世界地理空间，地理空间的范围可以是全球、一个国家或一个地区。具有一定范围的地理空间，称为工作区(workspace)。地理空间可以包括若干工作区，工作区之间可以相互重叠，人们可以通过工作区这个窗口来认知和操作 GIS 所描述的地理空间实体及关系。工作区的主要内容包括地理空间数据的描述、数据来源、生产年代、地图投影、数据质量、数据精度、分辨率、比例尺等，即 GIS 数据库中的数据字典或元数据(metadata)。工作区中的各种地理实体或现象，称为地理要素(或对象)，在一定地理意义上相关的地理要素的集合，称为一个地理要素层(layer)。OOGDM 的框架结构如图 5.7 所示。地理要素(feature)是地理实体和现象的基本表示。一个地理要素包括两方面的含义，在概念上表示现实世界地理实体，在数据世界中表示为地理对象，其内容包括空间特征、属性特征和时间特征。如图 5.8 所示。

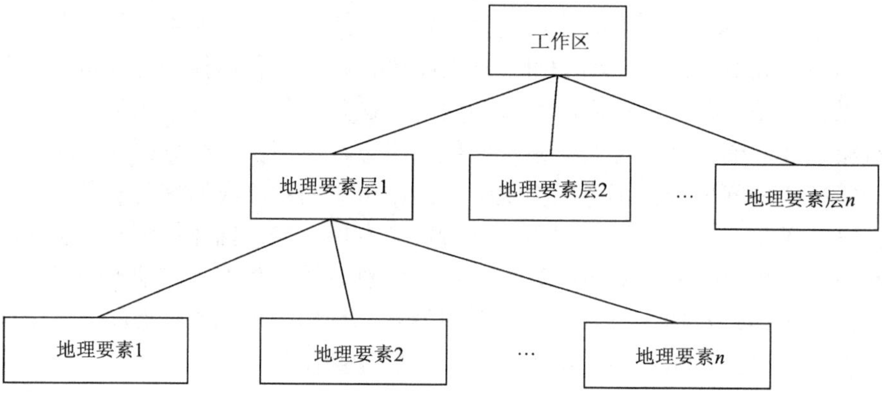

图 5.7　OOGDM 框架结构

地理要素的空间特征包括空间属性和空间关系。空间属性是一组表示地理要素空间位置的坐标序列，空间位置包括任何几何元素，如(x,y,z)坐标、点、线、面、表面、体、像素等；空间关系包括对象之间的拓扑关系和非拓扑关系(顺序、度量等)。地理要素的非空间特征包括非空间属性和非空间关系。非空间属性表示地理要素的类型、数量、质量、状态等属性信息；非空间关系表示要素之间的是……(is-a)、是……一种类型(a-kind-of)、是……一部分(a-part-of)、在……之上(above)等。地理要素的时间特征包括时间属性和时间关系，时间属性表示数据的日期、持续时间等；时间关系表示数据曾经是(was-a)、将是(will-be)等。

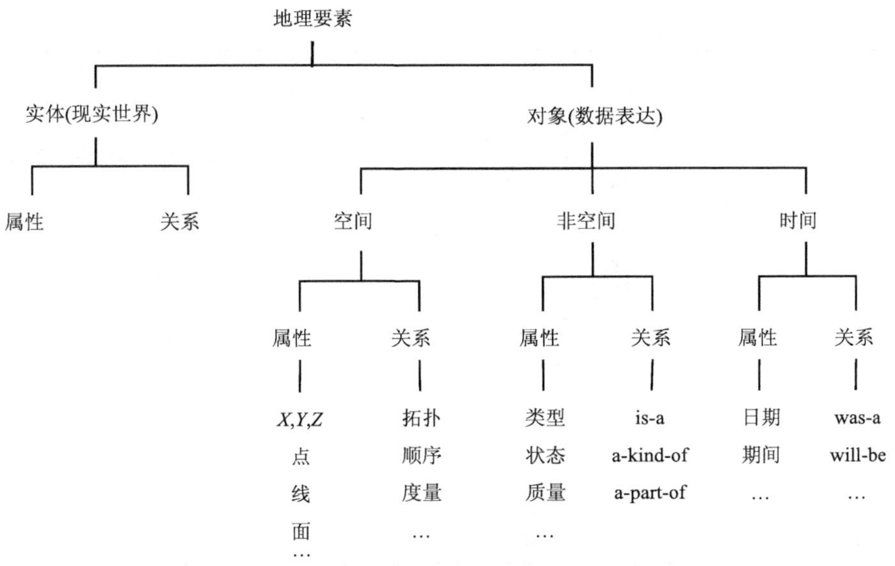

图 5.8　地理要素构成

一个地理要素可以作为一个唯一的主关键字访问多重数据集合，包括矢量数据和栅格数据。地理要素可以通过聚集和联合来构造复杂对象。地理要素作为一对象，包括完整的信息、关系和支持空间分析和查询的函数。归纳起来，大体上一个对象包括六个基本元素。

(1) 唯一标识(ID)：标识是系统全局唯一的，以区别其他对象。

(2) 位置信息：位置或几何信息，是地理要素的地面坐标和表面高程。

(3) 非空间属性：非空间属性数据是地理要素的本质特性，如名称、属性值等。

(4) 拓扑关系：拓扑关系是地理对象之间的关系，包括边界、邻接、包含等。

(5) 非拓扑关系：非拓扑关系是地理要素之间的非几何链接。

(6) 对数据进行查询和分析的方法(或函数)：嵌入在对象中的方法完成如新对象实例的产生、查询、几何关系运算以及图形显示等操作。

OOGDM 隐含着两个层次的对象模型，即几何对象模型和地理要素对象模型。

2) 几何对象模型

几何对象模型以纯几何的观点看待地理空间，忽略其地理意义，将地理空间抽象成几何对象的集合。这些几何对象描述了地理要素的形状、空间位置、空间分布以及空间关系(拓扑和非拓扑关系)等信息，并封装了对这些信息进行操作的空间操作方法。我们将几何对象分为 6 种基本类型：即矢量数据结构中的点(point)、线(line)、面(area)、表面(surface)、体(volume)以及栅格数据结构中的像素(pixel)，如表 5.1 所示。

表 5.1　几何对象的基本类型

类型	图形表示	数字表示
点		二维 (x,y)，三维 (x,y,z)
线		一串坐标点列

续表

类型	图形表示	数字表示
面	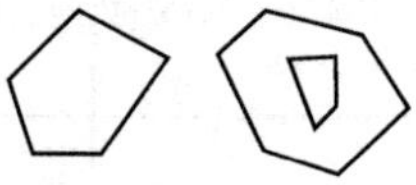	首尾相接的一串坐标点列包围封装区域
表面	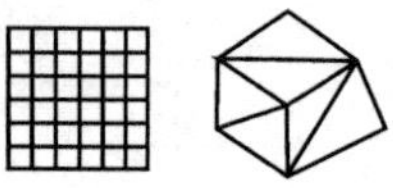	DEM、TIN 和等高线
体	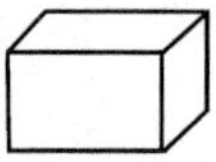	表面所包围的封闭空间
像素	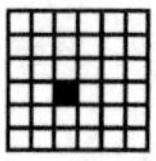	栅格的一个基本单元

如果考虑几何对象在地理空间中相互之间的拓扑关系，矢量数据结构中的几何对象还可以分为 4 种拓扑类型：结点(node)、弧段(arc)、多边形(polygon)和多面体(polyhedron)，如表 5.2 所示。

表 5.2　几何对象的拓扑类型

类型	图形表示	描述
结点		表示一个弧段的起始点
弧段		两个结点之间的一段弧
多边形	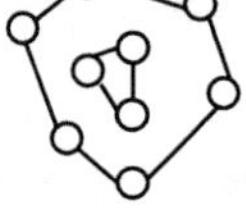	多个弧段所包围的区域
多面体	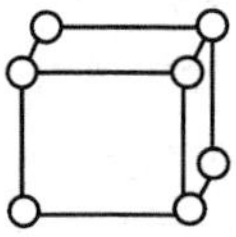	多个多边形所包围的空间

目前在建立几何对象的拓扑关系方面形成了两个阵营或两种方法：一是以 ArcGIS、GE、GENAMAP、SDTS(spatial data transfer standard)等 GIS 系统和标准以及 Agatha Y. Tang 等学者为代表的在数据结构中存储拓扑信息；二是以 MapInfo、ArcView、SDE、SDO 等 GIS 系统以及 Open GIS 简单要素互操作规范为代表的在数据结构中不存储拓扑信息，其空间关系通过数学方法计算出来(如 DE9-IM)。

拓扑数据结构最典型和最具有影响力的是美国计算机图形与空间分析实验室研制的

POLYVRT(polygon convertor)拓扑数据结构。这种数据结构以弧段(arc)为基础，弧段在两端有结点，并伴有共享该弧段的左、右两个多边形标识，它由任意多个中间点构成。拓扑数据结构不重复存储多边形的公共边，大大地节省了存储空间。由于拓扑关系是显式地存储在数据结构中，有利于邻接、包含和相连等查询操作，空间查询与分析速度快。但由于拓扑数据结构复杂，几何对象之间相互关联，数据经过增加、删除、修改等编辑操作后，拓扑关系被破坏，必须通过拓扑算法重新构造拓扑关系来维护拓扑关系的一致性和完整性。另外图形显示速度慢，图形表达不自然。

非拓扑数据结构简单，图形显示速度快，坐标数据与几何对象(点、线、面等)直接相对应，数据编辑方便，编辑后不需要做任何其他处理，而且几何对象的空间关系(包括拓扑关系)可以由数学方法如基于维数扩展的 9 交模型(DE9-IM)求得。其缺点是多边形的公共边重复存储，产生冗余。

Open GIS 简单要素规范是采用非拓扑数据结构的一个例子，几何对象模型如图 5.9 所示。

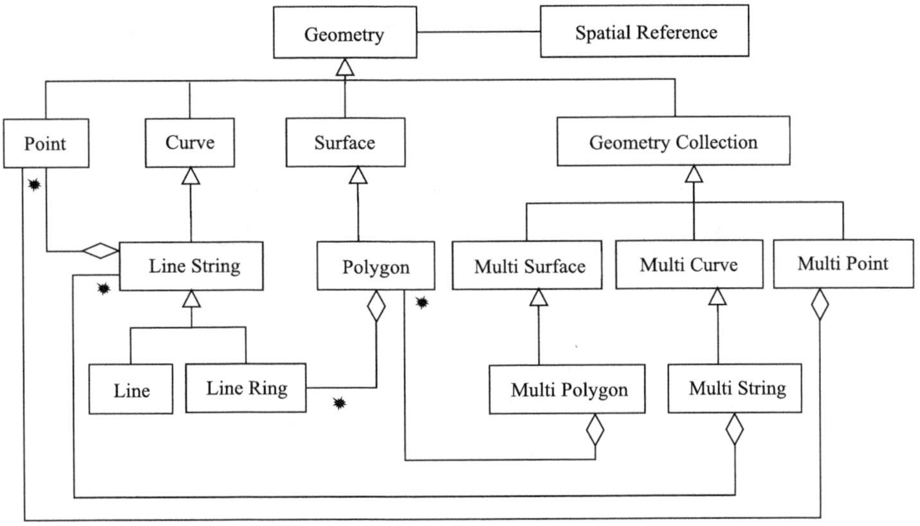

图 5.9　Open GIS 简单要素几何对象模型

由于拓扑和非拓扑数据结构各有利弊，为了优势互补，在分析和研究多种几何对象模型的基础上提出一种拓扑和非拓扑数据结构一体化的几何对象模型。其基本思想是：以非拓扑几何对象(点、线、面)为基础，将点和线分别转化为结点和弧段，从而构成两个新的几何对象类型，即网络和面域。网络类型由结点和弧段以及它们之间的拓扑关系构成，面域类型由结点、弧段和多边形以及它们之间的拓扑关系构成。该思想基本符合点、线、面的空间组合原理，如图 5.10 所示。

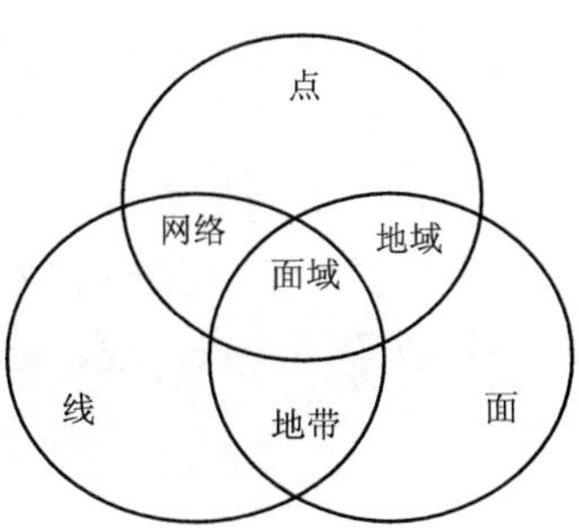

图 5.10　点、线、面空间组合

实际上任何存储拓扑关系的系统都需要经历从非拓扑几何对象的数据获取到拓扑数据结构的转化过程，不管是人工拓扑处理还是自动拓扑生成。我们把两者统一起来，在数据获取、图形快速显示和数据编辑时，主要针对基本点、线、面几何对象类型，当需要进行某些空间分析时，如网络分析、路径选择、叠置分析等，再将点和线转换为结点和弧段，从而构成网络和面域类型，然后在网络和面域类型的基础上完成空间分析。OOGDM 几何对象模型如图 5.11 所示。

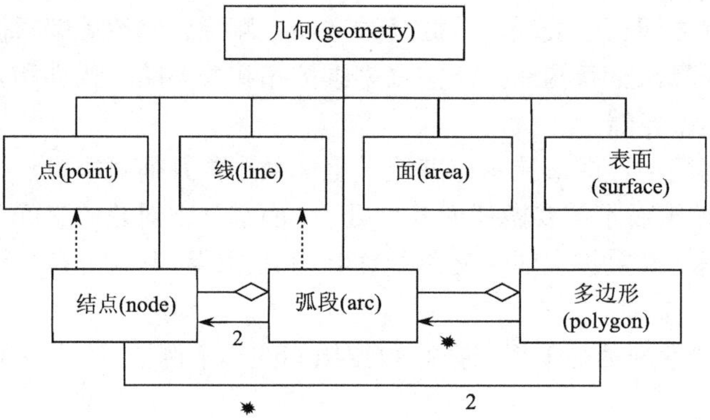

(a) 基本几何对象

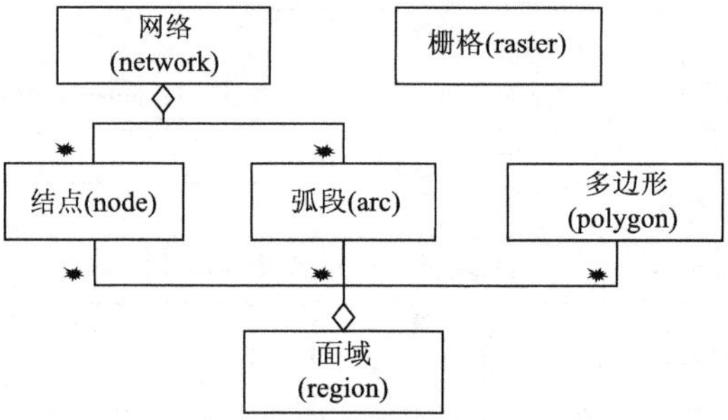

(b) 复合几何对象

图 5.11　OOGDM 几何对象模型

在该几何对象模型中，包括点、线、面、表面、结点、弧段、多边形等基本几何对象类和网络、面域、栅格等复合几何对象类，其中：网络是结点、弧段的聚集，面域是结点、弧段、多边形的聚集，栅格是像素的聚集。由于三维几何对象的复杂性，本模型在设计时暂不考虑体几何对象，但对某些三维特性给予了一定的考虑，以便今后扩展。在该模型中点、线、面不包括拓扑关系，而结点、弧段和多边形之间存在拓扑关系，它们显式地存储几何对象之间的邻接、包含、相连等信息，其拓扑关系如图 5.12 所示。

每个多边形由一组弧段和若干内部多边形(岛)组成，用左右多边形表示弧段和多边形之间的关系，多边形内部用一个结点来标识。每一条弧段包含一个起始结点和一个终止结点，用关联的弧段表示结点和弧段之间的关系。结点、弧段和多边形单独作为几何对象进行操作时，可以等同于点、线、面几何对象，当相互关联操作时，需要考虑拓扑关系的一致性和完整性。

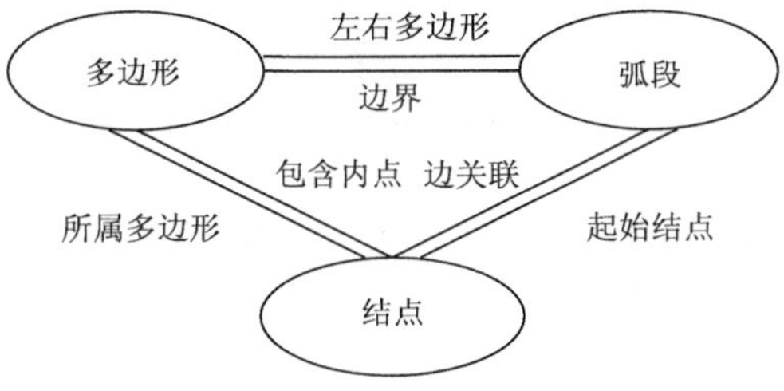

图 5.12　结点、弧段、多边形之间的拓扑关系

3) 地理要素对象模型

在几何对象模型中没有考虑地理要素内在的地理意义，主要目的是保持几何对象在操作和查询中的独立性，因为许多 GIS 应用需要通过空间特征来查询地理要素的方位、地理要素之间的相互关系和地理要素的地理含义；在地理要素可视化中，通常以几何形态展示在用户面前；另外同一个几何对象可能对应不同的地理要素。这些因素都需要独立地建立几何对象模型以便于实现某些功能。但从高层应用来看，人们查询、检索和分析主要是地理要素及相互关系(包括空间关系和属性构成关系、层次关系等)。因此，建立包括空间属性和非空间属性及以地理要素为操作对象和界面的地理要素对象模型成为地理空间数据模型的重要内容。地理要素对象模型包括基本地理要素对象模型和地理要素集合对象模型。

A. 基本地理要素对象模型

从几何对象模型来看，地理要素对象模型专门定义和解释几何对象，给几何对象赋属性。一个地理要素对象由一个几何对象和描述几何对象的属性或语义两部分构成。在地理要素类中，几何对象是地理要素对象的主要部分，而且地理要素依据几何对象来进行分类。根据抽象的几何对象模型，我们将地理要素分为七种基本的对象类型：即点状要素、线状要素、面状要素、表面要素、结点要素、弧段要素和多边形要素，它们与几何对象模型中的对象具有一对一的关系，并在几何对象的基础上增加属性信息。地理要素对象之间的属性层次关系、要素构成关系由属性数据来确定，其他空间关系由几何对象来确定，而且几何对象的各种空间操作完全作用于地理要素对象，因此，地理要素对象继承了几何对象，空间结构、空间关系和空间操作分别从作为超类的几何对象类中继承而来。基本地理要素对象模型如图 5.13 所示。

(1) 基本地理要素类(basic feature)。基本地理要素类是一个抽象类，它包含了所有基本的地理要素对象，包括点、线、面、表面、结点、弧段和多边形要素对象，以及它们的共同属性和作用于它们之上的操作方法。地理要素的属性由一组字段型和字段值组成的元素构成，如 ID：Integer、AttributeCode：Integer、Name：String 等。

(2) 点状要素类(point feature)。点状要素类用空间中的一个点来表示地理要素，无长度、无面积的概念，如井、独立树木等。它是基本地理要素类的子类，同时由点几何对象类继承而来。

(3) 线状要素类(line feature)。线状要素类表示空间中呈现一段连续曲线或直线的地理要素，有长度但无面积概念，如道路、输电线路等。它是基本地理要素类的子类，而且由线几何对象类派生而来。

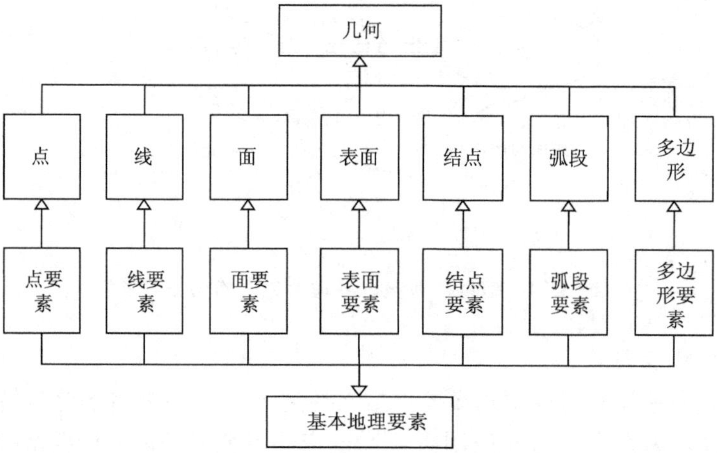

图 5.13　基本地理要素对象模型

(4) 面状要素类(area feature)。面状要素类表示用无穷点构成的连续区域的地理要素，具有面积概念。它是基本地理要素类的子类，而且由面几何对象类派生而来。

(5) 表面要素类(surface feature)。表面要素类表示用有穷点构成的连续区域的地理要素，区域中每个点的属性值不同，用来表示地理实体的表面，如地形高程、温度、雨量等。其超类为基本地理要素类和表面几何对象类。

(6) 结点要素类(node feature)。结点在几何上是弧段的始终点，大多数情况下，结点不仅是拓扑元素，而且是一个点状要素，具有地理意义，因此我们称为结点要素。它由结点几何对象类和基本地理要素类派生而来。

(7) 弧段要素类(arc feature)。弧段既是拓扑元素中的一段弧，又是一地理要素，具有线状要素的特征。它由弧段几何对象类和基本地理要素类派生而来。

(8) 多边形要素类(polygon feature)。多边形既是拓扑元素中的一多边形，又是一地理要素，具有面状要素的特征。其超类为多边形几何对象类和基本地理要素类。

B. 地理要素集合对象模型

在 GIS 的许多应用中，需要对一批或一组地理要素对象进行处理和显示，更多的是对地理要素进行查询、选择以及空间分析所得出的结果都要以集合的形式出现。另外，空间叠置分析在地理要素集合之间进行。因此，有必要建立地理要素集合对象类，它们是基本地理要素对象的聚集或联合，如图 5.14 所示。

其中，地理要素集合类(feature set)是一个抽象类，包括它们子类的共同属性和操作，其子类点(point feature set)、线(line feature set)、面(area feature set)、表面(surface feature set)、结点(node feature set)、弧段(arc feature set)和多边形要素集合类(polygon feature set)分别由它们相应的要素对象联合而成。由于网络(network feature)、面域(region feature)和栅格要素类(raster feature)所对应的几何对象类(从其几何对象类继承而来)分别是结点、弧段、多边形和像素等几何对象的聚集，因此，把它们作为集合类来看待。

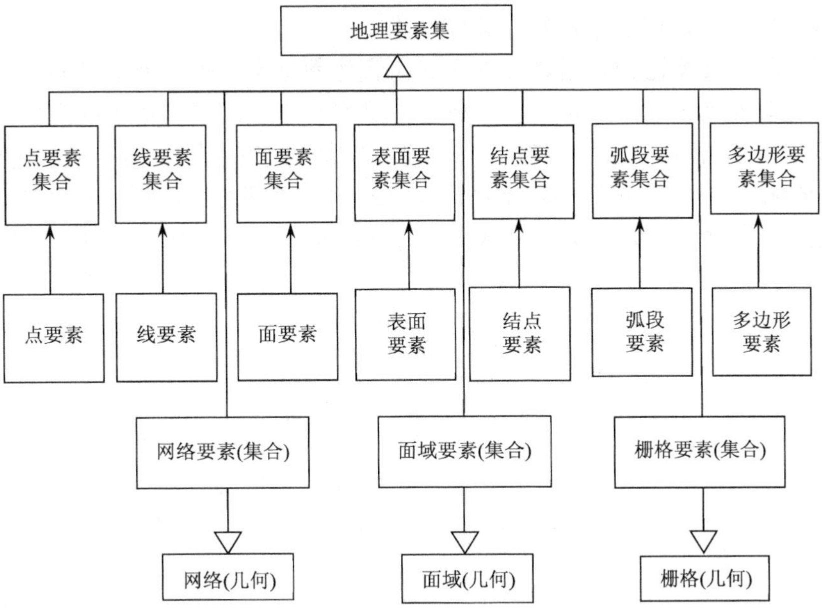

图 5.14　地理要素集合

4) 图形表示对象模型

GIS 不只是为了有效地存储、管理、查询和操作地理数据，更重要的是要把地理信息以可视化的形式呈现在用户面前，以便人们从图形表示中认知地理空间实体和现象及相互关系。地理数据的可视化是 GIS 的主要功能之一。

地理数据可视化在数据建模中需要考虑以下因素。

A. 点、线、面(包括结点、弧段、多边形)要素的图形表示形式

通常点、线、面分别用地图图式中点状符号、线状符号、面状符号来显示。显示时需要符号代码，以便从地图符号库中取出相应符号。地图符号的基本图形要素包括形状、颜色、大小、角度等。

B. 地理要素注记

地理要素注记是在地理要素可视化中对其进行语义描述和属性说明的标注。在图形表示中起标识具体地理要素的作用，以提高图形的可读性。通常注记包括标志点、标题、文本说明、图例和比例尺等。标志点与地理要素相关联，分为点注记、线注记和面注记，它们对相应地理要素的某类属性进行标注，如名称、数量等。它们的位置根据点、线、面要素的空间分布状况而定。其他说明性注记在地图中具有特定的位置，但它们不与地理要素相关联。在地理数据建模中所涉及的注记数据包括注记内容、定位点坐标、字型、字体等。

C. 统计专题图

统计专题图是地理要素属性数据的最有效可视化工具，它是在地理要素空间特征(几何对象)显示的基础上，进一步“渲染”地理要素属性数据的统计特征，即强调地理要素属性数据的可视化。专题图的图形表示通过选择专题符号类型、颜色、尺寸、视觉变量以及分类分级数学模型并进行综合分析和计算来实现。通常统计专题图类型包括饼图、直方图、点值图、等值区域图等。统计专题图是 GIS 应用的重要内容。我们在 OOGDM 设计中增加了这项内容，

并限制只对点、线、面地理要素进行专题图制作。

地图符号、地理要素注记、统计专题图等可视化数据本身不是地理空间中地理要素的内容，但它们在地理要素显示中必不可少，成为 GIS 世界中地理要素对象的重要内容，并且它们与地理要素对象相关联。因此，在建立 GIS 地理空间数据模型时，应该充分考虑这些因素。我们在设计 OOGDM 时，将它们与基本地理要素对象类分开考虑，建立地理要素的图形表示模型，包括地图符号类、地理要素注记类、文本要素类、统计专题图类(图 5.15)。下面分别予以介绍。

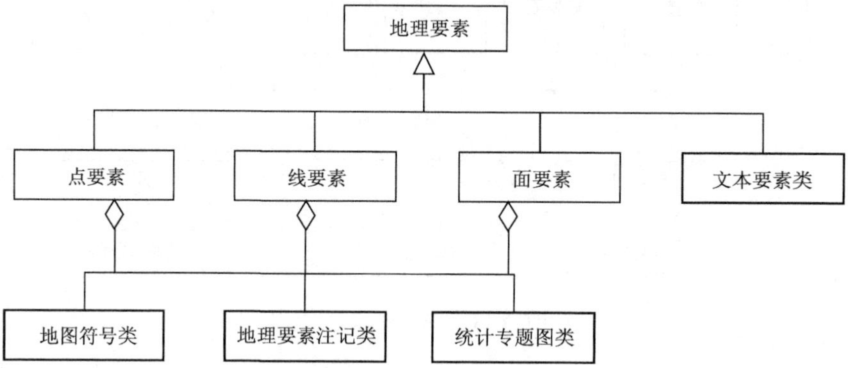

图 5.15 图形表示模型

(1) 地图符号类(symbol)。地图符号类是地理要素显示时所需要的地图符号数据集合，它被聚集到点、线、面要素对象中。该类属性包括符号标识(ID)、符号代码(code)、符号类型(type)、符号尺寸(size)、符号颜色(color)等。

(2) 地理要素注记类(label)。地理要素注记类是对地理要素进行属性标注的数据集合，它被聚集到点、线、面要素对象中。该类属性包括注记对象标识、注记类型、注记坐标点列、注记尺寸、字体、注记颜色等。

(3) 文本要素类(text)。之所以称为文本要素，是把与地理要素无关的说明性注记分离出来单独处理，与点、线、面要素并列看作为一要素类型。文本显示时需要以下属性数据：文本标识、文本内容、文本定位点、文本尺寸、字体、字颜色等。

(4) 统计专题图类(theme)。存储绘制统计专题图所需要的各种属性数据和方法，包括与基本地理要素相关联的信息、统计专题图类型、统计专题变量、符号信息以及分类分级模型等。

5) 整体 OOGDM 及数据结构

OOGDM 的几何对象模型、地理要素对象模型和图形表示模型综合描述了现实世界复杂的地理实体、现象及相互关系。因为地理对象繁多、关系复杂，不利于建立清晰的用户视图，也不容易系统实现，所以，需要对模型进行一定的完整性约束。利用工作区、地理要素层的概念对地理要素对象进行分层管理，既符合地理空间自然的层次结构划分，又进行了适当的范围限制，使用户可以方便、灵活地选择不同类型的地理要素层来组织和管理数据。

工作区是 GIS 总体视图，是用户看到的一部分地理空间，它可以被抽象为分布在二维 R^2

中的地理要素对象集，地理要素之间存在着同类关系、空间关系和构成关系。同类型的地理要素具有相同的一组属性来定性或定量地描述它们的特征，如河流类可能具有长度、流量、等级、平均流速等属性。空间关系强调地理要素之间的拓扑关系、顺序关系和度量关系，以及通过空间分析算法得出的空间关系。构成关系强调地理要素之间的聚集和联合关系。工作区中的地理要素按照一定的分类原则组织在一起，形成不同的地理要素层。通常情况下，一个地理要素层定义一组地理意义相同或相关的地理要素，用模型中抽象出的地理要素集合类来组织。在 OOGDM 模型中，我们定义八种类型的地理要素层，即点、线、面、文本、表面、网络、面域和栅格要素层，分别用它们相应的地理要素集合类来表示和组织。网络要素层包括结点和弧段要素，并维护点弧拓扑关系。面域要素层包括结点、弧段和多边形要素，并维护点、弧、多边形拓扑关系。整体 OOGDM 模型如图 5.16 所示。

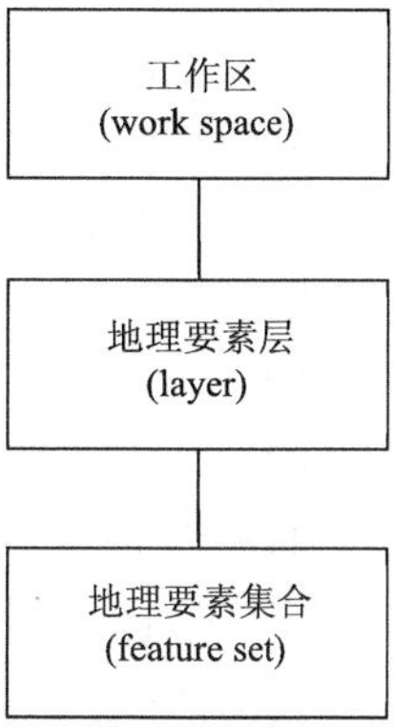

图 5.16　整体 OOGDM 模型

面向对象地理空间数据模型的研究一直受到地理信息系统领域的广泛关注，发表的有关论文很多，但真正实现的面向对象的系统却很有限，因为还有许多问题需要进一步研究。例如，建立完备的地理空间关系和属性关系一体化定义和形式化描述方法，为建立地理空间数据模型提供理论基础；面向对象技术和 GIS 技术的进一步结合，以解决地理对象的永久存储和管理问题，最终建立一个面向对象的地理空间数据库管理系统；结合共享的面向对象的地理空间数据模型；开发支持空间特征的地理对象查询语言；等等。

5.2.3　三维空间数据模型

在目前称为 2DGIS 的一般地理信息系统中，空间数据的采集、处理与表示是基于平面的，即通过平面上的坐标系对研究对象进行定义，描述的是 2D 对象，对于描述地表起伏的 3D 数据的处理是将其高程 Z 值当作一个属性值，进而将其抽象为 2D 数据进行处理和分析。在这种情况下，对于一对(X，Y)值，只允许一个 Z 值。应该说，这对于地形起伏的描述和应用是没有问题的。但是，自然界中的许多研究对象是真 3D 的实体，如矿体、水体、人体、建筑物等；许多地学研究中人们要研究的对象是充满整个 3D 空间的，如大气污染、洋流、地质构造等。对于这些真 3D 的实体或现象，因为 2DGIS 只能处理 2D 数据，无法满足对 3D 空间目标的有效描述，所以必须用一个 3D 坐标系来描述，这就是 3DGIS。在 3DGIS 中，研究对象是通过空间坐标系进行定义，描述的是真 3D 的对象，每一组值表示一个空间位置，而不是像 2DGIS 那样每一组值表示一个空间位置。

研究 3D 现象及其表达方式，对 3DGIS 是十分重要的。自然界中的 3D 现象很多，如地表现象、地质现象、矿山现象、洋流现象、大气(污染)现象、地下自然和人工现象，等等。这些现象可以抽象为点、线、面和复杂对象等四类。其中点状实体(零维对象)，包括独立点状地物(纯几何类型)、纯结点(几何拓扑类型)、结点地物(既是几何拓扑类型，又是空间地物)；线状实体(一维对象)，不仅有 2D 中的平面曲线，还有 3D 中的空间曲线，包括弧段(几何拓扑类型)、无拓扑弧段(纯几何地物，如等高线)、线状地物(若干条弧段组成)；面状实体(二维对象)，不仅有 2D 平面，还有 3D 中的空间曲面，包括面状地物(曲面，可能不规则，需将其连接到数字表面模型上，可表示地面上的地物，也可表示地下的地层和断层）、面元素（没有地物意义，只是一个 3D 物体的一个表面，通常不规则，用数字地面模型表示）、数字表面模型（表示地球表面和地下地层面状实体的起伏现象或 3D 物体的表面形状）、断面（表示矿山的斜井、竖井、通风巷道等特殊 3D 现象）；体状实体（三维对象有规则体，也有不规则体），包括均值体状实体（若干面元素构成，实体内部物质成分相同）、空间体状实体（若干面元素构成，但内部是空的）、非均值体状实体（若干面元素构成，实体内部物质成分不同）、数字模型（将一个非均值的 3D 实体划分成等大的体元，用 3D 数组表示体元的位置，每个体元对应于一个体元素值）、体元（被定义为一个空间对象）、柱状实体（由一系列断面构成，一般是空的，可扩展到高层建筑）；复杂对象，包括有边界的复杂地物（复杂对象的子目标有边界圈定）和无边界的复杂地物（没有明显的封闭边界将子目标包围起来）。描述地理实体的三维特征的数据模型，就是三维数据模型，是三维地理信息系统（3DGIS）的研究重点。

正如前面已经指出的，空间数据模型是 3DGIS 的核心。在 Hunter 提出八叉树概念后的相当长的一段时间，研究工作集中在以八叉树（octree）为代表的三维栅格数据模型以及在 CAD 系统中广泛应用的构造实体几何模型（constructive solid geometry，CSG）和在地学方面的应用。具有代表性的三维空间数据模型研究包括：Bak 和 Mill 提出的地学资源管理系统（GRMS）；Li 提出的基于多种表示的三维 GIS；Molenar 提出的形式化三维数据结构（FDS）；龚健雅提出的矢量与栅格集成的面向对象的三维数据模型；Victor 和 Pilont 等提出的基于点四面体格网（TEN）的二维矢量数据模型。

目前，3DGIS 中应用的数据模型很多，大致可以分为两大类（李清泉和李德仁，1998）：一类是基于表面表示的数据模型，如格网结构（grid）、不规则三角形格网（TIN）、边界表示（BR）和参数函数等，这类数据模型侧重于 3D 空间表面表示，如地形表面、地质表面等，通过表面表示形成 3D 空间目标表示；其优点是便于显示和数据更新，不足之处是空间分析难以进行。另一类是基于体表示的数据模型，如 3D 栅格（array）、八叉树（octree）、结构实体几何法（CSG）和四面体格网（tetrahedral network，TEN）等，这类数据结构侧重于 3D 空间体的表示，如水体、建筑物等，通过对体的描述实现 3D 空间目标表示；其优点是适于空间操作和分析，但占用存储空间较大，计算速度也较慢。此外，基于多种数据模型的集成进行 3D 表达也是一种实现方式。

1. 基于表面表示的数据模型

1）2D 规则格网（grid）

格网结构是 DEM 中常用的一种数据结构。地形被划分成规则的 $m \times n$ 格网，如图 5.17 所示。每个格网点有一个高程值对应，其基本元素是一个点，主要用于 DEM 中等高线的 2.5D 表示。

2）形状模型（shape）

形状结构通过表面点的斜率来描述，基本元素是表面上各单元所对应的法线向量，如图 5.18 所示。其基本思想是以像素的明暗变化来反映地表的坡度变化，通过坡度变化可以求出像素之间的高度变化，最终确定地形的 3D 表面。它主要用于表面的 3D 重建。

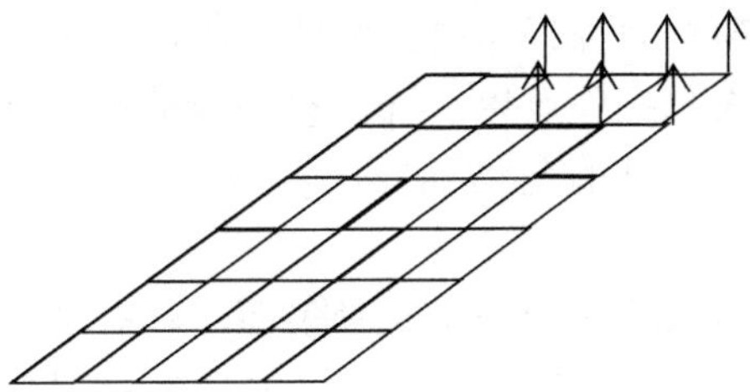

图 5.17　格网结构

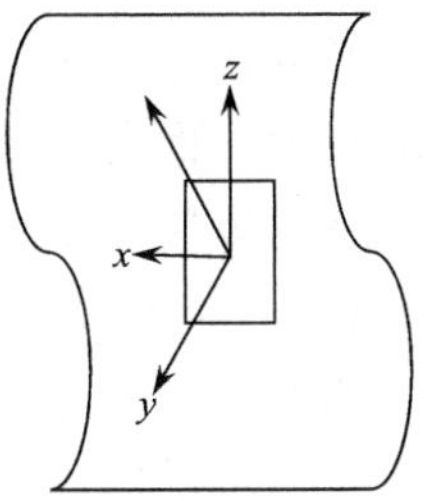

图 5.18　形状结构

3) 面片模型(face)

它是用不同形状的面片近似表示对象的表面。面片的形状有正方形、规则三角形、不规则三角形和泰森多边形等。其中，不规则三角形(TIN)是最常用的一种面片，它具有许多特点，如在绘制等高线时避免了“鞍部点问题”；计算坡度等地形参数容易实现；不规则的点分布符合采样的实际情况；可以根据表面的复杂程度变化三角形的大小，消除多余数据，并较好地近似对象表面。把高程值结合到每一个三角形的顶点，便形成地形表面的 2.5D 表示。图 5.19 是利用 TIN 进行地形表面 2.5D 表示的例子。

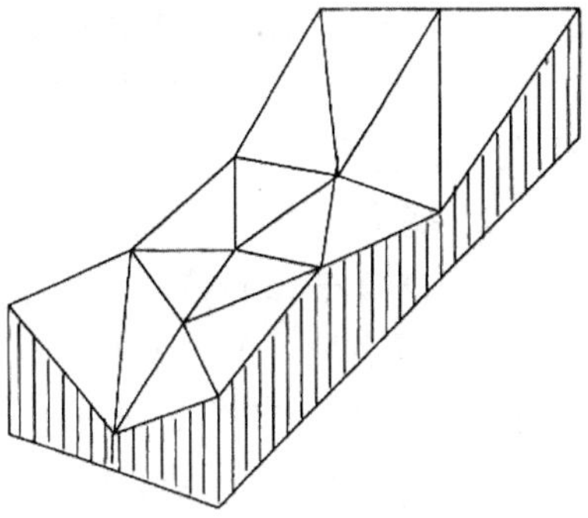

图 5.19　面片结构

4) 边界模型(boundary representation，BR)

边界模型即边界表示。它是一种分级表示方法。其基本思想是：空间的任何对象都可以分解为点、线、面、体四类元素的组合，每类元素由几何数据、分类标志及与其他类元素的相互关系(拓扑关系)来描述，如图 5.20 所示。在实际应用中，为了将观测数据转换成边界表示，

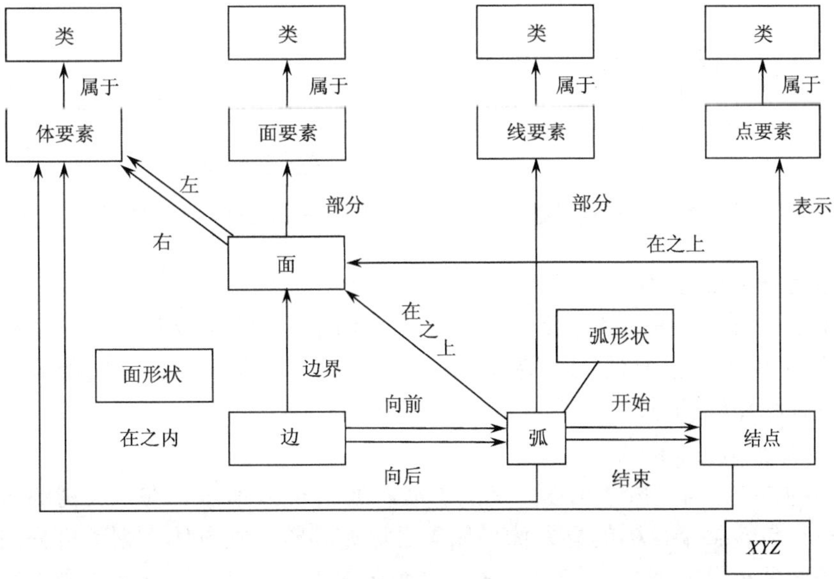

图 5.20　边界表示

元素之间的关系必须确定下来。而地学的研究对象通常是未知的，因而这个过程非常困难，有时甚至不可能实现，而且边界表示对于布尔操作难以进行，整个特征的计算也很费时。所以，目前边界表示主要用于 CAD/CAM 系统及工程等方面。

5) 参数函数(parametric function)

采用函数法如非均匀有理 B 样条(NURBS)函数表示地学表面，具有节省存储空间，数据处理简便易行，且可以保证空间唯一性和几何不变性等优点。非均匀有理 B 样条函数是 B 样条函数的一种，它保留了 B 样条的优点，具有透视不变性(控制点经过透视变换后生成的曲面与生成曲面再变换是等价的)，不仅可以表示自由曲面，而且还可以精确表示球面等形状，能给出更多的控制形状的自由度以生成多种形状。这些特点能较好地适应 3DGIS 中有关面的表示的需要，因此，NURBS 对于地学表面的表示有很高的应用价值。

综上所述，这五种数据模型中，边界表示适于表示具有规则形状的对象，其他四种则适于表示具有不规则形状的对象。

2. 基于体表示的数据模型

1) 3D 栅格(array)

3D 栅格是一个排列紧密充满 3D 空间的阵列，其元素值是 0 或 1，其中“0”表示空，“1”表示对象占有，如图 5.21 所示。这种数据结构存储数据没有任何压缩，存储空间浪费很大，计算速度也较慢，一般只作为中间表示使用。

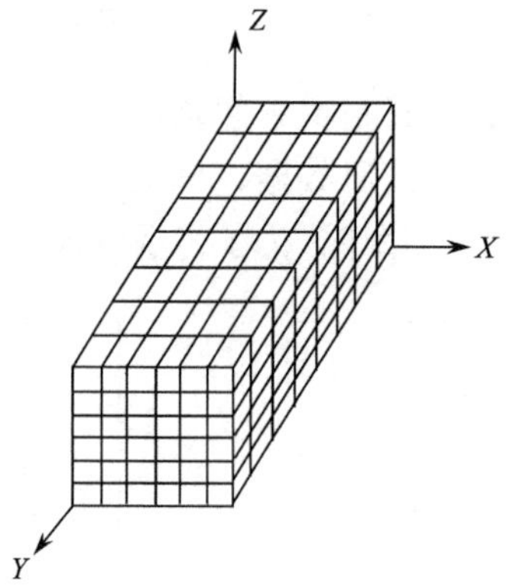

图 5.21　3D 栅格模型

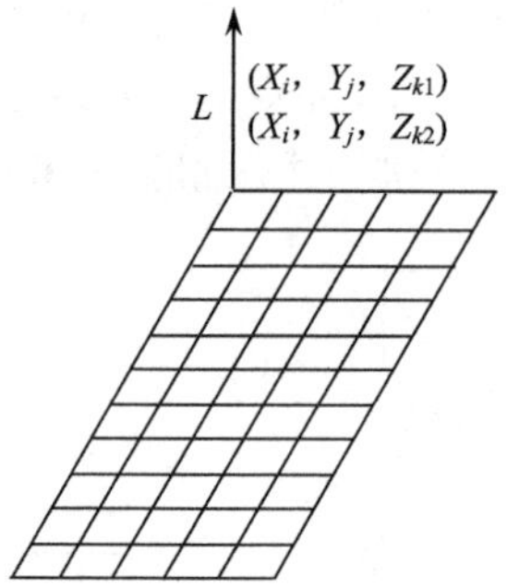

图 5.22　行程模型

2) 行程模型(run length)

行程模型是在对 3D 栅格进行改进的基础上产生的，如图 5.22 所示。该结构利用行程编码技术来减少占用的存储空间，具体做法是在每个$(X,\ Y)$位置上，对其相应的Z方向进行编码，以达到数据压缩的目的。

3) 八叉树模型(octree)

八叉树结构是 2D 四叉树结构在空间的扩展，如图 5.23 所示。在八叉树的树形结构中，根结点表示一个包含整个目标的立方体，如果目标充满整个立方体，则不再分割；反之要分成八个大小相同的小立方体。对每一个这样的小立方体，如果目标充满它或它与目标无关，则不再分割，否则继续将其分成八个更小的立方体。按此规则一直分割到不再需要分割或达到规定的层次为止。如果层次数为 n，则八叉树的表示与“$2^n \times 2^n \times 2^n$”的 3D 栅格相对应。

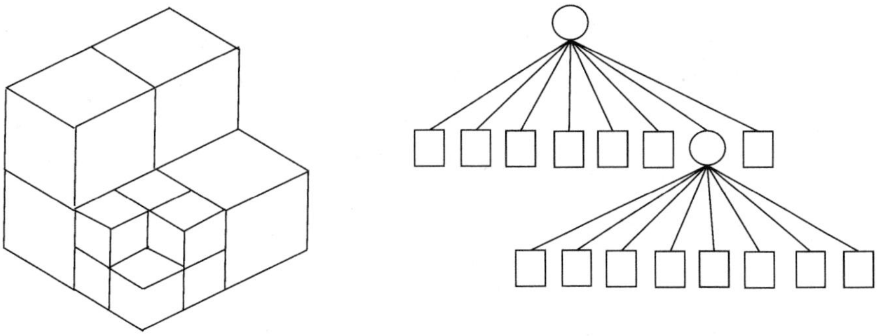

图 5.23　八叉树模型

八叉树的编码方法有四种，即普通八叉树、线性八叉树、三维行程编码和深度优先编码。其中，线性八叉树和三维行程编码由于数据压缩比大，操作灵活，在 3DGIS 中应用较多。八叉树是一种近似表示，特别适用于表示复杂形状的对象；对于布尔操作和整数特征的计算效率很高，明显优于边界模型；八叉树模型由于内在的空间顺序使其便于显示。八叉树的不足之处是难以进行几何变换。

有些学者提出了“扩展八叉树”的概念，其目的是将矢量表示的优点与八叉树结合起来。在扩展八叉树中，除了八叉树原有的结点类型(即实、空、灰)以外，还增强了面结点、边结点和顶点结点等新的结点类型，这样就减少了划分层次，得到了减小存储空间和提高布尔操作速度的效果。

4) 结构实体几何法(CSG)

CSG 的基本概念由 Voelcker 和 Requicha 提出。它是用预先定义好的具有一定形状的基本体素的组合来表示对象，体素之间的关系包括几何变换和布尔操作。表示一个 CSG 模型最自然的方法是布尔树(图 5.24)，它能按如下方式定义：

<CSG 树>：：=<体素>|<CSG 树><集合运算><CSG 树>|

<CSG 树><刚体移动>

其中，<体素>是物体体素的引用，它通过一个体素标识符和一系列尺寸参数来表示；<刚体移动>是一个平移或一个转动；<集合运算>是布尔集合运算之一，包括并、交、差。于是，体被表示成 CSG 树的叶，而内部的结点用一个布尔集合运算或一个刚体移动来标识。

5) 四面体格网(TEN)模型

四面体格网模型是不规则三角形格网模型向 3D 的扩展，它以不规则四面体作为最基本的体素来描述对象。TEN 是以连接但不重叠的不规则四面体构成的格网，并且满足 Delaunay 条件(图 5.25)。该模型是基于简单的组合，即点、线、面形成体；是基于线性的组合，即它的几何变换可以变为每个四面体变换后的组合；它可以被视为一种特殊的体元结构(不规则大小)，具有包括快速几何变换在内的许多体结构的优点，而且不需要像体结构那么多的存储空间；它也可以看作是一种特殊的 BR 表示(最简单)，也具有诸如拓扑关系的快速处理等一些 BR 结构的优点；因为在 3D 空间每一个四面体相对观察点是独立的，可以用计算机图形学中最简单的算法来消除隐藏面，所以 TEN 适用于快速显示。

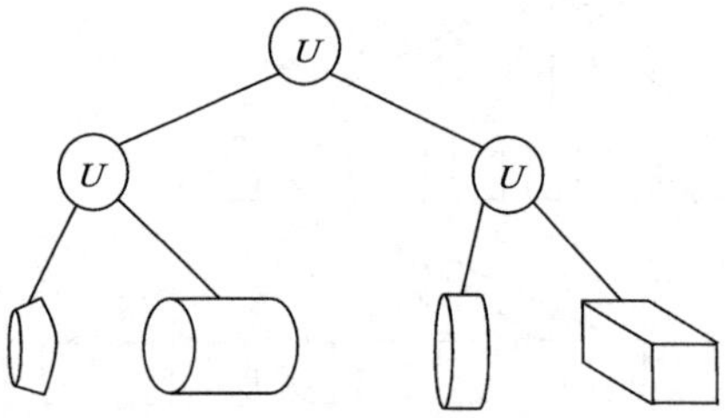

图 5.24　CSG 模型

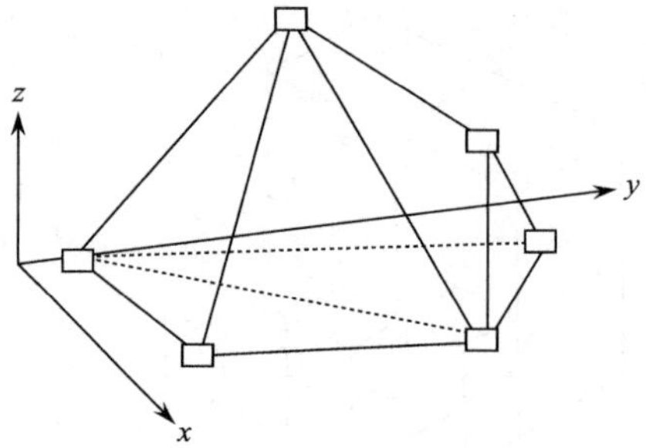

图 5.25　不规则四面体模型

关于 TEN 的生成问题，请参阅有关文献。

上述三维数据模型中，CSG 适于表示规则形状的对象，3D 栅格模型、八叉树模型和行程模型适于表示不规则形状的对象，而 TEN 则既可以表示规则形状的对象，也可以表示不规则形状的对象。

3. 三维空间数据模型的集成

采用单一的数据模型，很难有效地描述各种类型的空间实体，而且 3DGIS 的应用领域非常广泛，不同的应用领域对空间目标所要进行的操作和分析差别很大。可以说，没有一个实体的模型或抽象能表示实体的所有方面，设计一种适合所有情况的数据模型是很困难的，甚至是不可能的。实际上，在处理像三维地理空间复杂对象时，有些模型适于表示规则对象，另一些模型则适于描述不规则目标；矢量模型有利于图形输出而不利于空间分析，栅格模型则具有相反的特点。所以，充分利用不同数据模型对描述不同空间实体所具有的优点，将它们集成在一起，是完整地描述三维地理空间对象的有效途径。这里，着重介绍三种不同的空间数据模型集成方法(李清泉和李德仁，1998)。

1) TIN 与 CSG 的集成

TIN 与 CSG 的集成数据模型适用于城市 3DGIS。因为在城市 3DGIS 中，描述的主要三维地理空间对象是地形和建筑物。地形是不规则的，用 TIN 来描述；建筑物是几何形状已知的规则目标，在很多情况下，人们关心的是它的整体结构而不是它内部的拓扑关系，因此用 CSG 来描述。如图 5.26 所示。

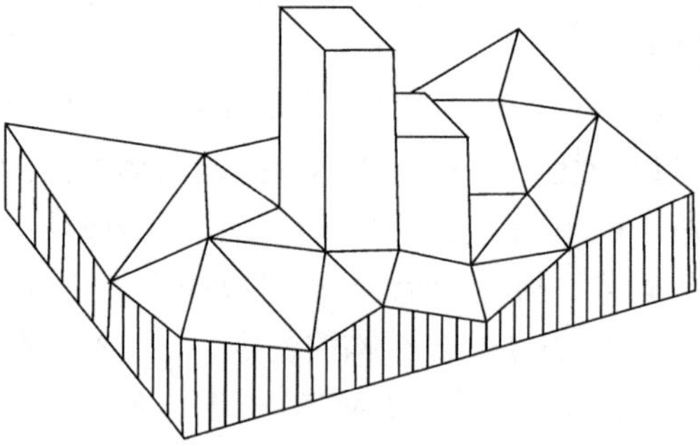

图 5.26　用于城市的 TIN 与 CSG 的集成模型

TIN 是 GIS 中应用广泛的一种数字高程模型。它通过由一组离散点形成的连续但不重叠的不规则三角形面片来表示地形，表示地形的精度与观测点的疏密有关。与规则格网 DEM

相比，TIN 对于复杂表面的表示具有较高的精度、较小的数据量和较短的计算时间。通过增加约束条件，如山脊线、谷底线、边界等，TIN 模型能够有效地描述各种特点的地形形态。TIN 模型生成的关键是确定唯一的一组能有效描述地形特征的三角形，在多种三角形格网中，Delaunay 三角形格网具有突出的特点，并被广泛用于 TIN 模型。

CSG 模型的基本概念已于前述。用 CSG 表示规则地理空间目标，可以将其描述为一棵树。树中的叶子结点对应一个体素并记录体的基本定义参数；树的根结点和中间结点对应于一个正则集合运算符；一棵树以根结点作为查询和操作的基本单元，它对应于一个目标名。

TIN 与 CSG 的集成与 CAD 中的 CSG 与 BR 的集成不同。后者是对同一目标的两种不同表示，并以一种表示为主；而前者是两种模型分别表示两类目标，即 CSG 模型表示建筑物，TIN 表示地形，两种模型的数据分开存储。为了实现 TIN 与 CSG 的集成，在 TIN 模型形成过程中将建筑物的地面轮廓作为内部约束，如同处理水域等面状地物一样，同时将 CSG 模型中建筑物的编号作为 TIN 模型中建筑物的地面轮廓多边形的属性，并且将两种模型集成在一个用户界面。

2) 八叉树与 TEN 的混合模型

这种混合数据模型适用于地质、矿山和海洋等领域。在这种混合数据模型中，八叉树作整体描述，四面体格网(TEN)作局部描述。由前面的介绍可知，对于八叉树模型，其数据量随着分辨率的提高将成倍增加，且是一个近似表示，但它具有结构简单、操作方便等优点；而对于四面体格网，其优点是能保存原始观测数据，具有精确表示目标和表示较复杂的空间拓扑关系的能力，但其结构较八叉树复杂，在某些情况下数据量较大。单独采用八叉树或 TEN 会造成数据量巨大，难以处理的困难。所以，将两者结合起来，充分发挥各自的优点，实现一种基于两者的混合数据模型具有理论和实际意义。图 5.27 是利用混合模型精确表示一个三维目标的示例，图 5.28 是相应的数据组合。在图 5.28 中，SX 用来实现八叉树与 TEN 的结合，其中“S”是标识符“X”是指针。如某一八叉树编码的属性值“SX”为 73，则表示该八叉树编码引导一局部的四面体格网，指针用来在四面体数据中搜索对应的内容。另外，通过八叉树编码可以得到编码对应的八分体的八个顶点，如图 5.27 中的(3，3，2)和(3，4，2)等，将它们与八分体内的特征点(如 201 和 202 等)结合起来，就可以形成局部四面体格网。

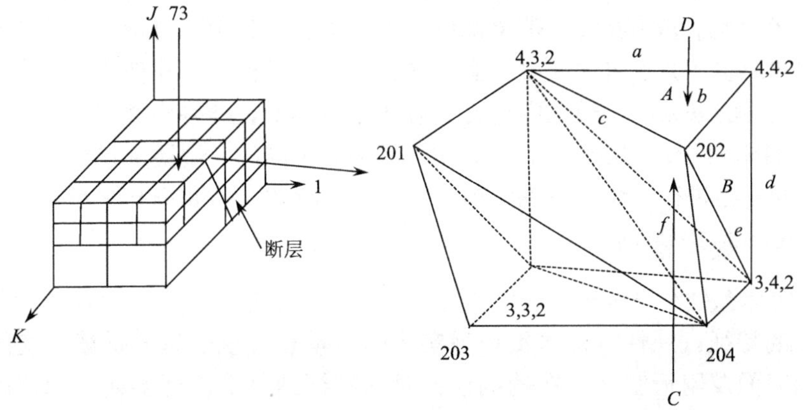

图 5.27　混合模型示例

八叉树

编码	属性
…	
B	SX
…	

四面体

体号	面号	属性
	…	
1	A,B,C,D	
…	…	

三角形

面号	线段号	属性
A	a,b,c	
B	b,d,e	
C	c,e,f	
D	a,d,f	
…		

线

线号	起点	终点	属性
a	4,3,2	4,4,2	
b	202	4,4,2	
c	4,3,2	202	
d	4,4,2	3,4,2	
…	…	…	

结点

点号	X	Y	Z	属性
201	x_{201}	y_{201}	z_{201}	
202	x_{202}	y_{202}	z_{202}	
203	x_{203}	y_{203}	z_{203}	
204	x_{204}	y_{204}	z_{204}	
…				

图 5.28　混合模型的数据组织

尽管混合模型有许多优点，但在实际应用中，并非一概都要采用这种混合模型，而应根据实际情况来决定。例如，在描述地质体的构模中，当地质体比较完整时，采用八叉树模型来描述效果较好；当地质体比较破碎、断层较多时，比较适合用 TEN 模型来描述；而当地质体中断层较少时，采用混合模型来描述比较合适。

3) 矢量栅格集成的三维空间数据模型

它是一种能表示空间点、线、面和体各种类型目标的具有一般性的矢量栅格集成的三维空间数据模型。国内外在这方面研究较多。龚健雅和夏宗国(1997)提出了“矢量与栅格集成的三维数据模型”；Molenaar(1992)提出了“三维矢量地图的拓扑结构”；等等。李德仁和李清泉(1998)在总结这些成果的基础上，提出了一种“矢量栅格集成的三维空间数据模型”(图 5.29)。在这个模型中，空间目标被分为点(0D)、线(1D)、面(2D)和体(3D)等四类。目标的位置、形状、大小和拓扑关系信息都可以得到描述。其中，目标的位置信息包含在空间坐标中；目标的形状和大小包含在线、面和体目标中；目标的拓扑信息包含在目标的几何要素及几何要素之间的联系中。模型中包含矢量和栅格模型。栅格模型中包括了八叉树；矢量模型中包括了 TIN、TEN、Grid、CSG 和 BR。应根据不同的应用要求选择一个或多个合适的数据模型对空间目标进行描述，以完整地表示空间目标的几何和拓扑关系。

5.2.4　时态空间数据模型

任何地理实体都处在一定地理时空坐标系中。已于前述，属性、空间和时间是地理实体的三个最基本的特征。属性特征着重地理实体的质量和度量信息的描述；空间特征着重地理实体在地球表面及附近空间分布的描述；时间特征则着重地理实体时间尺度和时态关系的描述。

关于地理实体的时态变化有两个时间概念，即事件时间(event time)和系统时间(system time)。事件时间指某一地理实体在现实时间中发生变化的时间，系统时间是数据库中用来跟

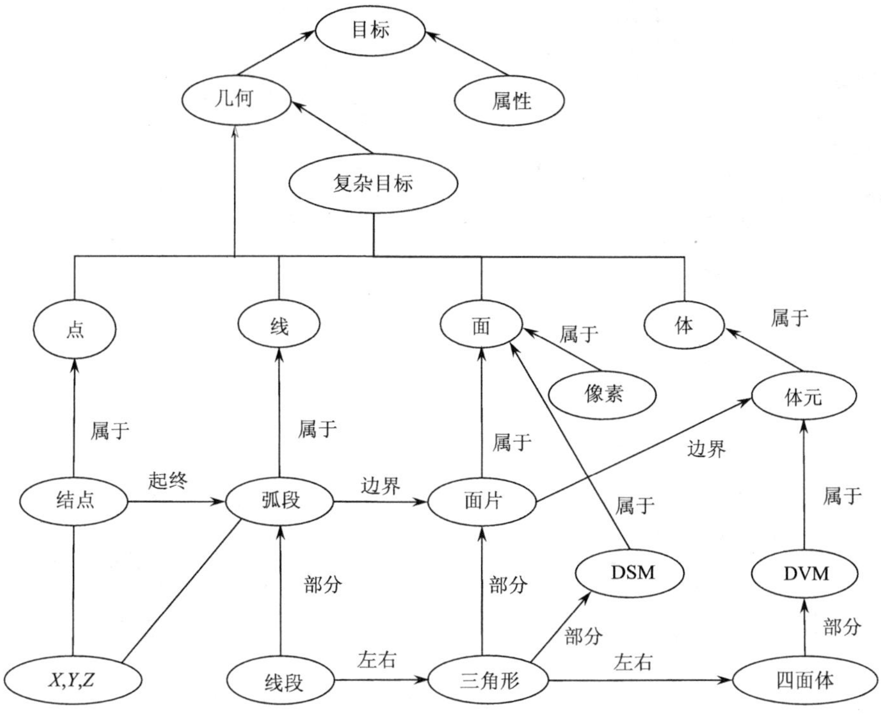

图 5.29　矢量栅格集成的三维空间数据模型

踪记录的变化。GIS 中一般仅考虑事件时间。描述地理实体在数据库中的变化有三种方法(Gadias，1988)；一是当一个或若干个目标在一次事件中发生变化时，对这些实体所涉及的关系表重建一个新的版本；二是对变化的目标给定一个新的版本；三是只对实体变化所涉及的属性字段增加一个新的值。显然，第一种方法数据冗余度最大；第三种方法最理想，不仅数据冗余度最小，而且在一条记录中记录了历史数据，便于查询；第二种方法产生的数据冗余度大小介于第一种方法与第三种方法中间。这里，介绍龚健雅(1999)提出的面向对象时空数据模型和杜道生和舒红(1997)提出的基于同步数据项组和碎分拓扑弧段时间标记的时态空间数据模型。

1. 面向对象时空数据模型

这种时态数据模型的基本思路是利用面向对象数据模型的一个最基本的优点，即打破关系模型范式的限制，直接支持对象的嵌套和变长记录，这样就可以采用面向对象数据模型对前述第三种方法进行扩展，使它不仅能存储 GIS 中不同版本的多个属性值，而且能处理空间目标的图表与拓扑关系的版本问题。具体做法是将时态信息标注在具体的属性字段上，并用面向对象的数据模型进行表达与处理。

在面向对象的数据模型中，对象标识是一个重要概念，每个空间目标都由系统赋予一个对象标识，并且约定，一个目标无论经历多少次变化，从创建到消失，使用一个对象标识，且分别对应于数据库(图形和属性)中的一个记录。为了表达方便，将空间目标变化的时间转化为版本编号，并用一个专门的表格记录它们的对应关系，同时在发生变化的空间目标上标记版本号，考虑到有些空间目标可能从其他目标分裂或演变而来，所以增加一个字段“前任对象”。下面以图 5.30 为例，说明空间目标的变化过程和数据库对空间目标变化历史的记载。

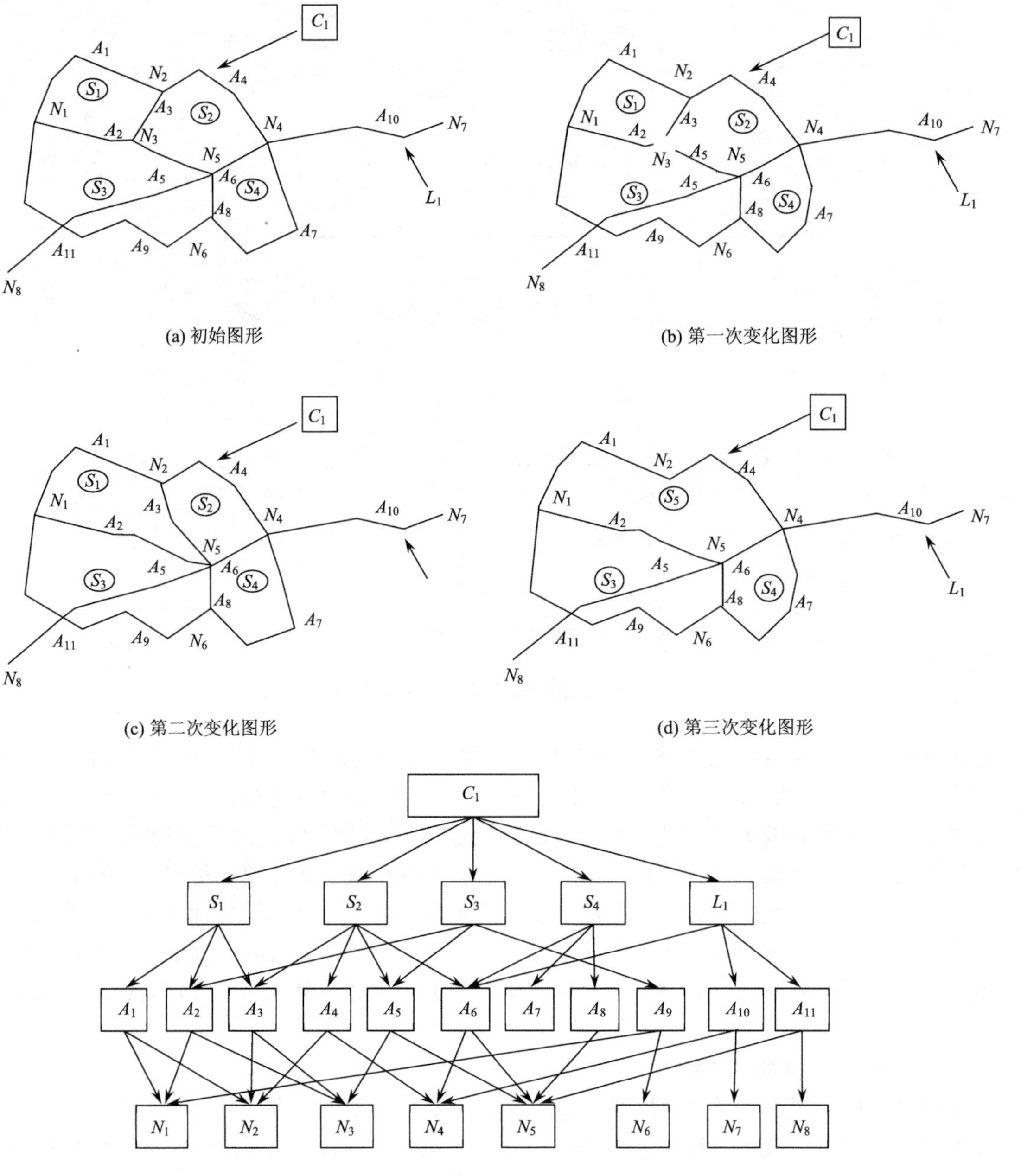

(a) 初始图形　　(b) 第一次变化图形

(c) 第二次变化图形　　(d) 第三次变化图形

(e) 初始图形空间对象关系图

图 5.30　空间目标的演变过程

在图 5.30 中，(a)是一个包含有结点、弧段、线状地物、面状地物和复杂地物的 2DGIS 图形的原始状态，各种空间目标的关系如图(e)所示。一个表达这些关系的面向对象数据模型对应的空间目标的数据结构如表 5.3～表 5.7 所示。该图形经历了 3 次变化。第一次仅是弧段 A_7 发生了变化[如(b)所示]，这时它仅引起弧段类表中 A_7 对应的 Vertex 发生变化；第二次变化去掉了一个结点和一条弧段[图(c)]，这时仍仅引起结点、弧段和面状地物的属性表中的部分字段发生变化；第三次变化将 S_1 和 S_2 合并，形成 S_5，这时引起变化的内容多一些，但比起关系数据库来说要少得多。这种面向对象的时态——空间数据模型既能减少数据冗余，又表达直观，且便于查询空间目标的历史状态。

表 5.3　复杂地物类表

Complex ID	Ver	User ID	Ver	Sub-object ID
C_1	0	COUNTY	0	S_1 S_2 S_3 S_4 L_1
⋮	3	⋮	3	S_3 S_4 S_5 S_4 L_1 ⋮

表 5.4　面状地物类表

Surface ID	Ver	User ID	Arc ID	Complex ID
S_1	0 3E	Community	A_1 A_2 A_3	C_1
S_2		Community　0	A_3 A_4 A_5 A_6	C_1
	2	2	A_3 A_4 A_6	
	3E			
S_3	0	Community　0	A_2 A_5 A_8 A_9	C_1
	2	2	A_2 A_8 A_9	
S_4		Community　0	A_6 A_7 A_8	C_1
⋮		⋮		

表 5.5　线状地物类表

Line ID	Ver	User ID	Ver	Arc ID	Complex ID
L_1	0	River	0	A_{10} A_6 A_{11}	C_1
⋮		⋮		⋮	

表 5.6　弧段类表

Are ID	Ver	Ver	SNID	Ver	ENID	Ver	LSID	Ver	RSID	Ver	Line ID	Ver	Vertex
A_1	0	0	N_1	0	N_2	0	NULL	0	S_1			0	$P_1,P_2,P_3,\cdots$
A_2	0 2 3	0	N_1	0 2	N_3 N_5	0	S_1	0	S_3			0 2	$P_6,P_7,P_8,\cdots$ $P_{66},P_{67},\cdots$
A_3	0 2 3E	0	N_2	0 2	N_3 N_5	0	S_2	0	S_1			0 2	$P_{12},P_{13},\cdots$ $P_{70},P_{71},\cdots$
A_4	0	0	N_2	0	N_4	0	NULL	0	S_2			0	$P_{16},P_{27},\cdots$
A_5	0 2E	0	N_3	0	N_5	0	S_2	0	S_3			0	$P_{21},P_{22},\cdots$
A_6	0	0	N_4	0	N_5	0	S_4	0	S_2	0	L_1	0	$P_{25},P_{26},\cdots$
A_7	0 1	0	N_4	0	N_6	0	NULL	0	S_4			0 1	$P_{30},P_{31},\cdots$ $P_{57},P_{58},\cdots$
A_8	0	0	N_5	0	N_6	0	S_4	0	S_3	0		0	$P_{34},P_{35},\cdots$
A_9	0	0	N_1	0	N_6	0	S_3	0	NULL	0		0	$P_{40},P_{41},\cdots$
A_{10}	0	0	N_7	0	N_4	0	NULL	0	NULL	0	L_1	0	$P_{48},P_{49},\cdots$
A_{11}	0	0	N_5	0	N_8	0	NULL	0	NULL	0	L_1	0	$P_{53},P_{54},\cdots$

表 5.7　结点类表

Node ID	Ver	Ver	X	Y	Ver	Arc ID
N_1	0	0			0	A_1, A_2, A_9
N_2	0 3	0			0 3	A_1, A_3, A_4 A_1, A_4
N_3	0 2E	0			0	A_2, A_3, A_5
N_4	0	0			0	A_4, A_5, A_7, A_{10}
N_5	0 2 3	0			0 2 3	A_5, A_6, A_8, A_{11} $A_2, A_3, A_6, A_8, A_{11}$ A_2, A_6, A_8, A_{11}
N_6	0	0			0	A_7, A_8, A_9
N_7	0	0			0	A_{10}
N_8	0	0			0	A_{11}
⋮						⋮

2. 时间标记的时空数据模型

所谓时间标记，是指在记录空间目标的某一地理状态的同时，记录下该状态在现实世界中出现的有效时间(绝对时间位置)。时间标记的方法有两种：一是标记两状态的差值；二是标记新状态。这里采用标记新状态的方法。标记的时间元素有时间点、时间段和时态元素标记，这里采用时间段标记。标记的单位大小有全局状态时间标记和局部状态时间标记两种：前者能记载全局整体变化，适宜于变化缓慢或存在大量同步变化的特征项，传统的 GIS 即是采用全局状态时间标记；后者更能体现局部细节变化，避免不变数据的重复存储，适宜于变化频繁或各特征项异步变化突出的情况。时态数据模型强调空间目标时间语义的保持、时间维信息的提取和局部变化分析，应该采用局部状态时间标记方法。

空间目标的地理状态由属性状态和空间状态组成。时间标记的最小单位为属性数据项和空间坐标点。属性状态中同步变化的若干数据项归为一组——同步数据项组，空间状态中一定时间范围内同步变化的若干坐标点归为一组——碎分弧段时间标记，可以达到既反映空间目标地理状态的局部变化，又最大限度地避免不变状态数据冗余存储的目的。采用此法，在空间目标全部单元值变化同步时为目标时间标记，而在空间目标各数据单元变化节奏不同时为最小单元时间标记(属性项时间标记，坐标点时间标记)。

考虑属性数据，将时间标记的对象分为数据库、实体和数据项三个层次(图 5.31)。数据库时间标记中，某一目标的某一数据项的值发生变化，就重新存储一新数据库，显然存在不变目标数据的冗余存储；目标时间标记中，目标数据项值稍有变化，就另存储一新的目标，两目标不变数据项值的重复存储是一种冗余存储；数据项时间标记中，每一数据项的各个值都单独带上时间标记，对于大量同步变化的数据项，相同时间标记的存储同样是一种冗余。考虑到发生变化的最小单位是数据项，目标的属性数据项间存在一对一的同步变化，所以将时间标记到目前数据项组上为宜。目前数据项组时间标记方法更适合建立时态空间数据模型。

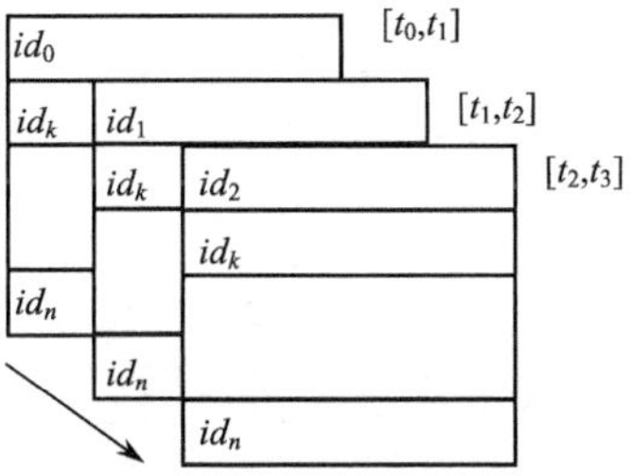

(a) 数据库时间标记

id_0	a	b	d	t_0	t_1
id_1	a	b	d	t_1	t_2

(b) 实体时间标记

id_0	t_1	t_5	a_1	t_1	t_2	b_1	t_1	t_2	c_1	t_3	t_4	d_1	t_3	t_4
			a_2	t_2	t_3	b_2	t_2	t_3	c_2	t_4	t_5	d_2	t_4	t_5
			a_3	t_3	t_4	b_3	t_3	t_4						

(c) 数据项时间标记

id_0	t_1	t_5	a_1	b_1	t_1	t_2	c_1	d_1	t_3	t_4
			a_2	b_2	t_2	t_3	c_2	d_2	t_4	t_5
			a_3	b_3	t_3	t_4				

(d) 同步数据项组时间标记

图 5.31　属性数据的时间标记对象

考虑矢量结构的空间状态的时间标记，将时间标记的对象分为数据库、坐标点、目标、弧段四个层次(图 5.32)。数据库时间标记中，某一目标的空间分布状况稍有变化，就另存储一新的数据库，显然存在不变目标空间数据的冗余存储；坐标点时间标记中，同一时刻弧段上所有坐标点具有相同时间标记，相同 t 值的存储是一种冗余；空间目标时间标记中，某一目标发生局部的形状改变，就重新另存一新的目标，目标不变弧段的存储是冗余存储；弧段时间标记中，弧段稍有变化，就另存储一新的弧段，仍然存在弧段不变部分坐标点数据的冗余存储；将时间标记在同步变化的坐标点集合——碎分弧段上，即将各个不同时刻的目标的空间分布投影到某一时刻的空间平面上，进行虚拟求交，即可得到碎分弧段，在碎分弧段上记录它存在的有效时间，此法不仅对碎分弧段只存储一次，而且不变坐标点数据也只存储一次，同时由于碎分弧段上记录了有效时间，可通过时间标记检索出构成某时刻空间目标实际弧段集合，较其他方法更适合于建立时态空间数据模型。应该指出的是，由于碎分弧段时间标记方法是将目标及空间数据进行多次人为的分裂，必然出现大量碎片，造成目标的历史空间数据的重组效率低。为解决这一问题，可采取设立多个基态和由用户按应用要求给出分裂容限值的措施来控制弧段分裂过碎。

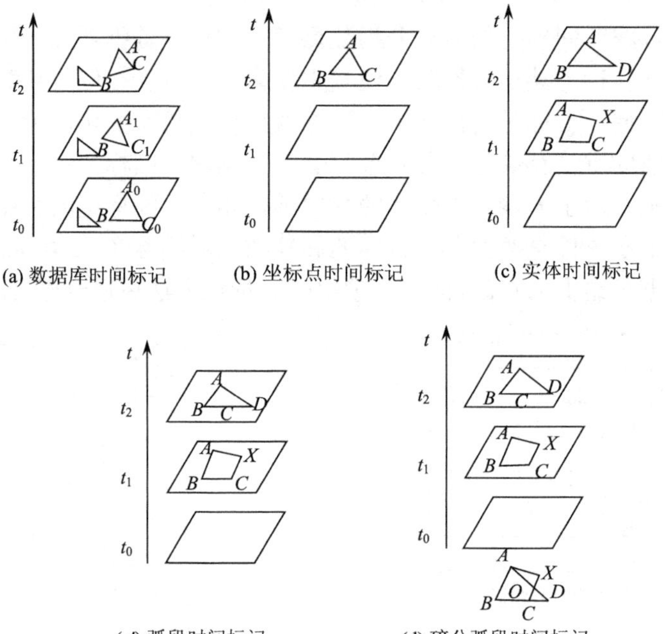

(a) 数据库时间标记　(b) 坐标点时间标记　(c) 实体时间标记

(c′) 弧段时间标记　(d) 碎分弧段时间标记

图 5.32　空间数据的时间标记对象

5.2.5　超地图四维时空数据模型

随着网络技术的发展，在地理信息系统领域，人们借助和引申超文本(hypertext)、超文档(hyperdocument)和超媒体(hypermedia)的概念，提出了超地图(hypermap)的思想，认为地图作为一种媒体，可以通过结点链接各种媒体，如图像、图形、声音、动画、文本和连续播放。其中，最基本的组成部分是结点(node)和链(link)。结点用来存储对象的信息，链用来表示信息之间的关系。这里，关键是超链技术，通过超链(hyperlink)，可以组织和链接各种信息，并可以有效地进行导航与检索(龚健雅，1999)。

1. 超地图的基本概念

超图数据模型最早由法国巴黎大学的 Bouille 教授于 1977 年提出，中国的崔伟宏研究员和美国的 Rugg 教授也在该领域进行了卓有成效的研究，使之逐步完善起来。

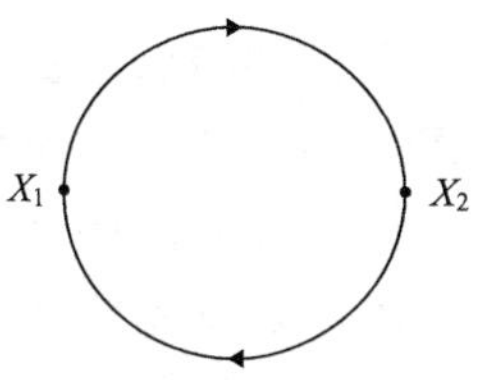

图 5.33

超图是在图的基础上发展起来的，它扩展了图的概念。著名数学家 Berge(1973) 给超图下了一个定义：一个超图是在图中两个或两个以上的端点被同一边缘所连接。如图 5.33 所示。

如果

$$R=\left(E_i / i\in I\right) \text{是} V \text{的子集}$$

式中，E_i 为边缘，$i\in I$，$E_i\neq 0$（i 是指标号）。如果有

$$\bigcup E_i = V$$

则 $H=\left(V,R\right)$ 为超图表达式；$\left|V\right|=n$，称为超图的次序；$V_1,V_2,V_3\cdots,V_n$ 为端点；$R_1,R_2,R_3\cdots,R_n$ 为边缘。

超图理论有相应的概念和算法，如 K-截、径集和超图的代表图等(Berge，1973)。

(1) 超图 K-截。它定义为：$H_k=\left(V,R_k\right)$。H_k 仍是一个超图，其顶点集仍为 V，其边集则是在原来每一边上取不超过 K 个点做边。在 $H_k=\left(V,R_k\right)$ 中，$R_k=$（$F/F\subset V, 1\cdot\left|F\right|\cdot K, F\subset$ 某一边 E_i，$E_i\in R$），这个 K-截 H_k 是一个单纯图，在每一个点上有一个环。特别地当超图顶点数不变，但组成边的顶点数减少到 2 个时，则超图变成一般的图论关系。所以，K-截反映了超图复杂层次关系的纵向综合或关系。

(2) 超图的径集。它定义为：已知超图 $H_k=\left(V,R_k\right)$，取顶点集 $T\subset V$，V 为超图顶集。设 T 满足条件 $T\cap E_i\neq\varnothing$（且至少包含每条边的一个点），对一切 $i\in I$ 均成立，则 T 称为超图 H 的径集。径集实际是一部分顶点构成的集合，其中至少包含每条边的一个点；体现在空间意义上是超图类或对象的横向综合或关系，但不是全方位的。

(3) 超图的代表图。已知超图 $H=\left(E:V_1,V_2,\cdots,V_n\right)$，取 H 的边做顶点 $V_1,V_2,\cdots,V_n$，当且仅当两边 $V_i\cap V_j\neq\varnothing$ 时，将 V_i 与 V_j 联边，得到图 G，该图称为超图 H 的代表图，记作 $G=L\left(H\right)$。图 G 所代表的仅是超图 H 的边及其间接的相互关系，它提供了空间关系和空间对象的一定的转换关系和转换方法，提供了将关系定义为对象的分布式处理方法。

上述超图的 K-截、径集和代表图提供了空间关系转换和综合的理论和算法，应用这些理论和算法有助于 GIS 空间目标的自动综合和分布式处理和计算。

将超图中的端点和边缘理解为地图上的结点和链，就是所谓“超地图”的概念。超地图的概念最早由 Laurini 和 Milleret-Raffort 提出，他们把地图作为多媒体超文档的地理位置的参考架。地图上表示的诸要素及其相互关系是具有严格数学基础的，地图除了表示基础地理信息之外，还可以将其点、线、面目标作为能够链接超文本、超文档和超媒体，甚至子地图的链结点。当用鼠标单击或双击这些结点时，系统便进入下一级的地图，或某一超文本或超媒体。超文本、超媒体或子地图的结点还可以链接另外的超文本、超媒体或超地图。因此，在超地图的概念中，超链起着关键性作用。地图实际上起图形参考和索引作用，通过地图上超

链链接的结点，链接各种超媒体。每个被链接的超媒体或称子目录，都有一个唯一的标识号ID，有一个地理位置的参考(坐标)、时间标记、属性描述、超媒体类型，以及指向该超媒体的链码和它链接到其他媒体的指针。如果超媒体在不同的目录、不同的服务器甚至不同的IP地址，那就还要指出它的目录名或IP地址。正如20世纪90年代学界认为的那样，“在不久的将来，超图将广泛应用于空间信息系统中，或者更确切地说，未来的空间信息系统将建立在超图概念的基础上。”

2. 超地图模型的应用

目前，关于超图数据模型的GIS空间数据模型的研究，仍然主要是利用超图模型的思想，即仅建立了超地图模型的概念模型，之所以称其为空间模型，是因为超图模型在提供概念的同时，也提供了关系。

关于超图模型的应用，张锦(1998)提出了面向对象模型与超图模型的集成，还给出了一个运用超图模型的特例。在面向对象空间数据模型中，他将GIS空间要素抽象为几何对象模型、地理对象模型、地图表示结构对象模型和图形计算对象模型。几何对象模型描述空间对象的几何特征，包括对象的形状、空间位置、拓扑关系及几何度量信息，分为结点、弧段和多边形，它封装了所有的空间操作；地理对象模型用于定义和解释几何对象，分为点状地物、线状地物、面状地物和复杂地物，地理对象的空间关系由组成它的几何对象推导；地图表示结构对象模型将地图表示结构分为物理表示结构和逻辑表示结构，物理表示结构定义为表征GIS的分布式特征、物理存储等，逻辑表示结构定义为GIS数据的专题层模型、数据格式、显示规则和用户界面等；图形计算对象模型定义为GIS空间计算模式和功能、功能扩充接口、比例尺变换等。超图模型提供了与对象模型相似的模型语义，所不同的是，对象模型的空间定义基于抽象的对象语义，而超图模型空间对象定义是在基于抽象对象语义的同时，还可利用具有可视化空间特征的超图空间数据模型作为模型向导。超图模型同样提供与对象模型相似的数据抽象方法。图5.34为运用超图模型的一个特例，展示了超图模型的基本对象模型特征。

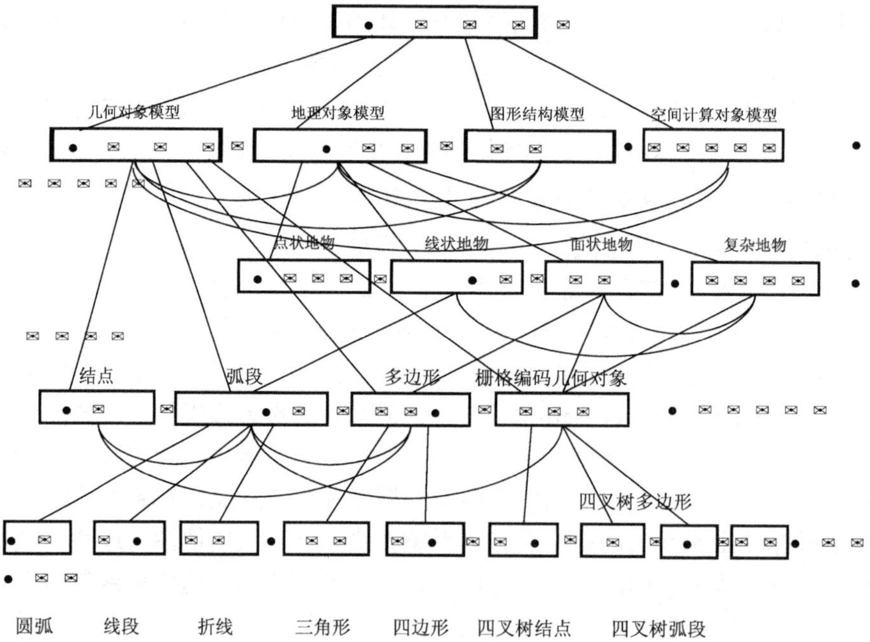

图5.34 超图对象

龚健雅(1999)提出了基于面向对象与超地图概念的四维时空数据模型。他借用超地图的概念进行扩展，即用超链来链接三维空间实体的动态变化信息，认为超地图中的超链的概念与面向对象中复合目标的概念非常相似。在复合目标的组织中，一个目标可以包含若干子目标的目标标识，而子目标又可进一步包含子目标。但是超链的概念更加广泛，它不仅指子目标和父目标，还可以是与它平行的各种目标或各种媒体，例如，图可以链接文本，文本可以链接图像，图像可以链接到声音，声音可以链接到录像，录像又可以链接到图，形成一个超越时空关系的超链接。利用这一特点，可以对各种时空关系的信息进行超链接。当然，这种超链接在文本中主要表现在三维空间实体的时态信息方面，而三维空间实体的结构本身及二维时空信息仍可采用面向对象的方法表示。龚健雅还以多层建筑的空间数据模型、掘进巷道的空间数据模型、环境数据模型为例，讨论四维空间数据模型及其实现方法。对于多层建筑，要表示其结构、贴面材料(景观模型所需贴面)、分层布局、各单元的属性及动态变化信息。作为一个三维实体，它由结构面构成；为表示它的景观模型，需要把航空摄影或摄像得到的各个结构面的影像记录下来；由于是多层结构，还要设计指针，指向每一层的信息，必要时还要记录它的时态信息。对于掘进巷道，是将其定义为柱状地物，它由一系列断面构成，巷道逐渐延伸，断面不断增加，即巷道作为体是不断变化的，当然它的大多数子目标断面又是静态的，为反映巷道的这种动态变化，将断面建立一种随时空变化的超链接，将巷道包含的断面集合改为链指针。对于环境，如大气、温度、水质等的数据，虽然随时间的变化很大，但是它们的“体外形”或研究区域的空间基本不变，也就是说只是数字立体模型在发生变化，每一个采样时间存在一个数字立体模型，多个采样的数字立体模型串起来就是一个四维动态空间数据模型。关于四维时空数据模型的详细讨论请参见有关文献。

5.3　空间数据分布式存储管理

5.3.1　分布式存储基本概念与特点

1. 分布式存储的基本概念

随着互联网技术的发展和应用的深入，用户数量飞速增长，各类应用层出不穷，由此产生的数据增长速度已经远远超出了存储硬件性能的增长速度。人们发现按照传统的集中式存储模式，已经无法为不断膨胀的大型数据库找到合适的存储服务器。由此，一种新的存储策略——分布式存储技术应运而生。

所谓分布式，是指由一组使用网络进行通信、为了完成某项任务而协同工作的计算机节点组成的一种架构类型。分布式存储，通俗地说，就是利用多台存储设备分担存储负荷，用更多的机器存储和处理更多的数据。相对于传统的集中式存储，分布式存储增加了系统的复杂性和维护难度，但是由于理论上节点的数量可以不受限制，由此而来的存储能力也就可以接近无限增长。同时，分布式系统对节点上的计算机的性能要求相对较低，可扩展性强，为互联网时代海量数据存储提供了可行的解决方案。

2. 分布式存储的特点

除了必须具备的大容量之外，分布式存储的主要特点还包括以下几点。

(1) 高可靠。这是存储系统最基本也是最核心的要求。与集中式存储相比，分布式存储使用的硬件数量更多，故障率更高，因此对分布式系统的可靠性设计要求也更高。既要保证数据能够可靠的读写，也要保证在出现硬件故障时能够确保数据不丢失，存储整体性能不受较大影响。无论哪种分布式存储系统，都会通过对节点逻辑关系的设计提升系统的整体可靠性，使存储的可靠性达到甚至超过集中式存储的水平。

(2) 高可用。分布式存储系统主要用来支持大型互联网应用，需要提供持续不间断的服务，可用性是必然要求。高可用的核心是避免和消除“单点”问题，在这方面分布式存储具有天然优势。集群化设计和存储节点之间的冗余机制可以确保在某一节点发生故障时有其他节点能够无缝接替，确保系统正常使用。分布式存储中的冗余备份和自动故障转移机制是实现存储系统高可用的关键。

(3) 高性能。分布式存储中可以通过节点之间的并行存取策略实现低延迟、高性能的数据存取。同时，非易失性存储器标准(NVMe)等新型接口和更现代化的软件也正日益普及，使分布式存储系统中的软件与硬件之间的接口速度不断加快，存取性能不断提升。随着存储级内存等技术的发展，存储节点的读写性能将更接近动态随机存取存储器，整体性能还将不断获得提升。

(4) 低成本。分布式存储产生的最初动机就是利用大量廉价的计算机通过网络连接和软件支持达到甚至超过单一高性能存储服务器的效果。因此，分布式系统尽管庞大，但对单点设备的性能要求低，且可以随着数据量的变化对系统架构进行调整，具备更好的扩展性和灵活性，建设和使用成本与集中式存储相比具有优势。

3. 分布式存储技术

按照存储对象的特点和使用的读写接口，分布式存储技术的主要形式包括块存储、对象存储和文件存储三种。

块存储：以数据块的方式进行存储，只负责数据块进行读取和写入，而不考虑数据块之间的关系，接口通常以 QEMU Driver 或者 Kernel Module 的方式存在，主要操作对象是磁盘，I/O 特点与传统的硬盘类似。既能适用于大文件又能适用于小文件，在应对热点存储和查询时更有优势。块存储读写性能高，适用于对响应时间要求高的系统，典型如 Sheepdog，AWS 的 EBS，青云的云硬盘和阿里云的盘古系统等。

对象存储：即通常所说的键值存储，主要操作对象是对象，每个对象有一个唯一编码 UUID，通过编码实现对象的存取和管理。一个对象就相当于一个文件，读写都是针对完整的文件，对 I/O 带宽的要求较高。接口采用简单的 GET、PUT、DEL 和其他扩展形式。对象存储可以非常简单地扩展到超大规模，因此非常适合数据量大、增速又很快的视频、图像等，典型代表如 S3 等。

文件存储：主要操作对象是文件和文件夹，与传统的文件系统如 Ext4 相似，区别在于提供了并行化的存取能力。数据以文件的方式存储和访问，按照目录结构进行组织，对数据进行一定的高级管理，比如在文件层面进行访问权限控制等。文件存储可以很方便地共享，因此用途非常广泛。常用的 NFS、CIFS、ftp 等都是基于文件存储的应用。

4. Hadoop 分布式存储架构

从架构上讲，云时代的分布式存储逐渐形成了中心化和去中心化两种不同的形态。中心化架构如 Google 的 GFS，特点是由一个主节点 Master 和若干个存储节点 Chunkserver 构成，主节点负责存储任务的分配和调度，存储节点容量固定，可以同时被多个客户端 Client 访问。这种架构性能高，可靠性好，缺点是需要采用一系列的冗余备份、快速恢复等技术，主节点出现故障将导致数据难以恢复，数据高峰对主干网压力大等。去中心化架构的分布式存储如 Filecoin，特点是系统中没有主节点，节点之间采用对等架构，基于 IPFS（inter planetary file system）点对点超媒体传输协议进行通信，具有良好的扩展性、安全性，成本较中心化存储更具优势。去中心化的分布式存储与区块链技术结合紧密，正处在快速发展过程中。

Hadoop 是一个由 Apache 基金会负责开发的分布式系统基础架构。受 Google Lab 开发的 Google File System（GFS）和 MapReduce 启发，Apache Software Foundation 公司于 2005 年将其引入开源社区。与 Google Lab 的产品相对应，Hadoop 的核心是作为提供海量数据存储功能的文件系统 HDFS（Hadoop distributed file system）、分布式数据库 HBase 和提供计算能力的 MapReduce（范建永，2013）。

1）分布式文件系统 HDFS

HDFS 是一个典型的中心化架构的分布式存储系统，采用主从（Master/Slave）结构模型（图 5.35）。一个 HDFS 集群是由一个管理节点 Namenode 和若干个数据节点 Datanode 组成的。其中 Namenode 作为主节点，管理文件系统的命名空间、集群配置、元数据文件、客户访问权限等信息。Datanode 作为存储节点负责管理存储的数据，数据以数据块 Block 的方式存储在节点中，每个 Block 容量保持一致（Hadoop1.0 中每个 Block 为 64MB，Hadoop2.0 中每个 Block 为 128MB）。除此之外，为了提高系统的可靠性，还为 Namenode 提供了一个或多个备份节点 SecondNamenode，与 Namenode 中存放的信息进行周期性更新，辅助 Namenode 进行管理操作，当 Namenode 出现故障时用于系统的恢复，确保系统稳定运行。

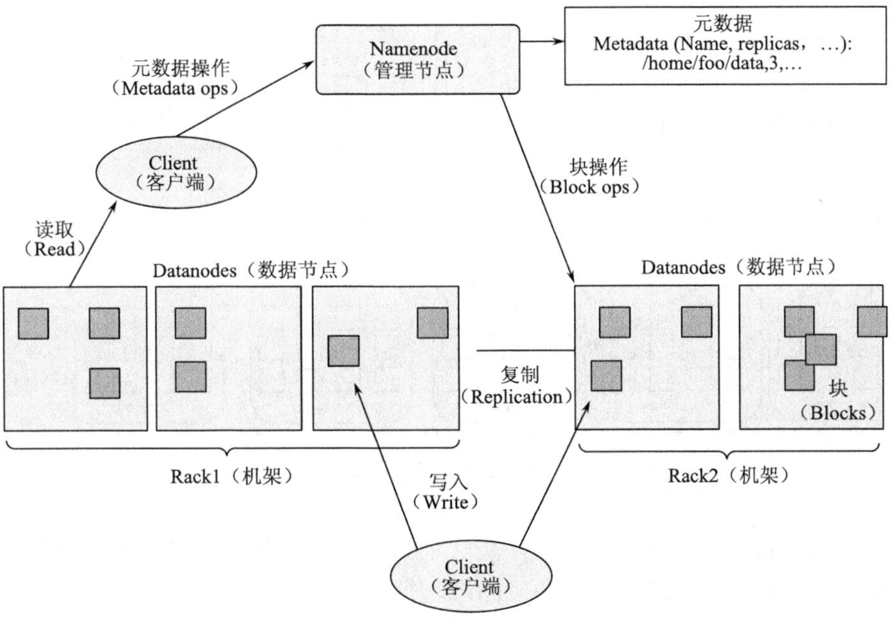

图 5.35　HDFS 架构

从架构上可以看出，HDFS 是一个高度容错的系统，数据会在不同的节点上自动保存多个副本，同时又是一个适合大规模数据集存储的系统，可以应对 TB 甚至 PB 级数据、百万规模以上的文件数量。HDFS 放宽了一部分 POSIX 约束，支持流式文件访问，不支持多用户对同一文件的修改操作，适合“一次写入、多次读取”的应用场景。但 HDFS 的高 I/O 吞吐量是以时间为代价的，因此并不适合要求响应时间短的低延迟应用，这时就需要引入高性能的数据库如 HBase 作为辅助。此外，由于 HDFS 的主节点中需要记录每一个文件的元数据，而主节点的存储空间不可能无限扩大，当文件数量特别巨大时，HDFS 的性能就会受到影响，因此 HDFS 并不适合海量小文件的管理。解决办法同样可以借用 HBase 中对小文件归档管理的策略。这些方法在时空数据的分布式存储中具有广泛应用。

2) 分布式数据库 HBase

HBase(Hadoop Database)是 Apache Hadoop 的一个子项目，是一个分布式、高可靠、高性能、可伸缩的列式存储数据库系统，是 Google Bigtable 的开源实现，支持大规模结构化数据的分布式存储和管理，依赖于其他文件系统(如 HDFS)运行。同 HDFS 一样，HBase 也是一个主从式架构，由 HBase Master 服务器和 HRegion 服务器集群构成。HBase Master 服务器负责管理所有的 HRegion 服务器，本身不存储 HBase 中的任何数据，而是存储从数据到 HRegion Server 的映射。HBase 逻辑上的表可能会被划分成多个 HRegion，然后存储到 HRegion Server 集群中。HBase 的体系结构如图 5.36 所示。

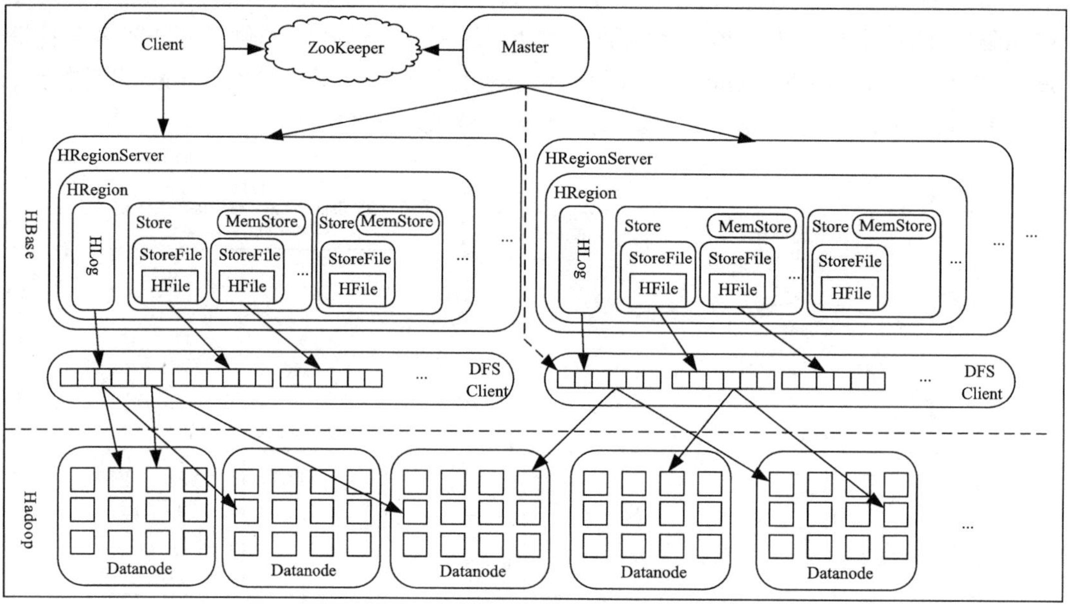

图 5.36　HBase 架构

HBase 大部分特性和 Bigtable 一样，是一个稀疏的、长期存储的、多维度的、排序的映射表。表索引是行关键字、列关键字和时间戳，每一个值是一个可解释的字符串。

HBase 是一个分布式多维映射表，表中的数据通过一个行关键字(Row Key)、一个列关键字(Column Key)以及一个时间戳(Time Stamp)进行索引。HBase 对存储在其中的数据不做任何解析，一律看作是字符串，具体数据结构的实现需要用户自行处理。HBase 的存储逻辑可以表示为：(Row：string，column：string，time：int64)→string。HBase 的数据存储格式如图 5.37 所示。

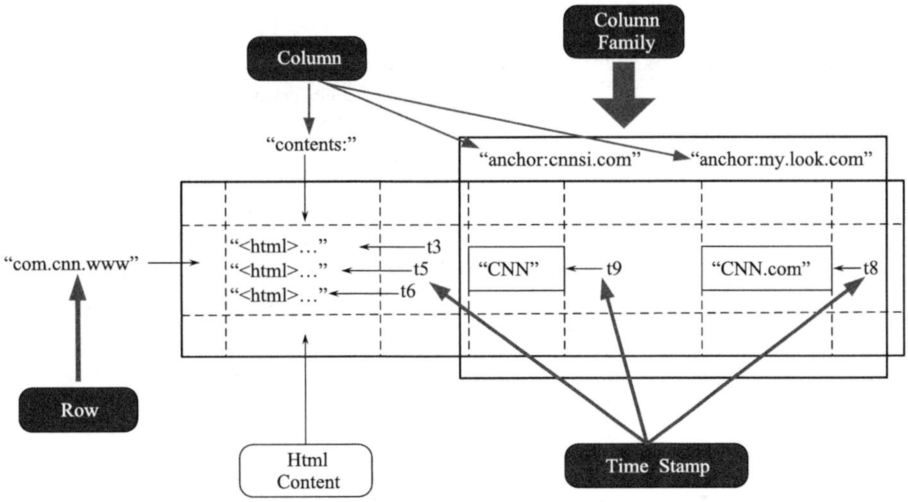

图 5.37　HBase 数据存储格式

3) MapReduce

MapReduce 是在云计算环境下为复杂计算处理任务提供的一种并行计算框架。它采用"分而治之"的计算方式，并合并求解后的子任务从而给出总任务的完整解，非常简单且易于扩展。

MapReduce 体现了移动计算而非移动数据的思想，不仅移动计算比移动数据的代价更小，而且更安全。其编程模型能跨越大量数据节点，将复杂任务进行分割，并将输入数据划分后分配给下层计算节点进行数据处理。简单地说，MapReduce 处理大数据集的过程，就是将大数据集分割为成百上千个小数据集，每个(或若干个)数据集分别由集群中的一个节点(一般就是一台普通计算机)进行并行处理并生成中间结果，然后这些结果又由大量的节点合并，并形成最终计算结果(完整解)。

MapReduce 并行处理过程中的关键包括数据输入、数据输出格式及其算法设计(范建永，2013)。

A. MapReduce 数据输入/输出格式

(1) MapReduce 数据输入格式。MapReduce 数据输入格式包括 File Input Format、Text Input Format、Combine File Input Format、Key Value Text Input Format、NLine Input Format、二进制输入、数据库输入等。Input Format 类的层次结构如图 5.38 所示

(2) MapReduce 数据输出格式。针对前述的 MapReduce 数据输入格式，Hadoop 设计相应的输出格式，输出最终结果。Output Format 类的层次结构如图 5.39 所示。

B. MapReduce 输入分片

Hadoop 中有两个概念。一是 Block，它是分布式文件系统 HDFS 中的；二是 Split，它是 MapReduce 中的。输入分片用 Input Split 接口表示，同时一个输入分片并不包含数据本身，而是指向数据的引用。Input Split 文件描述了 MapReduce 是如何将 HDFS 的文件划分成若干个 Split 的，通常一个 Block 对应一个 Split。通过重写 Input Split，可以按照自己的逻辑来划分 HDFS 文件。MapReduce 应用开发人员并不需要直接处理 Input Split，它是由 Input Format 创建，负责产生输入分片把它们分割成记录。

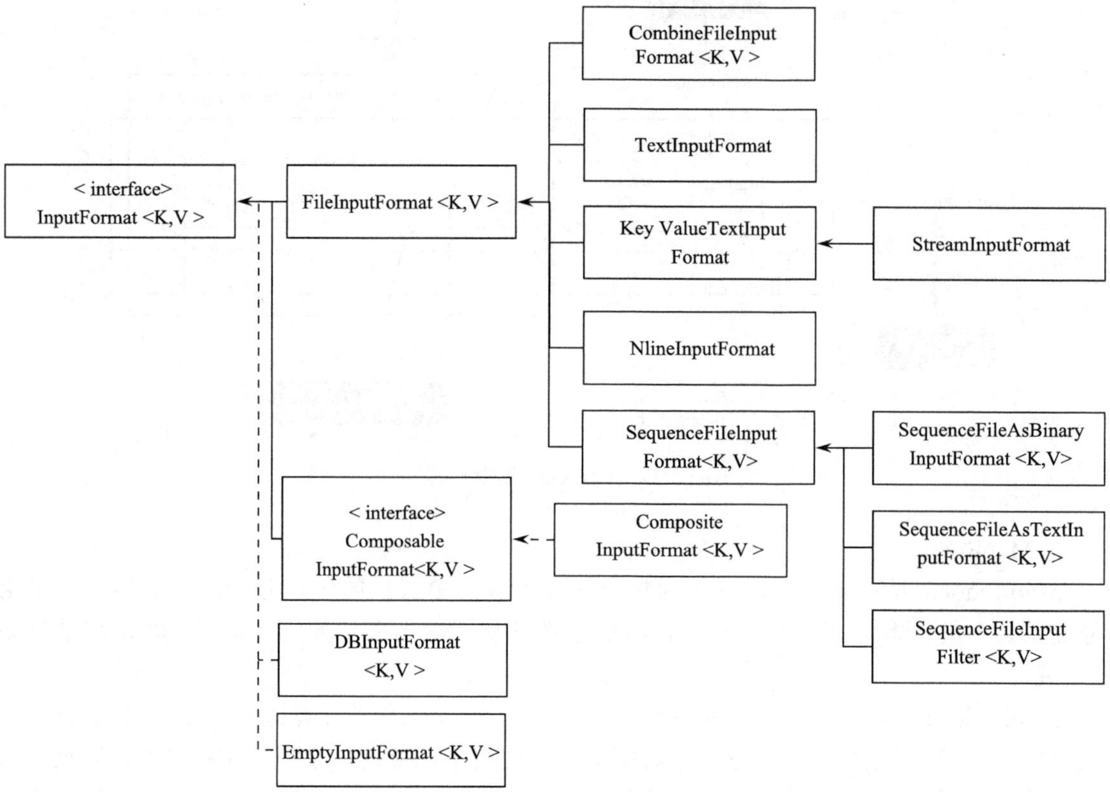

图 5.38　Input Format 类的层次结构

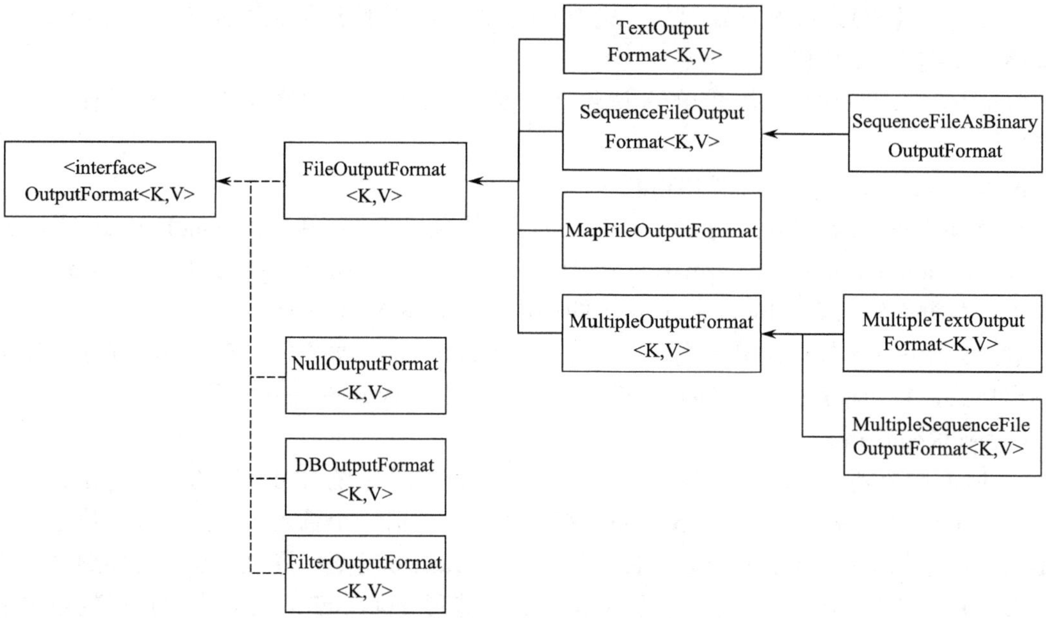

图 5.39　Output Format 类的层次结构

需要注意的是，输入分片可能不能很好地匹配 HDFS 的文件块。例如，Text Input Format 的逻辑记录是以行为单位的，这就很有可能某一行会跨越文件块存放，意味着本地的 Map(运行在同一台主机和输入数据上的 Map)可能会执行一些远程的读操作(图 5.40)。

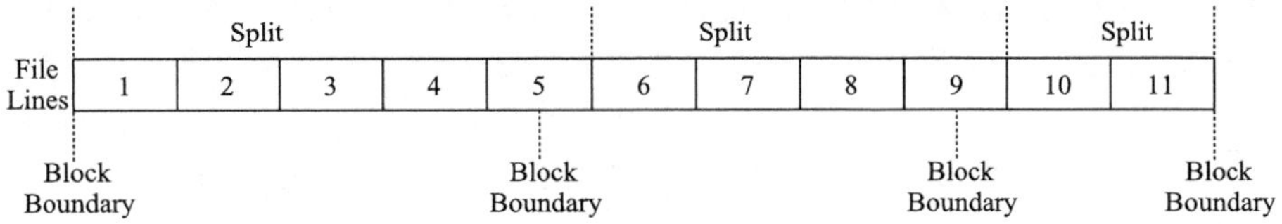

图 5.40　TextInputFormat 的逻辑记录与 HDFS 文件块的关系

C. MapReduce 数据过滤

指在面对大规模海量输入数据时，清除数据中无用的数据、噪声数据和异常数据，以降低数据处理的规模、提高数据处理的效率，避免异常数据影响最终结果。MapReduce 数据过滤的方法很多，其中 Filtering 是其他模式的一种最基本的抽象模式。Hadoop 是一个大数据处理系统，MapReduce 并行处理的数据可能是大数据的一部分，Filtering 的任务是把感兴趣的数据子集抽取出来并发送到分析处理程序。因为它不处理聚合运算，所以 Filtering 是 MapReduce 中唯一不需要 Reduce 操作的，而其效率与 MapReduce 相当，减少了数据在 Map 和 Reduce 之间的传输。Bloom Filtering 和 Filtering 的功能相同，只是评估方法不同，主要区别在于：一是预先定义热点值集合，基于某种热点值集合的隶属关系过滤数据；二是集合的隶属关系用 Bloom Filtering 来评估，其结构如图 5.41 所示。其他模式如 Topten、Distinct 等，这里不作介绍，可参考相关文献。

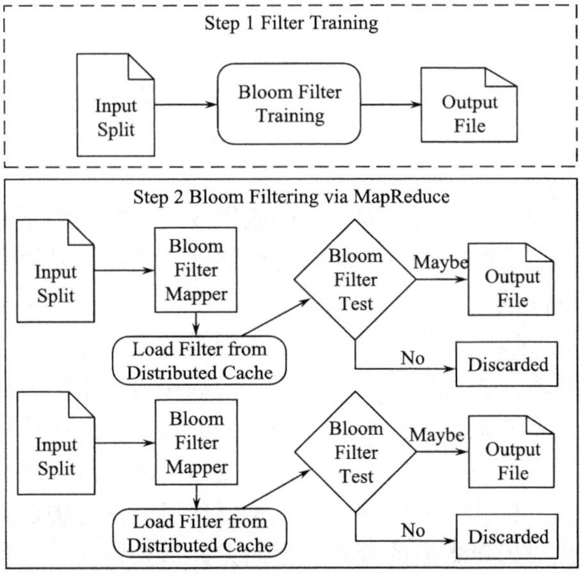

图 5.41　Bloom Filtering 模式的结构图

5.3.2 空间数据分布式存储与管理关键技术

进入 Web2.0 时代，以 Google Map、Google Earth 为代表的大型地理空间信息应用对分布式存储需求强烈。一方面，对地观测技术的发展使得空间数据获取数量激增；另一方面，为应对互联网用户的大规模并发访问，需要对空间数据进行二次加工，各类瓦片数据(Tile)成为互联网地理信息发布和传播的基本形式。这些数量庞大的小文件难以通过传统的数据库技术进行管理。因此，针对空间数据的分布式存储和管理就成为必须要解决的新问题。

以瓦片数据为例，互联网上空间数据的主要特点是文件小，但数量极其庞大。应用场景主要是服务提供方定期或不定期更新数据，大量互联网用户并发访问不同区域的数据集，总体上符合“一次写入、多次读取”的基本特征。以 GFS、HDFS 为基础的分布式存储技术成为空间数据分布式存储与管理的主要形式。

1. 基于 Hadoop 的空间数据分布式存储策略

如前所述，GFS、HDFS 等文件系统虽然能够很好地支撑大规模数据的管理，但并不适合海量小文件的管理，且对响应要求较高的应用能力不足，这就需要在空间数据的组织上采取一定策略，通过数据库与文件系统相配合的方式提升空间数据的存储管理能力。以基于 Hadoop 的分布式存储为例，通常采用分布式文件系统 HDFS 与分布式数据管理系统 HBase 相结合的方式。

一种策略是使用 HDFS 进行海量地图瓦片数据存储，以“文件/目录”的组织方式提供高可靠、可扩展的海量数据存储服务，并对外提供与普通文件系统类似的访问接口。使用 HBase 存储和管理瓦片的索引信息，将每个瓦片的层号、行列号和所属金字塔名称构造唯一标识 Key，并且将瓦片所属文件名、瓦片在文件中的位置和长度等信息封装为 Value，构成 Key-Value 键值对。访问瓦片索引信息时，只需要通过 Key 值即可通过 HBase 内部索引机制快速找到对应的瓦片索引信息，并提取出指向的瓦片文件。

另一种策略是按照不同的空间数据类型采取不同的存储方法。将空间数据中多分辨率瓦片数据、矢量数据、元数据以及各类业务数据都存储在 HBase 表中，而将未经分割的数据量较大的影像数据存储到 HDFS 中。由此可以解决 HDFS 不便管理小文件的问题，还可以利用 HBase 时间戳来实现数据的版本控制。

无论采取哪种策略，都需要针对不同类型的应用场景和空间数据的特点，对 HDFS 的数据预取与缓存以及数据调度机制、HBase 的索引机制进行优化，以达到最优性能。

2. 空间数据多级格网划分

数据划分又称为数据分簇，通俗地说就是将大规模的数据划分成小规模数据块的过程。为了适应分布式存储的要求，将连续的空间数据分割成相对较小的、独立的数据块是十分必要的。空间数据划分的基本原则首先是要保证划分后的数据块大小尽可能保持一致，符合分布式存储的要求，保持存储节点之间的平衡；其次是尽可能保持地理空间上的邻近关系，使空间相邻的数据尽可能划分在相邻的文件中；三是要尽可能保持地理要素的完整性，以提高存储检索的效率，这一点对矢量数据的分布式存储尤其重要。

空间数据的划分方法主要有两种。一种是按照对象个数进行划分，如轮转法、范围法、混合范围法、散列法等，这些方法可以保证划分后的每个单元中包含相同数量的地理对象，但由于地理对象的几何形态差异，导致划分后每个单元的数据量并不相同；另一种是按照地理范围和文件大小进行划分，如格网法。这种方法可以照顾到数据的空间邻近关系，划分后的数据文件大小也较为一致，且划分方法简单易用，因此应用较为广泛。World Wind、Google Maps、Google Earth、Bing Maps、天地图等大型地理空间信息门户的存储系统都基于该方法设计了空间数据的划分方案。

以下简要介绍基于 Web 墨卡托投影的空间信息多级格网划分方法。

1) 坐标系建立及投影选择

为使各类空间数据能够准确匹配、无缝拼接和无重叠显示，在进行数据分割前需要统一所有数据的空间基准，包括坐标系和投影方式的统一。

为了解决全球多源、多尺度的空间数据的坐标系统不统一，确保空间数据原始坐标的唯一性，可采用国家通用的 WGS84 坐标系或者我国的 2000 国家大地坐标系(CGCS2000)，其他坐标系如 1954 北京坐标系、1980 西安坐标系及局部地方坐标系的数据可统一转换为WGS84 或 CGCS2000 坐标系。

对于投影方式的选择，考虑到地理空间信息存储和表达的需要，通常采取 Web 墨卡托投影。Web 墨卡托投影(又称 Spherical Mercator 投影)，与普通墨卡托投影的主要区别是 Web 墨卡托投影把地球模拟成球体而非椭球体。优点是继承了墨卡托投影等角变形的特点，由每一点向各方向的长度比相等，它的经纬线都是平行直线，且相交成直角，经线间隔相等，纬线间隔从赤道向两极逐渐增大。墨卡托投影地图上的长度和面积变形明显，但标准纬线无变形，从标准纬线向两极变形逐渐增大，但因为它具有各个方向均等扩大的特性，保持了方向和相互位置关系的正确。缺点是以球体代替椭球体在理论上会产生误差，但精度差别在 0.33% 之内，且当比例尺增大时两者之间的差异基本可以忽略。

2) 空间多级格网建立

所谓空间多级格网划分是指对空间数据进行纵向分层(分级)、横向分块的过程。通常采取的方法是基于 Web 墨卡托投影进行四叉树剖分，建立一个空间多级格网系统，其中的关键是层级数和数据分块大小的确定。

Web 墨卡托投影金字塔四叉树层次剖分是在地理坐标经纬度[−180°，−85.05112877980659°]到[180°，85.05112877980659°]范围内，使用球面模型将地球投影成一个规则的正方形平面，基于该平面构建离散多分辨率金字塔，并在各层按照递归四叉树进行剖分，进而对每一个剖分面片建立四叉树索引，这种方法简称 MPPQT 剖分(图 5.42)。

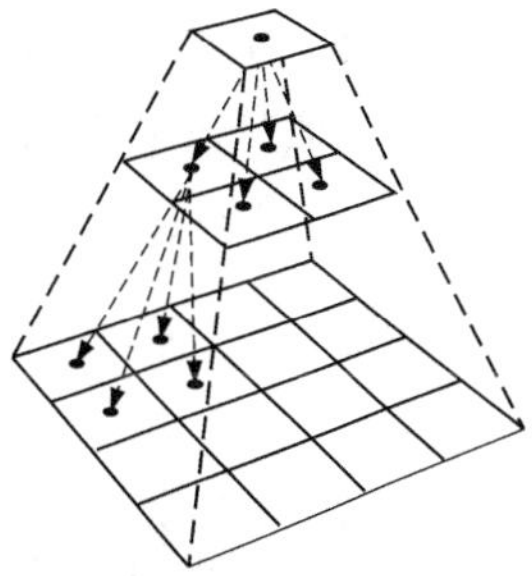

图 5.42　Web 墨卡托投影金字塔四叉树剖分

参照 Google Maps 和 Bing Maps 采用基于四叉树的自定义瓦片层次结构的设计，按照分辨率不同可分为 0～20 共 21 层，每一层代表一个缩放等级。第 0 等级只有一幅世界地图全图，第 20 级分辨率最高。按照瓦片范围的地理坐标，将其分割成大小相同(256×256)的小面片，并利用“0123” 四个数字对格网单元进行索引编码，编码与划分方案如图 5.43 所示。

3) 坐标系统转换

为了实现从地理坐标到屏幕坐标的转换，Web 墨卡托投影金字塔四叉树剖分除了地理坐标之外，还需要定义瓦片坐标系统和像素坐标系统。

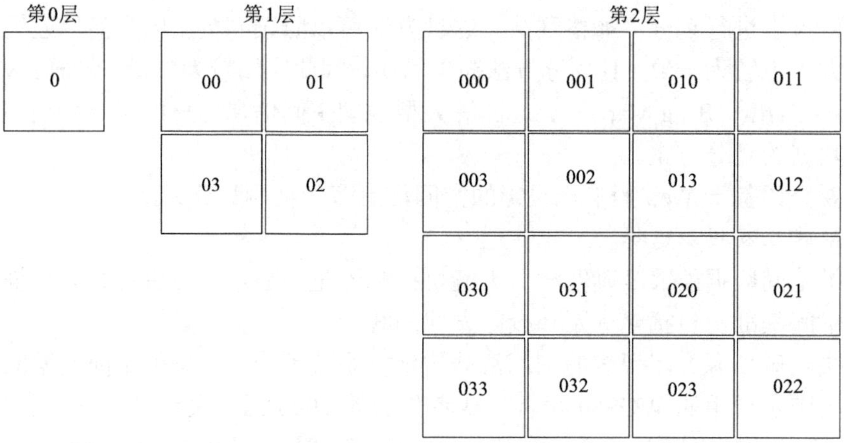

图 5.43　Web 墨卡托投影金字塔四叉树编码方案示意图

(1) 瓦片坐标系统。金字塔层次剖分时用到的格网坐标系统就是瓦片坐标系统(图 5.43)。坐标系的原点为 (–180°，85.05112877980659°)，即投影坐标系的左上角，根据瓦片的像素宽度和高度为单位进行划分坐标，坐标系横轴往东为正，纵轴往南为正，当缩放级别增大时 Y 轴向下和 X 轴向右延伸。瓦片坐标具有唯一性、多尺度性、索引性，可直接作为空间索引，也可转换为相应的索引编码，如“0123”作为空间数据的空间索引标识。

(2) 像素坐标系统。在一定的缩放级别内，全球范围地图的宽度和高度是固定的，组成全球地图的所有像素点就构成了一个完整的坐标系统，称为像素坐标系。在像素坐标系下，可以用像素坐标代替地理坐标来确定地图上的某个点的位置。每张瓦片可分割为 256×256 个像素点，因此像素坐标系的最大值是瓦片坐标系最大值的 256 倍，可利用这个性质实现瓦片坐标与像素坐标的相互转换。

(3) 地理坐标、瓦片坐标、像素坐标之间的转换。经纬度转化为瓦片坐标的公式为

$$\begin{cases} x = \left\lfloor \dfrac{(180° + \lambda) \times 2^{\text{zoom}}}{360°} \right\rfloor \\ y = \left\lfloor \left(1 - \left(\ln\left(\tan\left(\varphi \times \dfrac{\pi}{180°}\right) + 1/\cos\left(\varphi \times \dfrac{\pi}{180°}\right)\right)/\pi\right)\right) \times 2^{\text{zoom}-1} \right\rfloor \end{cases} \tag{5.1}$$

式中，$\lfloor\ \rfloor$表示向下取整；λ为经度，取值范围为–180°～180°；φ表示纬度，zoom 表示地图缩放系数。

瓦片坐标反算瓦片左上角和右下角经纬度的公式分别为

$$\begin{cases} \lambda_t = \dfrac{360°}{2^{\text{zoom}}} x - 180° \\ \varphi_t = \left\{45° - \arctan\left[\mathrm{e}\left(\dfrac{y}{2^{\text{zoom}}} - \dfrac{1}{2}\right)2\pi\right]\right\} \times 2 \end{cases} \tag{5.2}$$

$$\begin{cases} \lambda_b = \dfrac{360°}{2^{\text{zoom}}} x - 180° \\ \varphi_b = \left\{ 45° - \arctan\left[\text{e}\left(\dfrac{y+1}{2^{\text{zoom}}} - \dfrac{1}{2} \right) 2\pi \right] \right\} \end{cases} \tag{5.3}$$

式中，e为自然对数底数。

经纬度坐标和像素坐标的转换关系如下：

$$\begin{cases} x_p = \text{center}P + \lambda \dfrac{\text{total}P}{2\pi} \\ y_p = \text{center}P - 0.5\ln\left(\dfrac{1+\sin\varphi}{1-\sin\varphi} \right) \dfrac{\text{total}P}{2\pi} \end{cases} \tag{5.4}$$

$$\text{center}P = 2^{\text{zoom}+7}, \ \text{total}P = 2^{\text{zoom}+8}$$

式中，λ表示经度；φ表示纬度；zoom 表示地图缩放系数；x_p、y_p表示像素坐标。

由式(5.4)可以得到像素坐标到经纬度坐标的公式：

$$\begin{cases} \lambda = \dfrac{x_p - \text{center}P}{\text{total}P} 2\pi \\ \varphi = \left\{ \dfrac{\pi}{4} - \arctan\left[\text{e}\left(\dfrac{y_p}{\text{total}P} - \dfrac{1}{2} \right) 2\pi \right] \right\} \end{cases} \tag{5.5}$$

$$\text{center}P = 2^{\text{zoom}+7}, \ \text{total}P = 2^{\text{zoom}+8}$$

3. 空间数据分布式索引技术

无论是分布式环境下的空间数据索引技术还是传统数据库中的空间数据索引，都是通过对数据建立唯一标识，并根据一定的索引规则实现对数据的快速访问，以提高检索和运算的效率。因此，传统的空间索引方法如格网索引、R 树、R+树、四叉树、Hilbert 曲线索引等方法都可以用于分布式环境下的空间数据管理。所不同的是，分布式环境下空间索引的建立还需要考虑分布式文件系统以及分布式数据库自身的数据检索和调度机制，使空间索引算法能够与之相符，从而使整体性能达到最优(范建永，2013；祝若鑫，2015；邱程，2019；何枋键，2019；梁君健，2019)。

仍以空间多级格网为例，介绍分布式索引的基本原理。

空间多级格网索引的基本思路是：按照不同的比例尺或分辨率和墨卡托投影金字塔四叉树层次剖分规则，将整个空间区域分割成不同的搜索区域，并建立不同层次关系，根据一定索引规则和检索策略，实时计算搜索区域所包含的空间信息。

如表 5.8 所示，空间多级格网中，格网单元的编码就是格网单元的唯一标识，对应的是整个格网空间内所有对象的所有类型数据。

如果将格网单元作为 HBase 中的 RowKey，可以实现空间数据的分布式存储。但是这种方式无法将同一层级上相邻区域的数据存放在一起，当用户访问一个区域的空间数据时，增加了数据寻址，影响了数据读取的效率。

表 5.8　空间多级格网存储结构

格网单元编码	空间对象 ID	空间要素	属性数据	其他数据
01212	OID1	Geometry1	Attribute1	Other1
	OID2	Geometry2	Attribute2	Other2
	……	……	……	……
	OID*N*	Geometry*N*	Attribute*N*	Other*N*

如图 5.44 所示，访问该区域数据时指针需要在 010，011，012，013 数据块中随机移动 4 次，增加了数据检索的开销。

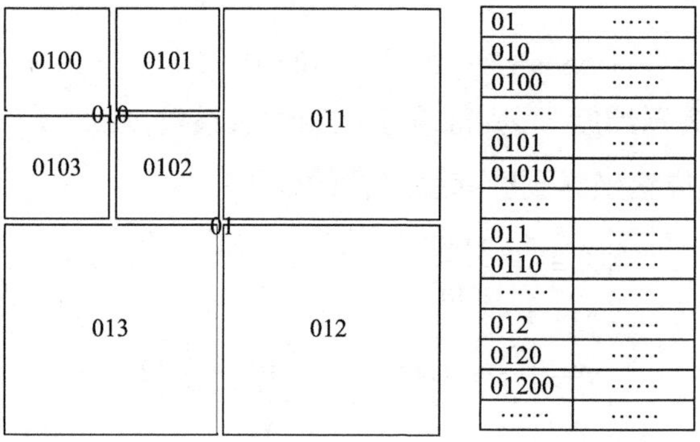

图 5.44　多级格网中的空间数据排列示意图

为了实现对矢量数据的快速访问，需要尽可能地将同一尺度相邻区域的矢量数据存储在一起，进而减少磁盘操作的移动次数，提高数据读取效率。为此，考虑到多级格网索引的分级特性，可在格网编码前增加层级标识，其格式为“层级_格网单元标识”。以第 3 级为例，加上层级后，其排列结构如图 5.45 所示。

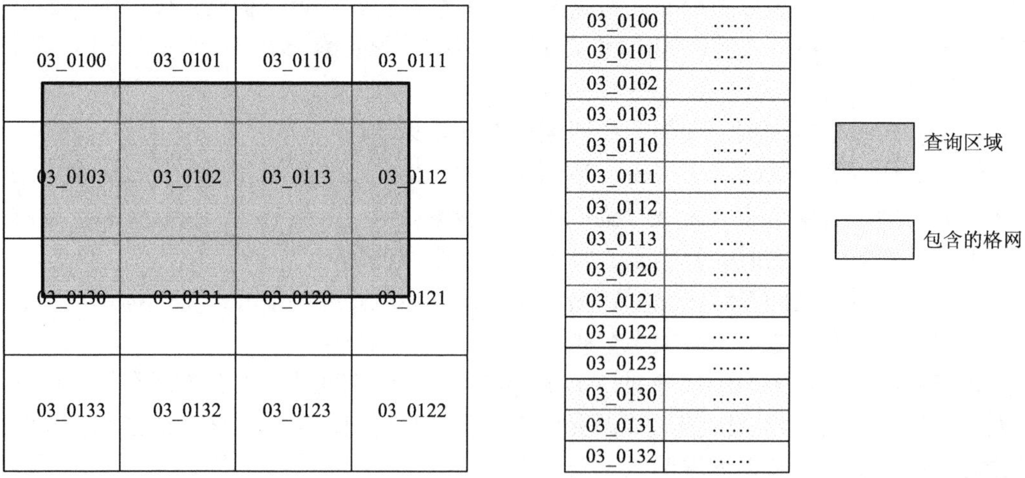

图 5.45　空间查询区域数据排列示意图

如果读取整个查询区域所包含的格网，指针只需移动 2 次，依次跳转到“03_0100”和“03_0130”，减少了磁盘随机移动的次数，提高了文件操作的效率，进而提高了空间数据查询的效率。

相对于传统索引，这种索引机制的优点是：

(1) 索引结构比较简单，动态性强，可直接支撑空间计算。例如，当增加、删除空间对象时，不需要重新建立空间索引，便于维护和更新。

(2) 方便空间数据的查询。该索引表示的区域具有一定的空间关系，无论是点查询、空间范围查询，还是空间邻近查询，都可充分利用格网单元的空间关系进行查询，并且避免了先读取空间索引，再根据空间要素标识读取空间要素，提高了查询的效率。

(3) 索引具有一定的聚类特性。分层分块空间索引具有空间聚类的性质，即相邻区域内的数据在硬盘上的存储位置也是彼此接近的。

(4) 避免了由于索引节点的故障而导致整个系统无法运行的缺点。当集群中一个数据节点失效，仅仅会导致存储在这个节点的空间数据无法使用，而不会影响其他数据节点。

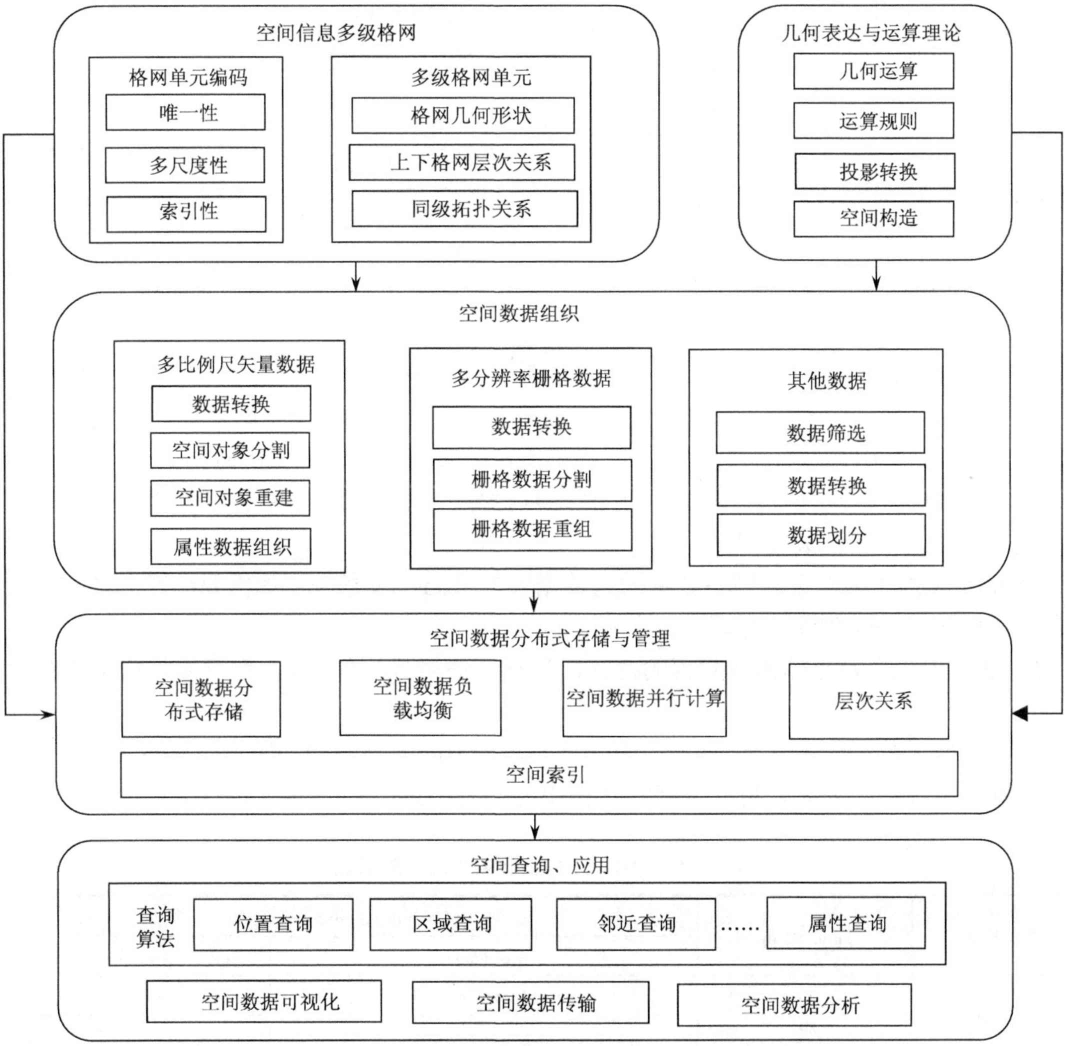

图 5.46　空间信息网格组织空间数据的基本思路示意图

4. 空间数据分布式存储技术

空间划分和索引建立是分布式存储的基础。在数据分块的基础上，可以利用空间信息多级格网组织空间数据，依托分布式文件系统和分布式数据库进行存储和管理。基本思路是：以空间信息多级格网理论为基础，以格网单元为基本存储单位，利用格网单元的唯一性、多尺度性、索引性，构建一套每个存储单元都具备空间含义的空间数据存储系统，其总体设计思路如图 5.46 所示。下面分别重点介绍栅格数据和矢量数据的分布式存储。

1) 栅格数据的分布式存储

在互联网上运行的各类空间信息系统中，栅格数据主要以瓦片数据的形式存在。其结构简单、组织方便，进行分布式存储也相对容易，因此既可以按照空间邻近特性将其封装成数据块存入 HDFS 中，也可以将其存放在 HBase 中以提高文件的管理效率。

以基于 HBase 的存储为例，栅格瓦片的数据结构如表 5.9 所示。

表 5.9　HBase 中的栅格瓦片数据结构

RowKey	Time Stamp	ImageData		MetaData		Format	
		Col	Value	Col	Value	Col	Value
02_030	T1	ImageData:1	BlockData				
	T2	ImageData:2	BlockData				
	T3						
	T4						
	T5			MetaData:1	"Iamgel"		
	T6					Format:1	"jpg"

表中的 RowKey 为层级+瓦片坐标，也是其索引编码，是数据行在表中的唯一标识。

T1、T2、T3 等可表示统一区域栅格数据成图时间，在插入数据时可由用户设置，如未设定成图时间，则由系统根据数据录入时间确定，用来标识栅格数据的时间版本信息；Image Data 为栅格数据列族，ImageData:1 表示栅格数据单元的列。BlockData 为栅格的主体数据，以二进制的形式存储到数据库中。

MetaData 列族用来记录栅格数据的元数据表的 RowKey 信息。如需要读取元数据表，则根据元数据 RowKey 到元数据表中读取。

Format 列族主要存储栅格数据的格式，包括一般格式，如 jpg，也可以是栅格数据的压缩格式。

栅格数据元数据如表 5.10 所示。如元数据含有不同的数据项，则在 Image Meta 列簇中以元数据项名称作为列名，将元数据存储在相应的列中。

表 5.10　HBase 中的栅格数据元数据表

RowKey	Time Stamp	Column Family:ImageMeta	
		ColName	Value
Iamgel	T1	ImageMeta:Resolution	"15"
	T2	ImageMeta:Source	"……"

续表

RowKey	Time Stamp	Column Family:ImageMeta	
		ColName	Value
Iamgel	T3	ImageMeta:Project	"……"
	T4	ImageMeta:Project	"……"
	T5	"……"	"……"

对栅格数据进行查询时，首先根据用户请求的空间范围和层级计算所包含的影像数据块，根据块的编码到的 HBase 数据库中请求数据，将相应的数据从 HBase 表中读出，并返回相应的二进制流和属性数据。

2) 矢量数据的分布式存储

与栅格数据相比，矢量数据的分布式存储难度较大。由于矢量数据结构的复杂性，空间对象的几何形状、大小差异较大，难以用规范的网格进行划分。当前矢量数据的分布式存储主要有两种方案：一是将矢量数据栅格化，并进而转化为栅格瓦片，采用与栅格数据相同的方法进行存储；二是建立针对矢量数据的空间划分和编码方案，设计专门的分布式存储策略。第一种方案实现简便，且便于与影像、DEM 等栅格数据的集中统一管理，但从根本上舍弃了矢量数据自身的特点。第二种方案可将不同格式的矢量数据按照统一的格式(如 OGC 简单要素规范)进行统一，将其存储在 HDFS 或 HBase 中，并建立高效的空间索引。该方法可以保证矢量要素的完整性，但存在以下问题：一是数据传输效率不高，每次请求都必须返回完整的地理要素，无论请求的是要素的整体还是部分，增加了网络传输和磁盘 I/O 的负担；二是需要对几何形态各异的空间对象建立空间索引；三是矢量要素的数据量可能会超过 Key Value 的上限。

针对第二种方案，可采用基于 Web 墨卡托投影的空间信息多级格网剖分方法，将矢量要素以分层分块的方式进行存储。技术方案简要介绍如下。

A. 基于 Hilbert 曲线填充的矢量数据划分

矢量数据划分方法是影响矢量数据存储效率的重要方面，是矢量数据分布式存储需要解决的一个重要问题。

空间填充曲线是一种基于空间目标排序的划分和索引方法。在众多的空间填充曲线中，Hilbert 空间填充曲线可以获得最佳的聚类效果，即 Hilbert 空间排列码的聚集性能最好。如果空间目标的 Hilbert 空间排列码相邻，则空间目标相邻；相反，如果空间目标相邻，则其 Hilbert 空间排列码一般也相邻或相近。因此，可使用 Hilbert 曲线对矢量数据进行划分。Hilbert 曲线的实质是对空间的逐步分解，曲线所经过的包含空间目标点的栅格格网次序，被称为空间目标点的 Hilbert 排列码。

在存储过程中，根据矢量数据比例尺及空间坐标确定与之对应的空间信息多级格网层级及所在网格编码后，需要根据矢量数据的数据量计算其 Hilbert 填充曲线的划分阶数，并根据几何位置将其定位在经过 Hilbert 填充曲线划分的子格网中。具体流程如下。

(1) 根据矢量要素的比例尺确定对应多级格网的层级，并依据矢量要素的质点计算出对应的具体格网位置。

(2)确定初分 Hilbert 填充阶数。计算每个格网单元包含矢量数据的数据量 m，并计算 Hilbert 的划分阶数 n，若 $n<2$，则取其值为 2。

(3)将格网划分为 $H \times H(H=2n)$ 的子格网，根据其行列数计算出对应的 Hilbert 排列码，并以此作为子格网 Hilbert 编码。

(4)根据质心位置确定矢量要素所在的 Hilbert 填充子格网。计算每个子格网所包含的矢量要素对象数目 G_k。如果 $G_k>G$，则 $n=n+1$，转向步骤 (3)；若 $G_k \leqslant G$，则划分结束；若 n 与格网可划分 Hilbert 曲线最大阶数 N 相等，则划分结束。

B. 矢量要素标识码(HBase RowKey)的设计

结合多级格网索引和 Hilbert 排列码，对矢量要素的标识进行设计，并作为矢量要素在 HBase 数据库中的 RowKey，以实现对矢量数据的聚类存储。

矢量要素的标识由格网层级、格网单元编码、Hilbert 曲线阶数、Hilbert 曲线排列码以及顺序码五部分组成，层级和格网单元编码反映矢量要素的宏观位置，而 Hilbert 曲线阶数和编码指示矢量要素的微观位置。每一个子格网内存在的多个矢量要素用顺序码进行区别。对于线、面等矢量要素，均按照几何质心来计算其位置。

编码构成如表 5.11 所示，矢量要素标识 Fea_ID 使用“格网层级”+“间隔符”+“多级格网编码”+“间隔符”+“Hilbert 阶数编码”+“间隔符”+“Hilbert 排列码的编码”+“间隔符”+“顺序码”的编码形式。该编码具有较强的空间多尺度性和聚类特性，且符合 RowKey 的存储规则，可以直接以此作为 RowKey 进行数据存储。

表 5.11　矢量要素标识编码方式

格网层级	间隔符	多级格网编码	间隔符	Hilbert 阶数编码	间隔符	Hilbert 排列码编码	间隔符	顺序码
2 个	1 个	最多 20 个字符	1 个	1 个	1 个	最多 32 个字符	1 个	3 个字符
十进制	—	“0123 码”	—	十六进制	—	二进制	—	十进制

C. 存储规则设计

(1)矢量数据文件存储。如图 5.47 所示，矢量数据表中的 3 个列簇依次存储几何数据、属性数据和元数据 ID，均按字符串形式存储，使用时解析为相应的数据类型。针对不同的数据图层可以分别建立图层数据表来存储对应的矢量数据。

矢量要素标识 Fea_ID 作为每条记录的 RowKey，几何数据遵循 OGC WKB(Well-Known Binary) 标准。WKB 使用序列化的字节对象描述几何对象，读写、存储效率较高。属性数据列簇可有多列，每一列代表矢量要素的一种属性特征。根据属性数据字典表中存储的图层属性特征名称和数据类型，可以方便地读取数据的属性信息并将其转换成需要的形式和类型。

(2)属性数据字典存储。不同图层数据的属性信息不同，需要针对每个数据图层设计相应的属性信息数据字典，方便对图层数据表中的属性数据信息进行读取和转换。属性数据字典表中，RowKey 的值为数据图层的名称，Attribute 列簇中可以有多个列，每一列的列名为属性特征的名称，列值为对应的特征值。

属性数据字典表

RowKey	Time Stamp	Column Famliy:attribute	
LayerAttri_ID	T_3	“路宽”	“int”
	T_2	“车道数”	“int”
	T_1	“铺设材料”	“String”

矢量数据表

RowKey	Time Stamp	Column Famliy:coordinate		Column Famliy:attribute		Column Famliy:metaID	
Fea_ID	T_4	MBR	box1				
	T_3	geocoor	GWKB				
	T_2			Attr1	Value1		
	T_1					Meta_ID	MetaID

索引表

RowKey	Time Stamp	Column Famliy: IDS		Column Famliy: MBR	
Grid_ID	T_1	Fea_ID	id1	MBR	box1

元数据表

RowKey	Time Stamp	Column Famliy:metadata	
Meta_ID	T_1	MetaData	value1

图 5.47　矢量数据存储表结构示意图

(3) 索引数据存储。将同一图层多级格网的索引数据全部存储在一张索引表中，索引表中每条记录的 RowKey 值按照索引编码规则进行存储。矢量数据的索引表中包含有两个列簇：IDS 列簇包含矢量要素的唯一编码标识，通过标识可以定位到图层数据表中的矢量要素记录；MBR (minimum bounding rectangle) 列簇包含矢量要素的最小外接矩形信息。

(4) 元数据存储。每个矢量数据集的元数据信息作为一条记录存储到元数据表中，通过唯一 ID 进行标识。同时在图层矢量数据表中设计元数据 ID 列簇来存储矢量数据对应的元数据 ID，建立元数据信息与矢量数据的关联。当需要查询矢量要素的元数据信息时，可以根据矢量数据记录中元数据列簇的 ID 编号，快速定位到元数据表中对应的元数据记录；而当查看某一数据集所包含的所有数据时，又可以根据元数据 ID 编号，遍历图层数据表的元数据 ID 列，查询数据集所包含的矢量数据。

按照如上所述的矢量数据存储规则，就可以对矢量空间数据进行格网划分，并将划分后的空间数据按照分级分块存储到对应的 HRegion 中。在此基础上，为实现对矢量地理要素的完整查询和检索，还需要解决矢量要素的分割、合并等问题。

5.4　总结与展望

5.4.1　总结

1. 空间认知模型是空间数据模型的理论基础

从哲学上讲，空间是无边无际的。不同学科有不同解释。本章讨论的空间指的是“地理空间”(geographic space)。地理空间存在着各种事物或现象，即空间实体，具有位置特征、属性特征、时间特征和空间关系。

由于人们对地理空间的复杂性和认知方法的不同，对地理空间认知抽象的结果也会不同。为保证不同空间信息系统(SIS)或地理信息系统(GIS)之间的互操作和信息共享，Open GIS 规范将空间认知模型抽象为 9 个层次，显得比较烦琐；ISO/TC211 将 SIS(或 GIS)抽象为地理空间论域、概念模型和概念模式(语言)3 个层次，不能构成完整的地理空间认知模型。为简单、明晰描述 SIS(或 GIS)的抽象过程，可将其归纳为概念模型(空间实体与现象的抽象概念集)、逻辑数据模型(地理空间数据表示的逻辑结构)、物理数据模型(概念模型在计算机内部的具体存储形式和操作机制)3 个层次。

根据 SIS(或 GIS)数据组织和处理方式，目前地理空间认知模型可以分为基于对象(object-based)的认知模型、基于网络(network-based)的认知模型和基于域(field-based)的认知模型 3 类。

2. 空间数据模型是现实世界到计算机世界的直接映射

空间数据模型是基于空间认知模型的，它利用计算机能够识别和处理的形式化语言来描述现实世界的地理空间实体、现象及其相互关系。常见的地理空间数据模型种类较多，一种地理空间数据模型可能由多种数据结构来实现。

地理空间数据模型可以按不同的标志进行分类。例如，按照表达地理空间概念的方法，分为栅格数据模型、矢量数据模型、矢量-栅格一体化数据模型等；按照应用通用数据库的状况，分为混合数据模型、集成数据模型和面向对象的数据模型等；此外，还有其他分类方法。

面向对象的空间数据模型，是面向对象数据模型在空间域的扩展应用。面向对象(object-oriented)是一种方法论，其优势在于比较自然地模拟了人们认识客观世界的方式，能够建立比较完整的、易于被理解的软件系统的概念和机制，成为软件系统设计和实现的工程方法。因此，要理解面向对象的概念，掌握面向对象的建模技术(过程和开发工具)，并将其运用到面向对象的地理空间数据模型(OOGDM)的构建中来。

三维空间数据模型是 3DGIS 的核心。目前 3DGIS 中应用较多的数据模型，总体可分为基于表面表示的数据模型、基于体表示的数据模型和三维空间数据模型的集成。

时态空间数据模型顾及地理空间实体的空间(位置)、属性和时间 3 个基本特征，其中时间特征着重空间实体的时间尺度和时态关系的描述。地理空间实体的时态变化包括两个概念：一是，事件时间(event time)，指某一实体在现实中发生变化的时间；二是，系统时间(system time)，指数据库中用来跟踪记录变化的时间。时态 GIS 中一般只考虑事件时间。目前，时态空数据模型主要有面向对象的时态空间数据模型和时间标记的时态空间数据模型。

超地图四维时空数据模型，是把地图作为一种超地理位置的参考架构，可以通过结点链接各种媒体，结点(node)和链(link)是其基本组成部分，关键是超链(hyper-link)技术。关于超地图模型的应用有两种：一种是面向对象模型与超地图模型的集成；另一种是基于面向对象与超地图概念的四维时空数据模型。

3. 空间数据分布式存储管理是互联网时代海量数据存储管理可行的解决方案

分布式是基于网络通信的计算机节点组成的一种架构类型；分布式存储是利用多台存储设备存储和处理海量数据，相对于传统的集中式存储，它增加了系统的复杂性和维护难度，但它具有高可靠、高可用、高性能、低成本等特点。

分布式存储技术主要包括块存储、对象存储和文件存储 3 种形式。

随着云计算技术的发展，分布式存储逐渐形成了“中心化”(如 Google 的 GFS，有一个主节点和若干个存储节点)和“去中心化”(如 Filecoin，没有主节点，节点之间是对等的)两种。

Hadoop 是云计算环境下的一种分布式存储架构，其核心是作为提供海量数据存储功能的文件系统 HDFS、分布式数据库 HBase 和提供计算能力的 MapReduce。分布式文件系统 HDFS，是一个典型的“中心化”架构的分布式存储系统；分布式数据库 HBase，是一个主从架构的分布式、高可靠、高性能、可伸缩的列式存储的数据库系统；MapReduce，提供分布、并列、协同等功能强大计算能力。

进入 Web2.0 时代，大规模空间数据的应用对分布式存储的要求越来越高，基于 Hadoop 的空间数据分布式存储策略至关重要，有使用 HDFS 进行海量地图瓦片数据存储的策略，也可以针对不同的空间数据类型采用不同的方法。但无论采用何种存储策略，都要针对不同类型的应用场景和空间数据特点。在确定空间数据分布式存储策略的基础上，进行空间数据的多级格网划分(坐标系建立与投影选择、多级格网建立、坐标系统转换)，采用科学实用的空间数据分布式存储和索引技术。

5.4.2　展望

空间数据模型与存储管理的理论、方法与技术发展很快，但还有一些问题需要持续开展研究。

1. 时态空间数据模型将由事件时间概念向实时动态事件时间概念发展

时态空间数据模型是适应时态地理信息系统(时态 GIS)的需要出现的。地理空间实体具有三个基本特性，即空间(实体在地球表面及其附近空间分布的描述)、属性(实体的质量和数量信息的描述)和时间(实体的时间尺度和时态关系的描述)等。实态空间数据模型是一个十分复杂的问题，在空间实体时态变化的两种时间概念中，事件时间变化在数据库中有 3 种描述方法。其中，第三种方法只对实体变化所涉及的属性字段增加一个新值是最理想的，但如何做到实时动态地反映空间实体变化仍是一个难题，特别是在天空地一体的传感器网接入的情况下，支撑真正意义上的实时动态 GIS 的空间数据库如何动态反映空间实体的变化并实现基于此的动态分析与预测更需进一步研究。

2. 由超地图四维时空数据模型扩展到基于位置的多种地理信息的组织和链接

超地图数据模型的基本组成部分是结点(node)和链(link)，结点用来组织和存储地理空间对象的信息，链用来表示各种对象信息之间的关系，这与当前正在研究的基于位置的超媒体信息地图的思想是一致的。所以，超地图将广泛应用于空间信息系统(SIS)中。

3. 常用空间数据模型将向大规模海量数据组织管理的地球空间信息离散格网数据模型发展

随着遥感对地观测技术的广泛应用和时空大数据时代的到来，建立面向全球的地球空间信息离散格网数据模型的理论和技术应当受到人们的重视。该领域早期的研究成果，如进入 21 世纪以来，美国斯坦福国际研究所(Stanford Research Institute International，SRI)提出了“·geo”域名组织方案；我国李德仁等(2003)提出了“空间信息多级网格”设想(本书作者注：

为避免同“网格计算”中意为第三代互联网或新一代 Web 的“网格”相混淆，应为“空间信息多级格网”)；贲进(2012)提出了“地球空间信息离散格网数据模型”，等等。但是，这些研究成果并未在大规模海量时空大数据的组织管理中得到很好应用，其主要原因是理论和技术有待进一步深化研究，缺乏用于大规模海量时空大数据组织管理的具体解决方案。因此，需深入研究传统平面格网在球面上的扩展，建立基于经纬线格网的球面数据模型；进一步研究建立大范围航天遥感数据到球面格网的真正意义上的“垂直投影”；深入研究与高精度遥感数据相匹配的具有统一地址编码的局部地区高精度格网的构网算法；突破栅格数据组织管理的局限性，研究实现栅格矢量一体化的球面离散格网数据模型；等等。

第 6 章　数字高程模型

6.1　基 本 概 念

数字高程模型是用数字形式描述地形表面的模型。20 世纪 50 年代中期，美国麻省理工学院摄影测量实验室主任 Miller 首次将计算机与摄影测量技术结合在一起，比较成功地解决了道路工程的计算机辅助设计问题。他在用立体测图仪建立的光学立体模型上，量取沿待选公路两侧规则分布的大量样点的三维空间直角坐标，输入计算机，由计算机代替人工实施土方估算、分析比较和选线等繁重的手工作业，大大缩减了工时和费用，取得了明显的经济效益。由于计算机只认识数字，唯有将直观描述地表形态的光学立体模型或地形图数字化，才能借助计算机解决道路工程的设计问题。Miller 的重要贡献在于在解决道路计算机辅助设计这一特殊工程课题的同时，还提出了一个一般性的概念“digital terrain models”，缩写为 DTM，中文意思是“数字地面模型”。

尽管在地形测量时也曾经将地球表面用数字形式来表示，但它只是一个中间结果，最终要靠人工的方法用这些数字高程点内插成等高线，并没有对数字高程点做进一步的加工。虽然当时计算机已经出现，但人们仅仅是将一些烦琐的计算任务交给计算机完成。Miller 和 Laflamme 将 DTM 和快速计算能力的计算机引入工程设计，从此计算机不仅为工程设计计算所需参数，而且还可以辅助设计人员选择最佳施工方案。

数字高程模型的理论与技术由数据采集、数据处理与应用三部分组成。人们对它的研究经历了四个时期。

20 世纪 50 年代末，Miller 和 Laflamme 除了将 DTM 引入土木工程设计和计算外，还用于监视地球表面的变化(如下沉、侵蚀和冰川等)、地球表面的分析(如发射台覆盖范围和功率分析等)或军事应用。提出采用自动化方法和利用航空像片的立体像对全自动化扫描的方法获取数据。当时的设想和目标至今还适用，然而有些问题还没有解决至少还没有完全解决。

20 世纪 60 年代，欧洲也发展了一些适合工程应用的系统，但这些系统大部分局限在地形高程的存储和插值方法，如 Schut 提出的移动曲面拟合法，Arthur 和 Hardy 提出的多面函数内插法，Kraus 和 Mikhail 提出的最小二乘内插法及 Ebner 等提出的有限元内插法等。大部分科技工作者是通过研究数学插值方法来减少为建立数字高程模型所必需的数据采样的点数，并逐步形成了这样一种观点：数字高程模型的精度与原始数据点的分布和密度、地貌类型有关。

20 世纪 70 年代初，数字高程模型的研究和应用迅猛发展，除了工程应用之外，主要研究利用离散点或断面线高程数据自动绘制等高线图。离散点高程数据主要由全站仪获取，沿断面线的高程数据采用航测内业的方法获取。70 年代中、后期，人们对采样方法进行了较深入的研究，其代表性成果有 Makarovic 提出的渐近采样 PROSA(progressive sampling)及混合采样(composite sampling)。

20 世纪 80 年代以来，对 DTM 的研究已涉及 DTM 系统的各个环节，其中包括用 DTM

表示地形的精度、地形分类、数据采集、DTM 的粗差探测、质量控制、DTM 数据压缩、DTM 应用以及不规则三角网 TIN 的建立与应用等。

20 世纪 90 年代，随着地理信息系统(GIS)的发展，DTM 成为空间信息系统的一个重要组成部分，是工程建设、军事指挥、战场环境仿真、决策支持等各种系统中最为重要的底层数据。因此，系统地建立大区域的数字高程模型是当前的迫切任务。在满足几何精度要求的情况下，建立大范围的数字高程模型，现有的各种比例尺地形图是最重要的数据源。这是因为：一方面在建立大比例尺的 DTM 时，一般强调其几何精度，而现有的大比例尺地形图上的等高线不仅具有高质量的几何及高程信息，而且还包含了高质量的地性线信息；另一方面，建立大比例尺的 DTM 不仅要考虑到几何精度，而且也要考虑到经济效益，因为利用其他方法(如实地测量和航空摄影测量)重新获取数据要消耗大量的时间和支付很大的费用，所以人们希望利用现有的地形图作为 DTM 的数据来源。对于建立中小比例尺的 DTM，几何精度已经不是主要问题，着重强调的应是地球表面的完整形态。在没有解决地貌自动综合的情况下，中小比例尺的 DTM 也是利用现有的已经经过人工综合的中小比例尺地形图上的等高线来建立的。在这种情况下，以等高线作为原始数据建立数字高程模型的最大优点是可获得经过综合的高程模型。这时要解决的关键问题是如何利用等高线数据来建立一个既能满足几何精度要求又能保持地貌形态特征的高质量 DTM。

目前国际上比较著名的 DTM 软件包有德国 Stuttgart 大学研制的 SCOP 程序，Munich 工业大学研制的 HIFI 程序，Hannover 大学研制的 TASH 程序，奥地利 Vienna 工业大学研制的 SORA 程序及瑞士 Zurich 工业大学研制的 CIP 程序。这些程序都有广泛的应用模块，如等值线图、立体透视图、坡度图及土方的计算等。

尽管 Miller 和 Laflamme 已经给出数字高程模型的概念和定义，但是随着近几年数字高程模型的应用和发展，人们对它的理解在不断地深化。这里参考目前国内外文献，对数字地面模型的几个概念予以论述。

6.1.1　数字地面模型(DTM)

“数字地面模型”被定义为以数字形式存储的地球表面上所有信息的总和，是描述地面多特征空间分布的数值的集合，是地形表面形态等多种信息的一种数字表示。严格地说，DTM 是定义在某一区域 D 上的 m 维向量有限序列：$\{V_i, i=1,2,\cdots,n\}$。其中向量 $V_i=(V_{i1},V_{i2},\cdots,V_{im})$ 的分量为地形 $X_i,Y_i,Z_i\left((X_i,Y_i)\in D\right)$ 的资源、环境、人口分布、地价、土地权属、土壤类型以及土地利用等其他地面特征信息的定量或定性描述。这些非地形特征信息与地形信息结合在一起，构成数字地面模型。在测绘学中，地形指地表起伏的状态(地貌)和位于地表面的固定性物体(地物)的总称，故数字地面模型又称为数字地形模型。DTM 是地理信息数据库的基本内核。特别值得注意的是，地形 X_i,Y_i,Z_i 可以是每一个三维坐标值为一组元的离散点结构，也可以是由多项式或傅里叶级数确定的曲面方程，若只考虑 DTM 的地形分量，我们通常称其为数字高程模型 DEM(digital elevation model)或 DHM(digital height model)。

6.1.2　数字高程模型(DEM)

“数字高程模型”被定义为以数字形式存储的表示物体位置高程值的集合，是表示区域 D 上地形的三维向量的有限序列$\{V_i=(X_i,Y_i,Z_i), i=1,2,3,\cdots,n\}$，其中$(X_i,Y_i)\in D$是平面坐标，

Z_i 是 (X_i, Y_i) 对应的高程。高程数据没有要求是原始的或被整理过的，它可以是任何一种方式（如光滑和加工）。高程数据集合可按栅格、等高线或者断面线进行组织。当该序列中各向量的平面点位呈规则格网排列时，则其平面坐标 (X_i, Y_i) 可省略，此时 DEM 就简化为一维向量序列 $\{Z_i, i=1,2,\cdots,n\}$，这也是 DEM 或 DHM 名称的由来。在通常的情况下，地面高度是高程 Z，它的空间分布用平面坐标 (x,y) 来描述。也可以用经度和纬度 (λ,φ) 来描述。在实际应用中，许多人习惯将 DEM 称为 DTM，实质上它们是不完全相同的，数字地面模型包括数字高程模型和数字地形模型。

从根本上讲，这个定义包括两种含义：一是要按一定的次序整理原始数据，满足数据之间进行内插的需要；二是要制定一个规则，按这个规则能够在有序数据之间进行任意一点内插。因此，一个 DEM 由两部分组成，首先是原始数据的数据结构，即原始数据可以转换成派生数据；其次是一定的插值规则，按照这个规则可以计算地球表面上任意一点的高程。这就要求原始数据有一个合理的数据结构，来满足地球表面的重建和实现高效的数据检索。

6.1.3　数字地形（地貌）模型（DGM）

把数字地面模型中凡是描述地表起伏形态的某类数据集合，或其总体，称为数字地形（地貌）模型（digital geomorphic model，DGM）。数字高程模型是数字地形模型的基础。从数字高程模型到数字地形模型是一个推导、派生和组合的过程，可由计算机自动完成。将载荷社会经济等地面特征信息的数字数据集合与数字高程模型结合在一起，便构成了数字地面模型。

测绘学从地形测绘角度来研究数字地形模型，一般仅把基本地形图中的地理要素，特别是高程信息，作为数字地形模型的主要内容。数字地形模型是新一代的地形图，地貌和地物不再用直观的等高线和地物符号表达在纸介质上，面是通过存储在磁性介质上的大量密集的地面点的空间坐标和地形属性编码，以数字形式描述。正因为如此，很多测绘学家把“terrain”一词理解为地形，称 DTM 为数字地形模型，而且不少场合，把数字地面模型、数字高程模型和数字地形模型等同看待。

6.2　数字高程模型的数据结构

6.2.1　离散点数字高程模型的数据结构

离散点数字高程模型是将连续地球表面形态离散成在某一个区域 D 上，以 X_i、Y_i、Z_i 三维坐标形式存储，高程点 $Z_i\left((X_i,Y_i)\in D\right)$ 的集合（图 6.1）。其中 $\left((X_i,Y_i)\in D\right)$ 是平面坐标，Z_i 是 (X_i,Y_i) 对应的高程。离散点数字高程模型往往是通过测量直接获取地球表面的原始数据或没有被整理过的数据，采样点往往是非规则离散分布的地形特征点。特征点之间相互独立，彼此没有任何联系。因此，(X_i,Y_i) 坐标值往往存储其绝对坐标。它是数字高程模型中最简单的数据组织形式。地球表面上任意一点 (X,Y) 的高程 Z 是通过其周围点的高程进行插值计算求得的。在这种情况下，离散点 DEM 在计算机中仅仅存放浮点格式的 $\{(X_1,Y_1,Z_1),(X_2,Y_2,Z_2),(X_3,Y_3,Z_3),\cdots,(X_i,Y_i,Z_i),\cdots,(X_n,Y_n,Z_n)\}$ n 个三维坐标。

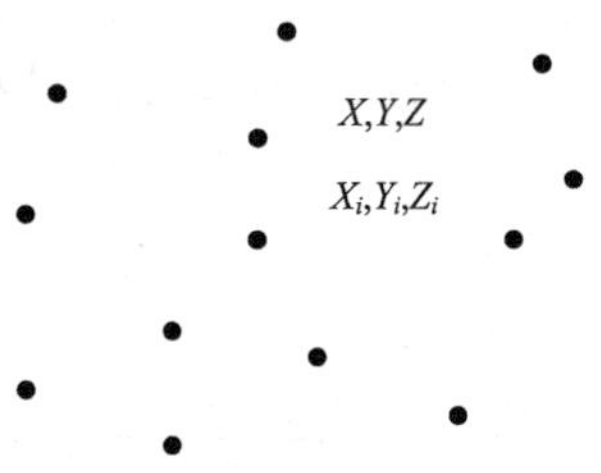

图 6.1　离散点数字高程模型

6.2.2　不规则三角网的数据结构

对于非规则离散分布的特征点数据，可以建立各种非规则的数字地面模型，如三角网、四边形网或其他多边形网，但其中最简单的还是三角网。不规则三角网(TIN)，是按一定的规则将离散点连接成覆盖整个区域且互不重叠、结构最佳的三角形，实际上是建立离散点之间的空间关系。其目的是克服利用离散点计算地球表面上任意一点高程的困难，因而近年来得到了较快的发展。

1. 有关概念及其性质

1) Voronoi 图

1908 年，俄国数学家 Voronoi 首先在数学上限定了每个离散点数据的有效作用范围，即有效反映区域信息的范围，并定义了二维平面上的 Voronoi 图(简称 V-图)。

给定一个二维 Euclidean 空间 E 和一个 n 点 m_i 集 M，那么，关联的 Voronoi 图为覆盖的一个凸多边形序列 $\left(V\left(m_1\right),V\left(m_2\right),\cdots,V\left(m_n\right)\right)$，其中，$V\left(m_i\right)$ 包括 E 中所有以 M 为中心的称为近点的 m_i 点，即 $V\left(m_i\right)=\left\{p\in E,V_j,1\leqslant j\leqslant n,d\left(p,m_i\right)\leqslant d\left(p,m_j\right)\right\}$，其中，$d$ 表示 Euclidean 距离。

关于 Voronoi 图的自动构建问题将在 6.3 节中详细论述。

2) Thissen 多边形

1911 年，荷兰气候学家 Thissen 应用 V-图进行了大区域内的平均降水量研究，提出了一种根据离散分布的气象站的降雨量来计算平均降雨量的方法，即将所有相邻气象站连成三角形，作这些三角形各边的垂直平分线，于是每个气象站周围的若干垂直平分线便围成一个多边形，并称这个多边形为 Thissen 多边形。

根据上述定义可得到 Thissen 多边形的如下性质：

(1) 在空间 E 上给定的 n 个离散点，将空间 E 分成 n 个 Thissen 多边形的分法是唯一的。

(2) Thissen 多边形是凸多边形，位于 Thissen 多边形边上的点到其两边的离散点的距离相等，Thissen 多边形内的点到相应离散点的距离最近。

(3) Thissen 多边形的每个顶点是每个三角形的外接圆圆心。

(4) 任意两个 Thissen 多边形不存在公共区域。

(5) 由 Thissen 多边形获得的三角形在数据点均匀分布的情况下，可以避免产生狭长和小角度三角形。

Thissen 多边形的结构取决于采样点的分布特征(图 6.2)。当采样点规则分布时，其相应的 Thissen 多边形呈规则分布；否则相反。例如，对以正方形格网分布的采样点，其 Thissen 多边形表现为与之等大的正方形结构；当采样点为正三角形网分布时，其 Thissen 多边形为规则的正六边形结构；当采样点不规则分布时，其 Thissen 多边形呈不规则结构。不规则结构的 Thissen 多边形其几何对偶是不规则三角网，是由一定规则连成的覆盖整个地区且互不重叠的许多三角形构成的网络。因其框架是不规则三角形，故称为不规则三角网(TIN)。

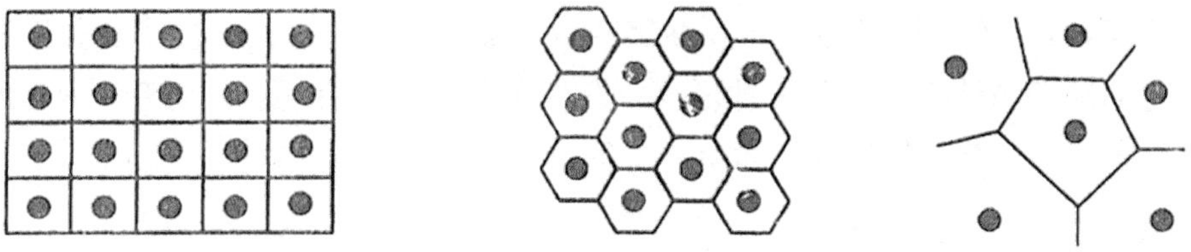

(a) 正方形Thissen图　(b) 六边形Thissen图　(c) 不规则Thissen图

图 6.2　Thissen 多边形的不同结构

3) Delaunay 三角网

1934 年，俄国数学家 Delaunay 由 V-图演化出了更易于分析应用的 Delaunay triangulation（简称 Delaunay 三角形）。Delaunay 三角形是 V-图的几何对偶(dual)，即把点 m_i 连接起来而得到的邻近网。从此，V-图和 Delaunay 三角形就成了被普遍接受和广泛采用的分析研究区域离散数据的有力工具。

图 6.3 展示了 Voronoi 图与 Delaunay 三角形相互间的几何对偶关系，Delaunay 三角形与 V-图以几何对偶形式出现，其中虚线构成的多边形就是 Thissen 多边形。

图 6.3　Voronoi 图、Delaunay 三角形和泰森多边形

Delaunay 三角形具有以下性质：

(1) 唯一性，即不论从何处开始联网，最终将得到一致的结果。

(2) 空圆特性，又称为数据点集中构成 Delaunay 三角网的充要条件或简称为 Delaunay 三角形的 Circle 准则，即在任意一个三角形的外接圆范围内不包含点集 M 中的任何其他点(图 6.4)。它可选择邻近的点形成三角形，并选择特征线段成为三角形的边。

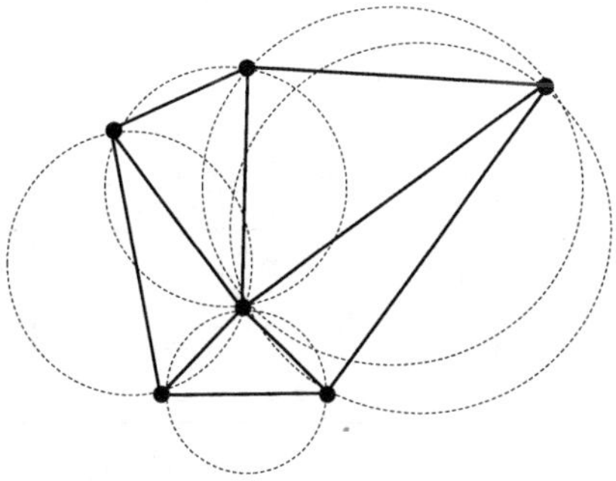

图 6.4　Delaunay 外接圆特性

(3) 最大最小角特性，即如果任意两个相邻三角形组成的凸四边形的对角线可以互换的话，那么就可以获得等角性最好的三角形。这一性质说明三角形具有最佳形状特征。

由于上述性质，决定了 Delaunay 三角形具有极大的应用价值。同时，它也是二维平面三角网中唯一的、最好的。

2. 数据结构

不规则三角网数字高程模型的数据存储方式与离散点 DIM 存储方式不同的是，它不仅要

存储每个点的 X_i、Y_i、Z_i 三维坐标，还要存储网点连接的拓扑关系、三角形及邻接三角形等信息。常用的 TIN 存储结构有以下三种形式：直接表示网点邻接关系、直接表示三角形及邻接关系、混合表示网点及三角形邻接关系。下面以图 6.5 为例加以说明。

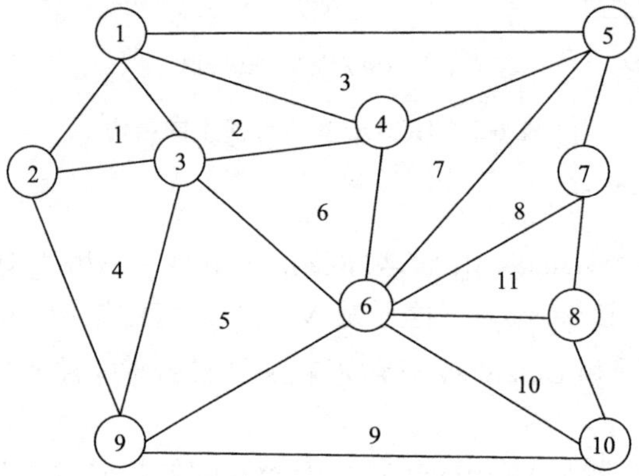

图 6.5　不规则三角网

1) 直接表示网点邻接关系的结构

如图 6.6 所示，这种数据结构由离散点号(可以显式和隐式表示)、坐标与其他离散点邻近关系指针链构成。离散点邻接的指针链是用每个点的所有邻接点的编号按顺时针(或逆时针)方向顺序存储构成。这种数据结构最早由 Peucher 和 Fowler 等提出并使用，最大特点是存储量小，编辑方便。但是三角形及邻近关系都需要实时生成，且计算量较大，不便于 TIN 的快速检索与显示。

离散点号、三维坐标和邻近关系索引表

No.	*X*	*Y*	*Z*	Index
1	90.1	10.0	43.6	1
2	50.7	9.6	67.8	5
3	67.2	23.9	63.8	8
⋮	⋮	⋮	⋮	⋮
10	10.1	90.0	81.0	36

离散点邻接离散点的号表

	No.
1	2
2	3
3	4
4	5
5	9
6	3
7	1
8	…
⋮	9
37	8
38	6

图 6.6　直接表示网点邻接关系的结构

2) 直接表示三角形及邻接关系的结构

如图 6.7 所示，这种数据结构由离散点三维坐标、三角形及邻接三角形等三个表构成(离散点号和三角形号可以显式和隐式表示)，每个三角形都作为数据记录直接存储，并用指向三个离散点的编号定义。三角形中三边相邻接的三角形都作为数据记录直接存储，并用指向相应三角形的编号来表示。这种数据结构最早由 Gold，McCullabh 及 Tarvyelas 等人提出并使用，最大特点是检索网点拓扑关系效率高，便于等高线快速插绘、TIN 快速显示与局部结构分析。其不足之处是需要的存储量较大，且编辑也不方便。

离散点号、三维坐标表

No.	X	Y	Z
1	90.1	10.0	43.6
2	50.7	9.6	67.8
3	67.2	23.9	63.8
⋮	⋮	⋮	⋮
10	10.1	90.0	81.0

三角形表

No.	P_1	P_2	P_3
1	1	2	3
2	1	2	3
3	4	5	6
⋮	⋮	⋮	⋮
11	6	7	8

邻接三角形表

No.	△1	△2	△3
1	2	4	
2	1	3	6
3	2	7	
⋮	⋮	⋮	⋮
11	8	10	

图 6.7　直接表示三角形邻接关系的结构

3) 混合表示三角形邻接关系的结构

根据以上两种结构的特点与不足，Mckenn 提出了一种混合表示网点及三角形邻接关系的结构。它是在直接表示网点邻接关系结构的基础上再增加一个三角形的数表，其存储量与直接表示三角形及邻接关系的结构相当，但编辑与快速检索都较方便(图 6.8)。

离散点号、三维坐标和邻接关系索引表

No.	X	Y	Z	Index
1	90.1	10.0	43.6	1
2	50.7	9.6	67.8	5
3	67.2	23.9	63.8	8
⋮	⋮	⋮	⋮	⋮
10	10.1	90.0	81.0	36

离散点邻接离散点的号表

	No.
1	2
2	3
3	4
4	5
5	9
6	3
7	1
8	…
⋮	9
37	8
38	6

三角形表

No.	P_1	P_2	P_3
1	1	2	3
2	1	2	3
3	4	5	6
⋮	⋮	⋮	⋮
11	6	7	8

图 6.8　混合表示网点及三角形邻接关系的结构

4) TIN 的压缩存储

为了既能节省存储空间，又能保持检索 TIN 中拓扑关系的高效率，可将 TIN 转化为规则三角形存储方式，从而实现 TIN 的压缩存储。TIN 能较好地顾及地貌特征点、线，表示复杂地形表面。其缺点是数据量较大，数据结构较复杂，因而使用和管理也较复杂。

6.2.3　等高线的数据结构

等高线是通过对地球表面的水平切割而产生的连续的曲线。在相同曲线上的高程值相同，相同高程的等高线至少有一条或多条。用等高线表示连续的地球表面的主要不足之处是在经过不同的高程面进行水平切割的过程中丢失了大量详细的地表信息，这些地表信息是不可能从等高线中恢复的。也就是说，利用等高线重新构建的地球表面只能近似地表示真实的地球表面；用等高线表示连续地球表面另一个不足之处是单条等高线无法直接反映地貌形态，必须通过等高线组间接地表示地貌形态。地球表面的地性线是非常重要的地形结构信息，地性线对利用等高线重新构建地貌形态起很大的作用。用一般插值方法在地性线(山脊和山谷)上求取任意点的高程时，会出现地形失真现象，只有通过增加地性信息才能避免出现这种现象。众所周知，等高线是连续的曲线，等高线离散成矢量数字等高线时，曲线往往以折线来代替，表示为线段、特征点序列(图 6.9)。常用的等高线的存储结构有以下两种形式：链条数据结构和等高线的拓扑结构。

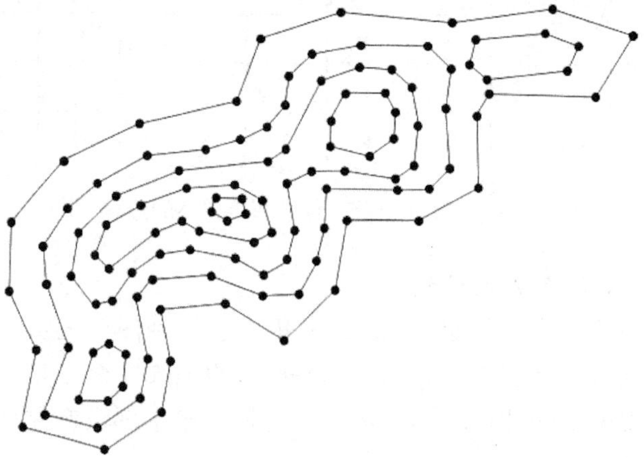

图 6.9　连续的曲线等高线离散成线段

1. 链条数据结构

链条数据结构是简单的矢量数据结构，没有拓扑关系，主要用于矢量数据的显示、输出及一般查询和检索。图 6.9 中等高线的链条数据结构如表 6.1 所示。

表中等高线序号是一条等高线链条的标识码，具有唯一性。等高线高程标明等高线的链的高程。特征点数说明构成该链的坐标对的个数。特征点坐标串是构成链的矢量坐标，共有 n 对。也可把所有链的 X、Y 坐标串单独存放，这时只要给出指向该链坐标串的首地址指针即可。

表 6.1　等高线的链条数据组织

等高线序号 No.	等高线高程 H	特征点数 n	特征点坐标串 $X_1,Y_1,X_2,Y_2,\cdots,X_n,Y_n$
1	10	25	$X_1,Y_1,X_2,Y_2,\cdots,X_{25},Y_{25}$
2	20	31	$X_1,Y_1,X_2,Y_2,\cdots,X_{31},Y_{31}$
3	20	6	$X_1,Y_1,X_2,Y_2,\cdots,X_6,Y_6$
⋮	⋮	⋮	⋮
8	50	5	$X_1,Y_1,X_2,Y_2,\cdots,X_5,Y_5$

2. 拓扑数据结构

地图上等高线之间不是孤立的，它们之间也存在拓扑关系，可以利用拓扑邻近关系建立等高线树。图 6.10 是图 6.9 相应的等高线树。利用这种树结构和等高线的链条数据结构表可以实现等高线的层次检索。

6.2.4　基于断面线 DEM 的数据结构

断面线数字高程模型是对地球表面进行断面扫描，断面间通常按等距离方式采样，断面线上按不等距离方式或等时间方式记录断面线上点的坐标(图 6.11)。断面线数字高程模型往往是利用解析测图仪、附有自动记录装置的立体测图仪和激光测距仪等航测仪器或从地形图上获取的地球表面的原始数据建立的。

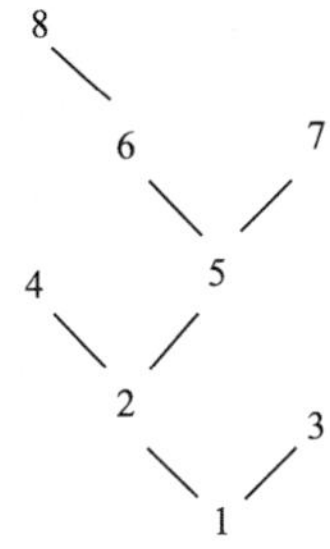

图 6.10　等高线的树拓扑表示

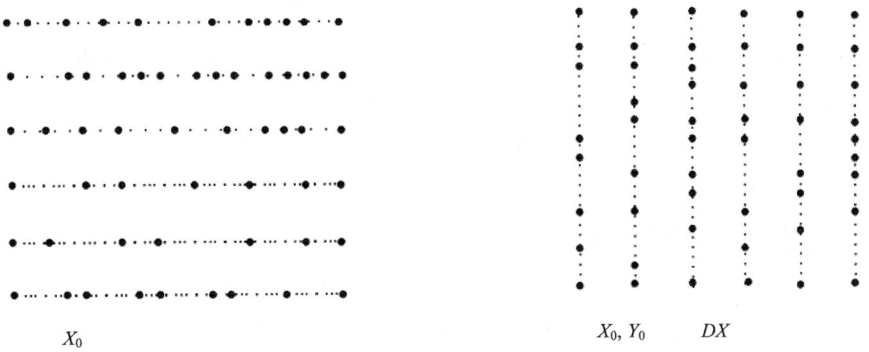

(a) X方向断面线数字高程模型　　(b) Y方向断面线数字高程模型

图 6.11　断面线数字高程模型

断面线数字高程模型的基本信息应包括 DEM 起始点(一般为左下角)坐标 X_0、Y_0，断面线 DEM 在 X 方向或 Y 方向的断面间隔 DX 或 DY，以及断面线上记录的坐标个数 NX 或 NY，断面线上记录的坐标串 Z_1、X_1、Z_2、X_2、…、Z_{NX}、X_{NX} 或 Z_1、Y_1、Z_2、Y_2、…、Z_{NY}、Y_{NY} 等。断面线在 X 方向的平面坐标 Y_i 为

$$Y_i = Y_0 + i \cdot DY \quad (i = 0,1,\cdots,NY-1) \tag{6.1}$$

在 Y 方向的平面坐标 X_i 为

$$X_i = X_0 + i \cdot DX \quad (i = 0,1,\cdots,NX-1) \tag{6.2}$$

6.2.5　规则格网 DEM 的数据结构

规则格网 DEM 与断面线 DEM 不同的是，在 X 方向上和在 Y 方向上按等距离方式记录断面上点的坐标，是利用一系列在 X、Y 方向上都是等间隔排列的地形点的高程 Z 表示地形，形成一个矩阵格网 DEM(图 6.12)。矩阵格网 DEM 可以由直接获取的原始数据派生，也可以由其他数字高程模型数据产生。其任意一点 P_{ij} 平面坐标可根据该点在 DEM 中的行列号 j,i 及存放在该 DEM 文件头部的基本信息推算出来。这些基本信息应包括 DEM 起始点(一般为左下角)坐标 X_0、Y_0，DEM 格网在 X 方向与 Y 方向的间隔 DX、DY 及 DEM 的行列数 NX、NY 等。点 P_{ij} 的平面坐标 (X_i,Y_i) 为

$$\begin{cases} X_i = X_0 + i \cdot DX\,(i = 0,1,\cdots,NX-1) \\ Y_i = Y_0 + i \cdot DY\,(i = 0,1,\cdots,NY-1) \end{cases} \tag{6.3}$$

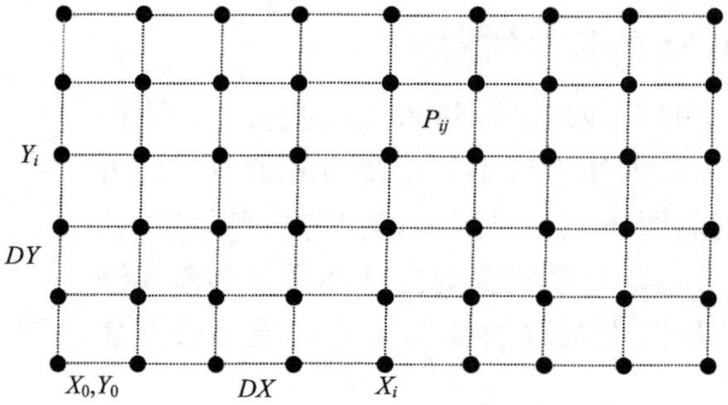

图 6.12　矩阵格网 DEM

在这种情况下，除了基本信息外，DEM 就变成一组规则存放的高程值。由于矩阵格网 DEM 存储量最小，还可以进行压缩存储，非常便于使用且容易管理，因而是目前运用最广泛的一种数据结构形式。但其缺点是不能准确地表示地形的结构，在格网大小一定的情况下，无法表示地形的细部。

6.2.6　混合式 DEM 数据结构

建立 TIN 可以采用附加地形特征数据，如地形特征点、山脊线、谷地线、断裂线等，从而构成完整的 DEM。它能最佳地组织原始数据，保持原始的地表形态特征。但缺点是数据结构复杂，构成 TIN 算法复杂，计算时间长，大区域的 TIN 的管理十分困难。

规则格网 DEM 的格网是根据地形的起伏而确定的，选择格网的大小非常重要，格网过密对于平坦地区造成数据冗余，格网过疏对于起伏复杂的地区不能表示地貌细部。采用变格网大小的 DEM 在数据结构和数据管理上都十分烦琐，格网点的高程往往是从所获取的原始数据经过内插和拟合逼近派生的，派生的 DEM 或多或少地改变了原始表面的形态。

为了充分利用上述两种形式 DEM 的优点，德国慕尼黑工业大学 Ebner 教授提出了 Grid-TIN 混合式的 DEM(图 6.13)，即一般地区采用规则格网 DEM 数据结构(还可以根据地形特点采取不同密度的格网)，沿地形特征处则附加不规则三角网(TIN)数据结构。

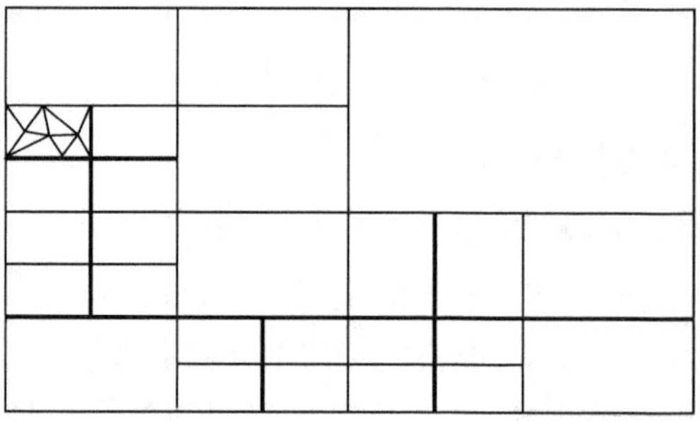

图 6.13　矩阵格网和三角网混合数据结构 DEM

6.2.7　不同数据结构的比较

离散点、不规则三角形、等高线、断面线和规则格网五种数字高程模型的数据结构，因数据来源不同，采用不同的数据存储结构，导致了存储空间大小、空间关系的描述、计算任意一点所需时间的差异。表 6.2 给出了不同数据结构数字地面模型的基本特性。

表 6.2　不同数据结构数字地面模型的基本特性

数据结构	等高线	三角网	规则格网	断截面	离散点
图形		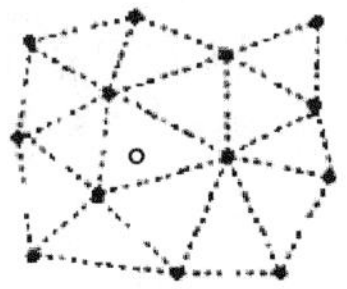	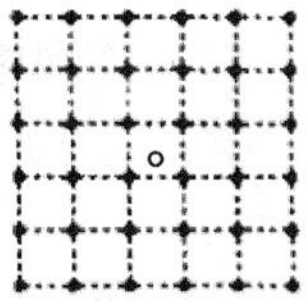	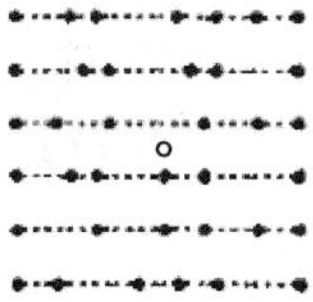	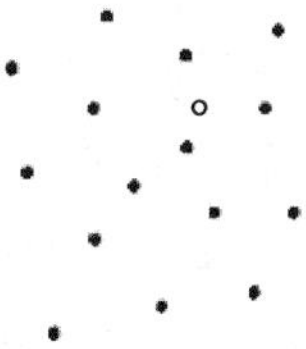
数据格式	$Z^1,n^1,x_1^1,y_1^1,$ $x_2^1,y_2^1,\cdots,x_n^1,\ y_n^1$ $Z^2,n^2,x_1^2,y_1^2,$ $x_2^2,y_2^2,\cdots,x_n^2,\ y_n^2$ … $Z^m,n^m,x_1^m,y_1^m,$ $x_2^m,y_2^m,\cdots,x_n^m,\ y_n^m$ * **	坐标点 X_1,Y_1,Z_1 X_2,Y_2,Z_2 … X_m,Y_m,Z_m ** 坐标关系 $p_i,p_j,p_k,\cdots$ $i,j,k\in 1,\cdots,\ m$	原点 X,Y 间隔 D_x,D_y 方向 $z_{11},z_{12},\cdots,z_{1n}$ $z_{21},z_{22},\cdots,z_{2n}$ … $z_{m1},z_{m1},\cdots,\ z_{mn}$	原点 X,Y 间隔 D_y 方向 $z_{11},x_{11},z_{12},$ $x_{12},\cdots,z_{1n},\ x_{1n}$ $z_{21},x_{21},z_{22},$ $x_{22},\cdots,z_{2n},\ x_{2n}$ … $z_{m1},x_{m1},z_{m2},$ $x_{m2},\cdots,z_{mn},\ x_{mn}$ *	X_1,Y_1,Z_1 X_2,Y_2,Z_2 … X_m,Y_m,Z_m **
存储空间	很小(相对坐标)	大(绝对坐标)	依赖格距大小	依赖格距大小	大(没拓扑关系)
数据来源	地形图数字化	离散点构网	原始数据插值	航测和等高线	航测和外业测量
拓扑关系	不好	很好	好	不好	没有
任意点内插	不直接	直接	直接	不直接	不直接
内插时间	长	短	短	长	很长
适合地形	简单、平缓变换	任意、复杂地形	简单、平缓变换	简单、平缓变换	任意、复杂地形
满足用户	不满足	满足	满足	不满足	不满足

注：* X、Y、Z 为相对坐标；** X、Y、Z 为绝对坐标；○为内插点；……为联结线。

6.3　不规则三角网(TIN)的建立方法

6.3.1　基于矢量数据的构建方法

利用随机离散点构建不规则三角网的基本思路是：根据随机分布的原始高程点建立连续覆盖整个研究地区的不规则三角网，最根本的问题是确定哪三个数据点构成一个三角形，也称自动联结三角网，即对于平面上的离散数据点，将其中相近的三点构成最佳三角形，使每个数据点都成为三角形顶点。由于 Delaunay 三角网具有良好的特性，构造 TIN 的方法一般都归结为 Delaunay 三角网，因而 Delaunay 三角网在国内外已得到广泛应用。根据实现过程，把生成 Delaunay 三角网的各种算法分为逐点插入法、三角网生长法和分治算法等三类。

1. 逐点插入法

Lawson 提出了用逐点插入法建立 Delaunay 三角网算法的思想。其后又有很多学者改进和完善了这一算法。

逐点插入算法的基本步骤是：

(1) 定义一个包含所有数据点的初始多边形。

(2) 在初始多边形中建立初始三角网，然后按以下步骤迭代计算，直至所有数据点都被处理：第一步，插入一个数据点P，在三角网中找出包含P的三角形t，把P与t的三个顶点相连，生成三个新的三角形；第二步，用 Lawson 提出的局部最优化方法(local optimization procedure，LOP)优化三角网。

从上述步骤可以看出，逐点插入算法的思路非常简单，先在包含所有数据点的一个多边形中建立初始三角网，然后将余下的点逐一插入，用 LOP 算法确保其成为 Delaunay 三角网。各种实现方法的差别在于其初始多边形的不同以及建立初始三角网方法的不同。

2. 三角网生长法

Green 和 Sibson 首次实现了 Dirichlet 多边形图的生长算法。Brassd 和 Reif 随后也发表了类似的算法。McCullagh 和 Ross 通过把点集分块和排序改进了点搜索方法，减少了搜索时间。Maus 也给出了非常相似的算法。

三角网生长算法的基本步骤是：

(1) 以任一点为起始点，找出与起始点最近的数据点相互连接形成 Delaunay 三角形的一条边作为基线，按 Delaunay 三角网的判别法则(即它的基本性质)，找出与基线构成 Delaunay 三角网的第三点。

(2) 基线的两个端点与第三点相连，成为新的基线。

(3) 迭代以上两步直至所有基线都被处理。

上述过程表明，三角网生长算法的基本思路是，首先找出点集中相距最短的两点连线成为一条 Delaunay 三角网的边，然后按 Delaunay 三角网的判断法则找出包含此边的 Delaunay 三角网的另一端点，依次处理所有新生成的边，直至最终完成。各种不同的实现方法主要表现在搜寻“第三点”的方法不同。

由 Delaunay 三角网的定义和特性可以构造下列基本算法，有人形象地称其为“爆炸”法。

(1) 首三角形的确定。任选一个高程点作为首三角形的第一顶点，找出距离该点最近的点作为首三角形的第二顶点，再寻找相距一、二顶点连线中点最近且不与两顶点共线的点作为首三角形的第三顶点。

(2) 三角形的扩展。设定两个计数变量K和L，K记录已扩展的三角形数，L记录已形成的三角形数。在第一个三角形形成后，分别置$L=1$和$K=1$。还需要设置三个数组$t_1[\ ]$、$t_2[\ ]$、$t_3[\ ]$，用于存放所构成的每个三角形的顶点编号。首先从K号三角形的第一条边$t_1[k]$、$t_2[k]$向外扩展，显然，位于$t_3[k]$同侧的数据点应排除在外(图 6.14)，可利用直线方程的判别式判别正负区的原理来实现这一要求。直线方程的判别式为

$$F(x,y)=y-Ax-B \tag{6.4}$$

式中，$A=(y_2-y_1)/(x_2-x_1)$；$B=(y_1x_2-y_2x_1)/(x_2-x_1)$。

显然，若$F(x,y)>0$，则点位于正区；若$F(x,y)=0$，则点位于直线上；若$F(x,y)<0$，则点位于负区。将$t_3[k]$代入$F(x,y)$，记下$F(x,y)$值的符号，然后，将其余数据点代入$F(x,y)$，逐个比较判别式值的符号，只有当数据点的判别式的值与$t_3[k]$判别式的值的符号

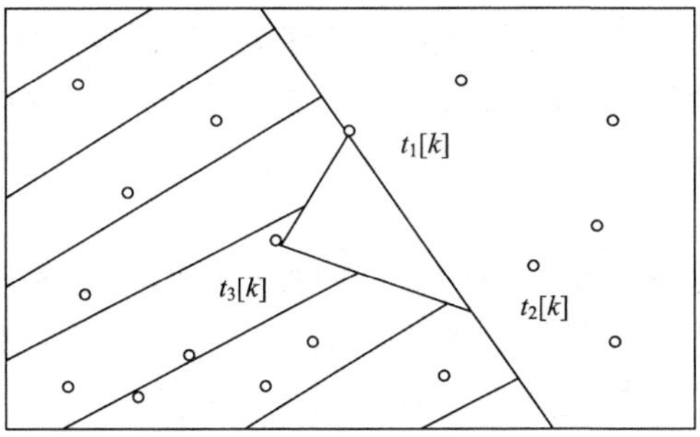

图 6.14　直线判别法

相反时，才有可能成为被扩充的点。在这些可能被扩充的点中，再利用三角形的余弦定理 $\cos C=(a^2+b^2-c^2)2ab$，找出对扩展边张角最大的点 $\max\{C_i\}$，则该点即为要扩充的点，将该点作为三角形的第三个顶点送入 $t_3[L]$ 中。新三角形基本形成后，令 $L=L+1$。为避免重复和交叉，还需进行一次检查判断，即要判断新的三角形的三条边是否被已形成的三角形用过两次，若有一条边已被用过两次，则此三角形无效，此时，令 $L=L-1$。否则，该三角形应被确认。K 号三角形的第一条边扩展完成后，再采用上述同样的方法对第二条边和第三条边进行扩展。每当形成一个新的三角形时，就使 $L=L+1$。当 K 号三角形的三条边都扩展完成后，令 K 加 1，再转向 $K=K+1$ 号三角形做扩展工作。只有当 $K=L$ 时，才表明三角网构建完毕。

3. 分治算法

Shamos 和 Hoey 提出了分治算法思想，并给出了一个生成 V-图的分治算法。Lewis 和 Robinson 将分治算法思想应用于生成 Delaunay 三角网并给出了一个“问题简化”算法，递归地分割点集，直至子集中只包含三个点而形成三角形，然后自下而上地逐级合并生成最终的三角网。之后 Lee 和 Schachter 又改进和完善了 Lewis 和 Robinson 的算法。

Lee 和 Schachter 算法的基本步骤为：

(1) 把点集 V 以横坐标为主、纵坐标为辅按升序排序，然后递归地执行以下步骤。

(2) 把点集分成近似相等的两个子集 V_L 和 V_R。

(3) 在 V_L 和 V_R 中生成三角网。

(4) 用 Lawson 提出的局部优化算法 LOP 优化所生成的三角网，使之成为 Delaunay 三角网。

(5) 找出连接 V_L 和 V_R 中的两个三角形。

(6) 由底线至顶线合并 V_L 和 V_R 中的两个三角形。

以上步骤表明，分治算法的基本思想是使问题简化，把点集划分到足够小，使其易于生成三角网，然后把子集中的三角网合并生成最终的三角网，用 LOP 算法保证其成为 Delaunay 三角网。不同的实现方法可有不同的点集划分法、子三角网生成法及合并法。

6.3.2　基于栅格数据的构建方法

基于栅格方式的 Delaunay 三角形算法是严格按照 Voronoi 图和 Thissen 多边形定义来实现的。首先，根据 Voronoi 图的定义求取 Thissen 多边形，在 Thissen 多边形基础上构建 Delaunay 三角形。在矢量环境中，计算离散点的 Thissen 多边形是非常困难的。随着近几年计算机存储和计算能力的提高，人们把在矢量环境中难以解决的问题转化到栅格环境中来解决。栅格方法求取 Delaunay 三角形算法的基本思路是：首先进行矢量—栅格转换，在栅格矩阵中求取 Voronoi 图，最后从 Voronoi 图中提取 Delaunay 三角形。

1. 矢量—栅格转换

矢量—栅格转换，就是把用矢量方式表示的数据投影到栅格环境中来。Delaunay 三角形实质上是表示矢量的离散点之间的拓扑关系，这种拓扑关系仅仅依赖于离散点之间的相对位置。将矢量数据转换成栅格数据主要考虑两个因素：栅格的大小（栅格分辨率）和栅格中像素的值。栅格分辨率太低，直接影响求取 Delaunay 三角形的质量；栅格分辨率太高，会增大数据存储空间和计算时间。选择栅格分辨率遵循的基本原则是：离散数据中任意两点投影到栅格图像中不允许是同一点或相邻点。在算法实现中，往往选择离散数据中任意两点之间的最短距离的三倍作为栅格分辨率。离散点在栅格环境中的像素值往往取每个离散点在矢量环境中的相应编号，其余像素的值为零，如图 6.15 所示。

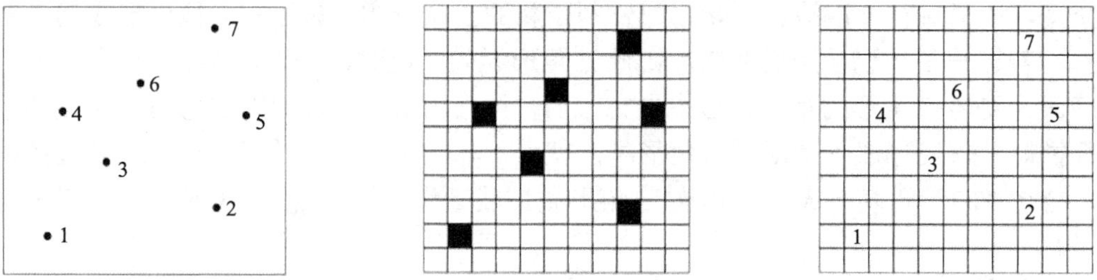

(a) 离散点矢量坐标　　(b) 离散点栅格二值图像　　(c) 离散点点号距阵

图 6.15　矢量数据转换成格栅数据

2. 计算 Voronoi 图

在二值图像环境中，Voronoi 图可以采用图像减薄（侵蚀）变换获取，以图 6.15 中(b)图像为例，图像取补后进行减薄运算[图 6.16(a)]，直到求出 Voronoi 图，然后再进行栅格矢量变换，获取矢量的 Voronoi 图[图 6.16(b)]。

(a) 图像取补后进行减薄运算　　(b) 矢量的Voronoi图

图 6.16　矢量数据转换成栅格数据

3. 由 Thissen 多边形求取 Delaunay 三角形

它是在矢量的 Voronoi 图中，根据多边形的拓扑关系，建立邻近多边形间的点的 Delaunay 三角形。如图 6.17 所示。

6.3.3　基于矢量数据带约束条件的构建方法

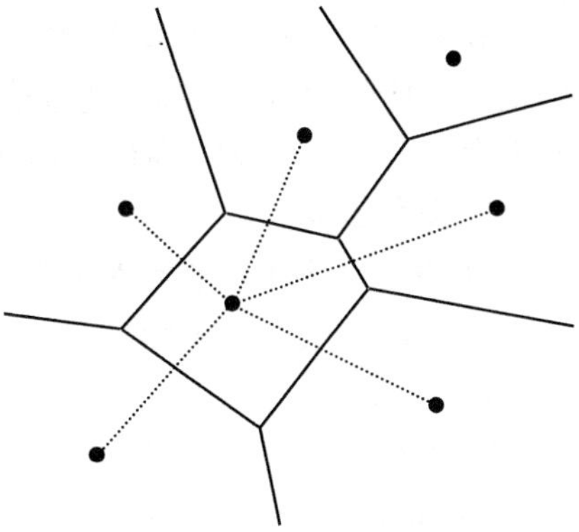

图 6.17　求取 Delaunay 三角形

基于矢量方式约束条件下，用不规则三角形的生成算法(图 6.17)求取 Delaunay 三角形在国内外早有研究，朱庆和陈楚江(1998)提出一种顾及地形特征的针对带状 TIN 的算法，但它在每构建一个三角形时均要判断三角形的边是否与地形特征线相交，程序计算量较大。因而有人提出另一种方法，算法的基本思想是：首先将地形特征点、地形特征线、等高线看作离散点进行标准三角剖分，然后强行嵌入不在剖分中的约束边，最后删除域外三角形。卢朝阳和吴成柯(1997)介绍了一种“($m+2$)边形对角线交换技术”，从而解决了影响域任意复杂的情形，但该方法要比较点到直线的距离，因而程序实现量较大。与之相比，周晓云和刘慎权(1996)提出的“轨迹生成”法则易于实现，但有局限性，会出现交换不下去的情形，如图 6.18 所示。而李立新和谭建荣(1999)提出的“递减算法”和“循环算法”正可以解决此问题，但“递减算法”(图 6.19)有时也会出现交换不下去的情形。为了解决上述问题，作者提出采用“循环算法”，保证在任何情况下交换的正确性。

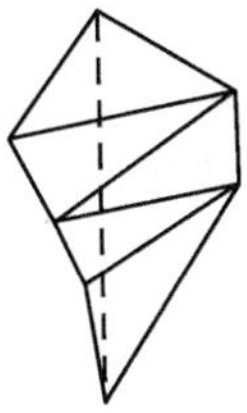

图 6.18　影响域为凹多边形(一边凹)

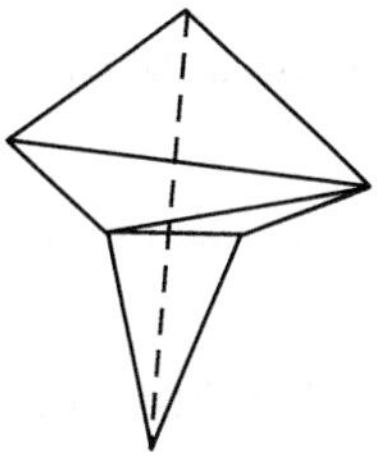

图 6.19　影响域为特殊凹多边形(两边均凹)

1. 约束条件 Delaunay 三角网的定义

约束条件 Delaunay 三角网是标准 Delaunay 三角网(图 6.20)的扩充，它允许事先给定的、相互不相交(端点除外)的线段(约束条件)成为三角网的边。严格地讲，带有约束条件的三角网不是 Delaunay 三角网，这是因为在约束条件区域局部打破了 Delaunay 构网法则，大部分区域仍满足 Delaunay 构网法则(图 6.21)。正是由于约束条件 Delaunay 三角网这种特有的性质，它对于描述地形特征及地表现象才具有重要意义。

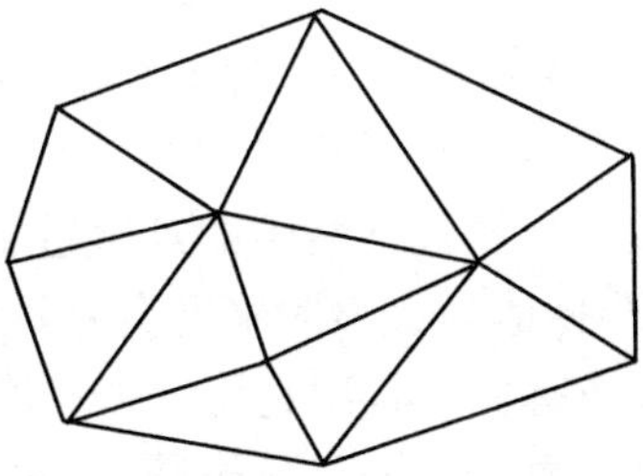

图 6.20　标准 Delaunay 三角网

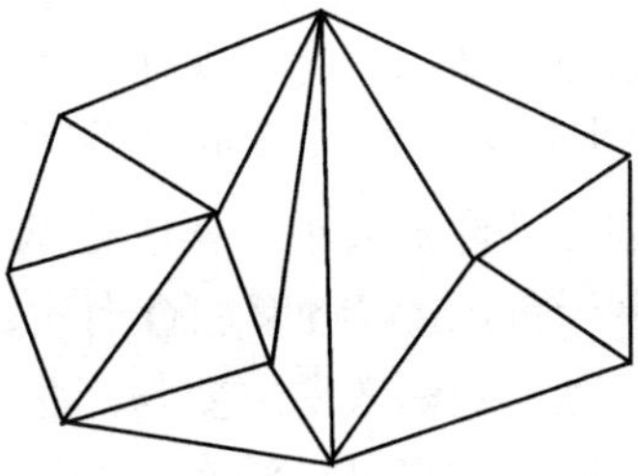

图 6.21　约束条件 Delaunay 三角网

有关 TIN 的地形模型建模方法，主要研究其构网速度，而所采用的数据结构直接影响数据检索和构网速度，因此，数据结构和检索算法是构网的核心问题。为了压缩存储单元，节省内存，更重要的是提高构网速度和精度，因而建立了数据结构和数据索引。

2. 数据结构

(1)离散点结构(包含特征点)

```
typedef struct_Point3d
{
float x，y，z；  //三维坐标
} Point3d，* PPoint3d;
```

(2)边结构

```
typedef struct_TINEdge
{
int firstIndex, lastIndex;                 //起终点号
int oppTIN1 ,oppTIN2;                      //左右三角形号
int8 times;
} TINEdge, * PTINEdge;
```

(3)三角形结构

```
typedef struct_TriangleAreaP
{
int iPoint1, iPoint2, iPoint3;             //三角形的三个点号
int relaTIN1,relaTIN2,relaTIN3;            //相邻三角形号
} TriangleAreaP, * PTriangleAreaP;
```

(4)约束条件结构

```
typedef struct_DxxLine
{
int firstIndex, lastIndex;                 //起终点号
} DxxLine, * PdxxLine;
```

3. 数据索引建立

在地学领域，我们常常处理大量随机分布于地域内的离散数据，而在构网时只需要选择最邻近边的点，即查询我们“感兴趣”区域内的“有效”点。对于一定区域内 n 个离散点，如果每查询一个“有效”点，均需要对 n 个点逐个计算、检索，算法时间复杂度为 $O\left(n^2\right)$，而通过采用数据分块技术，使不规则的离散点分布“规则化”，再利用分块搜索技术，能大大加快查询速度，时间复杂度可提高到 $O\left(n\log n\right)$。数据分块方法的基本思路是(图 6.22)：首先把离散点数据划分成许多大小一样的格网，格网过大会导致格网中的点数过多，而格网过小则导致许多格网无点，这都将增加查询次数，所以选择适当大小的格网会有最佳的查询效率。同时必须指出的是，查询效率主要与点集内的点分布有关。其次利用一个一维数组 GirdFirPt 记录每个格网中的第一点号，没有点的格网记为–1，再利用一个一维数组 PtNexPt 记录每点所在格网中的下一点号，如果没有下一点记为–1。对所有点依次计算得到它所在的网格并建

立好格网索引。

格网	第一点	点号	下一点
1	1	1	5
2	−1	2	4
3	−1	3	−1
4	6	4	8
5	2	5	−1
6	3	6	−1
7	−1	7	−1
8	7	8	−1
9	9	9	−1

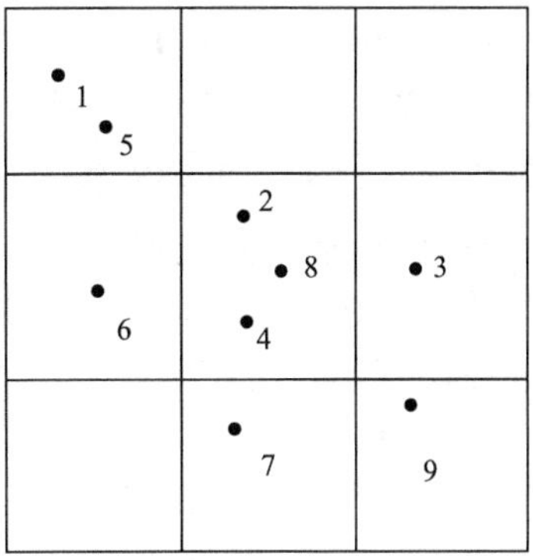

图 6.22　数据分块

利用点集分块可以大大提高查询效率。由待定点的平面坐标，可以快速检索出所在的格网号，从而快速检索出该点所在的格网及相邻格网中的已知点。同理在边查询和三角形查询中，也可以利用点集分块的思想。对于三角网中每一条边是唯一的，它的中点也是唯一点，可以利用边的中点建立边的查询分块；对于三角网中三角形是唯一的，它的重心也是唯一的，可以利用重心建立三角形的查询分块，将边和三角形的检索转换为点的检索。

4. 前沿边推进算法

前沿边推进算法的基本思想是：利用前沿边推进算法建立基本网，利用“多对角线交换算法”把约束条件加入网中。此方法思路比较简单，最大特点是它针对边进行操作。

前沿边推进法是以包括所有点凸包的每一条边作为新生成三角形的边(所有三角形的边按照逆时针存储)，向凸包内“推进”找到一点满足 Delaunay 构网法则，对于每条新生成的边，最多参与两次构网，直到构网结束。

1) 建立凸包

凸包(convex hull)是在二维平面上给定点集内的点构成的，是包含给定点集所有点的凸多边形。这里我们使用 Larkin 改进和完善的凸壳生成算法，采用数据分块的方法提高查询效率。凸包建立过程如图 6.23 所示。

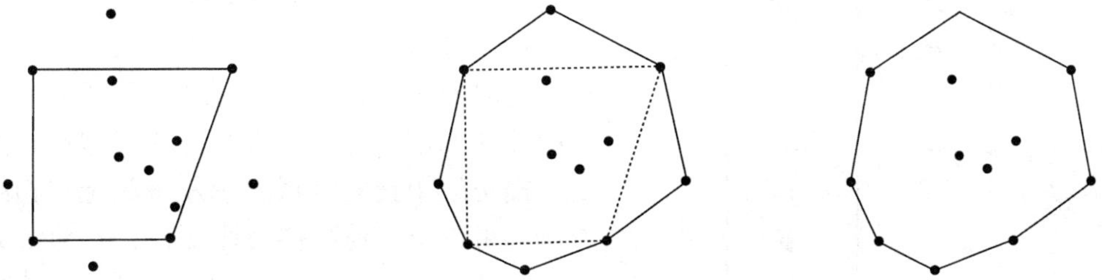

图 6.23　凸包建立过程

(1) 据 Sedgewick 的结论，把具有 x、y、$x+y$、$x-y$ 的极大值和极小值的点相连作为初始凸包，并按逆时针方向以链表的形式存储。

(2) 对子链表中相邻的两点 V_i 和 V_{i+1}，查询位于其右侧距离最大的点(计算三角形面积即可)。如果点存在或最大距离为 0，且点在线段 $V_i V_{i+1}$ 之间，则将该点插入 V_i 和 V_{i+1} 之间；否则不插入。重复上述过程，直到对链表中每一条边判断一次。

(3) 统计每次没有插入点的操作的次数，如果等于链表中顶点的总数，则终止判断，凸包建构完成。整个凸包计算过程中，关键是查询到有向边距离最大的点。采用点集分块的方法，没有必要在所有的点内查询，只需要查询有向边一侧我们“感兴趣”的区域即可，这样可大大减少冗余计算。

2) 凸包“推进”

凸包“推进”过程如图 6.24 所示。

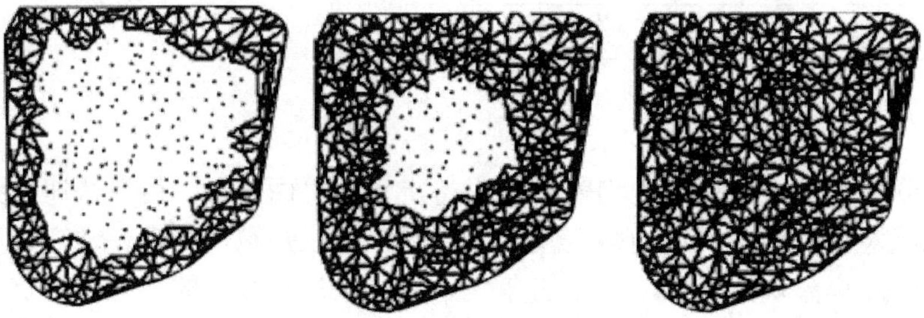

图 6.24　前沿边推进构建三角网过程

(1) 从凸包边 elist 中取一条边 e，从离散点中查询一点使得该点与边 e 构成 Delaunay 三角形(求出外接圆，判断外接圆内是否有点)。从边的中点所在的格网依次向边的左侧的格网外扩查询，直到找到这样一点。

(2) 判断边与点构成的两条新边是否存在。如果存在且已使用两次(凸包上的边只使用一次)，则将该边标识使用过两次，不生成新的三角形；如果存在但边只使用了一次，则将改变标识使用过两次，生成新的三角形；如果不存在，将新生成的边加入 elist 中，则生成新的三角形。

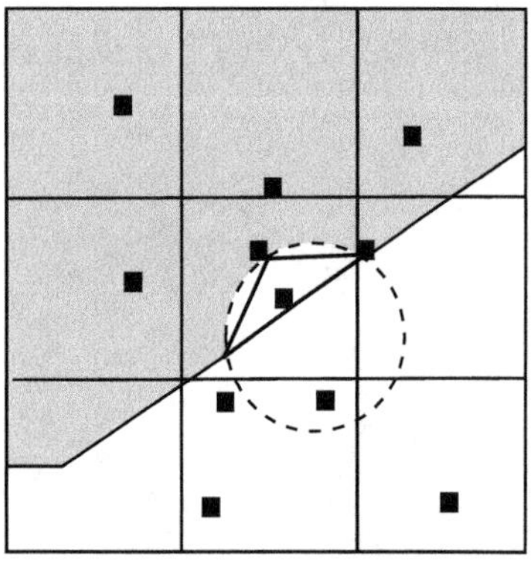

图 6.25　结合矩形、圆、余弦定理的搜索方法

(3) 对新生成的三角形及边建立编号、几何拓扑关系及边的分块索引。

(4) 循环链表 elist 直到生成的边满足点、边、三角形的数量关系，结束构网过程。

在此过程中主要有两个查询操作：一是查询与边构成 Delaunay 三角形的点。这里我们在以往构网算法的基础上，结合数据检索理论和搜索理论，提出运用搜索矩形、圆及余弦定理相结合的方法，可进一步提高构网速度(图 6.25)。此法是取 elist 中的一条边 e，判断其中点所在的格网是否有点，如果没有则格网外扩查询，直到找到一点 v；

以边 e 和点 v 做外接圆，判断圆内是否有点，如果没有则该点就是“有效”点；如果外接圆内有 2～5 或更多的点，则找出对边 e 张角最大的一点为“有效”点。二是查询新生成的边在已生成的边中是否存在。判断新生成的边是否存在，只要找到该边中点所在的分块格网，判断该格网内是否有中点与它相同的边即可。

5. 基于约束边构建 TIN

许多应用中，除了对三角形的形状有要求外，还对离散数据本身做出某种约束。例如，某两点的连线对形状有决定性的影响，必须考虑把它们加入到离散数据中，作为一种特征约束来考虑，才能得到高质量的模型。在二维情况下，这种特征约束可归纳为两种形态：一种是离散数据带有若干组“有向折线”；另一种是带有若干组“封闭多边形环”。通常，我们把上述问题称为在约束条件限制下离散数据的不规则三角形构造问题。这里使用“多对角线交换循环算法”，其基本原理是：对每一条地性线检测其在基本网中是否存在，如果不存在，则使用“多对角线交换循环算法”加入网中；如果存在，则不需要加入。

1) 基本术语

假定 Delaunay 三角网已经完成，我们约定如下术语：约束边所经三角形构成的区域称为该约束边的影响域；影响域内每一条边称为对角线；约束边的一端点称为起始点，另一端点称为目标点；我们的目标就是从起始点出发，按照一定的规则逐步交换对角线，最终使起始点和目标点相连。

2) 算法的基本思路

从起始点出发，对遇到的每条对角线的可交换性进行判断，可交换就交换，不可交换就判断下一条，到达最后一条对角线后，第一轮交换结束。然后从头再来，开始下一轮，直到约束边加入。

3) 算法过程

第一步：从起始点 firstPt 出发，查询出与约束边相交的边 e，检查相邻三角形中的对点 opptPt 是否为目标点 lastPt，若是则转入第五步；否则记录原始起始点 repfFirstPt 等于 firstPt，转第二步。

第二步：分别计算边 e 的两端点 node1 和 node2 与起始点 firstPt、对点 opptPt 所构成三角形 (firstPt-node1-opptPt、firstPt-node2-opptPt) 的面积 (三角形三点按逆时针方向排列面积为正，否则面积为负)，分别记录为 flag1 和 flag2。若 flag1 和 flag2 一正一负，则转第五步；若 flag1 和 flag2 都为正，则转第三步；若 flag1 和 flag2 都为负，则转第四步。

第三步：将 node1 赋值给 firstPt，记录 jionFlag 为真，转第一步。

第四步：将 node2 赋值给 firstPt，记录 jionFlag 为真，转第一步。

第五步：对角线交换，修改相应几何拓扑结构，若 jionFlag 为真，记录 jionFlag 为假。将 repfFirstPt 赋值给 firstPt，转第一步。

第六步：结束。

“多对角线交换循环算法”示例如图 6.26 所示。

6.3.4　基于栅格数据带约束条件的构建方法

基于矢量方式约束条件下构建 TIN 的大量计算是判断约束边与 Delaunay 三角形的边是否相交，计算量大。与此相反，在栅格环境中两边相交的判断非常容易。

与在矢量环境中明显不同，在栅格环境构建约束条件的 TIN，主要是考虑约束条件的次序。基于矢量方式约束条件下构建 TIN，是先建立离散点 Delaunay 三角形，然后再考虑约束条件。与此相反，在栅格环境中是先考虑约束条件，然后建立三角网。核心问题是在栅格环境中如何对约束边编码，如何栅格化。矢量数据栅格化所遵循的原则与基于栅格数据构建 TIN 的区别在于约束边栅格化。在约束边位置上赋予特殊的特征值，既能反映出线段间两点的关系，又能在离散点膨胀变换时约束其他点越过约束边，起到“防火墙”的作用，其他步骤与基于栅格方式构建不规则三角网相同。图 6.27 给出了该方法的示例。

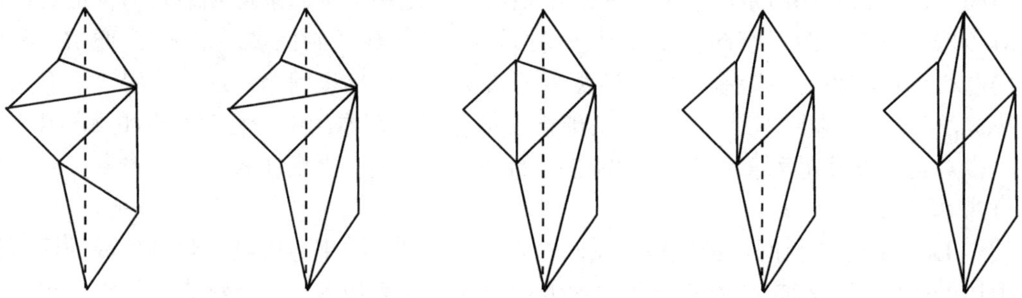

图 6.26　“多对角线交换循环算法”示例

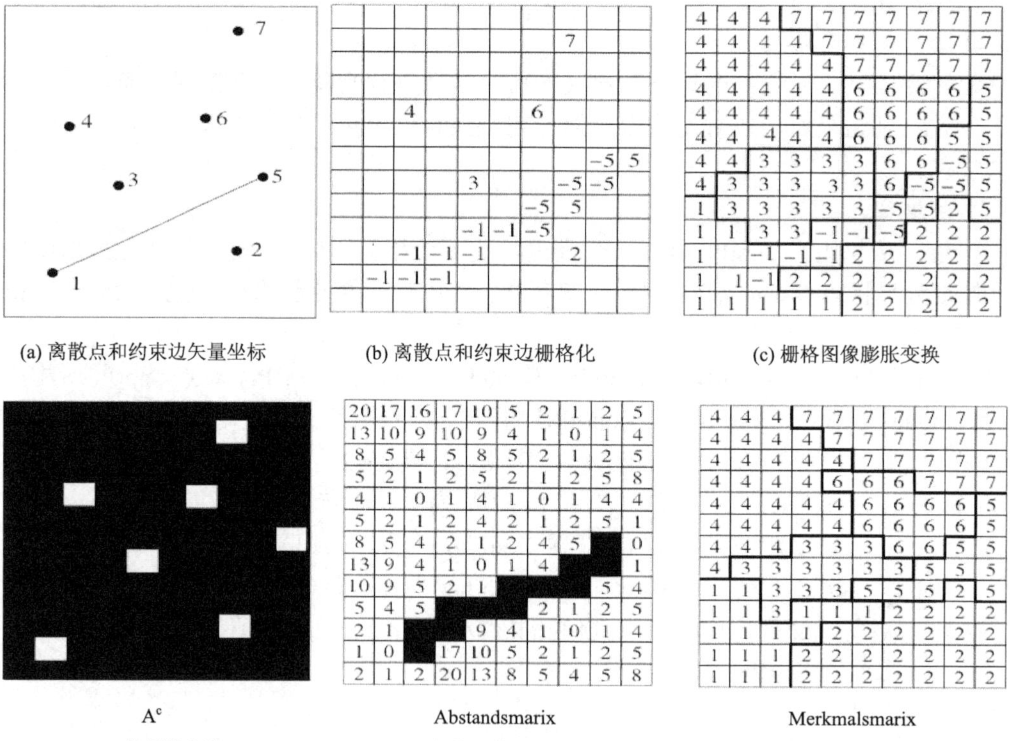

(a) 离散点和约束边矢量坐标　(b) 离散点和约束边栅格化　(c) 栅格图像膨胀变换

(d) 二值图像取补　(e) 栅格图像距离变换　(f) 栅格图像距离变换

图 6.27　基于栅格方式约束条件下 TIN 的算法示例

6.3.5　基于等高线的构建方法

由等高线数据建立不规则三角网 TIN 的关键是从等高线数据中自动提取地性线和顾及地

性线、等高线约束条件下构建不规则三角网。在这之前，要对矢量等高线数据进行处理。

1. 数据预处理

数据预处理的目的是通过改进数据质量来提高 TIN 的精度，基本思想是使数据尽可能均匀分布，同时保持一定的密度。主要方法如下：

(1) 加入地形特征点。即加入地形表面的曲率变化点和坡度变化点，如谷地点、山峰、鞍部点等。

(2) 使等高线上的点分布均匀化。构网的主要数据是等高线。对于一条等高线而言，在曲线特征变化明显的地方点数较多，特别是当等高线数据质量不高时，存在重复点或距离特别近的点，这里可使用 Douglas 算法去除不必要的点；而在曲线平滑的地方点数相对较少，特别是等高线上两点距离特别大时，会构建狭长的三角形，并且给地性线的加入带来困难，所以要在这些地方加入个别点以构建均匀的三角网。

(3) 加入地形特征线。等高线上的点是沿等高线分布的，与等高线垂直方向上的点较少，而地形特征线基本上是与等高线垂直的，它是一种重要的数据，所以可以将地形特征线(如山脊线、山谷线)作为数据源参与构网。为得到更高质量的 TIN，我们将等高线当作约束条件来处理。但要注意等高线与山脊线或山谷线不可相交，若存在相交情况，必须求出交点并分别加入到约束条件数据中；否则，个别等高线、地性线不能加入网中。

2. 通过距离变换获取等高线的中心线

为了进一步提高 TIN 的内插精度，通常采用计算相邻两条等高线的中心线的方法。采用矢量方法提取中心线是非常烦琐的，在此我们采用矢量栅格混合计算技术，该方法的基本过程是：首先将已有的矢量等高线转换成二值栅格数据；其次，利用数学形态学的距离变换将二值栅格图像变换成多值栅格图像(等距离矩阵)，也就是说，在多值栅格图像中目标像素灰度值是从这个目标像素到该目标边缘的最短距离；最后再利用局部最大的原则从等距离矩阵中提取中心线。中心线位于等距离矩阵中的最大值处，该中心线的高程值是相邻等高线的高程平均值。如图 6.28 所示。

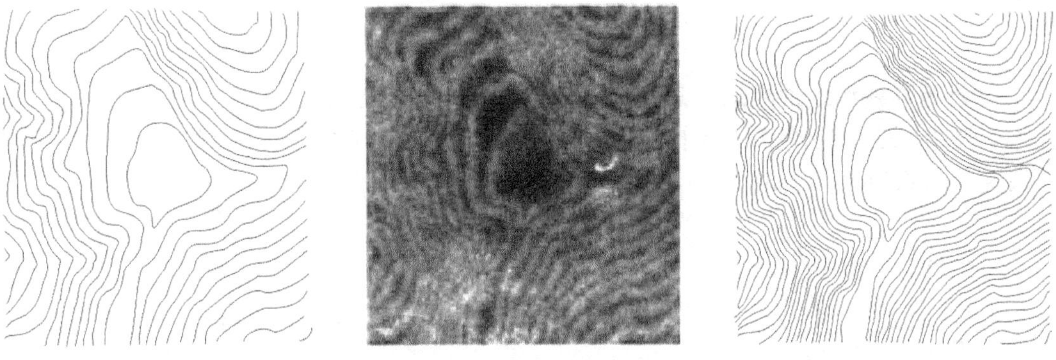

(a) 矢量等高线转换成二值图　(b) 距离变换获取等距离矩阵　(c) 从等距离矩阵中提取中心线

图 6.28　距离变换获取相邻等高线的中心线

3. 从等高线中自动提取地性线信息

地性线是建立高质量 TIN 的重要信息，这里采用矢量栅格混合计算技术从等高线中自动提取山脊线和谷底线。算法的基本过程是：首先将已有的矢量等高线数据转换成多值栅格数据，利用数学形态学的多值扩张变换获得多值栅格图像(高程矩阵)。其次，利用数学形态学的“洪水淹没”算法求取“积水区”，积水区的分界线就是山脊线；反之可求出谷底线。最后，在等高线上计算山脊线和谷底线结点的高程。图 6.29 就是从等高线中提取地性线的每个步骤成果图的一部分。

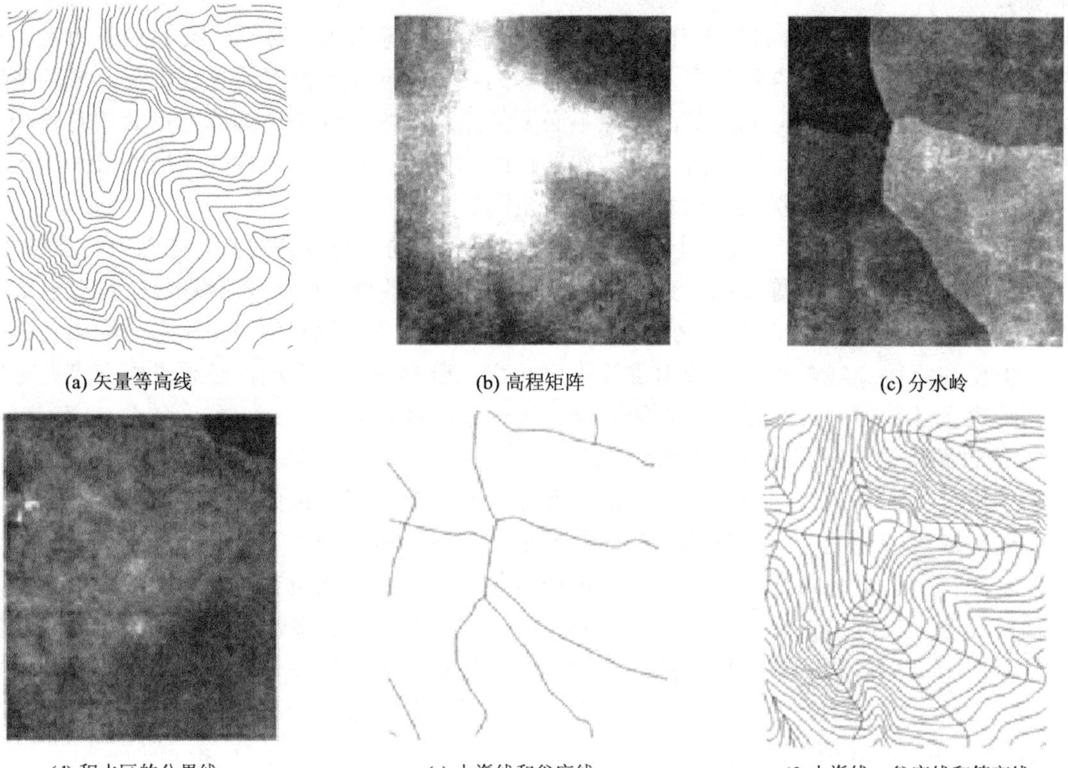

(a) 矢量等高线　(b) 高程矩阵　(c) 分水岭

(d) 积水区的分界线　(e) 山脊线和谷底线　(f) 山脊线、谷底线和等高线

图 6.29　从等高线中提取地性线

4. 顾及等高线和地性线的三角网构建

将等高线、地性线和中心线作为建立 TIN 的约束条件一起构建的三角网，能真实反映出地形情况。图 6.30 和图 6.31 给出了算法应用示例。

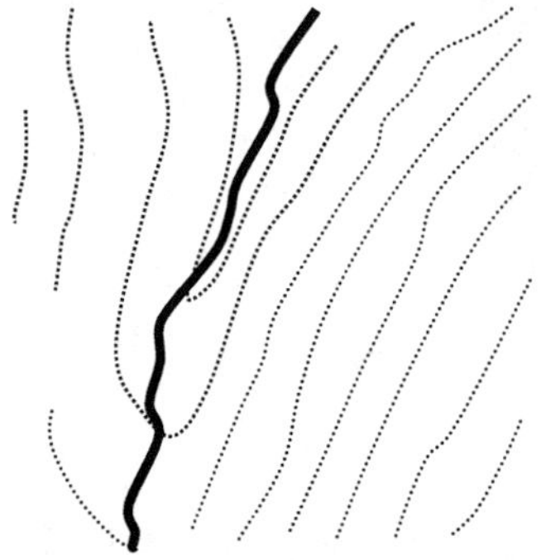

图 6.30　原始等高线、地性线(粗)

图 6.31　顾及等高线、地性线构建三角网

6.4　规则格网数字高程模型的构建方法

6.4.1　基于离散点数据的构建方法

利用离散点构建规则格网数字高程模型的基本思路是：根据已有的呈离散分布的高程点，选择合适的数学模型，求解出函数的待定系数，将系数回代数学模型，再算出规则格网交点上的高程值。这种算法又称为内插算法。当前用于插值的方法较多，有加权平均法、多面函数法、移动曲面拟合法、有限元法和最小二乘插值法等。大量实验证明，由于实际地形的非平稳性，DEM 的精度主要取决于原始采样点的密度和分布以及地形特征顾及与否。对于相同的原始数据，不同的内插方法对 DEM 的精度并无显著影响。因此，这里对 DEM 的精度问题不进行探讨，只研究适合于数字高程模型的各种插值算法和如何提高算法的速度。

1. 内插数学模型

考虑计算的方便，用于逼近地形表面的数学模型大都选择低次的多项式和样条函数，如线性内插数学公式、双线性内插数学公式、三次样条函数公式等。下面介绍常用的几种内插算法。

1）加权平均内插数学模型

已知一系列离散高程点在 XOY 平面上的投影为 $D_i(x_i,y_i)$，各自带有高程 $z_i(i=1,2,3,\cdots,n)$。$P(x,y)$为任意一个格网点，P 的 z 值是离散数据点 $D_i(x_i,y_i)$ 的 z 值加权平均的结果，并且影响程度一般与距离成反比，即离 P 点近的离散点，其 z 值对 P 点的 z 值影响大些；反之，离 P 点远的离散点，影响则小些。

设 z_i 是 $D_i(x_i,y_i)$ 上的 z 值，$d(P,D_i)$ 为 P 与 D_i 之间的距离，简称 d_i，每个格网点 P 的 z 值为

$$z=\begin{cases}\sum_{i=1}^{n}W_i\cdot z_i/\sum_{i=1}^{n}W_i, & d_i\neq 0\\ z_i, \quad d_i=0\end{cases} \tag{6.5}$$

式中，权函数 $W_i=(d_i)^{-u}(1+t_i)$；数据特征点 $z_i=D_i(x_i,y_i)$。

方向改正数 $t_i=\sum_{i=1}^{n}\frac{1}{d_k}[1-\cos A]/\sum_{i=1}^{n}\frac{1}{d_k}$。数据点 i、k 与内插点 P 的夹角余弦

$$\cos A=\frac{(x-x_i)(x-x_k)+(y-y_i)(y-y_k)}{d_i\cdot d_k}$$

内插点 P 到数据点 i 的距离 $(d_i)^{-u}$ 中的 $u>0$，实验证明，$u=2$ 时，内插的结果比较符合实际情况，而且也容易计算。这是因为 $(d_i)^{-2}=1/\left[(x-x_i)^2+(y-y_i)^2\right]$。

n 是选择来参加式(6.1)计算的数据点个数，一般规定至少 4 个，最多 10 个，因为点太多会显著增加计算量，而且对计算的结果帮助不大。

仅用加权平均来逼近未知点的高程是有缺陷的，它不能反映数据点高程的变化趋势。为此，也可采用组合加权外推公式，如图 6.32 所示。

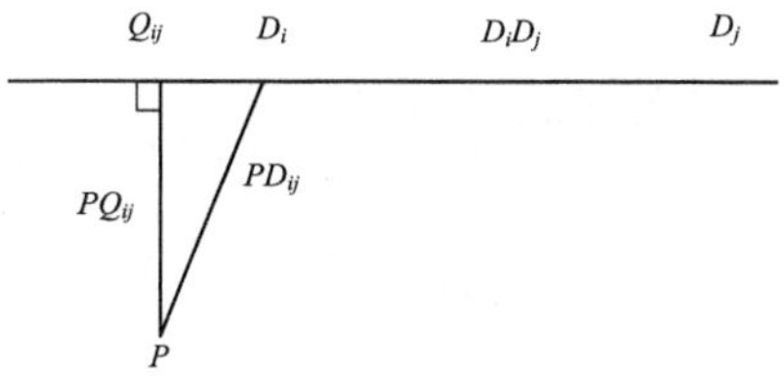

图 6.32　线性外推示意图

假设 D_i、D_j 是已知高程的点，P 是未知高程的网格点，Q_{ij} 是 P 点到 D_iD_j 连线的垂足，应用下面加权平均公式来求点的高程。

$$z_p = \frac{\sum_{i=1}^{n}\sum_{j=1}^{n} z\left(D_i, D_j, Q_{ij}\right) / \left(PQ_{ij}^2 + PD_{ij}^2 + D_iD_j^2\right)}{\sum_{i=1}^{n}\sum_{j=1}^{n} 1 / \left(PQ_{ij}^2 + PD_{ij}^2 + D_iD_j^2\right)} \tag{6.6}$$

式中，$PD_{ij} = \min\left\{PD_i, PD_j\right\}$；$z\left(D_i, D_j, Q_{ij}\right)$ 表示由 D_i、D_j 点的高程值线性外推的 Q_{ij} 点的高程值。

为保证地形光滑，首先通过 n 个数据点分别作 X、Y 轴的平行直线，把图幅划分成不规则的 $n \times n$ 网格，运用上述组合加权公式，求出 $n \times n$ 网格点上的高程值；其次，用样条函数进行插值，可得到较为光滑的地表曲面；最后，根据所要求加密的规则格网数目，如 $m \times m$，再计算出细分格网点上的高程值。在地形较平坦的地区可运用这种方法。

2) 多面函数内插数学模型

多面函数内插数学模型由美国艾奥瓦大学 Hardy 教授于 1977 年提出。他从几何学观点出发，认为任何一个光滑的数学曲面，甚至是不能用数学公式表达的任何光滑表面，都可以由规则的、能用数学公式定义的各种曲面之和逼近到所要求的精确程度。用公式表示为

$$z = f(x, y) = \sum_{j=1}^{n} a_j q\left(x, y, x_j, y_j\right) \tag{6.7}$$

其中，$q\left(x, y, x_j, y_j\right)$ 称为核函数（Kernel Function）。核函数可以任意选用，如二次曲面、三次曲面等。通过反复实验研究，证明二次曲面不仅是最简单的，而且是逼近不规则表面最有效的。设选用的核函数为一双曲面，其数学表达式为

$$q\left(x, y, x_j, y_j\right) = \left[\left(x - x_j\right)^2 + \left(y - y_j\right)^2 + \delta\right]^{1/2} \tag{6.8}$$

式中，δ 为一任意常数，可根据地区坡度情况通过实验来调整值的大小。

设 m 个数据点 $\left(x_k, y_k, z_k\right)$，并且要求 $m \geqslant n$（n 为核函数的中心点数），可据式(6.9)列出 m 个观测方程组：

$$\begin{bmatrix} v_1 \\ v_2 \\ \vdots \\ v_m \end{bmatrix} = \begin{bmatrix} q_{11} & q_{12} & \cdots & q_{1n} \\ q_{21} & q_{22} & \cdots & q_{2n} \\ \vdots & \vdots & & \vdots \\ q_{m1} & q_{m2} & \cdots & q_{mn} \end{bmatrix} \begin{bmatrix} a_1 \\ a_2 \\ \vdots \\ a_n \end{bmatrix} - \begin{bmatrix} z_1 \\ z_2 \\ \vdots \\ z_m \end{bmatrix} \tag{6.9}$$

即

$$V = QA - Z \tag{6.10}$$

转成法方程式

$$Q^{\mathrm{T}}QA = Q^{\mathrm{T}}Z \tag{6.11}$$

解之得系数向量

$$A = \left(Q^{\mathrm{T}}Q\right)^{-1} Q^{\mathrm{T}}Z \tag{6.12}$$

将式(6.12)代入多面函数内插数学模型式(6.7)，曲面上任意一点 $P_k=(x_k,y_k)$ 的高程 z_k（$k>n$）可由下列内插公式求得

$$z_k=q_kA=q_k\left(Q^{\mathrm{T}}Q\right)^{-1}Q^{\mathrm{T}}Z \tag{6.13}$$

其中，$q_k=[q_{k1}q_{k2}\cdots q_{kn}]$，$q_{kj}=q\left(x_k,y_k,x_j,y_j\right)$。

若将全部数据点取为核函数的中心，即 $m=n$，则

$$\begin{cases}A=Q^{-1}Z\\ z_k=q_k^{\mathrm{T}}Q^{-1}Z\end{cases} \tag{6.14}$$

展开，得

$$z_k=[q_{k1}q_{k2}\cdots q_{kn}]\begin{bmatrix}q_{11}&q_{12}&\cdots&q_{1n}\\q_{21}&q_{22}&\cdots&q_{2n}\\\vdots&\vdots&&\vdots\\q_{n1}&q_{n2}&\cdots&q_{nn}\end{bmatrix}^{-1}\begin{bmatrix}z_1\\z_2\\\vdots\\z_n\end{bmatrix} \tag{6.15}$$

这种方法计算起来虽然比较复杂，但它能保证在数据点处坡度的连续性，并在参考点上有严格的拟合。

2. 拟合数学模型

1) 移动曲面拟合数学模型

移动曲面拟合法是一种局部逼近方法，基本思想是，在以内插点 P 为中心的某个区域 D 内，利用 P 点周围的数据点的值，建立一个二次多项式函数来拟合地形表面，并使其到各数据点的距离的加权平方和为最小。从一个内插点到相邻另一个内插点，曲面的方程都随之而变，因此称为移动曲面法。

假设地形表面的拟合二次多项式函数为

$$z=f\left(x,y\right)=c_{00}+c_{10}x+c_{01}y+c_{20}x^2+c_{11}xy+c_{02}y^2 \tag{6.16}$$

要解出上式中的系数，需要选出 P 点周围 6 个以上的数据点。设 P 点坐标为 $\left(x_i,y_i\right)i=1,2,\cdots,n\left(n\geqslant 6\right)$。将 $\left(x_i,y_i\right)$ 改化到以 P 为原点的局部坐标系中，得

$$\begin{cases}\tilde{x}_i=x_i-x_p\\ \tilde{y}_i=y_i-y_p\end{cases}\quad(i=1,2,\cdots,n) \tag{6.17}$$

根据最小二乘法的参数平差理论，由 n 个数据点的值，可得到 n 个方程：

$$V_i=c_{00}+c_{10}\tilde{x}_i+c_{01}\tilde{y}_i+c_{20}\tilde{x}_i^{\,2}+c_{11}\tilde{x}_i\tilde{y}_i+c_{02}\tilde{y}_i^{\,2}-f_i\quad(i=1,2,\cdots,n) \tag{6.18}$$

然后，对每个数据点加权，常用的权函数有

$$w_i=\frac{1}{d_i^2} \tag{6.19}$$

$$w_j=\left(\frac{R-d_i}{d_i}\right)^2 \tag{6.20}$$

$$w_j=e^{\frac{d_i^2}{k^2}} \tag{6.21}$$

其中，R为选点半径，d_i为内插点与数据点之间的距离，k是一个供选择的常数。三种权函数的使用，需要根据实际情况进行实验选择。最后，由最小二乘法求解如下带权的极小值：

$$\min\left\{\sum_{i=1}^{n} w_i V_i^2\right\} \tag{6.22}$$

由此，解出系数c_{ij}，从而得到P所对应的二次曲面方程，进而可求出内插值。

有时为计算方便，插值点可由周围几个数据点的值按下式计算：

$$\tilde{z}_p = \tilde{z}\left(x_p, y_p\right) = \frac{\sum_{i=1}^{n} w_i f_i}{\sum_{i=1}^{n} w_i} \tag{6.23}$$

式中，w_i为第i个数据f_i值的权。这样确定的曲面往往不通过各个数据点。因此，它仅作为移动曲面法的一个特例，称为移动曲面加权平均法。

移动曲面内插方法在数字高程模型的内插计算中有着广泛的应用。它计算精度较高，计算方法灵活，在一般情况下，使用完整的二次方程，而在接近地形折断线或折断点的区域或在数据点稀疏的地域，可使用线性项。如在国外一些 DEM 系统中，规定当数据点个数$n \geqslant 8$时，应用完整的二次项；当$n \in [6,7]$时，可舍去xy项；当$n \in [4,5]$时，舍去x^2和y^2项；当$n = 3$时，只使用线性项。不过，移动曲面插值计算速度较慢。

2）有限元内插数学模型

为解算一个函数，有时需要把它分成许多适当大小的“单元”，在每个单元中用一个简单的函数(如某种多项式)来表示。对于曲面，也可用大量的有限面积单元来趋近它，这就是有限元法。这种方法最初用于弹性力学和结构力学方面，现在广泛应用于各个领域，DEM 内插中也常用到它。

实际工作中，首先构造正方形格网，每一个格网的边长可由用户根据需要自行规定。然后，在每一个有限元中，拟合一个双线性多项式或一个三次样条函数。由于三次样条函数考虑了高次项，为减少计算量，格网边长可稍大一些。但是，因为三次样条函数公式比较复杂，在处理地形折断线时非常困难。所以，当有地形折断线数据时，一般采用双线性多项式；在没有地形折断线数据时，多采用三次样条函数。下面介绍这两种方法。

(1) 双线性有限元内插。如图 6.33 所示，假设某一网眼内有一点P_k，其平面坐标为$\left(x_k, y_k\right)$，已知函数值(观测值)为z_k。由于内插曲面应通过点P_k，因此，z_k与周围 4 个格网点的线性函数为

$$z_k = \left(1-\Delta x_k\right)\left(1-\Delta y_k\right) z_{i,j} + \Delta x_k\left(1-\Delta y_k\right) z_{i+1,j} + \left(1-\Delta x_k\right)\Delta y_k z_{i,j+1} + \Delta x_k \Delta y_k z_{i+1,j+1} \tag{6.24}$$

式中，Δx_k、Δy_k是格网边长为 1 时点P_k相对于点$P_{i,j}$的坐标增量。上式中，由于P_k点的高程z_k已知，可把z_k作为观测值，以格网高程$z_{i,j}$作为待定系数，由式(6.24)列出误差方程：

$$v_k = \left(1-\Delta x_k\right)\left(1-\Delta y_k\right) z_{i,j} + \Delta x_k\left(1-\Delta y_k\right) z_{i+1,j} + \left(1-\Delta x_k\right)\Delta y_k z_{i,j+1} + \Delta x_k \Delta y_k z_{i+1,j+1} - z_k \tag{6.25}$$

式中，Δx_k、Δy_k是经格网边长规格化的坐标增量。即

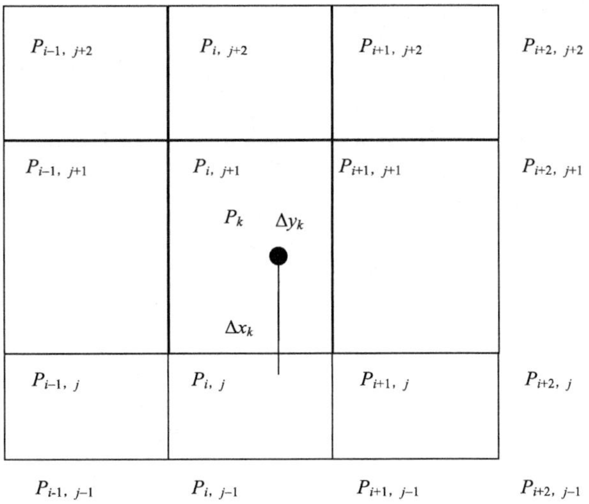

图 6.33　双线性有限元内插

$$\begin{cases}\Delta x_k = \dfrac{(x_k - x_i)}{d} & 0 \leqslant \Delta x_k \leqslant 1 \\ \Delta y_k = \dfrac{(y_k - y_i)}{d} & 0 \leqslant \Delta y_k \leqslant 1 \\ d = x_{i+1} - x_i = y_{i+1} - y_i \end{cases} \tag{6.26}$$

为保证地形表面的圆滑，可以利用 x 和 y 方向上的二次差分条件，构造虚拟观测值方程式：

$$\begin{cases} v_x(i,j) = z_{i-1,j} - 2z_{i,j} + z_{i+1,j} - 0 \\ v_y(i,j) = z_{i,j-1} - 2z_{i,j} + z_{i,j+1} - 0 \end{cases} \tag{6.27}$$

其曲率的观测值为零可看作是一种虚拟观测值，可给予适当的权。最简单的办法是把它们处理成不相关的而且是等权的，如都等于 1。但这仅适用于均匀的和各向同性的地形。

设内插的格网点数为 $m \times n$ 个，则平差的原则是

$$\sum_{k=1}^{s} v_k^2 w_k + \sum_{i=2}^{m-1}\sum_{j=1}^{n} v_x^2(i,j) + \sum_{i=1}^{m}\sum_{j=2}^{n-1} v_y^2(i,j) = \min \tag{6.28}$$

式中，s 为数据点的总个数；w_k 为已知数据点 P_k 的高程 z_k 的权；m、n 为 DEM 格网点的行数和列数。

把式(6.25)和式(6.27)这两类误差方程综合在一起，进行整体平差运算，可求得每个格网点上的函数的内插值。

为符合地形变化的不均匀性和各方向异性的特点，可为虚拟观测值设置更合理的权。由于高程数据点是任意分布的，可由数据点 P_k 的权 $w_x(k)$ 和 $w_y(k)$，通过双线性内插求得各格网点 $P_{i,j}$ 的权 $w_x(i,j)$ 和 $w_y(i,j)$。

(2) 三次样条有限元内插。三次样条一维基函数为

$$\Omega(t)=\begin{cases}\dfrac{(t-1)^3}{6} & t\in[-2,-1]\\ \dfrac{(t+2)^3}{6}-\dfrac{4(t+1)^3}{6} & t\in[-1,0]\\ \dfrac{(-t+2)^3}{6}-\dfrac{4(-t+1)^3}{6} & t\in[0,1]\\ \dfrac{(-t+2)^3}{6} & t\in[1,2]\\ 0 & |t|\geqslant 2\end{cases} \tag{6.29}$$

令 $\Omega_\lambda(t)=\Omega(t-\lambda)(\lambda=0,\pm1,\pm2,\cdots)$，则点 P_k 的高程 Z_k 的三次样条表达式为

$$z_k=\left[\Omega_{-1}(\Delta x_k)\Omega_0(\Delta x_k)\Omega_1(\Delta x_k)\Omega_2(\Delta x_k)\right]C\begin{bmatrix}\Omega_{-1}(\Delta y_k)\\ \Omega_0(\Delta y_k)\\ \Omega_1(\Delta y_k)\\ \Omega_2(\Delta y_k)\end{bmatrix} \tag{6.30}$$

$$C=\begin{bmatrix} z_{i-1,j-1} & z_{i-1,j} & z_{i-1,j+1} & z_{i-1,j+2}\\ z_{i,j-1} & z_{i,j} & z_{i,j+1} & z_{i,j+2}\\ z_{i+1,j-1} & z_{i+1,j} & z_{i+1,j+1} & z_{i+1,j+2}\\ z_{i+2,j-1} & z_{i+2,j} & z_{i+2,j+1} & z_{i+2,j+2}\end{bmatrix} \tag{6.31}$$

式中，$z_{i,j}$ 为格网点 $P_{i,j}$ 的高程；Δx_k、Δy_k 为坐标增量。

在格网点 $P_{i,j}$ 处的二阶导数为

$$\frac{\mathrm{d}^2 z_{i,j}}{\mathrm{d}x^2}=\begin{bmatrix}1 & -2 & 1\end{bmatrix}\begin{bmatrix} z_{i-1,j-1} & z_{i-1,j} & z_{i-1,j+1}\\ z_{i,j-1} & z_{i,j} & z_{i,j+1}\\ z_{i+1,j-1} & z_{i+1,j} & z_{i+1,j+1}\end{bmatrix}\begin{bmatrix}\frac{1}{6}\\ \frac{4}{6}\\ \frac{1}{6}\end{bmatrix} \tag{6.32}$$

$$\frac{\mathrm{d}^2 z_{i,j}}{\mathrm{d}y^2}=\begin{bmatrix}\frac{1}{6} & \frac{4}{6} & \frac{1}{6}\end{bmatrix}\begin{bmatrix} z_{i-1,j-1} & z_{i-1,j} & z_{i-1,j+1}\\ z_{i,j-1} & z_{i,j} & z_{i,j+1}\\ z_{i+1,j-1} & z_{i+1,j} & z_{i+1,j+1}\end{bmatrix}\begin{bmatrix}1\\ -2\\ 1\end{bmatrix} \tag{6.33}$$

$$\frac{\mathrm{d}^2 z_{i,j}}{\mathrm{d}x\mathrm{d}y}=\begin{bmatrix}-\frac{1}{2} & \frac{1}{2}\end{bmatrix}\begin{bmatrix} z_{i-1,j-1} & z_{i-1,j+1}\\ z_{i+1,j-1} & z_{i+1,j+1}\end{bmatrix}\begin{bmatrix}-\frac{1}{2}\\ \frac{1}{2}\end{bmatrix} \tag{6.34}$$

以二阶差分代替二阶导数，根据上述四式列出误差方程式，给予适当的权，利用最小二乘法求出各格网点上的高程。

使用有限元法进行插值，能够产生出一个最小曲率的内插表面，该表面能以最佳的滤波逼近已知的参考点。双线性有限元内插还能充分地表现地形线上的折断线和折断点。样条函数有限元内插能使地表曲面连续且光滑，但这种方法计算比较复杂。

3) 最小二乘内插数学模型

该方法的基本思路是，根据一系列离散的已知数据点$\{x_i, y_i, z_i\}$，采用按距离加权的最小二乘法，为局部内插拟合一个曲面。该曲面是顾及整体的一个趋势面，一般不通过已知的数据点。设数据点为$\{x_i, y_i, z_i\}$ $(i=1,2,\cdots,n)$，在待求值的格网交点P周围的某邻域内建立一个能用二次多项式表达的曲面。设该二次多项式方程为

$$f(x,y)=c_{00}+c_{10}x+c_{01}y+c_{20}x^2+c_{11}xy+c_{02}y^2 \tag{6.35}$$

z 值的误差方程为

$$v_i=f(x_i,y_i)-z_i \quad (i=1,2,\cdots,n) \tag{6.36}$$

在最小二乘的意义下，尽可能好地为局部内插去拟合数据点$\{x_i, y_i, z_i\}$ $(i=1,2,\cdots,n)$。为此，要给P点周围的数据点按距离远近赋予不同的权数，即确定出系数$c_j\,(j=1,2,\cdots,6)$，使得式(6.37)成立。

$$Q=\sum_{i=1}^{n}w_i\left[f(x_i,y_i)-z_i\right]^2=\sum_{i=1}^{n}w_iv_i^2=\min \tag{6.37}$$

式中，w_i表示权函数，一般取$w_i=1/d_i^2$；d_i表示P与数据点(x_i,y_i)之间的距离。

根据$\dfrac{\partial Q}{\partial c_j}=0\,(j=1,2,\cdots,6)$，可得六阶线性方程组：

$$AC=L \tag{6.38}$$

其中，

$$A=\begin{bmatrix}\sum w_i & \sum x_iw_i & \sum y_iw_i & \sum x_iy_iw_i & \sum x_i^2w_i & \sum y_i^2w_i\\ \sum x_iw_i & \sum x_i^2w_i & \sum x_iy_iw_i & \sum x_i^2y_iw_i & \sum x_i^3w_i & \sum x_iy_i^2w_i\\ \sum y_iw_i & \sum x_iy_iw_i & \sum y_i^2w_i & \sum x_iy_i^2w_i & \sum x_i^2y_iw_i & \sum y_i^3w_i\\ \sum x_iy_iw_i & \sum x_i^2y_iw_i & \sum x_iy_i^2w_i & \sum x_i^2y_i^2w_i & \sum x_i^3y_iw_i & \sum x_iy_i^3w_i\\ \sum x_i^2w_i & \sum x_i^3w_i & \sum x_i^2y_iw_i & \sum x_i^3y_iw_i & \sum x_i^4w_i & \sum x_i^2y_i^2w_i\\ \sum y_i^2w_i & \sum x_iy_i^2w_i & \sum y_i^3w_i & \sum x_iy_i^3w_i & \sum x_i^2y_i^2w_i & \sum y_i^4w_i\end{bmatrix} \tag{6.39}$$

$$C=\begin{bmatrix}c_1\\c_2\\c_3\\c_4\\c_5\\c_6\end{bmatrix} \tag{6.40}$$

$$L=\begin{bmatrix}\sum z_iw_i\\ \sum x_iz_iw_i\\ \sum y_iz_iw_i\\ \sum x_iy_iz_iw_i\\ \sum x_i^2z_iw_i\\ \sum y_i^2z_iw_i\end{bmatrix} \tag{6.41}$$

求解上列方程组，得到系数 $c_j\left(j=1,2,\cdots,6\right)$。然后，将所求格网点 P 的 x、y 坐标值带入式(6.35)，可得到相应值。

最小二乘法内插计算方法比较简单，是在数字高程模型内插计算中用得较多的方法之一。但因为计算每个格网点的高程时，都需要利用所有数据来分别拟合一个最小二乘曲面，因而计算量大。所以，它对数据点的要求较为严格，如原始数据点的个数不宜太少，一般不少于六个，且分布较为均匀；离散点分布范围应大于所建格网 DEM 的范围；数据点也不宜太多，以免增大计算量。当数据点过于密集时，应将区域分块，再通过权函数来处理数据。

以上内插数学模型都适合于格网 DEM 的构建。为更好地满足用户对格网 DEM 的要求，便于用户根据不同地形复杂程度选用不同的内插数学模型，作者设想将来需建立一个专门的内插数学模型库。该模型库应具备下述功能。

(1) 数据处理功能：主要是根据高程数据点的疏密程度实施数据分块等处理。

(2) 模型存储管理功能：将内插数学模型函数以文本方式保存在系统缺省目录下，进行模型存储；利用内插数学模型的描述信息，如模型类型、功能等，进行模型查询；另外，能对模型进行修改和维护。

(3) 模型运行管理功能：能进行模型选择和编译，对模型实施控制。

(4) 动态建模功能：能向模型库添加新模型。

6.4.2　从不规则三角网(TIN)到规则格网 DEM 的转换

考虑到计算机数据存储处理的特点以及地形分析、计算和表示的方便快捷，在实际应用中，规则格网 DEM 数据比 TIN 的应用更为广泛。为了综合利用这两种方法的优点，尽量避免它们的不足，大量使用了由 TIN 内插生成的格网 DEM 数据。为得到这样的数据，就需要有相应的从 TIN 数据到格网 DEM 数据的内插算法。在以往的实现中，多数算法都是把所有三角形当作平面进行处理的。这样的算法实现简单，但生成的数据质量不够高。具体表现在地形显示中，两片三角形相接处会有明显的棱角出现，如果是两狭长三角形或当两三角形的二面角较小时，上述缺陷尤其突出。为了消除这些棱角，更逼真地表现地形，Preusser (1984)[①]提出了 C_1 连续双 5 次多项式插值方法，该方法算法复杂，实际应用还是有问题。作者提出了一种在两片三角形公共边附近一定区域内，由 TIN 到规则格网 DEM 数据光滑处理的内插算法。

1. 磨光函数和磨光宽度

考虑到对一个函数积分后再取微商仍然得到原来的函数，而差商是微商的近似计算，可自然想到对一个函数积分后再取差商，从而得到一个与原来函数近似的函数。因此不妨对 $f\left(x\right)$ 作一次以 h 为步长的对称差商。

$$\frac{\delta_h f\left(x\right)}{h}=\frac{1}{h}\left[f\left(x+\frac{h}{2}\right)-f\left(x-\frac{h}{2}\right)\right]=\frac{1}{2h}\left[\left(x+\frac{h}{2}\right)^2-\left(x-\frac{h}{2}\right)^2\right]$$

---

① Preusser A. 1984. Bivariate Interpolation ueber Dreieckselementen durch Polynome 5. Ordung mit Cl-Kontinuitaet. Zeitachrift fuer Vermessungswesen,109,Heft 6. 292-301.

$$=\begin{cases} x,\ x>\dfrac{h}{2} \\ \dfrac{1}{2h}\left(x+\dfrac{h}{2}\right)^2,\ -\dfrac{h}{2}\leqslant x\leqslant\dfrac{h}{2} \\ 0,\ x<-\dfrac{h}{2} \end{cases} \tag{6.42}$$

式(6.42)的确和 $y=x_+$ 很相似，仅在 $-\dfrac{h}{2}\leqslant x\leqslant\dfrac{h}{2}$ 这一段上有差：

$$\frac{1}{2h}\left(x+\frac{h}{2}\right)^2-x_+$$

它是和 h 同阶的量，且在 $x=-\dfrac{h}{2}$ 和 $x=\dfrac{h}{2}$ 处分别切于原折线 $y=x_+$，两者的图形比较见图 6.34。

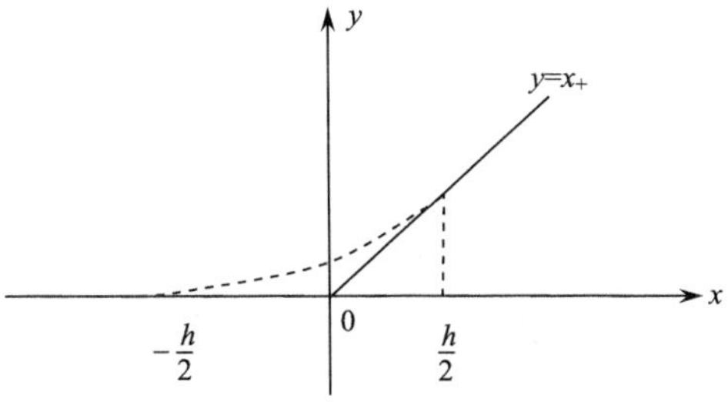

图 6.34

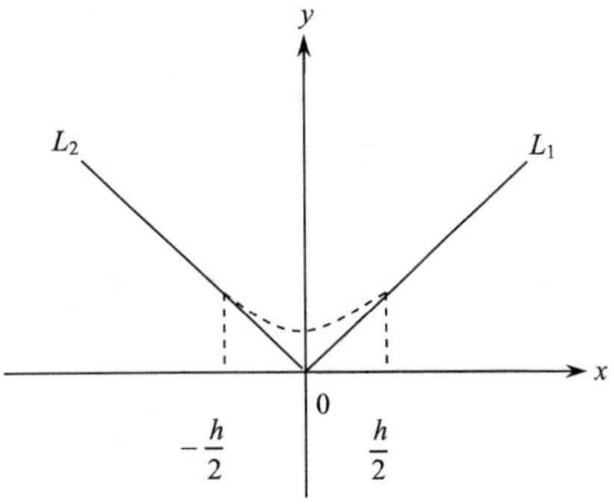

图 6.35

这种先积分一次再实行差商所得的函数和原函数有较好的近似性质，且提高了光滑性，我们称为磨光函数，一般有如下的定义。

定义(6.1)：设有函数 $f(x)$，对函数 $f(x)$ 作一次不定积分以后，随后再进行一次以 h 为步长的对称差商，所得的新函数

$$f_1(x)=\frac{\delta_h}{h}\int f(t)\mathrm{d}t=\frac{1}{h}\int_{x-\frac{h}{2}}^{x+\frac{h}{2}} f(t)\mathrm{d}t \tag{6.43}$$

称为原来函数 $f(x)$ 的一次磨光函数，也称为对函数 $f(x)$ 进行一次磨光，h 称为磨光宽度。

2. 两直线的磨光函数

如图 6.35 所示。设 L_1：$y=a_1x$，L_2：$y=a_2x$，a_1、a_2 不同时为 0。则折线 L 的方程为

$$L:\ y=\begin{cases} a_1x>0 \\ a_2x<0 \end{cases} \tag{6.44}$$

利用公式(6.44)对折线 L 进行磨光：当 $x>\dfrac{h}{2}$，即 $x-\dfrac{h}{2}>0$ 时：

$$
\begin{aligned}
f_1(x) &= \frac{1}{h}\int_{x-\frac{h}{2}}^{x+\frac{h}{2}} f(t)\mathrm{d}t \\
&= \frac{1}{h}\int_{x-\frac{h}{2}}^{x+\frac{h}{2}} a_1 t\mathrm{d}t \\
&= a_1 \frac{1}{2h}\left[\left(x+\frac{2}{h}\right)^2 - \left(x-\frac{2}{h}\right)^2\right] \\
&= \frac{a_1}{2h}\left(2\cdot x\cdot\frac{h}{2} + 2\cdot x\cdot\frac{h}{2}\right) \\
&= a_1 x
\end{aligned} \tag{6.45}
$$

当 $x<\frac{h}{2}$，即 $x-\frac{h}{2}<0$ 时，可以类似地得

$$
f_1(x) = \frac{1}{h}\int_{x-\frac{h}{2}}^{x+\frac{h}{2}} a_2 t\mathrm{d}t = a_2 x \tag{6.46}
$$

当 $-\frac{h}{2}\leqslant x\leqslant\frac{h}{2}$ 时，则有

$$
\begin{aligned}
f_1(x) &= \frac{1}{h}\int_{x-\frac{h}{2}}^{x+\frac{h}{2}} f(t)\mathrm{d}t \\
&= \frac{1}{h}\int_{x-\frac{h}{2}}^{0} f(t)\mathrm{d}t + \frac{1}{h}\int_{0}^{x+\frac{h}{2}} f(t)\mathrm{d}t \\
&= \frac{1}{h}a_2\left.\frac{t^2}{2}\right|_{x-\frac{h}{2}}^{0} + \frac{1}{h}a_1\left.\frac{t^2}{2}\right|_{0}^{x-\frac{h}{2}} \\
&= \frac{-a_2}{2h}\left(x-\frac{h}{2}\right)^2 + \frac{a_1}{2h}\left(x+\frac{h}{2}\right)^2 \\
&= \frac{-a_2}{2h}\left(x^2 - hx + \frac{h^2}{4}\right) + \frac{a_1}{2h}\left(x^2 + hx + \frac{h^2}{4}\right) \\
&= \frac{x^2}{2h}(a_1-a_2) + \frac{x}{2}(a_1+a_2) + \frac{h}{8}(a_1-a_2)
\end{aligned} \tag{6.47}
$$

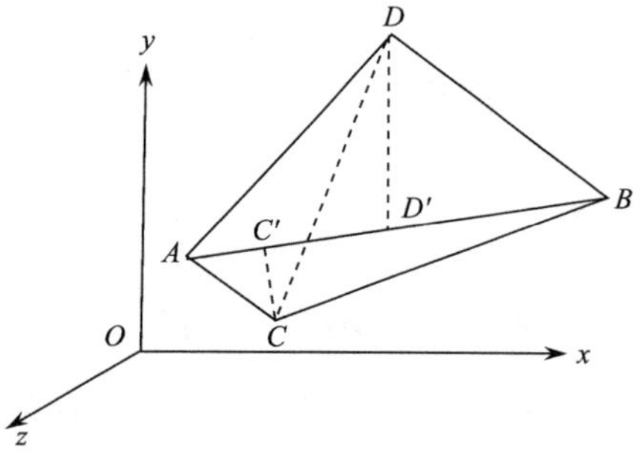

图 6.36

3. 两片三角形接边处磨光

如图 6.36 所示，三角形 ABC 和三角形 ABD 是空间三角形，AB 是它们的公共边，DD' 和 CC' 都垂直于 AB，垂足分别为 D' 和 C'。设 A、B、C、D 坐标分别为 (a_1,a_2,a_3)，(b_1,b_2,b_3)，(c_1,c_2,c_3)，(d_1,d_2,d_3)。两片三角形接边处磨光的步骤如下。

(1) 空间变换。将两片三角形作空间变换，使 $AB//z$ 轴，且 A 点与原点重合。

第一步，平移，作

$$\begin{cases} x' = x - a_1 \\ y' = y - a_2 \\ z' = z - a_3 \end{cases} \tag{6.48}$$

则原点移到 A 点。

第二步，旋转。以 A 为原点，AB 为 z 轴，过 A 点垂直于 AB 且在三角形 ABD 面上的直线为 x 轴，过 A 点垂直于三角形 ABD 面的直线为 y 轴，建立新的坐标系。设这两组有相同原点的直角坐标系分别为 $O-xyz$ 和 $O-x'y'z'$，x' 轴，y' 轴和 z' 轴关于 $O-xyz$ 的方向角如表 6.3 所示。

表 6.3　方向角

	Ox	Oy	Oz
Ox'	α_1	β_1	γ_1
Oy'	α_2	β_2	γ_2
Oz'	α_3	β_3	γ_3

这九个方向角对应的余弦值则为它们的方向余弦。

设任意点 P 在旧坐标系、新坐标系中的坐标值分别为 $(x,y,z),(x',y',z')$，则它们的变换式：

旧到新的变换公式为

$$\begin{cases} x' = x\cos\alpha_1 + y\cos\beta_1 + z\cos\gamma_1 \\ y' = x\cos\alpha_2 + y\cos\beta_2 + z\cos\gamma_2 \\ z' = x\cos\alpha_3 + y\cos\beta_3 + z\cos\gamma_3 \end{cases} \tag{6.49}$$

新到旧的变换公式为

$$\begin{cases} x = x'\cos\alpha_1 + y'\cos\alpha_2 + z'\cos\alpha_3 \\ y = x'\cos\beta_1 + y'\cos\beta_2 + z'\cos\beta_3 \\ z = x'\cos\gamma_1 + y'\cos\gamma_2 + z'\cos\gamma_3 \end{cases} \tag{6.50}$$

(2) 两个面用两条直线表示。根据前述可知，两个三角形在 xOy 面上的投影是两条交于原点的线段。设三角形 ABD 投影线段的斜率为 a_1，三角形 ABC 投影线段的斜率为 a_2。于是，可得 a_1 等于 0。

(3) 旋转角度。绕 z 轴旋转一定的角度，使得两条线段分别位于 y 轴为两边，且 y 轴是两条线段所构成角的角平分线。

因为三角形 ABD 的投影线段只能在 x 轴的正负半轴上，而三角形 ABC 则可能在 xOy 面的任意位置，所以这就给直接利用两条直线的磨光函数式(6.47)带来了麻烦，如图 6.37 所示的情况。

于是想到将 a_1,a_2 绕 z 轴旋转一定的角度，使得 a_1,a_2 所代表的线段分别位于 y 轴的两侧，且 y 轴为两条线段所构成角的角平分线(图 6.38)，以便使用式(6.47)。

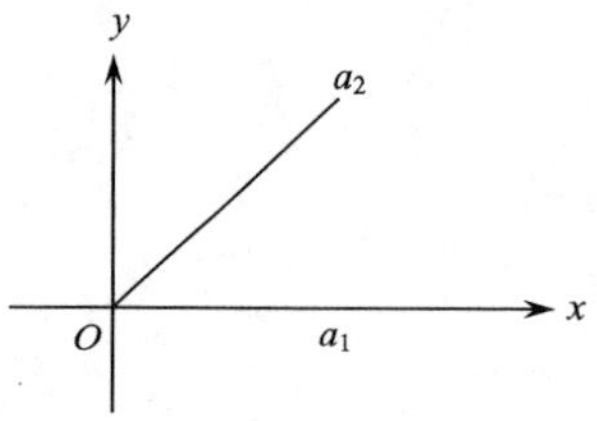

图 6.37

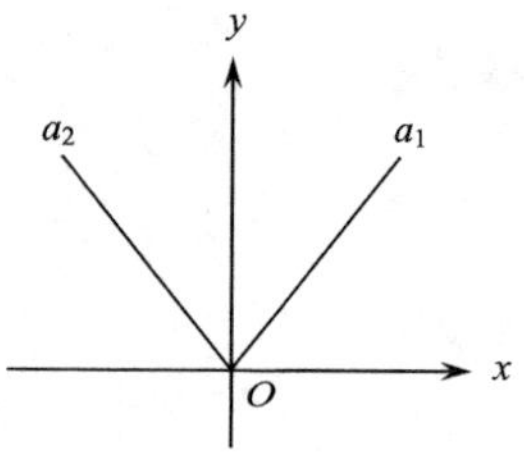

图 6.38

设绕 z 轴旋转 α 角，并设任意点的旧坐标是 (x,y,z)，新坐标是 (x',y',z')，则有旧到新的变换公式为

$$\begin{cases} x' = y\sin\alpha + x\cos\alpha \\ y' = y\cos\alpha - x\sin\alpha \\ z' = z \end{cases} \tag{6.51}$$

新到旧的变换公式为

$$\begin{cases} x = x'\cos\alpha - y'\sin\alpha \\ y = x'\sin\alpha + y'\cos\alpha \\ z = z' \end{cases} \tag{6.52}$$

于是，如果 a_1 和 a_2 相等，符号相反，则式(6.47)可以简化为

$$f_1(x) = \begin{cases} a_1 x,\ x > \dfrac{h}{2} \\ \dfrac{x^2}{h}|a_1| + \dfrac{h}{4}|a_1|,\ -\dfrac{h}{2} \leqslant x \leqslant \dfrac{h}{2} \\ a_2 x,\ x < -\dfrac{h}{2} \end{cases} \tag{6.53}$$

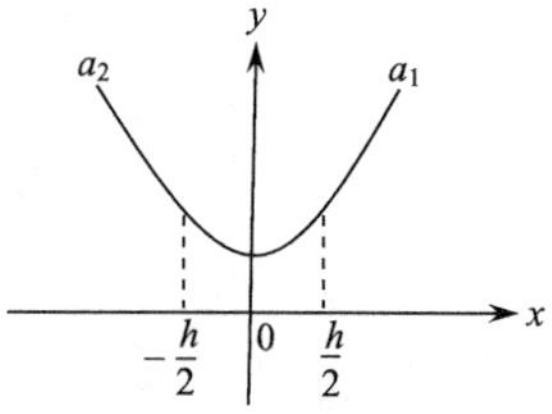

图 6.39　磨光示意图

(4) 磨光。对这两条线段利用式(6.53)进行磨光，取其磨光宽度为 h，则可得到相应磨光函数，结果如图 6.39 所示。

(5) 逆变换。对两片三角形上的所有点都利用式(6.53)进行磨光计算，然后依次进行逆变换，直至完全回到原坐标系，则两片三角形的公共边附近被磨光，从而得到一光滑的曲面。

4. TIN 到规则格网 DEM 的磨光内插的具体步骤

TIN 到规则格网 DEM 磨光内插的具体步骤如下：

(1) 建立每一个三角形与周边三角形的拓扑关系，即找出每个与其他三角形有公共边的三角形，并可以按顺序保存为一个文件。

(2) 确定格网 DEM 数据的横纵方向的步长及磨光宽度。

(3) 将 TIN 数据中的每一个三角形按其重心分为三个子三角形，目的是将三角形分成三个区域，在每个区域内利用拓扑关系找出与另一个有公共边的三角形的子三角形，磨光这两个子三角形的公共边。在这里，首先按步长求出落在子三角形中的所有格网点 (x,y) 数据，并将三角形视为一个平面求出其 z 值，然后进行两个三角形的磨光计算。

(4) 对每个三角形都进行第三步，则完成 TIN 数据到规则格网 DEM 数据的磨光内插。

5. 实验结果比较

图6.40和图6.41是用两种方法对同一数据分别内插出来的格网DEM数据的三维透视图。图6.40是本书作者提出的方法内插出来的数据，图6.41用的则是以往的方法内插出来的数据。仔细比较这两幅图，可以清楚地看到，在图 6.40 中，两个三角形的相接处是以光滑的曲面连接的，没有出现明显的棱；而图 6.41 则显现出十分明显的棱。

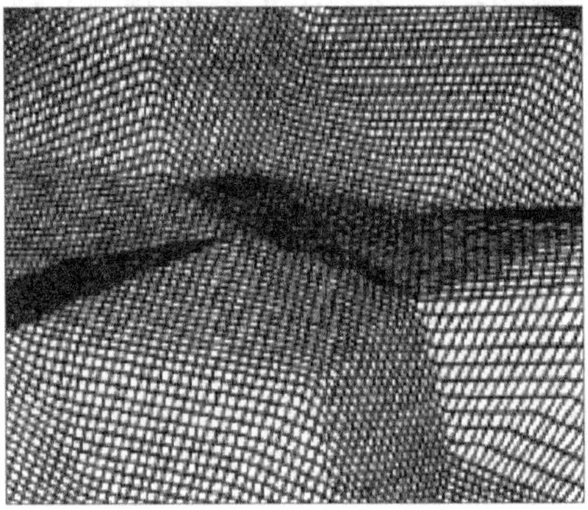

图 6.40　测试数据经过磨光的透视效果

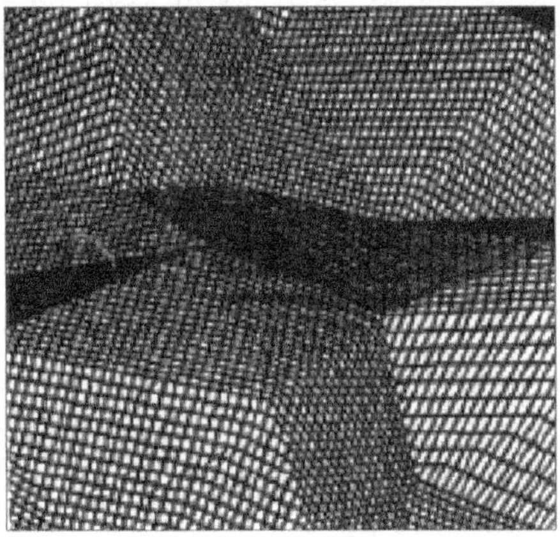

图 6.41　测试数据没有磨光的透视效果

6. 算法分析

(1) 为避免当两个三角形的二面角较小时，用相同的磨光宽度进行磨光计算带来的严重失真，需要对此时的磨光宽度进行特殊处理。在具体实现中可以令：当二面角小于某一角度时，磨光宽度等于预设宽度的两倍。

(2) 在这种算法中，最难处理的是落在三角形顶点和公共边上的格网点，因为它们分别可以在两个或多个三角形中求出不一定相同的高程值。最简单的处理办法是取其平均数。

(3) 当步长较大时会造成失真，为了保真，只能增大规则格网 DEM 数据量。

(4) 磨光宽度很难用一定的规律进行控制，所以在进行磨光计算时，为得到较好的磨光效果，且保留基本的地形特征，即为了得到表面光滑的格网 DEM 数据，就必须针对不同的地形特征和 TIN 数据设置不同的磨光宽度。

6.5　数字高程模型的精度评估模型

DEM 是 SIS (或 GIS) 中最为重要的时空数据资源，是国家基础地理空间数据之一，是进行三维空间数据处理与地形分析的核心数据，在资源环境、防灾减灾和国防等领域具有广泛的应用，而 DEM 精度评估模型的研究将为 DEM 精度的评估和质量控制及 DEM 应用的适用性与结果的可信性提供科学参考依据(王光霞，2005)。

6.5.1　基于地形特征的 DEM 精度评估模型

表达地形特征的基本地形因子主要包括三角形格网上的表面积、坡度、地形起伏变化因子(曲率、曲面分维数、格网面元凹凸系数等)。基于地形特征的 DEM 精度评估模型主要研究以下问题。

1. 地形描述误差模型

地形描述误差是假设 DEM 高程采样数据误差为零的情况下模拟实际地面的差异。因为 DEM 栅格分辨率与地形起伏的复杂度是影响地形描述误差大小的两个关键因子，所以建立两个因子与 DEM 地形描述误差之间的量化关系是对误差进行定量模拟的关键，而影响地形起伏复杂度的地形因子主要是地面坡度和曲率。

基于上述思想，有学者研究了空间分辨率与地形复杂度对 DEM 精度的影响，通过对实验区域采样数据的计算，得到 6 种地貌类型的地形描述误差 RMSE_t 的均方差值与分辨率 (x) 的关系式：

$$\mathrm{RMSE}_t=\begin{cases}0.2139x-0.4278(\text{高山}, p=34.80, s=27.5)\\0.1334x-0.3101(\text{中山}, p=21.24, s=20.7)\\0.0009x-0.2253(\text{丘陵}, p=15.47, s=15.1)\\0.0551x+0.1094(\text{低山}, p=8.87, s=7.15)\\0.378x+0.2063(\text{平原}, p=5.96, s=2.42)\\0.1181x-0.2770(\text{混合地形}, p=18.48, s=14.3)\end{cases}\tag{6.54}$$

式中，p 表示剖面曲率；s 表示平均坡度。实验结果表明，不同地形的描述误差数据呈线性关系。将式(6.54)视为 $y=ax+b$，对系数 a、b 分别进行线性回归，分别得到模拟方程：

$$a=0.0063v+0.0066\tag{6.55}$$

$$b=-0.022v+0.2415\tag{6.56}$$

基于 a、b 两个系数与平均剖面曲率的线性关系式，可得 DEM 误差与空间分辨率和平均剖面曲率的关系式：

$$\mathrm{RMSE}_t=(0.0063v+0.0066)R-0.022v+0.2415\tag{6.57}$$

或改写为

$$R=(\mathrm{RMSE}_t+0.022v-0.2415)/(0.0063v+0.0066)\tag{6.58}$$

式中，R 表示空间分辨率(栅格大小)；v 表示平均剖面曲率。由此，可根据 DEM 的误差限定指标直接推算适宜的 DEM 分辨率。但实际上，利用式(6.57)计算得到的结果与原始数据存在较大误差，原因是：虽然系数 a 与平均剖面曲面有较好的线性关系，可利用线性回归方法得到拟合直线方程：

$$a=0.0061v+0.0027\tag{6.59}$$

但系数 b 与平均剖面曲率的线性相关性并不好，利用线性回归进行直线拟合势必产生较大的误差。所以，还必须对式(6.57)做进一步研究，以确保 DEM 误差与空间分辨率和平均剖面曲率的关系正确，从本质上来说是对式(6.55)特别是式(6.56)提出新的系数拟合数学模型，进而得到新的DEM误差与空间分辨率和平均剖面曲率的关系式及DEM误差与空间分辨率和平均坡度的关系式。

2. 基于空间分辨率和地形剖面曲率的 DEM 精度模型

基于空间分辨率和地形剖面曲率的 DEM 精度模型，由于系数 a 与平均剖面曲率具有良好的线性关系，故可直接利用式(6.59)；而系数 b 与平均剖面曲率的线性相关性不好，但却存在较好的二次函数关系，可利用最小二乘原理对二次函数进行拟合，从而得到系数 b 与平均剖面曲率的二次函数关系式：

$$b = 0.0016v^2 - 0.0649v + 0.5695 \tag{6.60}$$

于是，利用式(6.59)和式(6.60)，结合式(6.57)，可得到 DEM 误差与空间分辨率(R)和平均剖面曲率(v)的新的关系式：

$$\mathrm{RMSE}_t = (0.0061v + 0.0027)R + 0.0010v^2 - 0.0649v + 0.5695 \tag{6.61}$$

或改写为

$$R = (\mathrm{RMSE}_t - 0.0010v^2 + 0.0649v - 0.5695)/(0.0061v + 0.0027) \tag{6.62}$$

于是，可以根据 DEM 误差的限定指标值直接推算适宜的 DEM 分辨率，并可通过计算式(6.59)和式(6.60)的系数与剖面曲率之间相关系数及拟合中误差对式(6.61)的结果进行分析与评价，证实新方法即式(6.61)优于原方法即式(6.57)。式(6.61)可以较高精度地确定 DEM 误差与空间分辨率和平均剖面曲率之间的关系，为 DEM 应用及误差分析提供更为可靠的理论依据。

3. 基于空间分辨率和坡度的 DEM 精度模型

用前述求解基于空间分辨率和地形剖面曲率的 DEM 精度模型方法，同样也可以利用系数与坡度的二次拟合方程得到 DEM 误差与空间分辨率和坡度的关系式：

$$\mathrm{RMSE}_t = (0.0001w^2 + 0.0031w + 0.0301)R + 0.0008w^2 - 0.0508w + 0.3559 \tag{6.63}$$

或改写为

$$R = (\mathrm{RMSE}_t - 0.0008w^2 + 0.0508w - 0.3559)/(0.0001w^2 + 0.0031w + 0.0301) \tag{6.64}$$

由此，可以根据 DEM 误差的限定指标值直接推算出适宜的 DEM 分辨率，并根据新的 DEM 误差与空间分辨率和地形剖面曲率关系式(6.61)及 DEM 误差与空间分辨率和坡度关系式(6.63)，对实验数据进行计算，证实新关系式计算结果与原始试验数据吻合程度高，不过对于高山地貌和混合类型地貌模型精度提高尚不明显，需做进一步研究改进。

6.5.2　基于分形方法的 DEM 精度模型

地形表面具有明显的不规则性，是分形表现非常典型的例证。

1. 基于局部分数布朗场曲面的 DEM 局部自适应内插算法

不同地方甚至一个地方的各个局部的地形表面，均具有不同的分形特征，显然用具有统一分维的分数布朗场来刻画 DEM 数据是不合适的，必须定义多个局部分维，从而引入“局部分数布朗场”，即不再把分数布朗场的 H 值视为常数，而是随(x,y)变化的。基于“局部分数布朗场”模型的 DEM 内插利用了从实际数据提取的各个局部区域的分形特征，充分考虑了地形的局部特征而具备自适应性。因为内插时的 H 值是随局部地形起伏的不同而变化的，所以称这种内插为局部自适应内插。其过程如下：

对于$0 < H < 1$，定义自相似参数为 H 的布朗函数$f = R^2 \to R$，它为一随机函数，且满足：

(1) $f(0,0) = 0$ 且 $f(x,y)$为连续函数；

(2) 对 (x,y)、$(\Delta x, \Delta y) \in R$，有 $f(x+\Delta x, y+\Delta y) - f(x,y) \sim N\left(0, (\Delta x^2 + \Delta y^2)^H\right)$，则称$\{x, y, f(x,y) | (x,y) \in R\}$是自相似参数为 H 的布朗曲面。

可以证明，自相似参数为 H 的布朗曲面的 Hausdorff 和分维数 D 等于 3-H。由分数布朗曲面函数的定义可得

$$E\left(\left|f\left(x+\Delta x\right)-f\left(x\right)\right|\cdot \lg\left\|\Delta x\right\|^{-H}\right)=C \tag{6.65}$$

式中，C 是常数，它等于随机变量$|t|$的均值。于是，有

$$\begin{aligned} C &= \frac{1}{\sqrt{2\pi}\sigma}\int_{-\infty}^{+\infty}|t|\mathrm{e}^{-\frac{t^2}{2\sigma^2}}\mathrm{d}t \\ &= \frac{2\sigma}{\sqrt{2\pi}} \end{aligned} \tag{6.66}$$

对式(6.65)取对数，得等价表达式：

$$\lg E\left(\left|f\left(x+\Delta X\right)-f\left(x\right)\right|\right)-H\cdot\lg\left\|\Delta x\right\|=\lg C \tag{6.67}$$

于是，三维数据场(DEM 或灰度图像) $f(x,y)$ 的分维数 D 和决定 $F(t)$ 的参数 δ 的计算过程如下：

(1) 确定无标度区 δ。

(2) 在无标度区 δ 内取 i 个采样点，对定义域内的所有 x，计算得

$$E\left(\left|f\left(x+\Delta x\right)-f\left(x\right)\right|\right)\to E(i)\quad (i=1,2,\cdots,n)$$

(3) 根据式(6.67)，用最小二乘法求得 H 和 $\lg C$。

(4) 根据式(6.66)，求出 $\sigma=\dfrac{\sqrt{2\pi}C}{2}$。

(5) 根据 D=3–H，求出分维数 D。

2. 计算 DEM 原始数据各点局部分维数 D

式(6.67)可视为以 $X=\ln\left\|\left(\Delta x,\Delta y\right)\right\|$ 与 $Y=\ln\mathrm{E}\left\{\left|Z\left(x+\Delta x,y+\Delta y\right)-Z\left(x,y\right)\right|\right\}$ 为变量，以 H 为斜率的直线方程，而 $\ln C$ 是该直线在 y 轴上的截距。因此，对给定的 DEM 数据，可以对不同的 X_i 计算出相应的 Y_i (i=1，2，…，m，m 指欲求数据点(x,y)周围所取点的范围)。在对数坐标系下，可用线性回归模型模拟点对 $\left(X_i,Y_i\right)$。若回归直线的斜率为 K_1，在 y 轴上的截距为 K_2，则 $H=K_1$，$\ln C=K_2$，相应的分维值 D=3-H。因为式(6.65)是在假设其分布函数服从正态分布 $N\left(0,\sigma^2\right)$ 的情况下成立的，所以 $C=2\sigma/\sqrt{2\pi}$，从而 $\sigma=\sqrt{2\pi}C/2$。因为欲求数据(x，y)的不同，其周围 m 个点也会有相应的不同，这类似于一个固定大小的窗口在整个 DEM 数据区上滑动。所以这种算法所提取的分维值为局部分形特征。问题在于局部区域即窗口的大小是很难确定的，窗口太小或过大都不合适。经试验一般认为窗口大小取最大有效尺度的 10 倍左右比较合适。

3. 利用四邻域中点位移方法计算 DEM 的内插值

利用四邻域中点位移方法计算 DEM 的内插值是一种递归细分技术，并且用相邻四点的均值加补偿项来求解插值点的数值。其初始 DEM 数据格网点如图 6.42 所示，格网间距为每一级的 DEM 细分$\left(\Delta x,\Delta y\right)$。每一级的 DEM 格网细分内插过程如下：

第一步，由最近的四个格网点的高程内插其中心点的高程，即 $Z\left(i,j\right)$ 等于四个格网点的高程平均值加上一个 Gauss 随机位移，得

$$
\begin{aligned}
Z(i,j)=\frac{1}{4}\{&Z(i,j-1)+Z(i+1,j)\\
&+Z(i-1,j)+Z(i,j+1)\}\\
&+\sqrt{1-2^{(2H-2)}}\cdot\|\Delta x,\Delta y\|^{H}\cdot\sigma\cdot G
\end{aligned}
\tag{6.68}
$$

式中，H 是四个格网点的 H 的平均值；σ 是四个格网点的 σ 的平均值；G 是服从标准正态分布的随机数。经过第一步内插，初级格网变为第一级格网(图 6.43)。

第二步，由最近的四个菱形格网点高程内插其中心点高程 $Z(i,j)$，即

$$
\begin{aligned}
Z(i,j)=\frac{1}{4}\{&Z(i,j-1)+Z(i+1,j)\\
&+Z(i-1,j)+Z(i,j+1)\}\\
&+\sqrt{1-2^{(2H-2)}}\cdot 2^{-H/2}\cdot\|\Delta x,\Delta y\|^{H}\cdot\sigma\cdot G
\end{aligned}
\tag{6.69}
$$

经过这一步内插，格网变为如图 6.44 所示，从而完成了 DEM 的一级细分过程。

这种随机内插的一个约束是在细分的后续阶段不改变先前计算出的点，在每一步内插过程中，格网点的高程均为已知值。从所给出的原始数据出发，通过利用上面式(6.68)和式(6.69)反复内插，直到达到满意的 DEM 分辨率为止。

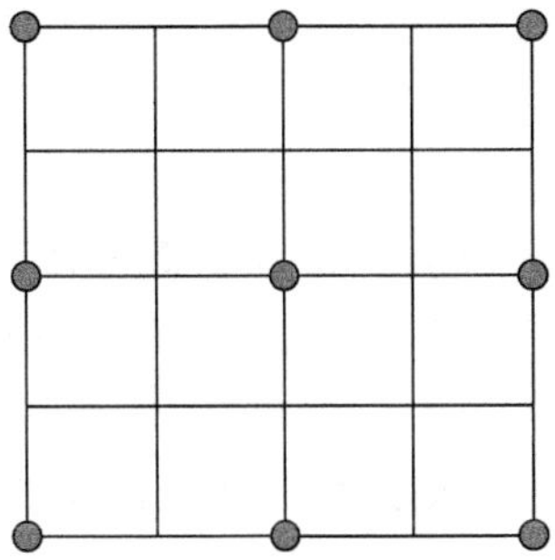

图 6.42　初级格网

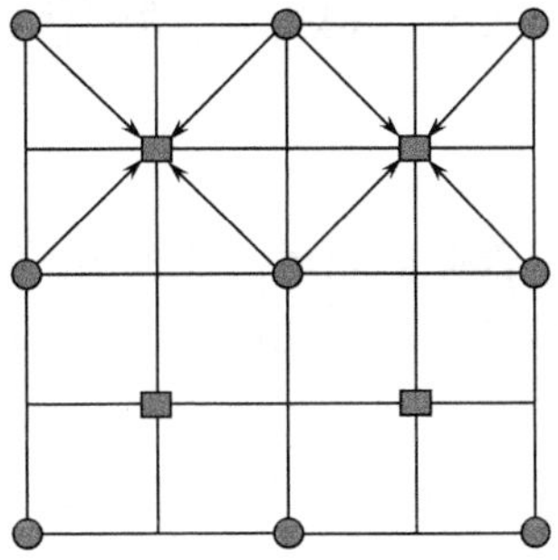

图 6.43　第一级格网

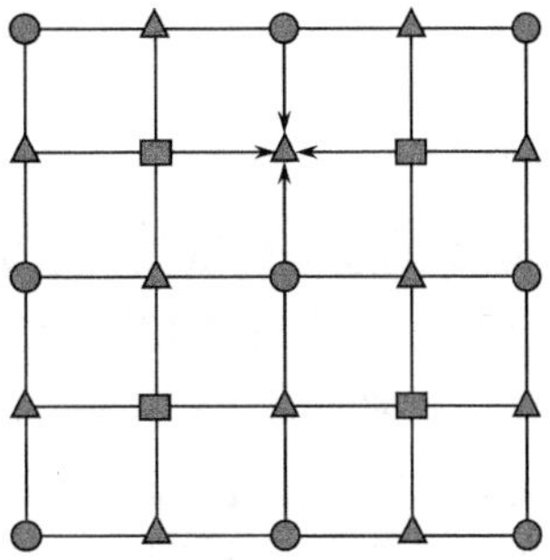

图 6.44　第二级格网

6.5.3　分形内插算法分析和精度评估

1. 分形内插算法分析

分形内插的核心是提取局部分形特征值，即 H 和σ值。其中，H 值可控制地形起伏程度，当 H>0.5 时，生成的地形呈现较大的起伏变化；当 H<0.5 时，则呈现的地势比较平缓。在构造地形框架时，应根据实际地形特征预先设定 H 值。σ值可控制地形每一点相对于地形平均高度的分散程度，亦可用于控制地形的起伏程度。这个问题的难点在于确定局部区域或“窗口”的大小。窗口太小，其分形性质可能很不明显；窗口过大，又不利于充分反映实际地形各局部区域的地形差别。

总的来看，分形插值方法除了利用插值点邻近的信息外，还顾及了整体的地形特征，特别是能够在数据点不多的情况下，可获得具有粗糙质感的输出结果；另外，可实现 DEM 的

多尺度表达、局部加密表达和时空动态表达，分辨率和可视化效果等只需较少几个参数即可进行调节。同时，DEM 插值的基本思想都是基于实际地形起伏变化的原始光滑性，而实际的地形表面复杂多变，并非连续且光滑的数学表面。整体内插时，参考点太少不足以描述整个地形特征，参考点过多时多项式容易出现振荡很难获得稳定解；分块内插时，很难智能识别地形起伏形态和确定分块大小。而分形内插恰好能够顾及地形表面复杂多变和精细的自相似结构，可以很好地描述地形表面。

2. 分形内插结果的精度评估

分形内插结果的精度评估可以有两种思路：一种是由大比例尺 DEM 综合出中、小比例尺 DEM，然后把获得的高程数据与相应比例尺地形图获得的 DEM 进行比较，最后得出其中误差和最大误差，但由于目前 DEM 自动综合问题未很好解决，故此法难以实现。另一种是将一定的分形内插高程点数据与原有 DEM 高程点数据进行比较，容易实现。其思路是针对分形算法在不同地貌类型(中山、高山冰川、黄土、丘陵地貌)、不同密度(点距 8m、4m、2m)情况下的误差，进行精度评估和分析比较。结果表明，分形插值的精度与地貌类型和抽取密度(点距)有很大相关性。对于相同的地貌类型，抽取的点较稀疏时，中误差大；抽取点较密集时，中误差减小。对于相同的点距且地貌类型不同的情况，高山冰川、中山、黄土、丘陵地貌，其中误差由大渐小。所以，对 DEM 数据进行分形内插时，应考虑地貌类型和 DEM 原始数据的密度和分布等特性。

6.6 总结与展望

6.6.1 总结

1. 认识描述地形表面模型的相关概念是进一步研究数字高程模型(DEM)的基础

在地理信息系统(GIS)或空间信息系统(SIS)领域，涉及描述地形表面模型的相关概念较多，搞清这些概念有助于研究 DEM。

首先，是 Miller 提出的“数字地面模型”(DTM)，定义为“表示地面起伏形态和地表景观的一系列离散点或规则点的坐标数值集合的总称”。由于在测绘学中地形指地表起伏的状态(地貌)和位于地表面的固定性物体(地物)的总称，故“数字地面模型”又称为“数字地形模型”。如果只考虑 DTM 的地形分量，通常称其为 DEM 或 DHM，被定义为区域的高程数值的集合。所以，DTM 包括数字 DEM 和数字地形(地貌)模型(digital geomorphic model，DGM)。其中，DEM 是核心，是 SIS(或 GIS)中三维建模显示和地形分析的基础。

2. DEM 的数据结构与数据来源有关，也影响 DEM 数据存储和处理的效率

根据数据来源的不同，分为不规则三角网(离散点)数据结构、等高线数据结构、基于断面线的数据结构、规则格网 DEM 的数据结构和混合式 DEM 数据结构。通过对不同数据结构的数字高程模型特征的分析比较表明，采用规则格网(Grid)和不规则三角网(TIN)的混合式(Grid-TIN)数据结构，充分利用了规则格网 DEM 数据结构和不规则格网三角形(TIN)各自的优点，能较真实地反映地形特征，而且在存储空间、拓扑关系、任意点内插的直接性和效率、适合地形、满足用户需求等方面都显示出了其优越性。

3. 不规则三角网(TIN)能顾及地性线特征且具有很高的精度和逼真度

不规则三角网(TIN)的构建，包括基于矢量(随机离散点)数据的 TIN 构建方法(逐点插入法、三角网生长法、分治算法)、基于栅格数据的 TIN 构建方法(矢量—栅格转换、计算 Voronoi 图、由 Thissen 多边形求取 Delaunay 三角形)、基于矢量数据带约束条件的 TIN 构建方法(前沿边推进算法)、基于栅格数据带约束条件的 TIN 构建方法和基于等高线数据的 TIN 构建方法等 5 种构建方法。试验结果表明这些算法的效果是好的，但还是需要待进一步改进和优化，并研究新的算法，特别是研究如何尽可能减少存储空间，加快计算速度，提高显示地形的精度和逼真度等问题。

4. 规则格网 DEM 是数据结构最简单、应用最广泛的一种数字高程模型

建立高精度和高逼真度的规则格网 DEM 一直是学界业界研究的课题，包括基于离散点数据的构建方法(内插数学模型和拟合方法)、提高算法速度的数据索引的建立和从不规则三角网(TIN)到规则格网 DEM 的磨光插值方法。其中，基于离散点数据建立规则格网 DEM 的插值方法，包括加权平均法和多面函数法；拟合方法包括移动曲面拟合法、有限元法和最小二乘插值法。实验表明，DEM 的精度取决于原始采样点的密度和分布，不同内插方法对 DEM 的精度并无显著影响。关于提高算法的速度，主要有内插算法中数据点的搜索和快速检索两种途径。从不规则三角网(TIN)到规则格网 DEM 的磨光插值方法的效果是最好的，其主要问题是如何保证三角网的边界二阶导数连续。

5. 数字高程模型的精度评估是 DEM 质量控制及其应用的重要参考依据

总体来说，这方面的研究不是很多。主要有基于地形特征的 DEM 精度评估模型和基于分形方法的 DEM 精度评估模型。基于地形特征的 DEM 精度评估模型主要研究地形描述误差模型，并在此基础上研究基于空间分辨率和地形剖面曲率的 DEM 精度模型评估及基于空间分辨率和坡度的 DEM 精度评估模型；基于分形方法的 DEM 精度评估模型，即分形方法的 DEM 精度模型，主要研究基于地形表面的分形特征与局部分数布朗曲面的 DEM 局部自适应内插算法及分形内插算法分析和精度评估，结果表明分形插值的 DEM 精度与地貌类型和抽样密度(点距)有很大相关性。

6.6.2　展望

由于 DEM 在数字地球及智慧地球建设中具有重要作用，近几十年来关于 DEM 的研究工作方兴未艾，十分活跃。DEM 的理论方法与技术由数据采集、数据处理和应用三部分组成。随着科学技术的快速发展，尤其是计算机技术和空间对地观测技术的发展，使得数字高程模型的数据源获取更加广泛，数据精度和分辨率不断提高，空间分析和数据显示技术极大提升，DEM 已经由局部、区域范围高精度向全球范围、高精度、高分辨率、同质 DEM 发展。

1. DEM 数据由早期的地形图数字化转向摄影测量遥感技术获取

DEM 数据的获取是近二十年发展最快的方向之一。早期 DEM 的数据主要来源于地形图矢量化，随着摄影测量及遥感技术的快速发展，DEM 数据获取的效率、精度、分辨率不断提升，为高精度、高分辨 DEM 生产提供数据保障。对于局部高精度 DEM 数据的获取，目前常采用无人机摄影测量技术、机载 LiDAR 技术和机载合成孔径雷达干涉测量技术；对于大范围高精度 DEM 数据的获取，常采用星载 InSAR 技术和卫星高分辨率遥感影像。近几年快速发展的无人机多角度倾斜摄影测量技术，能够为亚米级甚至厘米级高分辨率高保真 DEM 生产提供有力支持；激光扫描技术的迅速发展，使机载激光点云密度从 1m 分辨率(每平方米 1 个点)提高至 0.1m 分辨率(每平方米 100 个点)，成为高精度高密度 DEM 数据快速获取的主要数据源之一；由于 SAR 影像具有不受云雨遮盖、全天候、全天时的数据获取特性，机载合成孔径雷达干涉测量技术快速发展，尤其是机载毫米波三基线 InSAR 技术在我国西部测图及南方多云雨雾区应急测绘中发挥了重要作用。众所周知的 SRTM-DEM 产品来自于美国奋进号航天飞机干涉测量技术，目前全球范围内覆盖陆地的分辨率及精度最高的 TanDEM-X 产品同样来自于星载 SAR 干涉测量技术，该产品全球范围内分辨率为 12m，绝对高程精度为 4m，相对高程精度为 2m。目前，全球先进的高分辨率立体测图卫星能够获取亚米级甚至更高精度遥感影像，提供分米级精度 DEM 产品。如美国 GEOEYE-1 可提供 0.4m 分辨率全色影像，带控制点的平面位置精度为 0.1m，高程精度为 0.25m；WorldView-3 卫星可提供 0.3m 分辨率光学影像，利用该影像可自动生成 0.5m 分辨率 DEM 产品，高程精度可达 0.15m。DEM 数据的快速、实时、高精度、高分辨率获取技术将为实现 DEM 生产更新面向实时化、自动化、智能化方向发展迈出坚实一步。

2. 高精度高分辨率海岸带及海底地形数据获取是当下急需解决的问题

在未来几十年，海岸线将对普遍预测的海平面上升、风暴潮和灾难性事件等导致的沿海洪水泛滥做出响应。沿海环境物理过程受控于陆地地形地貌与海底地形，许多地理空间数据应用需要详细的近岸地形和水深测绘信息。USGS 在 2013～2023 年核心科学系统策略报告中，将海岸带的描述、理解与测图作为未来十年三大目标之一。通过获取更高精度和空间分辨率的三维陆地高程与海岸带水下地形数据，以便更好地描述和理解人类活动影响与自然地表过程的关系。目前，利用 LiDAR 技术反演海岸带水深及地形信息已经得到广泛应用，利用重力梯度变化的海底地形大尺度反演技术与可见光的水色遥感技术，通过可见光在水体中传播和反射的光谱变化构造反演模型，实现了大面积水域的海底地形地貌信息获取，已在一些重点水域开展了初步的试用；深海高分辨率地形测量信息的获取一直是深海测量的难点，目前以高精度多光谱、侧扫声呐和浅地层剖面等技术为代表，能够实现高分辨率海底地形探测，也促进了传统海底地形测量向高分辨率和量化方向发展。

3. DEM 质量相关评估方法与高精度 DEM 建模方法研究受到越来越多的重视

经过几十年的发展，研究者针对 DEM 质量相关的评估方法及高精度 DEM 建模方法进行了系统研究，分析了 DEM 误差的影响因素与模型精度的关系。研究表明，影响 DEM 精度的因素可概括为以下几个方面：①地形自身的表面特征；②DEM 数据来源误差；③人为误差；④插值模型误差；等等。其中，数据来源误差仍然是影响 DEM 精度的主要因素。在精度检验指标方面，仍然主要采用平均误差、标准差、均方根误差作为主要评价指标；针对激光扫描或数字摄影测量技术在非开阔区域，由于滤波与插值误差导致的 DEM 误差较少服从正态分布的情况，需要采用高程误差直方图和分位数 Q-Q 图诊断其是否服从正态分布。考虑到系统偏差 μ 和标准差 σ 等，精度估计会受到异常值和误差非正态分布的影响，DEM 精度评估有时还需要考虑采用中位数、绝对偏差中位数、归一化绝对偏差中位数等稳健统计方法进行评估。

4. DEM 高逼真三维可视化表达成为 DEM 可视化技术的主流

从 20 世纪 80 年代开始，随着计算机软、硬件及显示技术的发展，特别是多媒体技术、网络通信技术和虚拟仿真技术的发展，为地形可视化提供了广阔的空间。DEM 可视化技术经历了从简单到复杂、从低级符号化到高级符号化、从抽象到逼真、从静态到动态的过程。在技术方法上，从早期的地形晕渲及明暗等高线等方法发展为高度真实感地形漫游。在目前时空地理信息大数据融合的背景下，研究基于高精度高逼真度三维地形可视化数据显示技术与各种地面信息叠加进行可视化显示具有重要现实意义。

随着各种空天地一体化对地观测技术和方法的快速发展，使 DEM 数据源获取方式越来越多元化，数据获取周期越来越短；人工智能与机器学习算法的发展，推动 DEM 生产及更新迈向智能化；新一代网络传输技术的发展为 DEM 网络实时可视化显示提供支撑，相信在不久的将来，全球高精度、高分辨、同质 DEM 产品可为社会提供服务。

第7章　空 间 关 系

7.1　图形空间关系及其理论基础

7.1.1　基本概念

从广义上讲，空间关系是人们认知空间形态的途径，反映人们怎样对空间形态进行推理，以及如何用不同的语言来描述空间形态。在地理信息系统(GIS)中，图形空间关系属于空间信息范畴，它研究的是具有一定位置、形态和属性的单目标之间(点/点、点/线、点/面、线/线、线/面、面/面之间)或群目标之间(点群、线群、面群之间)的相互关系。

关于空间关系的分类，目前尚无统一的认识。有的学者将空间关系和关联合二为一，然后又一分为二，分为空间位置、空间分布、空间形态、空间距离及空间方位、拓扑、相似和相关(郭仁忠，1997)。这里，我们根据关系的重要性与分析、应用的需要，认为图形空间关系主要包括拓扑关系、方位关系和度量关系等三种基本类型。拓扑空间关系指的是目标关系在旋转、平移与比例变换下的拓扑不变量；方位空间关系以矢量地理空间为基础，在旋转变换下会产生变化，而在平移与比例变换下具有不变性；度量空间关系则表达了地理空间属性，在比例变换下会产生变化，而在平移与旋转变换下具有不变性。

7.1.2　理论基础

GIS 的图形是空间点集在二维平面上的投影。无论图形多么复杂，都可以将其分解为点、线、面三种基本图形要素，其中点是最基本的图形要素。点、线、面不仅表示了客观世界的图形，而且表示了相互之间的关联信息。在 GIS 地理空间数据库中，存储和处理的正是能以图形表示的各种地理空间数据及其属性数据。空间数据用来表示物体的位置、形态、大小和分布特征等诸方面的信息；而属性数据则表示物体的质量与数量等方面的特征。空间数据和属性数据之间通过标识码进行连接。

为了对所研究的地理现象进行空间操作和分析，必须定义空间实体及其相互之间的关系，这是空间数据建模的基本任务。图形空间关系的研究，在某种程度上也是一种空间建模过程，即采用数学方法描述其规律与行为，这将有助于把握空间关系的实质与内涵。这里，我们给出如下定义：

定义(7.1)：设单幅图形的集合为 M，客观地理世界图形的集合为 G，则 $G=\{M_i / M_i \in G, i=1,2,\cdots,n\}$，记为 $M_i \subseteq G$。

定义(7.2)：弧段或链由一条或多条线段(edge)构成，记作 $L=\{L_i, i=1,2,\cdots,n\}$，链的端点称为结点 N(node)。

定义(7.3)：客观地理世界由点(point)集 P（元素为顶点、记为 P_j）、链(或弧段，line)集 L（元素为链或弧段，记为 L_j）和面(area)集 A（元素为面，记为 A_i）构成，则 $M_i=\{|P|,|L|,|A| / P,L,A \in M_i\}$。

没有任何点、弧段、面的图称为空图(empty graph)，记作$\varnothing$。如果$P(M_i)$、$L(M_i)$都是有限集合，则称M_i为有限图；否则称为无限图。GIS 中所研究的一般都是有限图。

定义(7.4)：结点、弧段关系图定义为一个偶对(N,L)，记为$M_{(N,L)}=(N_i,L_i)$。

图 7.1 中结点的个数称为图的阶(order)。若连接同一对结点的弧段数大于 1，则称这样的弧段为多重弧段，弧段数称为弧段的重数。一条弧段的端点(结点)称为弧段的关联，这条弧段则称为结点的关联。与一条弧段关联的两个结点称为邻接。如果两条或多条弧段关联于同一个结点，则称这些弧段相邻接。与结点关联的弧段数称为结点在图M_i中的度，记为$\deg(n)$。度为零的点称为孤立点。度为 1 的结点称为悬挂点，对应的弧段称为悬挂链。与结点关联的所有弧段的集合称为该顶点的关联集。

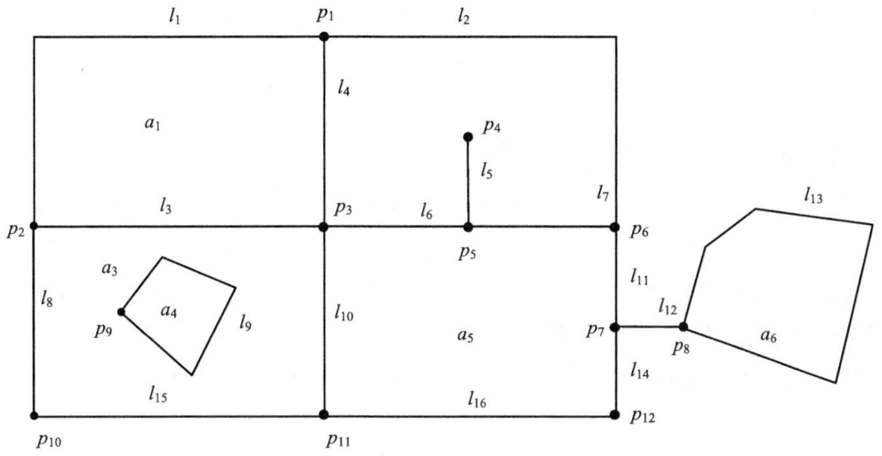

图 7.1　GIS 中的图形结构

定义(7.5)：面由首尾相连的弧段构成，弧段、面关系图记作$M(L,A)$，则$M(L,A)=\{L_i/i=1,2,\cdots,n\}$。

如果两个面至少有一条公共边，则称这两个面邻接。

定义(7.6)：“岛屿”属于面的范畴，由首尾相连的弧段构成，其区域完全包含于某个面内。

定义(7.7)：途径(way)是顶点和边的交替序列，如图 7.1 的$w=p_1l_2p_6l_{11}p_7l_{14}p_{12}$是一条途径，$p_1$和$p_{12}$分别为途径的起点和终点。如果$p_1=p_{12}$，则称$w$为闭途径；否则，为开途径。

定义(7.8)：所有顶点均不相同的途径称为道路(path)。如果图中的两个顶点之间存在一条道路，则称这两点是连通的，如果图中的每一对顶点间都存在一条道路，则称该图为连通图。

定义(7.9)：设有弧段集L、点集P，P中的点均为L中的弧段的两端端点，即P中的点至少与L中的一条弧段关联，则称由集合P和L构成的图具有网络结构，简称为网络图。

定义(7.10)：图 7.1 是一个网络，令

$$m_{ij}=\begin{cases}1, & \text{若弧段}j\text{与结点}i\text{关联}\\0, & \text{否则}\end{cases}$$

则由元素 $m_{ij}\left(i=1,2,\cdots,12; j=1,2,\cdots,16\right)$ 构成的 12×16 矩阵的网络图 7.1 的完全关联矩阵(complete incidence matrix)，记作 Me。

定义(7.11)：在图 7.1 中，令

$$l_{ij}=\begin{cases}1, \text{若弧段}j\text{与结点}i\text{关联}\\0, \text{否则}\end{cases}$$

则称由元素 $l_{ij}\left(i,j=1,2,\cdots,12\right)$ 构成的矩阵为图的邻接矩阵(adjacency matrix)。

定义(7.12)：图 M 中的每一条弧段相应地有一个属性 w_{ij}，称 w_{ij} 为弧段 l_{ij} 的权(weigth)。图 M 连同在它边上的权称为赋权图(weighted graph)。在实际应用中，也可以赋予不同的属性权值，如距离、时间、费用、流量，等等。

图不仅具有上述性质，而且可以进行运算，通常的运算有并、交和差等。

7.2 图形空间关系的数学模型

7.2.1 图形拓扑空间关系的数学模型

在 GIS 中，构成图形的点、线、面具有拓扑性质，点、线、面是基本的拓扑元素。因为点集拓扑学是研究图形在同胚变化下不变的性质，所以它是研究 GIS 空间关系的理论基础，为空间点、线、面之间的包含、覆盖、相离和相接等空间关系的描述提供直接的理论依据。

1. 图形拓扑空间关系的数学基础

对以点集拓扑学作为拓扑关系描述的数学基础，下面给出有关的定义。

定义(7.13)：设 A 为非空集合，X 为 A 的子集族，如果满足下列条件：

(1)空集 $\varnothing$ 属于 X，A 也属于 X。

(2)若 X_1、X_2 属于 X，则 X_1 与 X_2 的交集属于 X。

(3) X 中任意两个元素的并仍为 X 中的元素。

则称 X 为 A 的拓扑。如果 X 为集合 A 的拓扑，则称偶对 $\left(A,X\right)$ 为拓扑空间。

定义(7.14)：设 A 为拓扑空间 X 的子集。如果点 x 属于 X 的每一邻域 U 中都有 A 中异于 x 的点，即 $U\cap\tilde{A}\{x\}\neq\varnothing$，则称 x 为 A 的聚点或极限点。A 的聚点可以属于 A 也可以不属于 A。

定义(7.15)：设 A 为拓扑空间 X 的子集，集合 A 的所有聚点构成的集合称为 A 的导集，记为 $d_x\left(A\right)$ 或 $d\left(A\right)$。

定义(7.16)：设 A 为拓扑空间 X 的子集，如果 A 的每一聚点都属于 A，即 $d\left(A\right)$ 为 A 的子集，则称 A 为闭集。

定义(7.17)：设 X 为拓扑空间，X 的子集 A 与 A 的导集 $d\left(A\right)$ 的并集 $A\cup d\left(A\right)$ 称为 A 的闭包，记作 $C\left(A\right)$。

定义(7.18)：设 $\left(A,X\right)$ 为拓扑空间，B 为 X 的子集，如果 B 是点 x 属于 X 的邻域，即存在 X 的开集 U 使得 x 属于 U，U 为 B 的子集，则称点 x 为集合 A 的内点。集合 A 的所有内点构成的集合称为 A 的内部，记作 $I\left(A\right)$。

定义(7.19)：设 A 为拓扑空间 X 的子集，对于点 x 属于 X，如果在 x 的任一邻域 U 中既有 A 的点又有 $\tilde{A}$ 的点，即 $U\cap A\neq\varnothing$ 且 $U\cap\left(\tilde{A}\right)\neq\varnothing$，则称 x 为集合 A 的边界点。集合 A 的所

有边界点的集合称为集合 A 的边界，记作 $B(A)$。

定义(7.20)：设 A 为拓扑空间 X 的任意子集，则

$$C(A)=I(\tilde{A})=I(A)\cup B(A)$$

$$I(A)=C(\tilde{A})=C(A)\cup B(A)$$

$$B(A)=C(A)\cap C(\tilde{A})=I(A)\cup I(\tilde{A})=B(\tilde{A})$$

近几年来，有的学者以点集拓扑学为基础研究用 4-交模型来描述拓扑空间关系(Egenhofer and Franzosa，1991)，它是通过边界和内部两个点集的交进行关系定义，并根据其内容进行关系划分。其应用的广泛性与成功之处主要是因为它只通过点集交的“空”与“非空”来进行关系判别，方法简练，对于空间实体(点、线或面)，A、B、$B(A)$、$B(B)$ 表示 A、B 的边界，$I(A)$、$I(B)$ 表示 A、B 的内部，二者之间的关系可表示为

$$\begin{bmatrix} B(A)\cap B(B) & B(A)\cap I(B) \\ I(A)\cap B(B) & I(A)\cap I(B) \end{bmatrix} \tag{7.1}$$

式中的元素或者为“空”，或者为“非空”，总共可产生 16 种情形。排除现实世界中不具有物理意义的关系，可得 8 种面/面关系、13 种面/线关系、3 种面/点关系、16 种线/线关系、3 种点/线关系。

不过，由于 4-交模型具有普遍性，许多通过人眼都能很容易区分开的情形，利用该法反而无能为力。

针对 4-交模型的不足，有的学者引进点集的余，构造出一个由边界、内部、余的点集组成的 9-交空间关系模型(9IM)。如对于两个简单实体用 $B(A)$、$B(B)$ 表示 A、B 的边界，$I(A)$、$I(B)$ 表示 A、B 的内部，$E(A)$、$E(B)$ 表示 A、B 的余，则 9-交模型表示为

$$\begin{bmatrix} I(A)\cap I(B) & I(A)\cap B(B) & I(A)\cap E(B) \\ B(A)\cap I(B) & B(A)\cap B(B) & B(A)\cap E(B) \\ E(A)\cap I(B) & E(A)\cap B(B) & E(A)\cap E(B) \end{bmatrix} \tag{7.2}$$

式中的每一元素都有“空”与“非空”两种取值，9 个元素总共可产生 $2^9=512$ 种情形。

与 4-交模型相比，9-交模型有了部分改进，增强了面/线、线/线空间关系的唯一性。但它仅仅用“空”与“非空”来区分两个目标的边界、内部、余，对面/面、点/点、点的空间关系描述仍有一定的局限性。

这里，我们提出用基于维数扩展的 9-交空间关系模型(DE-9IM)来描述拓扑空间关系。运用维数扩展法(dimension extended, DE)，将 9IM 进行扩展，利用点、线、面的边界、内部、余之间的交集的维数作为空间关系描述的框架。对于几何实体的边界，它是比其更低一维的几何实体的集合。据此，点的边界为空集；线的边界为线的两个端点，当线为闭曲线时，线的边界为空；面的边界由构成面的所有线构成。设 P 为一个点集，定义点集的求维函数 DIM 如下：

$$
\mathrm{DIM}(P)=\begin{cases}-1, P\text{等于空}\\ 0, P\text{不包含线、面，但至少包含一个点}\\ 1, P\text{不包含面，但至少包含一条线}\\ 2, P\text{至少包含一个面}\end{cases}
$$

利用维数扩展法，式(7.2)可扩展为

$$
\begin{bmatrix}\mathrm{DIM}(I(A)\cap I(B) & \mathrm{DIM}(I(A)\cap B(B)) & \mathrm{DIM}(I(A)\cap E(B))\\ \mathrm{DIM}(B(A)\cap I(B) & \mathrm{DIM}(B(A)\cap B(B)) & \mathrm{DIM}(B(A)\cap E(B))\\ \mathrm{DIM}(E(A)\cap I(B) & \mathrm{DIM}(E(A)\cap B(B)) & \mathrm{DIM}(E(A)\cap E(B))\end{bmatrix} \tag{7.3}
$$

根据 DE-9IM，对于点集拓扑空间 X，当需进行空间关系判别时，可对矩阵的 9 元素取值进行分析比较。令 C 为各单元交的点集，其取值 P 可能为 $\{T,F,*,0,1,2\}$。各个取值的具体含义为：

(1) $P=T \Rightarrow \mathrm{DIM}(X)\in\{0,1,2\}$，而交集 X 包含有点、线、面。

(2) $P=F \Rightarrow \mathrm{DIM}(X)=-1$，即交集 X 为空。

(3) $P=* \Rightarrow \mathrm{DIM}(X)\in\{-1,0,1,2\}$，而两个目标的交集既有点、线、面，又含有某些部分的交为空的情形，在判别关系时，这种情况一般不予考虑。

(4) $P=0 \Rightarrow \mathrm{DIM}(X)=0$。

(5) $P=1 \Rightarrow \mathrm{DIM}(X)=1$。

(6) $P=2 \Rightarrow \mathrm{DIM}(X)=2$。

式(7.3)中各元素通过取值 $\{T,F,*,0,1,2\}$，可产生 $6^9=1007696$ 种情形，关系非常复杂。有的学者通过对大量空间关系进行归纳和分类，得出 5 种基本空间关系(陈军和郭薇，1995)，即相离关系(disjoint)、相接关系(touch)、相交关系(cross)、包含于关系(in)、交叠关系(overlap)，并将这 5 种关系定义为空间关系的最小集。此外，为了让用户使用方便，还定义了几个基本的空间关系：相等(equal)、包含(contain)、覆盖(cover)和被覆盖(covered by)。

2. 图形拓扑空间关系的 DE-9IM 描述

基于 DE-9IM，每两种目标之间都可以产生 6^9 种关系，如果对每种关系都进行判断处理，既费时又无意义。这里，进一步抽象提炼出以下 6 种具有实际理论和应用价值的关系用 DE-9IM 予以描述。

1) 点/点关系

现实地理世界中，具有实际意义的点/点关系主要有两种(图 7.2)。其识别规则包括相离和相等。

(a) 相离(disjoint)　　(b) 相等(equal)

图 7.2　点/点之间关系

相离：$A.\ \mathrm{disjoint}(B) \Leftrightarrow A\cap B=\varnothing$

相等：$A.\ \mathrm{equal}(B) \Leftrightarrow A\cap B=A \ \text{ and } \ A\cap B=B$

利用 DE-9IM 方法表示为

$$A.\text{disjoint}(B) \Leftrightarrow (I(A)\cap I(B)=\varnothing)\text{and}(I(A)\cap B(B)=\varnothing)\text{and}(B(A)\cap I(B)=\varnothing)$$
$$\text{and}(B(A)\cap B(B)=\varnothing) \Leftrightarrow A.\text{relate}\ (b, \text{"FF*FF****"})$$

$$A.\text{equal}(I(A)\cap I(B)\neq\varnothing)\text{and}(I(A)\cap B(B)\neq\varnothing)\text{and}(B(A)\cap I(B)\neq\varnothing)$$
$$\text{and}(B(A)\cap B(B)\neq\varnothing) \Leftrightarrow A.\ \text{relate}(B, \text{"FF*FF****"})$$

2) 点/线关系

点/线之间的基本关系有 3 种(图 7.3)。其识别规则表示包括

相离：$A.\ \text{disjoint}(B) \Leftrightarrow A\cap B=\varnothing$

相接：$A.\ \text{touch}(B) \Leftrightarrow (I(A)\cap I(B)=\varnothing)\text{and}(A\cap B\neq\varnothing)$

包含于：$A.\ \text{in}(B) \Leftrightarrow (A\cap B=A)\text{and}(I(A)\cap E(B)=\varnothing)$

(a) 相离(disjoint)　　(b) 相接(touch)　　(c) 包含于(in)

图 7.3　点/线空间关系

利用 DE-9IM 方法表示为

$$A.\text{disjoint}(B) \Leftrightarrow (I(A)\cap I(B)=\varnothing)\text{and}(I(A)\cap B(B)=\varnothing)\text{and}(B(A)\cap I(B)=\varnothing)$$
$$\text{and}(B(A)\cap B(B)=\varnothing) \Leftrightarrow A.\text{relate}(B, \text{"FF*FF****"})$$

$$A.\text{touch}(B) \Leftrightarrow (I(A)\cap I(B)=\varnothing)\text{and}((B(A)\cap I(B)\neq\varnothing)\text{or}(I(A)\cap B(B)\neq\varnothing)$$
$$\text{or}(B(A)\cap B(B)\neq\varnothing)) \Leftrightarrow A.\text{relate}(B, \text{"FT *******"})\text{or } A.\text{relate}(B, \text{"F **T*****"})$$
$$\text{or } A.\text{relate}(B, \text{"F ***T****"})$$

$$A.\text{in}(B) \Leftrightarrow (I(A)\cap I(B)\neq\varnothing)\text{and}(I(A)\cap E(B)\neq\varnothing)\text{and}(B(A)\cap E(B)=\varnothing)$$
$$\Leftrightarrow A.\text{relate}(B, \text{"TF *F*****"})$$

3) 点/面关系

点/面之间的基本关系有 3 种(图 7.4)。其识别规则包括

相离：$A.\ \text{disjoint}(B) \Leftrightarrow A\cap B=\varnothing$

相接：$A.\text{touch}(B) \Leftrightarrow (I(A)\cap I(B)=\varnothing)\text{and}(A\cap B\neq\varnothing)$

包含于：$A.\text{in}(B) \Leftrightarrow (A\cap B=A)\text{and}(I(A)\cap E(B)=\varnothing)$

(a) 相离(disjoint)　　(b) 相接(touch)　　(c) 包含于(in)

图 7.4　点/面基本空间关系

利用 DE-9IM 方法表示为

$$A.\text{disjoint}(B) \Leftrightarrow (I(A)\cap I(B)=\varnothing)\text{and}(I(A)\cap B(B)=\varnothing)\text{and}(B(A)\cap I(B)=\varnothing)$$
$$\text{and}(B(A)\cap B(B)=\varnothing) \Leftrightarrow A.\text{relate}(B, \text{"FF*FF****"})$$

$$A.\text{touch}(B) \Leftrightarrow (I(A)\cap I(B)=\varnothing)\text{and}(B(A)\cap I(B)\neq\varnothing)\text{or}(I(A)\cap B(B)=\varnothing)$$
$$\text{or}(B(A)\cap B(B)\neq\varnothing) \Leftrightarrow A.\text{relate}(B,\text{"FT*******"})\text{or } A.\text{relate}(B,\text{"F**T*****"})$$
$$\text{or } A.\text{relate}(B,\text{"F***T****"})$$
$$A.\text{in}(B) \Leftrightarrow (I(A)\cap I(B)\neq\varnothing)\text{and}(I(A)\cap E(B)=\varnothing)\text{and}(B(A)\cap E(B)=\varnothing)$$
$$\Leftrightarrow A.\text{relate}(B,\text{"TF*F*****"})$$

4) 线/线关系

根据 DE-9IM，线/线之间的关系非常多，排除大量冗余关系，在 GIS 中，线/线之间的基本空间关系主要有 7 种(图 7.5)。其识别规则包括

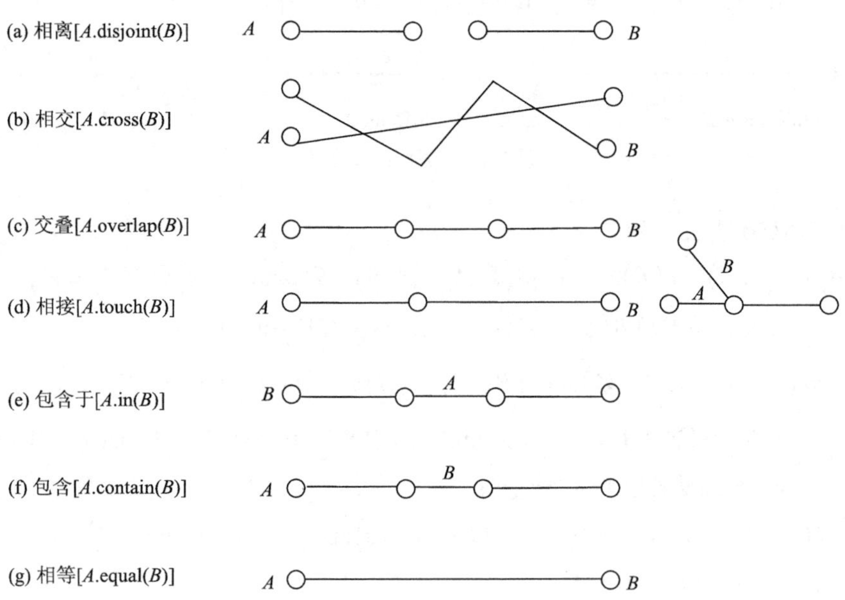

图 7.5　线/线空间关系

相离：$A.\text{disjoint}(B) \Leftrightarrow A\cap B=\varnothing$

相交：$A.\text{cross}(B) \Leftrightarrow (\text{DIM}(I(A)\cap I(B)) < \max(\text{DIM}(I(A),\text{DIM}(I(B)))\text{and}$
$(A\cap B\neq A)\text{and } A\cap B\neq B$

交叠：$A.\text{overlap}(B) \Leftrightarrow (\text{DIM}(I(A)=\text{DIM}(I(B)=\text{DIM}(I(A)\cap I(B)))\text{and}(A\cap B\neq A)$
$\text{and } A\cap B\neq B$

相接：$A.\text{touch}(B) \Leftrightarrow (I(A)\cap I(B)=\varnothing)\text{and}(A\cap B\neq\varnothing)$

包含于：$A.\text{in}(B) \Leftrightarrow (A\cap B=A)\text{and}(I(A)\cap E(B)=\varnothing)$

包含：$A.\text{contain}(B) \Leftrightarrow B.\text{in}(A)$

相等：$A.\text{equal}(B) \Leftrightarrow A\cap B=A \text{ and } A\cap B=B$

利用 DE-9IM 方法表示为

$$A.\text{disjoint}(B) \Leftrightarrow (I(A)\cap I(B)=\varnothing)\text{and}(I(A)\cap B(B)=\varnothing)\text{and}(B(A)\cap I(B)=\varnothing)$$
$$\text{and}(B(A)\cap B(B)=\varnothing) \Leftrightarrow A.\text{relate}(B,\text{"FF*FF****"})$$

$$A.\text{cross}(B) \Leftrightarrow \text{DIM}(I(A)\cap I(B))=0 \Leftrightarrow A.\text{relate}(B,\text{"0********"})$$

$$A.\text{touch}(B) \Leftrightarrow (I(A)\cap I(B)=\varnothing)\text{and}((B(A)\cap I(B)\neq\varnothing)\text{or}(I(A)\cap B(B)\neq\varnothing)$$
$$\text{or}(B(A)\cap B(B)\neq\varnothing)) \Leftrightarrow A.\text{relate}(B,\text{"FT*******"})$$
$$\text{or } A.\text{relate}(B,\text{"F**T*****"})\text{or } A.\text{relate}(B,\text{"F***T****"})$$

$$A.\text{overlap}(B) \Leftrightarrow (\text{DIM}I(A)\cap I(B)=1)\text{and}(I(A)\cap I(B)\neq\varnothing)\text{and}(E(A)\cap I(B)\neq\varnothing)$$
$$\Leftrightarrow A.\text{relate}(B,\text{"1*T****T**"})$$

$$A.\text{in}(B) \Leftrightarrow (I(A)\cap I(B)\neq\varnothing)\text{and}(I(A)\cap E(B)=\varnothing)\text{and}(B(A)\cap E(B)=\varnothing)$$
$$\Leftrightarrow A.\text{relate}(B,\text{"TF*F*****"})$$

$$A.\text{equal}(B) \Leftrightarrow (I(A)\cap I(B)=1)\text{and}(I(A)\cap B(B)=\varnothing)\text{and}(B(A)\cap I(B)=\varnothing)$$
$$\text{and}(B(A)\cap B(B)=0) \Leftrightarrow A.\text{relate}(B,\text{"1F*F0****"})$$

5) 线/面关系

与线/线关系一样，线 A/面 B 之间的基本关系主要有 4 种(图 7.6)。其识别规则包括

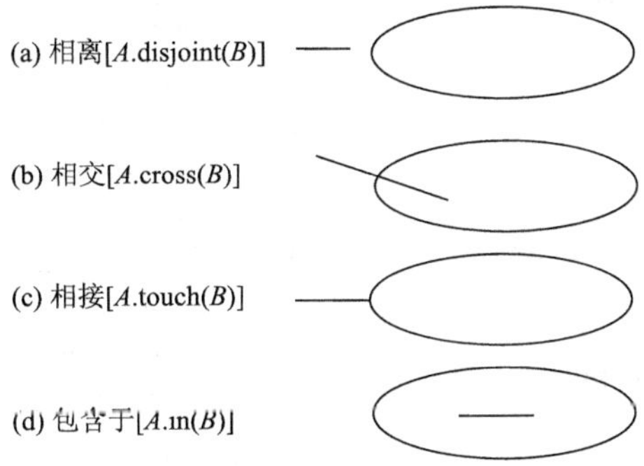

图 7.6　线/面空间关系

相离：$A.\text{disjoint}(B) \Leftrightarrow A\cap B=\varnothing$

相交：$A.\text{cross}(B) \Leftrightarrow (\text{DIM}I(A)\cap I(B)) < \max(\text{DIM}I(A),\text{DIM}I(B))$
$$\text{and}(A\cap B\neq A)\text{and } A\cap B\neq B$$

相接：$A.\text{touch}(B) \Leftrightarrow (I(A)\cap I(B)=\varnothing)\text{and}(A\cap B\neq\varnothing)$

包含于：$A.\text{in}(B) \Leftrightarrow (A\cap B=A)\text{and}(I(A)\cap E(B)=\varnothing)$

利用 DE-9IM 方法表示为

$$A.\text{disjoint}(B) \Leftrightarrow (I(A)\cap I(B)=\varnothing)\text{and}(I(A)\cap B(B)=\varnothing)\text{and}(B(A)\cap I(B)=\varnothing)$$
$$\text{and}(B(A)\cap B(B)=\varnothing) \Leftrightarrow A.\text{relate}(B,\text{"FF*FF****"})$$

$$A.\text{cross}(B) \Leftrightarrow \text{DIM}(I(A)\cap I(B))=0 \Leftrightarrow A.\text{relate}(B,\text{"0********"})$$

$$A.\text{touch}(B) \Leftrightarrow (I(A) \cap I(B) = \varnothing) \text{and}((B(A) \cap I(B) \neq \varnothing) \text{or}(I(A) \cap B(B) \neq \varnothing$$
$$\text{or}(B(A) \cap B(B) \neq \varnothing)) \Leftrightarrow A.\text{relate}(B, \text{"FT*******"}) \text{or } A.\text{relate}(B, \text{"F**T*****"})$$
$$\text{or } A.\text{relate}(B, \text{"F***F****"})$$
$$A.\text{in}(B) \Leftrightarrow (I(A) \cap I(B) \neq \varnothing) \text{and}(I(A) \cap E(B) = \varnothing) \text{and}(B(A) \cap E(B) = \varnothing)$$
$$\Leftrightarrow A.\text{relate}(B, \text{"TF*F*****"})$$

6) 面/面关系

面/面之间的基本关系主要有 8 种(图 7.7)。其识别规则包括

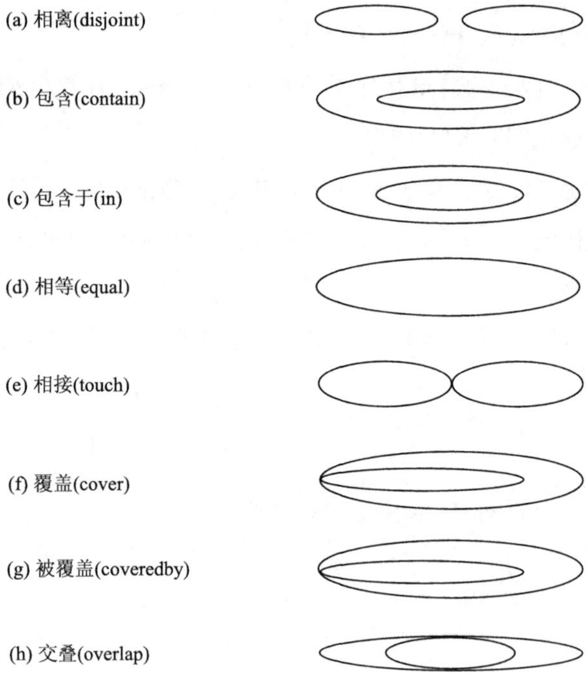

图 7.7　面/面空间关系

相离：$A.\text{disjoint}(B) \Leftrightarrow A \cap B = \varnothing$

交叠：$A.\text{overlap}(B) \Leftrightarrow (\text{DIM}(I(A) = \text{DIM}(I(B)) = \text{DIM}(I(A) \cap I(B))) \text{and}(A \cap B \neq A)$
$\text{and } (A \cap B \neq B)$

相接：$A.\text{touch}(B) \Leftrightarrow (I(A) \cap I(B) = \varnothing) \text{and}(A \cap B \neq \varnothing)$

包含于：$A.\text{in}(B) \Leftrightarrow (A \cap B = A) \text{and}(I(A) \cap E(B) = \varnothing)$

包含：$A.\text{contain}(B) \Leftrightarrow (B) \text{in}(A)$

相等：$A.\text{equal}(B) \Leftrightarrow A \cap B = A \text{ and } A \cap B = B$

覆盖：$A.\text{ cover}(B) \Leftrightarrow (I(A) \cap I(B) = I(A)) \text{and}(E(A) \cap E(B) \neq \varnothing)$

被覆盖：$A.\text{coveredby}(B) \Leftrightarrow B.\text{cover}(A)$

利用 DE-9IM 方法表示为

$$A.\text{disjoint}(B) \Leftrightarrow (I(A)\cap I(B)=\varnothing)\text{and}(I(A)\cap B(B)=\varnothing)\text{and}(B(A)\cap I(B)=\varnothing)$$
$$\text{and}(B(A)\cap B(B)=\varnothing) \Leftrightarrow A.\text{relate}(B,\text{"FF*FF****"})$$

$$A.\text{touch}(B) \Leftrightarrow (I(A)\cap I(B)=\varnothing)\text{and}((B(A)\cap I(B)\neq\varnothing)\text{or}(I(A)\cap B(B)\neq\varnothing)$$
$$\text{or}(B(A)\cap B(B)\neq\varnothing) \Leftrightarrow A.\text{relate}(B,\text{"FT*******"})\text{or } A.\text{relate}(B,\text{"F**T*****"})$$
$$\text{or } A.\text{relate}(B,\text{"F***T****"})$$

$$A.\text{overlap}(B) \Leftrightarrow (I(A)\cap I(B)\neq\varnothing)\text{and}(I(A)\cap E(B)\neq\varnothing)\text{and}(E(A)\cap I(B)\neq\varnothing)$$
$$\Leftrightarrow A.\text{relate}(B,\text{"T*T***T**"})$$

$$A.\text{in}(B) \Leftrightarrow (I(A)\cap I(B)\neq\varnothing)\text{and}(I(A)\cap E(B)=\varnothing)\text{and}(B(A)\cap E(B)=\varnothing)$$
$$\Leftrightarrow A.\text{relate}(B,\text{"TF*F*****"})$$

$$A.\text{equal}(B) \Leftrightarrow (I(A)\cap I(B)=2)\text{and}(I(A)\cap B(B)=\varnothing)\text{and}(B(A)\cap I(B)=\varnothing)$$
$$\text{and}(B(A)\cap B(B)=1) \Leftrightarrow A.\text{relate}(B,\text{"2F*F1****"})$$

7.2.2 图形方位空间关系的数学模型

图形的方位空间关系(亦称“空间方向关系”)属于空间关系中的一种，是图形空间关系的重要组成部分。从简单地理信息查询到复杂空间分析，从旅行路线的选择到野外勘测记录，从认知模型到图像特征提取，从机器人导航到用户接口，都有方位空间关系的具体应用。与拓扑空间关系相结合，其应用更加广泛。

1. 图形方位空间关系的划分

由于现实世界中的目标形态及相互关系千变万化，图形方位空间关系具有模糊性、相对性和对称性等特性，使得方位空间关系的判断与描述具有一定的难度。所以，有学者在最小外切矩形(minimum bounding rectangle，MBR)的基础上，将目标之间的方位空间关系划分为strong-north、weak-north、strong-bounded-north、weak-bounded-north、strong-north-east、weak-north-east、just-north、north 等。表 7.1 列出的是与北方位有关的方位空间关系，其余方位的方位空间关系可类似得出。

上述方法的优点是划分详细，缺点是划分复杂，实际应用并非完全需要。于是，有人提出扩展三角模型。它是利用目标的中心点与东南(SE)、东北(NE)、西南(SW)、西北(NW)方向线构成东西南北四个方位关系，如图 7.8(a)所示，目标 B 位于目标 A 的方位。不过，按照此法，如图 7.8(b)所示，本应在目标 A 东方位的 B 目标，却在目标 A 的北方位了。针对三角模型的不足，Haar 在此基础上利用 MBR 对其进行扩展，提出如图 7.8(b)的实线所示的模型目标 A 的中心点与 MBR 的四个角点的方向线构成东、西、南、北四个方位，显然，目标 B 在目标 A 的北方位。所以，三角模型的扩展某种程度上克服了三角模型的不足。

表 7.1　方位空间关系

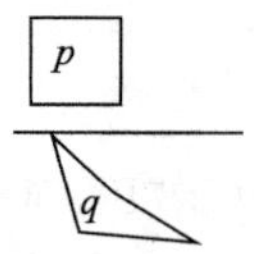 strong-north(p, q)	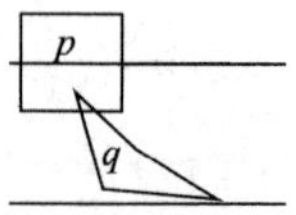 weak-north(p, q)	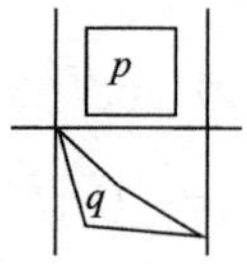 strong-bounded-north(p, q)	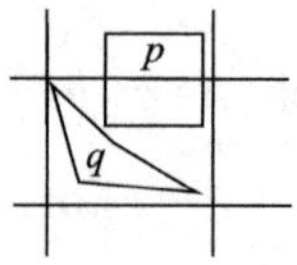 weak-bounded-north(p, q)
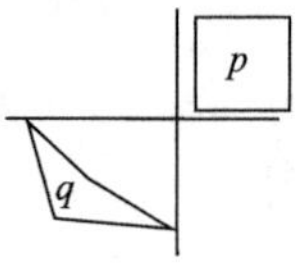 strong-north-east(p, q)	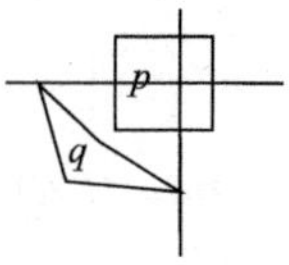 weak-north-east(p, q)	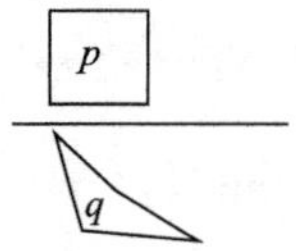 just-north(p, q)	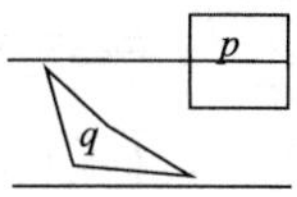 north(p, q)

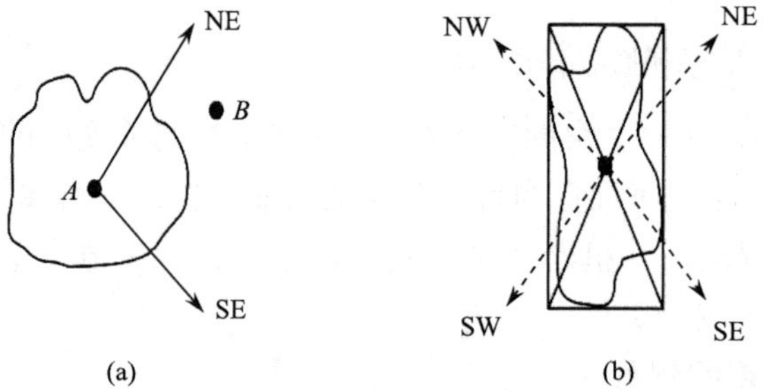

图 7.8　三角模型及其扩展

通过对已有方位关系划分方法的分析，这里将目标的空间方位剖分为东(east，E)、南(south，S)、西(west，W)、北(north，N)、东南(southeast，SE)、东北(northeast，NE)、西南(southwest，SW)、西北(northwest，NW)、相同(same)等 9 邻域(图 7.9)。对于点目标之间的方位关系，用图 7.9 所示方法可以完备表示。但对于扩展目标(线、面)之间的方位关系，并不完备。如图 7.10 所示，目标 A、B 之间的方位关系采用图 7.9 的方法可表示为 R(MBR(B)，MBR(A))= {N，NE，same}，实际上，目标 B 与 A 之间并不存在 same 关系。所以，扩展目标(线、面)之间的方位关系的描述与判断方法必须加以改进。

针对方位关系判断模型的不足，有学者提出使用面积加权方位关系矩阵(direction-relation matrix，DRM)来表示扩展面目标之间的方位空间关系。

$$\text{DRM}=\begin{bmatrix} a_{11} & a_{12} & a_{13} \\ a_{21} & a_{22} & a_{23} \\ a_{31} & a_{32} & a_{33} \end{bmatrix} \tag{7.4}$$

$$a_{ij} = A_{ij} / A \tag{7.5}$$

$$\sum_{i=1}^{3}\sum_{j=1}^{3} a_{ij} = 1 \tag{7.6}$$

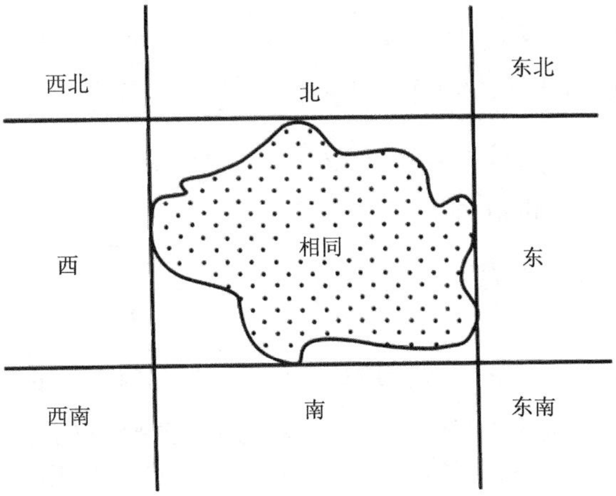

图 7.9 方位空间关系类型划分

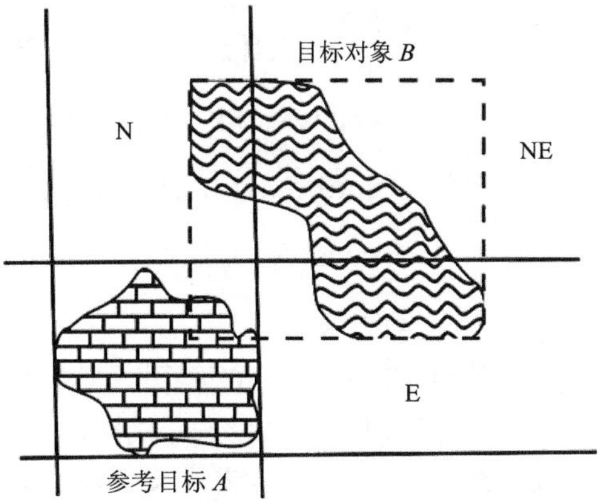

图 7.10 基于 DRM 的扩展目标方位关系的表示

式(7.4)中的各元素与图 7.9 中的 9 邻域一一对应。A 表示目标的总面积，A_{ij} 表示目标在图 7.9 所示各剖分邻域中的面积。DRM 中的 9 元素具有式(7.6)的性质。

基于上述 DRM 思想，我们可以作进一步扩展，将面积加权扩展到长度加权，将 DRM 由描述与面目标有关的方位关系扩展到描述与线目标有关的方位关系，即将式(7.4)中的各元素取值为

$$a_{ij} = l_{ij} / L \tag{7.7}$$

$$\sum_{i=1}^{3}\sum_{j=1}^{3} a_{ij} = 1 \tag{7.8}$$

式中，L 表示线目标的总长度；l_{ij} 表示线目标在图 7.9 所示各剖分邻域中的长度。DRM 中的 9 元素具有式(7.8)表示的特性。

当 DRM 矩阵各元素取值为空或非空时，DRM 表示方式与 MBR 方式完全一致。矩阵中各元素值的大小表示目标具有该方位关系的比重，最大值表示该方位是目标对象相对于参考目标的主要方位空间关系。

2. 基于加权方位空间关系描述模型的 6 种方位空间关系的判断模型

根据以上加权方位空间关系的描述模型，下面给出点/点、点/线、点/面、线/线、线/面、面/面方位关系的判断模型。

1) 点/点方位关系

以相互垂直的 X、Y 坐标轴作为定位参考。令 P_i 为目标对象 P 的点，Q_j 为参考目标 Q 的点，则 P 与 Q 在二维空间中具有以下 9 种可能的关系：

$$\text{east}\left(P_i,Q_j\right) \Leftrightarrow X\left(P_i\right) > X\left(Q_j\right) \text{and } Y\left(P_i\right) = Y\left(Q_j\right)$$

$$\text{south}\left(P_i,Q_j\right) \Leftrightarrow X\left(P_i\right) = X\left(Q_j\right) \text{and } Y\left(P_i\right) < Y\left(Q_j\right)$$

$$\text{west}\left(P_i,Q_j\right) \Leftrightarrow X\left(P_i\right) < X\left(Q_j\right) \text{and } Y\left(P_i\right) = Y\left(Q_j\right)$$

$$\text{north}\left(P_i,Q_j\right) \Leftrightarrow X\left(P_i\right) = X\left(Q_j\right) \text{and } Y\left(P_i\right) > Y\left(Q_j\right)$$

$$\text{south}(P_i, Q_j) \Leftrightarrow X(P_i) > X(Q_j) \text{ and } Y(P_i) < Y(Q_j)$$

$$\text{northeast}(P_i, Q_j) \Leftrightarrow X(P_i) > X(Q_j) \text{ and } Y(P_i) > Y(Q_j)$$

$$\text{southwest}(P_i, Q_j) \Leftrightarrow X(P_i) < X(Q_j) \text{ and } Y(P_i) < Y(Q_j)$$

$$\text{northwest}(P_i, Q_j) \Leftrightarrow X(P_i) < X(Q_j) \text{ and } Y(P_i) > Y(Q_j)$$

$$\text{same}(P_i, Q_j) \Leftrightarrow X(P_i) = X(Q_j) \text{ and } Y(P_i) = Y(Q_j)$$

2) 点/线方位关系

如图 7.11 所示，点目标 P 和线目标 Q。按照式(7.4)，约定取值方法为：线目标与 P 的 E、S、W、N 方向线相交，对应元素的取值为 1，否则为 0；点位于线上取为 1，否则为 0；其余情况取为线目标在对应邻域的长度 $l_{ij}(i=1,3;j=1,3)$ 与总长度 L 的比值。于是，图 7.11 的方位关系矩阵为

$$\text{DRM}=\begin{bmatrix} a_{11} & a_{12} & a_{13} \\ a_{21} & a_{22} & a_{23} \\ a_{31} & a_{32} & a_{33} \end{bmatrix}=\begin{bmatrix} \dfrac{L_{11}}{L} & 1 & \dfrac{L_{13}}{L} \\ 0 & 0 & 1 \\ 0 & 1 & \dfrac{L_{33}}{L} \end{bmatrix} \tag{7.9}$$

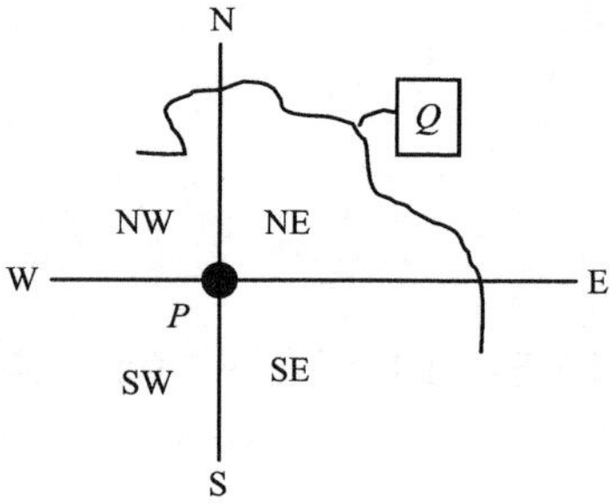

图 7.11　点/线方位关系

由式(7.9)可知，目标 Q 相对于 P 的方位关系为{NW，N，NE，E，SE}，主要位于 NE 方位。

3) 点/面方位关系

与点/线方位关系的表示方法类似。DRM 中元素取值方法为：面目标 Q 与点目标 P 的 E、S、W、N 方向线相交，对应元素取值为 1，否则为 0；P 位于 Q 内，对应元素取值为 1，否则为 0；其余各项元素取值为面目标在对应邻域的面积 $A_{ij}(i=1,3;j=1,3)$ 与总面积 A 的比值。

4) 线/线方位关系

如图 7.12 所示，线目标 A、B，A 为目标对象，B 为参考目标，要判定 A 相对于 B 的方位空间关系。根据 DRM 方法，目标 A 相对于目标 B 的方位空间关系为 same，但实际上明显可以看出目标 A 相对于 B 具有南方位关系。为了正确判定方位空间关系，根据方位关系的对称性特性，首先比较两个线目标 MBR 的大小，以 MBR 较小的目标作为参考目标，判定目标之间的方位空间关系，即在图 7.12 中，以 A 为参考目标，判定 B 相对于 A 的方位关系。按照式(7.4)，矩阵中各元素的取值为线目标在对应 9 邻域内的长度与总长度的比值，即

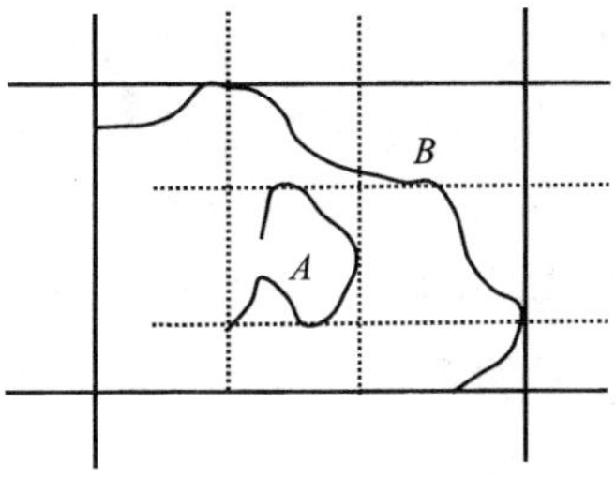

图 7.12 线/线方位空间关系

$$\mathrm{DRM}=\begin{bmatrix} a_{11} & a_{12} & a_{13} \\ a_{21} & a_{22} & a_{23} \\ a_{31} & a_{32} & a_{33} \end{bmatrix}=\begin{bmatrix} \frac{l_{11}}{L} & \frac{l_{12}}{L} & \frac{l_{13}}{L} \\ 0 & 0 & \frac{l_{23}}{L} \\ 0 & 1 & \frac{l_{33}}{L} \end{bmatrix} \tag{7.10}$$

由式(7.10)可知，B 相对于 A 的方位关系有 $R(B, A)=$ {NW，N，NE，E，SE}，可以得出 A 相对于 B 的方位关系为 $R(A, B)=$ {SE，S，SW，W，NW}。

5) 线/面方位关系

其判定方法与线/线方位关系的判定方法类似。首先比较线、面目标的 MBR 的大小，以 MBR 较小者作为参考目标，判定两个目标之间的方位空间关系。如果参考目标为线目标，式(7.4)中各元素值为面目标在 9 邻域的面积与总面积的比值；如果面目标为参考目标，则式(7.4)中的各元素值为线目标在 9 邻域的所占长度与线目标总长度的比值。

6) 面/面方位关系

此时，矩阵各元素取值为面目标在 9 邻域中所占面积 A_{ij} 与面目标总面积 A 的比值，即

$$\begin{cases} a_{ij} = A_{ij} / A \\ \sum_{i=1}^{3}\sum_{j=1}^{3} A_{ij} = A \\ \sum_{i=1}^{3}\sum_{j=1}^{3} a_{ij} = 1 \end{cases} \tag{7.11}$$

据此，图 7.10 所示的面/面方位空间关系可表示为

$$\mathrm{DRM}=\begin{bmatrix} a_{11} & a_{12} & a_{13} \\ a_{21} & a_{22} & a_{23} \\ a_{31} & a_{32} & a_{33} \end{bmatrix}=\begin{bmatrix} 0 & \frac{A_{12}}{A} & \frac{A_{13}}{A} \\ 0 & 0 & \frac{A_{23}}{A} \\ 0 & 0 & 0 \end{bmatrix}$$

即 $R(B, A)=$ {N，NE，E}。

此外，王净(2009)对现有空间方向(方位)关系描述模型的不足进行了分析，认为现有空间方向关系模型在空间目标形状敏感性和细节描述方面存在较大缺陷，需要进一步增强描述

模型对不同形状空间对象的支持力度，进一步提高描述模型的细节刻画能力，从而提高模型在方向关系描述上的准确性和通用性，提出了对空间方向关系进行深度细节描述的思想，通过定义细节代码和方向区域的细分方法，构建支持多形状空间对象的深度细节描述模型，实现对不同形状空间对象及复杂空间布局的方向关系的描述。

7.2.3 图形度量空间关系的数学模型

首先，给“度量”以定义。设X为一非空集合，$\rho: X\times X\to R$为一映射，如果对于任意的x、y、$z\in X$，有① $\rho(x,y)\geqslant 0$ 且 $\rho(x,y)=0$，当且仅当$x=y$；② $\rho(x,y)=\rho(y,x)$；③ $\rho(x,z)\leqslant\rho(x,y)+\rho(y,z)$（三角不等式）。则称$\rho$为$X$的变量。

若X为非空集合，ρ为X的变量，则偶对(X,ρ)称为度量空间(metric space)。度量的数值可用距离、角度、面积、序数、间隔、比率、密度等来表示。距离主要有平面距离(点、线、面相互之间的距离)、空间直线距离、球面距离等。角度主要指线与线之间的夹角或方位角。序数度量具有多种方式，如数字表示顺序关系(第一、第二、…)、系统层次性度量(如国家、省、市、县)等。间隔度量表示数字之间的差异。比率表示相对程度。密度表示分布情况与离散程度。

上述各种图形度量空间关系中，距离度量关系是最重要的一种空间关系，在度量空间中起着重要的作用。

1) 点/点距离度量空间关系

平面距离与角度：$P_1(x_1,y_1)$与$P_2(x_2,y_2)$为平面上的两点，它们之间的平面距离为

$$|P_1P_2|=\left[(x_1-x_2)^2+(y_1-y_2)^2\right]^{\frac{1}{2}} \tag{7.12}$$

矢量P_2到P_1之间的夹角为

$$\begin{cases}\sin\theta=(x_2-x_1)/|P_1P_2|\\ \cos\theta=(y_2-y_1)/|P_1P_2|\end{cases} \tag{7.13}$$

空间直线距离：$P_1(x_1,y_1,z_1)$与$P_2(x_2,y_2,z_2)$为空间两点，它们之间的空间距离为

$$|P_1P_2|=\left[(x_1-x_2)^2+(y_1-y_2)^2+(z_1-z_2)^2\right]^{\frac{1}{2}} \tag{7.14}$$

球面距离：在球面上两点之间的最短距离是大圆线。设$A(\varphi_1,\lambda_1)$和$B(\varphi_2,\lambda_2)$为球面上两点，它们的球面距离为

$$L=R*S*\pi/180° \tag{7.15}$$

式中，$S=\arccos(\sin\varphi_1*\sin\varphi_2+\cos\varphi_1*\cos\varphi_2*\cos(\lambda_2-\lambda_1))$；$R$表示球半径。

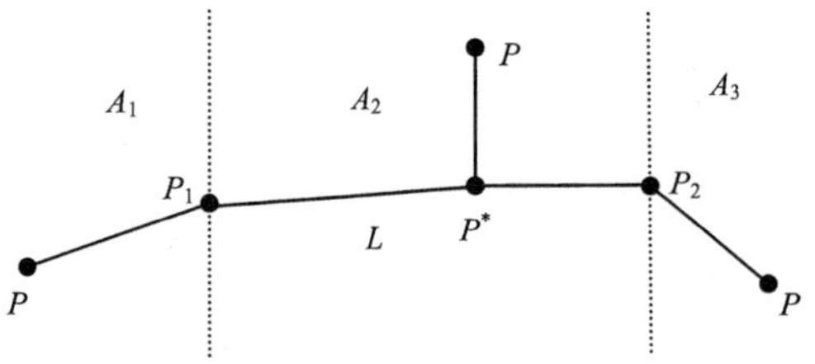

图 7.13 点/线最短距离计算

2) 点/线距离度量空间关系

点/线段最短距离：如图 7.13 所示，线段L位于横坐标轴，端点为P_1、P_2。通过两端点，与线段L垂直的直线将平面分为A_1、A_2、A_3，则点P到线段L的最短距离的计算方法为

$$d_{\min}(P,L)\begin{cases}d(P,P_1),P\in A_1\\d(P,P^*),P\in A_2\\d(P,P_2),P\in A_3\end{cases}\tag{7.16}$$

点/线段垂直距离：设 A、B 两点组成的直线 $L=\{(x,y)|ax+by+c=0\}$，则点 $P(X,Y)$ 到直线段 L 的垂直距离为

$$d(P,L)=\left|ax+by+c/(a^2+b^2)\right|^{\frac{1}{2}}\tag{7.17}$$

点/线段平均距离：线段 L 位于横坐标轴，端点为 $(a,0)$、$(b,0)$，则线段上的点为 $\{(x,0)|a\leqslant x\leqslant b\}$，点 P 为 $(X，Y)$。根据式(7.12)，设 $f(x)=\left[(X-x)^2+Y^2\right]^{\frac{1}{2}}$，根据积分中值定理，若 $f(x)$ 在区间 $[a,b]$ 上连续，则在积分区间 $[a,b]$ 上至少存在一个点 ξ，使式(7.18)成立：

$$\int_a^b f(x)\mathrm{d}x=f(\xi)(b-a)\quad(a\leqslant\xi\leqslant b)\tag{7.18}$$

此式表示以区间 $[a,b]$ 为底边，以 $f(x)$ 为曲边的面积等于同一底边面高为 $f(\xi)$ 的矩形的面积。据此特性可以证明点 P 到线段 L 的平均距离为

$$d_{\text{avg}}(P,L)=f(\xi)=\frac{1}{b-a}\int_a^b f(x)\mathrm{d}x\tag{7.19}$$

点/线段最大的距离为点与直线段两端的距离中的最大者，即

$$d_{\max}(P,L)=\max\left[d(P,P_a),d(P,P_b)\right]\tag{7.20}$$

3) *点/面距离度量空间关系*

点/面最短距离：点 P 到面 A_n 的最短距离肯定在面的边界上，据式(7.16)，点/面最短距离为

$$d_{\min}(P,A_n)=\min\left\{d_{\min}(P,L_i),i=(1,2,\cdots,n)\right\}\tag{7.21}$$

式中，L_i 表示组成面的边界线段。

点/面最大距离：据式(7.20)，点/面最大距离为

$$d_{\max}(P,A_n)=\max\left\{d_{\max}(P,L_i),i=(1,2,\cdots,n)\right\}\tag{7.22}$$

点/面平均距离：将多边形分割为三角形，用积分方法计算点到每个三角形的平均距离，然后按下式求得点到面的平均距离：

$$d_{\text{avg}}(P,A_n)=\sum_{i=1}^{n-2}\frac{|T_i|}{|A_i|}d_{\text{avg}}(P,T_i)\tag{7.23}$$

式中，T_i 表示三角形面积；$d_{\text{avg}}(P,T_i)$ 表示点 P 到 T_i 的平均距离。

此方法计算复杂。为高效求得点到面的平均距离，必须在面目标内寻找一点，将点/面平均距离转换为点/点距离。传统的方法是将点/面平均距离近似表示为点到质心的距离，但对凹多边形，并不能保证质心在多边形内。这里，我们提出按图 7.14 的方法，在多边形内求得

一内点，将点/面平均距离近似表示为点/内点的距离。首先，对面目标的 MBR 在 X 方向的长度 DX 与 Y 方向的宽度 DY 进行比较，若 $DX>DY$，则在 $DX/2$ 处作垂直于 X 轴的直线，求取该直线与多边形的交点 Y 坐标系列，并对 Y 坐标进行排序，形成排序 Y 坐标序列 $\{Y_1,Y_2,\cdots,Y_n\}$，其中 Y_1 最大，Y_n 最小；然后，奇偶配对，如 Y_1 与 Y_2，Y_3 与 Y_4，…，并求取间距最大区间，设为 Y_i 与 Y_{i+1}，则多边形内点 Q 坐标为 $\left(\left(X_{\min}+X_{\max}\right)/2,\left(Y_i+Y_{i+1}\right)/2\right)$，从而将点 P 和面 A_n 的平均距离转换为点 P 和内点 Q 的距离。

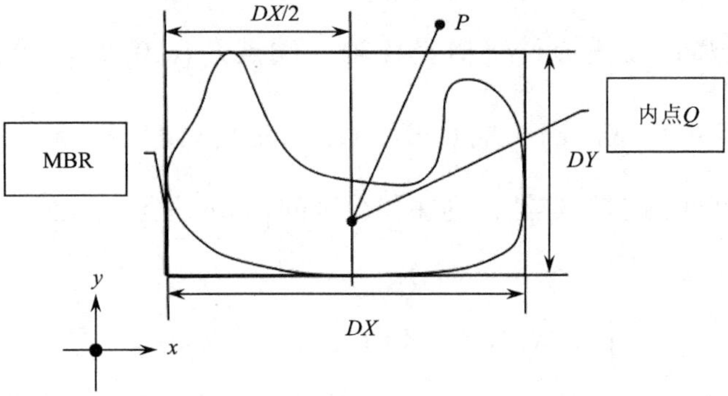

图 7.14　点/面平均距离计算示意图

4) 线/线距离度量空间关系

线/线最短、最大距离：L_1、L_2 为两不相交线段(若二者相交，则最短距离为零)，其端点分别为(P_{1s}、P_{1e})与(P_{2s}、P_{2e})，则线/线之间的最短最大距离分别为

$$d_{\min}\left(L_1,L_2\right)=\min\left\{d_{\min}\left(P_{1s}、L_2\right),d_{\min}\left(P_{1e}、L_2\right),d_{\min}\left(P_{2s}、L_1\right),d_{\min}\left(P_{2e}、L_1\right)\right\} \quad (7.24)$$

$$d_{\max}\left(L_1,L_2\right)=\max\left\{d_{\max}\left(P_{1s}、L_2\right),d_{\max}\left(P_{1e}、L_2\right),d_{\max}\left(P_{2s}、L_1\right),d_{\max}\left(P_{2e}、L_1\right)\right\} \quad (7.25)$$

线/线平均距离：线段 L_1 位于 X 轴，$\left\{(x,0)\middle|a\leqslant x\leqslant b\right\}$；线段 L_2 位于直线 $y=kx$ 上，$\left\{(x,y)\middle|c\leqslant x\leqslant d,kc\leqslant y\leqslant kd\right\}$。对于 L_2 上的任意一点 $P(x,y)$，P 到 L_1 的平均距离为

$$d_{\text{avg}}\left(P,L_1\right)=\frac{1}{b-a}\int_a^b f(x)\mathrm{d}x$$

式中，$f(x)=\left[\left(X-x\right)^2+\left(kx\right)^2\right]^{\frac{1}{2}}$。

在 L_2 上，每间隔 dx 取点，则取样点总数 $n=\left(d-c\right)/dx$，于是，线段 L_2 到 L_1 的平均距　离为

$$d_{\text{avg}}\left(L_2,L_1\right)=\left(d_{\text{avg}}\left(P_1,L_1\right)+d_{\text{avg}}\left(P_2,L_1\right)+\cdots+d_{\text{avg}}\left(P_n,L_1\right)\right)/n=\frac{1}{d-c}\int_c^d\left(P,L_1\right)\mathrm{d}x \quad (7.26)$$

5) 线/面距离度量空间关系

线/面最短、最大距离：由于面由一系列有序线段组成，线/面最短、最大距离计算可转化为线/线最短、最大距离计算，即求取线到组成面的每一线段的最短、最大距离，其中的最小、最大值即为线/面最短、最大距离。

线/面平均距离：按图 7.14 求出面的内点，从而将线/面平均距离近似转化为点/线段平均距离，利用式(7.19)计算线/面近似平均距离。

6) 面/面距离度量空间关系

与线距离度量空间关系类似，面/面最短、最大距离可转化为线/线最短、最大距离计算。至于面/面平均距离，则可近似转化为图 7.14 所示内点/内点的距离计算。

图形空间关系的理论描述建立了其数学模型，而为了揭示客观实体的本质特征，并对其抽象化，使之转化为计算机可以接收和处理的数据，还必须研究图形空间关系的表示模型与数据结构。

7.3　图形空间关系的自动构建

图形空间关系的自动构建一直是 GIS 中的一个重点与难点，关键在于图形的矢量数据量庞大，关系错综复杂，不仅要保证关系的正确建立，而且在时间与内存开销方面必须全面考虑。断链与自相交断链处理将确保图形空间关系自动建立的正确性。拓扑空间关系的自动建立是图形空间关系的核心，由于其关系的复杂性，许多 GIS 系统，如 MapInfo 都回避拓扑关系问题，但有一点可以肯定，没有拓扑关系的 GIS 系统，难以确保网络分析、叠置分析等空间分析功能的顺利进行。而对于点集 Voronoi 图，它是计算几何中的一个广泛研究问题，是对空间进行内插的一种重要方式，通过 Voronoi 图的建立，确定了点的邻近关系与空间内插方式。

7.3.1　线群互相交与自相交断链

采用手扶跟踪数字化或扫描数字化，主要以点和线的方式进行跟踪采集。按照要求，线在交点处应断开，但为了采集作业的方便性和连续性，通常在交点处不进行线的断开处理，这就必然造成线的自相交[图 7.15(a)]或线群之间的互相交[图 7.15(b)]。为了保证空间关系的正确性，靠手工编辑的方法将线断开，不仅工作量大，而且容易出错。因此，必须研究自动断链的问题。

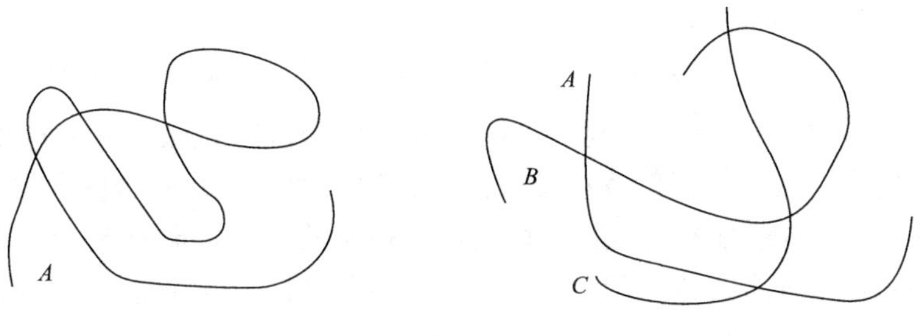

(a) 线A自相交　　(b) 线A、B、C互相交

图 7.15　线的自相交与互相交示意图

自动断链过程分两大步进行：自相交断链与互相交断链。在断链过程中利用的基础算法有线段互相判断、线的栅格化。下面，首先介绍各种基础算法，然后介绍断链过程。

1. 直线段交点判断方法

设有两条线段 S_1 与 S_2。S_1 的两个端点为 $P_1(x_1,y_1)$ 和 $P_2(x_2,y_2)$，S_2 的两个端点为 $P_3(x_3,y_3)$ 和 $P_4(x_4,y_4)$。则两线段的参数方程为

$$\begin{cases} S_1(u)=(1-u)P_1+(u)P_2 \\ S_2(v)=(1-v)P_3+(v)P_4 \end{cases} \tag{7.27}$$

假如限定：$0 \leqslant u \leqslant 1, 0 \leqslant v \leqslant 1$，则式(7.27)就是表示两直线段 S_1 和 S_2 的参数方程。它们可以转化为

$$S_1:\begin{cases} x = x_1 = (x_2 - x_1)u \\ y = y_1 + (y_2 - y_2)u \end{cases} \quad (0 \leqslant u \leqslant 1)$$
$$S_2:\begin{cases} x = x_3 = (x_4 - x_3)v \\ y = y_3 + (y_4 - y_3)v \end{cases} \quad (0 \leqslant v \leqslant 1) \tag{7.28}$$

解方程组(7.28)，可以求得参数 u 和 v 的值为

$$u = \begin{vmatrix} x_3 - x_1 & x_4 - x_3 \\ y_3 - y_1 & y_4 - y_3 \end{vmatrix} \bigg/ \begin{vmatrix} x_3 - x_4 & x_2 - x_1 \\ y_3 - y_4 & y_2 - y_1 \end{vmatrix}$$
$$v = \begin{vmatrix} x_3 - x_1 & x_2 - x_1 \\ y_3 - y_1 & y_2 - y_1 \end{vmatrix} \bigg/ \begin{vmatrix} x_3 - x_4 & x_2 - x_1 \\ y_3 - y_4 & y_2 - y_1 \end{vmatrix}$$

设分母 $\begin{vmatrix} x_3 - x_4 & x_2 - x_1 \\ y_3 - y_4 & y_2 - y_1 \end{vmatrix} = \Delta$，则可以对线段的相交情况判断如下：

(1) $\Delta=0$ 。方程组无解。说明两直线段平行或重合，所以不相交，没有交点产生。

(2) $\Delta \neq 0$ 。方程组有唯一解。

如果 $0 \leqslant u \leqslant 1$，则说明交点位于线段 S_1 上；否则，在线段 S_1 的延长线上。

如果 $0 \leqslant v \leqslant 1$，则说明交点位于线段 S_2 上；否则，在线段 S_2 的延长线上。

如果 $0 \leqslant u \leqslant 1$ 且 $0 \leqslant v \leqslant 1$，则交点同时位于两条线段上。

2. 线互相交的栅格化判别算法

线与线相交关系的判断，可以通过取每一条线与其余所有线目标进行相交关系判断而得。但在矢量 GIS 中，数据海量，设有 N 条线目标，如果进行关系判别时，采用与其余所有线目标比较的方法，时间复杂度为 $N \times (N-1)$，其计算工作量将相当庞大。

为减少计算工作量与时间复杂度，我们可以使用栅格的方法，建立栅格索引（M 行 N 列），如图 7.16 所示，判断线群的互相交关系，其规则为：与同一个栅格相关的线目标才可能具有相交关系，但还必须进一步进行线/线是否相交的判断，确定是否互相交。例如，在图 7.17 中，栅格(4，2)有两条线 1 和 2 通过，对于该栅格，只需判断线 1 和线 2 的相交关系。栅格大小的确定，以小于直线段的平均长度为标准。

具体进行关系判断时，循环对各栅格中的线目标进行判断，即(1，1)，(1，2)，…，(5，8)，判断与各栅格关联的弧段是否具有相交关系。

3. 线群断链的基本过程

1) 自相交断链

具有自相交关系的前提条件是线目标至少由 4 个点组成，由三个或两个点组成的线目标不可能自相交。

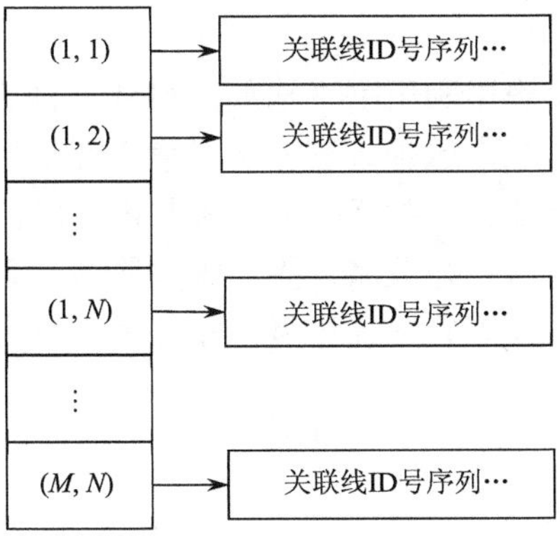

图 7.16 线目标栅格索引结构图

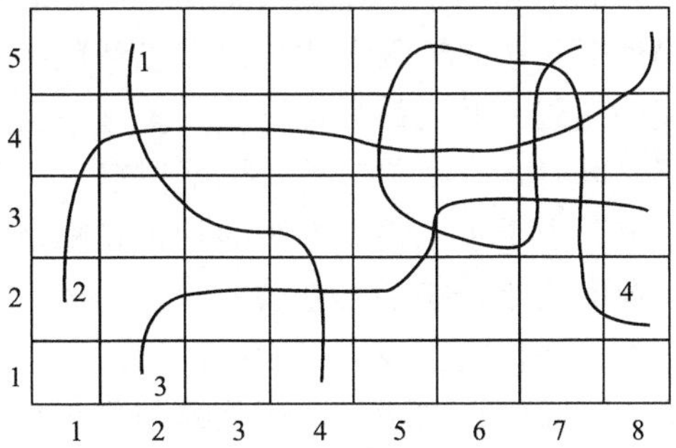

图 7.17 线群互相交的栅格化判断

依次取每一条线目标，判断该线目标是否满足自相交条件。如满足，则利用线段是否相交的判断方法，对组成线目标的各线段进行相交判断，如果相交，将线目标断开为两条。

2)线目标栅格索引的建立及互相交关系判断

如图 7.16 所示，建立线目标的栅格索引(M 行，N 列)，依次判断每条线目标通过哪些栅格，建立栅格与线的关联关系。

通过目标的栅格索引，只需判断每个栅格内的线目标是否互相交，如相交，则将两条线断开为四条线。

在判断两条线目标是否互相交之前，可以利用线目标之间 MBR(外接矩形)是否重叠，来排除不相交的情况，进一步减少计算量。设线目标 L_1 与 L_2 的 MBR 分别为 MBR_1 和 MBR_2。则满足下列条件时，L_1 与 L_2 不相交。即

$$MBR_{1\max x} \leqslant MBR_{2\min x}$$

$$MBR_{1\max y} \leqslant MBR_{2\min y}$$

$$MBR_{1\min x} \leqslant MBR_{2\max x}$$

$$MBR_{1\min y} \leqslant MBR_{2\max y}$$

7.3.2 拓扑空间关系自动构建算法

拓扑空间关系是一种对空间结构进行明确定义的数学方法，具有拓扑关系的矢量数据结构就是拓扑数据结构。拓扑数据结构是地理信息系统分析和应用功能所必需的，它描述了基本空间目标点、线、面之间的关联、邻接和包含关系。拓扑空间关系信息是空间分析、辅助决策等功能的基础，也是 GIS 区别于 CAD(计算机辅助设计)等软件的主要标志。从原始数据到拓扑空间关系的自动生成，一直是 GIS 的重要问题，国内外对该问题一直在进行研究。而且，由于拓扑关系自动生成与维护的复杂性，GIS 学术界研究人员针对 GIS 是否需要拓扑关系，及如何处理其联动性等问题进行过许多探讨。但有一点是肯定的，GIS 需要拓扑关系，问题是以一种什么样的方式来进行拓扑空间关系表达。对于拓扑关系的自动建立问题，研究的焦点是如何提高算法与过程的效率和自动化程度。

1. 拓扑关系生成方法分析

在早期的算法中，拓扑关系在数字化时或在图形编辑中利用手工输入，目前一些改进的算法仍然需要事先输入多边形内点以帮助拓扑关系的建立。这种方法要求对输入图形事先进行烦琐的编码，并按每个实体输入多项数据。这不仅耗费大量时间，而且极易产生编码和输入错误。同时，在叠置分析和图形拼接后，仍要重新输入拓扑关系，因而大大降低了系统的运行效率。由于手工输入方法的种种缺陷及数据结构与模型研究的进展，拓扑关系自动生成方法逐渐取代了传统手工方法。

拓扑关系自动生成的一般过程为：

第一，弧段自动断开，使整幅图形无相交或自相交弧段。

第二，结点匹配。建立点、弧段关系。

第三，建立多边形。以左转算法或右转算法跟踪生成多边形，建立多边形与弧段的关系。

第四，多边形内点自动生成。

第五，多边形嵌套关系生成，建立多边形嵌套关系树，即找出多边形包含的“岛屿”，建立多边形与多边形之间的关系。

第六，具有嵌套关系多边形的关联弧段的左右面号调整。

实际上，拓扑关系生成过程中还涉及许多其他工作，如弧段两端角度计算、悬挂链的标识、直线与多边形求交、多边形面积计算、点在多边形内外的判别等。

2. 待编辑异常拓扑数据分类

为了保证拓扑关系自动构建的顺利进行，除自动断链之外，还存在许多可能导致拓扑关系错误的异常情况。表 7.2 列出了可能存在拓扑关系错误的异常类型，需要通过编辑的方法加以纠正。

表 7.2　待编辑异常拓扑数据类型表

编辑前	编辑后	描述	编辑前	编辑后	描述
		删除重复目标			删除短目标
	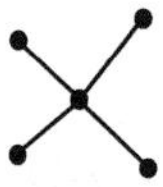	目标断开	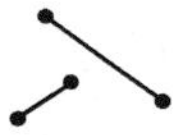	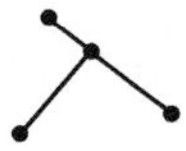	目标扩展
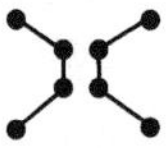	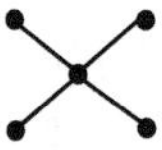	结点族合并	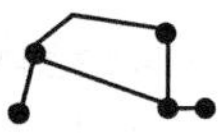	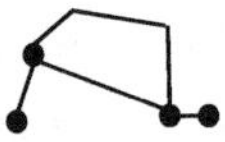	删除化简
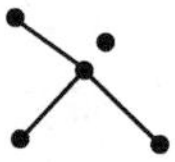		目标断开			目标化简
		单目标断开			目标拼接

3. 拓扑关系自动生成基础算法

1)结点匹配的栅格算法

每条弧段都有两个端点，即结点。结点匹配就是将坐标差在一定限差内的点合并为一个结点，并建立结点与哪些弧段相关联的拓扑关系。

假设有 N 条弧段，则有 $2N$ 个结点。如果采用将所有 $2N$ 个结点两两进行比较的方法进行结点匹配，也可以建立结点—弧段拓扑关系，但其时间复杂度将达到 $(2N\times(2N-1))$。因此，必须考虑采用优化算法，缩短程序的运行时间，提高运行效率。为此，我们提出采用栅格的方法进行结点匹配，实践证明，该算法大幅度提高了运行效率。

首先，介绍栅格结点匹配算法思想。

如图 7.18 所示，首先建立弧段两端结点的栅格索引，并对弧段从 1 开始进行内部编号。

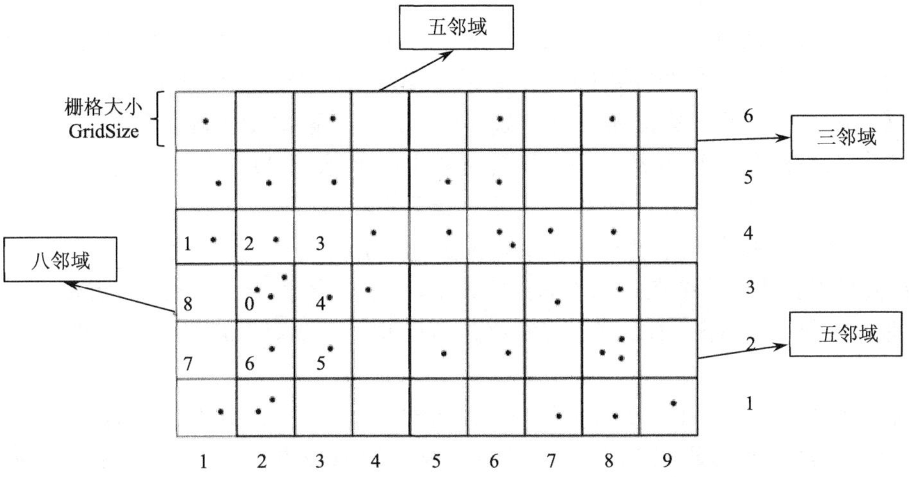

图 7.18 结点栅格索引

每个格网的索引结构为：

Struct LineSEpt {
CArray<double, double>XA; //结点 X 坐标数组
CArray<double, double>YA; //结点 Y 坐标数组
Carray<int, int>Line IDA; //结点关联的弧段编号数组，如结点为始结点，编号取正值，否则取负值
};

在建立结点栅格索引之后，判断某栅格内是否存在结点。如有结点，则在结点所在栅格及其八邻域或五邻域或三邻域内判断是否有限差内的点，如果有，将限差内的结点合并为一个新结点，限差内结点关联弧段的 ID 号也加入新结点关联变长数组中，同时从栅格索引中删除限差内结点的数据。通过此过程，不但对结点进行了合并，而且建立了结点—弧段网络拓扑关系。

究竟需要在几邻域内进行判断，这主要取决于结点所处栅格的位置。如图 7.18 中：位于(1，1)、(1，9)、(6，1)、(6，9)栅格内的结点，需要在其三邻域内进行限差内结点搜索；而位于 1、6 行与 1、9 列栅格(不包含以上四个栅格)内的结点，需在其五邻域内进行搜索；

其余情况，则在八邻域内进行限差内结点搜索。

现在讨论栅格大小的自适应确定规则。

栅格大小(GridSize)的确定，依赖于弧段的数目。假设有 N 条弧段均匀分布在图幅内，且以平均每个栅格内包含 12 个结点为规则计算栅格数目(GridNum)，则

GridNum=(2N)/12

设图幅 x, y 方向的长度分别为 dx 与 dy，则

GxidSize=sqrt((dx × dy)/GridNum)

当 Gddsize>=NodeLimit(结点匹配限差)时，可以确保匹配结点在八邻域、五邻域或三邻域内。

当 Gridsize<NodeLimit 时，则规定栅格大小 GridSize=Nodelimit，建立结点栅格索引。

下面讨论结点匹配中的内存动态分配。

为了能进行大数据量拓扑关系处理，计算机内存分配非常重要。考虑到内存开销的限制，在结点匹配前，首先将弧段两端点的坐标保存在栅格索引中。当在栅格八邻域、五邻域或三邻域内发现匹配点时，建立所描述结点的数据结构，同时删除栅格内匹配的点，以节省内存。该方法对内存动态开辟非常重要，每次从栅格索引中删除一个或多个点，同时在结点链表中增加一个新结点，保证了内存的一对一或多对一关系。

最后讨论结点—弧段拓扑参数计算及弧段方向角排序。

通过结点匹配，建立了结点—弧段的拓扑关系。但是，为了建立面拓扑，需要计算结点—弧段的一些基本参数，即弧段 MBR、起终和终起方向角，以及对结点关联弧段按起终方向角进行排序。

在结点—弧段拓扑参数中，弧段的计算，通过对组成弧段的点的坐标进行比较就可以得到。

而对于方向角，其计算较为复杂，下面主要讨论弧段方向角的计算问题。为了排除图 7.19(a)中的特殊情况(即弧段的两端结点相同，夹角相同，无法区分)，保证方向角计算的正确性，夹角应选择弧段上离结点最近的结点进行计算[图 7.19(b)]。每条弧段都应计算两个方向角，即从起结点的起终方向角和从终结点到起结点的终起方向角。

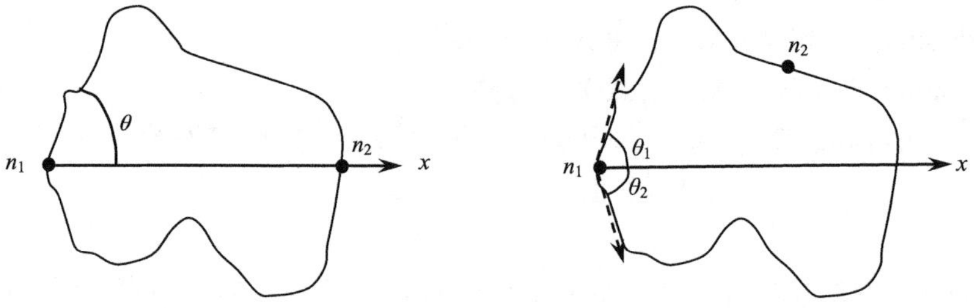

(a)　　　　(b)

图 7.19　弧段方向角计算

方向角的计算公式为 $\left(\mathrm{d}x=\left(x_1-x_0\right)\neq 0\right)$：

$$\alpha=\arctan\left(\left|y_i-y_0\right|/\left|x_i-x_0\right|\right)=\arctan\left(\mathrm{d}y/\mathrm{d}x\right)$$

$$\alpha_i = \begin{cases} \alpha & (\mathrm{d}x > 0, \mathrm{d}y \geqslant 0) \\ \pi - \alpha & (\mathrm{d}x < 0, \mathrm{d}y > 0) \\ \pi + \alpha & (\mathrm{d}x < 0, \mathrm{d}y \leqslant 0) \\ 2\pi - \alpha & (\mathrm{d}x > 0, \mathrm{d}y < 0) \end{cases} \tag{7.29}$$

当 $\mathrm{d}x = 0$ 时，

$$\alpha_i = \begin{cases} \dfrac{\pi}{2} & (\mathrm{d}y > 0) \\ \dfrac{3\pi}{2} & (\mathrm{d}y < 0) \end{cases}$$

所谓弧段方向角排序，就是以结点为原点，将各弧段的方向角按由小到大的顺序进行排序。排序后的弧段，可以减少多边形跟踪时弧段方向角的重复计算，提高多边形跟踪的效率。

2) 悬挂链与树形链的标记

悬挂链指的是链的两端结点与一条且仅与一条链相关。在拓扑关系生成过程中，必须对悬挂链进行标记，以保证多边形的自动追踪。

树形链如图 7.20 所示。悬挂链可通过计算结点关联的弧段数进行判断，如某个结点关联的弧段数目为 1，该弧段肯定为悬挂链。悬挂链并不都是图形有误，如水系的支流、街道网中的死胡同等都是悬挂链。

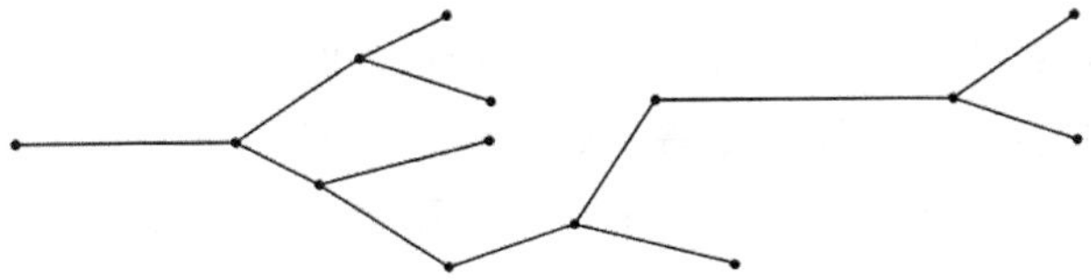

图 7.20　树形悬挂链示意图

3) 多边形自动生成右转算法

多边形自动生成右转算法的基本思想(黄杏元和汤勤，1989)是：从组成多边形边界的某一条弧段开始，如果该弧段与 x 轴正向夹角为最大，则从该弧段的同一结点出发的其他弧段中，方向角最小的弧段是该多边形的后续弧段；如果该弧段的方向角最小或介于同一结点的其他弧段方向角之间，则最小夹角偏差所对应的弧段为多边形的后续弧段。

对于规则图形，利用右转算法完全可以跟踪出多边形。但对图 7.21 所示的弧段—多边形拓扑关系就必须进行特殊递归处理。

在图 7.21(a)中，假设从结点 1 开始跟踪，当跟踪到结点 2 时，有四条弧段与该结点相关联，多边形的下一弧段将为 6，从而回到结点 2。因此，规定在多边形跟踪过程中，下一结点不是起始点，而是已跟踪出来的结点中的某一结点时，构建一个新的多边形，并将多边形的标识号赋予弧段左面或右面。递归回到结点 2，沿弧段 c 继续进行多边形跟踪，当回到起始结点 1 时，多边形跟踪结束。

在图 7.21(b)中，假设沿结点 2、弧段 a 开始跟踪多边形，当跟踪到结点 3 时，将沿弧段 c 继续进行跟踪，并跟踪到结点 9。结点 9 属于悬挂结点，递归回到结点 7，继续跟踪结点 7 的下一弧段为 e，但结点 8 也为悬挂点，从而递归回到结点 3，沿弧段 b 继续进行其余弧段的跟踪，最终将回到结点 2，形成一个新多边形。

多边形跟踪过程中，结束条件的判断非常重要，否则会出现死循环。多边形跟踪的结束条件为：

第一，当第一条弧段为悬挂链或弧段的左右方向已进行过跟踪时，跟踪结束。

第二，当第一条弧段的始结点标识号等于终结点标识号时，形成一个新多边形，跟踪结束，如图 7.21 中的弧段 a 。

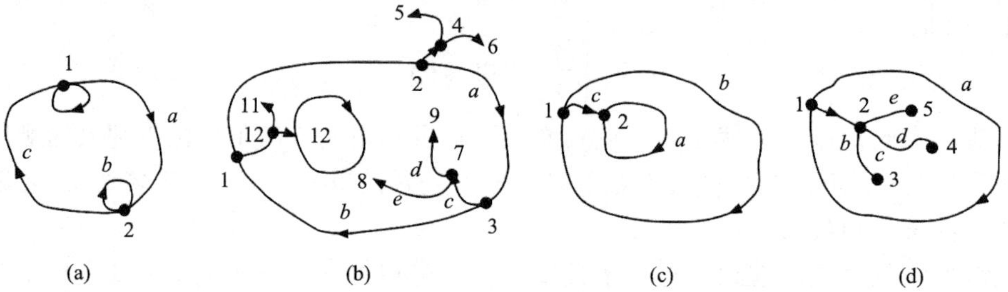

图 7.21　多边形跟踪异常处理

第三，当已没有弧段及结点进行递归跟踪时，跟踪结束。如图 7.21(d)，从结点 1，沿弧段 b 跟踪多边形，最终将递归跟踪到结点 5，并再返回到结点 2，没有弧段和结点继续进行跟踪，从而结束跟踪。

第四，当跟踪出来的结点标识号等于始结点标识号时，形成一个新多边形，跟踪结束。

第五，当跟踪出来的结点标识号不等于始结点标识号，但等于已跟踪出来的结点链表中的某一个结点标识号时，中间结点与弧段形成一个新多边形，并继续进行跟踪，回到始结点时，跟踪结束。

4) 基于 MBR 的多边形内点自动生成

传统的内点生成方法有手工输入法、质心量测法。手工输入法随着计算机应用的发展，已被淘汰。对于质心量测法，直接以质心作为多边形的内点。对凸多边形来说，质心肯定在多边形内。但对凹多边形，质心就不一定在多边形内，必须进行点是否在多边形内的判别。如不在多边形内，就必须将质心进行人工或采用一定的算法移到多边形内。该方法的优点是计算简单，对凸多边形完全能满足条件，凹多边形则必须利用一定的方法进行处理，缺点是需要人工干预，具有试探性，在不利情况下需要多次试探才能生成一个内点。

这里，在分析传统方法的基础上，利用最小外切矩形(MBR)进行内点的自动生成。该方法不仅简单，而且适用面广，对不包含“岛屿”的凸、凹多边形都能保证内点在多边形内。

MBR 指的是包围空间目标实体投影的最小矩形。对矢量图形，MBR 是通过计算目标实体的最小与最大 x, y 坐标来求取，并用左下、右上坐标表示，即 $\mathrm{MBR}_i=\left\{\left(X_{\min},Y_{\min}\right),\left(X_{\max},Y_{\max}\right)\right\}$ 。

基于 MBR 的多边形的内点计算原理如图 7.22 所示。首先，对 MBR 在 x 方向的长度 DX 与 y 方向的宽度 DY 进行比较。在图 7.22 中，$DX > DY$ ，在 $DX/2$ 处作垂直于 x 轴的直线，求取该直线与多边形的交点 y 坐标系列，并对 y 坐标进行排序，形成排序； y 坐标系列 $\left\{Y_1,Y_2,\cdots,Y_n\right\}$ ，其中 Y_1 最大， Y_n 最小。然后，奇偶配对，如 Y_1 与 Y_2 ， Y_3 与 Y_4 等，求取间距最大区间，设为 Y_i 与 Y_{i+1} ，则多边形的内点坐标为 $\left(\left(X_{\min}+X_{\max}\right)/2,\left(Y_i+Y_{i+1}\right)/2\right)$ 。

5) 含“岛屿”多边形内点自动生成方法

当多边形包含“岛屿”，特别是包含多个“岛屿”时，多边形的内点可能被“岛屿”覆盖，为此，必须将被覆盖的内点进行移位。这里采用基于 MBR 的方法来实现，不仅相当方便，而且具有自动性。具体处理方法如图 7.23 所示，首先，判断多边形是否包含“岛屿”，如包含岛屿，则根据“岛屿”的 MBR 计算出外切于所有“岛屿”的 MBR，如图 7.23 中的 MBR_2；然后，利用多形边 MBR_1 与所有“岛屿”的 MBR_2 进行比较，即对 DX_1、DX_2、DY_1、DY_2 进行比较，求取最大值，在图 7.23 中，最大值为 DX_1，在 $DX_1/2$ 处作垂直于 x 轴的直线，求直线与多边形的交点 Y 系列，对 y 坐标进行排序，并对奇偶 y 坐标间距进行判断，求取最大者，设为 Y_i 与 Y_{i+1}，则多边形的内点坐标为 $\left((\mathrm{MBR}_1(X_{\min})+\mathrm{MBR}_2(X_{\min}))/2,\left(Y_i+Y_{i+1}\right)/2\right)$。

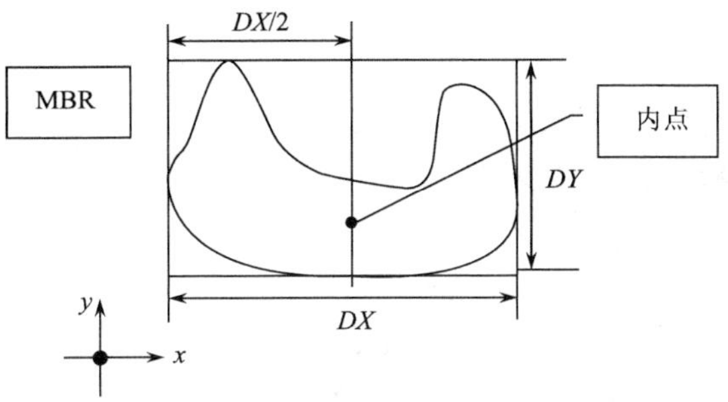

图 7.22　多边形内点自动求取示意图

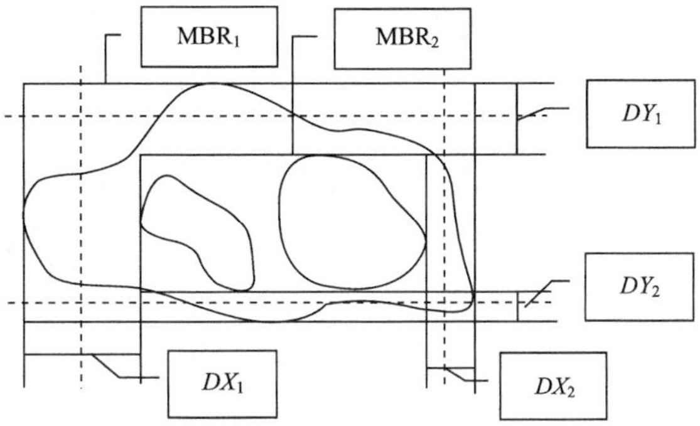

图 7.23　含“岛屿”多边形内点自动生成原理图

6) 多边形面积计算

在 GIS 中，多边形由一条或多条弧段构成。用 $y=f(x)$ 表示多边形的每条弧段，$[a,b]$ 为弧段区间，则弧段 $y=f(x)$、$x=a$、$x=b$ 与 x 轴构成的封闭区域如图 7.24 所示。设前进方向的右侧为区域的方向，则该区域的面积为

$$A_{\mathrm{arc}}=\int_a^b f(x)\mathrm{d}x \tag{7.30}$$

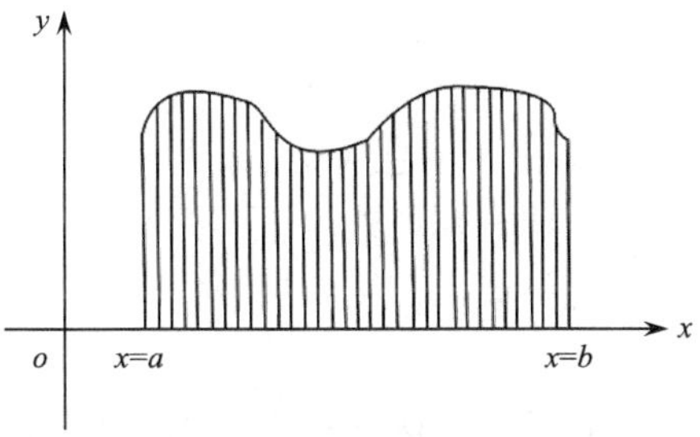

图 7.24　多边形面积计算示意图

式(7.30)中的 $f(x)\mathrm{d}x$ 就是直角坐标下的面积元素，它表示高为 $f(x)$，底为 $\mathrm{d}x$ 的矩形面积。

通常，GIS 弧段由离散化坐标串 $(x_1,y_1),(x_2,y_2),\cdots,(x_n,y_n)$ 表示，可利用 x 将弧段区域分成一些窄曲边梯形。利用梯形面积计算方法，可将式(7.30)转化为

$$A_{\mathrm{arc}}=\int_a^b f(x)\mathrm{d}x=\frac{1}{2}(y_1+y_2)\Delta x+\frac{1}{2}(y_2+y_3)\Delta x+\cdots+\frac{1}{2}(y_{n-1}+y_n)\Delta x \tag{7.31}$$

式中，$\Delta x=x_{i+1}-x_i$。将式(7.31)继续转化为

$$A_{\mathrm{arc}}=\frac{1}{2}\sum_{i=1}^{i=n}(y_{i+1}+y_i)(x_{i+1}-x_i) \tag{7.32}$$

设多边形由 m 条弧段构成，则多边形面积为

$$A_{\mathrm{polygon}}=A_{\mathrm{arc1}}+A_{\mathrm{arc2}}+\cdots+A_{\mathrm{arc}m} \tag{7.33}$$

7) 多边形嵌套关系的自动判别及弧段左右面号调整

首先，讨论多边形嵌套关系判别。

在多边形自动生成过程中，利用式(7.33)计算多边形面积。面积为负的多边形，可能为岛多边形被别的多边形所嵌套。在确认出负面积多边形之后的一项重要工作就是确定多边形之间的嵌套关系。

嵌套关系判断的基本原理为：首先，选取一个负面积多边形，找出面积绝对值比负面积多边形大，且 MBR 包含负面积多边形的所有多边形；然后，判断负面积多边形的内点在哪些多边形内，如果在最内层，则负面积多边形被最内层的多边形所包含。如果负面积多边形不被任何多边形所包含，它无任何几何意义，将它删除。如图 7.25 中，跟踪弧段 a，可以得到两个多边形，一个面积为正，一个为负。其中的负面积多边形不被任何多边形所包含，无几何意义，将其删除，保留正面积多边形 P_4。

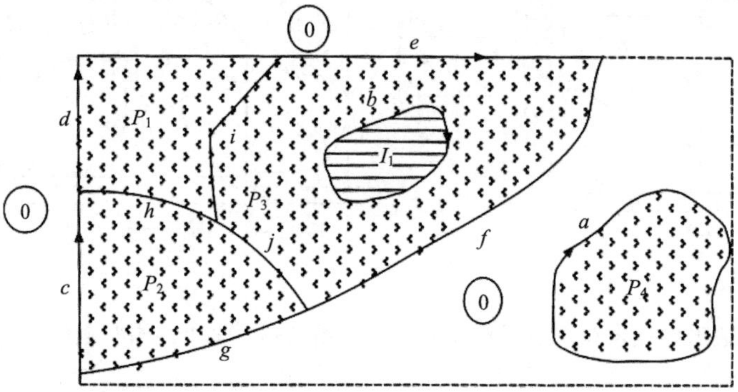

图 7.25　多边形嵌套关系及弧段左右面号调整

现在，讨论弧段左右面号的调整。

在调整弧段左右面号之前，我们首先必须明确“图外区”的概念。图外区是所有多边形的并的补集，在图 7.25 中，非填充区域为图外区。在建立拓扑关系时，规定图外区的标识号为 0。

有了图外区的概念，对于被删除的负面积多边形及被嵌套的“岛屿”多边形关联的弧段的左、右面号就可以进行调整。如图 7.25，岛屿 I_1 被多边形 P_3 所嵌套，必须将弧段 b 的左面号调整为多边形 P_3 的标识号。多边形 P_4 的关联弧段 a 的左侧为图外区，因此将弧段 a 的左面号标记为 0。同时，弧段 c、d、e、f 与图外区关联，关联侧必须标记为 0。

8) 拓扑关系自动生成过程

通过以上拓扑关系自动生成的基础算法，对任意复杂度的图形，拓扑关系自动生成过程按图 7.26 所示流程都可以顺利进行。

7.3.3　点集 Voronoi 图的构建算法研究

点集 Voronoi 图构建了相邻但不相连的点群实体之间的邻近拓扑空间关系，在气象分析、森林覆盖类型与范围分析、最邻近查询分析、空间插值及专题地图制图等方面都有重要应用。Voronoi 图的构建方法有多种，这里介绍基于 Delaunay 三角剖分方法与任意多边形裁剪方法。

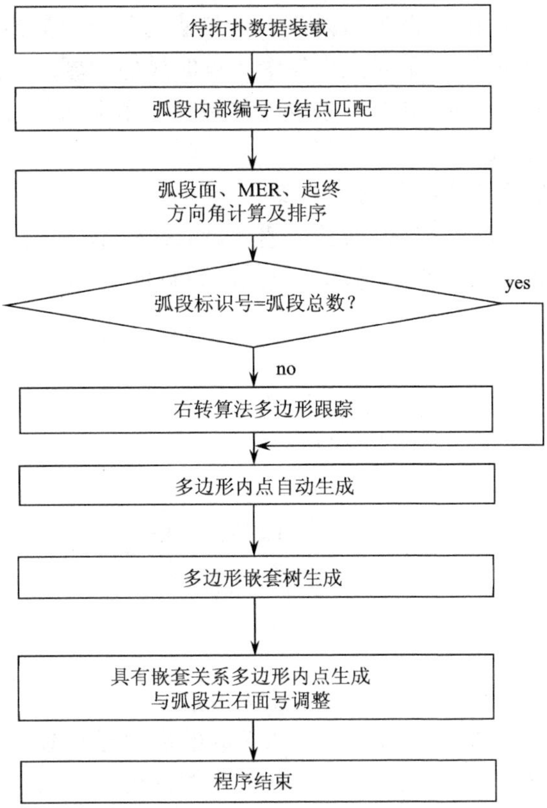

图 7.26 拓扑关系自动构建流程图

1. 点集 Delaunay 三角剖分

1)Delaunay 三角的基本性质

Delaunay 三角产生的准则(闵卫东，1995；王永明，1997)是“Circle 准则”及“最小角最大准则”。

Circle 准则：任何一个 Delaunay 三角形的外接圆内不能包含剖分区域内的任何离散点。

最小角最大准则：相邻两个 Delaunay 三角形构成凸四边形，在交换凸四边形的对角线之后，六个内角的最小者不再增大。该性质即为最小角最大准则。

下面介绍与 Delaunay 三角形有关的一些基本概念。

形态比：三角形的内切圆半径与外接圆半径之比。三角剖分网中的所有三角形形态比的平均值称为它的平均形态比。对离散点进行 Delaunay 三角剖分后，具有平均形态比最大的性质。

插入区域：由外接圆包含插入点的所有三角形构成的区域。

角度特征向量：将剖分出的所有三角形的角度按由小到大排成的向量。

凸集：每两点相互可视的点集。设 S 为平面上的点集，则：

第一，如果 S 中的点 A、B 可视(visible)，则在 A、B 之间可画一直线段，且该直线段上的点都在 S 中。

第二，如果点 X 为 S 的观察点(observation point)，则 X 与 S 中的每一点都可视(visible)。

第三，凸集(convex)中的每一点都是观察点。

点集 S 的凸包(convex hull)是凸集，是包含点集 S 的凸集中的最小凸集。

传统的 Thissen 多边形图表示平面上点集中各点的最邻近域。给定一个 Delaunay 三角剖分网，对于它的每一条内边，连接共有这条内边的两个三角形的外接圆圆心，可构成 Voronoi 图(或称点的 Thissen 多边形图)。

2) Delaunay 三角剖分数据结构与剖分过程

(1) Delaunay 三角剖分数据结构。为了构建满足 Delaunay 三角基本性质的三角网，按照面向对象的思想，将 Delaunay 三角剖分的数据结构设计如下。

基本点结构：

```
struct Pt3D {
DWORD Num;                    //点标识号
double x;                     //x 坐标
double y;                     //y 坐标
double z;                     //z 坐标(或其他属性)
};
```

离散点结构：

```
struct ScatterPtObj {
Pt3D pt3d;                             //离散点坐标
CDWordArray AdjacentPtA;               //关联的最邻近离散点标识号
CDWordArray RetateTriA;                //关联的三角形标识号
};
```

三角网结构：

```
struct TinObj {
    DWORD Num;                         //三角形标识号
    DWORD V1, V2, V3;                  //三角形的三个顶点标识号
    Pt3D centre;                       //三角形外接圆圆心
};
```

以上述数据结构为基础，如图 7.27 所示的 Delaunay 三角网可描述为图 7.28 所表示的存储结构。

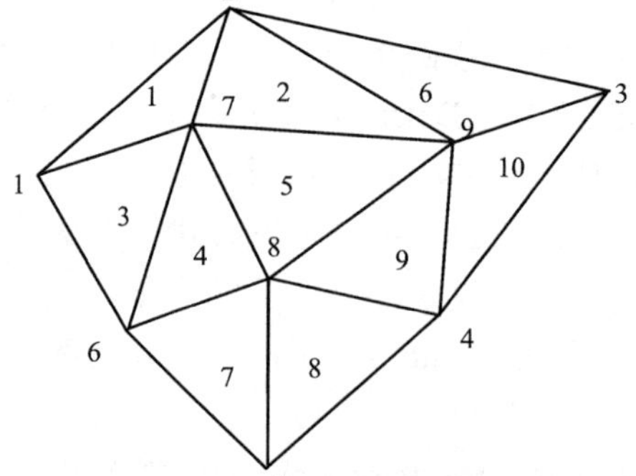

图 7.27　Delaunay 三角剖分图

离散点

标识号	x	y	z	关联最邻近点	关联三角形
1	100.0	80.0	200.0	2,7,6	1,3
⋮	⋮	⋮	⋮	⋮	⋮

三角形

标识号	V1	V2	V3
1	1	2	7
⋮	⋮	⋮	⋮

图 7.28 三角剖分数据结构

(2) Delaunay 三角剖分过程。Delaunay 三角剖分过程从总体上可分为三大步，即点集凸包生成、凸包三角剖分及离散点内插，同时生成点/点、点/三角形之间的拓扑关系。

点集凸包生成的基本过程(王永明，1997)如下：

第一，求出点集中满足 $\min(x-y)$、$\min(x+y)$、$\max(x-y)$、$\max(x+y)$ 的四个点，并按逆时针方向组成一个点的链表。

第二，对于每个凸包上的点 I，设它的后续点为 J，计算矢量线段 IJ 右侧的所有点到 IJ 的距离，求出距离最大的点 K。

第三，将 K 插入 I、J 之间，并将 K 赋给 J。

第四，重复第二、三步，直到点集中没有在线段 IJ 右侧的点为止。

第五，将 J 赋给 I、J 取其后续点，重复第二、三、四步。

第六，当凸包中任意相邻两点连线的右侧不存在离散点时，结束点集凸包求取过程。

凸包三角剖分采用环切边界法。它是在凸包链表中每次寻找一个由相邻两条凸包边组成的三角形，在该三角形的内部和边界上都不包含凸包上的任何其他点。将这个点去掉后得到新的凸包链表。重复这个过程，直到凸包链表中只剩三个离散点为止。将凸包链表中的最后三个离散点构成一个三角形，结束凸包三角剖分过程。

在对凸包进行三角剖分之后，不在凸包上的其余离散点，可采用逐点内插的方法进行剖分。基本过程为：

第一，找出外接圆包含插入点的所有三角形，构成插入区域。

第二，删除插入区域内的三角形公共边，形成由影响三角形顶点构成的多边形。

第三，将插入点与多边形所有顶点相连，构成新的 Delaunay 三角形。

第四，重复第一、二、三步，直到所有非凸壳离散点都插入完为止。

2. Voronoi 图的自动构建

在地理信息系统中，空间目标之间的邻接关系可以在点、线、面之间的拓扑空间结构中显式表达。对于目标之间的邻近关系，则要利用直线求交等进行判断。而利用 Voronoi 图(或称 Thissen 多边形)，可有效进行点目标邻近关系分析。

1) 点集 Voronoi 图的基本性质

Voronoi 图，也称 Thissen 多边形，或 Dirichlet 图。Voronoi 图的定义如下(黄杏元和汤勤，1989)：设研究区域有一组离散点 (x_i, y_i) ($i=1,2,3,\cdots,k$，k 是离散点数)，将该区域用一组直线段分成 k 个互相邻接的多边形，使得：

第一，每个多边形内包含且仅包含有一个离散点。

第二，如区域内的任意一点 (x,y) 位于包含离散点 (x_i,y_i) 的多边形内，则不等式

$$\sqrt{(x-x_i)^2+(y-y_i)^2} < \sqrt{(x-x_j)^2+(y-y_j)^2} \tag{7.34}$$

在 $i \neq j$ 时恒成立。

第三，若点 (x,y) 位于离散点 (x_i,y_i)、(x_j,y_j) 所在多边形的公共边上，则等式

$$\sqrt{(x-x_i)^2+(y-y_i)^2} = \sqrt{(x-x_j)^2+(y-y_j)^2} \tag{7.35}$$

成立。

满足上述三个条件的多边形就称为点集 Voronoi 图。点集 Voronoi 图的基本性质为：

第一，点集 Voronoi 图是凸多边形。

第二，任意两个多边形不存在公共区域。

第三，区域上，点的 Voronoi 图划分方法唯一。

连接每个点集 Voronoi 图内的离散点，则构成区域的三角剖分网。三角剖分网与点集 Voronoi 图可以相互转化。正因为如此，点集 Voronoi 图的构建可借助于三角网转化而来。

2) 点集 Voronoi 图生成的数据结构与过程

首先，介绍点集 Voronoi 图生成的数据结构。

按照点集 Voronoi 图的性质，为了满足 Voronoi 图的构建及邻近查询等的需要，设计数据结构如下：

离散点结构：

```
struct ScatterPtObj {
    Pt3D pt3d;                        //离散点坐标
    CDWordArray AdjacentPtA;          //关联的最邻近离散点标识号
CDWordArray RelateTriA;               //关联的三角形标识号
};
```

点集 Voronoi 图结构：

```
struct VoronoiObj {
DWORD Num;                            //标识号
DWORD ScatterPtID;                    //多边形所包含的离散点
CArray<Pt3D，Pt3D>VoronoiPolyPtA;     //多边形顶点
```

现在，介绍点集 Voronoi 图的生成过程。

在 Delaunay 三角网建立以后，点集 Voronoi 图的生成非常容易，基本过程为：首先求取各三角形外接圆的圆心，然后找出与每个离散点关联的三角形，以逆(或顺)时针方向连接各圆心，即可构成点集 Voronoi 图。

3) 点集 Voronoi 图的任意多边形裁剪

Voronoi 图构建的最后工作是任意多边形裁剪。通常 Voronoi 图是在一定的区域范围内，区域边界可能是规则或不规则的多边形。因此，必须将区域边界对所有 Voronoi 图进行裁剪，保留裁剪区域内的 Voronoi 图。

为了达到裁剪目的，以 Sutherland 和 Hodgeman 所发明的逐次多边形裁剪算法为基础，

并对它进行改进。算法的基本思想是用任意裁剪窗口的一条边裁剪 Voronoi 图。算法输入是以顺时针方向顶点序列表示的 Voronoi 多边形，输出为裁剪窗口内的 Voronoi 图。

依次考虑 Voronoi 多边形各条边的两个端点 S、P，它们与裁剪线的位置关系只有四种(图 7.29)，即同侧(可见一侧(a)，同在不可见一侧(b))，不同侧(S 可见 P 不可见(c)，不同侧 S 不可见 P 可见(d))。每条线段与裁剪线比较之后，可输出 0 至 2 个顶点。

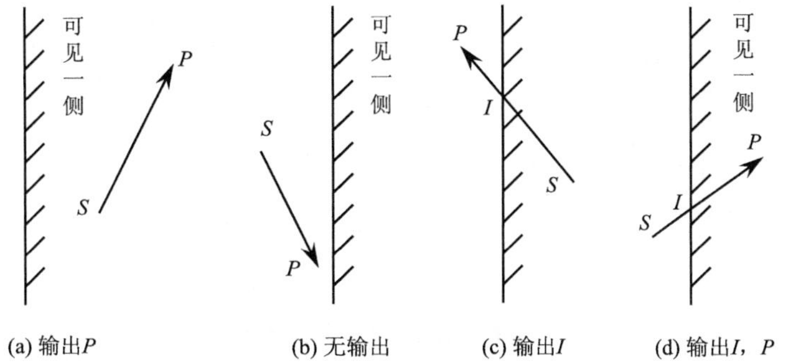

图 7.29　S、P 与裁剪线的四种位置关系

对于普通多边形的裁剪，利用图 7.29 中所示的位置关系进行顶点输出，就可得到裁剪以后的多边形，但对于 Voronoi 图，在边界处必须进行一些特殊处理。如图 7.30，离散点 1 关联两个三角形 T_1 与 T_2，关联的 Voronoi 多边形由这两个三角形的圆心相连而构成，这个 Voronoi 多边形显然不正确。为了获取离散点 1 的 Voronoi 多边形，从 T_1 的圆心向凸包作垂线，求得交点 2，并将 T_1、T_2 圆心连线与凸包求交，得交点 3，将点 1、3、T_1 的圆心、2 构成离散点 1 的 Voronoi 多边形。对于凸包边界上的其余离散点，可作类似处理，获取点的 Voronoi 多边形。

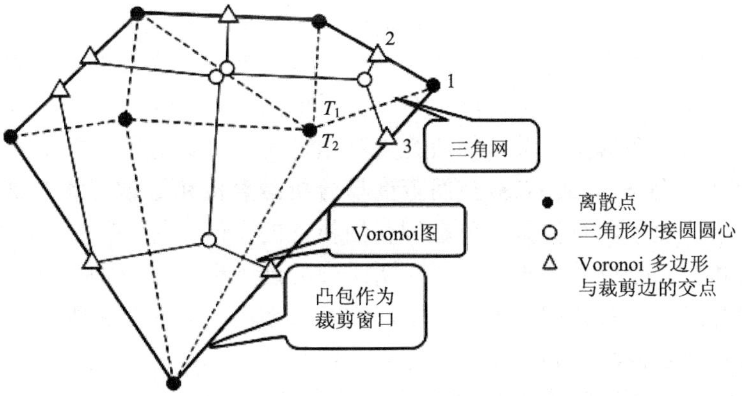

图 7.30　Voronoi 图被凸包裁剪结果

3. 点集 Voronoi 图的构建流程

根据以上介绍的基础算法，构建点集 Voronoi 图的流程如图 7.31 所示。

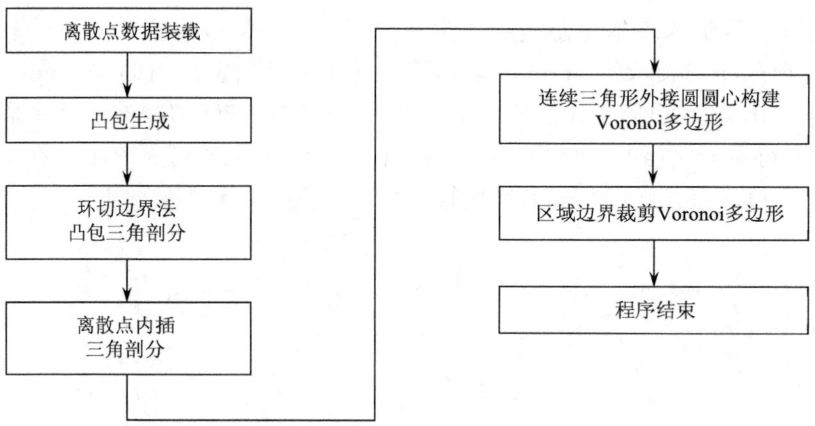

图 7.31　点集 Voronoi 构建流程

7.4　总结与展望

7.4.1　总结

1. 图形空间关系是利用地图认知地理世界的基础

“关系”一词在语言学解释为事物之间的相互关联、相互作用和相互影响的状态。人们的工作、学习和生活都是在一定空间范围的，与空间关系息息相关。无论我们是去上学、上班，还是去购物、旅游，对空间关系的认识和理解都参与其中。

在人类认识和改造自身赖以生存的环境的过程中，人类的空间认知能力扮演着极为重要的角色，包括对事物(现象)的相关位置、空间分布、相互关系及其随时间变化的规律的认识能力，其核心是对图形的识别，而图形的构建与理解离不开对空间关系的识别与应用。人们通过视觉器官识别周围环境的诸事物，通过空间关系将这些事物组织起来，进而在人的大脑中构建诸事物的空间结构图形；同时，这种对空间关系的认知逐步转变为一种认知经验，指导后续对周围环境空间关系的进一步认知。地图是人们认识自身赖以生存的地理环境空间关系的主要手段。它既是人们认识地理环境空间关系的结果，又是人们进一步认知地理环境空间关系的工具。所以，图形空间关系的研究是利用地图认知地理世界的基础。

2. 图形空间关系是 SIS(或 GIS)空间查询与分析最直接和最重要的支撑

图形空间关系构建了具有位置、形态和属性特征的空间目标(或空间实体)相互之间的关系，是空间查询和空间分析的基础。为了对所研究的地理环境诸事物(现象)进行空间操作和分析，首先清楚空间实体及其相互关系。图形空间关系的研究，某种程度上也是一种空间建模过程，也就是用数学方法描述其规律和行为，这有助于把握空间关系的实质与内涵。

3. 图形空间关系的数学模型是图形空间关系的核心内容

图形拓扑空间关系的数学模型的研究是其他目标空间关系研究的基础。所以，有学者研究了基于点集拓扑学的描述拓扑空间关系的 4-交模型，后又有学者针对 4-交模型的不足，提出了 9-交拓扑空间关系模型(9IM)，并针对其不足提出了基于维数扩展的 9-交空间关系模型(DE-9IM)，以用于描述拓扑空间关系。

图形方位(方向)空间关系的数学模型的研究，也是基于点集拓扑学的，是一个应用更加广泛的领域。由于现实地理世界的目标形态及其相互关系的复杂多样性，方位空间关系的判断与描述及其分类有一定难度。基于最小外切矩形的方位关系划分过于详细复杂；基于三角模型的四方位关系(东南、东北、西南、西北)过于简单；在四方位关系基础上利用 MBR 对其进行扩展，克服了三角模型的不足；9 邻域(东、南、西、北、东南、东北、西南、西北、相同)空间方位关系较完备地表示了点目标之间的方位关系，但对于描述扩展目标(线、面)之间的方位关系并不完备；针对上述不足，有学者提出使用面积加权方位关系矩阵来描述扩展面目标之间的方位空间关系。

图形变量空间关系的数学模型，主要是研究距离度量关系，它在度量空间中具有重要作用，包括点/点距离、点/线距离、点/面距离、线/线距离、线/面距离和面/面距离等度量空间关系。

4. 图形空间关系的自动构建是图形拓扑空间关系、图形方位空间关系和图形度量空间关系的技术基础

图形空间关系的自动构建一直是 SIS(或 GIS)中的一个重点和难点，也是空间分析的基础，其核心是点集 Voronoi 图的建立。本章重点介绍了线群互相交与自相交断链，拓扑空间关系的自动生成算法，点集 Voronoi 图的构建算法。其中，线群互相交与自相交断链，论述了直线段交点判断方法、线互相交的栅格化判别算法和线群断链的基本过程；拓扑空间关系自动生成算法，在对拓扑关系生成方法进行分析的基础上，介绍了待编辑异常拓扑数据的分类、拓扑关系自动生成的基础算法和拓扑关系自动生成的过程；点集 Voronoi 图构建算法研究，主要包括点集 Delaunay 三角剖分、Voronoi 图的自动构建及构建过程。

7.4.2 展望

1. 对图形空间关系的认识需进一步深化

目前，对空间关系还没有一个统一的或形成共识的定义，不同学者从空间关系的实质、组成、用途等不同角度进行了论述，存在广义和狭义之分。广义上的空间关系，泛指空间实体之间的关系或联系，可以是由空间对象的几何特性(位置和形状等)引起的，也可以是空间对象的非几何特性(时间、等级、统计数据等)引起的，还可以是几何特性和非几何特性(地名、物体名称属性、高程值等度量属性)共同引起的。狭义的空间关系，特指由空间对象的几何特性引起的空间关系，即空间对象之间具有空间特性关系(对象内部或对象与对象之间在空间上存在关系)。目前大多数据文献涉及的空间关系是指狭义上的空间关系。相对而言，广义上的空间关系由于不仅涉及空间对象的几何特性，还涉及空间对象的非几何特性，甚至同时涉及几何和非几何特性，研究难度大，直接关系到数据库的数据模型和数据结构等根本性问题，需要遵循科学抽象的规律。

空间对象的复杂多变决定了对象之间空间关系的多种多样，也决定了空间关系分类方法的多样性。目前，对拓扑空间关系的认识比较一致；对度量关系和顺序关系，由于对空间关系在认识角度上的差异产生了不同的理解，主要差异集中在空间方位(方向)关系的归属上。有的认为空间方向关系是度量的概念，是由定量方向(如方位角)到定性方向(东、西、南、北等)的抽象过程；有的认为空间方向关系是对象在序空间中表现出的一种关系。但许多学者认为，拓扑关系、方向关系和距离度量关系是空间关系中最基础最重要的关系类型。

空间对象是空间关系存在的基础，空间对象的诸多特性奠定了空间关系特性的基础。有学者将空间关系的特性归纳为空间关系的约束性、尺度性、层次性、一致性、时间性和复杂性等方面。空间关系的这些特性及其如何影响空间关系的描述(数学的或逻辑的)，空间关系的分类与描述的标准化，需要进一步研究。

2. 图形空间关系模型和算法需要进一步优化和扩展

目前的图形空间关系模型和算法研究是基于将空间对象抽象为点、线、面 3 种基本图形要素，点、线、面不仅表示了客观地理世界的图形，也表示了相互之间的关联信息。将空间对象抽象为点、线、面等要素，不仅是空间数据存储管理的基础，也是图形空间拓扑关系、空间距离度量关系和空间方向关系建模的基础，还是空间关系推理的基础。相对而言，目前基于点集拓扑学的图形空间拓扑关系建模与推理研究已经比较充分，当然由二维拓扑关系扩展到三维拓扑关系的研究仍需加强；而图形空间方向关系的建模还需深化和完善，特别是空间方向关系的推理还研究得较少。

就图形空间方向关系建模和推理而言，因为 MBR 的构建使得在复杂空间对象的 MBR 内部有较多被称为是同一方向的冗余空间，且内部方向划分在 MBR 内造成了多处空间区域的断裂，导致空间方向关系推理时会产生冗余结果，所以还需进一步改进和优化深度的描述模型，增强其形状敏感性，保证空间方向关系推理的一致性。同时，目前对基于 1 个参照系的单种方向关系推理拓扑关系和组合方向关系推理拓扑关系以及基于 2 个参照系的方向关系推理拓扑关系进行了一定的研究，但对空间方向关系推理非拓扑关系、方向关系与其他类型关系结合推理空间关系的混合推理方式尚未进行研究，所以还需进一步改进和深度优化细节描述模型和算法，实现更为复杂的混合推理，以满足不同的应用需求。

3. 进一步强化图形空间关系研究成果的应用实验

空间关系是人们利用 SIS 或 GIS 进行空间查询和空间分析的基础，而且同人们的工作、学习和生活的关系十分密切。目前，空间关系的研究已经有了很大进步，空间拓扑关系的描述和表达模型已用于某些商业系统，当然在研究内容和范围上仍需进一步扩展，尤其是空间方向关系的研究和应用实践亟待加强。

从 SIS 或 GIS 空间查询和空间分析的需要看，空间关系是空间查询和空间分析的基础，要提高空间查询和空间分析的速度和效率，就必须扩展和优化空间关系特别是空间方向关系的模型和算法的研究，并通过应用试验和应用实践来检验与验证空间关系模型和算法的正确性或有效性，进一步改进和优化模型和算法，并丰富 SIS 或 GIS 的空间查询和空间分析功能。从指导人们在工作、学习和生活实践中应用空间关系模型和算法的需求看，随着认知科学的进步，人们对空间关系的认知与理解需要更加精准化，这就要求空间关系模型和算法更加实用和高效。同时通过人们工作、学习和生活过程的相关空间关系认知实践也有助于对现有空间关系模型和算法不断进行改进和优化。

第 8 章　空间分析与空间数据挖掘

8.1　空间分析的基本概念和内容

8.1.1　空间分析的基本概念

空间分析(spatial analysis)的对象是空间数据(spatial data)。

空间分析是基于地理对象的位置和形态特征的空间数据分析技术，其目的在于提取和传输空间信息。应该指出的是，空间分析更主要的是具有数据挖掘和知识发现的功能，它不是简单地从 SIS(或 GIS)地理数据库中通过“检索”和“查询”提取空间信息，而是利用各种空间分析模型和空间数据挖掘算法对地理数据库中的空间数据进行深加工，从而产生新的知识。在 SIS 地理数据库中，一般存储两类数据，即空间数据和非空间数据。空间数据，一般指空间物体的形状和位置的几何数据、属性数据和时间数据(几何和属性数据随时间而变化)，虽然顾及时间因素会使问题更加复杂，但在目前由静态空间分析到动态空间分析的趋势下，考虑到时间因素是必要的；非空间数据，通常指与空间分析有关的专题数据，其中大部分为统计数据，包括时序(时间序列)统计数据，从空间分析结果可视化的角度讲，也需要与空间位置关联而反映其空间分布规律。所以，尽管许多关于空间分析和 GIS 的著作都认为空间数据分析应包括空间数据的空间特性分析和空间数据的非空间特性分析两类，但这不是绝对的，而是就空间分析的数据对象和分析过程而言的。

空间数据的空间特性分析，指直接从空间物体的空间位置、联系等方面对空间事物作出定量的描述和分析，现有的许多 GIS 文献及商品化 GIS 软件中所介绍的网络分析(network analysis)、缓冲区分析(buffer analysis)、叠加(或叠置)分析(overlay analysis)、基于数字高程模型(DEM)的地形分析(topographic analysis)等，就属于这类空间分析。其中，有学者将空间分析局限于对点、线、面、曲面地图要素的参数描述和图形表达，部分涉及统计分析内容和地图分析方法，从现有的观点看显然是不够全面的。空间数据的空间特性分析需要较复杂的数学工具，其中最主要的是空间统计学、图论、拓扑学、计算几何，其主要任务是空间构成的描述和分析。

空间数据的非空间特性分析，着重空间事物和现象的非空间特性分析，绝大多数计量地理学方面的论著都以此作为主要内容。Haining 的 *Spatial Data Analysis in Social and Environmental Science*，着重于空间统计数据的抽样统计、数据整理、数据模拟及统计特性分析，重点研究如何用统计数学模型描述和模拟空间现象的过程和规律。张克权和郭仁忠(1989)的《专题地图数学模型》着重介绍统计分析方法尤其是多元统计分析方法对空间数据进行处理，一般不将数据的空间特性作为限制因子加以考虑，空间数据所描述的事物和现象的具体空间位置在这类分析中也不起制约作用。王家耀和邹建华的《地图制图数据处理的模型方法》，则把数据处理作为地图制图的核心，研究数学模型与制图模型的结合，建立“数据特征分析和预处理—数学模型设计与建立—数据处理—地图模型的设计、建立与解释”的制图数据处理和表达的理论与方法体系，分析模型包括空间数据的分级分析、相关分析、空间分布趋势分析、预测分析、主成分和主因素分析、聚类分析等。尽管这类空间分析与一般的数据分析并无本质区别，但是对空间数据分析的结果都是以地图形式来描述的，对分析结果的解释也必然要依托地理空间进行。所以，空间数据的非空间特性分析尽管在分析过程中没有考虑数据抽样点的空间位置，但描述的仍然是空间过程，揭示和反映的也必然是空间规律。

8.1.2　空间分析的基本内容

从 GIS 的功能和任务两方面来看，空间分析应包括空间数据的空间特性分析和非空间特性分析两个部分。已经出版的许多 GIS 方面的文献表现出了这样一种趋势，例如，早期，Manfred 在 *Spatial Analysis Perspectives On GIS* 中认为空间分析(spatial analysis)应高于统计空间分析(statistical spatial analysis)，认为统计空间分析和空间模型化(spatial modelling)是空间分析的两个主要研究领域，并进一步将统计空间分析分为数据操作性分析、探测性分析和证实性分析；郭达志等的《地理信息系统基础与应用》，在数据分析部分就包含了综合属性数据分析(即空间数据的非空间特性分析)、缓冲区分析、空间合成叠置分析、网络分析等；王家耀和华一新的《军事地理信息系统》，则以两章的篇幅分别论述了“空间分析”(包括地形分析、网络分析、叠置分析和缓冲区分析)和“分析模型”(包括相关分析模型、趋势面分析模型、预测分析模型、网络分析模型和聚类分析模型)。后来，刘湘南等的《GIS 空间分析原理与方法》，周启鸣和刘学军的《数字地形分析》，朱长青和史文中的《空间分析建模与原理》，史文中等的《三维空间信息系统模型与算法》，邓敏等的《空间分析》，等等，也都大体上反映趋同的空间分析的基本内容，只是重点各有侧重。

8.2　网 络 分 析

8.2.1　网络和地理网络的基本概念

1. 网络的基本概念

图论是研究事物及其之间关系的科学，任何一个能用二元关系描述的系统，都可以用图提供数学模型(楼世博等，1982；卢开澄，1981)。图论中的许多基本概念，如路径、路、连通性等都是进行网络分析的基础。下面首先给出关于图的几个定义，然后给出网络的表示方式。

定义(8.1)：图论中，一个图 G 是指由非空有限集合 $V(G)$ 和 $V(G)$ 中某些元素的无序对的集合 $E(G)$ 构成的二元组($V(G)$，$E(G)$)。$V(G)$ 称为图 G 的顶点集，其中的元素称为 G 的顶点；$E(G)$ 称为 G 的边集，其中的元素称为 G 的边。有时，也记为 $V=V(G),E=E(G)$。

$$V=\{v_1,v_2,\cdots,v_n\}$$

$$E=\{v_i,v_j\}/v_i\in V,v_j\in V\}$$

设 $G=(V,E)$ 是一个图，若 $e=v_iv_j\in E$，则称顶点 v_i 和 v_j 是边 e 的结点，且称 v_i 是边 e 的起始结点，v_j 是边 e 的终止结点；也称顶点 v_i 和顶点 v_j 是相邻的，e 与 v_i，v_j 是关联的。若 $e_1,e_2\in E$，且 e_1 和 e_2 有公共的顶点，则称 e_1 与 e_2 是相邻的。

两个端点重合的边称为环。如果有两条边的端点是同一对顶点，则称这两条边为重边。

既没有环也没有重边的图，称为简单图。如果一个图的边仅在端点处相交，则称该图为平面图。

定义(8.2)：有向图 D 是指由一个非空的有限集合 $V(D)$ 和 $V(D)$ 中某些元素的有序对的集合 $A(D)$ 构成的二元组 $(V(D),A(D))$。$V(D)$ 称为 D 的顶点集，其中的元素称为 D 的顶点；$A(D)$ 称为 D 的弧集，其中的元素称为 D 的弧。与图的记法类似，常记为 $V=V(D)$，$A=A(D)$。

如果 $V(D)=\{v_1,v_2,\cdots,v_n\}$，那么 $A(D)$ 中的元素与 $V(D)$ 中的某两个元素构成的有序对 (v_i,v_j) 相对应，记 $a=(v_i,v_j)$。其中 v_i 称为 a 的尾，v_j 称为 a 的头；a 称为 v_i 的出弧，也称为 v_j 的入弧。图 8.1 显示的就是一个有向图。

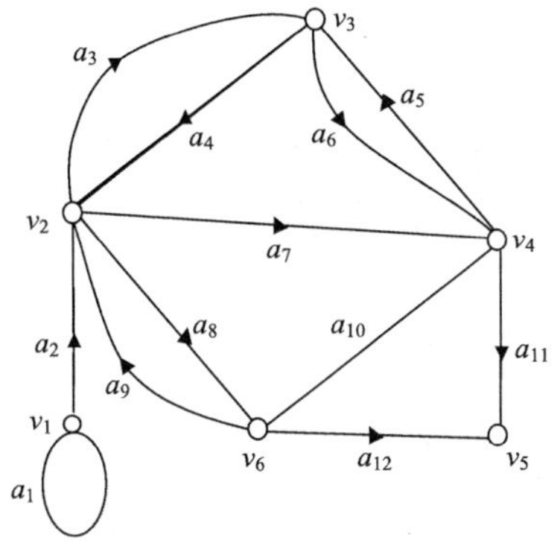

图 8.1　有向图

尾和头重合的弧称为环。若两条弧有相同的头和相同的尾，则称这两条弧为重弧。既没有环也没有重弧的有向图称为简单有向图。如果把有向图 D 中每条弧上的箭头去掉，即把 D 的每条弧 (v_i,v_j) 用边 v_iv_j 代替，则得到的图称为 D 的基础图。

定义(8.3)：给定有向图 $D-(V,A)$ 后，有时需要对 D 的每条弧 a 赋一个实数 $w(a)$，$w(a)$ 通常称为弧 a 的权。w 是 A 上的一个实值函数，称为 D 的权函数。赋权的有向图 D 称为网络或赋权有向图，记为 $D=(V,A,w)$。有向图 D 称为网络的基础有向图，必要时可以给每条弧赋以多个权。同样，也可以给结点赋权，这样得到的网络称为点权网络。相对点权网络，给边赋权的网络就称为边权网络。

同样可以考虑赋权的图。赋以权 w 的图 G 称为无向网络或赋权图，记作 $G=(V,E,w)$。如果把无向网络 $G=(V,E,w)$ 中的每条边 $e=v_iv_j\in E$ 代之以一对弧，这样就得到一个相应的网络 $D=(V,A,w)$。

定义(8.4)：给定一个有向图 $D=(V,A)$，c 是定义在 A 上的非负函数，对一切 $a\in A$，$c(a)$ 称为弧 a 的容量。若 $a=(v_i,v_j)\in A$，则记 $c(a)=c_{ij}$。称网络 $D=(V,A,c)$ 为容量网络。在 D 中指定两个顶点 v_s 和 v_t，v_s 称为 D 的发点，v_t 称为 D 的收点。

设 f 是容量网络 D 的弧集 A 上的一个实函数，对一切 $a=(v_i,v_j)\in A$，记 $f(a)=f_{ij}$，如果函数 $f=\{f_{ij}(v_i,v_j)\in A\}$ 满足守恒条件：

$$\sum_{(v_i,v_j)\in A} f_{ij} - \sum_{(v_j,v_i)\in A} f_{ji} = 0 \text{，对一切} v_i \in V \setminus \{v_s, v_t\}$$

则称 f 是 D 上的一个流。此时，f_{ij} 称为 f 通过弧 (v_i,v_j) 上的流量，称

$$\sum_{(v_s,v_j)\in A} f_{sj} - \sum_{(v_j,v_s)\in A} f_{js}$$

为 f 的流值，记为 $V(f)$。

关于网络的表示，这是目前研究较多的一个问题。

图论中，通常利用矩阵来表示图。由于研究问题的出发点不同，图的矩阵表示也有多种形式，其中最基本的是关联矩阵和邻接矩阵。按图 8.2 它们分别表示为

$$M(G)=\begin{array}{c} \begin{matrix} e_1 & e_2 & e_3 & e_4 & e_5 & e_6 & e_7 \end{matrix} \\ \begin{bmatrix} 1 & 1 & 0 & 0 & 1 & 0 & 1 \\ 1 & 1 & 1 & 0 & 0 & 0 & 0 \\ 0 & 0 & 1 & 1 & 0 & 0 & 1 \\ 0 & 0 & 0 & 1 & 1 & 2 & 0 \end{bmatrix} \end{array} \begin{matrix} v_1 \\ v_2 \\ v_3 \\ v_4 \end{matrix} \qquad A(G)=\begin{array}{c} \begin{matrix} v_1 & v_2 & v_3 & v_4 \end{matrix} \\ \begin{bmatrix} 0 & 2 & 1 & 1 \\ 2 & 0 & 1 & 0 \\ 1 & 1 & 0 & 1 \\ 1 & 0 & 1 & 1 \end{bmatrix} \end{array} \begin{matrix} v_1 \\ v_2 \\ v_3 \\ v_4 \end{matrix}$$

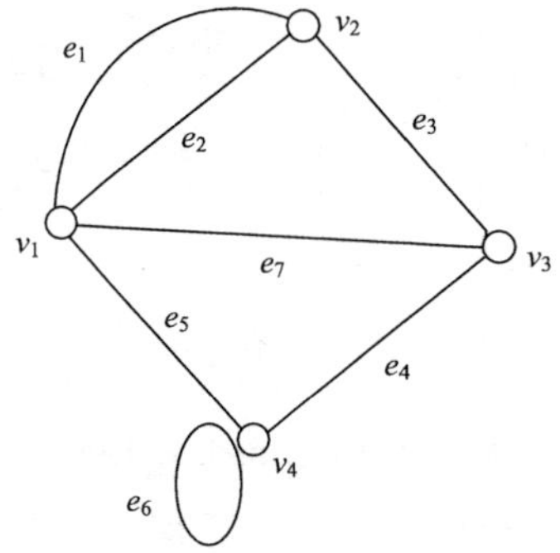

图 8.2　图 G

同样，有向图也可以用关联矩阵和邻接矩阵来表示。

关联矩阵和邻接矩阵的数字表示形式，在许多使用图的信息系统中发挥了重要作用。然而，用矩阵形式表示图也有许多不足之处。最明显的缺陷是，当图的顶点和边不断增加时，存储矩阵所需的容量也有增加。现实生活中，一个地理网络往往都是由数千个甚至更多结点和边组成，因而用矩阵形式管理地理网络几乎是不可能的。另外，在矩阵模型中计算最优路径时所需费用都是基于网络边的，而在实际生活中，资源通过网络结点时也经常有一定的费用，如拐角的阻值，这种信息在矩阵模型中就难以实现。因此，在 GIS 中如何管理地理网络以及如何对地理网络进行分析就成了一个需要研究的问题。一方面，要研究如何将现实世界中的地理网络抽象成易于转换的概念模型，即地理网络模型的问题；另一方面，要研究地理网络的具体存储结构和网络分析算法，以适应大容量地理网络的高效存储和快速而有效的分析。

2. 地理网络模型

将图论中网络的概念引入到地理空间中来描述和表达基于网络的地理目标，产生了地理

网络(白玲，1997)。现实世界中，若干线状要素相互连接成网状结构，资源沿着这个线性网流动，这样构成的一个系统就称为地理网络。例如，城市公共汽车沿道路网运行形成公共交通网络，城市中的水沿排水管流动形成排水管网络。

在 GIS 中，作为空间实体的地理网络与图论中的网络相比有其自身的特点。地理网络作为一种复杂的地理目标，除具有一般网络的边、结点间的抽象的拓扑意义之外，还具有空间定位上的地理意义和目标复合上的层次意义。

现实世界中，地理网络目标除了一系列线状设施外，常常还包含一些重要的点状设施，如交通网络和河网中的车站和水闸都是不可缺少的点状设施，在进行地理网络分析时必须考虑它们的表达和对整个网络的影响。线状设施在空间的分布组成了各种形式的地理网络结构，产生网络的边和结点，点状设施作为具有一定地理意义的零维目标依附于线状设施之上，是一种不同于网络的结点的新的点，点状设施不一定是网络中的结点。

与一般的地理目标一样，地理网络中的线状设施和点状设施除具有空间位置外，还具有丰富的地理属性，如道路的路面状况、通行能力，交叉路口的通行能力，等等，都是进行地理网络分析的重要因素。

按照几何形态，空间实体被抽象为点、线、面目标，作为复杂目标的地理网络的构建是在一定的原子目标基础上复合而成的。从本质上说，地理网络属于线状目标，是在基本弧段基础上生成的弧段，是线状目标数据采集、存储的基本单元，数据采集时仅仅是从图形意义来划分的。弧段在构建网络之前不具有完整的地理意义，通过结构化的组织生成了目标意义的网络体系。由弧段构建网络的过程表现为分解与合并两个方面，弧段的一部分作为边参与网络的生成，或者多条弧段合并成一条边参与网络的生成。为此，提出段和路径的概念。路径是地理网络中具有较完整地理意义的特征子类，它可以与各种事件直接关联，路径也是地理网络分析结果的存储和显示方式。通过段的概念，路径与地理网络的基本存储单元弧段联系。这样，利用路径系统和动态分段模型就可以更好地表达和分析现实世界的地理网络。

地理网络在总体上由线状目标及其附属的点状目标组成，每种目标又有各自的属性。因此，每个地理网络都包含多个元素(图 8.3)。根据实际应用的需要，构成一个地理网络的元素可以分为地理网络链(或地理网络边)、地理网络结点、站、中心、拐角和障碍等，且地理网

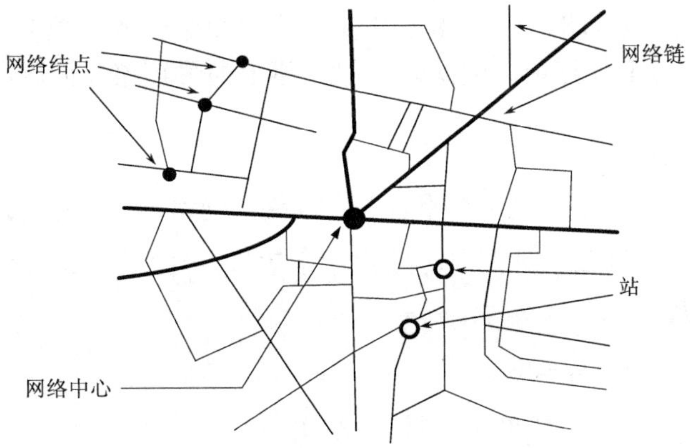

图 8.3　地理网络模型元素

络中的每一类元素都有相应的属性。将图论中的网络加以扩展，增加表示重要点状目标的“事件点”，那么，一个地理网络就由网络结点集V、网络边集E和事件点集P组成，即

$$D=\{V,E,P\}$$

8.2.2 地理网络的最优路径分析

1. 基本概念

所谓最优化，就是对于给定的目标函数和约束条件使目标函数在约束条件下达到最大值或最小值。

地理网络的最优路径，是指在地理网络中满足某种最优化条件的一条路径。

最优路径的基础是距离最短的路径问题。最短路径问题是网络最优化中的一个很重要且很基础的问题，许多最优路径的问题不仅可以转化为最短路径问题，而且网络最优化的其他许多问题也都可以转化为最短路径问题或者用最短路径的算法作为其求解的子过程。

定义(8.5)：设$D=(V,A)$是一个非空的简单有向图，$V=(v_1,v_2,\cdots,v_n)$。在网络$D=(V,A,w)$中，对于一切$a=(v_i,v_j)\in A$，记$w(a)=w_{ij}$。设P是D中一条有向途径，定义p的权

$$w(p)=\sum_{a\in A(p)}w(a)$$

D中权最小的有向(v_i,v_j)途径称为D的最短有向(v_i,v_j)途径。

容易知道，D上的最短有向(v_i,v_j)途径的数学模型为

$$\begin{cases}\min\sum\limits_{(v_i,v_j)\in A}w_{ij}x_{ij}\\ \sum\limits_{(v_i,v_j)\in A}x_{ij}-\sum\limits_{(v_j,v_i)\in A}x_{ji}=\begin{cases}0,i=1\\0,2\leqslant i\leqslant n-1\\-1,i=n\end{cases}\\ x_{ij}\geqslant 0,\quad \text{对于一切}(v_i,v_j)\in A\end{cases}\tag{8.1}$$

式中，x_{ij}表示弧(v_i,v_j)在有向(v_i,v_j)途径中出现的次数。

很明显，随着顶点数的增加，式(8.1)中第二组约束条件的个数会急剧增加，因而这个线性规划的求解会变得十分复杂。因此，一般网络上的最短路径问题不一定有解，必须加以限制。

2. 最短路径的一般算法

定义(8.6)：设$D=(V,A,w)$是一个不含非正回路的网络，$V=(v_1,v_2,\cdots,v_n)$。若u_i是D中最短(v_i,v_j)路径的长，$i=1,2,\cdots,n$，则u_i是D中最短(v_i,v_j)路的长，$j=1,2,\cdots,n$，当且仅当$(u_1,u_2,\cdots,u_n)$满足方程

$$\begin{cases}u_1=0\\u_j=\min\limits_{(v_i+v_j)}\in A\{u_i+w_{ij}\}\quad(j=2,3,\cdots,n)\end{cases}\tag{8.2}$$

如果某个$\left(v_i, v_j\right) \notin A$，则认为$w_{ij} = +\infty$。这样，方程(8.2)就等价于

$$\begin{cases} u_1 = 0 \\ u_j = \min\limits_{k \neq j} \left\{u_k + w_{kj}\right\} \quad (j = 2,3,\cdots,n) \end{cases} \tag{8.3}$$

式(8.3)称为最短路径方程，它是一个非线性方程。求解u_j时必须知道所有其他的u_k，因此，直接求解式(8.3)是相当困难的。

如果网络D中每条弧的权均为非负数，则称D为非负权网络。GIS 中涉及的地理网络多为这一类网络。对于非负权网络中最短路径的求解，已经有许多研究。其中，Dijkstra 于 1959 年给出的求解非负权网络最短路径的一个算法是目前公认的最好的算法，现有的许多文献都对此作了介绍(卢开澄，1981；楼世博等，1982)。

设$D = (V, A, w)$是一个非负权网络，$V = \left(v_1, v_2, \cdots, v_n\right)$。则$D$中最短$\left(v_i, v_j\right)$路径的长满足式(8.3)。

如果D中从顶点v_1到其余各顶点最短路径的长按大小排列为

$$u_{i_1} \leqslant u_{i_2} \leqslant \cdots \leqslant u_{i_n}$$

这里，$i_1 = 1$，$u_{i_1} = 0$，则由式(8.3)有

$$\begin{aligned} u_{i_j} &= \min_{k \neq j} \left\{u_{i_k} + w_{i_k i_j}\right\} \\ &= \min\left\{\min_{k<j}\left\{u_{i_k} + w_{i_k i_j}\right\}, \min_{k>j}\left\{u_{i_k} + w_{i_k i_j}\right\}\right\} \quad (j = 2,3,\cdots,n) \end{aligned}$$

注意到当$k > j$时，$u_{i_k} \geqslant w_{i_j}$，且$w_{i_k i_j} \geqslant 0$，从而有

$$u_{i_j} \leqslant u_{i_k} + w_{i_k i_j}$$

即

$$u_{i_j} \leqslant \min_{k>j}\left\{u_{i_k} + w_{i_k i_j}\right\}$$

于是

$$u_{i_j} = \min_{k<j}\left\{u_{i_k} + w_{i_k i_j}\right\}$$

不难证明

$$\begin{cases} u_{i_1} = 0 \\ u_{i_j} = \min\limits_{k<j}\left\{u_{i_k} + w_{i_k i_j}\right\} \end{cases} \tag{8.4}$$

的解$\left(u_{i_1}, u_{i_2}, \cdots, u_{i_n}\right)$中的$u_{i_j}$是$D$中最短$\left(u_1, u_{i_j}\right)$路径的长，$j = 1,2,\cdots,n$。这就是 Dijkstra 算法的基本思想。

Dijkstra 算法的计算量是容易估计的，其总的复杂性为$O(n^2)$。

Dijkstra 算法的实现有两种方式：手工方式和计算机方式。前者适合于较简单的网络，通过在网络图上进行人工推演或者通过在权矩阵上操作求出最短路径；目前，用计算机自动求解最短路径的方法，也是基于网络的权矩阵。

3. 最短路径算法的优化

使用 Dijkstra 算法求解最短路径问题是基于网络的权矩阵，运用了关联矩阵、邻接矩阵和距离矩阵，在存储图形数据和进行运算时，需定义$N\times N$的数组，其中N为网络的结点数，当网络的结点数较大时，将占用大量的计算机内存，同时大数组运算起来很浪费时间，不能满足实际应用的需要。有文献对改进网络的存储结构、减少网络所占存储空间、提高网络的运算速度进行了研究。这里，介绍几种经过改进的具体实用的算法。

1）求最短路径的邻接结点算法

定义(8.7)：设$D=(V,E,w)$是一个非负权的地理网络。与顶点v_i相邻的结点称为该顶点的邻接结点，与顶点v_i相邻的结点总数称为该顶点的邻接结点数。网络D中，所有顶点的邻接结点数的最大值称为D的最大邻接结点数。类似地，有最大相关边的概念。

以邻接矩阵或关联矩阵为基础的算法，有大量的O元素或∞元素，这些无效元素占用了大量的计算机内存，影响了运算速度。邻接结点算法的出发点，是要尽量减少矩阵中的O元素或∞元素，又要便于操作。

实际上，在一个网络中，尽管网络的结点和网络的边很多，但与网络结点相关的边和结点却是有限的。如果在写网络结构的关系时，只写与网络结点相关的边或结点，不相关的一律不写，则可以大大减少矩阵中无效的O元素或∞元素，从而达到节约内存和提高运算效率的目的。徐立华(1989)曾用最大相关边算法求解最短路径，取得了较好的效果。龚洁晖和白玲(1998)改用最大相邻结点数算法后，不仅减少了网络中无效元素的数量，而且方便了计算机的操作。

用最大邻接结点算法求最短路径的主要步骤如下：

(1)依据最大邻接结点数的概念，求出网络的最大邻接结点数 m_iNodeNumMax。

(2)构造邻接结点矩阵 m_PJ，各行中的结点序号可以前后随意放置。对应邻接结点矩阵各元素，构造初始判断矩阵 m_PDJ。

(3)利用邻接结点矩阵 m_PJ 和初始判断矩阵 m_PDJ 求网络中任意两点间的最短路径。设起点为S、终点为T，则计算最短路径的主要步骤如下：

第一步，初始化标记向量$P,P_i=-1$，$i=1,2,\cdots$，m_iNodesNum，m_iNodesNum 为网络结点总数。

第二步，根据起点S，标记初始判断矩阵 m_PDJ 的第S行，$P_S=0$，记最短距离 m_fDistanceMin=0。

第三步，根据终点T，判断 m_PDJ 的第T行是否已标记，是则转第五步，否则继续。

第四步，在已标记的行中，求所有元素的最小值$d_{\min}$。若$d_{\min}=\infty$，说明不存在最短路径，则退出；否则 m_fDistanceMin=$d_{\min}$，记录最小值元素的行d_i、列d_j。

然后在邻接结点矩阵 m_PJ 中取(d_i,d_j)元素，记为w。若w行还未标记，则将 m_PDJ 的第w行标记，$p_w=d_i$；并在 m_PJ 的第w行寻找值为d_i的元素，记录该元素的行r_i、列r_j。

将 m_PDJ 刚得到标记的行中各元素值均加上 m_fDistanceMin，并使 m_PDJ 的(d_i,d_j)和(r_i,r_j)元素为∞。转第三步。

第五步，从终点T开始，由标记向量P的分量循前点，直到起点S，查得最短路径 m_

pWays。m_fDistance Min 即为最短路径距离。

求最短路径的最大邻接结点算法使得定义数组时的下标值大大减小。在结点为 N 的网络中，它只需定义 $N*Krm$ 的数组，实际的网络，一般 Krm 远远小于 N，因此 $N*Krm<N\times N$。同以邻接矩阵为基础的算法比较，最大邻接结点算法可以节约内存 $N*N/N*Krm$ 倍。

2) 基于点-边拓扑关系的最短路径算法

在 GIS 中，地理实体之间不仅存在着位置信息、属性信息，还包含着空间关系信息。空间关系包括地理实体之间的邻接关系和关联关系，称为拓扑关系，主要包括拓扑邻接、拓扑关联和拓扑包含。而在地理网络的研究中，网络结点和网络边之间的空间关系主要是拓扑邻接和拓扑关联；拓扑邻接，指存在于地理网络中同类元素之间的拓扑关系；拓扑关联，指存在于地理网络中的不同类元素之间的拓扑关系。

徐立华(1989)的最大相关边算法，也是使用与网络结点相连的边来减少矩阵中无效的 O 元素或 ∞ 元素，但由于这种算法是基于矩阵的操作，而结点的相关边又是变长的，因而该算法通过构造最大相关边矩阵来实现。同邻接矩阵算法相比，该算法节约了大量内存。但最大相关矩阵中仍存在大量的 O 元素或 ∞ 元素。这里，再介绍一种基于点-边拓扑关系的最短路径算法，这种方法能较好地解决邻接矩阵算法存在的问题。

首先，介绍基于点-边拓扑关系的最短路径算法涉及的几个概念。

起始结点和终止结点：指网络中最短路径的起点和终点。

关联结点：指与一个网络结点相关联的其他网络结点。

已到达结点：指最短路径已经到达的结点，它是最短路径的组成结点。

已到达结点表：临时构造的表，用来存储已到达结点的信息，表的结构如图 8.4(a)所示。

已搜索结点：指已搜索过，但未构成最短路径的结点。

已搜索结点表：临时构造的表，用来存储已搜索结点的信息，表的结构如图 8.4(b)所示。

未搜索结点：指那些最短路径未到达、也未被搜索过的结点。

	结点号	累积费用值	前一个结点号
所有的结点 {	…	…	…

(a) 已到达结点表

	结点号	累积费用值	前一个结点号
已搜索结点 {	…	…	…

(b) 已搜索结点表

图 8.4　已到达结点和已搜索结点表

基于点-边拓扑关系的最短路径算法的基本思想是：构造一个已到达结点表和搜索结点表，不断地从已搜结点表中将累积费用值最小的结点移入到结点表中。当最小累积费用值多于一个结点时，任取其中一个结点作为当前的已到达结点。这个算法的理论依据仍然是 Dijkstra 的非负权最短路径方程，但在网络结构的构造上克服了邻接矩阵和最大相关边矩阵中的无效 O 元素或 ∞ 元素。在计算速度上，对两个结构较简单的表的操作要比对大数组的操作节省时间。

基于点-边拓扑关系的最短路径算法的主要步骤如下：

(1) 将起始结点作为已到达结点，并放进已到达结点表，同时扫描它的关联结点，并将这些关联结点放入已搜索结点表中。

(2) 从已搜索结点表中，找出累积费用值最小的结点作为已到达结点，并放入已到达结点表中。

(3) 判断有没有未搜索结点，如果有，继续第(4)步，否则执行第(6)步。

(4) 扫描刚放进已到达结点表中的结点的关联结点，并将这些关联结点放入已搜索结点表中。

(5) 重复执行第(2)步至第(4)步。

(6) 在已到达结点表中，从终止结点到起始结点反向追踪，找出最短路径。

3) 改进的最短路径优先搜索算法

优先搜索算法在网络搜索过程中需要建立 OPEN 表和 CLOSED 表，同时还要不断插入和删除结点以修改 OPEN 表和 CLOSED 表的状态，这是造成优先搜索算法庞大存储量和计算量的主要原因。徐业昌等(1998)结合地理信息系统的数据特点，以交通网络为例，从网络存储方法、路径搜索策略和估价函数等方面，对给定两点间最短路径的优先搜索算法进行了改进。

(1) 交通网络的存储结构。基于交通网络的拓扑关系特点，以交通网络结点为基础，对每个结点定义如下的数据结构：

```
typedef Struct Graph-Node
{
long point Code；//结点编号
float Longitude：//结点经度
float Latitude；//结点纬度
short VisitFkg；//结点访问标志
short EdgeNum；//结点邻接边数量
long*Adjpoint Code；//相邻点编号域
float*Egde Data；//对应网络边数据域
};
```

这种数据结构完整地反映了网络的每个结点与相邻边和结点的拓扑关系。以这个结构为基本单元存储交通网络中的所有结点，可以完整地反映一个交通网络的拓扑和数据特征。与邻接矩阵相比，这种方法没有存储不存在的边，网络的拓扑结构清楚。与邻接表相比，每个结点的相邻边和相邻点在结构单元中顺序存储，不需再设置链域。

在存储结构中设置结点访问标志域，取代了优先搜索算法网络搜索过程中的 OPEN 表和 CLOSED 表，不仅节省了存储空间，而且节省了大量用于修改 OPEN 表和 CLOSED 表的时间。

(2) 网络搜索策略的改进。网络搜索策略的改进主要表现在估价函数和搜索过程两个方面。

关于估价函数：对于交通网络的搜索，结点的位置总是与一定的空间位置相联系，从而由起点到终点必然具有一定的方向，这种方向可以通过结点的经纬度来反映。网络搜索过程中，定义沿着起点到终点的方向为空间有效方向，相反的方向为空间无效方向。实际应用中，由于各种客观因素的限制，有效方向上的路径可能不被采用，而必须在无效方向上的一定距离内采用某些路径。

假设用向量 $p(n)$ 表示结点 n 的位置，$p(o)$ 和 $p(d)$ 分别表示起点和终点的位置，$h(n)=p(n)-p(oi)$ 表示结点 n 相对于起点的位置。以 $h(n)$ 为估价函数，对无效方向上的点 m，$|h(m)|>u|p(d)-p(o)|$ 时，即停止该路径的扩展搜索，从而可以大量减少无效搜索次数。根据实际应用，u 设置成可调的系数，以便在有效方向上的路径不能采用时，找到可用路径。向量 $p(n)$ 可以直接用结点的经纬度表示。

关于网络搜索过程：因为 Dijkstra 等优先搜索算法用邻接矩阵存储网络，不能反映网络的拓扑关系，而且存储大量不存在的边，所以每一轮搜索最小权值点的操作都是对网络的所有结点进行的，执行了大量冗余的搜索、比较和判断。采用徐业昌等人提出的网络存储方法，初始化时，置结点 VisitFlag 为 1；每次确定一条最短路径，置其终点 VisitFlag 为 0。这样，每一轮扩展路径仅仅在当前最短路径终点的相邻结点中进行，搜索最小权值点仅在 VisitFlag 为 1 的结点中进行。

网络的搜索过程描述如下：

```
begin
装入网络数据，建立长度为结点数的结点状态表；
搜索初始化(起始点 VisitFlag 置 0，起始点各相邻点置 1，其余点置 2)；
将起始点各相邻点点号放入结点状态表，并计算各点权值；
While
在 VisitFlag 为 1 的各点中搜索权值最小的结点；
根据估价函数 h(n) 判别路径的有效性，有效则继续下一步；否则强制该点 VisitFlag 为 0，
继续搜索下一个最小权值点；是目标结点，结束搜索；否则继续下一步；
置该点 VisitFlag 为 0，并存储该点对应最短路径；
for  各相邻点
if VisitFlag    非 0
计算并修改各点权值；
if VisitFlag 为 2
     置该点 VisitFlag 为 1，并将该点点号加入结点状态表；
               endif
            endif
         endif
     endif
end
```

采用徐业昌等人定义的存储单元，存储网络 m 种信息，一个有 e 条邻边的结点所占存储量为 $O(me+e+4)$。对于交通网络这样的稀疏网络，每个结点的邻边数 e 一般为 2 到 5。对于有 n 个结点的交通网络，在同时存储网络 m 种信息时，总的存储量一般不超过 $O[(5m+9)n]$，m 取 3 时为 $O(24n)$。而矩阵法的存储量在同时存储网络 3 种信息的情况下为 $O(3n^2)$，显著

减少了存储消耗。

该算法的时间消耗主要用于搜索最小权值点和修改结点权值。因为修改结点权值的操作在当前点的相邻点中进行，所以时间主要消耗在搜索最小权值点。据分析，即使在极端情况下，搜索网络中最长的一条路径，平均每一轮所搜索的点最多不超过$\sqrt{n}$。对于每个结点有 2 到 5 条相邻边的交通网络，加之估价函数的应用，算法总的执行时间应不超过$O\left(n\sqrt{n}\right)$，比 Dijkstra 算法的$O\left(n^2\right)$大大减少。

4. 地理网络中的次短路径

在有些情况下，除了求出两个给定点间的最短路径外，还要求出这两个点间的第二最短路径，第三最短路径，…，第 k 最短路径。

定义(8.8)：给定一个地理网络$D=(V,E,w)$，$V=(v_1,v_2,\cdots,v_n)$。设P_1是D中最短(v_1,v_n)路径，称P_1为D中第一最短(v_1,v_n)路径，如果D中有一条(v_1,v_n)路径满足以下条件：

(1) $P_2 \neq P_1$；

(2) D中不存在不同于P_1的(v_1,v_n)路P，使$w(P_1)\leqslant w(P)\leqslant w(P_2)$；

则称P_2为D中第二最短(v_1,v_n)路径。

由定义(8.7)可知，如果P_2有一条弧(v_i,v_j)不在P_1上，且v_j是P_1和P_2的公共顶点，则在顶点v_j以后，P_1与P_2是重合的。因此，在求出第一最短(v_1,v_n)路径P_1后，可以用枚举法求出与第一最短(v_1,v_n)路径P_1有尽可能多公共弧的第二最短(v_1,v_n)路径P_2。该算法的基本思路是：假定第一最短路径包含了N条有向弧，每次删去地理网络中一条有向弧，就得到N个与原网络只有一条无差别的新的网络。对这N个网络分别求出一条(v_1,v_n)最短路径，再从中选择最短的一条，作为第二最短(v_1,v_n)路径的解。算法具体步骤如下：

(1) 首先求出地理网络D的第一最短(v_1,v_n)路径，设为

$$P_1 = v_{i_1}, v_{i_2}, \cdots, v_{i_k}$$

令$i_1=1$，$i_k=n$，$D_1=D-\left(v_{i_{k-1}},v_{i_k}\right)$，$R\neq\varnothing$，$j=1$。

(2) 求出网络D_j中最短$\left(v_{i_1},v_{i_{k-1+j}}\right)$路径，记为$P'^{(j)}$

$$P^{(j)}=P，\quad P'^{1(j)}+R_j$$

若$j<k-1$，令$D_{j+1}=D_j-\left(v_{i_{k-j-1}},v_{i_{k-j}}\right)$，$R_{j+1}=R_j\cup\left\{\left(v_{i_{k-j}},v_{i_{k-j+1}}\right)\right\}$置$j=j+1$，重复第(2)步；若$j=k-1$，转第(3)步。

(3) 设

$$w\left(P^{(r)}\right)=\min\left\{w\left(P^{(j)}\right)/1\leqslant j\leqslant k-1\right\}$$

则$P^{(r)}$就是D中第二最短(v_1,v_n)路径。

同样可以定义一个网络的第k条最短路径。

定义(8.9)：给定一个地理网络$D=(V,E,w)$，$V=(v_1,v_2,\cdots,v_n)$。设P_i是D中第i最短(v_1,v_n)路，$i=1,2,\cdots,k$。如果D中有一条(v_1,v_n)路P_{i+1}满足以下条件：

(1) 对一切 $1 \leqslant i \leqslant k$， $P_{k+1} \neq P_i$；

(2) D 中不存在不同于 $P_1, P_2, \cdots, P_k$ 的 (v_1, v_n) 路 P，使得 $w(P_k) \leqslant w(P) \leqslant w(P_{k+1})$；

则称 P_{k+1} 为 D 中第 $k+1$ 最短 (v_1, v_n) 路径。

求第 k 条最短路径的算法是求第二条最短路径算法的推广。

5. 地理网络中常见的最优路径

地理网络的最优路径除了距离最短外，还有通行时间最短、运输费用最低、行驶最安全、容量最大等。这些最优路径可以看成最短路径的变异，它们都可以在最短路径基础上作适当调整而得到。

定义(8.10)(最大可靠路)：给定一个网络 $D, V=(v_1, v_2, \cdots, v_n)$，$D$ 中每条弧 (v_i, v_j) 上有一个完好概率 P_{ij}。设 P 为 D 中的任意一条路，定义 P 的完好概率为

$$\mathrm{P}(P)=\prod_{(v_i, v_j) \in E(P)} \mathrm{P}_{ij}$$

则 D 的所有 (v_1, v_2) 路中完好概率最大的路称为最大可靠 (v_1, v_i) 路。

利用最短路径算法可以求出最大可靠 (v_1, v_i) 路，$i=1,2,\cdots,n$。具体做法是：

定义 D 的每条弧 (v_i, v_j) 的权为

$$w_{ij}=-\ln \mathrm{P}_{ij}$$

因为 $0 \leqslant \mathrm{P}_{ij} \leqslant 1$，所以 $w_{ij} \geqslant 0$。从而可以用 Dijkstra 算法求出关于权 w_{ij} 的最短路径。注意到 $\sum w_{ij}=-\ln\left(\prod \mathrm{P}_{ij}\right)$，因此，关于权 w_{ij} 的最短路就是最大可靠 (v_1, v_i) 路，它的完好概率为 $\exp\left(-\sum w_{ij}\right)$。

定义(8.11)(最大容量路径)：给定一个地理网络 $D=(V, E, w), V=(v_1, v_2, \cdots, v_n)$。$D$ 中任意一条路 P 的容量定义为 P 的所有弧的容量中的最小者，即

$$c(P)=\min_{(v_i, v_j) \in E(P)} c_{ij}$$

则 D 的所有 (v_1, v_i) 路中容量最大的路称为最大容量 (v_1, v_i) 路。

同样，将网络中每条弧的权值定义为通过该弧的时间，就可以求出通行时间最短的路径；定义为通过该弧的费用，就可以求出费用最低的路径。

以上是从最优化的性质定义的最优路径，它们都有图 8.5 所示的表现形式。

8.2.3　地理网络流的最优化

1. 地理网络流的概念

地理网络中不断地进行着资源的流动，形成各种各样的流。地理网络流就是将目标由输送系统从一个地点运送至另一个地点，输送系统中的地理网络元素性质决定了流的规则。

根据地理网络的特点，可以定义地理网络的流。

定义(8.12)：给定一个地理网络 $D=(V, E)$，c_{ij} 是一个非负数，表示网络边 $\{v_i, v_j\}$ 的容量，c_j 表示网络结点 v_j 的结点容量，v_s 和 v_t 是网络的发点和收点。

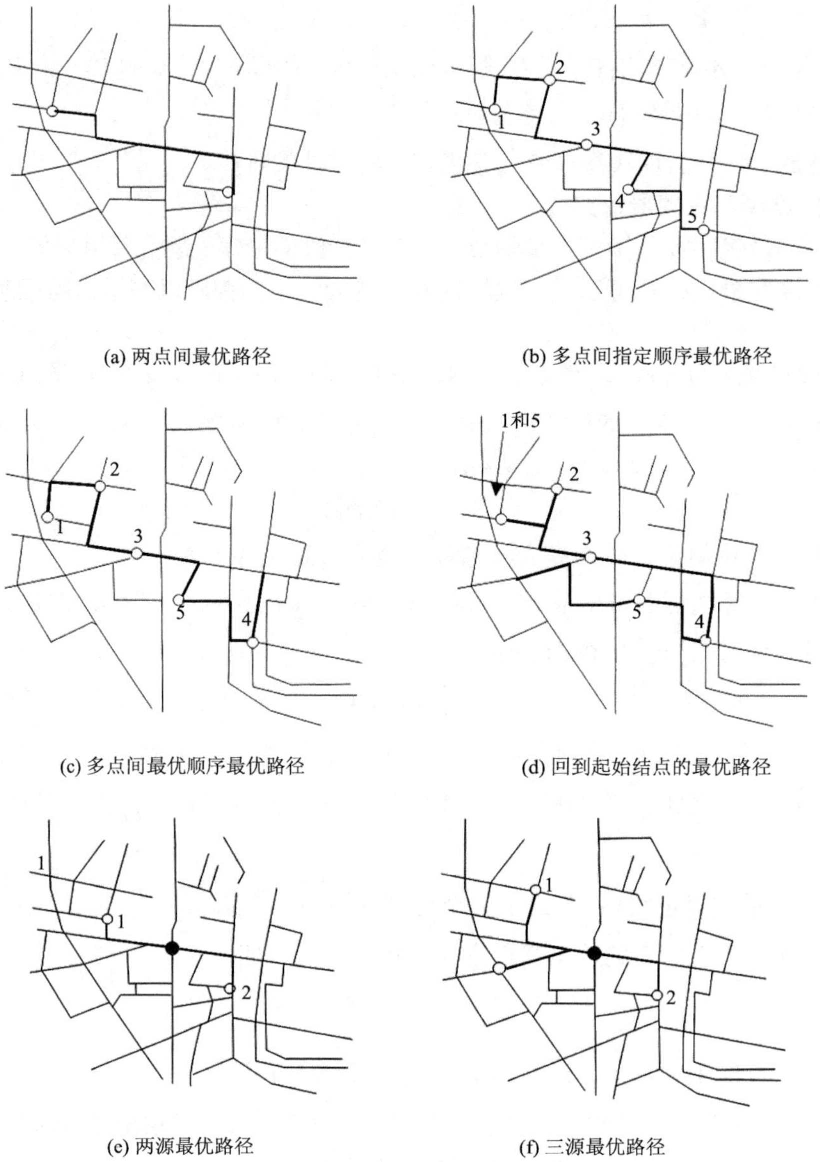

(a) 两点间最优路径　　(b) 多点间指定顺序最优路径

(c) 多点间最优顺序最优路径　　(d) 回到起始结点的最优路径

(e) 两源最优路径　　(f) 三源最优路径

图 8.5　最优路径的几种形式

设 f 是该地理网络上的一个非负函数，对一切网络边 $e=(v_i,v_j)\in E$， $f(e)=f_{ij}$，对任一网络结点 $v_i\in V$， $f(i)=f_j$，如果函数 f 满足下列条件：

(1) $f_{ij}=-f_{ji},$，对一切 $v_i\in V\setminus\{v_s,v_t\}$；

(2) $0\leqslant f_{ij}\leqslant c_{ij}$， $0\leqslant f_j\leqslant c_j$；

则称 f 是地理网络 D 上的一个可行流， f_{ij}、 f_j 分别为 f 通过网络边 (v_i,v_j) 和网络结点 v_j 上的流量；称 $v(f)=\sum\limits_{(v_s,v_j)\in E}f_{sj}-\sum\limits_{(v_j,v_s)\in E}f_{js}$ 为 f 的一个流值。

类似于一般网络，地理网络也总有可行流。设

$$f \equiv 0, (v_i, v_j) \in E, f_{ij} = 0; v_j \in V, f_j = 0$$

则 f 是一个可行流，这个流称为地理网络的零流。

在对各种地理网络进行分析时，地理网络流的最优化问题一直是研究地理网络的一个重要问题，主要涉及两方面内容：地理网络的最大流问题和最小费用流问题。

2. 地理网络的最大流问题

定义(8.13)：给定一个地理网络 $D=(V,E)$，v_s 和 v_t 是网络的发点和收点，$v(f)$ 是该网络的一个可行流。该地理网络的最大流是指所有可行流中流值最大的一个可行流，即 $\max\{v(f_i)\}$。

在实际的地理网络中，寻找网络中从固定的出发点到终点的最大流量及流向对于交通运输方案的制定、物资紧急调运以及管网路线的布设都是十分有用的。

最大流问题也是一个线性规划问题，一般来说可以用线性规划的方法求解，然而，地理网络问题的线性规划方程大都相当复杂，因而，常用的求解方法是根据地理网络的实际情况用更简洁的图的方法解决。

设 P 是网络中一条 (v_p, v_q) 链，规定 P 的正方向是从 v_p 到 v_q，在这个规定下，P 上的弧分成两类：一类弧的方向与 P 的正方向相同，称为前向弧；一类弧的方向与 P 的正方向相反，称为后向弧。

定义(8.14)：设 f 是地理网络 D 的一个可行流，(v_i, v_j) 是 D 的一条弧，如果 f 在弧 (v_i, v_j) 上的流量 $f_{ij}=0$，称 (v_i, v_j) 为 f 零流，否则称 (v_i, v_j) 为 f 正弧；如果 f 在弧 (v_i, v_j) 上的流量 $f_{ij}=c_{ij}$，称 (v_i, v_j) 为 f 饱和弧，否则称 (v_i, v_j) 为 f 非饱和弧。设 P 是 D 中一条 (v_s, v_t) 链，如果 P 的前向弧为 f 非饱和弧，后向弧为 f 正弧，则称 P 为 D 中关于 f 的 (v_s, v_t) 增广链。通常，把 D 中关于 f 的 (v_s, v_t) 增广链称为 f 增广链。

求解最大流算法的基本思想是：从发点 v_s 和收点 v_t 的容量网络 D 中的任何一个可行流 f_1 (通常取 f_1 为零流)开始，用流的增广算法寻找流的增广链。如果 D 中存在一条从 v_s 到 v_t 的 f_1 增广链，则对 f_1 进行增广得到一个流值增大的可行流 f_2，然后在 D 中寻找 f_2 的增广链，对 f_2 进行增广，直到找不到流的增广链为止，此时的可行流就是 D 的最大流。

Ford-Fulkerson 在 1957 年根据上述思想提出了一个算法。这一算法分两个过程：一是标记过程，二是增广过程。前一过程通过对结点的标记寻找一条可增广的路，后一过程则使沿可增广的路的流增加。该方法称为标记法。在标记过程中，每个结点给予三个标号，第一个标号表示该点前一结点 l_i；第二个标号为“+”或“−”，表示前一点与当前结点连接的边在增广路中是前向边还是反向边；第三个标号表示这条边上能增加(或减少)的流值 δ_i。

标记法有一个明显不足，那就是如果每一次找到的增广链只能增加一个单位的流量时，那么从零流开始计算需要进行增广过程的迭代次数将等于网络边的容量而与网络的大小无关，网络边的容量大小可以是任意的数字。另外，当网络边的容量不是整数时则不能保证该算法在有限步结束。增广链选取的任意性造成了这些缺陷，必须修改增广链的选取方法。

有学者提出：在求增广链时，每次都找最短增广链，在 $O(nm)$ 次增广后就一定能得到最大流，这里 n 和 m 分别为容量网络 D 的顶点数和边数。与标记法不同，这里是根据最短路径来选择增广路。王劲峰(1993)曾用最短路径算法求解在网络结点亦受限制的情况下最大流的路径优化问题，并取得了较好的效果。我们综合了上述几种算法的优点，对这个问题作了进一步探索，提出了一种改进算法。该算法的主要步骤如下：

(1)求第一个可行流：用任意方法求出 D 的一整个可行流 f_0（可以取 f_0 为零流）。

(2)寻找增广链：在 D 中，根据点-边拓扑关系算法，寻找当前可行流 f_k 的一条 (v_s,v_t) 最短路 P。如果没有这样的路，则当前流 f_k 就是最大流，结束；否则，将 P 作为当前可行流 f_k 的一条增广路。可增加的流量 δ_p 为

$$\delta_p = \min\left\{c_{ij}, c_i \left| (v_i, v_j) \in P, c_j \notin (v_s, v_t)\right.\right\}$$

式中，c_{ij}, c_i, c_j 分别为 (v_i,v_j) 边、结点 v_i 和 v_j 的容量。

(3)沿增广链增加流量：在 D 中，沿 P 将流 f_k 增广为 f_{k+1}：对于 $(v_i,v_j)\in P$，$f_{ij}=f_{ij}+\delta_p$，$f_i=f_j+\delta_p$。

(4)当 $c_{ij}=f_{ij}$ 或 $c_j=f_j$ 时，令 $d_{ij}=\infty$。

(5)令 $k=k+1$，转第(2)步，重复上述步骤。

当网络中有一个以上的发点或收点时，只需对单发点和单收点的算法略作修改。具体方法是：建立一个新的发点 S 和收点 T，称为超发点和超收点。用无穷大容量的弧 (S,s_1)，(S,s_2)，…，将超发点与原有发点 s_1,s_2，…连接起来。用无穷大容量的弧（t_1，T），(t_2,T)，…，将原有收点 t_1，t_2，…与超收点连接起来，新增加的弧的距离为 1。在新扩大的网络上，从 S 到 T 的任一个流对应于在原有网络上从原有各发点至原有各收点的一个流。而且，在新扩大的网络上的最大流对应于在原有网络上的最大流。因此，最大流算法可以应用于扩大的网络上，并且由算法产生的最大流将生成原有网络上的最大流。

3. 地理网络的最小费用流问题

最大流问题讨论的是在一个地理网络中怎样安排网上的流使从发点输送到收点的流量达到最大。在实际情况中，不仅要使网络上的流量达到最大，或达到要求的预定值，而且还要使运送流的费用是最小的，这就是最小费用流问题。显然，这一问题具有实际意义。

定义(8.15)：设 $D=(V,E,c)$ 是一个带发点 v_s 和收点 v_t 的地理网络。w 是定义在 D 上的非负实函数，对一切的 $(v_i,v_j)\in E$，w_{ij} 表示该弧上通过单位流量的费用，w_i 和 w_j 分别表示结点 v_i 和 v_j 通过单位流量的费用。

设 f 是该地理网络上的一个可行流，定义 f 的费用为

$$w(f)=\sum_{(v_i,v_j)\in E} w_{ij} f_{ij} + \sum_{v_i\in V\setminus\{v_s,v_t\}} w_i f_i$$

设 v_0 是给定的一个非负数，最小费用问题可以描述为在上述地理网络 D 中求一个流值为 v_0 的费用最小的可行流，这样的可行流称为最小费用流。

根据最小费用流的定义可知，地理网络 D 中，沿着最短路增广得到的可行流 f 的费用最小。因而，可以通过修改地理网络最大流的算法来求最小费用流。主要步骤如下：

(1)取零流 f 作为初始可行流。

(2)如果 $v(f)=v_0$，则 f 为 D 中流值为 v_0 的最小费用流，否则转第(3)步。

(3) 在 D 中，根据点-边拓扑关系算法，寻找当前可行流 f_k 的一条 (v_s,v_t) 的最短路径 P。如果没有这样的路，则 D 中没有流值为 v_0 的可行流，结束；否则，将 P 作为当前可行流 f_k 的一条增广路，δ_p 表示 P 的容量，$v(f)$ 表示当前可行流 f_k 的流值：

$$\delta_p = \min\left\{c_{ij}, c_i \middle| (v_i, v_j) \in P, c_j \notin (v_s, v_t)\right\}$$

式中，c_{ij}, c_i, c_j 分别为 (v_i, v_j) 边、结点 v_i 和 v_j 的容量。

(4) 在 D 中，沿 P 将流 f_k 增广为 f_{k+1}，增加的流值为 θ，即对于 $(v_i,v_j)\in P$，$f_{ij}=f_{ij}+\theta$，$f_j=f_j+\theta$。

$$\theta = \min\left\{\delta_p, v_0 - v(f)\right\}$$

(5) 当 $c_{ij}=f_{ij}$ 或 $c_j=f_j$ 时，令 $d_{ij}=\infty$，$k=k+1$，转第 (2) 步，重复上述步骤。对这一算法作适当修改，就可以得到其他约束条件的最大流问题的算法。

8.2.4　地理网络中的定位与分配问题

人类活动总是趋于按一定目标选择并达到最佳效果的空间位置，然而，这样的位置并不容易确定，常常要利用一些工具。定位与分配就是常见的定位工具。几乎所有定位问题的目标都是：寻找满足某种优化条件的最佳位置。但如何确定这个最佳位置以及如何评价最佳位置呢？这都取决于所研究问题的类型以及用户的要求。下面只讨论设施所在的范围是一个地理网络的几种定位与分配模型。

1. 地理网络的中心点和中位点问题

在一个地理网络中，能够从网络的结点和边上找到一些特定的点使它们满足某种优化条件，这些点可用于较简单的定位问题。使最大距离达到最小选出的位置称为网络的中心点；最大距离总和达到最小选出的位置称为网络的中位点。一个地理网络的中心点主要有一般中心、绝对中心和一般绝对中心等；一个地理网络的中位点主要有中位点、一般中位点、绝对中位点和一般绝对中位点等。

定义 (8.16)：给定一个地理网络 $D=(V,E)$。其中 V 表示地理网络结点的集合，E 表示地理网络边的集合。用 $d(i,j)$ 表示从结点 v_i 到结点 v_j 之间的距离，$d\left[f\_(r,s),j\right]$ 表示从网络边 (v_r,v_s) 上的 $f\_$ 点到结点 v_j 之间的距离，$d\left[j,(r,s)\right]$ 表示结点 v_j 到网络边 (v_r,v_s) 上任一点的最小距离，$d\left[f\_(r,s),(t,u)\right]$ 表示从网络边的 (v_r,v_s) 的 $f\_$ 点到网络边 (v_t,v_u) 上点的最大距离。

令

$$\mathrm{MVV}(i) = \max_j \left\{d(i,j)\right\}$$

表示从结点 v_i 到任一结点的最大距离。

令

$$\mathrm{SVV}(i) = \sum_j d(i,j)$$

表示从结点 v_i 到其他各结点的总距离。

令

$$\mathrm{MPV}\left(f\_(r,s)\right)=\max_{j}\left\{d\left(f\_(r,s),j\right)\right\}$$

表示从网络边(v_r,v_s)的$f_$点到任一结点的最大距离。

令

$$\mathrm{SPV}\left(f\_(r,s)\right)=\sum_{j}\left\{d\left(f\_(r,s),j\right)\right\}$$

表示从网络边(v_r,v_s)上的$f_$点到所有各结点总距离。

同样可以定义$\mathrm{MVA}(i)$，$\mathrm{SVA}(i)$，$\mathrm{MPA}\left(f_(r,s)\right)$，$\mathrm{SPA}\left(f_(r,s)\right)$为到各条网络边的最大距离或总距离。

地理网络的中心是网络中距最远结点最近的一个结点v_x，即

$$\mathrm{MVV}(x)=\min_{i}\left\{\mathrm{MVV}(i)\right\}$$

地理网络的一般中心是距最远点最近的一个结点v_x，即

$$\mathrm{MVA}(x)=\min_{i}\left\{\mathrm{MVA}(i)\right\}$$

地理网络的绝对中心是距最远结点最近的任意一点，即

$$\mathrm{MPV}\left(f\_(r,s)\right)=\min\left\{\mathrm{MPV}\left(f\_(t,u)\right)\right\}$$

地理网络的一般绝对中心是距最远点最近的任意一点，即

$$\mathrm{MPA}\left(f\_(r,s)\right)=\min\left\{\mathrm{MPA}\left(f\_(t,u)\right)\right\}$$

类似地，可以定义各种中位点。

地理网络的中位点是从该点到其他各结点有最小总距离的一个结点v_x，即

$$\mathrm{SVV}(x)=\min_{i}\left\{\mathrm{SVV}(i)\right\}$$

地理网络的一般中位点是从该点到每一条边有最小的总距离的一个结点v_x，即

$$\mathrm{SVA}(x)=\min_{i}\left\{\mathrm{SVA}(i)\right\}$$

地理网络的绝对中位点是从该点到所有各结点有最小总距离的任意一点，即

$$\mathrm{SPV}\left(f\_(r,s)\right)=\min\left\{\mathrm{SPV}\left(f\_(t,u)\right)\right\}$$

地理网络的一般绝对中位点是从该点到所有各条网络边有最小的总距离的任意一点，即

$$\mathrm{SPA}\left(f\_(r,s)\right)=\min\left\{\mathrm{SPA}\left(f\_(t,u)\right)\right\}$$

以上的选址中，假设每个结点的限制条件一致，每条边的限制条件也一致。在实际的地理网络中，结点、边的限制条件都不一定一致，它们的属性存储在数据库中，在计算各种距离时加上这些属性即可。

2. 地理网络设施的服务范围与资源的分配范围

实际生活中，许多行业和部门都会遇到提供服务、分配货物和资源的问题。例如，学校的学生来源、消防站的服务范围等就属于这一类问题。通常用地理网络的中心模拟提供服务的设施，如学校、消防站，被服务的一方用网络边和网络结点模拟，如沿街道居住的学生等。设施的服务范围及其资源的分配范围的确定，为设施位置的评价及了解需求的满足情况提供

了有效的工具。

在计算设施的服务范围及其资源的分配范围时，网络各元素的属性也会对资源的实际分配有很大影响。主要属性有中心的供应量和最大阻值，网络边和网络结点的需求量，网络边和网络结点的最大阻值等，有时，也用到拐角的属性。

1) 中心服务范围的确定

中心服务范围，是指一个服务设施在给定的时间或距离内能够到达的区域(龚洁晖和白玲，1998)。

定义(8.17)：给定一个带中心的地理网络 $D=(V,E,c)$，其中 V 表示地理网络结点的集合，E 表示地理网络边的集合，c 表示地理网络的一个中心。设中心的阻值为 cw，w_{ij} 表示网络边 e_{ij} 的费用。r 表示地理网络上任何结点到中心 (v_i,v_c) 间的一条路径，r_{ic} 是该路径的费用。在不考虑货源量和需求量的情况下，中心的服务范围定义为满足下列条件的网络边和网络结点的集合 F：

$$F=\{v_i \mid r_{ic}\leqslant cw, v_i\in r\}\cup\{e_{ij}\mid r_{ic}+w_{ij}\leqslant cw, v_i\in r\}$$

服务范围求解的思想是，依次求出到服务中心费用不超过中心最大阻值的路径，组成这些路径的网络结点和边的集合就构成了该中心的服务范围。具体处理时将地理网络看成以该中心为根的一棵树，用宽度优先法搜索，搜索时考虑到网络边和网络结点的属性。

算法的主要步骤如下：

(1) 将中心结点作为当前结点，放进已检查到达结点表中；同时扫描它的关联结点，检查这些结点是否在服务范围内，将满足条件的关联结点放入已搜索结点表中。

(2) 如果已搜索结点表为空，则结束；否则，继续第(3)步。

(3) 在已搜索结点表中，按表中记录的顺序取出关联结点，作为当前已到达结点，放进已检查到达结点表中，同时记录该结点所在的边。

(4) 扫描当前结点的关联结点，检查这些结点是否在服务范围内，将满足条件的关联结点放入已搜索结点表中。

(5) 重复执行第(2)步到第(4)步。

根据所选的费用的性质，常见的服务范围有以下两种形式：

一是，到中心的最短距离不超过某个范围的覆盖区域。例如，一个医院 30 公里以内的区域，构成该医院的服务范围。

二是，到中心的最短时间不超过某个范围的覆盖区域。例如，一个消防站 10 分钟所能达到的范围，15 分钟所能达到的范围，分别是该消防站在 10 分钟和 15 分钟的服务范围。

2) 中心资源的分配范围

资源分配就是将地理网络的边或网络结点，按照中心的供应量及网络边和网络结点的需求量，分配给一个中心的过程。资源分配用来模拟地理网络上资源的供应和需求关系。

定义(8.18)：给定一个带中心的地理网络 $D=(V,E,c)$，其中 V 表示地理网络结点的集合；E 表示地理网络边的集合；i,j 为地理网络上的任何结点；c 表示地理网络的一个中心。设中心的货源量为 cs，中心的阻值为 cw，d_{ij}、w_{ij} 分别表示网络边 e_{ij} 的需求量和费用。r 表示地理网络上任何结点到中心 (v_i,v_c) 间的最短路径，r_{ic} 是该路径的费用，m 是网络当前的总需求量。则资源的分配范围定义为满足下列条件的网络边和网络结点的集合 P：

$$P=\left\{v_i\left|r_{ic}\leqslant cw,m\leqslant cs,v_i\in r\right.\right\}\cup\left\{e_{ij}\left|r_{ic}+w_{ij}\leqslant cw,m+w_{ij}\leqslant cs,v_i\in r\right.\right\}$$

资源分配范围的求解思想是，依次求出到服务中心费用不超过中心最大阻值，同时网络的总需求量不超过中心的货源量的路径，组成这些路径的网络结点和边的集合就构成了该中心资源分配的范围。处理时还要考虑到网络边和网络结点的需求量。具体处理与服务范围的搜索方法类似。

算法的主要步骤如下。

(1) 初始化：将中心所在的结点作为 v_0，放入已标记结点集 S 中，并初始化有关变量。

(2) 如果整个网络都已被分配，则停止；否则，执行第(4)步。

(3) 如果总货源量都已被分配，则停止；否则，执行第(4)步。

(4) 在尚未分配的结点集 $\overline{S}$ 中，寻找距离中心 v_0 路径最短的结点 v_n，假设 v_n 的前一点是 v_m，将 (v_m,v_n) 作为当前处理的边。

(5) 判断网络流在边 (v_m,v_n) 上的运行情况：

边接收到的来自 v_m 点的流量：$\mathrm{LR}_{mn}=\min\{\mathrm{LL}_{mn},\mathrm{PO}_m\}$

边消耗掉的流量：$\mathrm{LF}_{mn}=\min\{\mathrm{LD}_{mn},\mathrm{LR}_{mn}\}$

由该边流向 v_n 的流量：$\mathrm{LO}_{mn}=\mathrm{LR}_{mn}-\mathrm{LF}_{mn}$

式中，LD_{mn}，LL_{mn} 分别为 (v_m,v_n) 边的需求量和通行能力；PO_m 为 v_m 点发出的流量。

(6) 如果 (v_m,v_n) 边流向 v_n 点的流量为 0，则该边停止运输。

如果 (v_m,v_n) 边流向 v_n 点的流量小于该边的需求量，则将该边的一部分分配给中心后，停止运输。

如果 (v_m,v_n) 边流向 v_n 点的流量大于该边的需求量，则考察网络流在 v_n 点上的接受量 PR_n、消耗量 PF_n 和发出量 PO_n。

(7) 判断网络流在结点 v_n 上的运行情况，与网络流在边上的运行情况类似：

结点 v_n 接收到的来自 (v_m,v_n) 的流量：$\mathrm{PR}_n=\min\{\mathrm{PL}_n,\mathrm{LO}_{mn}\}$

结点 v_n 消耗掉的流量：$\mathrm{PF}_n=\min\{\mathrm{PD}_n,\mathrm{PR}_n\}$

由结点 v_n 流向相邻边的流量：$\mathrm{PO}_n=\mathrm{PR}_n-\mathrm{PF}_n$

式中，$\mathrm{PD}_n,\mathrm{PL}_n$ 分别为结点 v_n 的需求量和通行能力。

(8) 如果 $\mathrm{PO}_n\leqslant 0$，则该点停止运输；如果 $\mathrm{PO}_n>0$，则考察与结点 v_n 相邻的边。

(9) 如果存在与 v_n 点相邻的边 (v_n,v_r)，该边尚未分配而该边的 v_n 点已经分配，则给该边分配它所需要的量 LD_{nr}，此时，从 v_n 点流向其他相邻的、且另一端点尚未分配的边的流量为 $\mathrm{PO}_n=\mathrm{PO}_n-\mathrm{LD}_{nr}$。

(10) 记录已分配的结点 v_m、边 (v_m,v_n) 或边 (v_m,v_r)，并从未分配的点、边集合 S 和 Q 中减去这些元素，将点 v_n 叫作为当前结点。

(11) 计算全网络点或边的总消耗量 LFT、PFT，点或边的分配数 LNT、PNT 以及总的消耗量 TF。

3. P-中心的定位与分配

P-中心问题是要从一组候选点中选择 P 个供应点，使得服务满足特定的优化条件，比如总距离最短、总时间最少等。供应点和候选点都位于地理网络的结点上，使用的距离指网络上的路径长度。根据不同的优化条件，P-中心问题可分为不同的类型，其中总距离最短的 P-中心问题是最基本的问题，其他模型可以通过修改目标方程或约束条件在该模型基础上进行扩展。

所有模型都有如下的基本约束条件：

(1) 从一组候选点中，选取特定个点 p 。

(2) 每个服务设施的供应量是一定的。

(3) 每个需求点分配给离它最近的一个服务点而且只能分配给一个服务点。

该问题的目标是在 m 个候选点中选择 p 个供应点为 n 个需求点服务，使得从服务中心到需求点之间的总距离最小。 P -中心问题可以描述为

$$\text{minimize}\left(\sum_{i-1}^{n}\sum_{j-1}^{m} w_i \cdot d_{ij} \cdot x_{ij}\right)$$

$\sum_{j=1}^{m} y_j = p$　　将服务中心的数量限定为 p 个

$\sum_{j=1}^{m} x_{ij} = 1$　　保证每个需求点 i 都被服务

$y_i \geqslant x_{ij}$ 、 $\forall i, \forall j$　　只有第 j 个中心被选中需求点 i 才能分配到该中心

$y_i = 0,1, \forall j$　　任何一个候选点被选中时为 1，否则为 0

$x_{ij} = 0,1, \forall i, \forall j$　　需求点有中心 j 服务时为 1，否则为 0

其中，各个变量的含义如下： i 、 n 分别为需求点的位置和数量； j 、 m 分别为候选点的位置和数量； p 为要确定的服务中心的数量； w_i 为需求点 i 的需求量； d_{ij} 为需求点 i 到服务点 j 的最短距离。

对上述的 P-中心模型的目标方程作如下修改，就可以扩展成其他类型的 P-中心问题。令 $E_{ij} = w_i \cdot d_{ij}$ ，则原目标方程转化为

$$\sum_{i=1}^{n}\sum_{j=1}^{m} E_{ij} \cdot x_{ij}$$

如果希望所有的需求点都在一个给定的距离 S 内，则对 E_{ij} 修改如下：

$$E_{ij} = \begin{cases} w_i \cdot d_{ij}, d_{ij} \leqslant S \\ \text{LIMIT}, d_{ij} > S \end{cases}$$

此处 LIMIT 为一个很大的值。

如果要求所选的中心具有最大服务范围并且需求点在一给定的服务范围 S 内，则对 E_{ij} 作如下修改：

$$E_{ij} = \begin{cases} 0, d_{ij} \leqslant S \\ w_i, d_{ij} > S \end{cases}$$

如果需要限制服务范围在一给定的最远距离 T 内，则可以设置如下：

$$E_{ij} = \begin{cases} 0, d_{ij} \leqslant S \\ w_i, S < d_{ij} \leqslant T \\ \text{LIMIT}, d_{ij} > T \end{cases}$$

根据实际应用的需要还可以建造其他类型的 P-中心模型，这些模型都可以在总距离最短的 P-中心模型上进行扩展，求解方法也大同小异，这里不再做深入研究。

图 8.6 显示了上述模型的特征。其中：(a)表示总距离最短时中心的位置；(b)表示总距离最短且需求点不超过一定距离时，中心从原来的位置移到当前的位置；(c)表示中心的位置移动后，中心最大的服务范围从 6 个需求点扩大到 9 个需求点；(d)表示中心位置移动后，中心的最远服务范围可以覆盖所有的需求点。

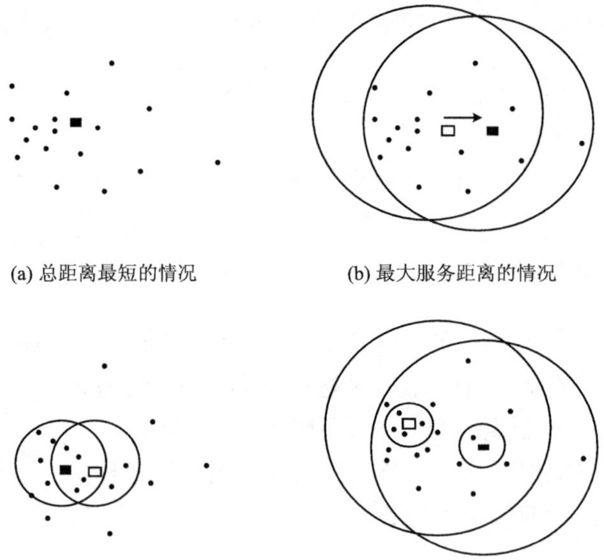

(a) 总距离最短的情况　(b) 最大服务距离的情况

(c) 最大服务范围从6个扩大到9个　(d) 最远服务范围可以覆盖所有的需求点

图 8.6　常见的 P-中心模型

P-中心问题可以用线性规划方法求得全局性的最佳结果，但由于计算量及内存需求量巨大，在实际应用中常用一些启发式算法来逼近最佳结果，其中，交换式算法使用最多。著名的有 Teitz-Bart 算法，该算法的主要步骤如下。

(1) 任选几个候选点作为起始供应点集 $P_t : C_1, C_2, \cdots, C_P$，$\overline{P}$ 表示不在 P_t 中的候选供应点。

(2) 将所有需求点分配给它们最邻近的供应点，使其距离为最短。计算其总的加权距离 B_i。

(3) 从 $\overline{P}$ 中选一候选点 C_b，同时在 $\overline{P}$ 中删除 C_b 点。

(4) 对 P_t 中的每个供应点 C_j 用 C_b 替换，计算其总加权距离的变化 Δb_j。

(5) 如果用 C_b 替换某个 C_j 后可以使总加权距离减少，那么就替换总加权距离减少最多的供应点 C_k，令 $B_t = B_t - \Delta b_k$，并将 P_t 修改为 B_t 所在的供应点。

(6) 重复 (3) ～ (5) 步，直至 $\bar{P}$ 为空。

(7) 令 $\bar{P}$ 表示不在当前 P_t 中的候选供应点。

(8) 重复 (2) ～ (7) 步，如果没有任何取代能减少总的加权距离，则停止。

这一算法中，主要的计算是在将需求点分配到其最邻近的供应点，并求总的加权距离。在这样多层次的循环中，不可能临时求解点间的最小距离，这些距离必须预先求得，以提高算法的效率。尽管如此，对于大的网络的计算仍需要相当长的时间。此时，可以考虑利用空间域的特性来进一步改进算法。

利用空间邻近的相关性，可以在计算时不需要对所有点进行计算，而其受影响的点应是其附近的点，这样可以大大减少计算时间。Densham 和 Rushton 正是利用空间上的这一特性，在其对 Teitz-Bart 算法的修改中，引入了一个新的全局和区域性 (global and regional) 算法。Densham 和 Rushton 的这一新的算法充分利用候选点和需求点数据的信息，在计算取代中大大减少了计算量。

Densham-Rushton 算法如下。

(1) 先选 P 个候选点作为起始供应点集，并将所有需求点分配到最近的供应点，计算其目标方程值，即总的加权距离。

(2) 作全局性调查。

第一步，检验所有选择的供应点，选定一个供应点准备删去，它的删去仅引起最小的目标方程值的增加。

第二步，从未选入的候选点中，寻找一个候选点来代替第一步中选择的供应点，其可以最大限度地减少目标方程值。

第三步，如果第二步中选择的点所减少的目标方程值大于第一步中选择的点所增加的目标方程值，用第二步中选择的点代替第一步中选择的点，并更新目标方程值，再回到第一步重复检验；否则，转入步骤 (3)。

(3) 对每一供应点依次做出区域性调整。

第一步，如果不是固定的供应点，用它的邻近的候选点来代替检验。

第二步，如果这一代替可以最大限度地减少目标方程值，则进行这一替换，直到 $P-1$ 个供应点都被检验，并无新的替换为止。

(4) 重复步骤 (2) 和 (3) 直到都无新的替换为止。

这样，最后的供应点集即是最终结果。这一算法运用空间邻近相关性的特性，有目的地对部分相邻或相关的候选点进行比较检验和取代，避免了很多不必要的计算，大大改善了算法的处理速度，这对大数据量的运算是非常重要的。根据 Densham 和 Rushton 的试验，与 Teitz-Bart 算法相比，新的算法仅需要 30%～50%的处理时间。

8.3 缓冲区分析

8.3.1 基本概念

缓冲区分析 (buffer analysis) 是地理信息系统中使用非常频繁的一种空间分析，是对空间特征进行度量的一种重要方法。缓冲区是根据空间数据库中的点、线、面地理实体或规划目标，自动建立其周围一定宽度范围的多边形。从空间变换的观点看，缓冲区分析模型就是将点、线、面状地物分布图变换为这些地物的扩展距离图，图上的每一点的值代表该点离最近的某种地物的距离。实际上，缓冲区就是地理目标或工程规划目标的一种影响范围，如水库淹没范围、城市规划中街道拓宽后的房屋拆迁范围、化工厂爆炸后有毒物质影响的范围，等等，也就是邻近度(proximity)问题。

缓冲区分析是基于空间目标拓扑关系的距离分析，其基本思想是给定一个空间目标(或其集合)、确定它(们)的某个邻域，邻域的大小由邻域半径决定。因此，空间目标 O_i 的缓冲区为

$$B_i=\left\{x:d\left(x,O_i\right)\leqslant R\right\} \tag{8.5}$$

式中，R 是邻域半径，称为缓冲距；d 一般是指最小欧氏距离；B_i 是空间目标 O_i 的缓冲距为 R 的缓冲区，是全部距空间目标 O_i 的距离 d 小于或等于 R 的点的集合。对于空间目标集合 $O=\left\{O_i:i=1,2,\cdots,n\right\}$，其缓冲距为 R 的缓冲区是其中单个空间目标的缓冲区的并集，即

$$B=\bigcup_{i=1}^{n}B_i \tag{8.6}$$

空间信息系统中，空间目标分为点目标、线目标、面目标，以及点、线、面目标任意组合而成的复杂目标。因此，空间目标的缓冲区包括点目标缓冲区、线目标缓冲区、面目标缓冲区和复杂目标缓冲区。点目标的缓冲区，是围绕该目标的半径为缓冲距的圆周所包围的区域；线目标的缓冲区，是沿线目标的两侧距离不超过缓冲距的点组成的区域；面目标的缓冲区，是沿该目标边界线内侧或外侧距离不超过缓冲距的点组成的区域；复杂目标的缓冲区，则须经过复杂的计算和判断生成一个复杂多边形或多边形集合。不同类型空间目标的缓冲区如图 8.7 所示。

(a) 点缓冲区　　(b) 线缓冲区　　(c) 面缓冲区

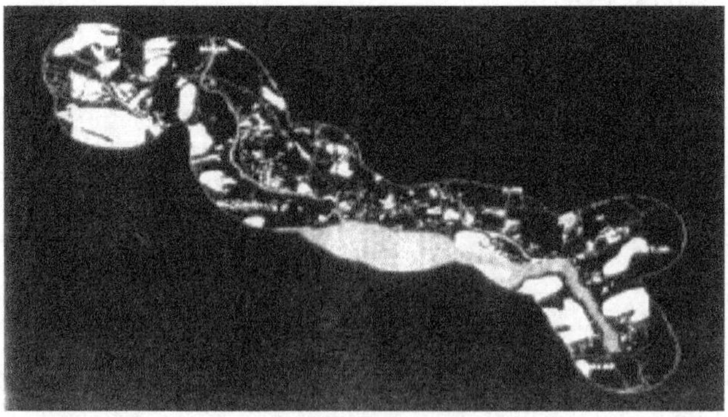

(d) 复杂目标缓冲区

图 8.7　空间目标缓冲区示意图

8.3.2　空间目标的形态分析与分维估值

在空间目标的缓冲区分析中，点目标的定位点、线目标的轴线和面目标的边界，是生成缓冲区的基础。缓冲区边界的形态与空间目标的形态有着紧密的关系，空间目标的形态特征决定缓冲区边界的形态特征。在 GIS 的空间目标中，除了点目标以外的其他空间目标都具有一定的形状特征。因此，空间目标的形态分析与分维估值着重于线目标和面目标。

1. 空间目标形态分析的常用参数

由于线目标是以连续方式存在于地理空间，为了能以数字方式对其进行描述，必须将其离散化，即以有限的抽样数据表达连续物体，长度是线目标的最基本的形态参数之一。在绝大多数情况下，长度计算限制在二维空间中，假设线目标的轴线为$\{x_i, y_i\}_{i=1}^{n}$，则线目标的长度 L（不考虑单位）为

$$L = \sum_{i=1}^{n}\left[\left(x_{i+1} - x_i\right)^2 + \left(y_{i+1} - y_i\right)^2\right]^{1/2} \tag{8.7}$$

在这里，是用弦长代替实际弧长，计算的长度值要比实际曲线长度值小。而且，曲线的长度只能有限地刻画曲线的形态特征，经常会出现具有相同长度的曲线其形态特征差别很大的情况。

对面目标而言，面积是其最基本的形态参数之一。面目标的形态特征由其轮廓边界构成的多边形决定，假设面目标轮廓边界顺时针方向多边形面积为正，逆时针方向为负。在大多数情况下，面目标的轮廓为凸多边形，或近似凸多边形。由多边形顺序顶点集$\{(x_i, y_i)\}_{i=1}^{n}$计算凸多边形面积 S 的公式为

$$S = \frac{1}{2}\sum_{i=1}^{n}\left[\left(x_{i+1} - x_i\right)\left(y_{i+1} - y_i\right)\right] \tag{8.8}$$

考虑到多边形面积相同而形态迥异的情况非常普遍，所以通常将多边形面积与周长结合起来描述多边形的形态特征。但由于抽样数据并不能无限准确地描述面目标的实际形状，同样会引起面积和周长的误差。

2. 空间目标的分维

地理现象的复杂性是造成缓冲区空间分析困难的直接原因。诸如河流、海岸线、湖泊等许多空间目标都具有明显的不规则性，它们的不规则性基本上不随观察尺度的减小而消失，而具有细结构；它们的形态受随机因素的影响，具有某种意义的整体与局部的相似性。由 Mandelbrot 创立的分形几何（fractal geometry）为研究这类非规则几何对象提供了一种新的思路和有效工具。

分形理论的基本思想是承认事物的局部可能在一定条件或过程中，在某些方面（如形态、结构等）表现出与整体的相似性。组成部分与整体以某种方式相似的形称为分形，空间目标的几何信息来源于复杂的地理现象，是分形表现极为典型的例证，许多研究都表明分形可以作为空间目标几何数据处理的重要依据和手段。

根据欧氏几何理论，几何物体的维数以整数表示，可以区分为零维（点）、一维（线）、二维（面）、三维（体）等。这种整数维的图形，经过拓扑变换（拓扑等价变换）即拉伸、压缩扭曲后，仍然是不变的，称为拓扑维数。但是整数维往往不能充分反映几何物体的形态特征。用以定量表征分形的参数称为分形维数，简称分维。它是研究分形的主要工具。从分形机理描

述的不同层次和方面，人们给出了多种分维的定义，如 H-B 维、自相似维、盒子维、盒维数等。在实际应用中，经常应用的是盒维数，这是因为它能通过实验近似计算得到。

$F(X)$ 表示度量空间 X 上的全体紧子集组成的集合。令 $A \in F(X)$，(X,ρ) 为一个度量空间，则对每一个 $\rho > 0$，用 $N_\delta(A)$ 表示覆盖 A 的半径为 $\delta > 0$ 的闭球的最少个数。若 $\lim\limits_{\delta \to 0} \dfrac{\log N_\delta(A)}{-\log \delta}$ 存在，则 A 的盒维数为

$$\dim_B A = \lim_{\delta \to 0} \frac{\log N_\delta(A)}{-\log \delta} \tag{8.9}$$

3. 空间目标的分形分析

分维刻画分形结构内在性质的数量特征，空间目标的分形分析主要体现在分维估值上。在数学上，分维的定义是非常严密的，但应用于空间目标的形态分析却存在明显的困难。一般来说，自然界中的分形，只能在一定的范围内才表现出自相似性，而且其自相似性的层次是有限的。因此，自然界的分形带有随机性，其自相似性是统计意义上的。

平面上的曲线的分维反映曲线的复杂程度。分维数越大，曲线越复杂；反之亦然。有学者根据其对各种海岸线与国境线量测的长期研究提出，以曲线总长度的对数 $\log(L)$ 和量测尺度的对数 $\log(r)$ 为坐标所作出的图是一条直线，这条直线的斜率为 $1-D$。平面曲线的分维公式为

$$\log(L) = (1-D)\log(r) + \log(k) \tag{8.10}$$

式中，$\log(k)$ 表示直线的截距；D 表示曲线的分维。

从实验的角度看，采用式(8.7)近似计算曲线的长度非常方便，因此采用式(8.10)作为线目标的分维估值的基本模型。分维估值的基本思路，就是对测量尺度的一个单调增序列 $\{r_i\}_{i=1}^M$（一般大于 5），求出相应的曲线长度 $\{L(r_i)\}_{i=1}^M$，再用线性回归模型拟合点对 $\{(\log r_i, \log L(r_i))\}_{i=1}^M$，求得 D 的估计值。其计算公式为

$$D = 1 - \frac{M\sum_{i=1}^M(\log r_i \log L(r_i)) - \left(\sum_{i=1}^M \log r_i\right)\left(\sum_{i=1}^M \log L(r_i)\right)}{M\sum_{i=1}^M(\log r_i)^2 - \left(\sum_{i=1}^M \log r_i\right)^2} \tag{8.11}$$

平面上的多边形的分维反映多边形边界的结构和复杂程度。分维数越大，边界形态特征越复杂；反之亦然。根据多边形周长与面积之间的量网关系，其分维估值的基本模型为

$$\log\left(\frac{L}{r}\right) = D\log\left(\frac{S^{1/2}}{r}\right) + D\log(a_0) \tag{8.12}$$

式中，L 表示多边形周长(Hausdorff 长度)，用式(8.7)近似计算；r 表示量测尺度；S 表示多边形的欧氏面积，用式(8.8)近似计算；a_0 表示多边形的形状因子。

面目标的分维估值的基本思路是对量测尺度的一个单调增序列 $\{r_i\}_{i=1}^M$ 和多边形面积

$\{S(r_i)\}_{i=1}^{M}$，测量得到 M 个不同的 S_i 和 L_i，从而得到点对 $\left\{\log\left(\frac{S_i^{1/2}}{r_i}\right),\log\left(\frac{L_i}{r_i}\right)\right\}_{i=1}^{M}$，再用线性回归模型在 log-log 坐标系上拟合这些点对，所得拟合直线的斜率即为 D 的估值。D 的计算公式为

$$D=\frac{M\sum_{i=1}^{M}\left[\left(\log\frac{S_i^{1/2}}{r_i}\right)\left(\log\frac{L_i}{r_i}\right)\right]-\sum_{i=1}^{M}\left[\left(\log\frac{S_i^{1/2}}{r_i}\right)\right]\left[\sum_{i=1}^{M}\left(\log\frac{L_i}{r_i}\right)\right]}{M\sum_{i=1}^{M}\left[\left(\log\frac{S_i^{1/2}}{r_i}\right)\right]^2-\left[\sum_{i=1}^{M}\left(\log\frac{S_i^{1/2}}{r_i}\right)\right]^2}\tag{8.13}$$

8.3.3　缓冲区边界生成算法

严格地讲，缓冲区分析包括两个部分：一部分是缓冲区边界的生成；另一部分是在缓冲区边界范围内进行的各种统计分析。这里，只讨论前者。

1. 关于缓冲区边界生成的几个概念

在缓冲区分析中，关键算法是缓冲区边界的生成及多个缓冲区的合并。点目标的缓冲区生成算法，就是确定以定位点为中心半径为缓冲距的圆；线目标的缓冲区生成算法，就是将线目标的轴线向两侧沿法线方向平移一个缓冲距，端点用半圆弧连接，所得到的点构成的多边形；面目标的缓冲区生成算法，就是将面目标的边界上的点向外侧沿法线方向平移一个缓冲距，所得到的点构成的多边形。这里，首先引入以下几个概念。

1) 轴线的左侧和右侧

以轴线的前进方向为准，前进方向的左侧称为轴线的左侧，前进方向的右侧称为轴线的右侧(图 8.8)。

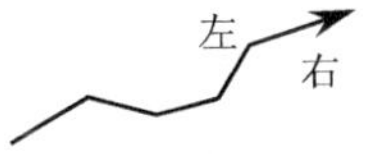

图 8.8　轴线的左侧和右侧

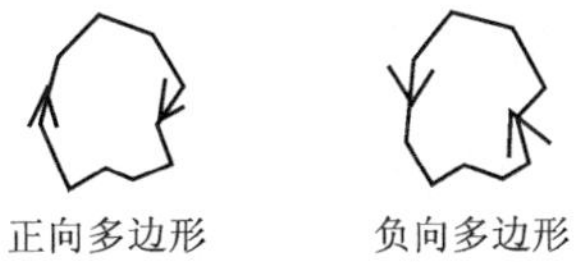

图 8.9　多边形的方向图

2) 多边形的方向

多边形边界顺时针方向称为正方向，逆时针方向称为负方向。采用式(8.8)计算面积为正值的多边形称为正向多边形，计算面积为负值的多边形称为负向多边形(图 8.9)。

3) 缓冲区的外侧和内侧

缓冲区的外边界是正向多边形，岛边界是负向多边形。以多边形边界前进方向为准，多边形边界的左侧称为缓冲区的外侧，多边形边界右侧称为缓冲区的内侧(图 8.10)。

4) 轴线(边界)转折点的凸凹性

轴线或边界上的相邻三点 P_{i-1}、P_i、P_{i+1}，用右手螺旋法则，若拇指向下，则 P_i 点左侧为凸，右侧为凹；若拇指向上，则 P_i 点左侧为凹，右侧为凸。

图 8.10　缓冲区的外侧和内侧

2. 点目标缓冲区边界生成算法设计

点目标的缓冲区是围绕目标半径为缓冲距的圆周所包围的区域，点目标缓冲区边界生成算法的关键是确定以定位点为中心的圆周。为了便于进一步将多个点缓冲区合并，这里采用步进拟合的思想，即圆弧弥合的方法，它是将圆心角等分，用等长的弦代替圆弧，即用均匀步长的直线段逼近圆弧段(图 8.11)。显然，等分的圆心角越小，步长越小，误差越小；等分的圆心角越大，步长越大，误差越大。

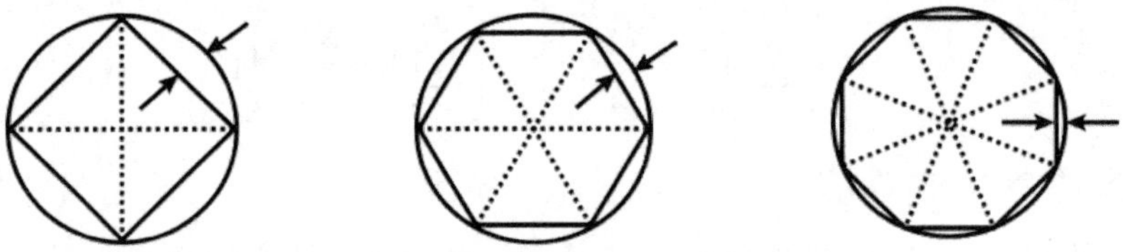

图 8.11　不同步长的圆弧弥合

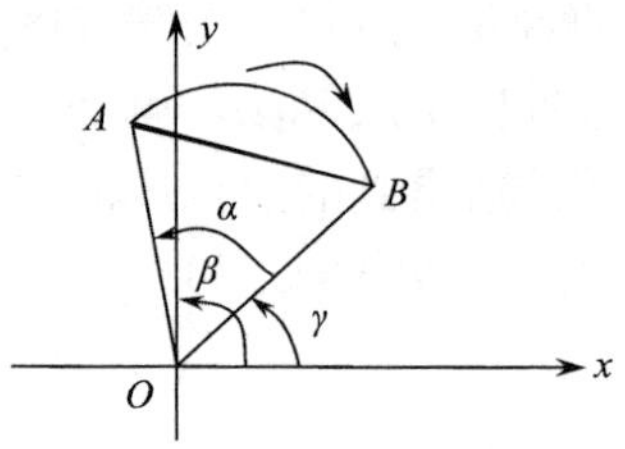

图 8.12　顺时针圆弧弥合

圆弧弥合的思想从几何的角度比较容易理解。如图 8.12 所示，因为所求缓冲区外边界是正向多边形，故按顺时针方向弥合。已知半径为 R (缓冲距)的圆弧上的一点 $A\left(a_x, a_y\right)$，求顺时针方向步长为 a 的弥合点 $B\left(b_x,b_y\right)$，即用弦长 AB 代替圆弧 $\overset{\frown}{AB}$。假设 OA 的方向角为 β，OB 的方向角为 γ，则 $\gamma=\beta-\alpha$。于是有

$$\begin{cases} b_x = a_x\cos\alpha + a_y\sin\alpha \\ b_y = a_y\cos\alpha + a_x\sin\alpha \end{cases} \tag{8.14}$$

对整个圆周，根据精度要求，给定布点个数 n (圆周上弥合的点数)，并计算步长 $a=\left[\dfrac{360°}{n}\right]$。从点 (R,O) 开始，通过不断增加步长的倍数(小于或等于布点个数)，依次求得弥合点，最后强制闭合回到点 (R,O)。按弥合顺序连接这些点，就得到点目标的缓冲区边界。

同理，逆时针圆弧弥合的公式为

$$\begin{cases} b_x = a_x\cos\alpha - a_y\sin\alpha \\ b_y = a_x\cos\alpha + a_y\sin\alpha \end{cases} \tag{8.15}$$

3. 线目标缓冲区边界生成算法设计

由前述线目标形态分析可知，线目标缓冲区边界的生成比较复杂。这里，提出如下基本思路：先进行数据的自适应性采样，再以此为基础生成缓冲区边界，然后对可能出现的尖角和凹陷等特殊情况做进一步处理，最后进行自相交处理以区别缓冲区的外边界和岛边界。每个过程的原理和具体算法如下。

1) 数据的自适应性重采样

线目标轴线的形态特征决定缓冲区边界的形态，而轴线上的特征点较非特征点对缓冲区形态的影响更明显。随着缓冲距的增大，非特征点对缓冲区形态的影响不断减弱(图 8.13)。

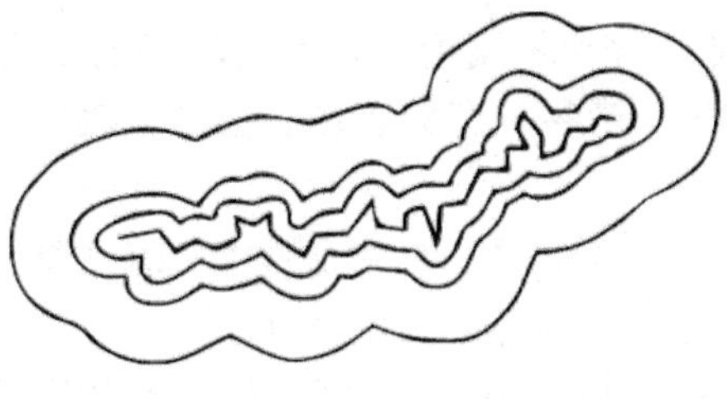

图 8.13　轴线特征点对缓冲区形态的影响

空间现象的抽样是对目标形态特征点有目的的选取，应力求准确描述现象的全局和局部的形态特征。在精度要求范围内，针对不同的缓冲距，根据轴线上点对缓冲区形态的不同影响，采用抽样方法对轴线进行预处理，称为重采样。这种数据自适应性重采样方法，通过压缩数据以简化后续处理，提高运算速度。

如前所述，轴线的分维能较准确地描述线目标的形态特征，所以采用基于线目标分形分析的自适应性重采样对轴线进行预处理。算法的基本思路是：首先对线目标的轴线进行分形分析，即计算分维估值；然后基于阈值与分维、缓冲距之间一定的函数关系，确定重采样的阈值；最后对轴线进行重采样。算法的主要步骤如下：

(1) 对于轴线点串 $\{x_i, y_i\}_{i=1}^{n}$ 进行基于 Dougks-Peucker 算法的分维估值。

第一步，根据研究问题的具体情况确定量测尺度的无标度范围，这里取 r_0 等于轴线上直线段平均长度的一半，r_m 等于轴线总长度的一半。设定量测尺度的单调增加序列元素个数 m，尺度变化幅度为 $dr = (r_m - r_0)/(m-1)$。

第二步，对每个量测尺度 $r_i = r_0 + dr * i\,(i = 1,2,\cdots,m)$，采用 Douglas-Peucker 算法进行重采样，对所得曲线利用式(8.7)求得长度 $L(r_i)$，确定点对 $\{(\log r_i, \log L(r_i))\}_{i=1}^{m}$。

第三步，根据式(8.10)的线型模型，利用线性回归分析方法拟合点对，根据式(8.11)算得分维 D 的极大似然估计值。

(2) 根据曲线的分维 D 和给定的缓冲距 R，确定重采样的阈值 r。

构造 r 与 D 和 R 的函数关系的基本原则是：一是对于同一线目标，缓冲距越大，阈值越大；二是对于不同的线目标，分维越大，阈值越大。经过大量试验，得出 r 与 D 和 R 的函数关系式为

$$r = \begin{cases} \left(R/2(*\mathrm{e})\right)^D & R/2 \leqslant \mathrm{e} \\ \left(\log(r/2)\right)^D & \mathrm{e} < R/2 \leqslant \mathrm{e}^{\mathrm{e}} \\ \left(R/2 - \mathrm{e}^{\mathrm{e}} + \mathrm{e}\right)^D & R/2 > \mathrm{e}^{\mathrm{e}} \end{cases} \tag{8.16}$$

式中，e 表示自然对数的底。

对于给定的线目标和缓冲距，即可按式(8.16)确定重采样的阈值 r。

(3) 按照确定的阈值 r，采用 Douglas-Peucker 算法对轴线进行重采样。

基于 Douglas-Peucker 算法的分维估值和重采样，是一种自适应性数据预处理方法，能够

较好地保持线目标的形态特征，综合程度恰当，具有较高的精度，效果比较稳定。

关于 Dougias-Peucker 算法，诸参见有关著作(王家耀和武芳，1998)。

2)缓冲区边界生成

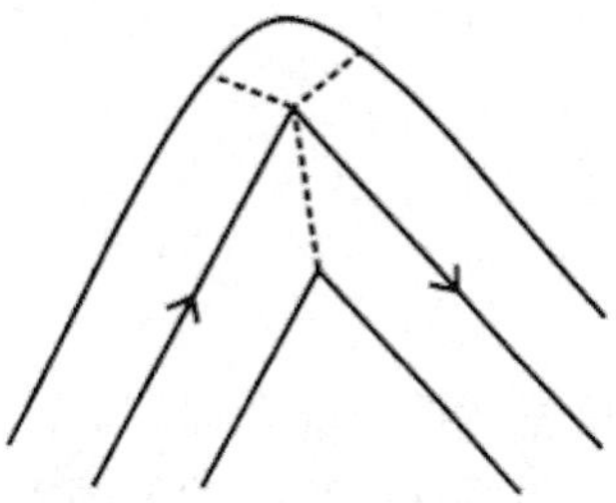

图 8.14　凸角圆弧法原理

缓冲区边界生成的核心算法是双线问题，这里采用凸角圆弧法(毋河海和龚健雅，1997)。算法的基本原理如图 8.14 所示，在轴线的两端用半径为缓冲距的圆弧弥合；在轴线的各转折点，首先判断该点的凸凹性，在凸侧用半径为缓冲距的圆弧弥合，在凹侧用与该点关联的前后两相邻线段的偏移量为缓冲距的两平行线的交点作为对应顶点。这样，在凸侧用圆弧弥合，保证平行线与轴线等宽；而在凹侧平行线交点在角平分线上。所以，凸角圆弧法能够最大限度地保证生成的缓冲区边界与轴线的等宽关系。将这些圆弧弥合点和平行线交点依一定的顺序连接起来，即形成闭合的缓冲区边界。凸角圆弧法的关键算法如下。

(1)判断轴线转折点的凸凹性。轴线转折点的凸凹性决定何处用圆弧弥合，何处用平行线求交。这个问题可以转化为两个矢量的叉积(图 8.15)：把与转折点相邻的两个线段看成两个矢量 P_{i-1}、P_i，其方向取坐标点序方向。若 P_{i-1} 以最小的角度指向 P_i 时为逆时针，则该点左侧为凹，右侧为凸；若 P_{i-1} 以最小的角度指向 P_i 时为顺时针，则该点左侧为凸，右侧为凹。

图 8.15　转折点的凹凸性与矢量的叉积

由矢量代数可知，在求矢量叉积时，遵循右手法则。拇指向上，$P_{i-1}P_iP_{i+1}$ 呈逆时针方向，矢量 P_{i-1}、P_i 的叉积 S 为正；拇指向下，$P_{i-1}P_iP_{i+1}$ 呈顺时针方向，S 为负。矢量 P_{i-1}、P_i 可用其端点的坐标来表示，即

$$S = P_{i-1} * P_i = (xp_i - xp_{i-1})(yp_{i+1} - yp_i) - (xp_{i+1} - xp_i)(yp_i - yp_{i-1}) \tag{8.17}$$

S 有如下三种情况：①若S为正，则$P_{i-1}P_iP_{i+1}$呈逆时针方向；②若S为负，则$P_{i-1}P_iP_{i+1}$呈顺时针方向；③若S为零，则$P_{i-1}P_iP_{i+1}$三点共线。

(2)求与转折点相邻的两线段的方向角。如图 8.16 所示，与转折点 P_i 相邻的两线段的方向角是以 P_i 为原点，从 x 轴正方向逆时针旋转到该线段的角度。确定与转折点相邻的两线段的方向角，是后续的圆弧弥合和平行线求交的前提。

(3)求与 P_i 相邻的两线段平行线交点。在以转折点 P_i 为原点的坐标系中，假设相邻两线段的方向角分别为 a_1、a_2，缓冲距为 R，平行线交点 $P(x_p, y_p)$ 到转折点 P_i 的距离为 d，因平行线的交点在角平分线上，令角平分线的方向角为 a，则有

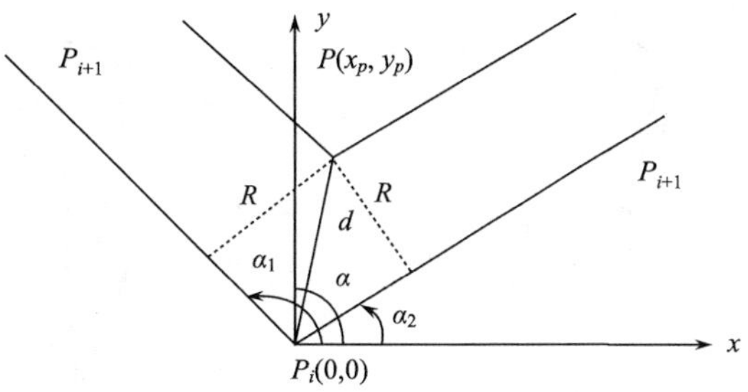

图 8.16　平行线交点

$$\begin{cases} R = d * \sin(\alpha - \alpha_2) = y_p \cos\alpha_2 - x_p \sin\alpha_2 \\ R = d * \sin(\alpha_1 - \alpha) = x_p \sin\alpha_2 - y_p \cos\alpha_1 \end{cases}$$

解得

$$\begin{cases} x_p = R(\cos\alpha_1 + \cos\alpha_2) / \sin(\alpha_2 - \alpha_1) \\ y_p = R(\sin\alpha_1 + \sin\alpha_2) / \sin(\alpha_2 - \alpha_1) \end{cases} \tag{8.18}$$

令转折点 P_i 的图面坐标为 (xP_i, yP_i)，平行线交点 P 的图面坐标为 (x', y')。若平行线交点在轴线左侧，则 $x' = xP_i + xp$， $y' = yP_i + yp$；若平行线交点在轴线右侧，则 $x' = xP_i - xp$， $y' = yP_i - yp$。

(4) 确定圆弧弥合的起始点、终止点和方向。如图 8.17 所示，圆弧弥合的起始点是转折点沿前一线段的法线方向向远离轴线方向平移一个缓冲距得到的点；终止点是转折点沿后一线段的法线方向向远离轴线方向平移一个缓冲距所得到的点；在起始点和终止点相同的情况下，若圆弧弥合方向不同，其结果是不同的，为保证生成的缓冲区边界是顺时针方向，必须考虑圆弧弥合的方向，即轴线左侧圆弧弥合是顺时针方向，轴线右侧圆弧弥合是逆时针方向。

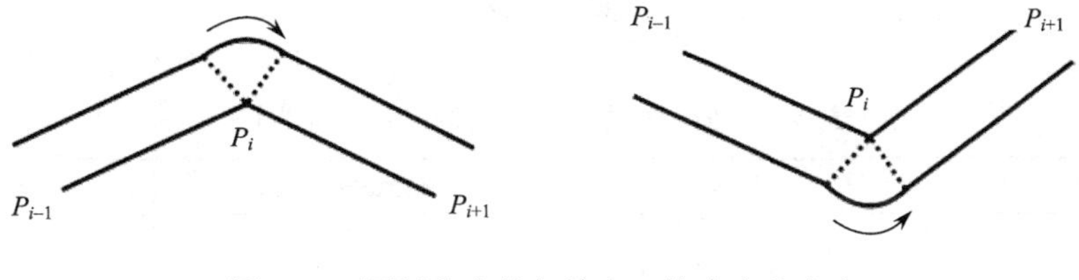

图 8.17　圆弧弥合的起始点、终止点和方向

3) 特殊情况处理

前述算法生成的缓冲区边界，轴线转角尖锐的转折点的平行线交点随缓冲距的增大将会迅速远离轴线，这就会出现尖角和凹陷的失真现象(图 8.18)，这是不合理的，必须进行修正。

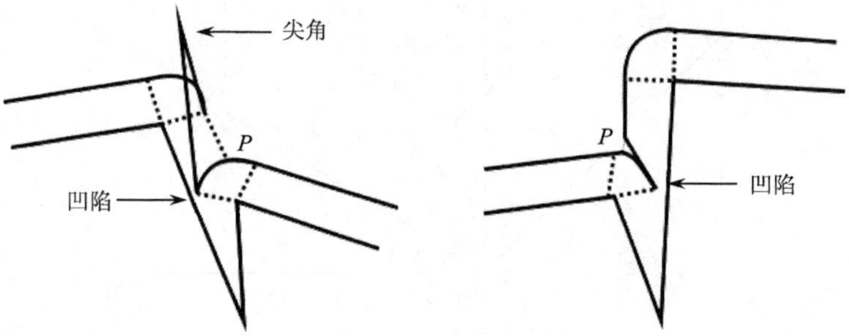

图 8.18　失真现象示意图

龚洁晖和蔡少华(1999)[①]通过大量实验和分析总结，将缓冲区边界失真现象归纳为三类16 种情况，针对不同的情况采用不同的修正处理方法。

在介绍三类情况的判断条件和修正方法之前，先对用到的符号作如下约定。

(1) $(i-1)$、i、$(i+1)$表示边界列表的相邻结点元素，可能是单点—平行线交点，也可能是点串—圆弧弥合点。

(2) 点 1、2、3、4、5 表示缓冲区边界上的点。其中：点 1 表示$(i-1)$的前一个结点元素的最后一个点；点 2 表示$(i-1)$的最后一个点；点 4 表示$(i+1)$的第一个点；点 5 表示$(i+1)$的后一个结点元素的第一个点；由于讨论的三类情况中，结点元素 i 总是单点，用点 3 表示。

(3) flag1 表示点 2 的凹凸性，flag1=1 说明点 2 左侧凹右侧凸，flag1=–1 说明点 2 左侧凸右侧凹；同理，flag2 表示点 4 的凹凸性，key 表示点 3 的凹凸性。

(4) $K1$ 表示点 2 与$(i+1)$的位置关系。$K1=1$，表示点 2 在$(i+1)$的左侧；$K1=0$，表示点 2 在$(i+1)$的右侧。同理，$K2$ 表示点 4 与$(i-1)$的位置关系。$K2=1$，表示点 4 在$(i-1)$的左侧；$K2=0$，表示点 4 在$(i-1)$的右侧。

下面分别讨论三类情况的判断条件和修正方法。

第一类情况：$(i-1)$是圆弧弥合点串，i 是平行线交点，$(i+1)$是圆弧弥合点串。这类情况出现的失真现象的判断条件和修正方法见表 8.1。

表 8.1　第一类情况的判断条件和处理方法

判断条件	图例	求交线段(圆弧)	修正后点序
flag1=–1 key=1 flag2=–1	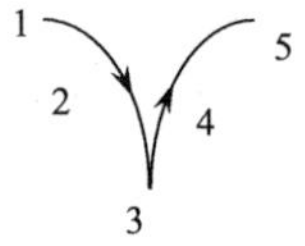	——	1,2,3,4,5 (无失真)

① 龚洁晖，蔡少华. 1999. 空间线目标缓冲区分析的算法研究. 深圳：中国地理系统协会年会论文集(上).

续表

判断条件		图例	求交线段(圆弧)	修正后点序
flag1= −1 key=1 flag2=−1	$K1$=0 $K2$=0	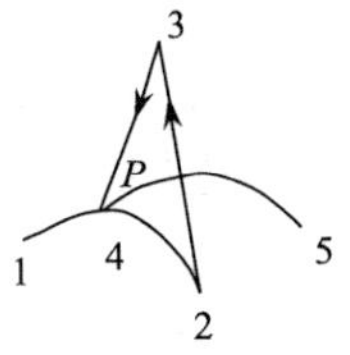	$(i-1)$, $(i+1)$	1,P,5
	$K1$=1 $K2$=0	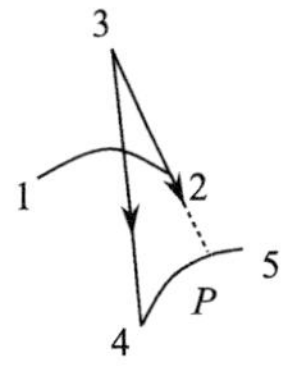	23, $(i+1)$	1,2,P,5
	$K1$=0 $K2$=1	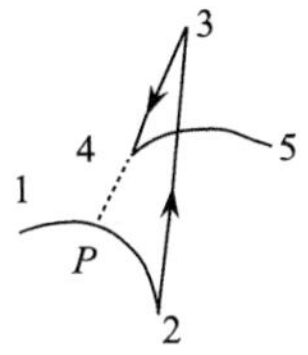	34, $(i-1)$	1,P,4,5
flag1= −1 key= −1 flag2= 2		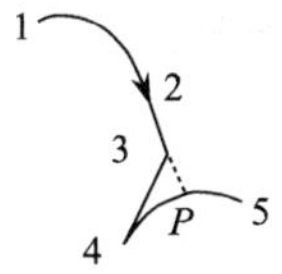	23, $(i+1)$	1,2,P,5
flag1= 1 key= −1 flag2= −1		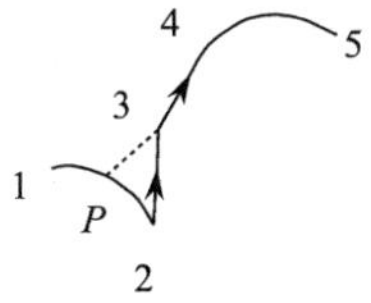	34, $(i-1)$	1,P,4,5

第二类情况：$(i-1)$ 是圆弧弥合点串，i 是平行线交点，$(i+1)$ 是平行线交点。这类情况出现失真现象的判断条件和修正方法见表 8.2。

表 8.2　第二类情况的判断条件和处理方法

判断条件		图例	求交线段(圆弧)	修正后点序
flag1=1 key= −1	$K2$=1	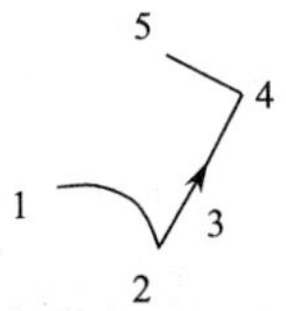	——	1,2,3,4,5 (无失真)
	$K2$=0	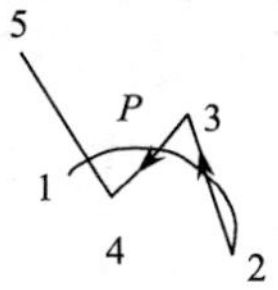	45, $(i-1)$	1,P,5

续表

判断条件		图例	求交线段(圆弧)	修正后点序
flag1=1 key=1 flag2= −1	K2=1	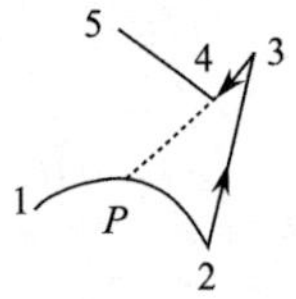	34,(i−1)	1,P,4,5
	K2=0	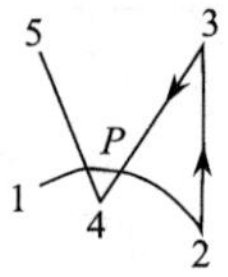	45,(i−1)	1,P,5
flag1= 1 key= −1		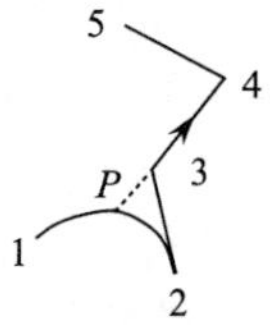	34,(i−1)	1,P,4,5

第三类情况：$(i-1)$是平行线交点，i是平行线交点，$(i+1)$是圆弧弥合点串。这类情况出现的失真现象的判断条件和修正方法见表 8.3。为方便表示，表中的图例均只给出生成的缓冲区边界，而未画出轴线。

表 8.3　第三类情况的判断条件和处理方法

判断条件		图例	求交线段(圆弧)	修正后点序
flag1=1 flag2=1	K2=1	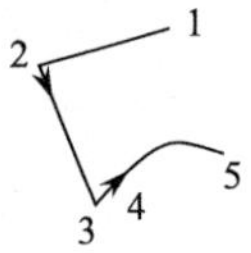	——	1,2,3,4,5 (无失真)
	K1=0	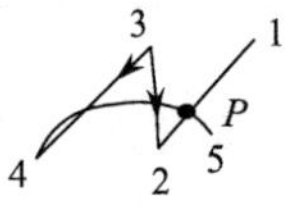	12,(i+1)	1,P,5
flag1=1 key=1 flag2= −1	K1=0	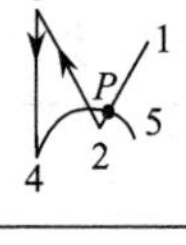	12,(i+1)	1,P,5
	K1=1	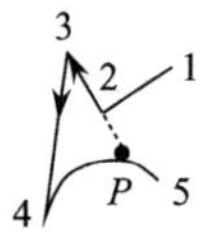	23,(i+1)	1,2,P,5
flag2=1 key= −1		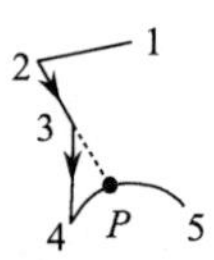	23,(i+1)	1,1,P,5

4) 自相交处理

当轴线的弯曲空间不能容许缓冲区的边界自身无压盖地通过时，产生边界的自相交问题，形成多个自相交多边形。自相交现象形成的多边形分为两种情况，即岛屿多边形和重叠区多边形。缓冲区边界自相交处理的关键是识别岛屿多边形和重叠区多边形。算法的基本思想是：求出缓冲区边界上的自相交点，判断这些点是入点还是出点，判断自相交点之间确定的自相交多边形的性质，是岛屿多边形则保留，否则保留面积最大的正向多边形为外边界。

自相交处理的关键算法如下。

(1) 判断自相交点是入点还是出点。经过前述处理过程生成的缓冲区边界点串是顺时针方向，即轴线始终位于边界前进方向的右侧。入点是从缓冲区外侧进入内侧的自相交点，出点是从缓冲区内侧出到外侧的自相交点。同一个自相交点，对于相交的两线段具有相反的入出特性。如图 8.19 所示，交点 K 是线段 12 的入点，是线段 34 的出点。

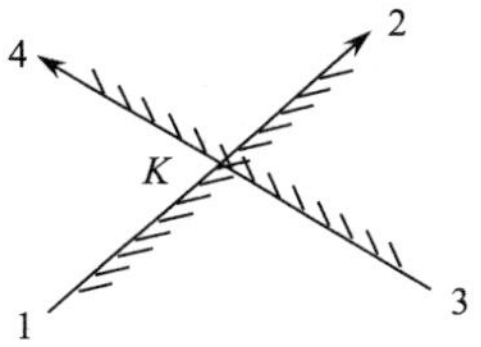

图 8.19　交点的入出特征

前面介绍的利用矢量叉积判断转折点凸凹性的思想，对于判断交点的入出特性同样适用利用矢量叉积判断交点入出特性，基本方法是：求第一个线段的起点、交点 K 确定的矢量与交点 K 、第二个线段的终点确定的矢量叉积，判断矢量叉积的方向，若为负，则交点 K 是第一个线段的出点，是第二个线段的入点；若为正，则 K 是第一个线段的入点，是第二个线段的出点。以图 8.19 为例，把交点 K 作为转折点，考察线段 12 的起点 1、交点 K 确定的矢量和交点线段 34 的终点 4 确定的矢量的叉积方向，为正，则交点 K 是线段 12 的入点；考察线段 34 的起点 3、交点 K 确定的矢量和交点 K 、线段 12 的终点 2 确定的矢量的叉积方向，为负，则交点 K 是线段 34 的出点。

图 8.20　外边界与岛屿

(2) 判断自相交多边形是岛屿还是重叠区。经过前述处理过程生成的缓冲区边界是顺时针方向，边界自相交形成的多边形中，负向多边形是岛屿，即岛屿的边界是逆时针方向；正向多边形中，面积最大者是外边界，其他都是重叠区。如图 8.20 所示，粗线表示外边界，阴影部分表示岛屿。

自相交处理的基本步骤如下：

第一步，初始化 max=0 ， $i=2$ ；max 保存最大正面积。

第二步，获取边界点串点数 count，由于在算法过程中有对边界的删除和插入操作，故 count 是变化的。

第三步，判断 i<count，若是则继续，否则结束。

第四步，取边界上的线段 $L_{i,i+1}$。

第五步，依次由近及远取 $L_{i,i+1}$ 之前的线段 $L_{j,j+1}$ ，判断是否取完边界点串上 $L_{i,i+1}$ 之前的所有线段，若是则转第十步，否则继续。

第六步，$L_{i,i+1}$ 与 $L_{j,j+1}$ 是否相交，若是则继续，否则转第五步。

第七步，从边界上删除交点之间的点，构成一个自相交多边形 ring(ring 是基本坐标点数组，保存交点之间构成的自相交多边形)，把交点插入边界适当位置。

第八步，求 ring 的面积 a，若 a>0，ring 保存为 island(索引点数组，保存岛屿多边形，通过设置索引点的端点标志，可以表示多个岛屿多边形）；若 $a>0$，判断 $a>\max$，若是，则 $\max=a$，border 清空，ring 保存为 border（border 是基本坐标点数组，保存外边界）。

第九步，ring 清空，$i=j$，转第二步。

第十步，$i=i+1$，转第二步。

算法执行的结果，是生成顺时针方向的缓冲区外边界 border 和逆时针方向的多个岛屿边界 island。

4. 面目标缓冲区边界生成算法设计

面目标的缓冲区边界生成算法的基本思路与线目标缓冲区边界生成算法基本相同，所不同的是，针对面目标的特点其数据自适应性重采样和生成缓冲区边界的具体算法有些差别。

1）面目标的数据自适应性重采样

面目标的数据预处理是基于面目标分形分析的自适应性重采样。算法的基本步骤如下：

(1) 对边界闭合点串 $\left\{(x_i, y_i)\right\}_{i=1}^{n}$ 采用基本步进取点法的分维估值。

第一步，根据研究问题的具体情况确定量测尺度的无标度范围，这里取 r_0 等于轴线上直线段平均长度的 1/2，r_m 等于轴线总长度的 1/4。设定量测尺度的单调增加序列元素个数 M，尺度变化幅度为 $dr=(r_m-r_0)/(M-1)$。

第二步，对每个量测尺度 $r_i=r_0+dr*i\,(i=1,2,\cdots,M)$，采用步进取点法重采样，对所得闭合曲线利用式 (8.7) 求得长度 $L(r_i)$，利用式 (8.8) 求得面积 $S(r_i)$。确定点对 $\left\{\left(\log\left(\dfrac{S_i^{1/2}}{r_i}\right), \log\left(\dfrac{L_i}{r_i}\right)\right)\right\}_{i=1}^{M}$。

第三步，根据 (8.12) 式的线性模型，利用线性回归分析方法拟合点对，按式 (8.13) 算得分维 D 的极大似然估计值。

(2) 对于给定的缓冲距 R，代入式 (8.16) 确定重采样的阈值 r。

(3) 按照确定的阈值 r，采用步进取点法对闭合边界进行重采样。

基于步进取点法的分维估值和重采样，是适于闭合边界的一种自适应性数据预处理方法。关于步进取点法的具体论述，请参见有关文献（王桥和毋河海，1998）。

2）缓冲区边界生成

面目标缓冲区边界生成算法是单线问题，采用的依然是凸角圆弧法的基本思想。首先判断边界上每个转折点的凸凹性；在左侧为凸的转折点用半径为缓冲距的圆弧弥合，在左侧为凹的转折点用平行线求交；接下来是对生成的缓冲区边界进行特殊情况处理和自相交处理。具体方法与线目标缓冲区的相同。

5. 复杂目标的缓冲区边界生成算法设计

前面介绍的是单目标缓冲区边界生成的算法设计，对于由点目标、线目标和面目标组合而成的复杂目标的缓冲区，是在单目标缓冲区的基础上，进行多个单目标缓冲区合并，产生复杂目标的缓冲区。多个单目标缓冲区的合并一般采用两两合并的方法，即先进行两个缓冲区的合并得到新的缓冲区，再与第三个缓冲区进行合并，直到所有的缓冲区合并完。显然，缓冲区合并的关键是如何进行两两缓冲区的合并。

因为空间目标的缓冲区包括外边界多边形和岛屿多边形，所以两个缓冲区的合并包括两个缓冲区的外边界多边形的合并、外边界多边形和岛屿多边形的合并及岛屿多边形的合并。为了使算法具有普遍适用性，对两个多边形的合并做如下的定义：当两个正向多边形合并所得的多边形是两个多边形合并时，结果有可能是一个正向多边形或者是一个正向多边形和几个负向多边形；当一个负向多边形与一个正向多边形合并所得的多边形是负向多边形与正向多边形的差时，结果是一个或几个负向多边形；当两个负向多边形合并所得的多边形是两个负向多边形的交时，结果是一个或多个负向多边形。如图 8.21 所示，粗线表示外边界，阴影部分表示岛屿。

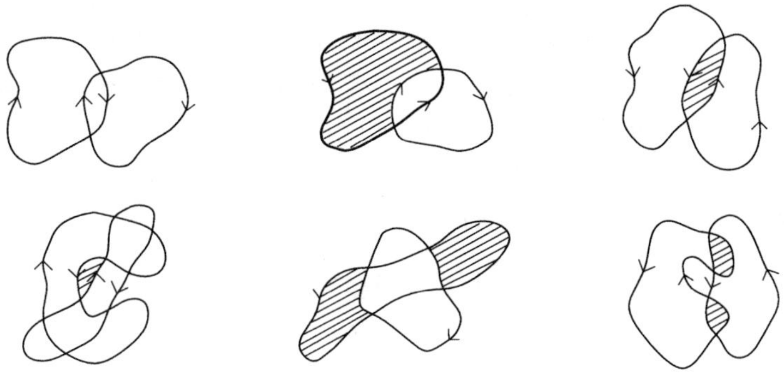

图 8.21　两个多边形合并

因此，两个多边形合并算法的基本思想是：首先两个多边形边界求交，并判断交点对不同多边形的入出特性；然后根据交点的顺序连接两个多边形从出点到入点的链段，构成合并多边形。需要注意的是，当一个负向多边形与一个正向多边形合并，或者两个负向多边形合并时，多边形边界交点的入出特性正好与图 8.19 所示方法判断的交点入出特性相反。

两个多边形边界相交，分别建立两个多边形的交点集索引 index 0(对应第一个多边形 polygon 0)、index 1(对应第二个多边形 polygon 1)，按照交点在边界点串的位置先后顺序记录交点坐标、入出特性和插入位置。在此基础上，根据交点索引追踪边界的算法的具体步骤如下：

第一步，取 index 0 的未标记的第一个交点 P_0。

第二步，判断 P_0 是否 index 0 的出点，若是则继续，否则转第六步。

第三步，保存 P_0 到 ring 中。

第四步，取 index 0 的 P_0 的下一个交点 P_1，保存 P_0、P_1 之间 polygon 0 的边界点到 ring。

第五步，标记 index 0 中的 P_0，$P_0 = P_1$，转第二步。

第六步，查找 index 1 对应 q_0 的交点 q_0，若存在，保存 q_0 到 ring，继续；否则转第九步。

第七步，取 index 1 的 q_0 的下一个交点 q_1，保存 q_0、q_1 之间 Polygon 1 的边界点到 ring。

第八步，标记 index1 中的 q_0，查找 index 1 对应 q_1 的交点 P_0，若存在，转第二步；否则继续。

第九步，强制闭合 ring，求 ring 的面积 a。若 $a < 0$，ring 保存为 island；若 $a > 0$，ring 保存为 border。

第十步，判断 index 0 的出点是否都已标记，是则结束；否则清空 ring，转第一步。

6. 动态缓冲区边界生成算法设计

根据物体对周围空间作用性质的不同，可以分为静态缓冲区分析(已于前述)和动态缓冲区分析两种类型。所谓静态缓冲区分析，是指当空间物体对邻近对象的影响只呈单一的距离关系时，例如，以设计中的道路中心线为主体，建立与该中心线等距离的一条道宽带，可获得道路的用地范围及该段路宽内有关数据层的信息(土壤、土地利用、土地权属、地质条件和坡度特征等)；当空间物体对邻近对象随距离变化而呈不同强度的扩散或衰减关系时，如污染源对周围环境的影响是随距离而呈梯度变化时，称为动态缓冲区分析。对动态缓冲区的分析，不是简单地设定距离参数，而是根据操作对象的特点和要求，选择适用的分析模型，有时还需要对模型进行变换。黄杏元和徐寿成(1998)根据物体对周围空间影响度的变化性质，分别给出了以下三种动态缓冲区分析模型。

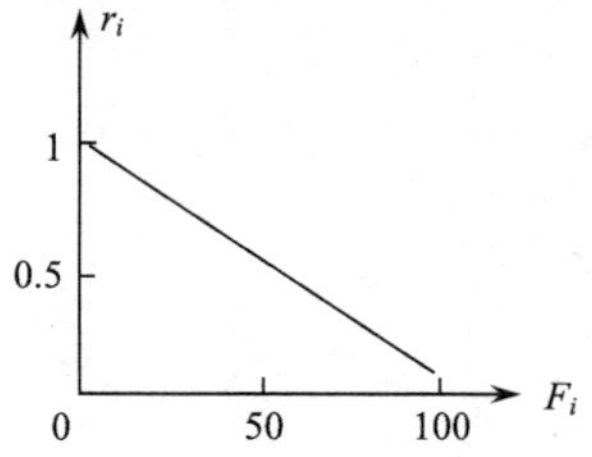

图 8.22　线性衰减模型

(1)物体对周围空间的影响度 F_i 随距离 r_i 呈线性形式衰减(图 8.22)，其模型形式为

$$\begin{cases} F_i = f_0(1-r_i) \\ r_i = d_i / d_0 \\ 0 \leqslant r_i \leqslant 1 \end{cases} \tag{8.19}$$

(2)物体对周围空间的影响度 F_i 随距离 r_i 呈二次形式衰减(图 8.23)，其模型形式为

$$\begin{cases} F_i = f_0(1-r_i)^2 \\ r_i = d_i / d_0 \\ 0 \leqslant r_i \leqslant 1 \end{cases} \tag{8.20}$$

(3)物体对周围空间的影响度 F_i 随距离 r_i 呈指数形式衰减(图 8.24)，其模型形式为

$$\begin{cases} F_i = f_0^{(1-r_i)} \\ r_i = d_i / d_0 \\ 0 \leqslant r_i \leqslant 1 \end{cases} \tag{8.21}$$

以上各式中，f_0 为参与缓冲区分析的一维空间实体的综合规模指数，一般须经最大值标准化后参与运算；d_0 表示该物体的最大影响距离；d_i 表示在该物体最大影响距离内的某点距该物体的实际距离。

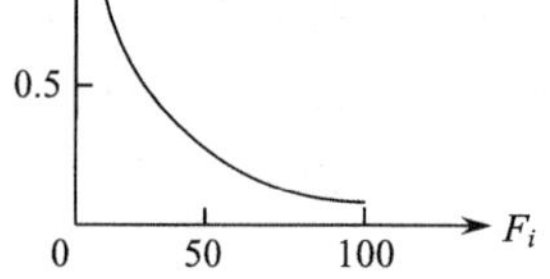

图 8.23　二次衰减模型

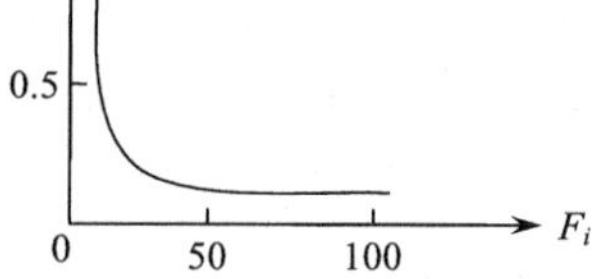

图 8.24　指数衰减模型

将所设定的各点的 d_i 代入以上各式，可计算出各等距离带内的 F_i 值，但这些 F_i 值具有不可预测性，故按 d_i 建立的缓冲区内的属性值是否满足用户需求难以控制。据此，黄杏元建议

作某种变换。如将式(8.21)变为

$$d_i = d_0\left(1-\frac{L_n F_i}{L_n f_0}\right) \tag{8.22}$$

这样，便可根据需要来设定 F_i 的值，再由 F_i 值求得相应的 d_i，根据 d_i 建立的缓冲区内的属性值便与事先设定的需求值相一致。

图 8.25 和图 8.26 分别是静态缓冲区分析和动态缓冲区分析的一个实例。

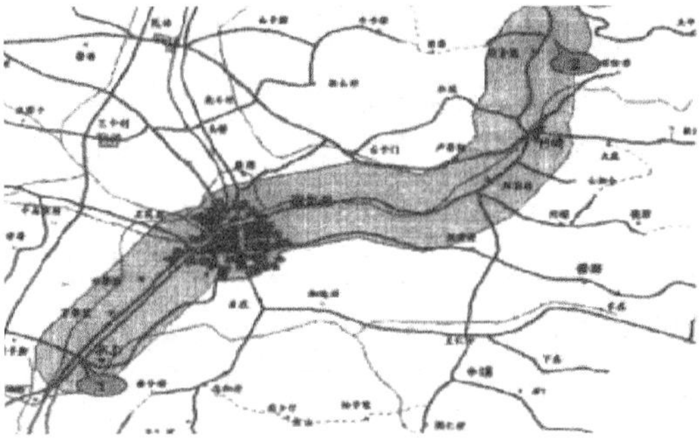

图 8.25　静态缓冲区分析的一个实例

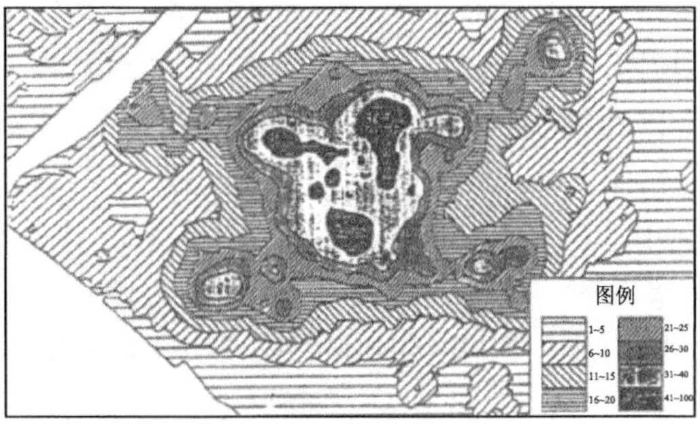

图 8.26　面向实体动态缓冲区分析图(黄杏元和徐寿成，1998)

8.4　叠置分析

8.4.1　基本概念

叠置分析(overlay analysis)，亦称叠加分析。是地理信息系统中最基础的一种空间分析方法，它是将同一地区的两组或两组以上的要素进行叠置，或者更直观地说是将两幅或多幅地图叠置在一起，产生新的多边形并对其范围内的属性进行分析。叠置分析同通常所说的视觉信息复合的主要区别在于，视觉信息复合后，参加复合的各图层均不改变数据结构，也不产生新的数据，只给用户带来视觉效果；而叠置分析的结果不仅产生视觉效果，更主要的是形成新的目标，对空间数据的区域进行了重新划分，属性数据中包含了参加叠置的多种数据项。

根据数据结构和叠置条件，叠置分析可以分为不同的类型。按照数据结构，叠置分析有栅格叠置分析和矢量叠置分析，分别针对栅格数据结构和矢量数据结构，两者都是求解两层或两层以上数据的某种集合。只是栅格叠置的结果所得到的是新的栅格属性；而矢量叠置实质上是实现拓扑叠置，叠置后得到新的空间特性和属性关系。在矢量叠置分析中，如多边形叠置时可能产生许多小多边形，其中有些多边形可能是由于同一线段多次输入时引入误差而产生的，这些多边形并不代表实际空间的变化，称为伪多边形，通常由用户指定容差值来消除；在栅格叠置分析中，尤其是当参与叠加的要素较多时，可能产生很多种组合，使用户无法接受，这时希望在叠置前或叠置后进行聚合或聚类处理，这就是所谓叠置条件的问题。按照叠置条件，叠置分析有条件叠置分析和无条件叠置分析。无条件叠置分析也称为全叠置分析，适用于叠置要素较少的情况，如将同一地区、相同比例尺的坡向图与植被图进行叠置分析，得到两种图的要素组成的新的分区图。条件叠置分析，是指以某种特定的逻辑、算术表达式为条件，对两组或两组以上图件中的相关要素进行叠置分析。

8.4.2 矢量数据叠置分析

基于矢量数据的叠置分析，一般分为点与多边形叠置、线(链)与多边形叠置、多边形与多边形叠置。所以，在叠置分析时，首先要判定点、线(链)、面(多边形)；然后判定点在多边形区域内外，进行线(链)与多边形裁剪和多边形与多边形裁剪；最后对裁剪后的点、线(链)、面(多边形)要素属性进行重组与合并。

1. 点与多边形的叠置

点与多边形的叠置(point overlay)，是确定一个数据层(或一幅图)中的点落在另一个数据层(或另一幅图)的哪个多边形中，这样就可以给相应的点增加新的属性内容。点与多边形叠置分析的算法应能正确地判别所有的点在区域内、区域外或在区域边界上，具体算法较多，这里介绍其中的射线法。其基本思路是：设点为 M，多边形为 D。由点 M 引水平半射线(水平 180°，向右引出)，与多边形边界相交，共有交点数 K。K 为奇数时，点 M 在多边形 D 内；K 为偶数时，则点在多边形 D 外，算法的具体步骤如下：

第一步，判别点 M 是否与多边形 D 的顶点重合，若不是，则进行下一步。

第二步，判别点 M 是否在多边形 D 的边界上，若不是，则进行下一步。

第三步，引水平射线和边界相交，判别交点数是否为奇数，若是，则进行下一步。

第四步，在区域(多边形)内的点目标的几何和属性数据的重组。

点与多边形叠置分析应用在许多方面。例如，一幅图表示小学校的位置，另一幅图表示城市行政区域划分，两幅图叠置后就可以得出城市的每个区内有多少所小学，每所小学位于城市的哪个区内。

2. 线与多边形的叠置

线与多边形的叠置(line overlay)，是将一个数据层(或一幅图)中的线加到另一个数据层(或另一幅图)的多边形中，采用线和多边形的裁剪算法来实现。

线与多边形叠置分析的算法应能正确地裁剪出在区域内的所有链段，并用不同色彩的加粗线绘出。算法的具体步骤如下：

第一步，排除多边形和链段无相交可能的情况，即算出多边形和链段相应的 X_{min}、X_{max}、Y_{min}、Y_{max}，并进行比较。

第二步，将多边形数据采集方向转化为顺时针方向。即算出多边形面积 S，若 $S>0$，则为逆时针方向，需要调整；若 $S<0$，则为顺时针方向。

第三步，建立一个 LIST 结构 Cutlinehead，将裁剪链段结点依次放进该结构中，结点属性赋为外点。

第四步，依次取裁剪链的一条线段与多边形相交，计算交点的值，并给交点赋属性(内、外、进、出)，将交点插入 Cutlinehead 结构中。最后返回 Cutlinehead 文件头。

第五步，读 Cutlinehead 结构，判别进点、出点、内点、外点，连接裁剪链段。其中，给交点赋属性又分为两种情况：

其一，一线段和多边形边界有 n 个交点。首先判断第一个交点和线段始点连线的中点在多边形中的位置，若在多边形内部，则奇数点为出点，偶数点为进点，并把始点赋值为内点；若在多边形外，则奇数点为进点，偶数点为出点，再根据前面的标记，依次判别第二个交点(偶数交点)、第三个交点(奇数交点)、…，为进点或出点。

其二，一线段和多边形边界无交点。分别判断裁剪线段始点和末点在区域内外，若在区域内，则属性赋为内点。裁剪链段的线段依次循环完毕，则判断最后一点在多边形区域的内外，并赋相应属性值。

在地理信息系统中，线与多边形叠置分析的应用是多方面的。例如，道路数据层(或道路图)与境界数据层(或行政区划图)叠置后，可以得知每个行政单元内有何种等级的道路及各种等级道路的里程；河流数据层(或水系图)与境界数据层(或行政区划图)叠置后，可以得到每个行政单元内有哪些河流，河流总长度，以及有哪些通航河段；等等。

3. 多边形与多边形的叠置

多边形与多边形的叠置分析(area overlay)，是指不同数据层或不同图层的多边形要素之间的叠置。就对多边形属性的处理而言，通常分为合成叠置和统计叠置。合成叠置分析，是指通过叠置形成新的多边形，使新多边形具有多重属性，即需进行不同多边形的属性合并，其方法可以取平均值、最大最小值，或取逻辑运算结果等；统计叠置分析，是指确定一个多边形中含有其他多边形的属性类型的面积等，即将其他多边形的属性信息提取到本多边形中来。但不论是合成叠置分析还是统计叠置分析，其核心都是采用多边形与多边形裁剪算法形成新的多边形。该算法应能正确地裁剪出落在区域内的所有多边形，并用不同色彩的加粗线绘出裁剪后的 n 个多边形。算法的具体步骤如下：

第一步，排除两多边形无相交可能的情况，即算出两多边形相应的 X_{min}、X_{max}、Y_{min}、Y_{max}，并进行比较。

第二步，用点在区域内外的算法进行判别，找出两多边形相互包含的情况，输出其中在内部的一个多边形。

第三步，将两多边形数据采集的方向转化为同向，即算出两多边形的面积 S_1、S_2，若 $S_1*S_2>0$，则为同向，不须调整；若 $S_1*S_2<0$，则为异向，需调整其中一个多边形的数据采集方向。

第四步，建立一个 Multipoint，分别将主多边形和裁剪多边形的顶点赋到该结构中。

第五步，将裁剪多边形的边分别和主多边形的各条边求交，计算交点的坐标，并给交点赋属性(进点或出点)，将交点插入主多边形和裁剪多边形的结构中。其中，判别进出点的方法为：判断第一个交点和主多边形线段的始点连线的中点是在裁剪多边形的内部或外部，若在裁剪多边形内部，则奇数点为出点，偶数点为进点；反之，则奇数点为进点，偶数点为出点。

第六步，定义一个进点指针结构 Enterpoint，提取出所有进点串。

第七步，从进点开始提取多边形串。

第八步，由交点在主多边形链和裁剪多边形链上的信息和结构裁剪出结果多边形，即由进点指针结构 Enterpoint 提取多边形串。

多边形与多边形的叠置分析有着广泛的应用。例如，将土壤类型数据层(或土壤类型图)与城市功能分区数据层(或城市功能分区图)叠置，可得知城市各功能区内的土壤类型的种类，并进而计算出某功能区内各种土壤类型的面积。

8.4.3　栅格数据叠置分析

这里主要介绍条件栅格叠置分析。实际上，地理信息系统中广泛使用的空间查询、空间聚类、空间聚合和区域信息提取等操作，主要是通过条件叠置分析来实现的。空间查询，是在指定范围内按一定条件进行的信息查询；空间聚类，是根据给定的聚类条件，使符合条件的区域在图上用色彩显示出来，不符合条件的区域为空白；空间聚合，是按照预定的聚合条件，将同一图层上的不同属性的空间数据合并成预定的相对简单的类型；区域信息提取，是以某一图层中的某一区域为准，提取另一图层中相应区域的属性数据，从而得到一个新的图层。

条件栅格数据叠置分析的核心，是确定叠置条件，而确定叠置条件主要是确定关系表达式。关系表达式中的变量，可以是空间要素的几何条件，也可以是属性条件。可以根据求解问题的目标来确定条件，也可以根据专家命题模型来确定条件。前者如，已有某地区的降雨量分布图和土壤厚度图，现在要获得降雨量 1000mm 以上和土厚 50cm 以上的地区，则求解问题目标的关系表达式为 E=(降雨量>1000)∩(土厚>50)；后者如，已有某地区的积温图、降雨量图、坡度图及温度图，现在要找出适合种水稻的地区，而根据农业专家的经验可知适宜于种水稻的条件为，积温>3200℃，降雨量>800mm，坡度<3℃，无霜期>200 天，于是适宜于种水稻这一目标的关系表达式为 E=(积温>3200)∩(降雨量>800)∩(坡度<3)∩(无霜期>200)。所以，上述条件栅格叠置分析，实际上是根据已有数据对给出的条件进行逻辑交运算。

对栅格叠置分析而言，叠置算法比较简单，主要的问题是提高运算效率，这主要通过减少存储量和提高运算速度来解决。根据这一思想，以采用游程编码来实现叠置操作比较合适，相对于以单个栅格数据作为提取和分析的逻辑单元进行叠置操作，它在提高运算效率方面具有明显的优越性。

8.5　空间数据挖掘与知识发现

空间数据挖掘与知识发现(spatial data mining and knowledge discovery，SDMKD)是基于空间数据仓库(spatial data warehouse，SDW)的，是数据挖掘与知识发现(data mining and knowledge discovery，DMKD)在空间域的扩展和延伸，是人类面对海量空间数据的一个极具吸引力和挑战性的研究领域，由于问题的复杂性和解决问题的困难性，越来越受到社会各界特别是学术界的重视和关注，该领域的研究取得了显著进展。

8.5.1　空间数据仓库(SDW)

1. SDW 的背景和概念

关于空间数据仓库的背景，可以从以下几个方面来理解：一是，面对空间数据规模越来越庞大的环境，各级管理人员和决策者需要从大量复杂的空间数据中获取各自权限内需要的决策信息，从而做出正确有效的判断和决策；二是，从各级决策者的角度讲，空间数据处理的重点应该从传统的操作型扩展到联机分析处理(OLAP)型；三是，无数分散的不同的数据库存在着数据格式、数据语义、数据编码、空间参照系统、数据处理方式、数据质量等方面的异构性或差异性，面对如此复杂的海量空间数据的频繁交互过程，各级管理人员和决策者从复杂的数据库中提取数据必须具有集成和关联机制。

空间数据仓库就是针对解决上述问题所产生的一种技术方案，它是伴随着空间数据库技术的演进而发展起来的。

空间数据仓库是数据仓库(DW)向空间维的扩展。根据数据仓库的创始人 Inmon 1996 年给数据仓库下的定义，可以认为空间数据仓库是一个支持决策过程的、面向主题的、集成的、稳定的、不同时间的空间数据的集合。支持决策过程，指 SDW 的根本任务是服务于决策支持的，是空间决策支持系统(spatial decision support system，SDSS)的核心；面向主题，即面向用户解决的问题，主题是数据归类的标准，每个主题对应一个客观分析的领域即用户；集成的，指具有关联机制，可以为辅助决策集成多个不同部门不同系统的海量异构空间数据；稳定性，即进入空间数据仓库的数据是不能或极少更新的；不同时间的，指空间数据仓库内包含了大量历史数据，时限一般为 5～10 年，主要用于进行时间序列分析。所以，SDW 是一个多种异构数据源在单个站点以统一的模式组织存储，它的根本任务是服务于空间决策支持。

2. 空间数据仓库的体系架构与研究内容

空间数据仓库的体系架构如图 8.27 所示。图中，最底层为多源数据采集与输入系统，向上依次为空间数据库(spatial database，SDB)系统、采用多级存储策略构建空间数据仓库、采用联机分析处理和空间数据挖掘技术发现知识，最顶层为空间数据仓库应用即空间决策支持系统(SDSS)。

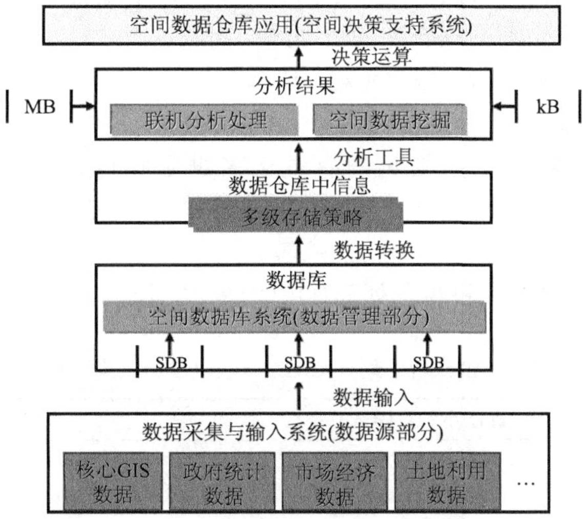

图 8.27　空间数据仓库的体系架构

空间数据仓库的关键技术和主要研究内容包括以下几个方面。

1) 支持空间信息存储的空间数据仓库模型研究

空间数据仓库的数据模型是一般数据仓库的数据模型在空间域的有效扩展。与一般数据仓库的数据模型相比，空间数据仓库要管理更加复杂的空间数据类型，而且占用存储空间大，操作也很复杂，因此，需要对一般数据仓库的星形模型和雪花模型进行扩展，研究空间数据立方体模型。

2) 面向海量空间信息的数据存储策略

空间数据仓库包含海量的空间信息，支持海量空间信息的高效存储是空间数据仓库的要求，也是空间数据仓库的重要特征。空间信息计算耗费的资源很多，研究空间数据的合理存储策略，以便于计算和显示，是十分重要的。

3) 支持海量空间数据导航的元数据机制

支持海量空间数据导航的空间数据仓库元数据是人们定义空间数据仓库模型、理解空间数据的含义的重要窗口，主要内容包括空间数据仓库的描述信息、信息源描述信息，数据转换方法的描述信息、数据加载方法的描述信息、业务术语的定义、业务处理规则的描述信息等。

4) 面向海量空间数据高效检索的空间索引机制

科学合理的空间数据索引机制是提高数据检索效率的有效途径。空间数据库的索引方法很多，主要有 Z-序索引、四叉树索引、KD-树索引、R 树索引、R+树索引等。由于空间数据仓库中的数据具有海量、极少更新、随时间变化等特点，其主要操作是数据的追加和检索，因此要针对空间数据仓库的特点设计更加科学合理的空间数据仓库索引机制。

5) 多源异构空间数据的有效提取与集成

由于空间数据仓库中的数据是根据决策者或用户所要解决问题的主题或领域从多源异构空间数据库中提取的，数据由操作型空间数据库环境导入空间数据仓库环境，而且空间数据仓库中的数据存在不同的细节级，因此如何有效地提取和集成这些数据就成了一个突出的问题。从深层次讲，这是空间数据仓库的数据结构问题。

6) 空间数据仓库的联机分析处理(OLAP)技术

OLAP 是一种共享多维信息的快速分析(fast analysis of shared multidimensional information，FASMI)技术，目前常见的有基于多维数据库的多维联机分析处理(multi-dimensional OLAP，MOLAP)、基于关系数据库的联机分析处理(relation OLAP，ROLAP)和混合的联机分析处理(hybrid OLAP，HOLAP)等。

联机分析处理(OLAP)与联机事务处理(OLTP)的区别如 8.4 表所示。

表 8.4 联机分析处理(OLAP)与联机事务处理(OLTP)

项目	联机分析处理(OLAP)	联机事务处理(OLTP)
时间	长时间框架	短时间框架
状态	静态的	迅速变化的
数据类型	综合的、提炼的分析型数据	细节的、操作性数据
查询	随机的、动态的查询	标准的事务
稳定性	周期性刷新	实时更新
功能	支持管理要求	支持日常操作
设计	数据驱动面向分析	事件驱动面向应用

8.5.2 空间数据挖掘与知识发现(SDMKD)的概念与架构

1. SDMKD 的背景与基本概念

关于 SDMKD 的产生背景，简单地说，是数据变成信息并进一步变成知识的需要和空间信息系统(SIS)技术进一步发展的需要。在大规模海量空间数据的情况下，我们面临着“数据丰富、知识缺乏”问题，需要研究如何在大规模海量空间数据中发现知识，这就是空间数据挖掘；当前的空间信息系统(SIS)中的空间分析仍主要以图形操作为主，而隐藏在海量空间数据中的许多有用的信息和知识的提取和发现的功能仍然相对薄弱，并且这些信息和知识对于决策来说是必不可少的，因此空间信息系统中需要有空间数据挖掘与知识发现功能。

SDMKD 是指从大规模海量空间数据集中识别和提取有效的、新颖的、潜在有用的、最终可理解的模式的非平凡的过程。有效的(性)，指知识发现的模式(知识)，对于新的数据仍保持有一定的可信度；新颖的(性)，指发现的模式是前所未有的；潜在有用的(性)，指发现的知识有实际效用， 如用于决策支持可提高军事、社会经济效益；最终可理解的(性)，指发现的模式能被用户理解，目前主要体现在模式的简洁性上；非平凡的(性)，指空间数据挖掘与知识发现的过程分为多个阶段，涉及数据准备、模式搜索、知识评价，以及反复修改求精，这个过程要有一定程度的智能化、自动化，如仅仅给出所有数据的总和就不能算是知识发现过程。

已于前述，空间数据挖掘与知识发现(SDMKD)是数据挖掘与知识发现(DMKD)在空间域的扩展。有人将数据挖掘(DM)和从数据库中发现知识(knowledge discovery in databases，KDD)等同起来，认为 KDD 侧重于目的和结果，多用于人工智能领域；而 DM 侧重于处理过程和方法，多用于数据仓库领域。也有人将两者结合起来使用，称为数据挖掘和知识发现(DMKD)技术。1995 年在加拿大召开的第一届数据挖掘和知识发现国际学术会议上，KDD 被认为是从数据中发现有用知识的整个过程，知识即意味着数据元素之间的关系和模式。DM 被认为是 KDD 过程中的一个特定步骤，它是应用具体算法从数据中提取模式和知识。

关于数据挖掘与联机分析处理(OLAP)的关系，目前有两种观点：一种观点认为 OLAP 与 DM 是不同的，OLAP 是数据汇总或聚集的工具，它帮助简化数据分析，而 DM 是自动发现隐藏在海量数据中的隐含模式和有用知识；OLAP 作为数据汇总或聚集的工具，其目标是简化和支持交互数据分析，而 DM 的目标是尽可能智能化、自动化处理，尽管也允许用户指导这一过程。另一种更广泛的观点是，认为 DM 包含数据描述和数据建模。因为 OLAP 可以提供数据仓库(DW)中数据的一般描述，OLAP 的功能基本上都是 DM 的功能。根据这种更广泛的观点，DM 要比 OLAP 的操作宽泛得多，因为它不仅执行数据汇总和比较，而且还执行关联、分类、预测、聚类、时间序列分析和其他数据分析任务；DM 不限于分析数据仓库(DW)中的数据，而且可以分析现存的、比 DW 提供的汇总数据的粒度更细的数据，以及事务、文本、空间和多媒体数据，这些数据很难用现有的多维数据库技术建模。在这种情况下，DM 涵盖的功能和处理的数据的复杂性要比 OLAP 大得多。

2. SDMKD 的技术框架

目前，SDMKD 系统的开发主要是基于 SIS 或 GIS 平台，如加拿大 Simon Fraser 大学计算机课程学习数据挖掘开发小组在 MapInfo 平台上开发的 SDM 原型系统 GeoMiner，ESRI 公司开发的 ArcView GIS 的 S-plus 接口，等等。

总体来说，SDMKD 的技术框架具有如图 8.28 所示的三层体系结构。

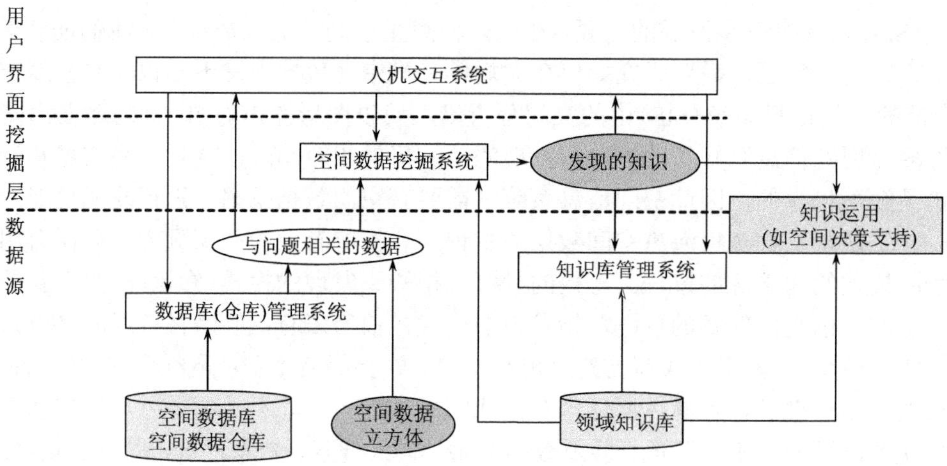

图 8.28 SDMKD 体系结构

图 8.28 中，最底层是数据源，由空间数据库/空间数据仓库管理系统提供的索引、查询优化等功能获取和提炼与问题领域相关的数据，或直接利用存储在空间数据立方体中的数据，形成与决策问题相关的空间数据集；第二个层次是挖掘层，是核心，通过空间数据挖掘系统（工具）对最底层提供的与决策问题相关的空间数据集进行数据挖掘，发现知识，并存储在知识库管理系统中；最顶层是用户界面，面向用户，利用 SDMKD 发现的知识和领域知识库中已有的知识辅助用户决策，即空间决策支持。

具体而言，SDMKD 的基本过程如图 8.29 所示。

图 8.29 中，首先，从数据库中提取与所解决问题相关的数据，称为数据选取或数据清洗(data cleaning)；在此基础上，构建空间数据仓库(spatial data warehouse)，这个过程中需要进行数据融合(数据预处理、数据转换)；然后，进行数据关联(task-relevant data)；最后，进行数据挖掘(data mining)、模式解释或知识评估(pattern evaluation)、得到知识并存入知识库。

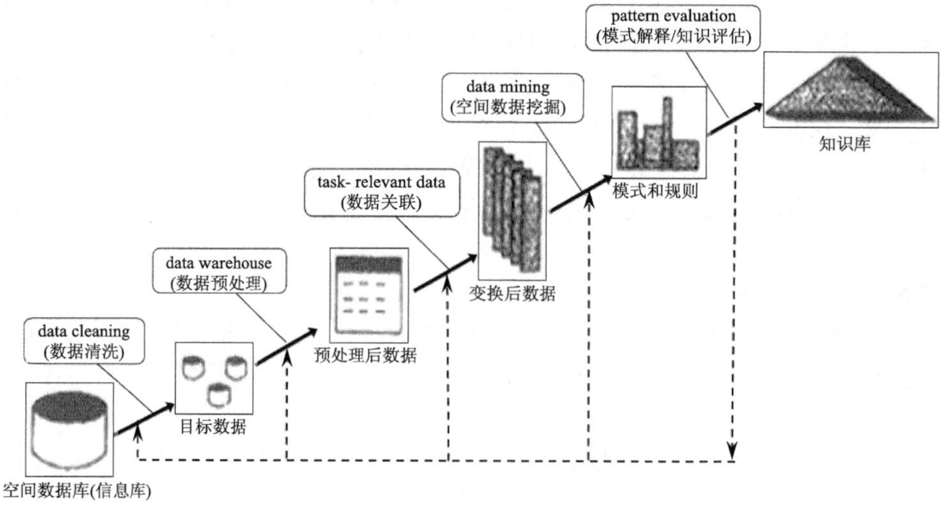

图 8.29 SDMKD 的基本过程

8.5.3 空间数据挖掘与知识发现的基本方法

1. 基于时空统计分析的 SDMKD 方法

主要包括空间相关的 SDMKD 方法、空间邻近的 SDMKD 方法、时间序列数据的 SDMKD 方法和空间聚类分析的 SDMKD 方法等。

1) 空间相关的 SDMKD 方法

自然界和人类社会的各种要素(现象)并不是各自孤立的，它们相互影响、相互制约，彼此之间存在一定的联系。空间相关的 SDMKD 方法，就是分析和研究各种地理要素之间相互依赖关系的空间分布特征的一种手段。

此方法的核心是：首先，获得原始统计数据，构建原始数据矩阵；其次，根据各要素(间)存在的相关关系的类型(参数相关：简单(两要素)线性相关、多要素间的复相关、偏相关和典型相关，非参数相关：顺序(等级)相关和二元分类相关)，选择所需相关模型，计算相关系数，构建相关系数矩阵；再次，运用制图方法将相关系数的分布状况用地图(可视化)形式表达出来；最后，对相关系数地图进行分析，深入认识地理要素(现象)在空间和时间上的各种依赖关系、分布特征和发展变化规律(王家耀等，2019)。

2) 空间邻近的 SDMKD 方法

它实际上是一种基于空间分析的空间关联规则的 SDMKD 方法，通常认为一个区域单元(省、市、县)的某种地理现象或某一属性值是与邻近区域单元上同一现象或属性值相关联的，其核心是认识与地理位置相关的数据间的空间依赖、空间关联和空间自相关。空间自相关、空间关联反映的是一个区域单元的某种地理现象或某一属性值与邻近区域单元同一现象或属性值的相关程度。空间自相关研究的是空间实体与其相邻实体之间的相似性程度，目前普遍采用空间自相关系数——Moran I 指数和 Geary C 来度量；空间关联研究的是空间对象属性之间关联的程度，可使用全局指标和局部指标两种不同等级的指标加以度量。

基于空间统计分析的空间邻近 SDMKD 方法，涉及空间权重矩阵的构建、空间自相关、空间关联的度量与检验、空间关联的识别等(周海燕，2003)。

3) 时间序列数据的 SDMKD 方法

在地理环境系统中，许多地理要素(现象)除了在空间上有一定分布规律外，在时间上也存在一定的发展变化规律，我们通常把按时间顺序记录的数据称为时间序列数据。事物在时间上发展变化的过程可分为确定性形式和非确定性形式两类：前者，可用时间 t 的确定函数加以描述；而后者则不能用时间 t 的函数描述，但可以用概率统计方法寻找合适的随机模型来近似地反映其变化规律。

对于确定性过程，时间序列数据可以用某种函数来进行 SDMKD，以获得时间序列的未来值，如指数函数模型、季节性水平模型、三角函数模型等，相对比较简单，这里不予介绍。

对于随机时间序列数据的未来值进行预测，常用的模型有自回归滑动平均模型(亦称 ARMA (p,q) 模型)和基于灰色系统理论的 GM (n,h) 模型(用得最多的是单序列一阶线性动态模型(1，1))。就自回归滑动平均模型 ARMA (p,q) 而言，它是对给出的历年观测数据，确定模型的阶数 (p,q) 及相应的回归系数和滑动平均系数，并利用所确定的模型对观测值的未来值进行预测；就基于灰色系统理论的 GM (n,h) 模型而言，它是一种微分方程的时间连续建模，首先建立灰色模块(将原随机序列处理成时间序列)，其次建立灰色预测模型

GM（1,1），再次进行后验差检验(即检验建立的GM（1,1)模型的精度)，最后进行预测。

4) 空间数据聚类分析的 SDMKD 方法

空间数据聚类是在一个较大的多维空间数据集中，根据距离的变量找出簇或稠密地区，在同一个簇中的对象之间具有较高的相似度，而不同的簇中的对象之间具有较低的相似度。相似度是根据描述的对象的属性值来计算的，距离是经常采用的度量方式。

空间数据聚类的方法主要有 K-均值(K-means)算法、期望值最大(expectation maximization，EM)算法、K-中心点(K-medoids)算法、层次方法(将数据对象组成一棵聚类的树)、基于密度的方法(对给定类中的每个数据点，在一个给定范围内的区域中必须至少包含某个数目的点)、基于格网的方法(把对象空间量化为有限数目的单元，形成一个格网结构，所有聚类操作都在这个格网上进行)和基于数学形态学的方法(循环地利用由小到大的图形结构元对空间目标进行闭运算，连接相邻的目标，连通区即为聚类)，等等。

就类型划分的聚类模型而言，最常用的有系统聚类模型(最短距离法、最长距离法、中间距离法、重心法、离差平方和法，以及类平均法、可变类平均法等)、模糊聚类模型、模糊多元统计分析模型和模糊软划分模型等(王家耀和邹建华，2019)。

前述空间数据聚类的算法和模型为空间数据聚类分析提供了许多有效的工具，但不能解决现实世界存在约束条件的聚类问题，于是出现了基于约束条件的空间聚类方法，分为两种形式(周海燕，2003)：一种是考虑现实世界中存在实体障碍物的空间聚类(clustering with obstructed distance)；另一种是基于操作型约束条件的空间聚类(handling operational constraints in clustering)。

2. 基于求解问题不确定性的 SDMKD 方法

这里主要介绍粗集(rough set，RS)理论和云理论(cloudy theory)(李德毅和杜鹢，2005)。

1) 粗集理论

粗集理论是一种处理模糊和不确定性问题的新型数学工具，能有效地分析和处理不精确、不一致等各种不完备信息，并从中发现隐含的知识，揭示潜在的规律。利用粗集理论处理的问题主要包括数据库中的数据约简、数据相关性发现、数据意义评估，由数据产生决策控制、数据的近似分类、数据的相似性或差异性发现、数据中范式的发现及因果关系的发现等。

经过长期的研究与应用，粗集理论已经在理论和实用方面取得了长足的发展。目前，它已经比较成功地应用于医疗诊断、决策分析、信息检索、近似推理、机器学习、图像处理等领域，成为数据挖掘与知识发现的重要工具。粗集理论可支持空间数据挖掘与知识发现的多个步骤，如数据预处理、数据约简、规则生成和数据依赖关系获取等。

粗集理论的基本概念如图 8.30 所示。图中 $R_{-}(X)$ 和 $R^{-}(X)$ 分别为子集 X 的 R 下近似和子集 X 的 R 上近似，下近似被解释为所有那些被包含在 X 里面的等价类的并集，上近似被解释为所有那些与 X 有交的等价类的并集；$\mathrm{BND}_R(X)$ 为上近似 $R^{-}(X)$ 和下近似 $R_{-}(X)$ 的差 $\left(R^{-}(X)-R_{-}(X)\right)$，即 X 的边界集，$\mathrm{BND}_R(X)$ 中的元素越多，X 的粗糙度越大；$\mathrm{POS}_R(X)=R(X)$，称为 X 的正区域，它是完全属于 X 的成员的那些个体元素的集合；$\mathrm{NEG}_R(X)=U-R^{-}(X)$，称为 X 的负区域，它是不属于 X 而是属于 X 补集的那些个体元素的集合。一个用上近似 $R^{-}(X)$ 和下近似 $R_{-}(X)$ 定义的子集称为粗集。事实上，$R_{-}(X)$ 是包含于 X 中的最大 R 可定义集，类似于点集拓扑中的内点；$R^{-}(X)$ 是包含于 X 的最小可定义集，类似于点集拓扑中的闭包。由于存在边界集区域，即有些元素既不能在全域 U 的某个子集上被分类，也不能在它的补集上被分类，边界集的大小是衡量该子集关于 U 上的等价关系 R 的近似精度。

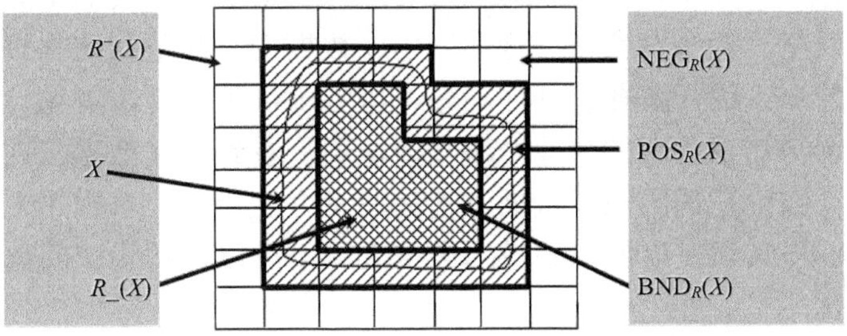

图 8.30 粗集理论基本概念示意图

粗集理论用于数据分析时，会遇到噪声、数据缺失、大数据量等一系列经典理论解决不够理想的问题，因此出现了许多粗集的扩展模型，其中典型的有可变精度模型(VP-RS)、相似模型(用相似关系代替不可区分关系)等。

2) 云模型

钱学森先生早就指出，客观现实世界是一个多参数、非线性、时变的不稳定系统，系统中的事物、概念、实体或现象等基本都同时具备不确定性。其中，随机性和模糊性是空间不确定性的主要表现，而且现实世界中随机发生的事件也经常有模糊性，并受事件随机性的影响，且模糊性和随机性同时存在的情况比较常见。因此，在顾及不确定性的空间数据挖掘中，定性知识的表示、定性定量的相互转换及定性推理机制等成为必须研究的问题。

云模型的思想就是针对上述问题由李德毅于 1996 年首次提出的。“云”，是用语言值表示的某个概念与其定量表示之间的不确定性(模糊性与随机性)转换模型。因为在数域空间中，“云”既不是一个确定的概率密度函数，也不是一条明晰的隶属函数曲线，而是一朵可伸缩、无边沿、有弹性、近视无边、远视像云的一对多的数学映射图像，与自然现象中的云有着相似的不确定性，所以借用“云”来命名这个数据——概念之间的数学转换理论。作为不确定性知识的定性定量转换的转换模型，把自然语言中的模糊性和随机性完全集成在一起，构成定性和定量相互间的映射，可在空间数据挖掘中充分顾及由随机性和模糊性引起的不确定性。李德毅提出的云模型方法，包括基本云模型、云发生器、虚拟云、云变换和云可视化等。云模型是用期望值 E_x、熵 E_n 和超熵 H_e 表征定性概念，将定性定量转换中的模糊性和随机性集成在一起，克服了模糊集理论中隶属函数的固有缺陷，加上虚拟云、云变换等新方法，为 SDMKD 的许多基础性关键问题的解决提供了新的途径，可用于概念和知识表达、定性和定量间的转换、概念的综合与分解，从数据中生成概念和概念层次结构、不确定性推理和预测等。

3. 基于可视化的 SDMKD 方法

基于可视化的 SDMKD 方法主要包括空间数据可视化的 SDMKD 方法、地学信息图谱的 SDMKD 方法和基于 Voronoi 图的 SDMKD 方法等。

1) 空间数据可视化(spatial data visualization)的 SDMKD 方法

空间数据可视化包括空间数据挖掘过程的可视化和空间数据挖掘结果的可视化。

实际上，空间数据挖掘与知识发现的许多活动都可以认为是一种空间数据可视化过程。利用可视化查询软件，从分布式空间数据库中提取与决策主题相关的空间数据，形成目标数据仓库；利用相关模型、算法对数据进行预处理、数据变换和数据挖掘等；利用空间数据可视化软件，对发现的知识进行解释和评估，最终服务于决策支持。可见，空间数据可视化渗透到了空间数据挖掘与知识发现的每一个步骤，使用户看到空间数据挖掘与知识发现的全过程。空间数据挖掘与知识发现同空间数据可视化技术密切相关，可视化空间数据分析技术本身也是空间数据挖掘与知识发现的重要技术方法之一，可以理解为空间数据挖掘与知识发现中的空间数据可视化。

2) 地学信息图谱(geo-information graphic)的 SDMKD 方法

图谱，是图(通常指地图)与谱(通常指系统)的结合，即“图谱合一”。是一种经过分析和综合，用于反映事物和现象的空间结构特征与时空序列变化规律的一种信息处理与显示方法。地学图谱，是图谱在地学研究中的应用与发展，是应用于地学分析的系列多维图解，是运用地图语言(符号系统)进行时间和空间的综合表达与分析，不仅能表达现在，而且能通过建立时空模型来重建过去和虚拟未来。地学信息图谱，指运用计算机多维动态可视化技术，以系列地图、曲线图、图表等形式，来反演和模拟地球系统及其各要素(现象)的宏观、中观和微观时空变化规律，反演过去、预测未来，形成对事物和现象的更深层次的认识，有可能发现重要的科学规律(陈述彭，2001)，是 SDMKD 的一个新的研究领域。

地学信息图谱是形、数、理的有机结合。形，指图形、图像和表格等；数，指定量化的模型与方法；理，指机理、规则和知识等。地学信息图谱理论，不仅包括地球信息的表达、表现形式的研究，地球信息获取、分析、分解、综合和解译的数理解析方法的研究，地球信息的发生、传输、认知的机理机制研究，还要研究地球信息表现形式、数据解析方法和机理机制之间的关系。因此，地学信息图谱理论是有着资源环境信息的形、数、理一体化的理论。

地学信息图谱作为一种 SDMKD 方法，主要用于全球变化、区域发展模式、国土空间规划、自然资源调查与评估、灾害监测与评估、生态环境监测与评价等。

3) 基于 Voronoi 图的 SDMKD 方法

Voronoi 图是计算几何中一个被广泛研究的问题。在空间数据库中，空间目标之间的邻接关系可以在点、线、面之间的拓扑空间结构中显式表达，但是一般的拓扑数据结构不适用于处理几何上相邻但不相连接的点群实体之间的邻近拓扑关系，而点集 Voronoi 图构建了相邻但不相连接的点群实体之间的邻近空间拓扑关系。1934 年，俄国数学家 Delaunay 由 Voronoi 图演化出了更易于分析应用的 Delaunay Triangulation(Delaunay 三角网)，它是 Voronoi 图的几何对偶，是一个布满整个区域而又互不重叠的三角网结构，Voronoi 图和 Delaunay 三角网是被普遍接受和广泛采用的分析研究区域离散数据的重要工具。

Voronoi 图在空间数据挖掘与知识发现中有着广泛的应用。例如，利用 Voronoi 图的影响范围特征，点 Voronoi 图可用于城市、交通枢纽、商业中心和金融中心等的影响范围分析；线 Voronoi 图可用于交通运输线、经济地带等的影响范围分析；面 Voronoi 图可用于经济区、高新技术开发区等的影响范围分析。如需考虑各个目标的权重，则采用加权 Voronoi 图。

4. 基于人工智能的 SDMKD 方法

人工智能(artificial intelligence，AI)是研究开发用于模拟、延伸和扩展人的智能的理论、方法、技术及应用系统的一门新的技术科学。目前，基于人工智能的 SDMKD 方法主要有以下几类。

1)归纳学习方法

归纳学习方法是一个从个别到一般、从部分(局部)到整体(全局)的过程。它源于机器学习，是机器学习中最核心、最成熟的一个分支，旨在从大量的经验数据中归纳抽取一般的判定规则和模式。根据有无导师指导，归纳学习可分为有监督学习(supervised learning)和无监督学习(unsupervised learning)。归纳学习方法的大部分算法源于机器学习领域，如 Michaski 的 AQ11、AQ15，洪家荣等人的 AE1、AE9，Hunt 的 CLS，Quinian 的 ID3、C5.0 等，其中最著名的是 Quinian 提出的 C5.0，由 ID3 发展而来，增加了将决策数据转换为等价的产生式规则的功能，并解决了连续取值数据的学习问题。此外，Jiawei Han 教授等提出了一种面向属性的归纳方法(attribute oriented introduction，AOI)，以及裴健等对此方法进行扩展形成的面向空间属性的归纳方法(spatial attribute oriented introduction，SAOI)。

2)遗传算法

遗传算法(GA)模拟生物进化过程的自然选择和进化机制，是一种基于群体的全局随机优化的算法。它实际上是一种求解问题的高效并行全局搜索方法，通常是将遗传算法和其他空间聚类方法相结合，如采用遗传搜索与 K-均值算法局部优化相结合的混合遗传算法，能在搜索过程中自动获取和积累有关搜索空间的知识，并自适应地控制探索过程以求得最优解。SDMKD 中的许多问题，如分类、聚类、预测等知识的获取，都可以表达或转换成最优化问题，进而可以用遗传算法求解。

3)深度学习与深度增强学习

深度学习是人工神经网络(ANN)的发展，增加了许多隐含层和一个非监督学习的“Pretraining”，本质上是用大数据教会计算机自己学习，即通过算法让计算机从大量数据中学习规律，获得知识。随着云计算中 MapReduce 大规模集群技术的兴起和 GPU 的应用及优化算法的出现，过去耗时数月的机器学习训练过程可缩短为数天甚至数小时，在大规模数据挖掘与知识发现中有很广阔的应用前景。

从深度学习到深度增强学习，是一次不同于历次科技革命的人工智能革命。人工智能面临的是“进入人和机器共同演化的时代”，人的空间认知能力与计算机的计算能力相融合出现的认知计算、类脑智能研究等，都说明计算机(电脑)人工智能与人类(人脑)自然智能深度融合是未来人工智能的发展趋势，而深度学习与深度增强学习中各种算法的研究是空间数据挖掘与知识发现研究的重要任务。

8.6　总结与展望

8.6.1　总结

1. 空间分析是地理信息系统(GIS)和空间信息系统(SIS)的重要功能

尽管地理信息系统在其 50 多年的发展进程中，已经由地理信息系统(GISystem)演进为地理信息服务(GIService)和地理信息科学(GIScience)，由空间信息系统(SISystem)演变为空间信息服务(SIService)和空间信息科学(SIScience)，但空间分析仍然是一个核心问题。

本章以地理空间作为分析空间(二维或三维)，以空间数据作为空间分析的对象，讨论了空间分析的基本概念，把空间分析区分为空间数据的空间特性分析和空间数据的非空间特性分析，并指出这是针对空间分析的数据对象和分析过程而言的。同时，通过对早期和近期出版的相关著作的分析，认为把空间分析分为空间数据的空间特性分析和非空间特性分析表现出了某种趋势，但这不是绝对的，实际的空间分析中两者通常是结合在一起的。例如，缓冲区分析中的缓冲区边界的生成是空间特性分析，而边界生成后的缓冲区范围内的统计分析就是非空间特性分析；类似的例子还有许多。

2. 网络分析是 SIS(或 GIS)中最重要的空间分析方法

网络分析的基础是图论。本章首先介绍了图论的基本概念和网络的关联矩阵和邻接矩阵表示。然后，重点介绍了地理网络的最优路径分析，它是地理网络应用的一个重要而基础的问题，定义了最短有向途径，讨论了最短路径算法及最短路径算法的优化，包括求最短路径的邻接结点算法、基于点-边拓扑关系的最短路径算法、改进的最短路径优先搜索算法等，定义了地理网络中的次短路、地理网络中常见的最优路径(最大可靠路径、最大容量路径)；讨论了地理网络流，介绍了求解地理网络最大流算法的基本思路和最短路径算法，定义了地理网络的最小费用流问题和求解步骤；研究了地理网络中的定位与分配问题，定义了地理网络的中心点和中位点、中心服务范围及其确定、中心资源分配范围和求解算法、*P*-中心的定位与分配及其求解算法等。

3. 缓冲区分析是 GIS 或 SIS 中常用的空间分析方法

首先，阐述了缓冲区分析的基本概念，给出了单个目标模型；其次，鉴于缓冲区边界的形态与空间目标的形态关系紧密，研究了空间目标形态分析的常用参数、空间目标的分维和空间目标的分形分析等问题；介绍了缓冲区边界生成的一些基本概念，分别讨论了点目标(圆弧弥合法)、线目标和面目标缓冲区边界生成算法设计并给出了具体算法步骤，讨论了复杂目标缓冲区边界生成算法设计问题和两个多边形合并算法的基本思想，给出了两个多边形相交时根据交点索引追踪边界算法及其具体步骤；最后，专门讨论了动态缓冲区边界生成算法设计，介绍了三种动态缓冲区分析模型(线性衰减模型、二次衰减模型和指数衰减模型)，给出了静态和动态缓冲区分析的实例。

4. 叠置分析是 GIS 或 SIS 中最基础的一种空间分析方法

首先，对叠置分析进行了定义，介绍了基于数据结构和叠置条件的叠置分析的不同类型，包括矢量叠置分析和无条件叠置分析(按叠置条件)。对于矢量数据叠置分析，介绍了点与多边形叠置、线与多边形叠置和多边形与多边形叠置，并给出了相应算法和应用实例；对于栅格数据叠置分析，重点介绍了条件栅格叠置分析，其核心是确定叠置条件即关系表达式，其中的变量可以是几何条件，也可以是属性条件。相对而言，叠置分析算法比较简单，实质上是根据已有数据对给出的条件进行逻辑交运算。条件叠置分析在地理信息系统中广泛用于空间查询、空间聚类和区域信息提取等。

5. 空间数据挖掘与知识发现(SDMKD)是基于空间数据仓库的新的研究领域

首先，介绍了空间数据的一些基本问题，包括空间数据仓库的背景与概念，论述了空间数据仓库提出的海量数据、社会需求和技术发展背景；讨论了空间数据仓库的体系架构与研究内容，包括空间数据仓库模型、面向海量数据的存储策略、支持海量空间数据导航的元数据机制、高效检索的空间索引机制、多元异构空间数据的有效提取与集成、空间数据仓库的联机分析处理技术等。介绍了空间数据挖掘与知识发现的概念与架构，给出了定义，即从大规模海量空间数据集中识别和提取有效的、新颖的、潜在有用的、最终可理解的模式的非平凡的过程，有别于联机分析处理；介绍了目前基于空间信息系统或地理信息系统的空间数据挖掘与知识发现的三层体系结构，包括自下而上的数据层、空间数据挖掘层和用户层，并介绍了空间数据挖掘与知识发现的基本过程。总结了空间数据挖掘与知识发现的基本方法，例如，基于时空统计分析的 SDMKD 方法，包括空间相关方法、空间邻近方法、时间序列数据方法和空间数据聚类分析方法等；基于求解问题不确定性的 SDMKD 方法，包括粗集理论、云模型等；基于空间数据可视化的 SDMKD 方法，包括地学信息图谱方法和基于 Voronoi 图方法等；基于人工智能的 SDMKD 方法，其中，用于 SDMKD 的智能算法包括归纳学习方法、遗传算法、深度学习与深度增强学习算法等。

8.6.2　展望

当前，空间分析与空间数据挖掘的研究虽然取得了很大进展，但仍有很大提升空间，有很多问题需要进一步深化研究。

1. 空间分析的拓展、延伸和深化发展仍是一项重要研究任务

地理网络分析中的算法智能优化问题，是当前社会快速发展提出的新要求。最优路径中的“最优”涉及多种因素，如路径“最短”、速度“最快”、行动“最安全”、费用“最低”和流量“最大”，等等。很多时候还需要同时顾及多种因素，此时的最优算法就很复杂了，要研究多目标优化算法；最优选址中的“最优”也涉及许多因素，如中小学校选址、城市公园的选址、消防站的选址等服务中心点的确定等，涉及服务范围大小及服务范围内交通等各方面的因素，此时的最优算法也很复杂，也需要研究多目标优化算法。

缓冲区分析按目标多少可分为单目标和多目标缓冲区分析；按缓冲区分析的态势可分为静态和动态缓冲区分析；按目标的复杂程度可分为简单目标(点、线、面几何图形)和复杂目标缓冲区分析。关键是线目标缓冲区边界生成的算法设计，特别是其中的特殊情况失真现象的处理和自相交情况处理；而动态缓冲区边界的生成就更复杂了，需要研究适应更多情况的缓冲区分析模型。另外，随着三维地理信息系统(3DGIS)的发展，三维空间目标缓冲区分析显得越来越重要和实用，但目前研究很少。三维空间目标包括三维空间点、线、面、体目标，其中，三维空间点、线、面目标是二维平面上点、线、面目标向三维空间的拓展，而体目标则是三维空间特有的。此外，目前学界也在讨论三维空间点、线和目标的缓冲区分析，对于不在同一平面上的面目标，其缓冲区计算比较复杂，而关于三维空间复杂体目标缓冲区的求解相对更加困难，尚需具体研究，特别要重视三维空间复杂体目标的缓冲区分析的研究。

叠置分析的目的，是对叠置后产生的多重属性进行新的分类，建立地理目标(对象)之间的空间关系，并提取某个区域范围内某些专题内容的数量特征。目前，地理信息系统中应用最多的视觉信息叠置分析是一种直观的目视的叠置分析方法，其叠置形式包括点状图层、线状图层和面状图层之间的叠置，面状图层区域边界之间和一个面状图层与其他专题图层边界之间的叠置，数字正射影像图(DOM)与专题图层的叠置，专题图层与数字高程模型(DEM)叠置(显示立体专题图)，DOM 与 DEM 叠置(生成真三维地理景观)，等等。对于矢量数据叠置分析中的六种情况(点/点、点/线、点/多边形、线/线、线/多边形、多边形/多边形)，要进一步加强叠置分析中的误差及其传递规律的研究。

2. 基于人工智能的空间数据挖掘与知识发现是新的重要研究方向

人工智能研究的主要目标，是使机器能够胜任一些通常需要人类智能才能完成的复杂工作。基于人工智能(AI)的 SDMKD 研究的关键，是要把空间数据挖掘与知识发现的智能算法研究作为重中之重，同时充分利用时空大数据教会能力强大的计算机通过智能学习自动获得知识。

所谓算法，指某个领域某个问题的有穷地机械地判定(计算)，它只用有穷多条指令描述，计算机便执行有穷步的计算过程，从而得出问题解的结果。算法是机器学习的核心，是 SDMKD 的核心，类比发动机的“引擎”。算法在 SIS 或 GIS 中的应用并非新鲜事物。以算法为核心的人工智能与人脑智能相比较，至少有四大优势，即速度更快、效率更高、结果更好、耐力更强。研究自主可控的智能算法是一项重要任务，没有智能算法，时空大数据和强大计算能力也无法发挥作用。空间数据挖掘与知识发现，就是从大规模空间数据集中发现知识，没有大规模空间数据集，数据挖掘与知识发现就成了“无源之水，无本之木”。

大数据本质上就是时空大数据，因为一切大数据都是包括人类活动在内的万事万物在时间和空间运动变化的产物，都有时间参照和空间参照。这就是大数据本质的时空观。时空大数据，指基于统一时空基准、产生并存在于时间和空间中与位置直接(定位)或间接(空间关联)相关的大数据，由基础地理时空数据和各部门行业的专题数据(一般意义上的大数据)两大类数据融合而成，具有位置、时间、属性、尺度、分辨率、多样性、异构性、多维、巨量、价值隐含性和快速性(事前而非事后)等特性。

时空大数据是人工智能(机器学习)的动力(类比发电机的水动力、煤动力、核动力)，没有时空大数据，算法就不起作用，数据质量不好，也会算不准。所以，时空大数据理论、技术及应用研究，对高效空间数据挖掘与知识发现至关重要。

空间数据挖掘与知识发现需要强大的计算能力。云计算是一种新的计算模式，它通过“池化”和“云化”把数千台甚至上万台计算机都放在一个“池子”里面，用户需要多少 CPU、内存、硬盘的“虚拟电脑”，只要通过一种称为“调度”(scheduler)的算法的调度中心，就可以在“池子”里找到并使用自己需要的信息资源，这就是基础设施即服务(IaaS)。云计算为信息资源的管理构建了一个庞大的“资源池”，实现信息资源的时间弹性和空间弹性，并且在 IaaS 之上增加了一层应用弹性，以解决空间数据挖掘与知识发现所需的应用弹性 PaaS(平台即服务)和 SaaS(软件即服务)，并支撑空间数据挖掘与知识发现的分布(任务分解)、并行、协作(同)化(算法调度)和智能化(算法研究)。

云计算支撑通过算法用时空大数据教会计算机自己学习，不断优化算法、获得知识，从而实现“数据隐含价值→计算发现价值→应用实现价值”的目标。

对基于人工智能的空间数据挖掘与知识发现而言，算法、时空大数据、计算能力都至关重要。在目前时空大数据“核爆式”增长、计算能力极大提高、算法研究薄弱的情况下，算法显得格外重要，必须补上算法这个“短板”，核心算法必须自主研究，必须是自主可控的。

3. 空间数据挖掘与知识发现的可视化是一个重要研究方向

空间数据挖掘与知识发现的可视化，不同于一般地图可视化，也不同于空间信息可视化，它包括空间数据挖掘过程的可视化和挖掘结果——知识的可视化及可视化设计。其中，要关注以下四个方面的研究：

一是，空间数据挖掘与知识发现的可视化必须是形、数、理相统一的。形，指图形、图像；数，指数据(广义)；理，指规律。形表达数据，形、数蕴含规律，这就是形、数、理相统一的原则。

二是，空间数据挖掘与知识发现的可视化必须知道数据表达了什么及数据和它所表达的事物(现象)之间的关联是什么。这是可视化的关键、全面分析数据的关键、深层理解数据的关键。从根本上讲，时空数据是现实地理世界的一个快照，给人们传递现实地理世界的大量信息，可以用时间维(T_i)、空间维($S_i : X_i, Y_i, Z_i$)和属性维(D_i)($i = 1,2,3,\cdots,n$)的 n 维空间来表达，这是空间数据挖掘与知识发现可视化设计的基础。

三是，空间数据挖掘与知识发现的可视化必须遵循空间认知科学和视觉规律。人们通过数据可视化来认知现实地理世界，人脑的信息加工是关键。人脑本身就是一个信息加工系统，人们对“可视化”(现实地理世界的替代物)的感知、表象(基于感知的映像的再现)、记忆(存储)、思维(从现象到本质的转化)是一个完整的空间认知过程。要能快速实施这样的空间认知过程，还必须遵循可视化的视觉规律，因为视觉是人类获得信息的主要途径，相对于统计分析而言，空间数据挖掘与知识发现的可视化，还应该能洞察统计分析很难甚至无法发现的新模式、新知识和新规律，知识水平较低的用户也易于对可视化结果进行解读。

四是，空间数据挖掘与知识发现的可视化应是针对用户或读者的。用户不同，“可视化”产品或方式也应不同。不过，目前使用最多的还是各种多样化、个性化的地图。这是因为，地图本质上是通过反映现实地理世界的空间结构和空间关系及其随时间变化来揭示事物(现象)的规律的。

第 9 章　空间数据多尺度变换与可视化表达

9.1　空间数据的多尺度特性

9.1.1　地理要素(现象)的尺度特性

对地理现象的研究是通过对其描述的概念、量纲和内容的层次性来实现的，即将不同尺度的过程用特定的概念、量纲和内容来抽象描述。

(1)概念尺度性。描述地理现象的概念有尺度的含义。空间数据实体的内容是复杂多变的，对于特定类型的空间数据可以用有尺度含义的概念来反映数据的尺度。

(2)量纲多尺度。量纲尺度是指描述地理现象或空间实体的单位及量测的数量级别，其尺度的单位主要有空间距离单位和时间长度单位。

(3)内容(属性)多尺度。数据内容多尺度表现为属性变化的强弱幅度及内容的层次性。强弱幅度可以用单位时间内属性特征变化的值表示；内容的层次性是指数据描述过程中的级别可组合性。

9.1.2　空间数据的多尺度特性

空间数据的多尺度可以从两方面说明。

(1)空间多尺度。空间数据以其表达的空间范围大小，分为不同的层次，即不同尺度。这种特性表现在数据的可综合上，即根据数据内容表达的规律性、相关性及其自身规则，由相同的数据源形成再现不同尺度的数据，这也是本章研究的主要内容。

(2)时间多尺度。时间多尺度指数据表示的时间周期及数据形成周期的不同长短。从一定意义上讲，时间尺度与空间尺度是一致的，即较大的空间尺度往往对应于较长的时间周期。

9.1.3　空间数据尺度与地图比例尺的关系

尺度在空间数据中表现为空间范围上的可变性、时间上的可扩展性和属性内容的可归并、可抽象综合性。大尺度数据在空间上表现为相对于共同参照的地球表面或其次级区域，占有较大的空间范围，在时间上表现为相对于人可以接受的时间长度较长，表现在属性上则是反映过程和现象的整体、抽象、轮廓趋势；小尺度则是属性上反映地学过程的详细、具体的内容；中等尺度则为一种过渡尺度。不同尺度各有优缺点，多尺度特性在数据形成、表达等环节有着不同的含义。

数据模型是对地理现象的抽象表达，它的多尺度是空间上对各种实体形状的抽象程度，尺度越大抽象程度越高；时间尺度上表现为对时间的依赖性，尺度越大，对时间的依赖性越弱。大尺度意味着表达属性的级别较高。对于空间数据本身，尺度则表现为分辨率或精度，大尺度数据意味着空间和时间分辨率和属性精度较低。类似地，中小尺度分别对应不同的抽象水平和分辨率。

数据与地图有关，但两者有本质差别。地图解决如何将特定区域范围内的空间现象抽象表达在特定大小幅面的地图介质上，其目标是地图内容与可视化的表达；而空间数据则是根据用户需要对空间现象的抽象描述，与介质无关。然而由于地图和数据形成认知过程的一致性，数据的尺度与地图的比例尺有着千丝万缕的联系。一般来说，数据尺度的大小与区域大小和数据使用要求有关，同样，地图比例尺大小与区域及地图的用途有直接关系。由此可以看出，地图比例尺与空间数据的基本关系是：数据尺度与相应地图比例尺成反比变化，即数据尺度大，地图比例尺小；数据尺度小，地图比例尺大。

9.1.4　空间信息系统中的空间数据多尺度表达与自动综合

“尺度”是与地理现象相关的最基本的但也是难以理解和容易混淆的概念之一，它有多种含义，这里一般是指信息被观察、表示、分析和传输的详细程度。因为不可能观察地理世界的所有细节，所以尺度必定是所有地理信息的重要特性。加之多种地理现象和过程的尺度行为并非按比例线性或均匀变化，因此需要研究地理实体的空间形态和过程随尺度变化的规律。这是建立多尺度空间数据处理模型和表示方法的基础。

许多空间信息系统(SIS)在实际应用中不仅需要多种详细程度的数据支持，而且需要把这些多尺度表示的地理空间信息动态地连接起来。因此多尺度的面向对象的 SIS 开发成为一个重要问题，其重点是制图综合工具的开发。

实质上，大多数具有制图功能的数据库都对应一定的比例尺，主导数据库的主要功能就是可以进行多比例尺的表示，这些比例尺一般说来都小于主导比例尺，它不是通过建立和维护多个比例尺的数据库来对应不同的制图输出，而是直接将主导数据库中的数据转换成较小的比例尺来表示，这是一种更为有效的方式。从主导数据库中抽取重要的和相关的空间信息以预定的比例尺将其表示在缩小了的地图空间上，这个过程就是自动综合。它能降低数据采集、存储、检查和更新的费用，并可提高已建成的数据库的潜在价值。

在很长时间内，由于空间数据的自动综合仍然是困扰学界和业界的国际性难题，SIS 空间数据库为了满足人们浏览空间数据集的不同需求，不得不存储多种比例尺、不同详细程度的空间数据，即同一空间实体的多种表示(多重表示)共存于同一数据库中，因此会产生大量数据冗余及与其相关的一系列弊端，更重要的是在进行跨比例尺综合分析时会产生严重的数据矛盾。“多重表示”的 SIS 数据更新，不仅耗资巨大，而且难以保证同一实体的“多重表示”之间的一致性。因此，需要寻求合适的空间数据多尺度处理与表示方法，在从一种较大比例尺或较详细的空间数据集派生较小比例尺或较概略的多种比例尺空间数据集时，通过多尺度操作，能够从一种表示完备地过渡到另一种表示，这种完备性的要求就是派生过程要保持相应尺度的空间精度和空间特征，保证空间关系不发生变化(相似性)，维护空间目标语义的一致性。

9.1.5　从多尺度表达到不依比例尺的空间信息系统

数据库综合与制图综合使得数据库满足多用途需要成为可能，但问题的关键是一个主导的地图数据库能否产生多比例尺的地图数据库？不依比例尺(有时也称无比例尺或自由比例尺)的地图数据库是否存在？这个与自动综合关系甚为密切的问题一直是人们长久以来期望解决的。因为我们知道，比例尺只有在图形输出时才有意义，图形的详细程度则依输出时的分辨率和人的感知能力而定。

只要自动综合的问题不解决，现有的 SIS 系统仍将独立地存储不同比例尺的地图数据。换句话说，相同地理现实的多尺度显示将在同一数据库中共存。这类依比例尺的数据库是目前计算机辅助制图系统的共同点。尽管目前的状况如此，人们最终还是希望有更先进的技术来解决这个问题。SIS 和自动制图系统的最终目标都将是利用基于知识的方法和综合算法生成不依比例尺的 SIS。与存储不同比例尺地图的多尺度数据相反(不管是手工综合生成还是自动综合生成)，“无比例尺数据库”只需存储满足需要的大比例尺地图数据(主导地图数据)。这里可将测量过程获取的数据看作是“不依比例尺”，因为比例尺的概念意味着数据曾经进行过综合变换，这些变换是为了分析或显示的需要而进行的，其表示空间比原始的测量空间要大。

在“不依比例尺数据库”中，使用大比例尺的主导地图数据库，能根据需要通过综合的方法实时产生不同比例尺的地图数据。例如，在不依比例尺的 SIS 中，如果一个机场被选取后，在大比例尺图上显示机场跑道、建筑物、加油站等详细情况；而当用户缩小窗口后，机场综合后将依用户选择的任意比例尺显示出来；进一步缩小窗口后，机场的表示会更加概略，甚至只能用机场符号来表示了。这不仅是不依比例尺 SIS 的最高目标，也是数字地球技术要实现的目标。

开发不依比例尺的 SIS 有三个主要优点。首先，避免数据的重复存储；其次，能灵活输出不依比例尺的地图产品；最后，能保证各种比例尺地图产品的完整性和连贯性，数据更新比较方便。创建、存储、保存大比例尺数据库并据此推导出小比例尺数据，将用更少的时间、更低的费用和较少的错误生产出所需的地图数据。

未来的地图数据库应是无缝的、无比例尺的。采用基于要素的或面向对象的数据模型是迈向此目标的重要步骤。为了支持单数据源的多尺度表示，基于要素的数据结构与综合算子、决策规则等都是必不可少的。如果为综合目的而设计的数据库是基于要素的，那么面向对象的程序设计方法是最理想的解决方法。在面向对象的环境中，过程是与对象相连接的，对象实现的方法直接与获得的信息相一致。利用这样的方法，要素在各种不同比例尺地图上的表示紧密相连，它们可以继承相同的特征，任何一种表示的更新将会在数据库的任意地图比例尺中同时实现。为了能使之更有效地进行，需要讨论同一对象不同表示的匹配方法，然而这个过程实现起来却并不容易。

用基于要素的方法表示主导数据库不同景观尺度，已在 Smallworld GIS 中实现，它的两个主要特点是：不同要素的可视变换比较方便(如要素可在显示比例尺的范围内可见或不可见)；要素表示类型的变换也比较方便(如城市可在 1∶100 万图上表示为一个点，而在 1∶50000 图上用轮廓线表示)。在 Smallworld 中，如果选择不依比例尺，那么任何时候比例尺都是变化的，屏幕上的要素用显示比例尺的定义类型绘出。

采用主导数据库的方法，除了需要考虑自动综合算法外，还要考虑更大范围的东西，最好是建立无缝数据库。无缝数据库具有查询、显示、恢复以及数据空间扩展的功能，使得能从大比例尺空间数据库中不受任何限制地得到所需尺度的数据。用户可以以他们所选的某一个点为中心创建一幅地图，而不必受传统的地图分幅的限制。

毫无疑问，不依比例尺 SIS 的发展是一个质的飞跃，但它又是一个很大挑战。在很长的一段时间内，无比例尺数据库是我们渴望得到的但又是很难达到的，自动综合的任务就是挑战这个困难。

那么，在目前的技术条件下，由于综合的复杂性与困难性，在不依比例尺数据库无法完全实现的情况下，目前可能的途径只能是根据主导数据库，通过自动综合的手段，得到满足不同尺度需要的新数据库，预先存储起来，供不同尺度显示时使用。这样虽然重复存储，占用了不少的存储空间，而且数据更新时各不同尺度的数据库都需要同时更新，但只要自动综合的工具使用方便、速度快、质量满足应用需要，仍不失为当前条件下 SIS(或 GIS)数据多尺度表达的一种手段。

9.2　空间数据自动综合的基本理论和方法

9.2.1　空间数据自动综合的基础理论

关于自动综合基础理论的研究，可以概括为以下几个方面。

1. 基于地图信息和地图传输的地图综合理论

自从 Kolacny 和 Ratajski 提出地图信息和地图信息传输的观点以来，地图制图作为地图信息传输过程的观点已被大家接受。按照这一思想，地图制图过程是一系列的信息转换过程，制图综合的目的和作用就是经过对制图对象的选取、化简、分类分级和符号化，使地图使用者能更有效、更容易地通过地图获取尽可能多的信息。

2. 基于空间认知的地图综合理论

基于认知的地图综合理论认为，认知(cognitive)是地图综合赖以实现的基础。人类的认知过程包括感知、记忆、心象和思维，具有对所观察的图形进行再组织和再构建的能力与需要(格式塔需要)。地图综合的过程就是根据人类认知特点与需要建立地图综合原则，并用于指导地图综合作业，从而能较好地适应人类读图并解译、理解、记忆和使用地图信息的需要。

自动地图综合的研究与认知科学有很密切的关系。从思维的角度看，地图综合可以分解为一系列更详细的认知和处理的思维过程，这种思维过程可以用某种类似函数或谓词的功能子程序来模拟。通过对这些功能的适当组合、排列、调用及动态调整，结合学习、评价与改进机制，将有可能模拟人类在地图综合过程中的认知行为与心象的视觉化过程，从而使自动地图综合能遵循科学的原则。

但就目前的研究状况而言，基于认知的地图综合还远未形成可实际用于地图综合作业的体系，能解释以往的方法却不能指导现实的作业。例如，心象在认知过程中起重要作用，但心象形成的因素及这些因素怎样影响心象的形成；再如心象的视觉化是地图综合机制的关键问题之一，但心象与最终地图综合结果之间究竟是什么关系等。这些问题目前只能给出模糊性的解释。所以，基于认知的地图综合理论的完善和实用化，尚需实验心理学提供更丰富的经验与理论解释。

3. 基于视觉感受的地图综合理论

按照罗宾逊等人的观点，地图综合过程分为化简、分类、符号化和归纳等四种类型，其中符号化是对化简和分类的结果赋予各种标志，从而使地图综合变成视觉可见的。显然，符号化的结果是否符合用图者的感受规律，将在很大程度上影响地图综合的效果。

视觉感受理论能够为制图数据的分类分级及符号化、地物轮廓形状的化简，特别是地图注记的取舍与配置等问题提供理论上的依据和指导。分类分级及符号化本身就是地图综合，轮廓形状的化简必须从感受效果出发，这些已是大家公认的。名称注记的位置、字间距、排列方式等，严重影响其他要素尤其是被压盖要素的表达能力，如何合理地安排注记与地图要素之间的关系，使多要素自动综合的表达效果最好，应该是视觉感受理论要给予回答的问题。

9.2.2 空间数据自动综合的基本方法

目前，自动综合对于地图生产自动化水平和 GIS 的数据服务能力，具有不可忽视的辅助与制约作用，因而多年来各国制图学者对自动综合方法问题从各个侧面作了大量的研究。特别是自 1995 年以来，随着互联网的兴起，对大量、迅速、合理的地理数据的需求急剧增加，GIS 环境下的自动综合、导航系统电子地图应用中的数据综合等，使自动综合研究进入一个新的发展阶段，理论、方法、成果、队伍都在不断丰富和壮大。

总的来说，自动地图综合在其百年(1921 年，德国地图学家艾克尔特第一次提出制图综合的概念)的发展历程中，在领域专家们的不懈努力下，历经了由客观化向定量化、模型化、算法化，以及基于算法和模型的协同化和系统化等一系列演变过程，制图综合的自动化程度得到了很大提高。而当今网络众源数据的蓬勃发展催生出对 VGI 数据综合的新需求，按需综合和在线综合成为国际上制图综合研究的热点，同时在人工智能技术的引领下，制图综合开始拓展智能化的新途径。引用前 ICA 制图综合工作组主席 Ruas 在 2014 年工作组合著的 *Geographic Information in a Data Rich World book: methodologies and applications of map generalisation* 开篇中的描述，“我们正迈进制图综合 3.0 时代。”

空间数据自动综合方法的研究可以归纳为以下几个方面。

1. 基于模型的自动综合

利用数学模型进行地图要素的综合，是典型的符合计算机制图需要的思路，其优点是描述问题清楚，也便于计算机实现。自动制图综合数学方法的研究和应用，一直受到人们的关注。

基于模型的自动综合方法的研究多种多样，而且随着基础研究和相关学科的不断发展，新的理论和方法也不断在自动综合领域得以应用。早期的研究成果主要有：用于确定地物选取数量的方根选取规律模型、回归模型等；用于结构选取的模糊综合评判模型、图论模型等。近几年来的最新研究成果有：分形理论及分维方法，主要用于开方根规律公式的分形扩展及其在地物选取方面的应用，以及等高线的自动综合等(王桥等，1996)；神经元网络方法，主要用于海图上水深注记的选取、岸线和等深线的自动综合，以及自动综合中知识的获取；小波分析方法，主要用于线状目标的自动综合；数学形态学滤波方法，通过合理选择结构元素，主要用于面状地物的合并及位移；等等。

由于地理环境的复杂性，制图综合也需要具体问题具体分析，想要找到一个统一的模型对综合过程进行描述是十分困难的。目前已经建立的地图综合模型由于受统计样本的限制，还很不完善，地域环境的普遍适用性较差，因此，自动地图综合的模型化问题仍需要继续深入研究。

2. 基于算法的自动综合

自动地图综合过程中的许多问题是无法用数学模型来描述的，这时用某种算法来描述可以收到显著的效果。自动制图综合算法分为两大类；一类为基础算法；另一类为高级算法。基础算法指的是对综合操作的几何变换的简单实现，而高级算法可能是由几条基础算法组成的复合算法或智能算法。

1) 线划要素化简算法

线划要素化简的算法很多，且各有特点，其中 Douglas-Peucker 算法是应用最广泛的一种。该算法是一种全局化简算法，效果较好，许多 GIS 及制图系统中都把此算法作为一种线划要素化简的标准算法。此算法自提出以来，许多研究者都对其做了进一步的改进，且许多新开发的算法都与此算法加以比较，以分析线状要素化简的效果好坏。

线划要素的化简算法中，特征点的保留是其重点，它包括几何特征点和地理含义的特征点。李志林在分析了大量线划要素特征点的探测方法后，把它们归纳为三类：拐角探测法、多边形拟合法和混合方法。特征点在计算几何、计算机视觉中有广泛应用，在 GIS 数据压缩方面也起很重要的作用。

在线要素化简过程中的自相交问题(如 Douglas-Peucker 算法)研究方面也取得了许多成果，如基于客观综合的自然规律的线划要素化简方法、基于最小面积的重复式点删除方法、基于逻辑一致性的 Douglas-Peucker 化简算法、渐进式化简算法，等等。

2) 等高线综合算法

地貌的综合目前有两种方式：基于 DEM 的综合和基于等高线的综合。

基于 DEM 的综合主要采用滤波的方法。此方法是以地图生产和 DEM 的多尺度表达为目的进行 DEM 综合，选择的综合参数必须具备自适应的三个条件：坡度、纹理特征和粗糙程度。由于建立 DEM 时，等高线是一个主要数据源，为了建立高精度的 DEM，很多学者提出了不同的算法(参见本书第 6 章)。

基于等高线的地貌综合是目前以矢量数据为主的 GIS 中重点考虑的问题。基于等高线的综合是最灵活的方法，也是唯一能明确进行结构认知的方法，这种综合方法与手工综合的原理相类似，使用地形结构线来指导等高线的综合。有关这方面的研究很多，都试图以成组等高线综合的方法反映地形特征，达到对等高线进行自动综合的目的。

3) 网状型要素综合算法

地图是客观世界的一个结构化抽象而不是线划的简单堆积，因此，有很多问题可以用图论来描述其几何拓扑关系，如用图论方法进行街道网的综合、道路网的综合、水系的综合等。此外，毋河海(1996)、艾自兴等提出先结构化，再选取化简的自动化水系综合方法；还有学者提出基于拓扑数据结构的动态决策树选取街道线的人工智能方法，主要用于街区的合并。

基于算法的地图综合方法目前使用效果较好，具有许多优点。但是，地图综合中的不少问题往往是一个多变量交织的反复权衡的过程，因此，算法设计的科学性与合理性十分重要，它涉及人的经验。不过，地图综合问题的算法化，是实现自动地图综合的一种重要途径，应做深入研究，并逐步完善与优化。

4) 建筑群的模式识别算法

以建筑群为代表的面群要素的识别是其自动综合的基础或前提。面群要素的模式识别以建筑群为代表，其模式分为线型(直线型、曲线型和沿道路型)、非线型(网格型和不规则型)。从研究内容和成果看，主要集中于建筑群分组和线型模式识别等两类。方法上，国内外多以 Gestalt 视觉分组原理、图论和计算几何为基础。近年来，许多文献大都首先基于 Gestalt 视觉完形原则的邻接性、相似性、闭合性、方向性等法则，提取面要素的形状描述参数，如建筑物的密度、大小、方向等；其次，利用 Delaunay 三角网或 Voronoi 图探测捕获空间相接、邻近等关系，生成空间邻近图；最后，基于最小支撑树、图匹配和图聚类等图论算法，划分建筑物的聚类分组(艾廷华和郭仁忠，2007；闫浩文和王家耀，2009；Basaraner and Solcuk，2008；巩现勇等，2014)，以实现建筑群的自动综合。

5) 图形符号位移算法

位移算法的研究尽管非常复杂，但它仍是自动综合研究的重点。要素的位移并不是孤立进行的，要素间空间关系的正确表达非常重要。Monmonier 提出了一种称为“内插综合”的位移方法，利用大比例尺数字地图数据和小比例尺数字地图数据来指导中间比例尺地图上要素的位移。但这种方法只能处理成对的一一对应的要素间的关系，而为了解决两要素之间或多要素之间的冲突，需要考虑大量的相邻要素，位移的传播是在位移之初就应该考虑到的。

Mackaness 提出了一种考虑位移传播的新算法，这种算法将线划看作是一系列有序的点，通过点的位移移动线的位置。这种算法的缺点是它只控制位移半径且常常会引起变形。

Ruas 开发了一种比较优秀的位移系统，这个系统把综合的其他算法与位移算法作为一个整体来考虑。为了确定哪些物体被压盖或哪些物体彼此靠得太近，此位移系统采用 Delaunay 三角形连接某一物体和其他与之相邻的物体，构成地理要素间空间关系的新网络，不仅能够计算“关系的接近度”，而且还可以用来计算位移量。该系统可进行不同要素类型的位移，如铁路、建筑物等。尽管该位移方法还不能解决所有的要素冲突问题，但它仍是目前所开发出的较好的位移算法。

6) 多功能综合算法

一些更加复杂的交叉学科算法也引起了学者们的广泛关注，并将其应用于制图综合。如遗传算法、智能体和弹性力学在自动制图综合中的应用是 21 世纪以来研究最多，取得成果最多的新的研究领域(武芳等，2008)。

(1) 遗传算法。是一种仿生算法，由生物体的进化过程抽象而来。它通过全面模拟自然选择和遗传机制，以编码空间代替求解问题的参数空间，以适应度函数作为评价依据，以编码群体作为进化的基础，建立起一个迭代过程。在这一过程中，群体中的个体不断进化，函数接近最优解，最终达到求解问题的目的。主要用于点群目标的选取、线要素化简、道路网综合、河流选取和人工水网的自动综合、点注记和线注记的自动配置等方面，应用比较广泛。但是，遗传算法存在效率和收敛的问题(邓红艳，2003)。

(2) 智能体(Agent)算法。最初来源于分布式人工智能领域，是处于某个环境中的封装好的计算实体，是一种新的计算和问题求解思路。它包括一个 Agent 接口、消息处理机制、推理机以及数据库(DB)和知识库(KB)。在国外基于 Agent 的制图综合研究中，将 Agent 视为制图综合软件系统的算法组织形式，并将 Agent 应用于具备自适应能力的制图综合系统设计。在国内，有学者提出将 Agent 与不规则三角网(TIN)两种技术相结合，构建 ABTM(Agent based TIN model)算法，用于居民地建筑物合并、点群要素选取和线要素化简。

(3) 弹性力学方法。是研究弹性体受力作用产生变形的原理，即弹性体受到一定的外力作用时会产生形变，当外力撤销时可恢复原形。如果仅仅是弹性体部分受力，则形变时物体整体形状基本保持不变，只是局部变形。这个特点正是地图制图综合中希望出现的效果，即保持目标空间关系总体的不变性。地图要素关系处理是自动综合的一个难点，图形符号位移操作是关系处理的一种主要方法。而位移操作的一个主要的约束条件就是要正确表达要素目标间的空间关系。导致位移操作复杂性的一个主要因素是位移具有传播的特性，只有解决和控制了位移的传播，才能避免位移操作后产生新的冲突并能保持正确的空间关系。而基于弹性力学原理的位移操作就是迄今最为有效的优化方法。有的学者深入研究了目标冲突的探测方法，并对目标受力进行了分析，在此基础上根据目标自身的特点分为平移和变形两类位移操作方法(侯璇，2004)。平移即目标进行整体移动，这种操作不改变目标自身的形状特征，而是通过改变局部的形状来解决“冲突”问题。

基于算法的地图综合方法在其特定的制图综合环境下能够得到较为直接而显著的效果。在各种商业制图综合软件推出的初期都是各种算法的集合。但是，地图综合问题往往是一个多变量交织的反复权衡的过程，算法本身无法决定何时、何地执行，其有效应用还需要过程性知识的支持。对于算法的应用顺序和阈值的控制也是需要研究的内容，这需要大量的制图综合知识以及有效的系统框架进行过程控制。因此，算法设计的科学性与合理性十分重要，它涉及人的经验，并且能够具备良好的可预测性和可控制性。不过，地图综合问题的算法化，是实现自动地图综合的一种重要途径，应通过深入研究逐步完善与优化。

3. 基于知识的自动综合

基于知识的方法常常与基于算法的方法一样经常被提起。在自动综合发展过程中，基于算法的方法和基于知识的方法(如专家系统)都能用来解决综合问题。基于算法的方法缺少灵活性(只能针对某一具体任务)，对物体的定义不够完善；基于知识的方法的困难则在于综合知识的规范化、知识的获取和知识的表示。综合过程的复杂性在于基于知识的概念、技术和方法研究的复杂性。综合程序的调试都是要通过合理的计算得到合适的结论，程序只有具备一定的推理机制才能做出选择。因此为使综合系统具有推理能力，人们开始了基于知识的自动综合技术研究。

1) 制图综合知识的概念

制图综合的知识，是对制图综合中处理某些问题的规范化描述，是一种序列化的共性与隐性综合规则的集合(王家耀和钱海忠，2006)。制图综合经过多年发展，经历了从“几何视角→计算视角→功能视角”的转变，知识和语义信息越来越受到重视(Weibel et al.，1998)。计算机环境下的自动综合，本质上是一个高度智能化的系统，就是在制图综合知识等的支持下，通过大量的循环和自动判断来寻求满意解。因此，知识是制图综合过程的基础，可为制图综合的算法提供参数支持，为质量评价提供约束条件，为制图综合过程控制提供依据(武芳等，2017)。

2) 制图综合知识的分类和获取

制图综合知识的分类和获取至关重要，如何获取综合知识进而形式化表达是其中的难点和重点。

制图综合知识的分类有多种方法。例如，依据其覆盖范围可以划分为全局型、局部型和单目标知识；按照其来源可以分为逻辑型和经验型知识；等等。对于制图综合知识而言，许多研究者认为，约束条件是制图综合知识的重要存在形式。根据性质不同，制图综合约束条件可以被划分为 4 个部分，即图形约束、拓扑约束、结构约束和过程约束(毋河海，2000b)；从操作过程来看，制图综合知识可分为 5 类，即地物的地理特征描述性知识、操作项选择知识规则、算法选择知识规则、面向专门地理要素和制图综合的知识规则、面向区域综合的知识规则(齐清文和姜莉莉，2001)。

在知识获取前，首先要确定知识来源。制图综合的知识主要来源于三个方面：一是，制图综合领域专家的经验和知识以及他们对处理制图综合问题的思维及推理方法；二是，有关制图综合的各种教材、参考书和学术论文，以及各种制图综合样图，是制图综合的理论性知识；三是，各种比例尺地图编绘规范及相应的各种比例尺地图包含的丰富的制图综合方法和规则。

传统的知识获取方法有与专家交流、群组讨论、问题集或表格调查、根据指令或观察来学习、对现有文档的分析、系列地图的对比(反演工程：reverse engineering)，等等；在计算机地图制图环境下，知识获取方法有机器学习、人工神经网络、交互式系统等。按知识获取的自动化程度，获取方法可分为手工、半自动和自动知识获取 3 类。自动知识获取属于机器学习的范畴；手工、半自动知识获取一般包括心理学方法、知识工程语言和知识获取工具等。

3) 制图综合知识的表示

知识的形式化表达方式很多，如面向对象、产生式、语义网络、框架、Petri 网、元组等，运用最多的是产生式规则和元组。

产生式规则方法的优点，一是该种表示方式自然、简洁，易于理解，二是产生式规则之间是相互独立的，可以独立地增加、修改或删除，而不会直接影响到其他规则。产生式规则采用下列语法结构表达知识：

IF <条件> THEN <行为/结果>

其中，位于左侧的条件部分是一组描述对象状态的条件语句的逻辑组合；位于右侧的行为部分由一个或一组动作行为组成。这里的动作对应于某个或几个综合操作。一条规则的条件部分描述了某个待解决问题的条件或状态，而行为部分则提供了解决该问题能够采用的方法或措施，或者是满足某种条件之后得出的结果(齐清文和姜莉莉，2001；闫浩文和王家耀，2009)。

在产生式规则的实际运用中，首先需要建立规则库和推理数据库。规则库中存放规则，推理数据库存放与求解问题相关的数据或事实以及推理过程中产生的新的事实。在系统运行时，当某条规则的条件部分与事实匹配时，表明该规则是可用的，被打上可用的记号或者提取出来另外保存；不执行行为部分，继续搜索其他匹配的规则。当找到所有可用的规则后，通过比较，选择一条当前最适用的规则，执行其行为部分。王家耀(2006)提出用产生式规则描述结构化知识和知识属性，建立知识库，用于制图综合过程控制与推理，并可进行知识库与 XML 文件的互换，使得访问远程知识非常方便。

蔡忠亮等(2002)提出地图综合规则的六元组表达，其基本思想是把所有的地图综合规则都概括统一到一个六元组中来描述。

六元组结构定义为(〈层代码〉,〈操作算子〉,〈属性码〉,〈指标项〉,〈指标下限〉,〈指标上限〉)，用以描述所有的综合规则。其中，〈层代码〉确定本规则所适用的地物层，取值为 B、H、L、T、R、P、G 等，每个字母代表一个地物层；〈操作算子〉确定本规则是针对哪种综合操作，如删除、合并或化简等；〈属性码〉确定本规则适用某层下的哪一类目标，如同样是建筑物层，对高层砖结构建筑物多边形化简与土结构平房化简规则不一样；〈指标项〉确定规则针对的特征项，是以长度大小还是以面积大小作为化简依据；〈指标上限〉、〈指标下限〉分别确定指标项的取值范围。地图综合的六元组规则是对所有规则的一个完备表达，也就是说，它可以描述所有的综合规则；另外，它对某些规则的描述过于细致从而显得累赘，因为在六元组表达中，可能有部分元组没有意义。对于无意义的元组，在具体实现时可用 X 的组合表示缺省值，即该规则不考虑该元组。

4)基于知识的综合

基于知识的综合，其原理是将制图综合知识形式化表达，形成规则，然后构建知识库。专家系统曾经是应用比较广泛的模型。专家系统为解决对复杂不确定性对象的控制提供了一条有效途径，它以专家经验和知识弥补了数学模型的缺陷。把专家系统引入地图综合，基本思想是：将制图人员手工执行地图综合任务时所用的各种知识(包括地图规范、制图经验、书本知识等)收集起来，分类整理成地图综合的规则库和知识库，进而依据它们构造出地图综合的推理机和解释器，一起组成地图综合专家系统，指导地图综合的自动实现。

这种方法的优点在于能够从多方面考虑要素的空间属性，不仅仅局限于等级和几何特性，而更接近制图专家制图综合的思维模式。专家系统在90年代初经历了一次研究的热潮后陷入低谷，是因为当时的专家系统还存在很多缺陷，主要表现为两个方面:一是，缺乏详细和精确的专家知识，知识获取难；二是，制图知识的表达困难，这是因为制图综合知识数量非常多，且专家在制图过程中虽能做出应有的决策和判断，却无法正确地描述其拥有的知识和经验，更难以表达为计算机可以理解的形式。总之制图综合知识的缺乏和难以形式化表达是当时制约制图综合专家系统成功实施的两大难题。其中，知识的获取是制图综合专家系统发展的瓶颈。

4. 自动综合的人机协同方法

1)人在自动综合中的作用

自动制图综合无疑是一个计算机人工智能问题，它试图把地图—人—地图的关系转化为地图—计算机—地图的关系，可这个转变绝非易事。

人处理地图制图综合问题是人与地图的交互过程。一般情况下，只要人一看到待处理的地图图形，就知道该怎么做。可这个在极短时间内完成的过程却包含了人的知识、经验、美学素质等。实际上，多数情况下人的直觉在这个过程中起了决定作用，而正是这个直觉，却是计算机最头疼的问题。因此，目前状况下自动综合系统中缺少了人的决策与干预还是不行的。

在自动综合中，人的干预到底占多大的比重，一直是个有争议的问题。在过去很长一段时间内，研究者们一直致力于全自动综合(批处理综合)的研究，但目前看来，这个过程缺少人工的干预(交互综合)还是无法实现的。由于综合的复杂性，现有的基于知识的系统也都不是全自动过程，人在系统中或多或少起到了这样或那样的作用。目前最大的困难是怎样确定自动综合与人工干预的界限。

在自动综合过程中，人的作用主要体现在以下三个方面：一是当计算机解决不了问题时(实质上是不能模型化、算法化、规则化时)，干脆由人来代替机器做；二是由人提供启发式知识，启发计算机继续做；三是由人做出综合决策，但还是靠计算机执行。

自动综合应依据可能的问题求解方式在人与计算机之间达到一种平衡，计算机用来完成易于解决的问题，但需要人的知识来决策与控制。这是一种区别于“人工智能”的方法，叫“智能增强法”，认为增强智能的策略将可利用现有的制图软件作为获取知识的“工作集”来解决自动综合问题。

后来，有人进一步发展了“智能增强法”。他们认为，为了克服单纯算法的弱点，首先要将知识加入到综合系统中去，其次是改善知识工程的策略使获取的知识结构化，自动综合过程中人类知识的总结是自动综合成功与失败的关键，人与机器的交互有助于综合地进行。

在综合系统尚未学会所有人类经验前，这是一种较好的方法。

2)人机协同式自动综合

由上述可知，自动综合已受到计算机技术本身发展的制约，现阶段实现全自动化的地图综合是不可能的；SIS(或 GIS)技术的飞速发展对此要求又是那样的急迫，因此，解决的方案就只能从另一个角度来考虑。

数字地图制图综合的人机协同系统将是当前唯一可选之路。所谓人机协同系统是指将与抽象思维有关的数值计算和逻辑推理问题由计算机来完成，将迄今为止一切成熟的综合处理技术计算机化，而对于综合过程中的形象思维，如哪个物体需要综合、特殊参数的设置等问题，交由人来决策或完成，以人机交互的形式共同完成整个地图综合的工作。在这样的系统中，计算机将能最大限度地完成所能完成的工作，而人则是在关键部分控制整个工作，最终能保证以较高的效率来完成这项工作。

因此，自动综合的解决方案中要提供批处理综合和人机交互综合两种方式，这两种方式如何合理利用是现阶段自动综合成败的关键。

批处理综合是在最低层次上进行的，可以用各种独立的算法分别进行，或者将各个独立的批处理方法“捆绑”成一个“总体”的批处理算法集，用来对地图上各种制图对象及其组合进行综合。问题的关键是自动综合中能否达到100%的批处理综合。就目前的研究水平看，至少今后相当长时间内是不现实的，将来如果能够研制出更深层次的数据结构(语义与拓扑)来代替目前的表面数据结构(形式与尺寸)，而且系统中具备了充分的智能启发式功能，全自动综合才有可能实现，而且即使到那时，智能式交互也还是存在的。

因此，用户与计算机的交互在任何情况下都是需要的，用户可以在不同的比例尺和不同的结果之间进行选择；另外，灵活友好的用户界面也是高效、实用的综合系统处理用户所必需的。

交互要有良好的人机界面，要能支持用户做出正确的决策，并提供交互的手段。成功的交互方法，不仅代替了制图员的手工作业，而且能使用户做出高水平的综合决策。

交互综合可以在综合前或综合后使用。在综合前使用时，主要用来分析地图数据，确定综合算子的应用情况，建立或存储批处理综合中的综合算子或参数，明确不需要综合的要素或区域，在需要综合的区域内使用综合算子；交互综合在综合后使用时，主要用来检验综合效果，解决综合效果较差的区域内的综合问题，建立附加的批处理综合过程。

5. 自动综合的机器学习方法

随着人工智能技术的发展，出现了一种适于解决知识获取问题的技术——机器学习，认为机器学习是人工智能领域提供解决地图综合知识获取的有效工具，并设计了基于机器学习的地图综合知识获取系统。该方法与其他知识获取方法的最大区别是：知识获取和知识表达是不可分割的，在系统中要予以整体考虑(图 9.1)。

制图综合的机器学习方法按照对于制图综合案例的知识挖掘方式可分为：基于案例推理的制图综合和基于神经网络的制图综合。

1)基于案例推理的自动综合

基于案例的推理(case-based reasoning，CBR)源于认知科学中记忆在人类推理活动中所扮演的角色，1977 年 Schank 和 Abelson 在这方面的工作被认为是 CBR 的起源。随后美国耶鲁大学 Schank 又探索了记忆中的案例问题解决和在学习中的作用，于 1982 年在 *Dynamic*

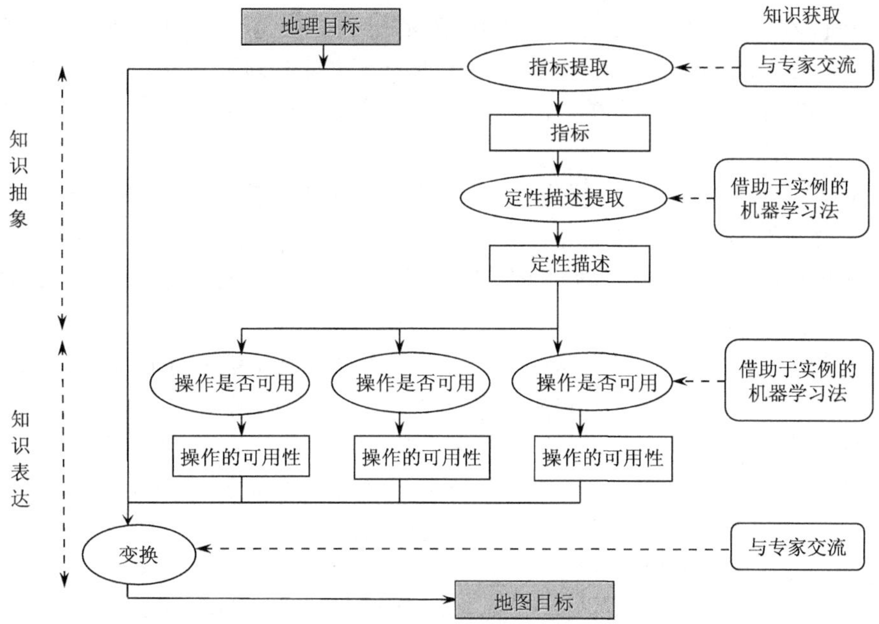

图 9.1 基于机器学习的制图专家知识获取流程

Memory 一书中提出了 CBR 认知模型。他的早期思想被其耶鲁大学的学生推广，1983 年 Kolodner 开发的第一个实际 CBR 应用系统 CYRUS 在计算机上首次实现了 Schank 著作中的许多原理。尔后，耶鲁大学、佐治亚工学院、马萨诸塞大学又建造了一些系统，这些系统在法律、烹调、医药、故障诊断等领域证明了 CBR 的有效性和实用性。在 20 世纪 80 年代后期，美国的 DARPA 项目导致了 ReMind 系统的产生，这被认为是 CBR 从认知科学向人工智能方向转变的标志。如今，CBR 已作为人工智能的一种推理技术，有很多学者和学术团体在致力于 CBR 的理论和方法研究。

CBR 是基于以下两条原则：一是，现实世界是有规律的——相似的问题有相似的解决方法；二是，同类的问题会再发生。相对于传统的基于规则的推理(rule based reasoning，RBR)系统在知识获取问题上存在的缺点而言，CBR 的主要优点如下：

(1) CBR 降低了知识获取的难度，不需要得出像规则那样准确和抽象的知识，而是直接使用隐含的难以提取规则的知识片段(案例)。

(2) 在没有模型存在的情况下，CBR 系统也能建立，但 CBR 系统必须建立应用空间模型。

(3) 系统维护将变得十分简单。

(4) CBR 系统能以获取新案例的方法实现自学习。

(5) 不仅可以学习正面的经验，还可以学习反面的经验。

这里，以建筑物综合为例，由专家挑选出能表示建筑物特征的参数和建筑物综合常用的算子和算法，通过这些参数的描述挑选相关的算子和算法，将结果呈现给专家，专家对这些综合结果进行评价，并记录下专家评价的结果。然后，以这些案例为样本用机器学习方法进行学习，构建规则。实验发现，这个方法建构出来的规则易于理解且每条规则是独立的，通过机器学习方法得到的规则还可以决定复杂操作的适用性。

钱海忠(2006)将基于案例推理模型(CBR)与自动制图综合过程相结合，提出了制图综合链新理论和新技术。制图综合链借鉴 CASE 库的机制，把每个成功的制图综合链作为一个 CASE 对待，建立了制图综合 CASE 库，用于指导解决综合问题。并且，该制图综合 CASE 库将随着系统不断运行而得到不断丰富，不过如何对 CASE 库进行进一步学习、挖掘以获取知识和规则，尚需深入研究。

在此基础上，郭敏等(2013)提出了基于案例类比和推理的道路选取方法，何海威等(2015)提出了基于决策树的居民地综合，等等。这些方法以专家综合案例为制图综合知识的直接来源，对地图要素进行基于案例的直接类比综合或者基于案例的归纳推理综合。

2)基于神经网络的自动综合

事实上在基于神经网络的制图综合中，用于训练神经网络的对象仍是制图综合案例，不过该方法在神经网络这一推理机制的作用下，具有了一定的复杂性和特殊性。人工神经网络是一种通过模仿人脑细胞的分布式工作模式和自组织能力，实现并行处理、自学习以及非线性映射等功能的系统网络模型。人工神经网络与生物神经网络之间的相似之处是：两类神经网络都是由可计算单元的高度互连(虽然人工神经元比生物神经元简单得多)构成的；网络的功能都是由神经元之间的连接决定。

人工神经网络的研究工作始于 19 世纪末和 20 世纪初，它的研究经历了兴起、高潮、萧条、高潮及稳步发展的曲折道路。20 世纪 80 年代以前，神经网络处于单层阶段，由于被证明不能解决异或问题(XOR)导致人工神经网络的研究走向萧条。1986 年 Rumelhart 和 McClelland 提出了可以用来训练多层感知机的误差反向传播(back-propagation, BP)算法，将神经网络的研究带入了多层时代，但层数的增加带来了庞大的计算量，受到当时计算机技术的限制无法发挥其作用。随着计算机计算能力的提升，具有多层隐藏神经元的深度神经网络研究逐渐兴起，2006 年 Hinton 提出了深度学习的概念，并在近十多年时间内成功地应用于语音识别、语言翻译、图像识别以及自动驾驶等领域。

人工神经网络技术的发展也给制图综合的研究者们提供了新的思路，部分学者开始探索人工神经网络在制图综合中的应用。例如，利用 BP 神经网络对点状地物要素进行自动选取；利用自组织映射神经网络(self-organize map，SOM)和 BP 神经网络对建筑物要素进行综合；以多比例尺道路网选取结果作为训练样本，利用 BP 神经网络进行道路网选取研究；等等。

以上方法所采用的神经网络属于浅层神经网络，输入特征的选择仍然依赖于人的经验，且特征选择的合理性直接影响神经网络训练的效果。进一步改进在于设计合理的特征项生成和筛选方式，理想的情况是能够直接从样本案例中挖掘出指导特征项选择的知识。

何海威等(2018)提出了立交桥识别的卷积神经网络(convolutional neural network，CNN)方法。基本思路为：首先，利用矢量特征进行定位，通过自动抓取图像以及人工标注得到栅格训练样本；其次，利用样本对卷积神经网络进行训练，学习立交桥的深层次模糊性特征，从而得到立交桥分类的 CNN 模型；最后，通过 CNN 模型对新抓取的立交桥栅格对象进行分类，并将分类的结果反馈到相应的矢量数据中去。该方法实际上就是让机器也具备直接“看图”的能力，不需要设计专门的输入特征，而是利用 CNN 的特点直接将栅格图像作为学习的对象，避免了特征选择合理性的影响，分类模型具有很强的抗干扰能力。但是该方法的应用受到栅格样本尺寸(机器的视觉范围)的限制，在制图综合中的应用范围需要进一步探索。

以上方法在一定程度上推动了制图综合的智能化，使得自动制图综合不仅仅局限于特定的模型和算法，同时还具备了自适应和运用知识的能力。基于案例学习的制图综合让机器成为自主学习的主体，使其具备获取知识的能力，而不是更多地依靠人建立各种模型、形式化各种制图综合知识来控制机器的制图行为。目前基于案例推理的制图综合需要进一步深入研究，从案例的获取、管理、重用以及更新四个方面进行系统化设计，从而挖掘制图综合案例的应用潜力。

9.2.3　自动综合系统的构建

1. 代表性的制图综合软件系统

从 20 世纪 90 年代以来，国内外众多研究机构和公司都致力于开发自动制图综合系统，产生了一系列制图综合软件产品。具有代表性的研究机构有德国的地图研究院和汉诺威大学、法国 IGN 地图院 COGIT 实验室、瑞士苏黎世大学、加拿大拉瓦尔大学；公司企业有英国 Laser-Scan 公司、瑞典 Intergraph(鹰图)公司、HEXAGON-GEOSPATIAL 公司(收购鹰图)、Axes Systems 公司等；国内的代表性研究团队有武汉大学、信息工程大学制图综合与数据挖掘课题组以及中国测绘科学研究院。代表性的系统软件如表 9.1 所示。

表 9.1　国内外制图综合软件列表

软件名称	时间	软件研制单位(人员)	备注
ATKIS	1990	(Gelbes Heft)	采用面向对象的数据结构模式，支持对象间的多层次关系构建
CHANGE	1992	德国汉诺威大学(Powitz)	采取知识技术与算法相结合，主要针对 1∶1000 到 1∶25000 地图中建筑物与道路综合
MAGE	1995	英国 Glamorgan 大学(Bundy)	采取知识技术与算法相结合，主要针对空间邻近关系识别及冲突处理
Stratège	1997	法国 IGN 地图院 COGIT 实验室(Ruas and Mackness)	采用面向对象和专家系统的综合方式，综合过程顾及不同要素层之间的空间关系
PolyGen	1997	苏黎世大学(Weible)	基于 Agent 技术的居民地综合系统
Clarity	1997	英国 Laser-Scan 公司	基于 Agent 组件技术，进行协同制图综合，包括化简、扩大、夸张、典型化、位移等操作
DynaGEN	2000	瑞典 Intergraph(鹰图)公司	整合了基本的点、线、面要素综合算子
Lamps2	2001	英国 Laser-Scan 公司	采用多 Agent 技术，对 Clarity 进行了改进，可以对制图综合算法的触发进行人机交互
SIGERT	2003	加拿大拉瓦尔大学	在线地图综合，解决移动设备显示地图时可能出现的拥挤问题
DoMap	2005	武汉大学	针对国家基本比例尺系列地图综合缩编，算法多基于 Delaunay 三角网和 Voronoi 图
GenerMap	2005	信息工程大学	采用规则与算法相结合的方式，集成了制图综合链技术对综合过程进行控制
CPT	2005	德国汉诺威大学	擅长对大比例尺建筑的综合，由 Chang、Push 和 Typify 三个模块组成
UMapIT	2007	加拿大拉瓦尔大学	一个基于 Web 的按需制图工具，通过特定的数据集市从数据仓库中提取数据，并提供灵活的无缝综合
Axpand	2009	Axes Systems	较为成熟的商业制图软件，包含强大的制图综合功能与增量更新功能

续表

软件名称	时间	软件研制单位(人员)	备注
Digital Cartographer 2014	2014	瑞典 HEXAGON-GEOSPATIAL 公司	支持多种格式数据源，是鹰图地理空间智能生产解决方案(GIPS)的重要组成部分(2010 年 HEXAGON 收购鹰图)，可单独安装
1Generalise	2014	1Spatial	较为成熟的商业化地图综合软件，基于规则和算法的制图综合，提供双屏编辑查看功能和可拓展的制图综合模块

以上大部分制图综合系统的功能都是基于算法实现的，部分系统还具备知识库和利用知识进行制图综合过程控制的能力。基于知识的自动综合系统主要有，德国汉挪威大学开发的CHANGE，STRATEGE 和 MAGE。在欧洲，各大机构的制图学者们一度掀起基于 Agent 的制图综合系统研究热潮，例如，苏黎世大学的 PolyGen 系统，英国 Laser-Scan 公司的 Clarity 以及基于多 Agent 的 Lamps2 系统。GenerMap 采用独创的制图综合过程控制链，对制图综合进行过程控制，以及进行知识库和案例库的组织。

除了从底层开发的专业制图综合系统外，大部分学者采用基于各种二次开发平台的组件式制图综合功能开发模式。例如，基于国外的 ArcGis MicroStation、JUMP 等，以及国内的MapGIS、SuperMap 等进行制图综合功能的开发。

2. 自动综合系统必须具备的机制

从系统设计的观点来看，自动综合系统应该具备以下四个方面的机制。

1) 定义机制——制图综合的目标

定义机制是指给出与改变地图比例尺和地图用途有关的定义，如地图比例尺、地图内容、精度要求、制图综合指标、要素分类分级体系以及图式规范等。它可以看作是一个目标库，制图综合的结果必须满足该库的要求。

2) 分析机制——掌握综合对象的特点

在手工综合中，指制图人员利用地图及相关资料分析制图区域各要素的特征(位置、形状、大小、方位、间隔等)、要素的分布密度(密集、稀疏)、要素的分布结构(规则的、不规则的)、要素之间的相互关系(重要性、优先级、从属关系等)和综合的影响及后果(如果 A 要素被综合，要素 B、C、D 将受到什么影响)，并通过对这些内容的分析，掌握综合对象的特点。

自动综合系统必须在一定程度上模拟或模仿制图人员的思维过程，使用分析工具，使之像制图人员那样“观察”和“思考”，获得对综合对象特点的认识。

3) 综合机制——综合任务的实现

自动综合的基本思想是在缩小地图比例尺时仍保持数据描述特征的前提下，降低数据的复杂性。数字地图数据可以通过多种变换方式(选取、化简、图形等级转换、合并、光滑、位移等)，来达到综合的目的。

这些数据变换过程类似于手工综合，需要对数据进行重新计算，建立综合后的新模型。数据变换体系中的主要部分是自动综合算子、算法库以及作业顺序。恰当的算子和算法以及合理的算子优先级，是保证从原始数据到比例尺缩小后的目标数据变换的精度和一致性的前提。

4）校正机制——自动综合结果的验证

数据变换中必须辅以一定的校正机制，才能保证获得制图上可以接受的结果。校正机制既应包括对违反制图综合规则情况的判断，又要包括对综合质量的评估。

3. 自动综合的算子集合

制图综合算子用来定义制图综合中几何变换的各种方法或操作。制图综合过程中的操作步骤分解越细(当然要合理)，自动制图综合的实现相对越容易。因此自动综合过程是一系列有序算子的联合，各个算子之间既有联系，又相对独立，完备的自动综合算子集合要涵盖整个制图综合过程。

传统的制图综合，主要是通过选取、化简、合并、概括(数量、质量上的分类分级及图形等级转换)和位移等方法实现，特定情况下辅以图形夸大和分割的方法。基于此，不同学者对制图综合过程提出了不同的算子分解模式，例如，分类、归纳、化简和符号化的 4 算子模式，聚合、合并、化简、移位和选择性删除的 5 算子模式等。由于这几种算子过于抽象而不便于由计算机实现，人们期待着更为具体的综合算子的提出。

从 20 世纪 90 年代开始，研究者便试图提出更为具体的综合操作，例如，9 算子模式(Beard and Mackaness，1991)、12 算子模式①、基于 Arc/Info 建立的 Gentool 中的 7 算子模式②、MGE 中的 9 算子模式(Lee，1995)和 20 算子模式③等。国内学者也对该问题进行了相关探讨，提出了相应的算子模式(毋河海，2000a；郭庆胜，2002)。

由于人们对综合算子的划分认识还很不统一，有些作者用不同的词语定义相同的算子，而有的作者则用不同的定义来说明一个相同的名词。对交互综合的制图工作者进行的一项调查也发现，综合算子的定义和分类并没有统一的意见(武芳和钱海忠，2002)。作为最详细的综合算子划分，表 9.2 的工作最具代表性，其中还包括了三维要素的综合算子。

表 9.2　代表性制图综合算子(王家耀等，2014)

要素维数		综合算子
0 维	单个点	删除(elimination)、放大(magnification)、移位(displacement)
	一组点(点群)	聚合(aggregation)、区域化(regionalization)、选择性删除(selective omission)、(结构)化简(structural simplification)、典型化(typification)
1 维	单条线	移位(displacement)、删除(elimination)、比例尺驱动综合(scale-driven generalization)、局部修改(partial modification)、去点(point reduction)、光滑(smoothing)、典型化(typification)
	一组线(线网)	收缩(collapse)、移位(displacement)、增强(enhancement)、兼并(merging)、选择性删除(selective omission)

① McMaster R B，Shea K S. 1992. Generalization in Digital Cartography. Washington DC:Association of American Geographers.

② Schlegel A，Weibel R. 1995. Extending A General-purpose GIS for Computer-assisted Generalization//Proceedings of the 17th International Cartographic Conference. Spain.

③ Mackaness W. 1994. Knowledge of the Synergy of Generalization Operators in Automated Map Design//Proceedings of the 6th Canadian Conference on GIS. Canada.

续表

要素维数		综合算子
2 维	单个面	收缩(collapse)、移位(displacement)、删除(elimination)、夸大(exaggeration)、化简(simplification)、分割(split)
	一组面（面群）	毗邻化(agglomeration)、聚合(aggregation)、融合(amalgamation)、融解(dissolving)、兼并(merging)、重排(relocation)、(结构化简)(structural simplification)、典型化(typification)
3 维	三维表面	删除(elimination)、夸大(exaggeration)、简化(simplification)、移位(displacement)、专题典型化(thematic typification)
	三维要素	聚合(aggregation)、典型化(typification)、分割(split)、合并(merge)

每一个制图综合任务往往都需要多个算子协同工作，制图综合算子的关联性和有序性具有重要的作用。算子的关联性主要表现在综合过程中算子作用效果的互补；有序性是指不同的地图要素，综合算子的运用顺序有所不同，而且同一综合对象，综合算子运用的顺序也不同，综合结果也会不同。为此，有学者开始尝试用不同算子协同的方法进行综合(舒方国等，2013；郭庆胜等，2016)，以提高自动综合的效率。由此可以看出，加强算子的有效协调和协同，提高算子的使用效率，设置合理的算子执行顺序，是自动制图综合得以正确进行的前提。

4. 自动综合的概念框架

合适的综合概念框架是解决自动地图综合复杂问题的基础，其理论模型必须能够描述整个综合过程，并且要区分基本的过程、内容与步骤。近年来许多文献中提出了不少概念框架，其中 Brassel 和 Weibel 模型(1988)及 McMaster 和 Shea 模型(1992)比较具有代表性。

1) Brassel 和 Weibel 模型

Brassel 和 Weibel 提出的地图综合概念框架，将手工综合过程区分为几个主要步骤并将其顺序改变后用于数字地图综合。该模型把地图综合看作是一个智能过程，将具有明确结构的客观现实变成数个独立的实体，然后用新的形式选择与表达重要的实体。齐清文和潘安敏(1998)在 Brassel 和 Weibel 的地图综合过程框架基础上进行了修改，提出了基于知识和地理目标的地图综合过程框架，如图 9.2 所示。该概念框架的主要特点是步骤清晰、内容和源数据库结构的特征化，地图元素形状与结构分析明确；缺点是大多数基本算法采用“隐藏”的方法隐藏了形状特征，这样的算法其灵活性及效果是有限的。该概念框架包括以下内容。

(1) 结构识别。其作用是识别地图上的制图客体或个体聚合体，以及它们之间的空间关系。结构识别受原数据库质量、目标图比例尺和传输规则等的控制。通过结构识别，可以确定各地物重要性，进而确定被处理的地物对象。

(2) 过程识别。作用是选择并确定地图综合的操作项，以及选择数据操作的参数。确定对原数据库进行怎样的处理，哪些类型的图形冲突应该被识别并予以处理，哪些制图客体和结构应该被保留到目标数据库中等。

(3) 过程模拟。作用是从“过程库”中选出并编辑知识规则和操作过程。到了这个阶段，具体的概括算法才被规则和参数链接到一起。

(4) 过程执行。作用是具体进行地图综合操作，以生成目标数据库或目标地图。

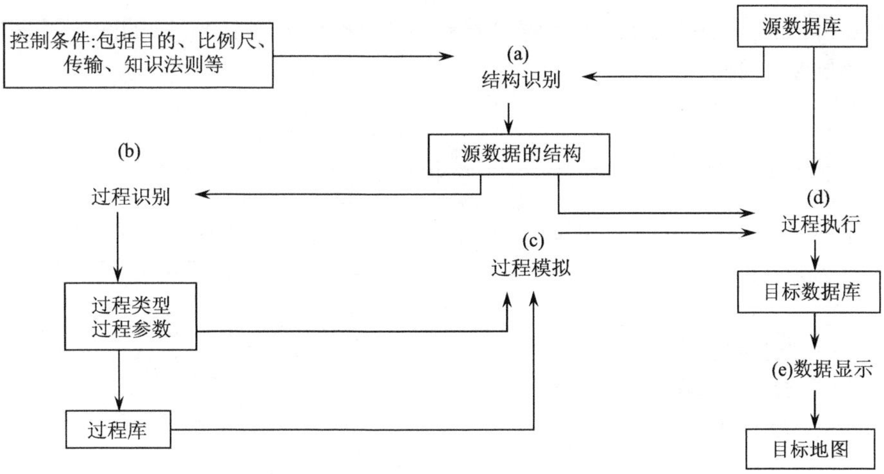

图 9.2　基于知识和地理目标的地图综合过程框架

2) McMaster 和 Shea 模型

Brassel 与 Weibel 模型经由 McMaster 和 Shea(1992)扩展后，增补了缺失部分和详细内容。该框架将综合过程分解为三个操作区：为什么综合、什么时候综合、怎样综合(表 9.3)。

表 9.3　数字地图综合的 McMaster 和 Shea 模型

为什么综合	什么时候综合	怎样综合
理论部分	几何条件	空间变换
◆降低复杂性	◆密集程度	◆化简
◆保持空间精度	◆联合	◆光滑
◆保持属性精度	◆冲突状况	◆聚合
◆保证艺术质量	◆复杂度	◆混合
◆保持逻辑一致性	◆不连贯	◆合并
◆规则使用的连贯性	◆不可视	◆等级变换
	空间与等级量测	◆精炼
	◆密度量测	◆夸大
	◆分布量测	◆扩张
	◆长度与弯曲度量测	◆位移
计算因素	◆形状量测	
◆有效的算法	◆距离量测	
◆最大的数据压缩量	◆抽象量测	属性变换
◆最小的存储空间	变换条件	◆分类分级
	◆综合算子选择	◆符号化
	◆算法选择	
	◆参数选择	

3) 协同式自动综合概念框架

协同式自动综合概念框架(图 9.3)包含了自动综合的完整流程，说明了人在自动综合中所处的地位和所起的决策作用。既有人的参与，又最大限度地实现了综合的自动化。其最大特点是强调了人在自动综合中的作用。在此框架中，人与机器的协同是分工明确的，人只起决策指导作用，综合的具体实施则由机器来完成，这样就充分发挥了人机各自的特点与优势，形成了优势互补。而子系统本身(如各综合算子)和子系统之间(如算子的应用顺序)的协同，也通过人机协同来实现。

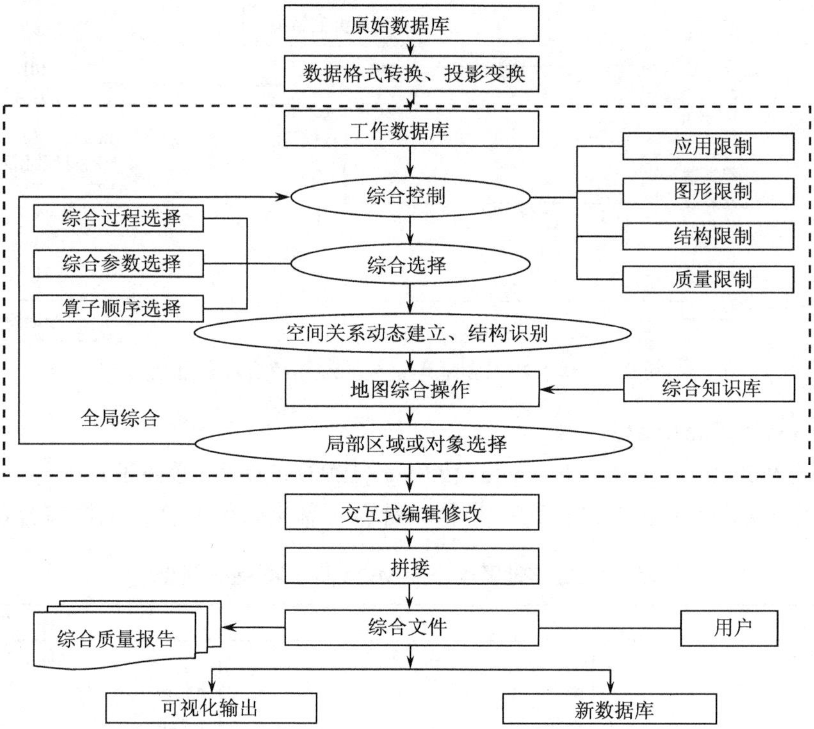

图 9.3　协同式自动综合概念框架

5. 基于“综合链”的自动综合系统

对于给定的原始数据，可以认为是给定的制图综合任务。一个给定的制图综合任务可以分解为数个子任务，而一个子任务可能又包含更多的子任务。因此，任务之间存在着“父-子”隶属关系。上一级任务称为“父任务”，其节点称为“父节点”；而下一级任务称为“子任务”，其节点称为“子节点”。

相应地，一个自动制图综合链中包含了许多子链，每个子链又包含了许多节点。因此，制图综合链之间也存在着“父-子”关系，上一级的制图综合链称为“父链”，而下一级的链称为“子链”。父链与子链之间的关系其实就是“父任务”与“子任务”之间的关系。

同时，在每一个子链中，存在着许多子任务，这些子任务之间存在着“子-子”平等关系，即这些任务之间只有先后关系，没有隶属关系，把相邻任务中的前一个任务称为“前临任务”，后一个任务称为“后临任务”。

把制图综合任务节点按照一定的层次和顺序串联起来，并转化为可以描述和执行的链表，就形成了自动制图综合链(图 9.4)。自动制图综合链具有以下特点：

(1) 综合链的复合性。制图综合中的每一条综合链都代表了一个复合的制图综合任务。每一条综合链中包含许多节点，而每个节点又可能包含一条子综合链，依此类推。因此，综合链是一条复合链。

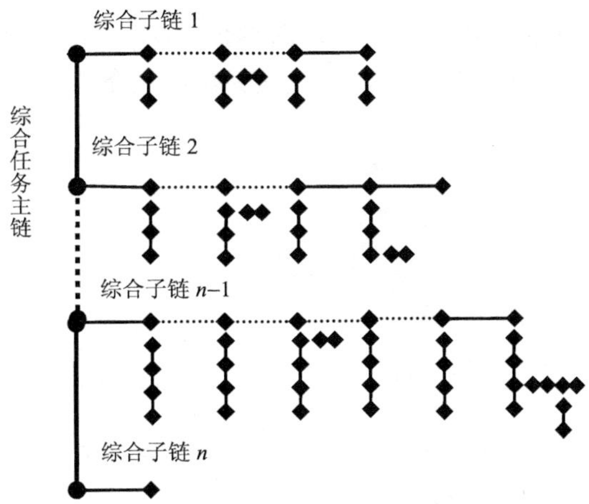

图 9.4　自动制图综合链的表示形式

(2) 综合链的单向性。一个父链可以包含多个子链，但一个子链只能有一个父链。也就是说，在制图综合任务的分解过程中，任务是单向分配的，即每一条综合链是单链，综合链的各个节点之间是“串联”关系。之所以设置综合链为单向关系，是因为制图综合任务是与制图综合操作联系在一起的，而制图综合的执行过程并不是并发过程，制图综合的操作之间存在着密切的先后关系，必须等待某一步综合操作完成后，才能执行下一步综合操作。

(3) 综合链的多态性。制图综合链中的每一步综合操作都可能会对下一步的综合操作产生影响，不同的制图综合操作顺序会产生不同的综合效果。

(4) 综合链的不可精确求解性。制图综合问题可以看作是一种最佳逼近问题，是逼近理论应用的一个特殊领域。因此，自动综合是一种逐步逼近和求精的过程。但在当前条件下，自动综合还远未达到完美的地步，因此目前这种逐步求精的过程可以说是一种不可求精确解的问题。正确务实地认识这一问题，对制图综合问题的研究与开展(包括制图综合系统的研究与实现)，具有积极的作用。

(5) 综合链的可分解性。制图综合链是一条复合链，可以分解为一系列子链。因为制图综合链的不可精确求解性，所以制图综合的每一步操作都可以看作是一次改进的过程。在制图综合任务分配时，可以把相同的综合任务集中于一个综合操作链中，不同的综合任务分配于不同的综合链中，这样，可以保持同级别综合链的相对独立性。

从大的方面讲，综合链的分解可以依据综合算子如选取、等级转换、化简、合并、位移等进行划分。例如，可以把选取的综合任务放在一条综合链内，化简的综合任务放在另一条综合链内，等等。从小的方面讲，在某一综合算子中可以按照约束条件的重要性顺序或者待处理目标的重要性顺序等进行综合任务的划分。

另外，还可以按照数据聚类和要素属性等进行划分。例如，如果对区域进行了聚类分析，则可以把每一个聚类中的任务作为综合链的一条子链。如果按要素属性进行划分，则可以把一个要素层作为综合链的一条子链。

制图综合任务本身不具备被计算机直接识别和执行的能力，因此需要把制图综合任务转化为制图综合链。这就需要对给定的制图综合任务进行分解，然后把这些提取出来的综合任务按照制图综合链的分解和组织原则进行组织和管理，从而被计算机执行。在自动制图综合链理论的支持下，可以通过基于知识的空间数据检查、基于数据检查的综合任务提取、制图综合链的自动生成与执行等过程(图 9.5)，实现对原始数据的自动综合。

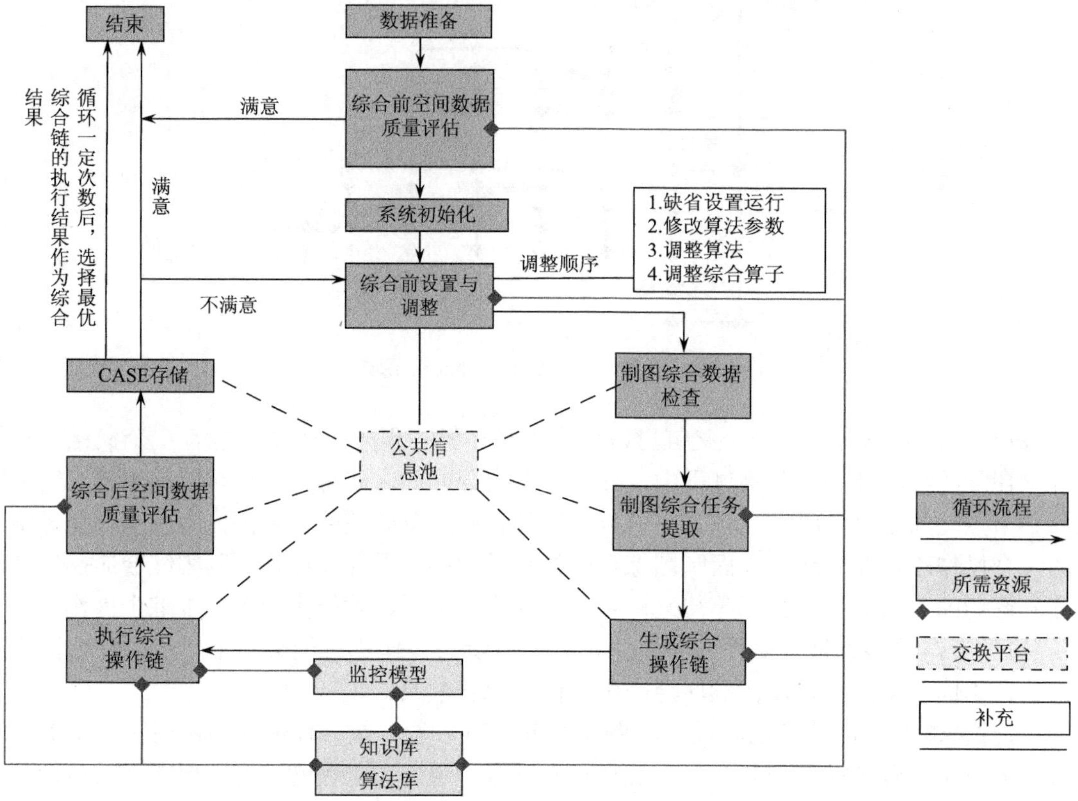

图 9.5　基于“综合链”的制图综合过程控制模型

基于“综合链”的自动综合过程控制，通过自动综合链把所有自动综合算子、算法、模型、参数进行有机集成和融合，基于知识库和自动综合的质量评价，建立了自动综合过程控制理论体系，实现了自动综合过程的监测、循环、优化与控制。其中，自动综合链的可视化编辑与回溯，可方便用户调试与交互，以获取任何区域被认为是满足用户需求的、逼近理想结果的最优综合链。甚至不同地理特征的区域，经过大量的实验和调试后，还可以建立分门别类的可视化自动综合链库，作为知识规则使用。“自动综合链”模型的提出，可以说是自动综合智能化发展的一个有益尝试。

9.3　三维城市建筑群模型的自动综合方法

9.3.1　城市建筑三维模型的产生和发展

随着科学技术的发展和人类对表达地面建筑物三维模型的需求增长，开始进行三维、四维 GIS 的研制与开发(朱庆和林珲，2004)。在三维环境中，高细节的模型使地理信息用户能够更直观地感知地理环境，但同时也不可避免地导致地理空间数据量的急剧增加，从而带来了数据的存储管理、查询分析、实时可视化和网络传输等一系列问题(图 9.6)。

图 9.6　3D 建筑模型示例

对于三维城市模型而言，地形和建筑是其最为重要的两个组成部分，也是研究的热点。其中，三维地形的表达较为规范，针对地形模型化简的研究也很多，很多高效稳定的方法也已经应用于实践(夏青，1997；冯洁和查红彬，2006；尤克飞等，2002)。而建筑作为三维城市中最为重要的地物类型，其造型多样、数量庞大，因此相对地形而言，建筑更能够表达城市的特点，也往往是人们认知城市最为重要的依据；而且建筑物模型在城市中所占的比重很大，三维综合的难度也很大。

9.3.2　三维城市建筑群综合的研究现状

国外在该领域的研究起步较早，重点集中在对独立建筑物化简的研究上，设计了很多三维建筑物化简的具体算法。

Thiemann 和 Sester(2004)①提出了一种以三维建筑物化简为目的的建筑物分割方法。该方法以构成建筑物的所有平面作为分割建筑物的基准面，每个面将建筑物分为两个部分，使用 CSG 树记录建筑物分割的全过程，最终的分割结果以特征的形式按照顺序存储于 CSG 树中，在综合应用时只需根据需求选择相应深度的特征即可，且该方法能够扩展到建筑语义模型的综合中，具有较强的实用性，但其分割过程需要大量几何运算，从而大大影响了算法的效率。

Mayer(1998)②将尺度空间(scale-space)理论中的数学形态学和曲率空间(curvature space)理论的应用从二维平面的化简扩展到三维建筑物综合。该方法通过尺度因子控制化简的力度，以数学形态学中的开运算和闭运算处理满足化简条件的特征，对于形态学算子无法处理的结构，则根据曲率空间理论通过平面的移动进行化简，形态学的应用使此方法在建筑形态的保持方面表现良好，但该方法只能应用于平行结构建筑的综合；由于形态学在三维空间中的运算量太大，此方法在应用中有着很大的局限性。针对这一缺点，Forberg(2007)将形态学的处

① Thiemann F, Sester M. 2004. Segmentation of buildings for 3D generalisation.ICA Workshop on Generalization and Multiple Representation.Leicester,United Kingdom.

② Mayer H. 1998. Three dimensional generalization of buildings based on scale-spaces. Technical Report Technische Universität München,Germany.

理过程进行了简化，以距离阈值作为参数，通过面平移的方式实现了平行结构建筑物的化简，这种化简方法十分高效，理论上能够扩展到合并处理中，缺点在于对建筑物形态的要求较高，在总结倾斜房顶几何形态类型的基础上，提出了一种倾斜房顶的直角化算法，该算法的实现需要相关语义信息的支持。

Kada(2002，2006，2007)①对于三维建筑物的化简进行了持续的研究，取得较多成果。具体包括：将计算机领域常用的三维表面分类和化简方法应用于三维建筑物的化简，采用最小二乘平差理论对这些化简算子的执行过程进行约束。该算法定义了三类建筑物结构特征，其中用平行结构特征进行的实验证明了算法的有效性，而且其化简结果能够满足建筑物纹理映射的要求。基于半空间模型(half-space modeling)提出了一种新的三维建筑物化简算法，该算法采用近似半空间模型的处理方式，以基准面为基础将建筑物模型分割成多个区域，通过对区域的取舍实现建筑物的化简，然后对建筑物模型进行重构，其化简结果能够较好地保持建筑物的对称性特征，但该方法未对建筑物轮廓进行控制，化简后建筑物容易与其邻近建筑物产生空间冲突。提出将建筑物几何模型房顶和主体部分分离化简的方法，将建筑物的墙面投影作为底面的分割线，然后对底面进行化简，得到新的底面单元，针对房顶的化简提出了单元分解(cell decomposition)和基元匹配(primitive matching)两种方法，经过化简后的房顶与建筑物底面的各单元进行参数匹配之后，将所有单元重新聚合为一个建筑物，该方法在化简地面形态较为复杂的平行结构建筑物时具有较高的效率，并能够很好地保持建筑物的几何形态，其局限性在于仅能对 2.5 维的建筑进行化简，对底面为曲线的建筑物处理效果不够理想。

Fan 和 Meng(2009)②针对 CityGML 中高细节层次的建筑物模型设计了一种新的化简方法，它以建筑物的语义信息为基础，能够在保持建筑物整体外形及语义信息的前提下使模型得到很大程度的简化，但由于当前三维城市模型的语义信息存在缺失的现象，使该方法在目前阶段难以得到广泛的应用。

Poupeau 和 Ruas(2007)③通过几何结晶学来描述建筑物的对称性并标记建筑物的几何特征，依据对称原理对建筑物进行化简，能够直接处理凸面结构的建筑物，而对非凸面建筑物则需在对其进行分解的基础上进行，此方法在处理对称性较强的建筑物时较为有效，但在获取对称性结构时存在缺点，因此在实际应用中存在很大的局限性。

Anders(2005)④探讨了典型化方法在格网型三维建筑群综合中的应用，通过将建筑群在三个方向进行投影，在对二维投影面进行合并处理后，通过布尔运算重建三维模型的方法实现了三维建筑物的合并，但该方法目前仅仅能够处理具有平房顶的建筑物，而且要求建筑物的

① Kada M. 2002. Automatic generalisation of 3D building models//Proceedings of the Joint International Symposium on Geospatial Theory: Processing and Applications. Ottawa,Canada. Kada M. 2006. 3D Building generalization based on half-space modeling// Proceedings of the ISPRS Workshop on Multiple Representation and Interoperability of Spatial Data. Hannover,Germany. Kada M. 2007. 3D building generalisation by roof simplification and typification. XXIII International Cartographical Conference. Moscow,Russia.

② Fan H, Meng L. 2009. Automatic derivation of different levels of detail for 3D buildings modeled by CityGML //Proceedings of the 24th International Cartographic Conference. Santiago,Chile.

③ Poupeau B, Ruas A.2007. A crystallographic approach to simplify 3D building. XXIII International Cartographical Conference. Moscow, Russia.

④ Anders K H. 2005. Level of detail generation of 3D building groups by aggregation and typification// Proceeding of 22th International Cartographic Conference. Coruna,Spain.

结构在投影方向上具有良好的对称性。

目前的三维建筑综合算法没有一种能够很好地处理所有类型的建筑模型，不同算法处理不同类型建筑物的能力各有差异，因此对于三维建筑结构的识别成为很多综合算子实施的基础。Lal 和 Meng(2004)[①]在对三维建筑进行分类的基础上，基于人工神经网络设计了一种三维建筑结构识别的方法，该算法具有较高的识别成功率，同时也对三维建筑群的识别方法进行了探讨。

我国对三维建筑物综合的研究虽然起步较晚，但经过多年的努力也取得了较为丰富的成果。例如，周艳等(2006)等从建筑物模型的纹理特征和几何结构出发，论述了建筑物 LOD 模型的建立原则，并从应用角度就建筑物各个细节层次模型的特点、应用范围与数据获取等方面进行了分析。

杜志强(2004)提出了一种视觉驱动的三维建筑模型化简方法，该方法通过模拟人眼感知图像的方法提取感知信息，针对不同类型的感知信息对建筑物进行有针对性的化简操作。此方法主要针对结构形态十分复杂的建筑物，具有较高的化简效率，并能够保持建筑物化简前后外观上的一致性。

王庆国(2007)建立了建筑群的多重约束模型，基于尺度空间的思想提出了一种建筑群的聚合操作算法，该算法目前仅针对线状分布的建筑物进行了实验，其实用性仍有待进一步验证。

孙宏元等(2005)基于顶点对迭代收缩的表面进行简化的方法，提出一种建筑物多分辨率格网的生成与显示算法，该算法考虑建筑物自身特点，改进了边界保持方法，提高了自动生成多分辨率建筑物格网的质量，并通过建立可逆简化链表记录每次视点变化时的收缩信息，有效提高了视距拉伸浏览的实时性。

Rau 等(2006)提出了一种以特征解析度作为指标的三维建筑物化简方法，能够处理不规则及复杂形态的建筑物，在大量化简建筑物表面模型的同时保持其主要结构形态。此方法需要建筑物的部分语义信息(房顶、墙面)作为支持，由于采用了单一的解析度作为化简指标，对建筑 LOD 模型的层次性表达不够理想。

9.3.3 三维城市建筑群的综合方法

1. 三维建筑物的分类与识别

在自动综合算法的研究中，随着自动化程度的不断提高，结构类型等抽象概念变得越加重要，对三维建筑的分类与识别成为三维城市综合的前提。

1) 建筑物的结构信息

独立建筑物的结构信息包括房顶、墙面、底面、窗户等，决定了建筑物的形态及其复杂程度。其中，房顶是建筑物区别最大之处。除一些特殊用途的建筑物外，国内常规建筑物的房顶通常可以分为平房顶、山形房顶、马鞍形房顶、梯形房顶、金字塔形房顶等几种主要形式。其中平房顶是城市大多数楼房建筑的房顶结构；山形房顶是农村民房的主要屋顶结构；仓库、大棚等建筑很多采用的是马鞍形结构的房顶；梯形房顶也是楼房中较为常用的一种结

① Lal J, Meng L Q. 2004. 3D building recognition using artificial neural network. ICA Workshop on Generalization and Multiple representation.

构；金字塔形的房顶则多为高层建筑、别墅所采用。

2) 单个建筑物的结构识别

三维建筑物的表达方式包括体元模型、参数描述模型、结构化几何模型(CSG)、边界描述模型(BRep)、体描述模型及混合数据模型等。其中，边界描述模型具有良好的拓扑结构信息，在三维城市建模中应用极为广泛。从综合的角度考虑，需要对建筑物的房顶、底面和墙体三个方面进行识别。大部分建筑物的墙体都是垂直地面的，称其为一般建筑物；而极少数非竖直墙面大都为城市比较有代表性的建筑物，将其称为特殊建筑物，需采用特殊的方法对其进行综合。

2. 三维建筑群的综合方法

1) 三维建筑物的取舍

确定取舍的分界尺度和地物等级，可以解决三维建筑物取舍的问题。建筑物可视面积越大，投影在屏幕上所占的空间越大；与视点的距离越远，建筑物在屏幕上的投影面积就越小。因此，确定建筑物取舍的分界尺度，可以把建筑物可视面积和视点距离作为参数，得到建筑物在屏幕上的投影面积，再根据人的视觉效果，确定一个阈值作为建筑物取舍的尺度。

如果单纯根据分界尺度对建筑物进行取舍，会造成对建筑物重要性的忽略。将地物等级与分界尺度结合起来可以较好地解决建筑物取舍问题。根据建筑物的重要性程度可以将其分为四个等级：特殊建筑物、很重要建筑物、重要建筑物和一般建筑物。其中特殊建筑物通常指一个城市的标志性建筑物，如悉尼歌剧院等。三维城市模型中，特殊建筑物在任何情况下都是不能被舍掉的，甚至在必要的时候需要进行“夸大”处理。很重要建筑物是指人们关注程度最高的一类建筑物，包括重要的政府行政机关和城市商业中心等，通常也是需要保留的，不能按照分界尺度进行取舍。重要建筑物是指城市的一些公共部门，包括医院、学校、普通政府机关等。一般建筑物指普通的居民区楼房，是分布最广的一类建筑物。重要建筑物和一般建筑物可以根据分界尺度进行取舍，分界尺度的标准则由可视化效果的要求来确定。

2) 三维建筑物的化简

在二维地图综合中，形状化简的方法包括删除、夸大、合并和典型化。三维建筑物的化简可以看作是面状居民地化简向三维空间的扩展。下面分别从细节简化(删除)、夸大、合并和典型化四个方面讨论三维建筑的化简问题。

(1) 细节简化。指在不同综合尺度的需求下，删除建筑物的一些相对次要的细节，保留其重要的特征。化简是三维建筑物综合中最重要的组成部分，从图形学的角度来说，也是最难以实现的部分。根据化简方式和应用目的的不同，三维建筑物的细节化简可以分为以减少数据量为主要目标的模型简化和以实时可视化为目标的图形简化。

(2) 夸大。其目的是更加突出地表现建筑物的典型特征，尤其对于一些特殊的建筑物，如城市标志性建筑物。随着建筑物与视点距离的增大，需要对其细节特征进行必要的化简，如果仅仅按照尺度对建筑物特征进行删除，会使建筑物失去其自身特点，使人很难分辨出此建筑物。此外，当建筑物与视点的距离过远时，人眼就很难看到该建筑物，显然不是综合的理想效果。因此，需要对建筑物整体及其典型特征进行夸大，达到人的视觉系统能够分辨的程度。

(3) 合并。它是将相邻且特点相似的多个建筑物合并为一个建筑物，从而实现三维建筑物模型的整体化简。合并可以在减少建筑物数量的同时使建筑物细节得到化简，但合并不是一个简单的过程，合理的合并操作需要考虑很多因素，如建筑房顶结构、朝向、纹理、间距等。可以把建筑群的识别结果作为合并基础，只有属于一个建筑群的建筑物才能进行合并，而只有那些各要素相似程度很高、相邻并位于同一平面的建筑才能将其合并。与建筑群识别更大的不同在于，建筑物的合并需要进行图元的合并，包括房顶、墙面和地面等各种结构的多种几何要素的合并。两个建筑物的合并如图 9.7 所示。

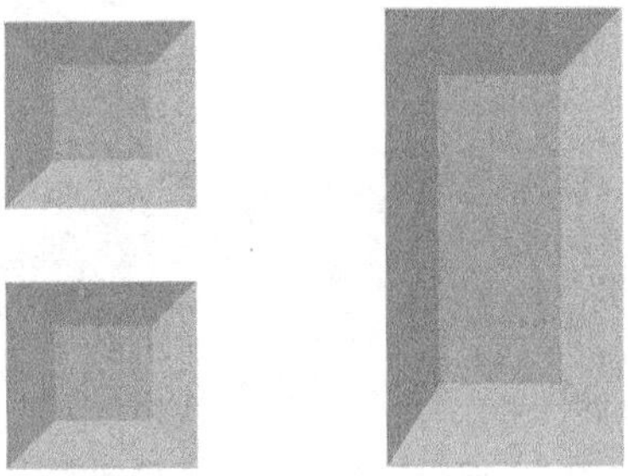

图 9.7　两个建筑物的合并

(4) 典型化。它是为了降低建筑的密集程度。典型化过程更侧重于区域建筑物整体特征的表达，并能同时实现对建筑物细节层次的化简。典型化是一个复杂的过程，是在保持建筑物合理密度的基础上进行的化简，所针对的必须是特征十分相似的建筑物，这与合并所需条件较为相似。小片建筑群的典型化如图 9.8 所示。

图 9.8　小片建筑群的典型化

3) 三维建筑物的概括

在二维地图综合中，地图要素的概括方法分为制图物体的归类、等级合并、质量概念转换和图形等级转换等四种。三维建筑物属于建筑物的范畴，无须再对其进行归类；等级的概念对建筑物而言并不十分重要，除标志性建筑物外，对综合过程不会造成很大影响。质量概念转化的方法对三维建筑物而言有两个方面的内容：建筑物转换成其他要素和其他要素转化为建筑物。前者可以看作是特殊条件下建筑物的取舍；后者基本为执行合并、典型化等方法的结果，实质上都是对区域建筑物形态的化简。图形等级转换的方法在三维建筑物综合中最重要的应用是三维几何体到二维图形的变化。当视线方向与建筑物某一表面垂直(多数为俯视图)、视点与建筑物达到一定距离时，可以使用建筑物纹理来代替建筑物而不会影响其视觉效果，如图 9.9 所示。使用图形等级转换的方法进行综合的过程简单、效率高、视觉效果好，但这种方法仅适用于特定方向上。

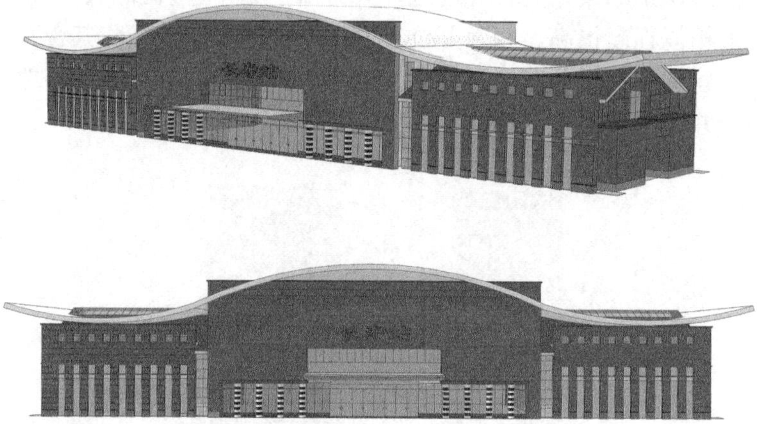

图 9.9　使用纹理近似代替建筑模型

4) 三维建筑物的位移

位移的目的是保证地图内容各要素总体结构的适应性。对于三维建筑物，只是在与其他对象发生空间冲突、距离小于给定阈值和拓扑关系发生变化等三种情况下，才采用位移方法。容易与建筑物产生空间冲突的地物要素主要有道路、河流和其他建筑物等三种。其中，道路、河流与建筑物产生冲突需要进行位移的情况只发生在二维平面上，可以根据不同要素的重要性进行位移。建筑物之间发生空间冲突时，除了在水平方向外，由于夸大、典型化等综合方法的执行，还会产生竖直方向上的冲突，这就需要根据建筑物的重要性等级和建筑物的结构，移动建筑物的相关面来解决。

3. 三维建筑物综合的特点

由于三维建筑物形态的复杂性和描述形式的多样性，三维建筑物综合的特点体现在综合方法的多样性、综合过程的复杂性和综合结果的不确定性等方面。

1) 综合方法的多样性

三维建筑物的表现形式更加多样、空间关系更加复杂，其综合方法也必然更加多样化。按需综合的概念在三维建筑物综合中将会得到更加全面的体现。

三维建筑物综合可分为以由高精度模型生成低精度各层次 LOD 模型为目标的模型综合和以三维建筑物快速可视化为目标的图形综合。对于前者，建筑物几何结构的综合主要通过自动化手段来完成，很大程度上降低了模型制作人员的工作量；对于几何结构综合后纹理等要素的处理，则大都需要通过人机交互的手段来完成。自动化综合与交互式综合的结合能够更好地生成多细节的 LOD 模型。对于图形综合，智能化自动控制是综合的关键，而对于视觉效果与响应速度的追求是其最主要的特点。因此，可采用专家知识系统对综合过程进行自动化控制，使用高效的三角面压缩算法和视景截取、面消隐等计算机图形学相关技术来获得理想的可视化效果。

2) 综合过程的复杂性

三维建筑物综合研究的重点和难点在于结构复杂的建筑物。空间关系、拓扑关系的复杂性决定了三维建筑物综合的复杂程度。对于三维场景而言，每个建筑物所采用的细节层次取决于离视点的距离和场景表达的清晰程度，大大增加了综合的复杂性。建筑物结构的复杂性很大程度上决定了其综合过程的复杂性。不同结构形式的建筑物需要采用不同的方法对其进行综合，这就需要在对建筑物合理分类的基础上进行结构识别，从而确定所应采用的综合算法；一个复杂的建筑物可能由众多不同形态的简单建筑物组成，对这些不同的简单建筑物形态往往需要采取不同的综合方法；而复杂建筑物作为一个整体，还需考虑对其整体形态的保持。另外，建筑物的综合不仅仅需要考虑其自身特点，还要考虑到河流、道路等其他地理要素，这无疑又进一步增加了综合的复杂度。

3) 综合结果的不确定性

综合方法的多样性和综合过程的复杂性决定了综合结果的不确定性。无论采用何种识别方法，计算机对建筑物形态的识别只能停留在对建筑物不同参数的综合判断上，即使采用人工神经元网络的智能化方法，其识别结果也不尽合理。从建筑物化简方面讲，化简方法的选择、化简过程中各种算法执行顺序的不同，无不影响着最后的综合结果。从宏观角度上讲，建筑物聚类方法的不同、各地物要素重要性划分标准的差异，也是综合结果不确定性大大增加的重要原因。

9.3.4　三维城市建筑群的综合框架模型

一个完善、合理的框架模型是三维建筑物综合与多尺度表达实现的基础。三维建筑物综合中，通过建立一个完整的综合模型，以统一的三维建筑物表达标准作为模型基础，将综合全过程纳入到该框架模型中，充分发挥用户对综合过程的控制与反馈作用，结合完善的评价体系，针对不同应用对综合的具体要求选择相应规则来指导综合实施，能够得到更加理想的综合结果。三维建筑物综合的主要目标之一，是由较高细节层次 LOD 模型直接获得低细节层次模型。建筑物数据的组织形式是综合实施和数据存储与管理的基础。CityGML 对于三维城市模型信息的表达比较全面，能够表达建筑语义信息和拓扑信息，其目标在于实现三维城市模型的存储、管理与交换。三维建筑物综合是以精细模型为基础获取建筑物粗糙模型，其应用集中在数据生产与管理阶段，因此可以将 CityGML 作为三维建筑物综合模型数据组织的基础。

1. 综合框架模型的组成

根据三维建筑物综合的具体特点，一个完整的三维建筑物综合框架模型应包含模型库、算法库、规则库、特征库、评价标准库和用户交互模块。

1) 模型库

模型库负责对三维建筑模型进行组织与管理。三维建筑物模型表达具有多样性的特点，对于模型库而言，建筑物对象的管理必须建立在其表达具有共同点的基础上。CityGML 使用 B-Rep 的表达方式，采用 LOD 方法对三维建筑物几何模型进行表达，能够满足三维建筑物综合中对于不同尺度表达的要求；CityGML 为建筑物语义、属性等信息的表达提供了支持。因此模型库应以 CityGML 为基础设计数据结构，对于不支持输出 CityGML 格式文件的建模软件，通过格式转换的方法将数据载入模型库。

模型库需要满足建筑物多尺度表达的要求，仅借鉴 CityGML 表达三维建筑物的 4 级层次模型是不够的，还应在此基础上根据应用中对 LOD 层次数目的具体需求进行细化。设原始模型的细节层次为 LOD_x，判断综合目标模型 LOD_n 的细节层次，若该模型细节层次位于两相邻 LOD（LOD_i，LOD_{i-1}）（$1 \leqslant i \leqslant x$）之间，则使用 LOD_i 模型表达 LOD_n。对于由单一阈值对尺度进行区分的模型，由同一原始模型综合得到多个 LOD 模型，在插入两相邻层次 LOD 模型之间时采用线性内插法。模型库中新 LOD 模型的入库方式如图 9.10 所示。

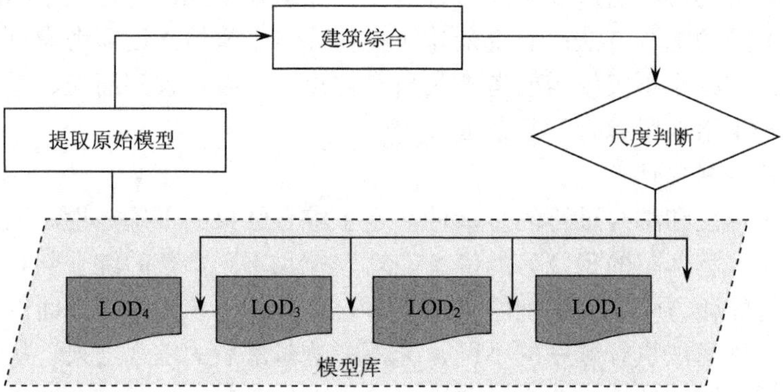

图 9.10　建筑物模型的综合与入库

2）算法库

根据综合算法的参数、适用范围、具体功能等方面的不同对算法进行划分，在对综合算法进行合理分类的基础上允许用户选择所需算法。算法库是三维建筑物综合模型的核心部分，是所有综合算法的集合。

根据实现过程中各具体算子功能的不同，将目前已有三维建筑物综合算法分为特征提取算子、选取算子、化简算子、合并算子和典型化算子。综合过程的复杂性决定了使用单一算子难以得到理想的综合结果，因此，根据一定规则从算法库的不同类型算子中选择合适算法，采用将其进行组合的方式能够更好地实现三维建筑物综合。综合算法的选取与组合需要遵循以下规则：

（1）同类算法唯一性。一个完整的综合过程中，同一类型综合算子的实现算法至多选择一个，其中特征提取算子较为特殊。如果各算法所提取特征的类型有所不同，则可将这些算法同时选取。

（2）阈值的一致性。不同的综合算法所使用的综合参数往往各不相同，但必须保证各算法不同参数阈值对建筑物特征的表达具有一致性。即同一算子的不同算法在某一参数、相应阈值的约束下对建筑物进行综合后，综合结果的视觉效果相近。

（3）组合的循环性。因为不同算子并非独立运行，在综合过程中相互影响，所以对所选综合算子进行组合时，其组合方式也并非有序的，只有循环使用各类算子才能有效保证综合结果的合理性。例如，建筑物对象的合并往往在化简算子完成之后执行，但合并所得新对象的某些特征或许又满足化简条件，这时需要重新执行化简算子。因此对综合算子进行组合时必须保证各算子执行的循环性，当某一算子执行结束，且其他所有算子均不满足执行条件时，循环终止。

3）规则库

规则库主要研究以下三个问题。

（1）规则的分类。规则库存储三维建筑物综合规则，并为用户提供规则录入与选取功能。

规则库中的规则根据目的、参数需求、处理方式、对象数量的不同进行划分(图 9.11)。

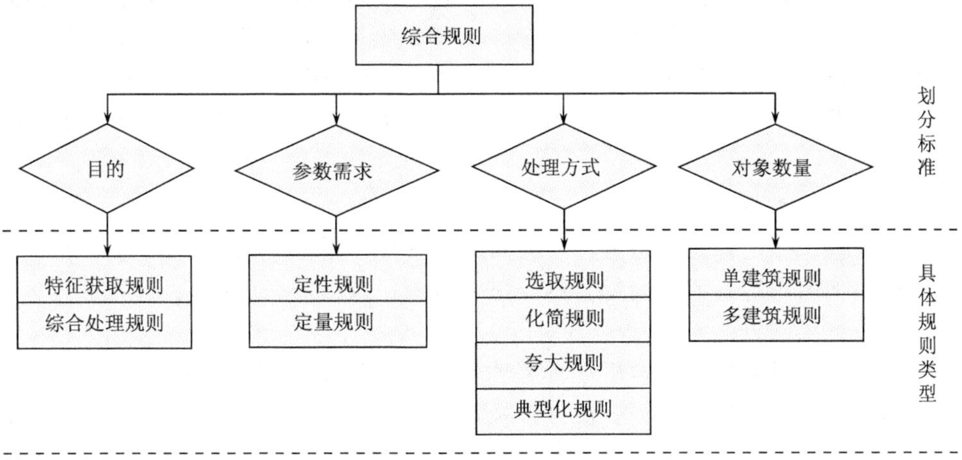

图 9.11　综合规则的分类

(2) 规则的表达。定性规则和定量规则采用不同的表达方式。定性规则采用五元组进行表达，具体形式为〈规则 ID、所属算子、LOD 等级、目标类型、描述〉；对于单一的定量规则，使用六元组进行表达，具体形式为〈规则 ID、所属算子、LOD 等级、目标类型、指标、阈值〉。其中，LOD 等级指使用该规则的相应阈值进行综合所得建筑物 LOD 层次；目标类型指规则所针对的具体目标，如内部特征、单个建筑、建筑群等；阈值代表综合算子中相关指标取值的上限。规则库中的规则可以是独立的，同时允许将同一类型、相同尺度下的不同规则进行组合得到组合规则。组合规则具有 LOD 等级非减性，即将两个同一尺度、不同指标的规则组合后，新规则的 LOD 等级不低于原规则。

(3) 规则的制定。规则库中的规则具有尺度相关性，其 LOD 等级的数量受到模型库影响。规则库的原始规则根据专家经验知识或者对相关视觉原理的研究获得。规则库中的规则并非一成不变，允许综合算法的设计及实验者添加新的规则，或者在分析综合结果的基础上对规则进行调整。

4) 特征库

特征库负责对单个建筑物和不同建筑物之间的原始语义、特征等信息及通过综合算子所获取的新特征信息进行组织与管理。对于综合而言，三维建筑物的特征是指能够识别出的反映建筑物特性的几何形态与分布信息。二维环境下的地图综合中，面状居民地的综合实际上仅仅是对二维图形的处理，很少涉及特征信息，而对于三维建筑物，其结构的复杂性决定了特征在综合中具有十分重要的意义。CityGML 能够同时表达三维建筑物的几何和语义信息，但实际应用中往往存在数据语义信息缺失的情况。当前，三维建筑物综合的很多算法均包含了对三维建筑物语义及特征信息提取方面的研究，而特征库的建立就是为了保证建筑物特征和语义信息的可复用性。对于单个建筑物而言，其特征信息包括组成建筑物各面的类型(房顶、墙面或者底面)、建筑物房顶类型及建筑物的细节特征、特征分布等；建筑群的特征则主要表现在对建筑物分布形态的描述上。

考虑到不同类型特征在表达形式上的差别，特征库中对不同类型特征分别进行管理。对于建筑物房顶、窗户等语义结构信息，其表达形式为〈特征 ID、所属对象、类别、形状、相关面数、面号〉的六元组；建筑物细节特征的表达形式为〈特征 ID、所属对象、形状、相关面数、面号〉的五元组，其中形状包括方形、圆形、尖形、球形等具体类型。分布特征根据所表达对象的不同分为建筑物分布和特征分布两类，二者采用相似的结构形式，均为〈特征 ID、分布形态、数目、关联对象〉，其中前者所关联的对象为相关建筑物 ID，后者则关联具体的特征 ID。

5) 评价标准库

评价标准库提供了一系列评价标准，负责对算法库中的具体综合算法及其组合性能进行评价，并根据用户所选综合算法对综合结果进行分析，最终将分析结果反馈给用户，从而为其进一步的操作提供依据。

评价标准库对三维建筑物综合框架模型的支持主要体现在两个方面：一是，通过一套完整的评价标准对各种综合算法的设计原理、执行过程进行评估，对综合算法的优势和劣势进行分析，进一步得到不同算法的适用范围；二是，对于同一综合算法，根据参数的不同或者算子执行顺序的差别对综合结果进行评估，将分析结果反馈给用户，从而使用户能够根据应用的不同选择合适参数，并对算法的执行过程进行调整。评价标准库中包含两个具体的评价模型，其中概略评价模型为用户选择综合算法提供依据，精细评价模型为综合算法改进提供结果分析的支持。

6) 用户交互模块

三维建筑物综合框架模型中，用户交互模块的构成较为复杂，模型中不同模块之间的交互大多依赖于用户交互操作，因此用户交互模块对于模型的集成具有重要意义。用户交互模块的具体构成包括算法及相关参数、阈值的选择，算子执行顺序的调整，规则、特征的入库，评价标准的选择，从用户认知角度对综合结果进行判断等。

2. 综合框架模型的工作流程

三维建筑物综合框架模型采用了 5 库+1 模块的形式进行组织，各组成部分之间相互联系，构成一个不可分割的整体。模型工作的主要流程包括：

(1) 建筑模型的入库。对于指定格式的建筑模型文件，若模型中除几何信息外，还包含语义信息，则以层次模型的形式入库，同时将其特征信息添加到特征库；若不包含语义信息，则以整体模型的形式入库。

(2) 使用概略评价模型对算法库中的算法进行概略评价。通过对算法库中的各种算法进行概略评价，能够得到各种算法的适用范围，从而为用户选择算法提供依据。该过程需要用户参与，主要包括评价标准选择、应用领域录入和评价结果入库等。

(3) 综合方法的具体实施。对于指定的建筑模型，由用户选择应用需求和目标 LOD 层次，综合系统根据之前的概略评价结果提供可用的综合算法供用户选择。选择算法后，从规则库中调用相应的规则对组成算法的各算子进行约束。算法执行过程中，判断待综合模型在特征库中是否具有相应特征。如果有，则将特征加入模型结构；否则，调用特征提取算子得到建筑物特征，并将其添加到特征库。当算法执行完毕，得到建筑物目标 LOD 模型后，进一步对综合结果进行精细评价。如果评价结果及视觉效果满足用户要求，则将得到的新模型添加到模型库，将整个综合过程记录以便统计为经验知识；若不满意，则选择不同算法或者改变原算法的规则、参数及执行过程后重新进行综合，直到用户满意为止。三维建筑物综合框架模型的工作流程如图 9.12 所示。

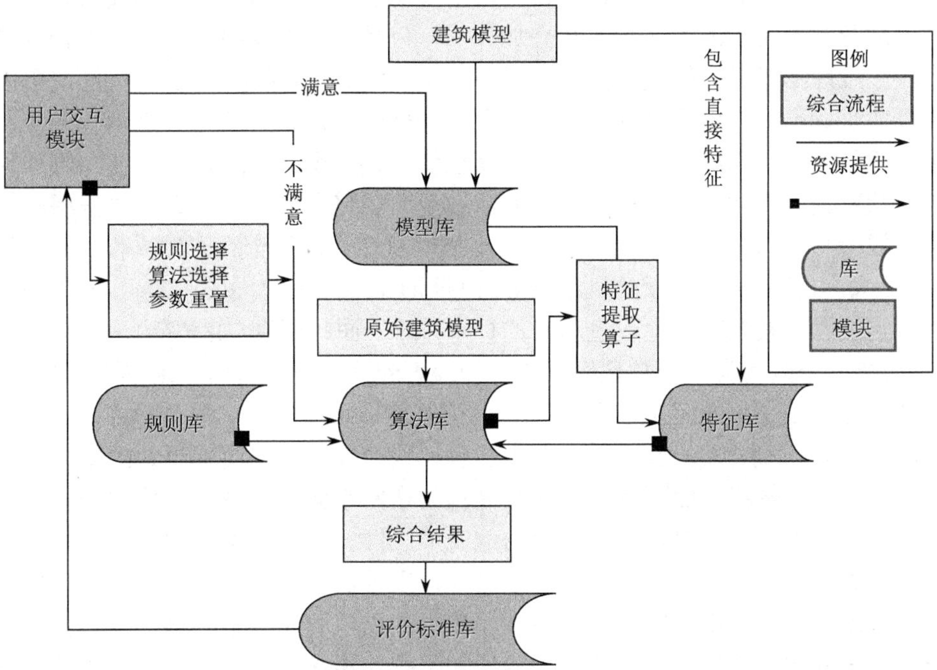

图 9.12　三维建筑综合模型的工作流程

9.4　三维模型的可视化

9.4.1　地形三维可视化

地形三维可视化是空间信息系统中应用最广泛的，也是目前研究最多的，技术上也是最成熟的。

地形三维可视化的基础是高质量数字高程模型和高逼真度三维显示技术。数字高程模型的质量，对地形三维可视化的效果有着至关重要的影响，而生成数字高程模型的算法又是影响其质量的关键，受到普遍关注。已于前述，数字高程模型有两类：一类是不规则三角网模型(TIN)；另一类是规则格网模型(DEM)。对于 TIN 而言，它可以由离散点构成；也可以在顾及地性线(山脊线、谷底线)的条件下由离散点构成。对于 DEM 而言，通常由离散点内插而成。相比较而言，TIN 特别是在顾及地性线的条件下，具有更高的精度和逼真度。所以，一般地说，对于大比例尺数字高程数据，采用顾及地性线的方法构成 TIN，可以较精确地显示小区域地形特征，在其上可以进行较精确的地形特征计算；而对于较小比例尺数字高程数据，适宜于采用 DEM，能较好地显示大区域宏观地形特征。当然，TIN 和 DEM 是可以互相转换的。

地形三维显示的效果，除与用于地形三维显示的地形数据及数字高程模型的类型有关外，还涉及投影变换、消隐与裁剪处理、光照模型等的算法及彩色合成技术。这些算法和技术在一些相关文献中都有论述。为了增强地形三维显示效果，有的学者提出了基于 fBm 的地形表面逼真三维显示算法和基于纹理映射算法的地形三维显示技术(徐青，2000)。

为了提高地形三维显示的实用性，在空间信息系统中，通常要将地物要素叠加在三维地形上，这就涉及基于 DEM 的地物要素叠加算法，包括点状地物要素、线状地物要素和面状地物要素在三维地形景观上的叠加算法。对于点状要素(如各种独立地物符号)，由于它们在地面上的位置坐标已知，于是可计算该点落在哪个格网内，并判断出该格网的四个顶点，据此即可采用插值方法计算出点状地物要素的高程值，并实现点状地物符号在三维地形上的标示；对于线状要素(如铁路、公路、河流等)，由于可以将它们视为一组直线段组成的折线，则可计算直线段与格网边(X、Y方向)交点，用插值算法计算每个交点的高程值，并将它们按X值或Y值的大小排序，形成基于规则格网DEM地形交点序列$P_i\left(X_i,Y_i,Z_i\right)$，依次连接$P_i,P_{i+1}$，即可实现线状地物要素在三维地形景观上的标示；对于面状要素(如水库、湖泊、森林、双线河流等)，可将其分为两类：一类是面状要素与地表起伏一致、依附于地形表面(如森林、农作物、双线河流等)；另一类是面状要素以平面形式截取地形的某一区域，将该区域内的地表形态特征覆盖起来(如水库、湖泊等)。对于后者，只需要计算出面状要素的值，将落在面状要素区域内的每个地形格网曲面片用该要素高程的格网平面片代替高程值即可；而对于前者，情况就比较复杂，由于面状要素的高程值与地表形态同一位置的格网曲面片的相同，所以要素将落在面状要素区域内的每个地形格网曲面片，用该面状要素的符号标示在该曲面片上。但无论是前者或是后者，都要解决判断格网 DEM 数据中的哪些格网落在面状要素区域内的问题。解决这一问题常用的有交点计数检验法、叉积判断法、夹角之和检验法等。不过，当规则格网 DEM 覆盖范围与面状要素区域对比相差过大时，这些算法效率普遍较低。为提高判断效率，有的学者提出了一种基于扫描线算法的区域填充的改进算法(陈永华，2000)。

综上所述，地形三维可视化的基本步骤可以归纳为以下四步。

首先，获取地形数据，包括数字高程数据(等高线)、地物要素(如居民地、河流、道路等)的矢量数据，像素地形图数据和数字遥感影像图数据等。

第二步，生成数字高程模型，包括 TIN(顾及或不顾及地性线)、DEM，它们是地形三维可视化的基础与核心。

第三步，进行可视化处理，包括地物点投影变换和像点坐标变换、消隐与裁剪处理、光照模型选择、地物要素叠加、纹理映射等。

第四步，三维显示，以采用基于 fBm 的三维显示算法为宜，最终得到高逼真度的三维地形图。图 9.13 就是地形三维可视化的一个实例。

9.4.2 地面建筑物三维可视化

这里的“地面建筑物”，指高出地面的建筑物，如楼房及其他建筑物。这类建筑物多是由若干个几何体元素的并集所定义的形状，都是三维空间物体。

1. 地面建筑物的三维建模

地面建筑物的三维可视化，实质上是三维空间数据模型的具体体现，称为三维几何造型或三维立体造型。所以，地面建筑物的三维可视化除了选择适当的三维空间数据模型与数据结构外，还必须选择适当的模拟三维物体的模型化方法，这就是所谓三维建模问题。

三维建模的关键是模型特征点的空间坐标。有了模型特征点的空间坐标，从根本上讲就已经建立了实体的数学模型。但对三维物体的模型化而言，除了三维的水平投影轮廓图形被抽象为点、线、面外，还必须进行三维化处理，即三维物体是由点、线、面、体等四类模型构成(图 9.14)。

图 9.13　地形三维可视化实例

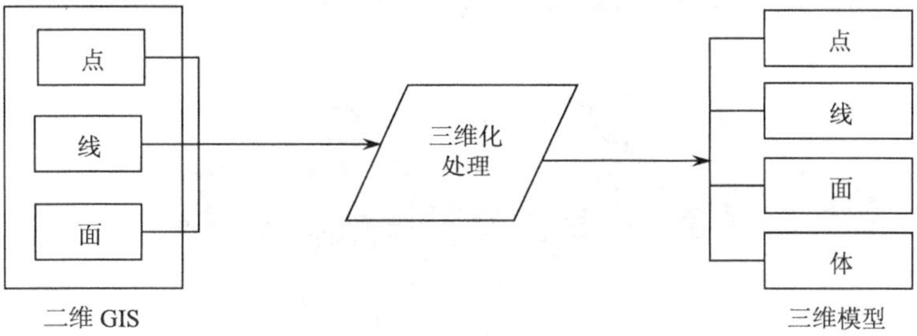

图 9.14　三维数据处理示意图

空间物体的三维数据，可以由已建成的地图数据库中的二维数据三维化处理得到，也可以通过航片测高或人工调绘获取，还可以利用数字摄影测量系统将空间物体转换为三维模型。

三维建模的许多算法在处理过程中都对构成实体的多边形(面)的凹凸性提出了要求，即一般情况下必须保证多边形是凸多边形。但实际上构成一个三维实体的多边形并不一定都是凸多边形，所以还要提供一种简便快速的算法对凹多边形进行剖分。在这方面，许多文献中都介绍了把凹多边形剖分为三角形的算法，也有的文献提出了更简便的凹多边形剖分算法。

目前，关于地面建筑物的三维可视化主要有两种方法：一种是基于数学描述的直接建模；另一种是基于虚拟现实建模语言 VRML 的建模。

2. 基于数学描述(Open GL)的直接建模

Open GL 是由一些公司在 GL(graphics library)的基础上联合推出的三维图形标准，是一种图形与硬件的接口，独立于硬件设备、窗口系统和操作系统。它使三维图形的制作、显示达到了动态实时交互的水平，为三维图形的开发提供了先进的、标准化的平台，并且已得到较普遍的应用。

利用 Open GL 进行三维实体建模，有三个方面的核心技术问题。第一个问题是实施空间物体的三维坐标到二维计算机屏幕上像素位置的转换，要经过三个步骤的计算机操作，即投影变换、窗口裁剪和视口变换。第二个问题是光照模型的建立，即将光照加到场景中，包括对全部空间物体的每个顶点定义法向量，选择和定位一个或多个光源，建立和选择光照模型，定义全局泛射光(环境光)和视点的有效位置，定义场景中对象的材料性质等。第三个问题是纹理映射，包括指定纹理，指出如何将纹理施加于每个像素，激活纹理映射，给出纹理和几何坐标的场景。

Open GL 建模的基本过程分为三个步骤：

第一步，几何建模。它是根据实体的特征点数据，通过求出各点法向量生成三维几何模型。

第二步，形象建模。它是对已生成的几何模型进行纹理映射，光照、颜色设置，消隐处理等工作，使三维物体更加逼真。

第三步，三维显示。它是对已创建的三维模型经过投影(正射投影或透视投影)，设置观察视点，进行各种变换(平移、旋转等)，显示到二维屏幕上，并达到逼真的视觉效果。

图 9.15 为利用 OpenGL 直接建模的示例。

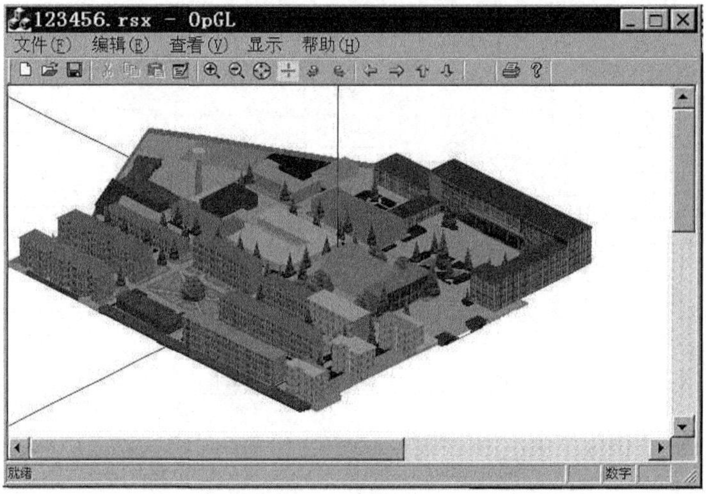

图 9.15　OpenGL 直接建模示例(危拥军，2006)

3. 基于虚拟现实建模语言(VRML)的建模

VRML 主要针对一些无法用数学语言直接进行描述的三维物体。

VRML(virtual reality modeling language)是一项和多媒体通信(multimedia communication)、因特网(Internet)、虚拟现实(virtual reality，VR)等领域密切相关的新技术，其基本目标是建立因特网上的交互式三维多媒体，它于 1998 年 1 月被正式批准为国际标准(ISO/IEC 14772-1：1992，VRML97)。

VRML 是一种三维交换格式，它定义了当今三维应用中绝大部分常见的概念，如变换层级、光源、视点、几何、动画、雾、材质属性和纹理映射，等等；它是 HTML 的三维模拟，是一种可以发布三维网页的跨平台语言；它提供的技术能够把三维、二维、文本和多媒体集成为统一的整体。

基于 VRML 建模的关键是 VRML 的语法结构、数据组织、数据模型的操作与处理。

VRML 用层次性的场景图结构描述三维对象和境界，它就像 2D 图像的位图，提供一个所要创建的世界的结构。场景图由节点构成，每个节点包括一个或多个域。节点用来完成某一特殊功能(通过节点名字指出)，域用来保存定义该功能所需参数的数值。一个简单的对象需要通过形状、外观、材料、颜色和几何体来描述。节点有父节点和子节点，它们之间的关系称为“场景图层次”。

对于不规则的三维实体，一般可采用边界模型表示。一个复杂的三维实体的表面，可通过许许多多的小的平面(三角形面)构成。在 VRML 规范中，定义了这种物体的三维数据描述。

基于 VRML 的数据模型确定后，就可以对其实施有关的操纵与处理，即程序结构设计，包括对象类设计、矢量类设计、顶点类设计、面片类设计、边类设计等。

图 9.16 是基于 VRML 的建模与显示的示例。

图 9.16　VRML 建模示例

9.5　SIS 环境下空间数据的多尺度显示

在 SIS(或 GIS)环境下，人们总是希望(或要求)在保持计算机屏幕图形清晰易读的情况下，能对同一地区或同一物体获得不同详细程度的信息。事实上，根据人的视觉规律，把同一地区或同一物体放在远近不同的位置，人眼所能观察到的该地区或物体的详细程度是不一样的。从技术的角度讲，我们可以根据人的视觉规律，为同一地区或同一物体构建“一组”不同详细程度的数据模型。在计算机生成其视景时，根据该地区或物体所在位置离视点距离的大小，调入详细程度不同的数据模型参与视景生成，用这种方法来模拟“越近看得越清”的视觉效果。此法也被称为细节分层(LOD)技术(图 9.17)。

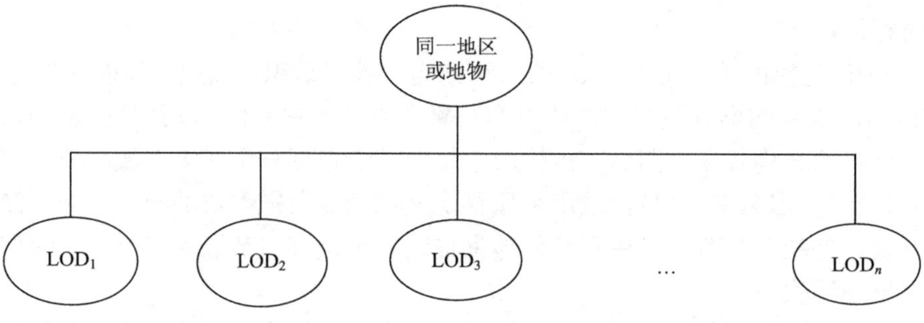

图 9.17　同一地区或物体构建不同详细程度的数据模型

9.5.1　不同比例尺数字地图数据嵌套显示

不同比例尺数字地图数据嵌套显示是目前的 GIS 中最常用的一种方法。在 GIS 环境下，人们在计算机屏幕上浏览某个区域时，一般是首先认识整个区域的概貌，然后逐步比较详细或很详细地认知该区域内的某个重点地区或重点目标。根据人们的这种需要，可以选择现有的系列比例尺数字地图数据作为生成不同详细程度视景的数据模型，如 1∶100 万、1∶50 万、1∶25 万、1∶10 万、1∶5 万、1∶2.5 万和 1∶1 万等。这种比例尺由小到大的系列数据模型，实际上就是某个区域或地物由简略到详细的分层变换，把这种系列比例尺的数据作为某个区域或地物的 LOD 分层的依据，在视点由远到近，逐渐靠近某个区域或地物的过程中，利用这种系列比例尺数据进行视景生成，就可以达到从宏观到微观或从整体到局部“越近看得越清”的效果(图 9.18)。

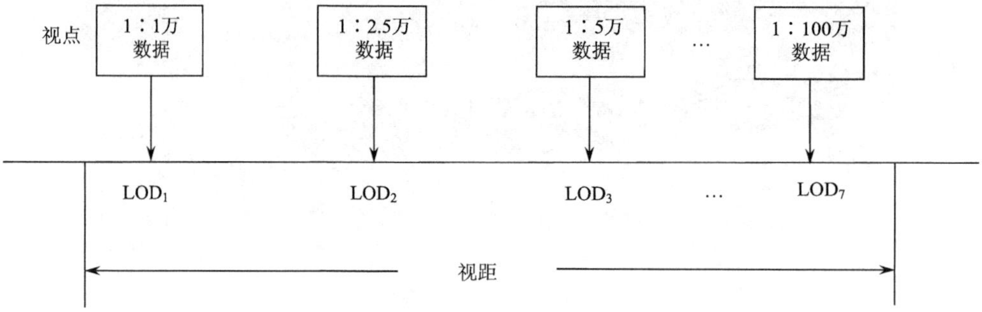

图 9.18　利用系列比例尺数据进行 LOD 分层

9.5.2　一种比例尺数字地图数据的不同详细程度的分层显示

一种比例尺数字地图数据的不同详细程度的分层显示实质上是一种简单的自动综合方法。它解决的问题是，在两种固定比例尺数字地图数据之间，获得几种不同详细程度的数据，实际上是几种不同比例尺的数据。例如，可以在 1∶25 万～1∶50 万比例尺之间，将 1∶25 万比例尺数字地图数据简化为 1∶27 万、1∶30 万、1∶35 万、1∶40 万、1∶45 万 5 种比例尺的数据；同样可以在 1∶50 万～1∶100 万比例尺之间将 1∶50 万比例尺数字地图数据简化为几种比例尺的数据。在具体操作上，可以按要素参照它们在地图数据库中的各种参数将每种要素分成与比例尺划分相应的若干个等级，以构成与比例尺划分相应的不同详细程度的数字地图数据，以实现同一比例尺数字地图数据的不同详细程度的分层显示(图 9.19)。

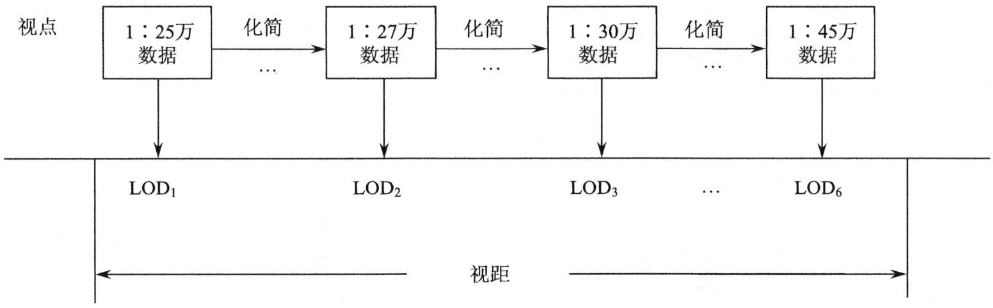

图 9.19　同一比例尺数字地图数据的不同详细程度的分层显示

9.5.3　基于真正意义上的自动综合方法的空间数据多尺度表示

在 GIS 环境下，实时地实现真正意义上的空间数据自动综合，特别是根据一种基本比例尺数据派生出任意比例尺数据，是十分困难甚至是不可能的。这里说的真正意义上的自动综合，是指按国家系列比例尺地图制图规范进行制图综合，在屏幕上符号化地显示或输出符合相应比例尺地图制图规范要求的地图。在这种情况下，涉及数字地图内容的选取、化简、概括和位移等一系列复杂的问题。因此，这种方法实现的空间数据不同详细程度地显示，一般来说只能是针对一种较大比例尺地图派生出有限的几种比例尺较小的地图，例如，用 1∶5 万数字地图数据派生出 1∶10 万比例尺数字地图，用 1∶25 万数字地图数据派生出 1∶50 万数字地图，等等。事实上，任何一个国家特别是国土幅员辽阔的大国，不可能按系列建成各种比例尺(如 1∶1 万、1∶2.5 万、1∶5 万、1∶10 万、1∶25 万、1∶50 万、1∶100 万)的地图数据库，而只能建成少数几种比例尺(1∶5 万、1∶25 万、1∶100 万等)的地图数据库。所以，真正意义上的自动制图综合方法，仍然是实现 GIS 环境下空间数据多尺度显示的基础。

关于自动制图综合的原理和方法已于前述。其基本框架如图 9.20 所示。应该指出的是，如果只是通过自动制图综合得到指定比例尺的数字地图数据，就不必进行各要素相互关系处理；如果是要输出符号化的模拟地图，则必须利用移位等方法处理各要素之间的相互关系，以确保地图各要素的地理适应性。

上述三种方法中，从 GIS 环境下空间数据多尺度显示要求响应速度快这一特点考虑，采用第一、二两种方法相结合是比较合适的，即在不同比例尺数字地图数据嵌套的基础上，按照保证计算机屏幕显示的清晰性要求，事先将相互嵌套的每种比例尺划分为几种(一般 4～6 种)不同的比例尺，数字地图数据详细程度的区别与所划分的比例尺相适应。这样，如果一个 GIS 中有三种基本比例尺数字地图相互嵌套，每种基本比例尺数字地图又可划分为 4～6 种不同详细程度的比例尺数字地图，就能够基本满足 GIS 环境下空间数据多尺度显示的要求。第三种方法适用于将 GIS 作为数字制图生产平台的情况，这时可根据相应比例尺数字地图制图规范要求，采用真正意义上的自动制图综合方法，对数字地图内容各要素进行选取、图形化简、数量和质量特征概括、地图注记及各要素相互关系的处理(通常采用位移方法)，并进行图廓外整饰，加绘坐标网(经纬线网和直角坐标网)，符号化。最后得到的是一幅派生比例尺完全符合数字地图制图规范要求的标准地图。

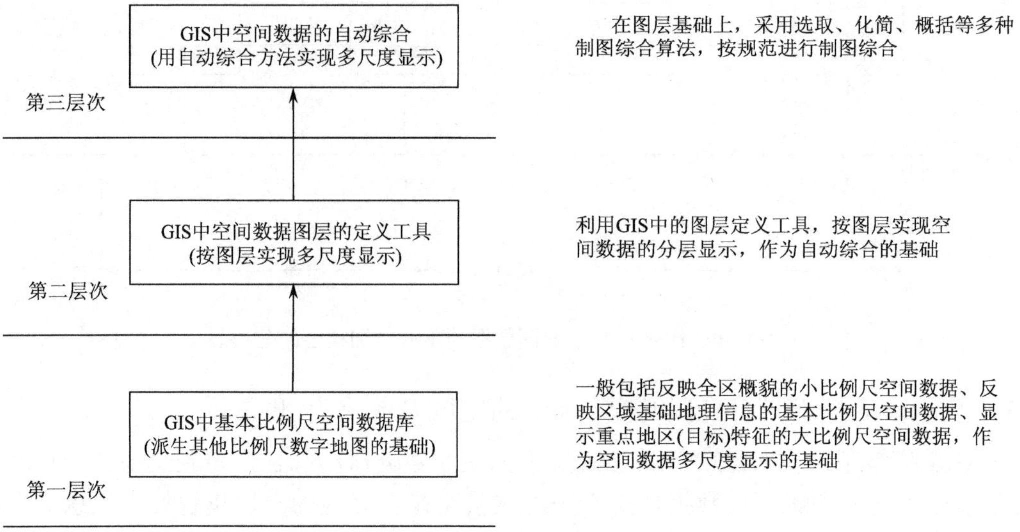

图 9.20　GIS 中空间数据多尺度显示的基本框架

9.6　总结与展望

9.6.1　总结

空间数据的多尺度显示与可视化，是空间信息系统(SIS)或地理信息系统(GIS)必须解决的问题。解决空间数据多尺度显示问题的出路，是实现空间数据综合的自动化。

1. 空间数据的尺度特征对多尺度显示与可视化具有重要意义

第一，从描述地理要素(现象)的概念、量纲和内容的层次性，把空间数据尺度特征分为概念尺度性、量纲多尺度和内容(属性)多尺度。第二，从空间多尺度和时间多尺度两个方面，论述空间数据的多尺度特征，而且空间多尺度和时间多尺度是一致的。第三，讨论了数据尺度及其与地图比例尺的关系，分为大尺度、中尺度和小尺度，不同尺度数据，各有其特点；尺度在空间上表现为对各种实体的形状的抽象程度、在时间上表现为对时间的依赖性；空间数据的多尺度与地图比例尺的关系，可以简单地描述为：空间数据的尺度与地图比例尺成反比变化，空间数据的尺度越大，地图的比例尺越小，反映区域特征越概略，反之亦然。第四，空间信息系统中数据的多尺度表达与自动综合关系密切，空间数据综合成为 SIS 中的重要功能。从理论上讲，支撑空间信息系统多尺度表达的是一个大比例尺的“主导空间数据库”，采用自动综合方法由“主导空间数据库”派生出用户所需要的其他较小比例尺的多尺度空间数据，从而实现空间数据的多尺度表达，应该说这是一种更为有效的科学的方式。但是，鉴于空间数据的自动综合至今还难以实现基于“主导空间数据库”的多尺度快速生成，不得不在空间数据库中存储多种比例尺的空间数据，虽满足了有限的多尺度表达的需求，但将产生大量数据冗余，并导致多尺度空间数据的不一致性。第五，继续深化和完善基于“主导空间数据库”自动派生用户需要的多尺度空间数据的智能化综合理论和方法的研究并普遍应用，是一项重要而紧迫的任务。

2. 空间数据自动综合的基本理论和方法是实现空间数据多尺度表达的基础

空间数据自动综合的基本理论可以概括为基于地图信息传输的、基于空间认知的和基于视觉感受的等三种。基于地图信息传输的地图综合理论，其依据是地图信息传输过程是可控制的，地图综合控制地图信息传输过程；基于空间认知的地图综合理论，其依据是地图综合过程就是地图空间认知(逻辑即抽象思维、视觉思维和灵感思维)的过程；基于视觉感受的地图综合理论，其依据是地图综合的效果要靠视觉感受效果来衡量和评估。

上述地图综合基本理论指导下的空间数据自动综合的基本方法是发展变化的，概括起来可以归纳为基于数学模型的自动综合、基于算法的自动综合、基于知识的自动综合、自动综合的人机协同方法和机器学习方法等。前述各种方法都只能解决空间数据某个数据集(或子集)或某项综合任务的自动综合问题，只有根据自动综合的任务和对象把各种模型、算法、知识及其推理机制组成“自动综合系统”时，才能全面实施空间数据的自动综合。

3. 三维城市建筑模型自动综合方法的研究是一个新的更具挑战性的问题

对于三维城市建筑模型而言，不仅涉及单体建筑物模型的综合，而且涉及更复杂的三维建筑群模型的综合。国外较早开展了该领域的研究，其成果如以三维建筑物模型化简为目的的建筑物模型分割方法、基于数学形态学和曲率空间理论的三维建筑物模型综合方法、针对三维建筑物特征的三维表面分类和化简算法、基于半空间模型(half-space modeling)的三维建筑物模型化简算法、将建筑物几何模型房顶和主体分别化简的方法、基于人工神经网络的三维建筑物和建筑群结构识别的方法、针对 CityGML 中高细节层次建筑物模型的化简算法、针对格网型三维建筑群的典型化方法、基于几何结晶学的三维建筑模型化简方法，等等。国内在该领域的研究起步较晚，主要研究成果有视觉驱动的三维建筑模型化简方法、建筑物分辨率格网生成与显示算法、建筑物 LOD 模型建立原则、基于尺度空间思想的建筑群聚合操作算法，以及以特征解析度作为指标的三维建筑物化简方法，等等。

随着人们对三维城市可视化越来越高的要求，三维建筑物结构的分类和识别，成为正确实施三维建筑群综合的前提，促使人们从语义特征、形态特征和等级层次等方面对建筑物结构信息进行描述，在对三维建筑物进行分类和识别的基础上进行综合，包括三维建筑物的取舍、化简(细节简化、夸大、合并、典型化)、概括(质量概念转换、图形等级转换等)和位移(处理三维建筑物与其他要素的关系)。鉴于三维建筑物形态的复杂性和描述形式的多样性，三维建筑物综合具有方法的多样性、过程的复杂性和结果的不确定性。

4. 空间数据可视化是 SIS(或 GIS)的一个永恒的课题

SIS 中的空间数据库可视化，更重要的是为人们提供一种空间认知的工具，以提高人们对空间数据的复杂过程分析洞察能力、多维和多时间空间数据和过程的显示效果，改善和增强地理空间环境信息的传播能力，所以，空间数据可视化超出了一般的地图符号化及视觉变量表示法的水平，更强调了在动态、时空变化、多维、可交互的地图条件下探索视觉效果和提高视觉功能。

就整体城市三维可视化而言，应包括地形三维可视化和建筑物三维可视化，而且两者要无缝密合，通常要将包括建筑物在内的地物要素叠加在三维地形上，涉及基于数字高程模型(DEM)的地物叠加算法，在点、线、面(水库、湖泊、森林、双线河等)地物要素与三维地形叠加方面已有许多研究成果。地面建筑物的三维可视化，目前主要有两种方法：一种是以 Open GL 作为平台的基于数学描述的直接建模；另一种是基于虚拟现实语言 VRML 的建模。

空间数据的多尺度显示，是 SIS(或 GIS)环境下经常出现的。它是为同一地区或同一物体构建一组不同详细程度的数据模型。这可以采用不同比例尺数字地图嵌套显示、一种比例尺数字地图数据的不同详细程度的多层显示和基于真正意义上的自动综合生成的空间数据多尺度表示等三种方法。从空间数据多尺度显示要求响应速度快这一特点考虑，相对而言，三种方法中的第一、二两种方法相结合是比较合适的。

9.6.2 展望

1. 基于“主导空间数据库”快速自动生成多尺度空间数据是实现多尺度可视化的有效途径

空间数据的多尺度显示是 SIS(或 GIS)基本的常用的功能，核心是多尺度空间数据如何快速生成。在 SIS 的空间数据库中存储几种比例尺的空间数据，不仅产生大量数据冗余、导致空间数据不一致，而且也不能满足真正意义上的“多尺度”显示的需求；采用“不依比例尺数据库”(也称“无比例尺数据库”或“自由比例尺数据库”)虽很理想，但很长时间内难以实现。在这种情况下，研究基于“主导空间数据库”的快速自动派生用户需求的多尺度空间数据的智能化综合方法是更实际和更有效的，关键是速度要快、智能化水平和自动化程度要高，至于“快”到什么程度、“高”到什么程度，这要视需求而定。所以，要下大力气研究人工智能技术在智能化综合中的应用，特别是要研究面向空间数据综合的类脑智能基础理论研究和技术实现、自动综合链的自适应构建和调整、基于“综合链”的自动综合过程控制与质量评估、基于云计算架构的大范围大规模空间数据智能综合的分布、并行和协同(作)处理等核心理论和技术，构建基于“主导空间数据库”快速派生多尺度空间数据智能化综合系统。

2. 三维城市建筑模型自动综合是适应人们对三维城市模型不同详细程度认知的需要

三维城市建筑模型的自动综合，可以分为单体建筑物模型的化简和建筑群模型的综合。对于前者，主要针对建筑物的房顶、墙面、底面和窗户等结构信息进行分类和识别，在此基础上进行化简；对于后者，综合的重点在于建筑物的选取、形状化简、合并、概括和位移等，体现了三维城市建筑物模型综合方法的多样性、过程的复杂性和综合结果的不确定性等特点。同二维地图综合相比较，三维城市建筑物模型综合的这些特点更加突出，这就需要进一步深化和完善城市三维建筑物综合模型库、算法库、知识(规则)库、特征库、评价标准库和用户交互模块，即“五库”“一模块”的研究，构成科学而实用的综合框架及其运行通畅的工作流程，提升智能化水平和自动化程度。

关于近几年三维建筑模型自动综合的情况，似乎发表的研究论文在减少，从事该领域研究的人也越来越少。分析其原因可能有：一是，三维城市建筑模型综合的难度确实比二维(或 2.5 维)地图要大得多，这是因为三维建筑物形态的复杂性和描述形式的多样性，以及相应的综合方法的多样性、过程的复杂性和结果的不确定性决定的；二是，与二维(或 2.5 维)地图综合适应用于“大比例尺→中比例尺→小比例尺”不同，三维城市建筑模型综合只适用于大比例尺(一般大于 1∶1 万)，在更小比例尺地图上表示三维城市建筑模型就没有必要也不可能了。

3. 城市整体三维模型可视化在大比例尺地图上是必要且有意义的

整体三维城市可视化，包括地形三维可视化和建筑三维模型可视化。鉴于地形是连续地表形态，其多尺度可视化是可行的、可用的(从微观、中观、宏观的不同层次认知地形特点)，技术上也是成熟的；而城市建筑三维是由若干单体建筑物构成的，不是无缝连续的，三维可视化的目的是要为人们提供认知城市建筑物和建筑群的详细结构特征信息(房顶、墙面、窗户、底面)，所以只有在大比例尺(一般大于或等于 1∶1 万)条件下的城市建筑三维模型可视化才有意义，而在比例尺更小的情况下，城市建筑三维模型已经进行了取舍、化简、合并和概括，已无法表达建筑物和建筑群的详细结构特征了，这时的城市建筑三维模型可视化就没有什么实质性意义了，还不如采用二维同特殊或重点建筑物(群)的实景、街景相结合的效果好。大比例尺(大于或等于 1∶1 万)地图上的整体城市三维模型可视化，重点要解决好建筑物(群)底面与三维地形的无缝化，特别是对山地地形起伏复杂多变的整体城市三维可视化更为重要。

第 10 章　空间信息服务技术的发展

空间信息系统的根本任务是提供空间信息服务。近 20 年来，在超媒体网络 GIS(Web GIS)、构建式 GIS(Com GIS)和开放式 GIS(Open GIS)的基础上，空间信息系统经历了由“系统”到“服务”的过程，空间信息系统的体系结构和开发模式都发生了深刻变化，空间信息网络服务(web service)、网格服务(grid service)和云服务(cloud service)等具有一定程度智能化特征的空间信息服务成为主流技术模式(王家耀，2002、2008、2009、2013、2014)。

10.1　基于网络服务的空间信息共享与空间数据互操作模式

计算机通信信息网络技术的快速发展，催生了网络服务(web service)，而空间信息网络服务(Web SIService)是网络服务在空间信息服务领域的应用，是解决空间信息共享与空间数据互操作问题的重要技术途径。

网络服务是以网络为支撑的，而网络需要有信息服务因此产生了网络服务(web service)。

把网络服务引入空间信息服务(spatial information service，SIService)领域，即空间信息网络服务(SI web service)。它是将空间信息系统(spatial information system，SISystem)的数据和功能以服务的形式发布在网络上，服务使用者不需要了解“服务”的具体实现细节就可以直接使用网络服务；SISystem 的开发者可以调用分布在不同节点上的网络服务；并组建一个自己需要的 SISystem。随着空间信息网络服务技术的发展，很多 SISystem(或 GISystem)厂商竞相推出基于网络服务标准的网络 SISystem 平台，并在此基础上开发了空间信息服务(或地理信息服务)的组件，如网络地图服务(web map service，WMS)、网络要素服务(web feature service，WFS)、网络覆盖服务(web coverage service，WCS)和网络处理服务(web processing service，WPS)等，它们可以被其他 SISystem 及其组件直接调用，以实现 SISystem 之间的空间信息共享与空间数据互操作。目前，国际标准化组织(ISO/TC211)与开放地理空间信息联盟(OGC)已根据网络服务和空间信息共享与空间数据互操作的特点，制定了一系列标准规范和空间信息服务接口，可以对 WMS、WFS、WCS 和 WPS 等空间信息服务组件进行标准化封装，大家熟知的 Google Earth、ArcGIS、World Wind、Geo Globe 等，都支持网络服务标准。

基于网络服务技术的空间信息共享与空间数据互操作的框架和操作步骤如图 10.1 所示。

图 10.1 具体说明了前述网络服务中三个参与者(角色)和四个操作步骤的基本框架。网络服务是用统一资源标识符(universal resource identify，URI)标识的软件应用程序，即可编程的服务，这些服务可以集成一个新的应用系统，其接口和物理位置可以使用可扩展标记语言(extensible markup language，XML)来进行定义、描述和发现，网络服务通过支撑基于 Internet 的协议来使用基于 XML 的信息传递机制实现与其他软件之间的交互。由 XML 衍生出来作为网络服务的基础协议有三个：一是，简单对象访问协议(simple object access protocol，SOAP)，用于消息传递，本质上是一种基于 XML 的远程过程调用(remote procedure call，RPC)机制，一个 SOAP 消息通常是由一个强制性的信息(SOAP envelope)、一个可选的消息头(SOAP header)和一个强制性的消息体(SOAP body)组成的 XML 文档；二是，网络服务描述语言(web service description language，WSDL)，是基于 XML 的网络服务描述规范，用来描述一个网络服务能做什么，该服务在什么地方，以及如何调用该服务；三是，统一描述、发现和集成(universal description discovery and integration，UDDI)，它定义了一个发布和发现有关网络服务的标准方式，是一套基于网络的、分布式的、描述网络服务注册信息的标准规范，同时也包含一组让企业能够将自己提供的网络服务注册到注册中心并使其他企业能够发现该服务的访问协议的实现标准。

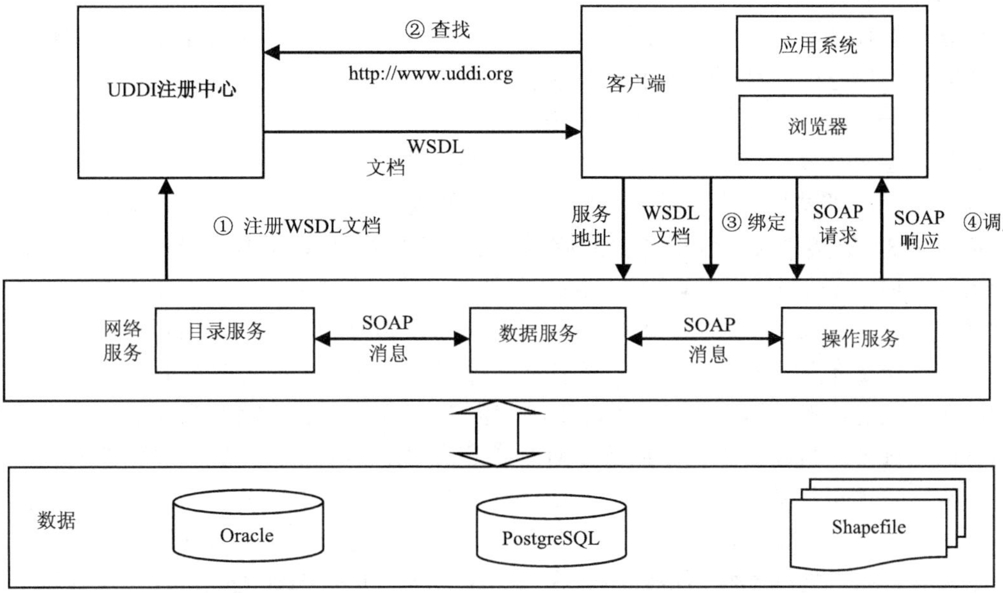

图 10.1　基于网络服务的空间信息共享与空间数据互操作框架

从用户(即服务享用者)的角度看，网络服务是一组部署在网络上的对象/组件，具有自适应、自组织、自描述、组件化、标准化、网络化、开放性、语言独立性、可互操作性和动态性等特性，使之成为现在乃至未来信息共享和数据互操作的主要技术途径和发展趋势。

10.2　基于网格服务的信息资源共享与协同解决问题模式

网格服务(grid service)是网络服务(web service)的发展，为解决广义信息资源共享与协同解决问题(协同工作)提供了新的技术支撑。

网格服务是以网格(grid)为依托的，在这里，“网格”是指计算机网络或第三代 Internet，或下一代网络，而不是指地图上的直角坐标网、经纬线网或其他规则格网。

就网格的本质而言，它是利用高速互联网把分布在不同地理位置上的计算机组织成一台“虚拟的超级计算机”，实现所有网格节点上的计算资源、存储资源、数据资源、信息资源、软件资源、通信资源、知识资源、专家资源等全面共享和协同解决问题，也就是将网格上的所有资源动态集成起来，形成一个有机整体，在动态变化的多个组织间共享资源和协同工作。据此，可以看出网格具有四个显著特点：一是，资源的范围更广泛，具有很强的分布性和更复杂的异构性；二是，共享更具有目的性；三是，引入了虚拟组织的概念，且具有动态性和可伸缩性；四是，强调多节点协同解决问题（协同工作）的能力及服务的有序性和可控性。

同网络（web）需要有信息服务而产生了网络服务（web service）或网络信息服务（web information service）一样，网格（grid）也需要有信息服务而产生了网格服务（grid service）或网格信息服务（grid information service）。网格服务是以 Globus Toolkit 和 OGSA 为支撑的新型服务技术。

Globus Toolkit 是一种积木式的网格体系架构，它提供了一套构建网格服务环境的工具 Globus Toolkit（GTK）或软件包，包括相应的核心服务组件，如多线程通信库（Nexus）、全局资源定位管理器（GRAM）、元数据目录服务（MDS）、服务状态监测（HBM）、远程文件访问与存储（GASS）、网络安全构件（GSI）和远程执行管理（GEM）等，用户可根据需要选择部分或全部组件，构建一个面向应用的网格服务系统。

OGSA 是适应开放标准的需要提出的，支持网格技术和网络服务的有效结合，其核心是服务和服务组合，可以基于简单基本的服务组合成更复杂、更高效、更抽象的服务。这里要说明的是，OGSA 的实施架构经历了由开放网格服务基础设施（OGSI）到目前的网络服务资源框架（web service resource frame work，WSRF）的演进过程。在 2003 年推出的 GTK3 中，OGSA 实现的基础架构是 OGSI，称为 OGSA/OGSI 体系结构。OGSI 是 OGSA 所描述的概念的正式技术规范，建立在许多其他标准之上，所以是一种开放的基于标准的解决方案。但是，OGSI 提供的功能存在着许多缺陷，例如，OGSI 通过封装资源的状态，将具有状态的资源建模为网络服务，这种做法引起了“网络服务没有状态和实例”的争议，且某些网络服务的实现不能满足网格服务动态创建和销毁的需求；OGSI 单个规范中的内容太多，所有接口和操作都与服务数据有关，缺乏通用性，且规范没有对资源和服务进行区分；强调网格服务与网络服务的区别，导致两者之间不能更好地融合在一起；等等。正是因为 OGSI 存在这些缺陷，所以在随后推出的 GTK4 中，OGSI 被网络服务资源框架（WSRF）取代，实际上是网格服务吸取了网络服务的优点。WSRF 在网络服务标准的基础上，又新增加了 WS-Resource、WS-Resource Lifetime、WS-Renewable References、WS-Service Group 和 WS-Based Fault 等 5 个标准，它们都是围绕 WS 资源来定义和工作的；另外，还有一个虽然不属于 WSRF 但却是一种必不可少的标准 WS-Notification。这些标准都有一套相应的软件体系。

OGSA 实现的基础架构，从 GTK3 的开放网络服务基础设施（OGSI）到 GTK4 的网络服务资源框架（WSRF），并没有改变 OGSA 的模式，而且利用 WSRF 构建的网格服务所表现出来的一切都是“服务”有着自身的许多特点或优点，使 OGSA 的服务更加灵活，更加贴近实现资源共享与协同解决问题这一目标。WSRF 取代 OGSI 并融合在网络服务中，给网络服务以新的描述和定义，实现了网络服务和网格服务的统一，促进了网格服务的发展。实际上，目前的 OGSA 已经涵盖了网格服务的概念与内涵，它提供了一组接口，解决了服务发现、动态服务创建、服务状态监测、服务生命周期管理等问题，即解决了网络服务中存在的那些缺陷和问题。

基于网格服务的信息资源共享与协同解决问题，是在网格环境下基于分布式和开放式思想的新型空间信息服务体系，其基本目标是实现包括传感器、数据、计算与存储、软件（功能）、知识等服务在内的一切信息资源的共享与网格上多节点的协同工作。

基于网格服务的信息资源共享与协同工作是集网格上各类节点于一体的资源分布式、服务聚合式的空间信息服务体系，因此它的设计必须遵循一定原则。

第一，基于网格的空间信息服务体系必须在网格环境下部署、建设、运行、组织和管理。因为网格空间信息服务是网格服务的一种应用，所以必须从总体上设计网格环境下的空间信息服务部署模式、建设模式、运行模式、服务模式、组织和管理模式。

第二，采用基于网格的面向服务体系架构(SOA)，因为 SOA 体现了服务提供者、服务代理(服务注册中心)和服务请求者之间的关系，这也说明网格服务与网络服务或网格空间信息服务与网络空间信息服务在基本架构上的一致性，当然在具体实现上两者还是有区别的。

第三，坚持一切都是“服务”和一切为了“服务”的理念，数据即服务(Daas)、功能或软件即服务(Saas)、知识即服务(Kaas)、平台即服务(Paas)、基础设施即服务(Iaas)，这不仅是网格空间信息服务与一般意义上的地理信息系统的重要区别，也体现了它与基于网络服务的空间信息共享与空间数据互操作相比较在服务范围上的区别。

第四，按照服务范围(服务对象和服务任务)的大小构建虚拟组织(virtual organization，VO)，这是网格空间信息服务最基本的组织管理模式。VO 的构建是动态的，根据服务对象和服务任务的变化可伸、可缩和可控制；VO 是有层次的，每个 VO 内部都有服务注册中心和管理节点，构成群注册中心，实现全域一体化(这里的“域”，可以是“地域”或“服务域”)，分层次地满足用户的服务要求。

要实现上述网格空间信息服务设计的基本原则，还需要有科学实用的总体解决方案的基本思路。因为基于网格服务的信息资源共享和协同工作是以网格为依托并采用面向服务的体系架构，故可以将空间信息服务的要素、单元和系统在逻辑上抽象为空间信息探测网(传感器网)、数据处理网和应用服务网，并分布式地部署在网格环境中，采用面向应用的聚合式服务方式，为各种用户提供所需的个性化服务。这就是分布式的部署模式、整体共建的建设模式、协同动作的运行模式、聚合式的服务模式、可控可调的虚拟组织管理模式。这样的整体模式具有结构网络化、数据分布式、功能互补性、服务聚合化、纵向横向的无缝链接和一体化、人员装备产品的体系化等特点。

网格服务节点划分及其组织管理是基于网格服务的信息资源共享和协同工作的基础。

目前，一般将网格服务节点划分为网格服务管理节点、传感器服务节点、数据服务节点、功能(软件)服务节点、计算与存储资源服务节点、网格门户节点和网格用户节点等。其中，网格服务管理节点，主要指服务目录及元数据、服务代理(注册中心)、数据传输机制、信息资源调度、服务发现与服务聚合等管理；传感器服务节点，主要负责接入各类天基、空基、地基和便携式数据获取装备及其提供的服务；数据服务节点，主要指提供时空基准数据、矢量数字地图数据(DLG)、数字栅格(像素)地图数据(DRM)、数字地面模型数据(DSM)、数字高程模型数据(DEM)、数字正射影像数据(DOM)、数字水深模型数据(DDM)等时空框架数据(基础地理空间数据)，此外还有各部门各行业的专题数据，在提供数据服务时，都要采用网格服务描述语言(grid service description language，GSDL)对数据资源进行服务描述，并通过服务代理(注册中心)以服务封装形式(WMS、WFS、WCS、WPS)提供服务；功能(软件)服务节点，主要指数据处理、空间分析(spatial analysis)、空间数据挖掘与知识发现(SDMKD)、空间信息可视化(spatial information visualization)等功能，以模型库、算法库、知识库的形式存储，以软件形式展现，还包括软件说明和描述，通过服务注册中心提供服务；计算与存储资源服务节点，主要指计算、存储与输出设备，如个人计算机(personal computer，PC)、服务器、彩色喷墨绘图仪等，它们以唯一地址的形式展现，也包括各类应用接口描述；网格门户节点主要指服务发布(展现)、服务注册模板、服务授权、服务解除、用户服务请求解析、请求服务结果解析，这些功能通过服务代理(服务注册中心)实现；网格用户节点，分为专业用户和普通用户两大类。这里要强调的是，各类服务节点也可能是用户节点，用户节点也可能是服务节点。

对网格空间信息服务节点进行划分之后，如何对它们进行组织管理就成为了主要问题。根据前述网格空间信息服务的设计原则，网格上的各类节点采用 VO 的方式进行管理。虚拟组织，指在网格中按照一定的目的和任务要求，将不同节点组织在一起形成的动态组合，是空间信息网格的基本组成单元。这是一种可控的高效的网格服务模式。所谓可控，主要指服务范围可调可控，即可通过 VO 的管理节点，控制网络的规模即数据服务节点、功能服务节点、计算与存储资源服务节点、传感器服务节点和用户服务节点等；权限可控，即通过资格认证赋予权限，提高服务的安全性；状态可控，即控制服务的生命周期(服务期限)，提高服务的有效性。所谓高效，指通过一次认证，VO 内部的节点可一次性赋权，避免重复认证；高效传输，指网格环境下的传输协议，如 Grid FTP 优于普通 FTP；深度共享，包括可共享计算与存储资源等在内的一切信息资源。

在确定服务节点划分和组织管理模式的基础上，就可以构建基于网格服务的信息资源共享与协同工作的体系结构和实现流程。

网格空间信息服务的体系结构，自下向上由网格环境、服务部署、服务工具和应用等四个层次组成。其中，网格环境层，指网格基础设施，如目前比较广泛采用的网格中间件 Globus Toolkit 4.0(GT 4)或中国的织女星，天地一体的空间信息服务网格，是实现范围更加广泛的信息资源共享与多层次多节点协同工作的运行环境；网格空间信息服务部署层，包括传感器服务节点、物联网服务节点、数据服务节点、功能服务节点、计算与存储资源服务节点、管理节点、门户节点、用户节点等在网格环境上的部署；网格空间信息服务工具层，指服务工作流建模及服务链构建工具、服务注册工具、数据访问与集成工具、服务发现与聚合工具、数据分析与数据挖掘工具、自主服务(数据自动加载与软件自动插入)工具等；应用层，包括普通(公众)用户和专业用户两大类。

网格空间信息服务的实现流程，自下而上为服务生成与封装、服务部署、服务管理、服务门户和用户(图 10.2)。其中，服务生成，指将空间数据、功能(软件)等服务按 OGC 规范生成 WMS、WFS、WCS 和 WPS 等服务；服务封装，指按网络服务标准进行封装；服务部署，指将经封装的空间信息服务进行服务描述(利用 GSDL 语言)、服务验证，部署在 Globus 网格环境上，并在服务门户(网格门户)上予以展现；服务管理，指根据用户服务请求，进行服务发现、分布式数据访问与集成，利用服务工作流建模和服务链构建工具构建所需具体工作流与服务链，并据此进行服务发现与聚合，同时通过服务门户将服务聚合的结果返回给用户；服务门户，指向用户展现服务，接受来自用户的服务请求并发送给服务管理，接受来自服务管理的服务聚合结果并反馈给用户。用户分为普通(公众)用户和专业用户。对普通用户而言，整个网格空间信息服务流程实际上是一个“黑箱”，它是通过服务门户提出服务请求和接受返回结果，并不知道服务实现的过程；而专业用户既可以采用提交服务申请、获取处理结果的方式，也可以采用提交服务申请、获取“服务”地址、本地调用“服务”的方式。

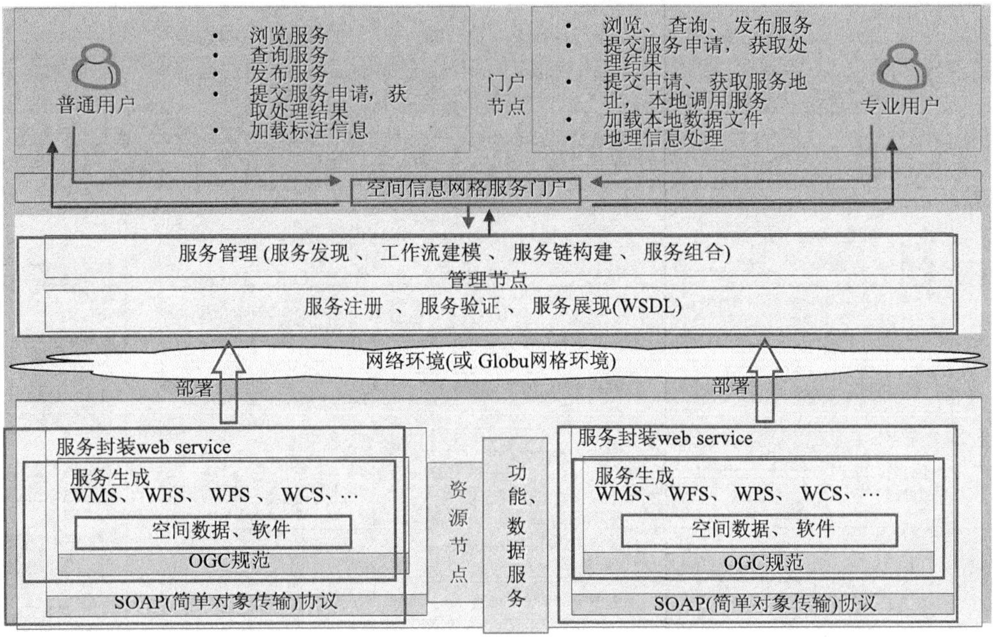

图 10.2　网格空间信息服务的实现流程

10.3　基于云计算的空间信息服务模式

云计算(cloud computing)是一种新的计算能力的服务模式或解决方案，它采用虚拟化技术，通过“池化”或“云化”，把数千台甚至上万台机器都放在一个“池子”里面，组成一个庞大的“资源池”，并将其作为“服务”通过网络传递给用户。用户需要多少 CPU、内存、硬盘的“虚拟电脑”，只要通过调度中心得到授权，就可以在“池子”里面找到并使用自己所需要的信息资源，即“基础设施即服务(IaaS)”，并实现信息资源的弹性(时间弹性和空间弹性)。包括时空大数据的存储管理与应用弹性管理和时空大数据处理的分布式、协作(同)化和智能化。对于时空大数据的存储管理，是采用基于 Hadoop 的云存储和 NOSQL 数据库；对于时空大数据的应用弹性管理，云计算在资源弹性 IaaS(基础设施即服务)上增加一层应用弹性，以解决时空大数据所需要的应用弹性 PaaS(平台即服务)——通用的应用(不用自己安装)和 SaaS(软件即服务)——自己的应用(自动安装)，通过“封装+标准”的“容器”以适应不同的应用环境(软件架构、数据库环境、缓存环境、运行环境等)；对于时空大数据处理的分布式、协作(同)化和智能化，采用基于 MapReduce 的分布并行处理技术实现，它是将一个大的复杂问题分解成若干子问题进行分治计算并对求解后的子问题进行合并从而给出完整解的并行计算方法，是移动计算而不是移动数据，关键是将时空大数据处理的线性(单调逻辑推理)工作流转换成网状(非单调逻辑推理)并行处理工作流和算法的智能调度，以实现时空大数据处理的分布式、协作(同)化和智能化。此外，云计算还支撑通过算法利用时空大数据教会计算机学习，不断优化算法获得知识，这就是机器学习。

综上所述，基于云计算的空间信息服务模式如图 10.3 所示。

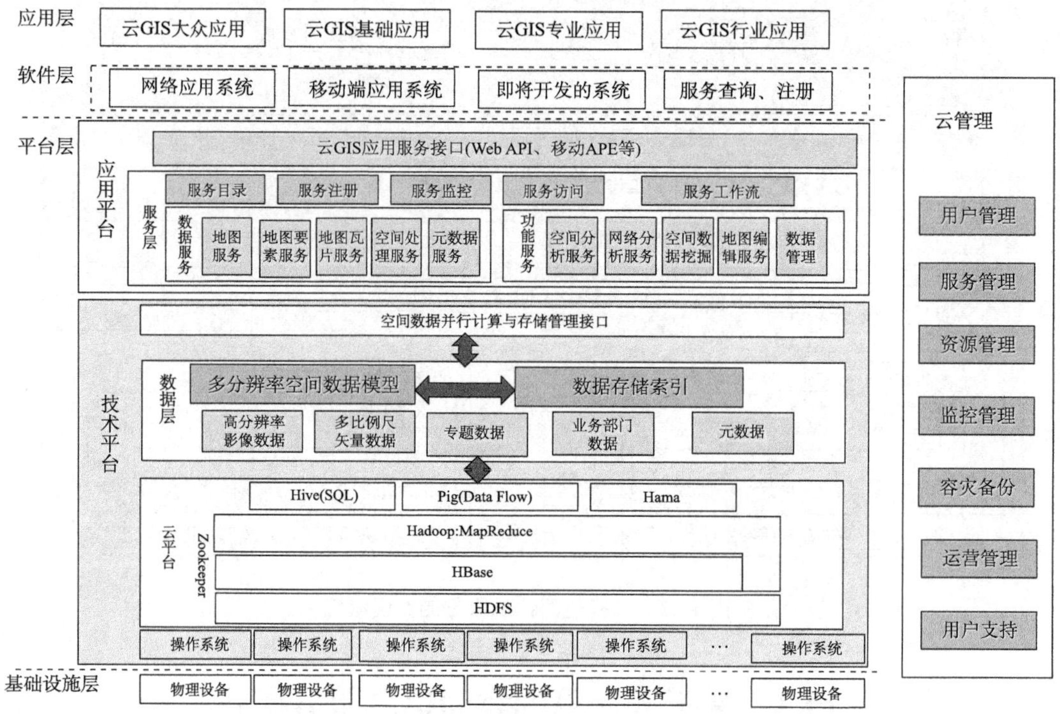

图 10.3　基于云计算的空间服务模式框架

由图 10.3 可以看出，基于云计算的空间信息服务模式由基础设施层、平台层、软件层和应用层 4 层结构组成。其中：基础设施层包括物理设备，即基础设施即服务(IaaS)。平台层包括技术平台和应用平台，即平台即服务(PaaS)，技术平台分为云平台和数据层，向上提供空间数据并行计算与存储管理接口；应用平台即服务层，包括数据服务和功能服务，以及服务目录、服务注册、服务监控、服务访问、服务工作流等，向上提供云 GIS 应用服务接口(WebAPI、移动 APE 等)；软件层即软件即服务(SaaS)，包括网络应用系统、移动终端应用系统、即将开发的应用系统、服务查询和注册等。应用层主要包括云 GIS 大众应用、基础应用、专业应用和行业应用等。

10.4　基于"网格集成"与"弹性云"的"混合式"服务模式

10.4.1　对现有三种服务模式的分析比较

首先，对前述基于网络服务的空间信息共享与空间数据互操作、基于网格服务的信息资源共享与协同工作(协同解决问题)、基于云计算的空间信息服务三种服务模式加以分析比较。表 10.1 主要从三者的内涵、功能、关键技术、标准、技术架构、服务共享特点和发展趋势等方面加以比较。

表 10.1　三种服务模式的综合比较

<table>
<tr><th colspan="2">服务模式
比较内容</th><th>网络服务</th><th>网格服务</th><th>云服务</th></tr>
<tr><td colspan="2">内涵</td><td>架构在各种异构平台上的一层通用的，与平台无关的或独立于平台和实现的软件架构</td><td>核心是把网格节点上的所有信息资源都抽象为服务，根据用户需求，向用户提供服务聚合后的协同计算资源和及时的个性化服务</td><td>是一种新的计算能力的服务模式，它把 IT 资源、数据资源等通过虚拟化技术管理起来，组成一个庞大的“资源池”，并将其作为服务通过网络传递给用户</td></tr>
<tr><td rowspan="4">功能</td><td>运行环境</td><td>网络(web)</td><td>网格(grid)</td><td>云平台</td></tr>
<tr><td>服务内容</td><td>DaaS,SaaS</td><td>DaaS,SaaS,PaaS,IaaS,KaaS</td><td>DaaS,SaaS,PaaS,IaaS,KaaS</td></tr>
<tr><td>生命周期</td><td>无</td><td>有</td><td>无</td></tr>
<tr><td>临时服务</td><td>不支持，永久服务</td><td>支持创建临时服务</td><td>无</td></tr>
<tr><td colspan="2">关键技术</td><td>XML，SOAP，UDDI，WSDL</td><td>DGSM,WSRF,MDS,GSDL</td><td>分布式编程模型(MapReduce)；分布式存储和管理技术；虚拟技术；云计算平台管理技术</td></tr>
<tr><td rowspan="3">标准</td><td>服务描述</td><td>WSDL</td><td>GSDL</td><td rowspan="2">内部统一标准</td></tr>
<tr><td>服务发现</td><td>UDDI</td><td>WSIL，MDS(监控与发现服务)</td></tr>
<tr><td>服务组合</td><td colspan="3">OGSA(开放网格服务架构)
OGSI(开放网格服务基础设施) → WSRF(网络服务资源框架)</td></tr>
<tr><td colspan="2">技术架构</td><td>SOA</td><td>SOA</td><td>SOA</td></tr>
<tr><td colspan="2">发展</td><td colspan="3">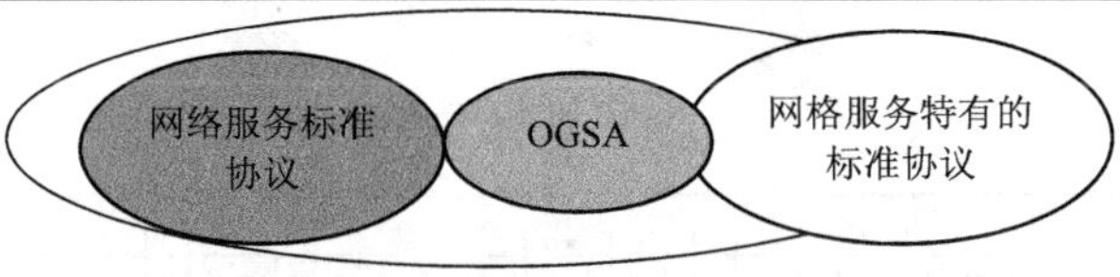</td></tr>
<tr><td colspan="2">服务共享特点</td><td>地理信息共享与空间数据互操作</td><td>不同类型层次节点间信息资源共享与协同工作</td><td>统一服务方为用户提供信息资源共享</td></tr>
</table>

通过表 10.1 的综合分析，可得出如下结论：

第一，网络服务、网格服务和云服务三种服务模式，都采用面向服务的体系架构(SOA)，由服务提供者、服务请求者和服务注册中心(服务代理)三个部分组成。

第二，三种服务模式都是解决“共享”与“服务”的问题，只不过“共享”的程度与“服务”的范围、方式不完全相同。网络服务，主要实现空间信息共享与空间数据互操作；网格服务，实现广义信息资源共享，即 IaaS、PaaS、SaaS、DaaS、KaaS(知识即服务)，强调协同工作或协同解决问题(多层次、多节点)；云服务，强调“资源池”概念，由庞大的“后台”集中统一提供服务。

第三，网络服务与网格服务的技术标准有相同的，也有不同的，二者发展的大趋势是兼容或融合(优势互补)，但标准是统一的国际或国家标准，服务提供方、请求方(用户)都必须清楚；而云服务标准可以是内部统一的，用户不一定都要知道。

第四，网络服务、网格服务和云服务三者之间是有关系的。总的来说，网格服务是网络服务的发展，网格服务的共享程度高、服务的范围广，而且强调了多层次多节点的协同工作(协同解决问题)，但网格服务也吸取了网络服务的优点，如用网络服务资源框架(WSRF)取代开放网格服务基础设施(OGSI)；云服务是网格服务的简化版或商业化实现，因为网格服务的门槛高，需要安装构建网格服务环境的工具 Globus Toolkit(CTK)或软件包，不易商业化运行，而云服务相对门槛低，不必安装特殊的环境工具和软件包，容易商业化实现。

10.4.2　兼顾“网格集成”与“弹性云”的“混合式”服务模式

既然网格服务是网络服务的发展、云服务是网格服务的简化或商业化实现，很自然地就可以想到兼顾网格服务和云服务各自的优点设计出一种优势互补的服务模式，这就是兼顾“网格集成”与“弹性云”的“混合式”服务模式(简称“混合式”服务模式)，其体系架构如图 10.4 所示。

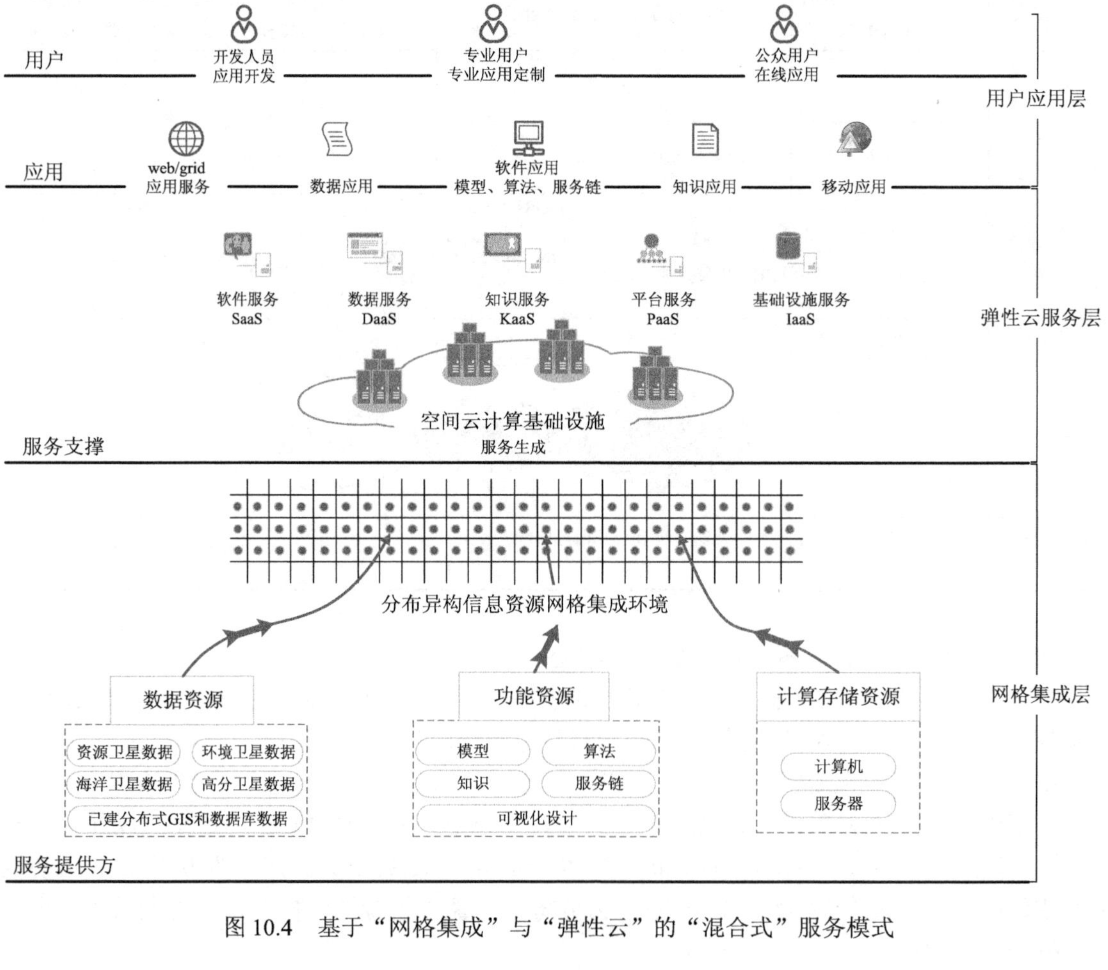

图 10.4　基于“网格集成”与“弹性云”的“混合式”服务模式

由图 10.4 可以看出，兼顾“网格集成”与“弹性云”的“混合式”服务模式由三个层次构成，自下而上为：网格集成层，充分利用网格集成总线的功能，集成分布异构资源；弹性云服务层，充分利用云计算基础设施的弹性功能，实现 IaaS、PaaS、SaaS 和 DaaS；用户应用层，在数据应用、模型算法、移动应用、网络应用等的支撑下，面向开发人员应用开发、专业用户应用定制、公众用户在线应用提供服务。

10.4.3　基于“混合式”服务模式的时空大数据平台构建技术方法

前述基于“网格集成”与“弹性云”的“混合式”的服务模式只是一个基本思路和概念框架，下面重点讨论基于“网格集成”与“弹性云”的“混合式”服务模式时空大数据平台构建的技术方法。

时空大数据，指基于统一时空基准(空间参照系统、时间参照系统)，存在于时间空间中，与位置直接或间接相关联的大数据，由基础地理空间数据和各部门各行业的专题数据融合而成，具有时间、位置、属性、尺度(分辨率)、异构性、多样性、多维性、巨量性、价值隐含性和快速性等特性。这就是大数据本质的时空统一观，即哲学时空观、社会治理的时空观、非线性复杂地理世界表达的时空观、作战指挥的时空观和大数据本质的时空观。大数据只有将其放在时间和空间中来研究时，才能使其价值最大化。

时空大数据的应用是通过时空大数据平台来实现的。时空大数据平台，是把各种分散的和分割的大数据汇聚到一个特定平台(GIS)上，并使之发生持续的聚合效应。这种聚合效应就是通过数据多维融合和关联分析与数据挖掘，揭示事物的本质规律，对事物做出更加快捷、更加全面、更加精准和更加有效的研判和预测。从这个意义上讲，时空大数据平台是大数据的核心价值，是大数据发展的高级阶段，是大数据时代的解决方案。

因此，如何构建时空大数据平台成为关键问题。根据前述对现有三种空间信息服务模式的综合分析，提出兼顾“网格服务”与“云服务”特点的构建时空大数据平台的技术方法。

1. 构建一个开放的体系架构，强化共用，整合通用，开放应用

这里，开放的体系架构就是面向服务的体系架构(SOA)，由服务提供者、服务请求者和服务注册中心(服务代理)三个角色和以下四个基本操作构成(图 10.5)。

第一，服务注册，即服务提供者将其服务用标准语言(网络服务描述语言 WSDL/网格服务描述语言 GSDL)进行描述，并发布到服务注册中心进行注册。

第二，服务查找，即服务请求者(用户)在服务注册中心访问(查找)自己所需“服务”及其所在位置(定位)。

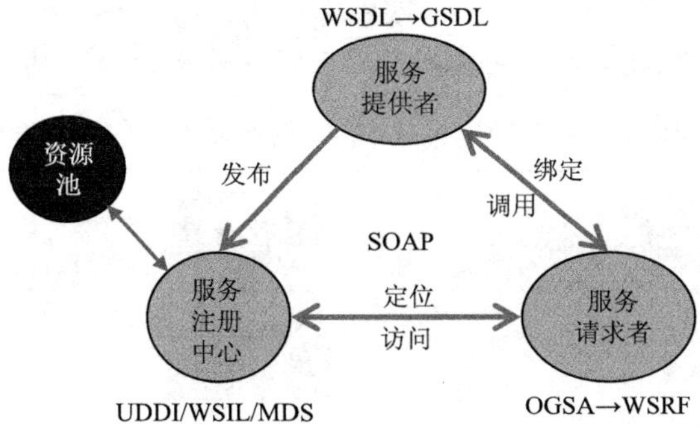

图 10.5　面向服务的体系架构

第三，绑定服务，即将找到的“服务”及其位置在服务提供方直接予以绑定。

第四，调用服务，即直接从服务提供方调用已经绑定的“服务”。

2. 构建一个天地一体信息服务网络，为实现信息资源共享与协同工作提供崭新的运行环境

这种崭新的运行环境包括：

一是，时空信息“获取(传感网)→处理(生产)→应用(服务)”一体化运行环境，以实现信息获取、处理和服务的实时化和智能化。

二是，多源异构时空大数据集成、融合的环境，以提供全球一致、陆海一体、无缝连续的一致性时空信息服务。

三是，信息资源共享的环境，以实现数据即服务(DaaS)、功能即服务(SaaS)、基础设施即服务(IaaS)、平台即服务(PaaS)、知识即服务(KaaS)。

四是，多层次多节点协同工作的环境，以高效解决社会治理方面重大而复杂的科学和工程问题，以及应急协同决策指挥问题。

五是，分布异构空间信息系统(数据库)网格化集成环境，实现已建分布异构空间信息系统(数据库)的集成应用。

3. 构建一个科学实用的时空大数据体系，为时空大数据平台提供数据集支持

实际上，就是构建一个时空大数据“资源池”。其数据来自天空地海传感器网络和各部门、各行业已建的各类分布式数据库与地理信息系统；对这些数据进行分类，编制数据目录，编写元数据，设计数据编码；对多源异构时空大数据进行融合处理，形成一致性的数据，为时空大数据平台提供数据集支持。

4. 构建一个通用的功能模块集，通过服务化封装，实现各类信息资源的高效调度，支撑时空信息服务的智能化

在这里，服务化封装是关键。按照“一切都是服务、一切为了服务”的服务共享原则，在网络/网格/云环境下，将 n 个系统的功能进行分解，按照标准封装为网络服务/网格服务/云服务；用户在服务注册中查找所需服务，并采用基于“服务链”的服务组合(服务聚合)的方法，形成面向应用的服务能力，为 n 个用户提供所需个性化服务(图 10.6)。

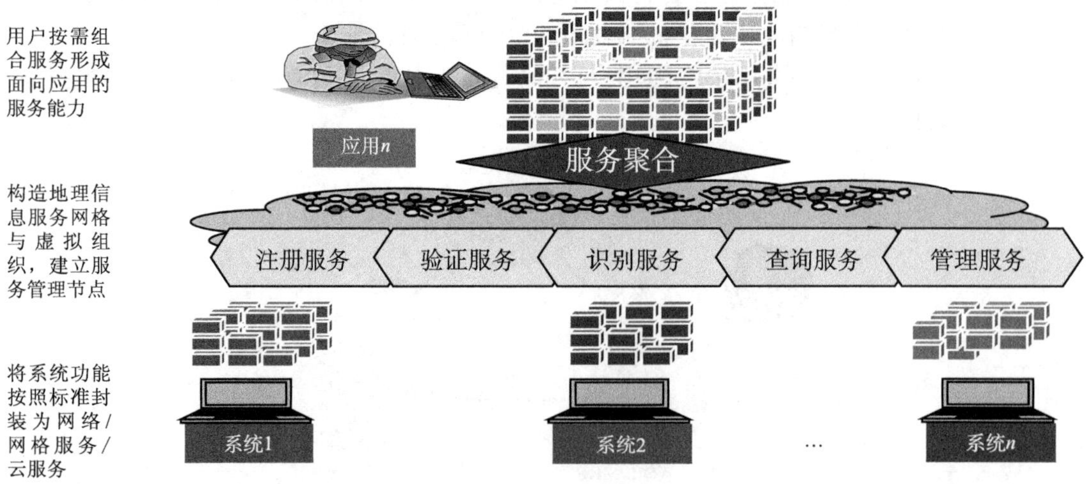

图 10.6　通用功能平台

5. 构建一个高效运行的组织管理体系，实现信息资源的汇聚共享和跨层级、跨地域、跨系统、跨部门、跨业务的协同管理和服务，为时空大数据平台安全可靠运行提供保障

组织管理体系如图 10.7 所示。$VO_{总}$为第一层次虚拟组织；VO_1、VO_2、…、VO_n 为 $VO_{总}$下的第二层次虚拟组织；往下还可以有第三、四层次虚拟组织。每个虚拟组织(VO)内部都设有管理节点、门户节点、服务节点、用户节点等。根据服务任务、服务范围的大小，同一层次的虚拟组织(VO)之间可以伸缩。低层次虚拟组织(VO)解决不了的“服务”问题，可申请上一层次虚拟组织(VO)解决。

虚拟组织(VO)分为静态 VO 和动态 VO。静态 VO 以资源为中心，执行信息资源服务发布功能，固定存在；动态 VO 以任务为中心，执行信息资源共享和使用，随建随销。两者配合，构成了资源共享生命周期管理的主体。

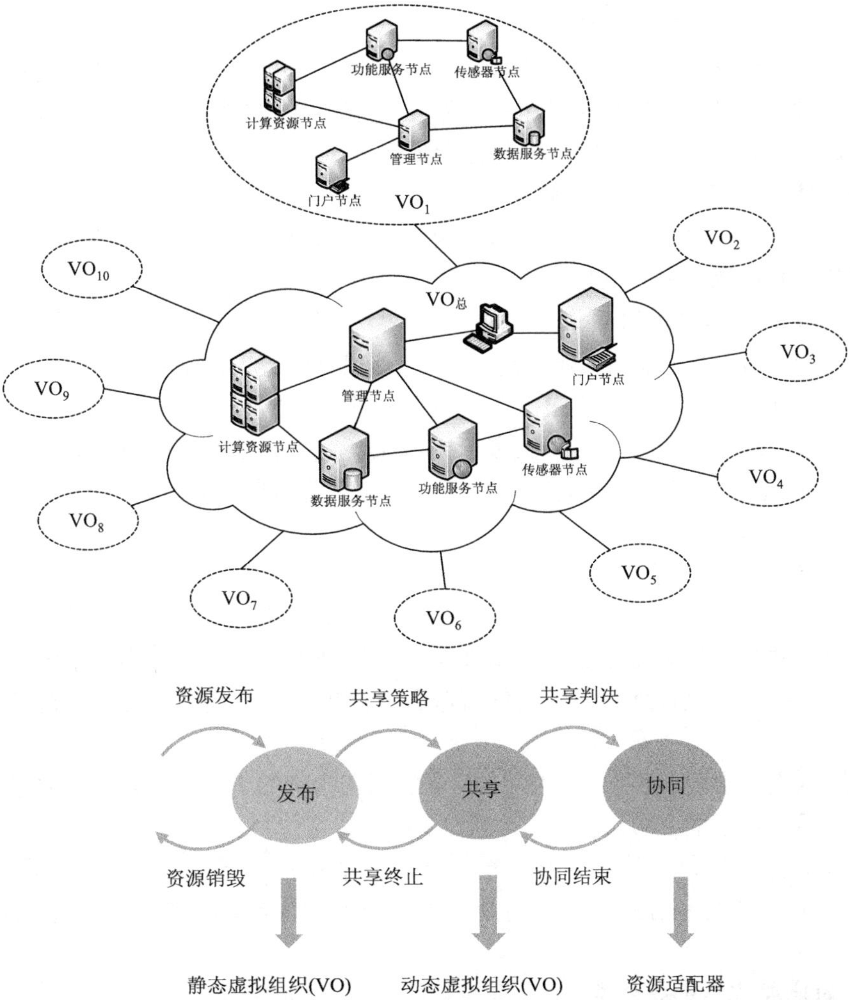

图 10.7　高效运行的组织管理体系

6. 建立一套标准体系，保证时空大数据平台规范、有序、健康、安全、可持续运行

标准体系的构建是目前急需解决的问题。国外，国际标准化组织 ISO19119 和开放地理空间信息联盟(OGC)已制定了相应地理信息标准和网络/网格服务标准，且已形成体系，例如，服务分类标准，服务描述标准，服务注册标准，服务提供者、请求者与服务代理之间的通信标准，等等。国内，地理信息标准已基本形成体系，但网络/网格服务标准基本上参照国际标准，尚未形成自主的服务标准体系。所以，网络/网格服务标准体系的研究和制定是一项重要任务。

10.5 空间信息服务的关键技术

前面介绍了空间信息服务的四种模式，并提出了兼顾“网格集成”与“弹性云”的“混合式”时空大数据平台构建技术方法。但是，在上述各种服务模式中还涉及一系列共性关键技术需要研究，以形成自主可控的时空信息服务技术体系。

10.5.1 服务分类与服务注册技术

为了实现基于网格服务的信息资源共享与协同工作，需要一种机制帮助用户在庞大的可用服务集合中准确高效地发现所需要的“服务”，而服务代理(注册中心)就是服务集合的巨大容器，它是实现服务注册和服务发现的基础设施保障。为了实现服务的高效注册和服务发现，需要解决两个基础性问题：一是，服务分类，即构建科学合理的服务分类体系，使服务共享有统一的语义基础；二是，服务注册，构建灵活实用的服务注册机制和结构体系，保证方便快捷发布服务、发现服务和搜索服务。

1. 服务分类和服务分类体系

服务分类和服务分类体系是实现信息“共享”和“服务”的基础。当“服务”很多时，就有一个分类的问题；当服务类别很多时，就要构建一个服务分类体系。

目前，关于地理空间信息服务分类和分类体系研究，公开的有代表性的主要有国际标准组织 ISO19119 的地理信息服务分类标准和开放地理空间信息联盟的地理信息服务分类体系，同时也有一些新的研究成果。

1) ISO19119 地理信息服务分类

ISO19119 从计算视角、信息视觉、工程视角和技术视角对地理信息服务模式进行了详细的描述和规定，并基于信息视角建立了地理信息服务分类体系。该分类体系将地理信息服务分为人机交互服务、信息管理服务、工作流服务、处理服务、通信服务和系统管理服务等六个大类。

对于上述六大类中的各种服务，ISO19119 中都有明确的定义，而且六大类服务都有映射到可扩展开放系统环境的 ISO19100 系列标准支持。

该分类体系比较抽象，分类粒度较粗，从较高的层次上提出了地理信息服务的分类框架，但并非完全针对地理信息服务，而是基于“分布式系统环境模型”在空间信息领域进行的扩展。

2) OGC 的地理信息服务分类

OGC 面向地理信息共享和互操作的目标需求，制订了地理信息服务分类体系，并对每一类服务都定义了相应的标准接口和服务实现规范。该分类体系将地理信息服务分为注册服务、编码服务、数据服务、描绘服务和处理服务五大类。

经过多年实践和改进，OGC 制订的多项服务协议得到了 GIS 软件商、服务提供商和开发组织的广泛支持。但是，OGC 的 OWS 处理服务由于接口和服务效率方面的原因，支持度不高，有待进一步研究。

3) 其他学者提出的地理信息服务分类

除 ISO19119 和 OGC 提出的两个标准化地理信息服务之外，还有一些学者对地理信息服务分类进行了研究，提出了相应的分类方案。例如，王方雄等(2005)从网格服务组合建模的角度将空间网格服务分解为若干小单元，即空间原子服务，结合 ISO19119 和 OGC 的分类方案，制订了网格空间原子服务的分类体系，并将某些服务类型进一步细化到空间原子服务级，从而完善了分类体系。赵珊(2011)根据网格地理信息服务实际需求，结合扩展地理空间信息网格资源模型(grid laboratory for a uniform environment extensions，GLUE-EX)，将地理信息网格资源服务分为计算资源服务、存储资源服务、地理空间信息资源服务三大类，并参照 ISO19119 和 OGC 的服务分类体系，将地理空间信息资源服务大类分为客户服务、注册服务、数据服务和处理服务四个亚类。该服务分类参照层次分类规则，可以按照服务内容和功能特点，在体系中扩展和增加服务种类。万林(2012)采用空间数据仓库和空间功能仓库技术，建立了面向空间信息工作流系统的节点资源服务模型，重点研究了 GIS 任务中的节点信息服务、资源管理服务、节点状态监控服务等，采用关系模型方法完成了全局资源目录视图中的节点和 GIS 服务的分类表达，并对服务实现算法进行了详细描述。

综上所述，现有的地理信息服务分类以 ISO19119 和 OGC 推出的标准较为完整，这也是目前国际上最具代表性的地理信息服务分类标准。但是，也存在一些问题需要进一步研究，其缺点主要表现在以下三个方面：一是，已有的分类体系最大的特点是层次结构，仅仅表达概念之间的层次关系，往往对概念关系的类型不加区分，只取子类关系进行表达，舍弃其他关系，这显然不适应空间信息服务领域错综复杂关系表达的需求；二是，已有的分类体系往往对于领域概念的同名异义、同义异名的情况不加说明和区分，这就导致同一领域中采用不同分类标准构建的分类体系之间产生语义异构，不易互操作；三是，已有的分类体系多采用编码方式进行计算机处理，不能让计算机自动理解语义并进行推理，难以实现准确、高效的服务自动发现。

王方雄等提出的分类体系是在 ISO19119 分类体系基础上，结合 OGC 的地理信息服务分类方法进行一定的扩展，分类条目仍比较抽象，不能很好地适应网格地理信息服务注册中心的注册类型要求。赵珊提出的分类体系从网格地理空间信息服务的实际需求入手，按照地理空间信息资源的类型进行分类，但其涉及的分类体系只面向狭义的网格地理信息服务，没有扩展到广义的网格地理信息服务。

4) 网格地理空间信息服务分类

面对地理空间信息应用越来越普遍和广泛，服务的种类越来越多、数量越来越大、网格服务技术快速发展，有必要研究网格服务模式下的服务分类原则和分类体系。

地理空间信息服务分类体系的设计和构建，应考虑四个方面的因素(王家耀等，2012)：一是，有利于研究各类地理空间信息服务的性质和特点，并开发地理空间信息服务的新品种；二是，有利于有针对性地组织与合理安排各类(种)地理空间信息服务的研制和生产；三是，有利于地理空间信息服务的编目和存储，便于地理信空间息服务的管理和调用；四是，有利于信息服务提供者发布“服务”和享用者搜索“服务”，以支持服务共享。

基于以上所述，地理空间信息服务分类应遵循如下具体逻辑原则(刘嵘，2011)：一是，层次性。地理空间信息服务分类必须按照由总概念(类)到局部概念(亚类、属或种)的层次进行，即由较广义的概念向较狭义的概念过渡。二是，唯一性。每一个地理空间信息服务分类等级必须采用固定的分类标志，即一个分类等级不能同时采用两种或两种以上的分类标志。三是，渐进性。上一层次的地理空间信息服务等级应包含下一次层次分类等级的总和，即下一层次分类中的任何类别不能高于上一层次的分类等级。四是，归一性。任何一个地理空间信息服务必须也只能归并到一个“类”中，即“各归其类”。

在构建网格地理空间信息服务分类体系时，树立“一切都是服务，一切为了服务”的观念十分重要。地理空间信息获取本身就是“服务”，更是为了“服务”；地理空间信息处理也是“服务”，也是为了“服务”；地理空间信息应用更是“服务”，更是为了“服务”。从这个观点出发，将网格地理空间信息服务建设的任务或解决的问题作为地理空间信息服务分类的第一级分类标志，分为时空基准与导航定位服务、地理空间信息获取服务、地理空间信息处理服务、地理空间信息应用服务四大类。据此，以下分别按地理信息获取、地理信息处理、地理信息应用的亚类、属或种的分类标志进行各自的第二、第三等级层次的分类，即可构成地理信息服务分类体系(刘嵘，2011)。

2. 服务注册

地理空间信息服务注册，通过服务注册中心即服务代理来实现。在面向服务的体系架构(SOA)的三个角色中，地理空间信息服务提供者在服务注册中心的注册模板(注册表)上发布和描述自己拥有的服务；服务注册中心接受服务提供者发布的服务及对服务的描述，并集中存储这些信息，同时在可视的“门户”上予以展现；地理空间信息服务享用者在注册中心通过可视化的“门户”查找自己所需要的服务，提出服务需求，并用服务描述信息“绑定”和调用自己所需要的服务。可见，地理空间信息服务注册中心是服务提供者和服务请求者之间的枢纽或桥梁。目前，典型的服务注册中心技术有统一描述、发现与集成，Web 服务探查语言，OGC 目录服务实现规范，监控与发现服务和服务域五种。

1) 统一描述、发现与集成

统一描述、发现与集成(UDDI)是 UDDI.org 制定的一套基于 Web 的、分布式的网络服务注册中心的实现标准规范，为广域分布的服务提供者和服务请求者提供建立联系的途径。UDDI 注册中心的数据分为商业实体(business entity)、商业服务(business service)、绑定模板(binding template)和技术模型(T model)四类，分别描述服务的商业实体的详细信息、分类目录信息、服务入口点及相关技术规范、调用规范等，这些元素构成一个 UDDI 信息结构。注册中心提供统一的与平台无关的网络服务注册与查询功能，同时提供一种编程模型，定义与注册中心通信的规则。通过 UDDI 注册中心发现所需服务的途径有三种：一是，用户通过网页浏览访问 UDDI 注册中心，通过注册中心页面提供的查询功能发现在其中注册的地理空间信息服务；二是，用户通过发现 API，如 find-binding、find-business、find-service 等，查找在 UDDI 注册中心注册的地理空间信息服务；三是，在事先知道“服务”在 UDDI 中的注册键值的情况下，直接以注册键值为参数调用相应的地理空间信息服务。

2) Web 服务探查语言

Web 服务探查(WS-inspection)是由 Microsoft 和 IBM 共同开发的基于 XML 的 Web 服务发现技术。在 WS-inspection 中，采用 Web 服务探测语言(web service inspection language，WSIL)规范，提供一种聚集不同类型服务的描述方法。WSIL 规范包含两个主要功能：一是，具有将一个 WSIL 文档链接到一个或多个不同 WSIL 文档的能力；二是，创建 WSIL 文档的固定名称(即 Inspection WSIL)和有该名称的文档可以放在网络站点的通用入口点。这两个约定使 WSIL 文档的位置和检索相对容易。WSIL 文档易于构建和维护，属于轻量级的服务描述文档，为了维持较低级别的开销而采用了较低级别的功能。WSIL 通过利用现有的协议，直接从服务提供点传播服务的相关信息，实现对单个目标执行有重点的服务发现。但是，由于其分散性本质，如果通信伙伴未知，WSIL 规范无法提供良好的机制实现有重点的服务发现。所以，WSIL 与 UDDI 是互补的服务发布与发现技术。

3) OGC 目录服务实现规范

在地理空间信息服务研究领域，OGC 采用结构化信息标准推进组织(OASIS)的标准 ebRIM3.0(electronic business registry information model version3.0)作为其目录服务的元数据存储模型，并据此建立了开放地理信息系统目录服务实现规范(open GIS catalogue service for web，CSW)。CSW 定义了发布和发现数据、服务或其资源的描述性信息(元数据)的接口和操作。主要接口有 OGC Web Service、Discovery、Publication 等，分别用于实现基本 OWS 服务、针对目录的发现及发布等功能。具体的 CSW 服务接口操作有 Get Capabilities 操作、Describe Record 操作、Get Domain 操作、Get Records 操作、Get Record Byld 操作、Transaction 操作和 Harvest 操作等。

4) 监控与发现服务

UDDI 和 WSDL 是两种重要的网络服务规范，而监控与发现服务(monitoring and discovery service，MDS)是专门为网格服务的管理设计的。在 GT4(Globus Toolkit 4.0)中，MDS 是信息服务中的唯一组件，它包括 MDS4(也称 WSMDS)和 MDS2。其中，MDS2 称为元计算目录服务(meta computing directory service)，是基于轻量级目录访问协议(light directory access process，LDAP)的信息服务设施，提供一种发布、发现和查询网格服务的配置与状态信息的统一方法；而 MDS4 是基于网格服务资源框架(WSRF)的网格信息服务实施，它提供有关网格资源的状态信息、便于资源的发现和描述、监控服务与计算，以及随后进行的推和送模式的访问。

5) 服务域

服务域(service domain)的概念和技术，是 IBM 在新兴技术工具箱(emerging technologies toolkit，ETTK)中提出的，它是一种用网格服务管理网格服务的技术，本身就是一种网格服务。服务域对服务的选择是根据服务策略自动执行的，并且服务域提供的功能允许服务站点拥有者隐藏异构环境下处理多个客户机请求所需的实现复杂性。具体而言，服务域通过公共服务入口接口(一个带有对外公开的 URI 地址的 WSDL 服务)表示一组相似或相关的服务，它可以选择合适的服务实例来处理服务请求，监控它所选择的服务实例的性能，并在必要时执行故障转移处理；功能相同或相似的网格服务被发布到统一开放网格服务基础设施端口类型(open grid service infrastructure port type，OGSI port Type)下；服务分派支持广泛的服务调用形式，如 SOAP、WSIF；服务策略接口提供一系列智能化的服务选择与维护规则，服务域依靠这些规则来监控和管理服务实例的调用，控制具体服务的选择调度；服务聚集引擎为外部的服务请求提供智能化调度，该引擎执行服务实例的选择，向所选择的服务实例发出执行请求，并将服务的响应结果返回给服务请求者，当服务请求者不需要分派服务时，该引擎返回服务域中所聚集服务的有关信息。

3. 地理空间信息服务注册中心的组织与管理

地理空间信息服务注册中心的组织与管理至关重要，因为服务注册中心是服务提供者和服务请求者之间的枢纽和桥梁，其复杂程度视服务范围的大小、服务对象的多少而定。对于服务范围很小或服务对象很少的情况，服务注册中心可以只有一个；但当服务范围很大或服务对象很多时，就会有两个以上的服务注册中心。对于第一种情况，服务注册中心的组织与管理相对比较简单；对于第二种情况，服务注册中心的组织与管理就很复杂。

1）分布式地理空间信息服务注册中心的组织与管理

对于分布式地理空间信息服务注册中心的组织与管理，通常可以采取对等式服务注册中心、附属式服务注册中心、基于注册中心池的分布式服务注册中心等三种组织管理模式。

对等式服务注册中心组织管理模式适用于多个服务注册中心同级对等的情况，UDDI V2.0 规范规定，注册中心和数据通过安全通道进行复制，最终是所有注册中心的数据安全相同。在这种情况下，服务请求者通过注册中心搜索与发现地理信息服务时，不论通过哪个注册中心，查询到的数据都是相同的。目前，当服务提供者在某个 UDDI 注册中心注册网络服务/网格服务一天之后，服务请求者就可以查询到这个服务。这种方式的最大问题是容易造成巨大的数据冗余，当有大量新的信息添加到注册中心时，不同节点之间的数据复制需要消耗巨大的资源。

附属式服务注册中心组织管理模式是一种具有层次隶属关系结构的多注册中心，它是针对 UDDI V2.0 规范在注册中心方面存在的一些问题提出的，改变了 UDDI V2.0 中注册中心的平行对等结构，在顶层设立根节点（UDDI root registry），在根节点下是各附属注册中心（affiliate registry），形成一种层次性隶属结构关系，实现了“一次注册、到处发布”的功能，具有注册中心层次管理的特点，不同层次中的注册中心节点的数据复制工作量减少了许多。但是，这种注册中心组织管理方式也存在问题，即当服务数量大量增加时，用户要通过大量的服务注册信息进行查询，响应时间过长，基于全局注册方式的服务节点在全局注册中心不能使用时，整个服务系统将面临瘫痪。

基于注册中心池的分布式注册中心组织管理模式（赵珊，2011）。是在 UDDI 规范体系的基础上，借鉴虚拟组织（VO）对网格资源进行组织管理的特点，提出 UDDI 注册中心池（UDDI registry pool，URP）的概念。URP 是面向不同领域按照领域特征进行划分的，若干个注册中心池组成注册中心群。同多注册中心层次附属关系结构相比较，此法是将整个 UDDI 注册中心群按照服务类别的不同划分成若干个相互独立的注册中心池，每个注册中心池内包含多个服务类别一致的 UDDI 注册中心，这些注册中心是对等的、互相关联的，用户可以通过网络访问注册中心池中的任何一个注册中心，并通过该注册中心进行服务发布，更新和查询操作。在该组织管理模式中，如何将 UDDI 注册中心池划分为若干 UDDI 注册中心是一个关键问题，划分粒度过小或过大都不合适。如果划分粒度过小，则会产生数量众多的 UDDI 注册中心，会带来管理和维护的开销；如果划分粒度过大，则每个 UDDI 注册中心池内注册中心存储的服务资源的功能相似度降低，影响服务查询的效率和准确率。为解决这个问题，赵珊（2011）参考 GLUE-Ex 中的资源分类标准进行 UDDI 注册中心池的划分。如“computing service”注册中心池中的服务都是和计算资源相关的服务，“Geospatial Service”注册中心池的服务都是和地理空间信息资源相关的数据和功能服务，等等。

2) 集群式网格地理信息服务注册中心组织管理模式

在大规模的网络中建立唯一的服务注册中心是一个十分艰巨的任务，其难度不仅在于注册中心昂贵的硬件配置，更在于目录服务模式的设计、资源类型的复杂度、应用类型的复杂度与目录服务模式的统一性要求之间的矛盾。

单一的服务注册中心难以适应复杂网格环境的要求，将单一的注册中心分解为多个注册中心，并通过特定的方法将其连接在一起，建立一个服务注册中心组成的网络，使各注册中心在充分自治的同时又能达到信息资源的充分共享，是解决这一问题的基本思路和有效途径。

参照计算机集群的概念，可以认为集群式网格地理空间信息服务注册中心(register center cluster for grid geographic information service，RCC-GGIS)，是由网格中多个地理空间信息服务注册中心按照特定的组织方式形成的服务注册集群，用户可以通过统一的入口实现多个注册中心之间的有限或完全的信息共享(刘嵘，2011)。RCC-GGIS 具有以下四个特性：一是，构成集群的地理空间信息服务注册中心可以是同构的，也可以是异构的，即各成员可以采用不同的服务注册模型。二是，构成集群的服务注册中心之间可以是对等的，也可以是多级的。各注册中心作为网格中的独立部件可以独立工作，也可以根据协作需求与其他注册中心组成网络结构。三是，构成集群的服务注册中心之间的信息共享可以是完全的，也可以是部分的，注册中心之间通过发布目录服务实现服务共享，通过设置服务访问权限来控制集群中各节点的共享深度，以有效地维护各注册中心节点的独立性和安全性。四是，一个注册中心集群中有且仅有一个统一的目录服务模式(catalog service schema)，它是各注册中心之间传递消息的标准，是实现注册中心集群协同工作的前提。在同构的集群中，可按照统一的目录服务模式进行服务注册管理；而在异构的集群中，必须提供各注册中心目录服务模式到集群统一目录服务模式之间的转换。

虚拟组织(VO)与注册中心之间存在着多种对应关系，当注册中心相互构成集群时，它与 VO 之间的关系就会更加复杂。为解决这一问题，这里结合地理空间信息获取、处理和应用过程的特点，提出一种与动态 VO 和静态 VO 的划分相结合的集成式注册中心的体系结构。

静态 VO 是指主要承担地理空间信息服务资源发布功能，由相对固定的节点构成的 VO，其成员是网格系统中各类地理空间信息服务资源的主要提供者，更加关注如何使自身的地理空间信息服务资源发布到相对稳定且具有庞大用户数量的服务注册中心；动态 VO 是指用于地理空间信息服务资源共享与使用的 VO，其成员主要是为了相互之间共享信息服务资源和协同工作临时组合在一起的，VO 内的成员需要频繁地在注册中心查找所需要的地理空间信息服务资源，有时也将自己的信息服务资源发布到注册中心，因此具有数量庞大、参与 VO 的节点不固定、VO 本身生命周期短甚至随建随销等特点，更加关注如何在一个信息服务资源丰富、功能强大的注册中心以尽可能便捷的手段获取所需要的服务。这两种不同的需求是设计注册中心集群的主要依据。

考虑到上述特点，RCC-GGIS 的设计应遵循以下基本思想：一是，RCC-GGIS 中的单个服务注册中心主要面向地理空间信息服务资源相对集中的提供者，即静态 VO 成员 。它拥有独立的门户，可以选择动态加入或退出 RCC-GGIS，并可自主控制与 RCC-GGIS 信息共享的范围和权限。二是，RCC-GGIS 中需要设置一个承担集群管理角色的“主节点”(master node)，负责集群内成员的加入、退出、访问控制等集群的管理工作，并制定和维护 RCC-GGIS 中的信息服务资源的共享策略。三是，为提高 RCC-GGIS 的稳定性，在主节点授权下，各成员节点之间也可以建立直接的信息共享，以便形成一种“脱离”主节点的集群。RCC-GGIS 中各成员之间可以实现完全的或部分的信息共享。四是，通过 RCC-GGIS 中的主节点可以访问到 RCC-GGIS 中其他任意节点的信息，但并不意味着可以访问到 RCC-GGIS 的所有节点中注册的全部服务资源。五是，RCC-GGIS 应建立服务资源信息的冗余备份机制，实现同级节点之间、上下级节点之间的互相备份，提高 RCC-GGIS 的安全性和稳定性。六是，动态 VO 的成员可以根据应用需要，选择在 RCC-GGIS 中的某一成员节点或 RCC-GGIS 总节点查找自己所需服务和协同工作服务。

基于前述 RCC-GGIS 设计的基本思路，RCC-GGIS 整体的体系结构如图 10.8 所示。它类似一个由注册中心构成的 VO，RCC-GGIS 的主节点就是 VO 的“盟主”，是一个功能完整的注册中心，同时承担 RCC-GGIS 的管理功能，而每个成员节点都是一个能独立运行的注册中心，服务于某个固定的静态 VO。因此，每一个注册中心内部注册的都是一些主题相对集中、功能相对近似、数量不大的信息服务，形成“专题型”注册中心，多个“专题型”注册中心通过主节点连接在一起构成一个“综合型”的注册中心集群，集群内部的服务资源数量、类型相对丰富，能够支撑一些规模较大的网格地理信息服务应用。

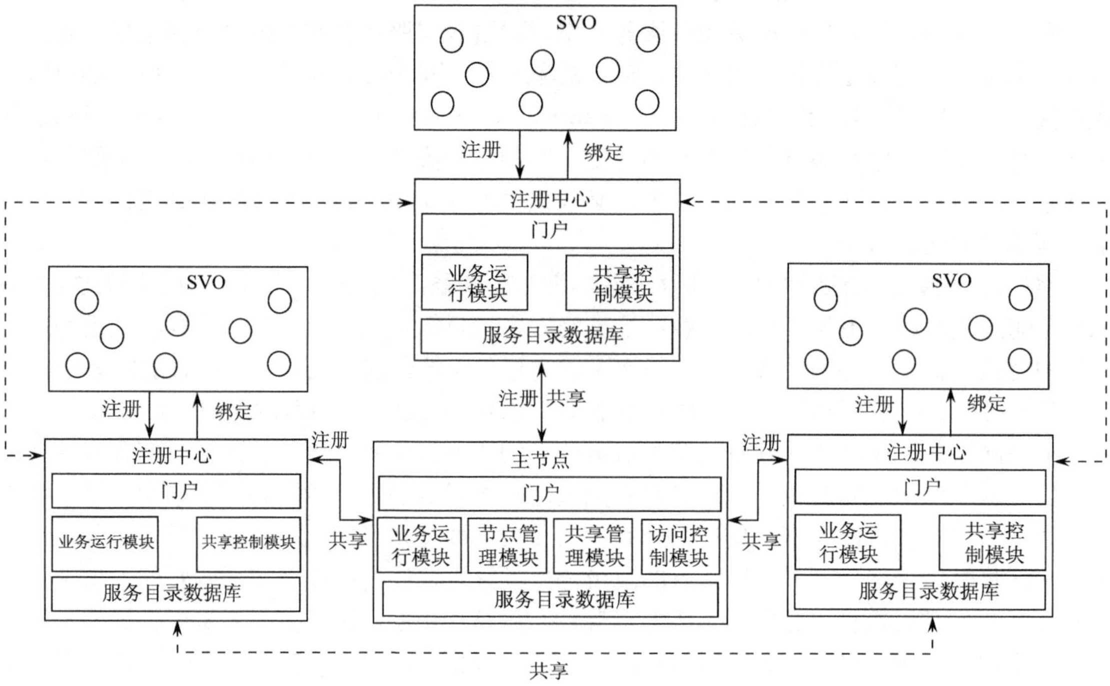

图 10.8 RCC-GGIS 体系结构

10.5.2 网格空间信息服务工作流与服务链建模技术

服务工作流与服务链建模，是实现网格空间信息服务的核心技术之一，是服务发现与服务聚合(组合)的基础。

1. 地理空间信息服务工作流技术

目前，对工作流还没有完全统一的定义，不同的学者、不同的研究机构从不同的角度给出了不同的定义。可以认为，工作流是一种构建业务过程的计算机化的模型，它是为了在计算机环境支持下实现业务过程集成与业务过程自动化而建立的由工作流管理系统执行的业务过程(范玉顺，2001)。据此，工作流管理系统应能顾及业务过程的四个方面的问题：一是，业务过程是什么，即业务过程由哪些活动和任务组成，也就是结构上的定义。二是，怎么做，即活动之间的执行条件、规则及所交互的信息，也就是信息流与控制流的定义。三是，由谁来做，即人或计算机应用程序，也就是组织角度的定义。四是，做得怎么样，即通过工作流管理系统对执行过程进行监控。

可以看出，一个工作流包括一组活动及它们之间的连接关系、过程及过程的启动和终止条件，以及对每个活动的详细描述，如活动的执行者、相关应用程序、需要和产生的数据等。所以，可以把工作流理解为定义了相互关系的任务序列，是实际业务过程的抽象化表示。工作流是业务过程的一个计算机实现，而工作流管理系统则是这一实现的软件环境。

工作流技术最大的优点是实现了应用逻辑与过程逻辑的分离，在过程逻辑建立过程中可以不考虑应用和资源的异构性，即在逻辑上屏蔽了不同资源的异构性，但是没有解决分布式异构环境下数据的互操作问题，而网络服务恰好提供了对分布式异构资源的互操作能力，因此工作流技术和网络服务的结合提供了逻辑和应用两个层面的互操作能力。同时，工作流技术还提供了对服务运行的协调、监控和管理能力，为空间信息服务聚合提供了一条可行、有效的途径。所以，空间信息服务工作流的方法、框架在一定程度上可以参考工作流相关技术来进行设计。

空间信息服务工作流是工作流在空间信息服务领域的具体应用，描述的对象是空间信息处理和应用的过程，由完成计算处理任务的空间活动及其过程数据组成。空间活动是基本的工作流活动，通常对应一组空间操作或空间分析模型，由人或计算机软件执行，其逻辑顺序关系构成空间信息处理过程的控制流和操作流；过程数据是空间活动处理的对象，它是前一个空间活动的输出，也是后一个空间活动的输入，其处理流程构成空间信息处理过程的数据流。

2. 地理空间信息服务链技术

在网络服务/网格服务的环境下，只通过单个的地理信息服务无法实现复杂的空间信息分析处理任务，需要将多个简单的空间信息服务有序组合(聚合)起来，形成服务链，以完成某一复杂的空间信息服务任务。

地理空间信息服务链，指在面向服务的体系结构中，将多个功能单一的原子服务按照正确的语义、合理的约束、特定的业务流程、服务可用性和服务质量等进行一定粒度的优化配置组合，为用户提供无缝、流畅的服务发现和调用，使用户能充分利用多样化的服务资源，满足用户的特定应用需求。ISO/TC211 和 OGC 联合推出的 ISO19119 规范中，将服务链定义为“服务序列”，在该序列的每个相连的服务对中，第一个服务行为是产生第二个服务行为的必要条件。同时，根据用户对服务链控制能力的不同，ISO19119 规范将服务链分为透明链(用户自定义链)、半透明链(工作流管理链)和不透明链(集成服务链)等三种类型。

上述三种服务链中，透明链，实现时采用用户直接调用的执行方式，由用户完全控制服务链中服务的执行顺序和服务的状态，业务流程不是自动执行的，对用户要求较高，只适合专业用户，也难以重用；半透明链，由工作流管理系统实现服务业务流程的自动执行和服务运行过程监控，是功能最强的一种服务链，适用于中级用户；不透明链，其业务流程隐含在聚集服务中，聚集服务的执行过程就是业务流程的自动执行过程，聚集服务内部服务的执行状态对用户来说是不透明的，用户对聚集服务中的服务无法进行监控，适用于普通用户。

3. 地理空间信息服务链模型构建技术

模型是对所描述的客观对象的抽象表达，一般包含一个完整的概念集合、一套相应的表示方法以及必要的规则约束，为人们抽象地表达客观对象提供了一个参考性的框架。服务链模型是对服务链的抽象表示，即对业务过程的抽象表示，它除了应该支持完整的服务链概念定义，为建模用户提供定义服务链所需要的服务组件或元素等主要特性外，理想的服务链模型还应该能够清晰地描述任意业务情况下的服务链，适应用户在建模过程中所提出的各种要求。

服务链模型构建的核心是建模语言。目前，通用 IT 领域的组合模型语言的研究和应用已经比较丰富，大体可以分为工业界规范、学术界模型和语义组合模型等。工业界规范，如微软提出的工作流描述语言 XLANG、网络服务业务过程执行语言 BPEL、IBM 推荐的业务流程描述语言 WSFL 等，具有完备的流程控制结构和事务机制，兼容许多其他网络服务相关规范，得到了许多商业、开源软件的支持；学术界模型中的形式化描述，如 Petri 网、过程代数等，具有高度的抽象性和严格的数学推理能力，在模型的正确性验证和推理分析方面具有强大优势；语义组合模型，主要面向语义支持环境下的服务组合，如网络服务本体语言 OWL-S、网络服务建模本体 WSMO 等。

上述模型语言为空间信息服务链模型的定义和创建提供了借鉴，但同时也还有些问题需要进一步研究。例如，不适合以数据为中心的空间信息服务流程的直观表达，不能体现空间信息服务以数据为中心、关注数据流的特点；这些模型大多是面向 IT 领域的，模型语言复杂，需要用户对相关于 XML 规范和网络服务规范有深入的了解，对服务组合模型语言进行专门学习，也不利于业务流程中抽象概念和知识的直观表达；学术界形式化模型需要用户具有良好的数学基础、对模型语言有深入的了解，学习成本高，且缺乏成熟软件产品的支持，不适合空间信息服务领域的用户使用。

针对上述现有模型语言存在的问题，有的学者提出一种基于有向图的空间信息服务链模型(吴明光，2007)。该模型关注以下三个问题。

1) 空间信息服务链模型表达的组成元素

这里，采用四元组表达模式

$$\mathrm{DAG}=\{S,D,C,L\{\}\} \tag{10.1}$$

式中，S 为服务节点集合，由服务节点(service node)组成；D 为数据节点集合，由数据节点(data node)组成；C 为控制节点集合，由控制节点(control node)组成；L 为数据链接弧(data link)集合，由数据链接弧组成。服务节点、数据节点、控制节点、数据链接弧相互连接，描述业务流程中所涉及的数据、处理操作、节点之间的逻辑关系及数据流向。空间信息服务链模型元素的关键属性都有明确的定义。

2) 空间信息服务链模型的约束条件

空间信息服务链模型的约束条件包括以下 15 个方面(其中，出入度的计算不含与数据节点的连接)：

(1) $S=\{s_1,s_2,\cdots,s_n\}$ 是有限空间信息服务集。

(2) $D=\{d_1,d_2,\cdots,d_n\}$ 是有限数据集。

(3) $C=\{c_1,c_2,\cdots,c_n\}$ 是有限控制节点集。

(4) $L=\{l_1,l_2,\cdots,l_n\}$ 是有限数据链接弧集。

(5) 服务链模型中有唯一的开始节点和结束节点，服务链起始于开始节点、终止于结束节点。

(6) 开始节点的入度为 0，出度为 1。

(7) 结束节点的出度为 0，入度为 1。

(8) $S\cap D\cap C=\varnothing$，一个节点不能同时属于服务节点集、数据节点集和控制节点集。

(9) $S\cup D\cup C\neq\varnothing$，服务节点集、数据节点集和控制节点集不能同时为空。

(10) $L\subseteq(S\times D)\cup(D\times S)\cup(S\times S)\cup(S\times C)\cup(C\times S)\cup(D\times C)\cup(C\times D)\cup(C\times C)$，数据链接弧只能用于连接服务节点与数据节点、服务节点与控制节点、数据节点与控制节点、控制节点与控制节点、服务节点与服务节点，而不能连接数据节点与数据节点。

(11) 任一节点和子链有且仅有一个出度和入度。

(12) 或分支、与分支节点的入度为 1，出度大于 1。

(13) 或合并、与合并节点的出度为 1，入度大于 1。

(14) 服务链模型中不能存在孤立节点，孤立节点是既没有输入也没有输出的节点，即节点的出入度都为 0。

(15) 服务节点必须同时具有前驱节点和后继节点，且该服务节点的输入参数必须与前驱服务节点的输出参数或前驱数据节点相匹配，该服务节点的输出参数必须与后继服务节点的输入参数或后继数据节点相匹配。

服务链模型的上述约束条件，是为了确保空间信息服务链模型的完整性，即模型各组成元素及其相互之间关系的正确性和兼容性，其目的是防止出现不符合业务过程语义的数据与活动，防止错误信息的输入和输出，以及可能出现的无效甚至错误操作。

3) 空间信息服务链模型的控制模式

服务链模型的控制模式是描述服务链模型中各空间信息服务之间的逻辑关系，对于现实应用中可能出现的各种业务流程，可以通过不同的控制模式实现服务组合(聚合)，从而构建不同的空间信息服务链流程。目前，最具有代表性的是通过对工作流流程表达的需求分析提出的基本控制流模式、高级分支与同步模式、结构化模式、多实例相关模式、基于状态的模式和取消模式六大类共 20 种工作流模式。这些工作流模式，不仅包括设计流程结构表达控制模式，也包括工作流运行状态表达模式。由于其不针对具体的工作流模型语言、平台和实现方式，工作流模型语言及相关软件产品在业务流程建模能力度量基准方面获得了广泛关注和认可。这些工作流模式虽然完备，但是由于模式元素种类过多使得模式的实现相当复杂，目前主流的工作流模型(如 WS-BPEL、WSFL 等)和产品约束对其显式支持，这也在一定程度上说明在实际应用中不需要完全实现这些模式也能较好地表达现实应用。所以，针对空间信息服务领域的应用需求，这里定义了五种基本服务组合模式(图 10.9)。

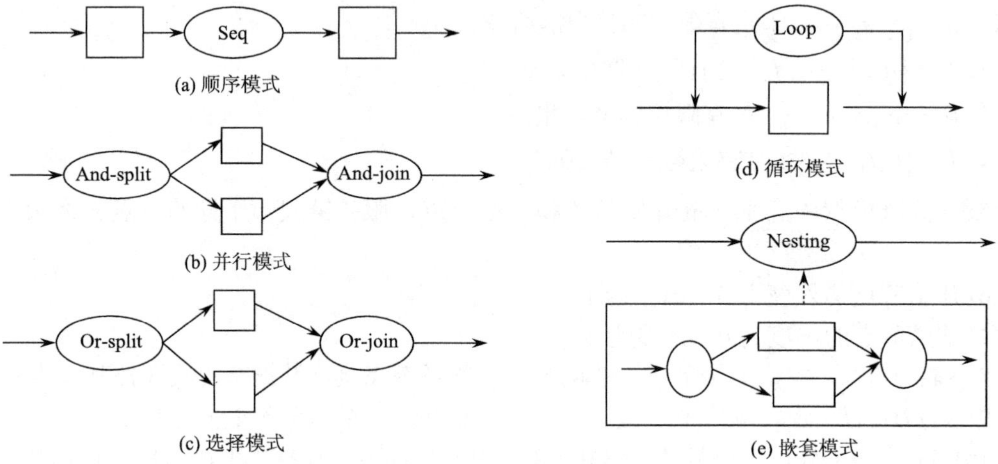

图 10.9　基于有向图的五种基本服务组合模式

10.5.3　分布式空间数据访问与集成技术

网格服务技术的出现，为空间数据访问与集成提供了强有力的支持。空间数据访问与集成以解决空间数据的分布性和异构性为目标。

目前，空间信息系统(SIS)或地理信息系统(GIS)实现空间数据访问与集成主要有三种方式：一是，数据格式转换模式，其缺点是转换过程烦琐，而且转换过程中会导致信息损失。二是，直接数据访问模式，其缺点是针对各种格式都要编写访问接口，增加了系统开发的工作量，导致系统开发成本过高。三是，基于 OGC 规范的集成模式，这种方式通过标准服务的形式提供数据，再进行处理，以达到空间数据集成的目的，通过标准的数据类型和程序接口定义来进行数据交换，实现了平台无关性和开发语言无关性，但是非 OGC 标准的空间数据仍是现有数据的主体，对这些数据的处理还缺乏标准和规范，同时 OGC 规范本身也还存在不足，效率较低下，效果也不够理想。

针对上述情况，国际上一些机构致力于研究网格环境下的数据访问与集成中间件(OGSA-DAI)，并实现了 OGSA-DAI 到 WSRF-SDAI 的转变。

1. 网格数据访问与集成中间件

网格数据访问与集成中间件(open grid services architecture-data access and integration，OGSA-DAI)，是一种有效的分布式数据访问与集成的解决方案，能把各种分布异构的关系数据库、XML 数据库、文件系统数据呈现为网格服务，为用户提供统一的访问查询接口，应用广泛。OGSA-DAI 的最新版本是 OGSA-DAI4.2，其主要功能包括支持多种类型的数据资源、数据资源中的数据可查询和更新、数据可以进行转换、提供符合 WSRF 的网络服务、使用统一的格式访问 OGSA-DAI 服务、强大的扩展功能等。其运行机制包括以下四个方面。

(1)将各种关系数据库、XML 数据库、文件系统数据封装为数据资源(data resources)。

(2)由各种行为(activity)对数据资源进行操作，实现数据查询、转换和传输等功能。

(3)通过工作流引擎(workflow engine)将多个行为组织起来，实现一个完整的业务流程。

(4)由表达层(presentation layers)提供用户访问接口，包括部署在 Axis 服务器上的网络服务、部署在 Globus Toolkit 容器中的网络服务和 Java API。

OGSA-DAI 很好地实现了 WSRF 规范，用户通过网络服务来操作 OGSA-DAI 中的数据。OGSA-DAI 提供了强大的扩展机制，以满足用户的特定需求。

2. 基于网络服务资源框架(WSRF)的空间数据访问与集成中间件

为实现网格环境下的空间数据访问与集成，应构建基于网格规范 WSRF 的空间数据访问与集成中间件 WSRF-SDAI(web service resource frame work-spatial data access and integration)，并分别从数据资源、功能模块、服务表达等三个方面对 OGSA-DAI 进行扩展，实现基于 OGSA-DAI 到 WSRF-SDAI 的转变。

WSRF 规范是成熟和通用的网格规范，对开发 WSRF-SDAI 具有一定的通用性和规范性。第一，它能汇聚包括空间数据文件、空间数据库、空间数据服务(以服务形式提供的空间数据资源)和非空间数据(构建 SIS 所需的各种非空间数据资源)等四种主要数据资源。第二，提供符合 WSRF 规范的服务，能将各种数据封装为符合 WSRF 规范的网络服务资源 WS-resources，并使其具备生命周期和属性；能对各种数据资源进行管理，如生命周期管理和资源属性查询；能按用户需求提供相应的数据服务，实现“按需服务”。第三，能实现 OGC 规范与 WSRF 规范的结合，将符合 OGC 规范的 WMS、WFS、WCS 封装为网格环境下支持的空间数据资源，使其同时兼顾 OGC 规范和 WSRF 规范。据此，设计的 WSRF-SDAI 框架结构如图 10.10 所示。

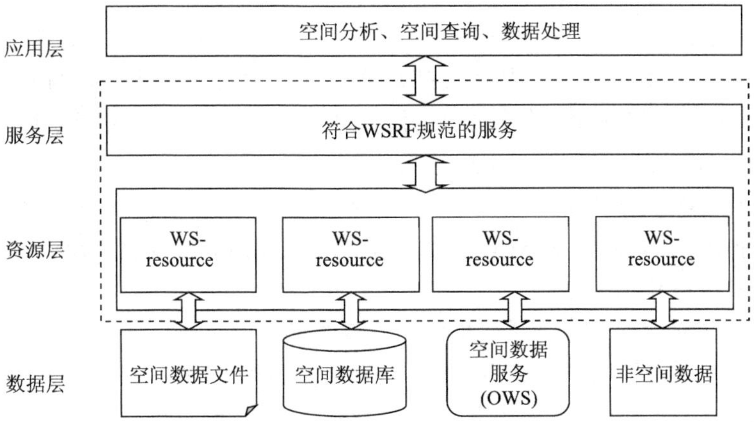

图 10.10　WSRF-SDAI 的框架结构

由图 10.10 不难看出，WSRF-SDAI 框架结构具有能够访问各种空间数据和非空间数据、可扩展性和可移植性、符合 WSRF 规范且支持符合 OGC 规范的服务等特点。

10.5.4　空间信息服务发现与组合技术

作为实现空间信息服务高效、智能化应用的核心环节，空间信息服务发现与组合是一个复杂的、创造性的过程，不仅需要强有力的计算环境的支持，而且需要规范化的语义描述和逻辑推理的支持。

1. 语义支持的空间信息服务描述

数据、信息、知识的全面共享是空间信息服务发现与组合的基础，而共享的前提是服务提供者与服务使用者对服务达成的共识。众多的原因造成空间信息服务从语法到语义、从命名到认知都存在着普遍的异构性，成为共享和共识的最大障碍。

用于描述空间信息服务的 WSDL/Capability 并不能很好地表达服务的语义信息，这对服务发现和组合的自动化都是很大的技术障碍，采用 OWL-S 来描述空间信息服务可以解决这一问题。OWL-S 是基于 OWL 语言的服务本体，其目标是使服务成为计算机可“理解”的实体，它使用一系列基本的类和属性来描述服务的各种语义，形成了一个服务语义描述和共享的框架，OWL-S 所生成的服务描述文件可以借助推理机进行判定和推理，从而实现服务的自动发现、调用、组合等任务。

2. 语义支持的空间信息服务发现

本体支持的空间信息服务表达为基于语义的服务发现奠定了基础，但要实现智能高效的服务发现还必须解决服务注册模型的建立、服务 QOS 模型建立和服务匹配模型建立等三个关键问题。

1）语义支持的空间信息服务注册模型的建立

已有的服务注册中心模型 UDDI/ebRIM 支持空间信息服务的语义描述和空间信息服务目录分类，需要进行语义和新目录分类的扩展。基本思路是建立 OWL-S 与 UDDI/ebRIM 数据模型之间的映射，同时扩展 CSW 的目录结构。

UDDI 注册中心的数据分为业务实体（business entity）、业务服务（business service）、绑定模板（binding template）和技术模型（tModel）四类，分别描述服务的业务实体的详细信息、分类目录信息、服务入口点及相关技术规范、调用规范等。此外，UDDI 还提供 tModel 数据结构，它可以描述实体的其他信息，从而为描述本体的概念提供了手段，每个服务还可以有一个或多个 tModel 来帮助描述服务的特性。因此，空间信息服务目录结构、服务功能如输入输出功能等，都可以使用相应的 tModel 来记录。

ebRIM 支持 CSW 是比较容易实现的，基本方法是从类 Extrinsic Object 派生出 CSW Extrinsic object 子类，或者对 ebRIM 已有的服务类添加 Slot，以支持 CSW 目录，故只需研究如何注册 OWL-S 到 ebRIM 中。

2）基于约束条件的空间信息服务 QOS 评价模型的建立

针对 QOS 支持不足的问题，在服务匹配中引入 QOS 约束，并建立 QOS 评价模型。简单地讲，QOS 是一个评价服务的综合指标，用于衡量使用一个服务的满意程度。进一步讲，QOS 描述了关于一个服务的某些性能特点，这些特点是用户可见的，以用户可理解的语言表达为一组属性，这些属性具有客观值或主观值，用户是 QOS 的最终评判者。对于涉及因素较多的 QOS，可以从用户的角度确定服务 QOS 的属性，主要包括执行时间（time）、费用（cost）、信誉度（reputation）、可靠性（reliability）、可用性（availability）、地理精度（precision）、时效性（update）、符号美观度（beauty）。其中，地理精度、时效性和符号美观度三个属性是根据空间信息服务特点对通用服务 QOS 的扩展。空间信息服务 QOS 中，执行时间、费用、可用性、地理精度、时效性属于客观属性，信誉度和符号美观度属于主观属性。各质量属性都可用定量公式表达，且因为服务质量属性量化的量纲（度量单位）、取值范围等的不一致，造成属性之间不具有可比性，所以，在服务 QOS 量化过程中需要首先对质量属性进行规范化处理，通常采用质量属性归一化方法。总体来说，服务 QOS 属性有两个特征：正向型质量属性（QOS 值越高，质量越高，如信誉度、可用度、可靠性）和负向型质量属性（QOS 值越高，质量越低，如执行时间、费用、地理精度和时效性）。

3) 基于用户偏好的多维空间信息服务质量模型的建立和权重计算

这里，主要研究两个问题。

(1) 基于用户偏好的多维空间信息服务质量模型构建。多维服务质量模型是一个 n 维可扩充向量 $Q(s)=\{q_1,q_2,\cdots,q_n\}$，其中 n 为服务 QOS 属性的维度；服务 QOS 权重是一个 n 维可扩充向量 $W=\{w_1,w_2,\cdots,w_n\}$，$\sum_{i=1}^{n}w_i=1, w_i\geqslant 0, i=1,2,\cdots,n$，其中 n 为服务 QOS 属性的维度；用户偏好是用户对服务 QOS 属性的重视程度，用 $a_{ij}\left(a_{ij}\in 0,10\right)$ 来衡量，表示属性 q_i 与属性 q_j 的比较值，$a_{ij}>1$ 表示用户对属性 q_i 的偏好程度大于属性 q_j，$a_{ij}<1$ 表示用户对属性 q_i 的偏好程度小于属性 q_j；$a_{ij}=1$ 表示用户对属性 q_i 的偏好程度与属性 q_j 相当。据此，给出多维空间信息服务 QOS 模型：

$$Q(s)=\left(q_{\text{time}}(s),q_{\text{cost}}(s),q_{\text{rep}}(s),q_{\text{rel}}(s),q_{\text{av}}(s),q_{\text{pre}}(s),q_{\text{upd}}(s),q_{\text{bea}}(s)\right)$$

在服务发现过程中，可能存在多个满足功能需求的候选服务，则所有候选服务的 QOS 属性可构成一个可扩展的矩阵，并在此基础上构建基于用户偏好的多维空间信息服务质量模型 (multi-QOS model based on user preference，MQMUP)：

$$Q^*(s)=\left(q_{\text{time}}(s),q_{\text{cost}}(s),q_{\text{rep}}(s),q_{\text{rel}}(s),q_{\text{av}}(s),q_{\text{pre}}(s),q_{\text{upd}}(s),q_{\text{bea}}(s)\right)$$

经量化即可得到服务 QOS 综合值计算公式为

$$S_{\text{core}}(S_i)=\sum_{i=1}^{n}\left(q_{ij}\times w_j\right) \tag{10.2}$$

式中，$S_{\text{core}}(S_i)$ 表示服务 S_i 的 QOS 综合值；w_j 表示第 j 个质量属性的权重，$w_j\in[0,1]$，且 $\sum_{i=1}^{n}w_j=1$，此处 n=8。于是，m 个候选服务中发现 QOS 最优服务的计算公式为

$$S_{\text{best}}=\text{MAX}_{i=1}^{m}\left(S_{\text{core}}(S_i)\right) \tag{10.3}$$

(2) 基于用户偏好的服务 QOS 权重的计算。该问题属于根据评价指标 (QOS 属性) 的重要性来确定权重系数的研究范畴，主要有两种方法：第一种方法是对所有指标在指标体系中的相对重要性一次性判断赋值，即将所有指标进行综合比较，经归一化处理即为权重，此方法进行综合比较时容易顾此失彼，缺乏科学性；第二种方法是进行指标间的两两比较，比较值容易确定且相对科学，但需对两两比较值进行处理后才能得到权重，目前多使用层次分析法 (analytic hierarchy process，AHP)。这里，采用第二种方法。其基本步骤是“建立服务 QOS 的属性层次结构模型→构造两两比较判断矩阵→层次排序及一致性检验”。

4) 多层次空间信息服务匹配策略

由于服务注册中心注册的空间信息服务种类很多，可能会出现多个能满足服务请求者需要的服务，多层次空间信息服务匹配策略就是解决如何从众多的服务中过滤出相关信息，快速准确发现所需服务的一种匹配策略。它将空间信息服务匹配分为三个阶段：一是，基于服务基本描述的匹配，包括服务分类、服务名称和文本描述匹配，属于关键字类型的匹配，是语法级的匹配；二是，基于服务功能特征的匹配，它通过将输入输出参数与本体中的类相关联，实现服务功能的语义描述，是最复杂最关键的匹配，目前最典型的算法是“弹性匹配算

法”及其扩展(匹配结果扩展、本体概念关系扩展、语义差别计算方法扩展)；三是，基于服务 QOS 属性的匹配，即用非功能属性服务的 QOS 来量化服务性能，使用户能获得高质量的服务。

3. 规则驱动的空间信息服务组合

空间信息服务的构建、描述、发现与组合的目的，是为了将分布的空间信息服务集成起来以满足用户的更高需求。一方面，可以实现增值服务、个性化服务和按需服务；另一方面，又可以促进应用开发的分散化，提高服务的可重用性。

空间信息服务组合的核心模块是组合引擎，由用户接口、语义支持的注册中心接口、描述逻辑推理机、OWL-S 输出等部分组成，整个过程分为服务链规划、服务链选择、服务链实例化和服务链执行等四个步骤(图 10.11)。

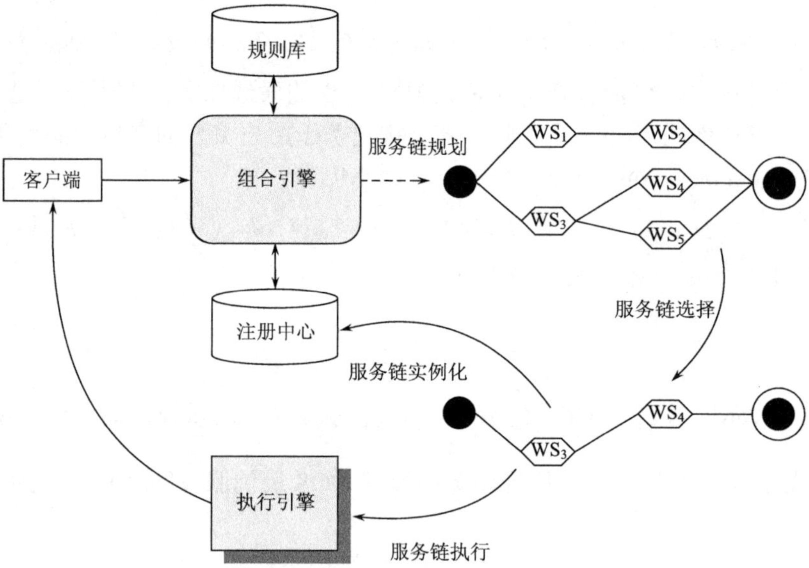

图 10.11　空间信息服务组合方案(示意图)

1)服务链规划

服务链规划是服务组合的主要环节，是正确执行服务流程的基础，其目的是形成抽象的服务流程逻辑方案。在人工智能领域，服务组合问题被抽象为定理证明过程或规划问题的自动求解过程，即给定一个目标和初始条件，从服务集中规划(推理)出一条能满足初始条件且能达到指定目标的服务路线。这里采用的规划推理方法属于定理证明过程，包括正向推理、反向推理和混合推理三种方式。相比较而言，反向推理因为推理过程目标明确，不必寻找和使用那些与假设目标无关的信息和知识，搜索空间小，适合用于空间信息服务链规划。其基本思路是：根据问题求解的要求，将要求证的目标构成一个假设集，从假设集中取出一个假设对其进行验证，检查综合数据库中是否有支持该假设的证据，若有则说明该假设成立，若没有则检查知识库中是否有结论与该假设相匹配的知识，并利用冲突消解策略从所有可匹配的知识中选出一条知识作为启用知识进行推理，即将该启用知识前提条件中的所有子条件都作为新的假设放入假设集。对假设集中的所有假设重复上述过程，直到成功退出为止。上述反向推理思路可用具体算法进行描述，并让计算机执行。

2) 服务链选择

服务链规划的结果必然出现多条可能提供所需服务结果的路径，因此要进行服务链的优化选择。为确保服务链优化选择的高效和可行，不能通过穷尽所有服务链的方式进行比较和选择，而应在预定义的约束条件下进行局部最优选择。目前大多采用“最优路径”算法，但此算法通常需要遍历所有服务组合方案，耗费大量内存空间和计算时间，影响服务组合的效率。实际上，衡量服务链选择优劣的标准有两个方面：一是，服务组合结果在功能上能够满足用户需求；二是，执行效率较高。因此，在服务链数量较多的情况下，应该提供一种既满足需求又兼顾效率的服务链选择策略，如局部最优的服务链选择模型，保证在尽可能短的时间内从备选的服务链中选出近似最优的服务组合方案。

3) 服务链实例化

通过选择过程选定的服务链仍然是抽象的，服务链中的节点还未绑定到具体的服务实例。服务链实例化的过程，就是通过查找与抽象服务匹配的服务实例，构造一个具体的可执行的服务链。服务链的实例化可以采用 QOS 模型(MQMUP 模型)在不同的服务实例中进行选择，而实例化的实现过程则是将选定服务实例的 WSDL 映射到 OWL-S 的 Service Grounding。

4) 服务链执行

服务链执行是在服务链实例化的基础上，将 OWL-S 转换成 BPEL 描述的服务工作流模型，并交给 Active BPEL 等服务执行引擎执行。服务执行引擎按照实例化的服务链协调、部署、管理和执行具体服务，得到最终的服务结果并返回给用户。BPEL 是目前较成功的服务流程管理和执行建模语言，且得到了众多商业化或开源的服务执行引擎的支持，因此在服务链执行过程中，需要将 OWL-S 描述的服务链转换成 BPEL 描述的服务工作流，从而提高服务链在执行过程中的管理和控制能力。

10.6　总结与展望

10.6.1　总结

1. 由地理信息系统(GISystem)到地理信息服务(GIService)是必然趋势

地理信息系统发展和演进是有社会背景、技术背景和学科背景的。

就社会背景而言，当今人类面临的人口、资源、环境、发展等众多问题，不仅是全球性的，而且是相互交叉和相互制约的。人类生活在地球上，人类自身的一切活动都与地球表层空间信息密切相关，什么时间、什么地方、发生了什么事情、事发地点环境与周围环境的关系等，都是人们特别是决策者最关心的问题。空间、时间、属性是地球表层空间信息的“三要素”，是每个人工作、学习和生活中时刻都会涉及的。计算机技术出现之前，人们主要是利用地图来认知自身赖以生存的地球表层环境，存在很大局限性。计算机技术的出现和发展，使得以数字形式存储、管理地球表层空间数据和经过空间定位的自然资源和社会经济统计数据，实现地理信息查询、计算、空间分析和决策支持成为可能。所以，由 GISystem 到 GIService 是解决人类面临的问题的需要。

就技术背景而言，GISystem 的发展和演进，同计算机技术，通信网络技术、卫星对地观测技术(RS)及卫星导航定位技术(GNSS)的发展与进步密切相关。GISystem 本质上就是一种计算机信息处理系统，存储和处理的对象是地球表层的空间信息，计算机的存储容量和计算速度的快速发展对 GISystem 的功能和作用的发挥至关重要；通信网络技术对 GISytem 的发展演变的影响十分深远，由单机到基于 Internet 的企业级再到基于 Web/Grid 的网络服务(web service)/网格服务(grid service)，正是因为 Web/Grid 把分布在不同位置上的异构 GISystem 连接了起来，才有可能进一步实现空间信息共享与空间数据互操作，并进一步实现信息资源共享与协同工作；卫星对地观测技术与卫星导航定位技术对 GISystem 的实用化具有重要意义，卫星对地观测可以实时/准实时获取全球地球表层空间信息，卫星导航定位系统具有非常高的三维定位精度，具有全天候、全天时工作的特点，为解决一直困扰 GISystem 实用化难题提供了主要信息源，使得 GISystem 能在解决人类面临的全球性问题方面发挥更重要的作用。

就学科背景而言，从认识论和方法论的角度讲，对 GISystem 影响最深远的是地理学和地图学。地理学特别是信息时代的地理科学为 GISytem 提供了科学认识论，如地理学尺度理论及相应的系统理论(城乡系统、省级系统、国家系统、全球系统)，陆地表层要素格局、过程、机制理论，区域性、复杂性、综合性理论等，都对 GISystem 有认识论的指导作用；地图学特别是信息时代的地图科学为 GISystem 提供科学方法论，GISystem 是地图科学功能在计算机条件下的扩展和延伸，GISystem 源于计算机地图制图和脱胎于地图数据库而又超载了计算机的地图制图和地图数据库(王家耀，2009)，地图科学中的地图可视化设计、多尺度(比例尺)与制图综合、地图量算和分析等，都是 GISystem 中常用的方法。当然，GISystem 也为地理科学的定量化、动态化研究提供了一种新的平台，使地理科学从传统的定性描述走向定量分析，从简单系统走向复杂系统，被称为“改变世界的十大地理学思想之一”。

2. GISystem 体系结构和开发模式的演进

计算机通信网络技术的出现和快速发展，对 GISystem 体系结构和开发模式的演进产生了深刻的影响。

就 GISystem 体系结构的演进而言，计算机通信网络技术的兴起，对基于单机的 GISystem 带来了很大冲击。在网络环境下，GISystem 的体系结构发生了许多变化，基于主机的 GISystem、桌面 GISystem、Web GISystem(采用 Client/Service)、分布式 GISystem、开放式 GISystem(Open GISystem)等先后出现。其中，分布式 GISystem 和开放式 GISystem 是一种新的地理信息服务理念，对后来出现的网络服务和网格服务是一个重要的启示。

就 GISystem 软件的开发模式的演进而言，随着计算机通信网络技术的快速发展，GISystem 软件开发模式也经历了“GISystem 功能包(GIS Package)→集成式 GISystem (Integrated GIS)→模块式 GISystem(Module GIS)→组件式 GISystem(COM GIS)→网络服务/网格服务(封装组件)”的演进过程，印证了计算机通信网络技术的发展对 GISystem 软件的开发模式的演进带来的深刻影响，组件式 GISystem 更适合 Web/Grid 环境下“服务封装”的特点。

随着计算机通信网络技术快速发展的推动和社会需求的日益增强，GISystem 的应用已扩展到许多部门和广阔的地理区域，这既反映了 GISystem 作为“改变世界的十大地理思想之一”对人类社会的重要性，同时也暴露了许多问题，如软件异构、数据多源异构、应用系统分布异构，等等。正是在这个时候，网络服务和网格服务技术的出现，为解决 GISystem 面临的问题创造了条件并带来了机遇，国际标准化组织 ISO/TC211 和开放地理空间信息系统联盟

(OGC)提出了一系列支持网络服务和网格服务的标准和接口协议，国内外都先后开展了基于网络服务的地理信息共享与空间数据互操作、基于网格服务的信息资源共享与协同工作方面的研究，取得了一系列研究成果，展现出了很好的前景，标志着从 GISystem 到 GIService 时代的到来。同时也应当看到，在网络服务/网格服务环境下，地理信息服务还面临着三个方面的矛盾需要解决：一是，“质”与“量”的矛盾，大规模海量数据和不断更新的技术手段，并未使人们摆脱“数据海量、知识贫乏”的困境；二是，“供”与“需”的矛盾，普遍存在着用户需求同服务提供者或服务代理之间对地理世界认知、理解和表达上的差异；三是，“零”与“整”的矛盾，同现有大型紧密耦合的 GISystem 软件相比，“服务”实现了化“整”为“零”，但为了满足高层用户的应用需求，又往往需要将多个简单的“服务”组合成一个复杂的“服务”，在这个逆向的过程中，必然会产生不可预知的复杂性。不过，正是因为这些矛盾的存在，才推动了从 GISystem 至 GIService 的快速深化发展。

3. 现有三种时空信息服务模式(网络服务、网格服务、云服务)各自的特点、共同点及相互关系

网络本身是因为国家、区域乃至全球范围的信息共享需求而产生的。网络需要有信息服务而产生了网络服务，它采用统一资源标识符(universal resource identifier，URI)标识的软件应用程序，即可编程服务，这些服务可以集成为一个新的应用系统，其接口和物理位置可以通过使用可扩展标记语言(extensible markup language，XML)来进行定义、描述和发现，网络服务通过支持基于 Internet 的协议来使用基于 XML 的信息传递机制实现与其他软件之间的交互。从用户角度来讲，网络服务是一组部署在网络上的对象/组件，具有自适应、自组织、自描述、组件化、标准化、网络化、开放性、语言独立性、可互操作性和动态性等特性。基于网络服务的空间信息共享和空间数据互操作服务模式是一个典型的实例，它是把数据和功能以服务的形式发布在网络上，服务使用者不需要了解服务的具体实施细节就可以直接使用网络服务，GIS 开发者可以调用分布在不同节点的网络服务并组建一个自己需要的 GIS 系统。

网格(grid)这个词源于电力网格(power grid)，两者形神相似。网格是 Internet、WWW 之后的第三代网络。网格的本质是要利用高速互联网把分布在不同地理位置的计算机组织成一台“虚拟的超级计算机”，实现所有网格节点上的计算资源、存储资源、数据资源、信息资源、软件资源、通信资源、知识资源、专家资源的全面共享和协同解决问题，即将网格上的所有信息资源动态集成起来，形成一个有机整体，在动态变化的多个组织间共享资源和协同工作。如同网络需要有信息服务而产生了网络服务一样，网格也需要有信息服务而产生了网格服务。网格服务的核心是把网格节点上的所有资源都抽象为服务。网格服务是以一套构建网格环境的工具 Globus Toolkit 和开放网格服务体系(open grid service architecture，OGSA)为支撑的新型服务技术。其中，Globus Toolkit 提供了一套软件包(或软件库)，包括相应的核心服务组件，用户可根据需要选择部分或全部服务组件，构建一个面向应用的服务系统；OGSA 支撑网格服务和网络服务的有效结合，其核心是服务和服务组合，可基于简单的基本服务组合成更复杂、更高效、更抽象的服务，而 OGSA 的实施架构经历了由开放网格服务基础设施(open grid service infrastructure，OGSI)到目前的网络服务资源框架(web service resource framework，WSRF)的演进过程，实际上是网格服务吸取了网络服务的优点，用 WSRF 构建的网格服务吸取了网络服务的优点，用 WSRF 构建的网格服务所表现出来的一切都是“服务”，有着自身的许多特点或优点，它提供的一组接口定义解决了服务发现、动态服务创建、服务状态监测、服务生命周期管理等问题，使 OGSA 的服务更加灵活、更加贴近实现资源共享和协同工作这一目标。

基于云计算的空间信息服务，是云计算在 GIS 领域的应用，是“云计算”和“GIS”的结合，实际上是将 GIS 的平台、软件和空间数据部署到“云”基础设施上，能以弹性的、按需所获的方式提供最广泛的基于 Web 的服务。云计算和 GIS 的结合表现在两个方面：一是，GIS 厂商本身利用云计算技术和模式构建 GIService；二是，GIS 厂商利用云计算模式向客户和合作伙伴提供服务。目前，“云 GIS”中的“云”分为“公有云”、“私有云”和“混合云”。其中，基于“私有云”的 GIService，由于它只需考虑一个企业或客户的数据和功能需求，是一个动态的、可扩展的虚拟化计算服务模式，简化了 GIService 的部署和管理，降低了构建 GIService 的投资和运营成本，缩短了 GIService 的构建周期，可以把更多精力投入到开发 GIService 的功能方面，所以目前许多 GIS 厂商都在致力于云 GIService 的业务。但是云计算 GIService 也面临着许多挑战，如用户的限制、安全与标准等，构建安全的、基于标准的云计算 GIService 仍是一项重要任务。通过对三种服务模式的内涵、功能、关键技术、标准、技术架构、服务共享特点和发展趋势等方面的分析比较，可以看出三者的共同点和相互关系：都采用面向服务的体系架构(SOA)，其中，网格服务模式更强调三个角色和四个基本操作；都是解决“共享”与“服务”的问题，只不过“共享”的程度与“服务”的范围、方式不完全相同，其中，网格服务的“共享”程度更高，服务的“范围”更广；网络服务与网格服务的技术标准有相同的，也有不同的，二者发展的大趋势是兼容或融合，服务提供方、请求方(用户)都必须清楚，而云服务的标准用户不一定都要知道。三种服务模式之间是有关系的，网格服务是网络服务的发展，云服务是网格服务的简化版或商业化实现，相对门槛低，容易商业化运行。

10.6.2　展望

1. 构建“智能大脑”是全面实现信息资源“共享”“服务”和协同工作的基础支撑

人的大脑组织与机理十分复杂，但究其功能可分为感知系统、信息存储管理系统和操作系统等三大部分。类比人脑，计算机人工智能大脑也应该由“天空地海”一体的智能感知网(传感器网)系统、信息资源存储管理(资源池)系统和智能操作系统(时空大数据平台)等三大部分组成。其中，“天空地海”一体的智能感知系统在当今“万物互联、万物智能”的时代，是实时动态获取地球表层信息的重要技术手段；信息资源存储管理系统，采用虚拟化“资源池”技术，由信息基础设施资源池(计算资源、存储资源、网络资源等)、时空大数据资源池(基础地理时空数据、部门行业专题专业数据、网络数据、媒体数据、视频数据等)和功能资源池(软件、模型、算法、知识、专家等)构成，进行分布式存储管理，支撑智能操作系统的应用和服务；智能操作系统，由资源池支撑的时空大数据平台实现，平台提供全方位的信息资源共享和协同工作服务。这样的科学体系能最大限度地推进“技术融合、数据融合、业务融合”，并实现“跨层级、跨地域、跨系统、跨部门、跨业务的协同管理和服务”。

2. 建设与国家一体化大数据中心技术体制相一致的时空大数据中心，为时空大数据平台提供强有力的数据支撑

随着大数据时代的到来，数据的规模达到 PB/EB/ZB 级，如此巨大的数据量若都存储在时空大数据平台，必将给平台的运行维护带来沉重的负担，从而制约平台运行效率。时空大数据平台应该尽可能“轻量化”，并保证其高效运行。所以，建设与国家一体化大数据中心技术体制相一致的时空大数据中心至关重要。根据“共享”与“服务”的层级、地域、系统、部门和业务等复杂程度，时空大数据中心可采用中心与分中心和分布式存储处理的技术体制，但数据应保持一致性。时空大数据中心与时空大数据平台之间，既保证时空大数据平台持续运行有所需的足够的数据支撑，又保证平台“轻量化”高效运行。在这种情况下，可以采用数据异步传输的“拉”方式和“推”方式，这种方式源于网格中间件 OGSA-DAI 中基于组件的工作流引擎，具有构建方便、执行效率高等特点，非常适合空间数据的分布式处理。“推”模式和“拉”模式都是并行处理模式，关于这方面的技术可参见相关文献(王家耀等，2014b)。

3. “网格集成”与“弹性云”的“混合式”技术体制是构建时空大数据平台的最佳途径

基于前述对现有“三种信息服务模式”的分析，采用兼容网格计算和云计算优势的“网格集成”与“弹性云”的“混合式”技术体制来构建时空大数据平台是合适的。通过网格化集成功能汇聚各类信息资源，通过“弹性云”(时间弹性、空间弹性)实现各类服务(DaaS、SaaS、IaaS、PaaS)，通过工作流(服务链)向应用开发用户、专业用户和公众用户提供所需服务。具体构建方法：一是，构建一个开放的面向服务的体系架构(SOA)，解决服务方、用户方、服务注册中心三个角色的四个基本操作，即服务注册、服务查找、服务绑定和服务调用；二是，构建一张天地一体的信息服务网络，为实现范围更加广泛的信息资源共享与多层次多节点的协同工作提供崭新的运行环境；三是，构建一个科学实用的数据体系(数据分类、编目、元数据、数据编码、数据融合等)，为时空大数据平台提供一致性的数据集支持；四是，构建一个通用功能模块集，通过服务化封装将所有系统的功能都封装为网络服务/网格服务，通过注册服务、验证服务、识别服务、查询服务和管理服务，实现各类信息资源的高效高度、支撑信息服务的智能化，为用户按需组合服务形成面向应用的服务能力；五是，采用虚拟组织(VO)技术，构建一个高效运行的组织管理体系，实现跨层级、跨地域、跨系统、跨部门、跨业务的协同管理和服务，为时空大数据平台安全可靠运行提供支撑；六是，建立一套标准体系，保证时空大数据平台规范、有序、健康、可持续运行。

4. “共用时空大数据平台+”应用模式是解决长期存在的军地之间、各地各层级各部门之间“基础地理时空数据平台”不统一不协调老大难问题的必要可行之道

“共用时空大数据平台”即“基础地理时空数据平台”。“数字城市”曾经使用“基础地理空间框架数据平台”，“智慧城市”建设使用“时空信息云平台”，但未解决军地之间、各地各层级各部门甚至同一部门所建不同“系统”之间“基础地理时空数据平台”不统一不协调的老大难问题。“共用时空大数据平台+”即“基础地理时空数据平台+”，应用模式中的“+”，指“跨界融合”，即“基础地理时空数据平台”要跨界融合，要突破“测绘地理信息”的“圈子”，主动服务社会。“共用时空大数据平台+民用”，支撑数字中国、数字省区、智慧城市建设，解决地方各层级、各地域、各系统、各部门和各业务信息化建设中“基础地理时空数据平台”统一协调的难题；“共用时空大数据平台+军民”，解决军委各总部、各军兵种、各战区、各层级作战指挥和军事活动智慧应用平台建设中“基础地理时空数据平台”统一协调的问题。所以，“共用时空大数据平台+”应用模式，是大数据的核心价值，是大数据发展的高级阶段，是大数据时代的解决方案。

参考文献

艾廷华. 2003. 基于空间映射观念的地图综合概念模式. 测绘学报, 32(1): 87-92.

艾廷华, 郭仁忠. 2007. 基于格式塔识别原则挖掘空间分布模式. 测绘学报, 36(3): 302-308.

白建军, 孙文彬. 2011. 球面格网系统特征分析及比较. 地理与地理信息科学, 27(2): 1-5.

白玲. 1997. GIS 中地理网络分析的研究与实践. 郑州: 解放军测绘学院博士学位论文.

贲进. 2012. 地球空间信息离散网格数据模型的理论与算法研究. 郑州: 解放军信息工程大学博士学位论文.

蔡少华. 1999. GIS 图形空间关系的研究与实践. 郑州: 解放军信息工程大学博士学位论文.

蔡士杰, 张福炎. 1991. 三维图形系统 PHIGS 的原理与技术. 南京: 南京大学出版社.

蔡希尧, 陈平. 1995. 面向对象技术. 西安: 西安电子科技大学出版社.

蔡忠亮, 杜清运, 毋河海, 等. 2002. 大比例尺地形图交互式综合系统数据库平台的建立. 武汉大学学报(信息科学版), 27(3): 289-295, 305.

曹爱军, 史杏荣, 孙贞寿, 等. 2000. 基于多层神经网络的交叉线自动识别. 中国图象图形学报, 5(A2): 149-152.

曹菡. 2002. 空间关系推理的知识表示与推理机制研究. 武汉: 武汉大学博士学位论文.

曹菡, 陈军. 2001. 方向关系与距离关系的定性描述与推理. 西安石油学院学报(自然科学版), 16(1): 68-72.

曹菡, 陈军, 杜道生. 2001. 空间目标方向关系的定性扩展描述. 测绘学报, 30(2): 162-167.

曹雪峰. 2012. 地球圈层空间网格理论与算法研究. 郑州: 解放军信息工程大学博士学位论文.

常燕卿, 刘纪平. 1998. GIS 中实用化矢量栅格一体化技术实现. 中国图象图形学报, 3(A6): 490-493.

晁定波, 宁津生, 申文斌. 2008. 相对论与相对论重力测量. 武汉: 武汉大学出版社.

朝乐门. 2019. 数据科学理论与实践. 北京: 清华大学出版社.

陈驰, 麦晓明, 宋爽, 等. 2015. 机载激光点云数据中电力线自动提取方法. 武汉大学学报(信息科学版), 40(12): 1600-1605.

陈丹, 龙毅. 2003. 基于知识的等高线断点连接方法. 测绘信息与工程, (3): 31-33.

陈广学, 张东, 张德, 等. 2005. 网格技术与空间信息共享和服务. 测绘科学, 30(1): 42-44.

陈军. 2002. Voronoi 动态空间数据模型. 北京: 测绘出版社.

陈军. 2003. 论中国地理信息系统的发展方向. 地理信息世界, 1(1): 6-11.

陈军, 陈尚超, 唐治锋. 1995. 用非第一范式关系表达 GIS 时态属性数据. 武汉测绘科技大学学报, 20(1): 12-17.

陈军, 郭薇. 1995. 三维拓扑空间关系的形式化描述//中国地理信息系统协会. 地理信息系统协会首届年会论文集. 北京: 中国地理信息系统协会首届年会: 373-378.

陈军, 赵仁亮. 1999. GIS 空间关系的基本问题与研究进展. 测绘学报, 28(2): 95-102.

陈俊勇. 1997. 地球系统科学与卫星对地观测系统. 地球信息科学学报, (1): 12-15.

陈良良, 隋立春, 蒋涛, 等. 2014. 地面三维激光扫描数据配准方法. 测绘通报, (5): 80-82.

陈能成, 陈泽强, 何杰, 等. 2013. 对地观测传感网信息服务的模型与方法. 武汉: 武汉大学出版社.

陈荣国. 1993. 面向对象图像信息系统的设计原理、方法和实践及其在摄影测量中的初步应用. 郑州: 解放军测绘学院博士学位论文.

陈述彭. 1996. 地球信息科学刍议. 地球信息科学学报, (1): 8-12.
陈述彭. 2001. 地学信息图谱探索研究. 北京: 商务印书馆.
陈述彭, 鲁学军, 周成虎. 1999. 地理信息系统导论. 北京: 科学出版社.
陈述彭, 何建邦, 承继成. 1997. 地理信息系统的基础研究——地球信息科学. 地球信息科学学报, (3): 11-20
陈晓勇. 1991. 数学形态学理论和模型的若干扩展及在 CCD 扫描等高线图的 DEM 自动建立中的应用. 武汉: 武汉测绘科技大学博士学位论文.
陈乙雄, 吴中福, 朱郑州. 2010. 网格负载均衡策略及其蚁群优化算法. 重庆大学学报, 33(10): 102-108.
陈永华. 2000. Web 三维可视化研究. 郑州: 解放军测绘学院博士学位论文.
承继成. 1996. 地球信息科学基础理论纲要(上). 地球信息, (2): 15-24.
承继成. 1997a. 地球信息科学基础理论纲要(中). 地球信息, (2): 21-28.
承继成. 1997b. 地球信息科学基础理论纲要(下). 地球信息, (3): 27-29.
程鹏飞, 成英燕. 2017. 我国毫米级框架实现与维持发展现状和趋势. 测绘学报, 46(10): 1327-1335.
崔金红, 王旭. 2007. Google 地图算法研究及实现. 计算机科学, 34(11): 193-195.
崔铁军. 2012. 地理信息科学基础理论. 北京: 科学出版社.
崔铁军. 2015. 地理空间数据获取与处理. 北京: 科学出版社.
崔铁军, 董延春, 杨大洲. 1999. TIN 到格网 DTM 的内插方法//王家耀. 地理信息系统与电子地图技术的进展. 长沙: 湖南地图出版社: 333-341.
崔铁军, 郭黎, 白振念, 等. 2007. 基于网格的地理空间信息服务关键技术研究. 测绘科学技术学报, 24(5): 324-327.
崔伟宏. 1995. 空间数据结构研究. 北京: 中国科学技术出版社.
崔屹. 1997. 数字图象处理技术与应用. 北京: 电子工业出版社.
村井俊治. 1997. 地球信息科学新时代的思考. 地球信息, (2): 16-18.
邓朝晖, 卢健. 1995. 基于子图运算的空间数据拓扑关系及其自动生成. 武汉测绘科技大学学报. 20(1): 23-27.
邓敏, 冯学智, 陈晓勇. 2005. 面目标间拓扑关系形式化描述的层次模型. 测绘学报, 34(2): 142-147.
邓敏, 李成名, 刘文宝. 2002. 利用拓扑和度量相结合的方法描述面目标间的空间关系. 测绘学报, 31(2): 164-169.
邓敏, 李志林, 吴静. 2013. 空间关系理论与方法. 北京: 科学出版社.
邓敏, 刘启亮, 吴静. 2015. 空间分析. 北京: 测绘出版社.
邓红艳. 2003. 基于遗传算法的自动制图综合研究. 郑州: 解放军信息工程大学硕士学位论文.
邸凯昌. 2001. 空间数据挖掘与知识发现. 武汉: 武汉大学出版社.
都志辉, 陈渝, 刘鹏. 2006. 网格计算. 北京: 清华大学出版社.
杜道生, 舒红. 1997. 基于同步数据项组和碎分弧段时间标记的时态地理数据模型. 武汉测绘科技大学学报, 22(2): 96-101.
杜清运. 2001. 空间信息的语言学特征及其自动理解机制研究. 武汉: 武汉大学博士学位论文.
杜世宏. 2004. 空间关系模糊描述及组合推理的理论和方法研究. 北京: 中国科学院遥感应用研究所博士学位论文.
杜世宏, 秦其明, 王桥. 2005b. GIS 中由多种方向关系推理拓扑关系的方法. 计算机辅助设计与图形学学报, 17(9): 1917-1927.
杜世宏, 秦其明, 王桥. 2006. 空间关系及其应用. 地学前缘, 13(3): 69-80.
杜世宏, 王桥. 2004. 不确定性空间关系. 中国图象图形学报, 9(A5): 539-546.
杜世宏, 王桥, 秦其明. 2007. 空间关系模糊描述与组合推理. 北京: 科学出版社.

杜世宏, 王桥, 杨一鹏. 2004. 一种定性细节方向关系的表达模型. 中国图象图形学报, 9(A12): 1496-1503.
杜世宏, 王桥, 杨一鹏. 2005a. GIS 中由单种细节方向关系推理拓扑关系的方法. 计算机辅助设计与图形学学报, 17(6): 1226-1232.
杜志强. 2004. 感知驱动的复杂建筑物化简方法. 武汉: 武汉大学博士学位论文.
范建永. 2013. 基于 Hadoop 的云 GIS 若干关键技术研究. 郑州: 解放军信息工程大学博士学位论文.
范士俊, 张爱武, 胡少兴, 等. 2013. 基于随机森林的机载激光全波形点云数据分类方法. 中国激光, 40(9): 216-222.
范玉顺. 2001. 工作流管理技术基础. 北京: 清华大学出版社.
费立凡. 1993. 地形图等高线成组综合的试验. 武汉大学学报(信息科学版), 18(S1): 6-22.
冯洁, 查红彬. 2006. 大型三维网格模型的简化及基于视点的 LOD 控制. 计算机辅助设计与图形学学报, 18(2): 186-193.
冯玉才, 陈琳, 曹忠升. 2001. 空间数据库的方向关系模型. 计算机工程与应用, (20): 115-117.
冯玉琳, 黄涛, 倪彬. 1998. 对象技术导论. 北京: 科学出版社.
符淙斌. 1998. 地球系统科学//陈述彭. 地球系统科学——中国进展·世纪展望. 北京: 中国科学技术出版社: 4-5.
傅仲良, 林宗坚. 1995. 一种基于人工神经网络的彩色地形图分层方法. 测绘学报, 24(2): 53-59.
付仲良, 邵世维, 童春芽. 2010. 基于正切空间的多尺度面实体形状匹配. 计算机工程, 36(17): 216-217, 220.
高昂, 陈荣国, 赵彦庆, 等. 2010. 空间数据访问集成与分布式空间数据源对象查询. 地球信息科学学报, 12(4): 532-540.
高劲松, 陈思, 刘东升, 等. 2005. 空间信息网格中的元数据模型机理研究. 计算机科学, 32(9): 48-50.
高敬瑜, 赵岳松. 2004. 基于 OGSA 的网格数据访问和服务. 计算机工程, 30(10): 90-92.
高俊. 1991. 地图的空间认知与认知地图学: 地图学在文化与科技领域的新探索//中国测绘学会地图制图专业委员会, 中国地理学会地图学与地理信息系统专业委员会, 中国地质学会地质制图专业委员会. 第四届全国地图学学术讨论会论文选集. 北京: 中国地图出版社: 12-17.
葛磊, 武芳, 翟仁健. 2015. 三维建筑综合框架模型探讨. 地理空间信息, (5): 26-28, 37.
葛磊, 武芳, 朱强. 2009. 三维建筑综合基本方法的探讨. 测绘信息与工程, 34(2): 15-17.
宫鹏, 史培军, 浦瑞良, 等. 1996. 对地观测技术与地球系统科学. 北京: 科学出版社.
龚健雅. 1991. GIS 矢量栅格一体化数据结构与面向目标数据模型的研究. 武汉: 武汉测绘科技大学博士学位论文.
龚健雅. 1996. 规范化空间对象模型与实现技术. 测绘学报, 25(4): 309-314.
龚健雅. 1999. 当代 GIS 的若干理论与技术. 武汉: 武汉测绘科技大学出版社.
龚健雅, 王密, 杨博. 2017. 高分辨率光学卫星遥感影像高精度无地面控制精确处理的理论与方法. 测绘学报, 46(10): 1255-1261.
龚健雅, 夏宗国. 1997. 矢量与栅格集成的三维数据模型. 武汉测绘科技大学学报, (1): 7-15.
龚洁晖, 白玲. 1998. 确定地理网络中心服务范围的一种算法. 测绘学报, 27(4): 357-362.
龚小勇. 2008. 基于 QOS 的 Web 服务发现与组合方法研究. 重庆: 重庆大学博士学位论文.
龚震宇, 贾利民. 2005. 一种分布式空间信息服务的互操作模型. 交通运输系统工程与信息, 5(6): 62-67.
巩现勇, 武芳. 2014. 城市建筑群网格模式的图论识别方法. 测绘学报, 43(9): 960-968.
巩现勇, 武芳, 钱海忠, 等. 2014. 建筑群多连通直线模式的参数识别方法. 武汉大学学报(信息科学版), 39(3): 335-339.
桂德竹, 林宗坚, 张成成. 2012. 倾斜航空影像的城市建筑物三维模型构建研究. 测绘科学, 37(4): 140-142.

桂志鹏. 2011. 质量驱动的空间信息服务建模、评估和优化研究. 武汉: 武汉大学博士学位论文.
郭达志, 盛业华, 余兆平, 等. 1997. 地理信息系统基础与应用. 北京: 煤炭工业出版社.
郭海英, 焦文海, 杨元喜. 2004. 1985 国家高程基准与全球似大地水准面之间的系统差及其分布规律. 测绘学报, 33(2): 100-104.
郭华东, 等. 2014. 全球变化科学卫星. 北京: 科学出版社.
郭景峰, 侯爽, 李平. 2004. 具有宽广边界目标的拓扑关系的建立方法. 燕山大学学报, 28(6): 512-515.
郭黎. 2008. 多源地理空间矢量数据融合理论与方法研究. 郑州: 解放军信息工程大学博士学位论文.
郭林凯. 2017. 利用倾斜摄影进行 TDOM 制作的研究. 测绘通报, (2): 79-81, 97.
郭敏, 钱海忠, 黄智深, 等. 2013. 采用案例归纳推理进行道路网智能选取. 中国图象图形学报, 18(A10): 1343-1353.
郭敏, 钱海忠, 黄智深, 等. 2014. 道路网智能选取的案例类比推理法. 测绘学报, 43(7): 761-770.
郭平, 刘然, 董晓华. 2005a. 二维空间对象空间关系的定性表示. 计算机工程, 31(2): 39-41.
郭平, 刘然, 林勇, 等. 2005b. 方向关系的定性表示与推理. 计算机工程与科学, 27(8): 81-84.
郭庆胜. 2002. 地图自动综合理论与方法. 北京: 测绘出版社.
郭庆胜, 陈宇箭, 刘浩. 2005. 线与面的空间拓扑关系组合推理. 武汉大学学报(信息科学版), 30(6): 529-532.
郭庆胜, 丁虹. 2004. 基于栅格数据的面状目标空间方向相似性研究. 武汉大学学报(信息科学版), 29(5): 447-450, 465.
郭庆胜, 杜晓初. 2004a. 不确定性线状目标之间拓扑关系的描述与判别. 武汉大学学报(信息科学版), 29(9): 827-831.
郭庆胜, 杜晓初. 2004b. 模糊面元素空间拓扑关系抽象化方法研究. 测绘学报, 33(4): 307-310.
郭庆胜, 杜晓初, 闫卫阳. 2006. 地理空间推理. 北京: 科学出版社.
郭庆胜, 黄远林, 郑春燕, 等. 2007. 空间推理与渐进式地图综合. 武汉: 武汉大学出版社.
郭庆胜, 王琳, 孙雅庚, 等. 2016. 线图形简化与移位算子的协同方法. 测绘学报, 45(7): 850-857.
郭仁忠. 1997. 空间分析. 武汉: 武汉测绘科技大学出版社.
郭仁忠. 2001. 空间分析. 2 版. 北京: 高等教育出版社.
郭薇, 陈军. 1997. 基于点集拓扑学的三维拓扑空间关系形式化描述. 测绘学报, 26(2): 122-127.
郝鹏威, 朱重光. 1998. 基于小波的图像插值方法. 遥感学报, 2(2): 98-102.
郝向阳. 1997. 基于拓扑关系的等高线高程自动赋值方法. 测绘学报, 26(3): 247-253.
郝向阳. 1999. 地图上街区式居民地的识别与提取. 中国图象图形学报, 4(A6): 481-485.
郝向阳, 钱曾波. 1996. 地图扫描数字化的点位精度分析. 测绘学报, 25(1): 46-52.
何枋键. 2019. 一种分布式环境下的时空数据存储与多维混合索引方法. 杭州: 浙江大学博士学位论文.
何国金, 李克鲁, 胡德永, 等. 1999. 多卫星遥感数据的信息融合: 理论、方法与实践. 中国图象图形学报, 4(A9): 744-750.
何海威, 钱海忠, 刘闯, 等. 2016. 采用决策树算法进行居民地自动综合. 测绘科学技术学报, 33(6): 623-628.
何海威, 钱海忠, 刘海龙, 等. 2015. 道路网层次骨架控制的道路选取方法. 测绘学报, 44(4): 453-461, 470.
何海威, 钱海忠, 谢丽敏, 等. 2018. 立交桥识别的 CNN 卷积神经网络法. 测绘学报, 47(3): 385-395.
何建华, 刘耀林. 2004. GIS 中拓扑和方向关系推理模型. 测绘学报, 33(2): 156-162.
贺建忠. 1995. 面向对象 GIS 的空间数据模型的研究. 北京: 北京大学博士学位论文.
洪文松, 陈武凡. 1999. 实现图象边缘检测的改进广义模糊算子法. 中国图象图形学报, 4(A2): 143-146.
侯萍. 2001. 顾及拓扑关系的彩色扫描等高线的矢量化. 武汉: 武汉大学硕士学位论文.
侯璇. 2004. 基于弹性力学的制图综合位移模型. 郑州: 解放军信息工程大学博士学位论文.

胡海, 吴艳兰, 胡鹏. 2011. 数字高程模型精度标准、质量理论和科学观念讨论. 武汉大学学报(信息科学版), 36(6): 713-716.
胡鹏, 游涟, 杨传勇, 等. 2002. 地图代数. 武汉: 武汉大学出版社.
胡圣武, 张卷美, 王新洲, 等. 2007. 空间数据融合的基本框架. 测绘科学, 32(3): 175-177.
胡云锋, 徐芝英, 刘越, 等. 2013. 地理空间数据的尺度转换. 地球科学进展, 28(3): 297-304.
华一新, 吴升, 赵军喜. 2001. 地理信息系统原理与技术. 北京: 解放军出版社.
黄秉维. 1996. 论地球系统科学与持续发展战略科学基础(Ⅰ). 地理学报, 51(4): 350-353.
黄波. 1996. 基于扩展 SQL 的 GIS 模糊查询的表达与实现. 武汉测绘科技大学学报, 21(1): 86-90, 100.
黄波, 徐冠华, 阎守邕. 1996. GIS 中空间模糊叠加模型的设计. 测绘学报, 25(1): 53-56.
黄德双. 1996. 神经网络模式识别系统理论. 北京: 电子工业出版社.
黄桂兰, 郑肇葆. 1999. 影像纹理分类的马尔可夫随机场方法与试验研究. 中国图象图形学报, 4(A4): 317-322.
黄华文, 常本义. 1997. 计算机彩色视觉在地图分色中的应用. 测绘学报, 26(2): 134-139.
黄培之. 1998. 实现彩色地图扫描数据自动分层的途径与方法. 测绘学报, 27(4): 318-321.
黄培之. 2001. 提取山脊线和山谷线的一种新方法. 武汉大学学报(信息科学版), 26(3): 247-252.
黄瑞阳. 2010. 地理信息服务注册中心设计与实践. 郑州: 解放军信息工程大学硕士学位论文.
黄先锋, 李奔, 王潇, 等. 2009. 机载 LiDAR 数据滤波方法评述. 测绘学报, 38(5): 466-469.
黄鑫, 秦勃, 刘培顺. 2010. 基于 OGSA-DAI 的海洋环境数据共享网格. 微计算机世界, 26(3): 45-46, 221.
黄杏元, 汤勤. 1989. 地理信息系统概论. 北京: 高等教育出版社.
黄杏元, 徐寿成. 1998. GIS 动态缓冲带分析模型及其应用. 中国图象图形学报, 3(10): 871-873.
惠振阳, 胡友键. 2017. 机载 LiDAR 点云中道路的提取方法. 测绘科学, 42(3): 70-74.
贾文珏. 2005. 分布式 GIS 服务链集成关键技术. 武汉: 武汉大学博士学位论文.
蒋红斐, 詹振炎. 2000. 利用锥构建 DTM 生成算法的研究. 武汉测绘科技大学学报, 25(2): 119-121.
焦洋洋. 2014. 居民地匹配几何精度质量评估研究. 郑州: 解放军信息工程大学硕士学位论文.
靳海亮, 高井祥, 康建荣. 2005. 基于矢量等高线数据提取山脊线山谷线的研究. 测绘通报, (10): 54-56, 67.
亢晓琛, 刘纪平, 林祥国. 2013. 多核处理器的机载激光雷达点云并行三角网渐进加密滤波方法. 测绘学报, 42(3): 331-336.
柯灏. 2012. 海洋无缝垂直基准构建理论和方法研究. 武汉: 武汉大学博士学位论文.
柯正谊, 何建邦, 池天河. 1993. 数字地面模型. 北京: 中国科学技术出版社.
赖旭东, 李咏旭, 陈佩奇, 等. 2017. 机载激光雷达技术现状及展望. 地理空间信息, 15(8): 1-4.
赖旭东, 刘雨杉, 李咏旭, 等. 2018. 机载激光雷达点云密度特征应用现状及进展. 地理空间信息, 16(12): 1-5.
李长春, 蔡伯根, 上官伟, 等. 2012. 基于 Web 墨卡托投影的地图算法研究与实现. 计算机应用研究, 29(12): 4793-4796.
李成名, 陈军. 1997. 空间关系描述的 9-交模型. 武汉测绘科技大学学报, 22(3): 207-211.
李成名, 陈军, 朱英浩. 1998a. 基于 Voronoi 图的空间邻近定义与查询. 武汉测绘科技大学学报, 23(2): 128-131.
李成名, 朱英浩, 陈军. 1998b. 利用 Voronoi 图形式化描述和判断 GIS 中的方向关系. 测绘学院学报, 15(2): 117-120.
李德仁. 2005. 论广义空间信息网格和狭义空间信息网格. 遥感学报, 9(5): 513-520.
李德仁, 程涛. 1995. 从 GIS 数据库中发现知识. 测绘学报, 24(1): 37-44.
李德仁, 李清泉. 1998. 地球空间信息科学的兴起与跨世纪发展//周光召. 科技进步与学科发展. 北京: 中国科学技术出版社: 448-452.

李德仁, 刘立坤, 邵振峰. 2015. 集成倾斜航空摄影测量和地面移动测量技术的城市环境监测. 武汉大学学报(信息科学版), 40(4): 427-435.

李德仁, 眭海刚, 单杰. 2012. 论地理国情监测的技术支撑. 武汉大学学报(信息科学版), 37(5): 505-512.

李德仁, 王密, 沈欣, 等. 2017. 从对地观测卫星到对地观测脑. 武汉大学学报(信息科学版), 42(2): 143-149.

李德仁, 王树良, 李德毅. 2006. 空间数据挖掘理论与应用. 北京: 科学出版社.

李德仁, 王树良, 李德毅, 等. 2002. 论空间数据挖掘和知识发现的理论与方法. 武汉大学学报(信息科学版), 27(3): 221-233.

李德仁, 王树良, 史文中, 等. 2001. 论空间数据挖掘和知识发现. 武汉大学学报(信息科学版), 26(6): 491-499.

李德仁, 肖雄武, 郭丙轩, 等. 2016. 倾斜影像自动空气及其在城市真三维模型重建中的应用. 武汉大学学报(信息科学版), 41(6): 711-721.

李德仁, 肖志峰, 朱欣焰, 等. 2006. 空间信息多级网格的划分方法及编码研究. 测绘学报, 35(1): 52-56, 70.

李德仁, 易华蓉, 江志军. 2005. 论网格技术及与空间信息技术的集成. 武汉大学学报(信息科学版), 30(9): 757-761.

李德仁, 朱欣焰, 龚健雅. 2003. 从数字地图到空间信息网格——空间信息多级网格理论思考. 武汉大学学报(信息科学版), (6): 642-650.

李德毅, 杜鹢. 2005. 不确定性人工智能. 北京: 国防工业出版社.

李广云, 李明磊, 王力, 等. 2015. 地面激光扫描点云数据预处理综述. 测绘通报, (11): 1-3, 31.

李国元, 胡芬, 张重阳, 等. 2015. WorldView-3 卫星成像模式介绍及数据质量初步评价. 测绘通报, (S2): 11-16.

李厚朴, 边少锋, 钟斌. 2015. 地理坐标系计算机代数精密分析理论. 北京: 国防工业出版社.

李建成, 褚永海, 徐新禹. 2017. 区域与全球高程基准差异的确定. 测绘学报, 46(10): 1262-1274.

李建中, 王珊. 1998. 数据库系统原理. 北京: 电子工业出版社.

李紧, 苏伟, 陈敏. 2010. 基于 QOS 和用户偏好的 Web 服务发现模型. 现代计算机, 24(7): 49-52.

李立新, 谭建荣. 1999. 约束 Delaunay 三角剖分中强行嵌入约束边的多对角线交换算法. 计算机学报, (10): 1114-1118.

李霖. 1994. 利用搜索算法原理进行等高线接边. 测绘学报, (1): 74-79, 73.

李清泉, 李德仁. 1998. 三维空间数据模型集成的概念框架研究. 测绘学报, 27(4): 325-330.

李青元. 1997. 三维矢量结构 GIS 拓扑关系及其动态建立. 测绘学报, 26(3): 232-240.

李树军. 1999. 海底数字深度模型(SDDM)的建立及其应用. 郑州: 解放军测绘学院硕士学位论文.

李树楷, 薛永祺. 2000. 高效三维遥感集成技术系统. 北京: 科学出版社.

李伟生, 许云涛, 胡启平. 1996. 适合共享的面向对象的地理数据模型. 武汉测绘科技大学学报, 21(1): 82-85.

李欣苒. 2012. 决策支持系统. 北京: 清华大学出版社.

李莹, 苏国中, 林宗坚. 2017. 倾斜影像中提取高精度 DEM 的方法研究. 测绘通报, (2): 30-34.

李永杰. 2020. 机载毫米波 InSAR 生成高精度 DEM/DOM 方法研究. 北京: 中国地质大学（北京）硕士学位论文.

李昭原. 1997. 数据库技术新进展. 北京: 清华大学出版社.

李振洪, 李鹏, 丁咚, 等. 2018. 全球高分辨率数字高程模型研究进展与展望. 武汉大学学报(信息科学版), 43(12): 1927-1942.

李峥, 吴燕雄, 卫爱霞, 等. 2015. 机载激光雷达 3 维建筑物模型重建的研究进展. 激光技术, 39(1): 23-27.

李志林. 2005. 地理空间数据处理的尺度理论. 地理信息世界, 3(2): 1-5.

李志林, 朱庆, 谢潇. 2018. 数字高程模型. 3 版. 北京: 科学出版社.

梁君健. 2019. 基于时空特性数据的分布式存储系统的设计与实现. 成都: 电子科技大学硕士学位论文.

梁旭鹏, 李秉智, 刘晏兵, 等. 2006. 基于Web服务的空间信息共享与互操作模型研究. 重庆邮电学院学报(自然科学版), 18(4): 508-511.

梁玉斌, 崔铁军. 2017. 倾斜摄影测量的研究进展. 天津师范大学学报(自然科学版), 37(5): 1-6.

廖楚江, 杜清运. 2004. GIS 空间关系描述模型研究综述. 测绘科学, 29(4): 79-82.

廖华明, 程伯羽, 刘新周, 等. 2003. 信息网格中元数据层次化结构模型的研究和应用. 计算机研究和发展, 40(12): 1694-1699.

廖明生, 田馨, 赵卿. 2007. TerraSAR-X/TanDEM-X 雷达遥感计划及其应用. 测绘信息与工程, 32(2): 44-46.

廖宁. 2009. SOA 服务生命周期管理及服务注册中心的研究与设计. 广州: 广东工业大学硕士学位论文.

廖士中, 高培焕, 石纯一. 2001. 定性空间推理的分层递阶框架. 计算机研究与发展, 38(5): 574-580.

廖士中, 石纯一. 1997. 拓扑关系的闭球模型及复合表的推导. 软件学报, 8(12): 894-900.

廖士中, 石纯一. 1999. 一种分层递阶的定性拓扑推理方法. 软件学报, 10(5): 467-473.

廖士中, 王刚, 尹燕萍. 1999. 关于拓扑关系复合表适用性的实验与分析. 辽宁师范大学学报(自然科学版), 22(2): 40-44.

林甲祥, 麻伟斌, 吴小竹, 等. 2010. 网格服务模型元数据的组织管理与应用研究. 地球信息科学学报, 12(2): 200-206.

林祥国, 张继贤, 宁晓刚, 等. 2016. 融合点、对象、关键点等 3 种基元的点云滤波方法. 测绘学报, 45(11): 1308-1317.

刘大杰, 施一民, 过静珺. 1996. 全球定位系统(GPS)的原理与数据处理. 上海: 同济大学出版社.

刘大有, 胡鹤, 王生生, 等. 2004. 时空推理研究进展. 软件学报, 15(8): 1141-1149.

刘峰. 2007. 基于网格服务的地理空间信息共享平台关键技术研究. 青岛: 山东科技大学博士学位论文.

刘红丹, 金信飞. 2020. 海洋测绘技术与发展研究. 江西测绘, (3): 3-4, 29.

刘基余. 1999. GPS 卫星测量技术将成为建设数字神州的开山斧//中国测绘学会. 纪念中国测绘学会成立四十周年论文集. 宁波: 纪念中国测绘学会成立四十周年学术会议: 6-12.

刘进, 武仲科, 周明全. 2011. 点云模型分割及应用技术综述. 计算机科学, 38(4): 21-24, 71.

刘经南, 戴礼文. 1999. GPS 长距离快速静态定位整周模糊度的一种确定方法//中国测绘学会. 纪念中国测绘学会成立四十周年论文集. 宁波: 纪念中国测绘学会成立四十周年学术会议: 81-87.

刘利民. 2005. 网格用户管理关键问题的研究. 北京: 中国科学院计算技术研究所博士学位论文.

刘嵘. 2011. 集群式网格地理信息服务注册中心的构建研究. 郑州: 解放军信息工程大学博士学位论文.

刘少创. 1998. 影像理解系统中基于神经网络的黑板控制机制. 遥感学报, 2(3): 193-198.

刘爽. 2007. 基于 VRML 的虚拟现实场景漫游技术的研究与实现. 长春: 吉林大学硕士学位论文.

刘卫国, 龚建华, 方红亮. 1998. 地理信息系统支持下的知识获取及其在遥感影像植被分类中的应用研究. 遥感学报, 2(3): 234-240.

刘文宝, 史文中. 1996. GIS 叠置前后同名点元的方差估计. 武汉测绘科技大学学报, 21(4): 355-360,

刘湘南, 黄方, 王平, 等. 2005. GIS 空间分析原理与方法. 北京: 科学出版社.

刘亚彬, 刘大有. 2000. 空间推理与地理信息系统综述. 软件学报, 11(12): 1598-1606.

刘亚彬, 刘大有. 2001. 地理信息系统中空间对象间拓扑关系的推理. 软件学报, 12(12): 1859-1863.

刘永山, 郝忠孝. 2006. 基于 MBR 的主方向关系一致性检验. 软件学报, 17(5): 976-982.

刘志强, 孙雁. 2004. Internet 环境下多源地理数据集成的方法与实现//中国地理信息系统协会. 中国地理信息系统协会第八届年会论文集. 北京: 中国地理信息系统协会第八届年会: 112-115.
楼世博, 金晓龙, 李鸿祥. 1982. 图论及其应用. 北京: 人民邮电出版社.
卢朝阳, 吴成柯. 1997. 任意多边形内带特征约束的散列数据的最优三角剖分. 计算机辅助设计与图形学学报, 9(4): 302-308.
卢开澄. 1981. 图论及其应用. 北京: 清华大学出版社.
陆锋, 周成虎. 2001. 一种基于 Hilbert 排列码的 GIS 空间索引方法. 计算机辅助设计与图形学学报, 13(5): 424-429.
栾学晨, 杨必胜. 2009. 城市复杂道路网的 stroke 生成方法. 地理与地理信息科学, 25(1): 49-52.
栾学晨, 杨必胜, 李秋萍. 2013. 基于结构模式的道路网节点匹配方法. 测绘学报, 42(4): 608-614.
罗宾逊 A H, 塞尔 R D, 莫里逊 J L, 等. 1989. 地图学原理. 5 版. 李道义, 刘耀珍译. 北京: 测绘出版社.
罗伏军, 李程, 严英华. 2016. 关于 DEM 数据质量检查内容和方法的探讨. 测绘与空间地理信息, 39(3): 161-163, 172.
罗以宁, 李毅, 杨凯. 2002. 金相图象分析中一种改进的断点连接方法. 四川大学学报(自然科学版), 39(6): 1027-1031.
骆剑承, 周成虎, 蔡少华, 等. 2002. 基于中间件技术的网格 GIS 体系结构. 地球信息科学, 4(3): 17-25.
闾国年, 吴平生, 周晓波. 1999. 地理信息科学导论. 北京: 中国科学技术出版社.
闾国年, 张书亮, 龚敏霞. 2003. 地理信息系统集成原理与方法. 北京: 科学出版社.
吕铁英, 彭嘉雄. 1999. 图象轮廓特征提取新方法研究. 中国图象图形学报, 4(A8): 655-658.
吕志平, 乔书波. 2010. 大地测量学基础. 北京: 测绘出版社.
毛彪. 2009. 面向地理信息服务链的工作流技术应用研究. 郑州: 解放军信息工程大学硕士学位论文.
毛建华, 王涛, 郭庆胜. 2001. 邻接凸多边形方向关系计算及其推理. 武汉大学学报(信息科学版), 26(4): 364-368.
毛可标, 陈向东. 1995. 地形结构线自动生成方法研究. 测绘科学, (3): 12-18.
梅雪良, 张祖勋, 张剑清. 1995. 最大集团图搜索法用于关系结构约束的全局等高线断线连接. 武汉测绘科技大学学报, (2): 101-105.
孟祥旭. 1997. 基于有向超图的参数化表示模型及其实现. 计算机学报, 20(11): 983-988.
闵卫东. 1995. 二维任意域内点集的 Delaunay 三角划分的研究. 计算机学报, 18(5): 357-364.
宁津生, 陈俊勇, 李德仁, 等. 2016. 测绘学概论. 3 版. 武汉: 武汉大学出版社.
裴相斌. 1997. 地球系统科学中的几点哲学思考. 地球信息科学学报, (1): 30-33.
齐华. 1997. 自动建立多边形拓扑关系算法步骤的优化与改进. 测绘学报, 26(3): 254-260.
齐华, 刘文熙. 1996. 建立结点上弧—弧拓扑关系的 Q_i 算法. 测绘学报, 25(3): 233-235.
齐清文. 1998. GIS 环境下智能化地图概括的方法研究. 地球信息科学学报, (1): 64-70.
齐清文, 姜莉莉. 2001. 面向地理特征的制图综合指标体系和知识法则的建立与应用研究. 地理科学进展, 20(S1): 1-13.
齐清文, 潘安敏. 1998. 智能化制图综合在 GIS 环境下的实现方法研究. 地理科学进展 17(2): 15-22.
钱海忠. 2006. 自动制图综合及其过程控制的智能化研究. 郑州: 解放军信息工程大学博士学位论文.
钱海忠, 武芳, 王家耀. 2012. 自动制图综合及其过程控制的智能化研究. 北京: 测绘出版社.
秦志远. 1998. 利用遥感影像辅助 GIS 空间数据获取与更新的研究及实践. 郑州: 解放军信息工程大学博士学位论文.
邱程. 2019. 基于分布式存储的地理时空大数据管理系统研究. 武汉: 江汉大学硕士学位论文.
邱南森. 2014. 数据之美: 一本书学会可视化设计. 张伸译. 北京: 中国人民大学出版社.

芮小平, 张彦敏, 杨崇俊. 2003. 地理信息可视化关键性技术研究综述. 计算机工程, 29(22): 1-2.
单保华, 杨冬菊, 张利永, 等. 2006. 一种有盟主的服务虚拟组织模型及其在电子政务中的应用. 计算机学报, 29(7): 1241-1251.
邵维忠, 杨芙清. 1998. 面向对象的系统分析. 北京: 清华大学出版社.
史文中, 吴立新, 李清泉, 等. 2007. 三维空间信息系统模型与算法. 北京: 电子工业出版社.
舒方国, 龙毅, 周侗, 等. 2013. 地图水系综合中等高线簇与河网协同的汇水区域提取方法. 测绘学报, 42(5): 774-781.
舒广. 1999. 虚拟地形环境中三维地形模型的研究. 郑州: 解放军信息工程大学硕士学位论文.
舒红. 1998. 概念、形式化和逻辑时空数据建模原理初探. 武汉: 武汉大学博士学位论文.
舒红, 陈军, 杜道生, 等. 1997. 时空拓扑关系定义及时态拓扑关系描述. 测绘学报. 26(4): 299-306.
帅赟. 2008. 基于 Gestalt 认知原则的城市建筑群分布模式识别方法研究. 武汉: 武汉大学博士学位论文.
宋关福, 钟耳顺, 刘纪远, 等. 2000. 多源空间数据无缝集成研究. 地理科学进展, 19(2): 110-115.
隋立春, 张熠武, 张硕, 等. 2011. 基于渐进三角网的机载 LiDAR 点云数据滤波. 武汉大学学报(信息科学版), 36(10): 1159-1163.
孙宏元, 刘洁, 裴继红. 2005. 一种建筑物多分辨网格的生成及显示算法. 深圳大学学报(理工版), 22(3): 202-206.
孙九林, 李爽. 2002. 地球科学数据共享与数据网格技术. 中国地质大学学报, 21(5): 539-543.
孙九林, 林海. 2009. 地球系统研究与科学数据. 北京: 科学出版社.
孙凝子. 2014. "兼容性和互操作性是 GNSS 未来发展的趋势"——从格洛纳斯瘫痪谈起. 卫星与网络, (4): 38-40.
孙庆辉, 骆剑承, 李宏伟, 等. 2004. 网格 GIS 及其关键技术. 测绘学报, 21(3): 200-204.
孙庆先, 李茂堂, 路京选, 等. 2007. 地理空间数据的尺度问题及其研究进展. 地理与地理信息科学, 23(4): 53-56, 80.
孙群. 2017. 多源矢量空间数据融合处理技术研究进展. 测绘学报, 46(10): 1627-1636.
孙玉国. 1993. 拓扑空间关系描述与 2DT-String 空间关系表达. 武汉: 武汉大学博士学位论文.
谈国新. 1998. 一体化空间数据结构及其索引机制研究. 测绘学报, 27(4): 293-299.
谭海樵, 奚砚涛, 季景贤. 2009. 地球信息科学概论. 徐州: 中国矿业大学出版社.
谭述森. 2011. 广义 RDSS 全球定位报告系统. 北京: 国防工业出版社.
汤国安, 李发源, 刘学军. 2016. 数字高程模型教程. 3 版. 北京: 科学出版社.
唐菲菲, 刘经南, 张小红, 等. 2009. 基于体素的森林地区机载 LiDAR 数据 DTM 提取. 北京林业大学学报, 31(1): 55-59.
唐文静. 2009. 海陆地理空间矢量数据融合技术研究. 哈尔滨: 哈尔滨工程大学博士学位论文.
唐新明, 吴岚. 1999. 时间拓扑关系和空间变化过程识别//中国地理信息系统协会. 中国地理信息系统协会 1999 年年会论文集（上）. 深圳: 中国地理信息系统协会 1999 年年会: 183-193.
唐宇, 何凯涛, 肖侬, 等. 2003. 国家地质调查应用网格体系及关键技术研究. 计算机研究与发展, 40(12): 1682-1688.
田捷, 沙飞, 张新生. 1995. 实用图像分析与处理技术. 北京: 电子工业出版社.
田晶, 艾廷华, 丁绍军. 2012a. 基于 C4. 5 算法的道路网网格模式识别. 测绘学报, 41(1): 121-126.
田晶, 艾廷华, 雷华清. 2012b. 运用自组织映射识别街道网中的网格模式. 武汉大学学报(信息科学版), 37(3): 362-365.
童庆喜, 张兵, 郑兰芬. 2006. 高光谱遥感——原理、技术与应用. 北京: 高等教育出版社.

童晓冲. 2010. 空间信息剖分组织的全球离散格网理论与方法. 郑州: 解放军信息工程大学博士学位论文.
涂元季. 2007. 钱学森书信(1-10 卷). 北京: 国防工业出版社.
万刚. 2000. 虚拟视景仿真中实体建模技术的研究. 郑州: 解放军信息工程大学硕士学位论文.
万林. 2012. 网格 GIS 下协同式空间信息工作流实现技术研究. 武汉: 中国地质大学（武汉）博士学位论文.
汪成为, 郑小军, 彭木昌. 1992. 面向对象分析、设计及应用. 北京: 国防工业出版社.
王方雄. 2005. 基于原子服务的网格空间信息服务互操作研究. 武汉: 武汉大学博士学位论文.
王方雄, 金宝轩, 侯英姿, 等. 2008. 空间信息网格的数据互操作方法. 武汉理工大学学报(交通科学与工程版), 3(32): 569-572.
王光霞. 2005. DEM 精度模型建立与应用研究. 郑州: 解放军信息工程大学博士学位论文.
王家耀. 1997. 关于地理信息系统学科的理论基础与体系框架. 郑州测绘学院学报, 14(2): 122-127.
王家耀. 2002. 军事地理信息系统的现状与发展. 中国工程科学, (12): 28-31.
王家耀. 2008. 空间数据自动综合研究进展及趋势分析. 测绘科学技术学报, 25(1): 1-7, 12.
王家耀. 2009. 地理信息系统的发展与发展中的地理信息系统. 中国工程科学, 11(2): 10-16.
王家耀. 2013. 基于网格的广义地理空间信息服务. 测绘科学与工程, (1): 5-9.
王家耀. 2014. 测绘导航与地理信息科学技术的进展——庆祝《测绘科学技术学报》创刊 30 周年. 测绘科学技术学报, (5): 441-449.
王家耀. 2016. 深耕测绘一甲子——王家耀院士文集. 北京: 科学出版社.
王家耀, 陈毓芬. 2000. 理论地图学. 北京: 解放军出版社.
王家耀, 成毅, 蓝荣钦. 2012. 地理信息服务分类与注册——军事地理信息栅格系列论文之四. 军事测绘导航, (5): 75-86.
王家耀, 等. 2014. 网格地理信息服务概论. 北京: 科学出版社.
王家耀, 等. 2019. 地图制图数据处理的模型与方法. 北京: 测绘出版社.
王家耀, 李志林, 武芳. 2011. 数字地图综合进展. 北京: 科学出版社.
王家耀, 钱海忠. 2006. 制图综合知识及其应用. 武汉大学学报(信息科学版), 31(5): 382-386, 439.
王家耀, 秦奋, 武芳, 等. 2019. 时空大数据与时空大数据平台//中国地理信息产业协会. 中国地理信息产业发展报告(2019). 北京: 测绘出版社: 9-22.
王家耀, 孙群, 王光霞, 等. 2006a. 地图学原理与方法. 北京: 科学出版社.
王家耀, 孙庆辉, 吴明光, 等. 2006b. 面向智能空间信息服务的网格 GIS 节点构建问题. 武汉大学学报(信息科学版), 34(1): 1-6.
王家耀, 武芳. 1998. 数字地图自动综合原理与方法. 北京: 解放军出版社.
王家耀, 祝玉华, 吴明光. 2006c. 论网格与网格地理信息系统. 测绘科学技术学报, 23(1): 1-7.
王家耀, 邹建华. 1992. 地图制图数据处理的模型方法. 北京: 解放军出版社.
王金亮, 陈联君. 2010. 激光雷达点云数据的滤波算法述评. 遥感技术与应用, 25(5): 632-638.
王劲峰. 1993. 区域经济分析的模型方法. 北京: 科学出版社.
王净. 2009. 图形空间方向关系的深度细节描述与组合推理研究. 郑州: 解放军信息工程大学博士学位论文.
王桥, 龙毅, 秦建荣, 等. 1996. DEM 数据内插的分形方法及其试验研究. 武汉测绘科技大学学报, 21(2): 159-162.
王桥, 毋河海. 1998. 地图信息的分形描述与自动综合研究. 武汉: 武汉测绘科技大学出版社.
王庆国. 2007. 三维城市建筑群模型的自动综合方法. 武汉: 武汉大学博士学位论文.
王伟, 黄雯雯, 镇姣. 2011. Pictometry 倾斜摄影技术及其在 3 维城市建模中的应用. 测绘与空间地理信息, 34(3): 181-183.

王晓栋，崔伟宏. 1999. GPS 技术在县级土地利用动态监测中的应用. 遥感学报, 3(4): 318-323.
王延平，袁杰，苏祥芳. 1999. 几种拐点不变量及其在目标识别中的应用. 中国图象图形学报, 4(A10): 854-859.
王永杰，孟令奎，赵春宇. 2007. 基于 Hilbert 空间排列码的海量空间数据划分算法研究. 武汉大学学报(信息科学版), 32(7): 650-653.
王永明. 1997. 地理信息系统方法. 北京: 军事科学出版社.
危拥军. 2006. 三维 GIS 数据组织管理及符号化表示研究. 郑州: 解放军信息工程大学博士学位论文.
韦立登，李永杰，孙中昶，等. 2020. 机载毫米波 InSAR 测绘困难地区地形测图实践. 南京信息工程大学学报, 12(2): 246-255.
韦亚星. 2007. 基于数据网格的地理空间信息协作共享系统研究. 合肥: 中国科学技术大学博士学位论文.
魏子卿. 2017. 魏子卿院士文集（下卷）. 北京: 测绘出版社.
魏子卿. 1998. 关于发展我国新一代导航卫星系统的两点思考//中国测绘学会. 纪念中国测绘学会成立四十周年论文集. 宁波: 纪念中国测绘学会成立四十周年学术会议: 58-62.
邬群勇. 2006. 面向服务的空间信息组织与应用集成研究. 北京: 中国科学院地理科学与资源研究所博士学位论文.
毋河海. 1996. 等高线树的自动建立及其应用. 测绘科技动态, (1): 2-7.
毋河海. 2000a. GIS 环境下城市平面图形的自动综合问题. 武汉测绘科技大学学报, 25(3): 196-202.
毋河海. 2000b. 地图信息自动综合基本问题研究. 武汉测绘科技大学学报, 25(5): 377-386.
毋河海，龚健雅. 1997. 地理信息系统(GIS)空间数据结构与处理技术. 北京: 测绘出版社.
吴华意，宋爱红，李新科. 2006. 机载激光雷达系统的应用与数据后处理技术. 测绘与空间地理信息, 29(3): 58-63.
吴华意，章汉武，桂志鹏，等. 2011. 地理信息服务质量的理论与方法. 武汉: 武汉大学出版社.
吴健，吴朝辉，李莹，等. 2005. 基于本体论和词汇语义相似度的 Web 服务发现. 计算机学报, 28(4): 595-603.
吴静，程朋根，陈斐，等. 2006a. 空间目标的方向关系定性推理. 测绘学报, 35(2): 160-165.
吴静，程朋根，毛建华，等. 2006b. 地图综合中目标空间关系维护. 测绘科学, 31(1): 106-108.
吴立新，龚健雅，徐磊，等. 2005. 关于空间数据与空间数据模型的思考——中国 GIS 协会理论与方法研讨会(北京, 2004)总结与分析. 地理信息世界, 3(2): 41-46, 51.
吴立新，余接情. 2012. 地球系统空间格网及其应用模式. 地理与地理信息科学, 28(1): 7-13.
吴明光. 2007. 网格空间信息工作流模型研究. 郑州: 解放军信息工程大学博士学位论文.
吴鹏飞，方裕，孙玉梅，等. 2008. 基于企业服务总线的网格 GIS 集成研究. 地理与地理信息科学, 24(1): 10-13.
吴艳兰，胡海，胡鹏，等. 2011. 数字高程模型误差及其评价的问题综述. 武汉大学学报(信息科学版), 36(5): 568-574.
武芳，巩现勇，杜佳威. 2017. 地图制图综合回顾与前望. 测绘学报, 46(10): 1645-1664.
武芳，钱海忠. 2002. 自动综合算子分析及算法库的建立. 测绘学院学报, 19(1): 50-52.
武芳，钱海忠，等. 2008. 面向地图自动综合的空间信息智能处理. 北京: 科学出版社.
武芳，谭笑，翟仁健，等. 2007. 基于知识表达和推理的河网自动选取. 辽宁工程技术大学学报(自然科学版), 26(2): 183-186.
武少波，朱兴国. 2010. 基于虚拟组织的资源共享生命周期管理研究. 科协论坛(下半月), (4): 99-100.
武晓波，王世新，肖春生. 1999. Delaunay 三角网的生成算法研究. 测绘学报, 28(1): 28-31.
夏青. 1997. 实时战场环境仿真中三维地形模型简化的研究. 测绘学院学报, 14(2): 132-136.

夏征农, 陈至立. 2015. 大辞海(世界地理卷). 上海: 上海辞书出版社.
向阳, 王征, 于长锐. 2008. 复杂问题决策支持模式研究. 北京: 科学出版社.
谢宝康. 1998. 利用 Voronoi 图和 Delaunay 三角结构实施自动综合. 地图, (3): 19-23.
谢储晖. 2005. 空间知识网格基础与应用. 徐州: 中国矿业大学出版社.
谢储晖, 郭达志. 2005. 网格 GIS 及其实现技术. 计算机应用研究, 22(4): 205-206, 218.
熊金城. 1981. 点集拓扑讲义. 北京: 人民教育出版社.
徐花芝, 刘建涛. 2007. 利用分段三次多项式提取山谷线和山脊线. 山西建筑, 33(9): 350, 368.
徐立华. 1989. 求解最短路问题的一个计算机算法. 系统工程, (5): 46-51, 72.
徐景中, 万幼川, 赖祖龙. 2009. 机载激光雷达数据中道路中线的多尺度提取方法. 红外与激光工程, 38(6): 1099-1103.
徐青. 2000. 地形三维可视化技术. 北京: 测绘出版社.
徐青, 张艳, 耿则勋, 等. 2007. 遥感影像融合与分辨率增强技术. 北京: 科学出版社.
徐惟诚. 1999. 不列颠百科全书(国际中文版). 北京: 中国大百科全书出版社.
徐业昌, 李树祥, 朱建民, 等. 1998. 基于地理信息系统的最短路径搜索算法. 中国图象图形学报, 3(1): 39-43.
徐志伟, 冯百明, 李伟. 2004. 网格计算技术. 北京: 电子工业出版社.
徐志伟, 李晓林, 游赣梅. 2002. 织女星网格的体系结构研究. 计算机研究与发展, 39(8): 923-929.
徐柱, 刘彩凤, 张红, 等. 2012. 基于路划网络功能评价的道路选取方法. 测绘学报, 41(5): 769-776.
徐柱, 蒙艳姿, 李志林, 等. 2011. 基于有向属性关系图的典型道路交叉口结构识别方法. 测绘学报, 40(1): 125-131.
许俊奎. 2013. 多尺度居民地要素增量级联更新方法研究. 郑州: 解放军信息工程大学博士学位论文.
许其凤. 1997. GPS 技术及其军事应用. 北京: 解放军出版社.
许其凤. 2001. 空间大地测量学: 卫星导航与精密定位. 北京: 解放军出版社.
薛勇, 王剑秦, 郭华东. 2004. 数字地球网格计算雏议. 遥感学报, 8(1): 89-96.
闫浩文. 2001. 空间方向关系的概念、计算和形式化描述模型研究. 武汉: 武汉大学博士学位论文.
闫浩文, 郭仁忠. 2001. 空间方向关系分类研究. 测绘工程, 10(4): 13-15.
闫浩文, 郭仁忠. 2002. 空间方向关系基础性问题研究. 测绘学报, 31(4): 357-360.
闫浩文, 郭仁忠. 2003. 空间方向关系形式化描述模型研究. 测绘学报, 32(1): 42-46.
闫浩文, 王家耀. 2009. 地图群（组）目标描述与自动综合. 北京: 科学出版社.
闫利, 程君. 2015. 倾斜影像三维重建自动纹理映射技术. 遥感信息, 30(2): 31-35.
闫利, 费亮, 叶志云, 等. 2016. 大范围倾斜多视影像连接点自动提取的区域网平差法. 测绘学报, 45(3): 310-317, 338.
闫新庆. 2006. 语义网格体系结构中若干关键技术及应用研究. 武汉: 武汉理工大学博士学位论文.
杨必胜, 梁福逊, 黄荣刚. 2017. 三维激光扫描点云数据处理研究进展、挑战与趋势. 测绘学报, 46(10): 1509-1516.
杨必胜, 栾学晨. 2009. 城市道路网几何结构模式的自动识别方法. 中国图象图形学报, 14(A7): 1251-1255.
杨必胜, 张云菲, 栾学晨. 2012. 保持几何模式的城市道路格网简化方法. 中国图象图形学报, 17(A1): 150-156.
杨崇俊. 2003. 网格及其对地理信息服务的影响. 地理信息世界, 1(1): 20-22, 29.
杨冬菊. 2002. 异构集群管理系统的关键技术研究. 西安: 西北工业大学博士学位论文.
杨冬菊, 胡正国, 王晓军. 2003. 计算网格中统一的用户管理研究. 计算机工程, 29(1): 35-37.
杨国东, 王民水. 2016. 倾斜摄影测量技术应用及展望. 测绘与空间地理信息, 39(1): 13-15, 18.

杨珺, 郭平. 2005. 基于符号的空间对象定性方向关系表示. 计算机工程与科学, 27(8): 85-87.
杨开忠, 沈体雁. 1999. 试论地理信息科学. 地理研究, 18(3): 260-266.
杨敏, 艾廷华, 周启. 2013. 顾及道路目标 Stroke 特征保持的路网自动综合方法. 测绘学报, 42(4): 581-587.
杨树强. 1996. 面向对象的三级地图数据模型和面向对象的地图数据库的研究和实现. 长沙: 国防科技大学博士学位论文.
杨元喜. 2010. 北斗卫星导航系统的进展、贡献与挑战. 测绘学报, 39(1): 1-9.
杨元喜. 2017. 自适应动态导航定位. 2 版. 北京: 测绘出版社.
杨元喜, 徐天河, 薛树强. 2017. 我国海洋大地测量基准与海洋导航技术研究进展与展望. 测绘学报, 46(1): 1-8.
杨元喜, 曾安敏. 2008. 大地测量数据融合模式及其分析. 武汉大学学报(信息科学版), 33(8): 771-774.
叶建栲. 1999. 基于知识和神经网络的地形图黑版要素识别与提取研究. 郑州: 解放军信息工程大学博士学位论文.
易英辉, 宋克欧. 1999. 一个基于代数不变量的目标识别算法. 中国图象图形学报, 4(A3): 207-211.
应骏, 叶秀清, 顾伟康. 1999. 一个基于知识的边沿提取算法. 中国图象图形学报. 4(A3): 239-242.
应申, 李霖. 2003. 制图综合的知识表示. 测绘地理信息, 28(6): 26-28.
尤克非, 明德烈, 王广君, 等. 2002. 基于局部熵和四叉树结构的地形简化算法. 中国图象图形学报, 7(A10): 1083-1088.
尤政. 2016. 智能传感器技术的研究进展及应用展望. 科技导报, 34(17): 72-78.
余生晨, 刘大有, 刘洪. 1999. 山脊线与山谷线的计算机自动检测. 中国图象图形学报, 4(A8): 693-696.
余旭初. 1997. 遥感影像分析中智能与可视化技术的联合研究. 郑州: 解放军测绘学院博士学位论文.
俞志谦. 1997a. 地理信息关联性研究(上)——地理信息关联基本框架的构建. 地球信息科学学报, (1): 21-29.
俞志谦. 1997b. 地理信息关联性研究(下). 地球信息科学学报, (2): 29-32.
岳超. 2007. 基于 Globus 的网格资源信息服务系统研究与设计. 武汉: 武汉理工大学硕士学位论文.
岳昆, 王晓玲, 周傲英. 2004. Web 服务核心支撑技术: 研究综述. 软件学报, 3(15): 429-442.
曾迎生, 王月兰, 贺汉根. 1999. 基于先验知识的等高线连接算法//王家耀. 地理信息系统与电子地图技术的进展. 长沙: 湖南地图出版社: 304-307.
翟国君, 黄谟涛. 2017. 海洋测量技术研究进展与展望. 测绘学报, (10): 1752-1759.
翟京生, 王家耀. 1995. 数学形态学与数字地图图像识别. 北京: 解放军出版社.
翟仁健. 2011. 基于全局一致性评价的多尺度矢量空间数据匹配方法研究. 郑州: 解放军信息工程大学博士学位论文.
张海辉, 周兴社, 杨志义, 等. 2008. 面向多自治域网格的信息服务模型及其实现. 计算机学报, 31(1): 65-76.
张红辉. 2014. 多源网络地名数据动态整合方法研究. 长沙: 中南大学硕士学位论文.
张继贤. 2011. 多源遥感数据融合的发展趋势. 地理信息世界, 9(2): 18-20.
张继贤, 林祥国, 梁欣廉. 2017. 点云信息提取研究进展和展望. 测绘学报, 46(10): 1460-1469.
张家庆, 张军. 1994. 九十年代 GIS 软件系统设计的思考. 测绘学报, 23(2): 127-134.
张建宝, 陈晓锋, 刘建华. 1999. 用于遥感图像分类的神经网络的构造. 中国图象图形学报, 4(A10): 831-834.
张建兵. 2004. 基于网格的空间信息服务关键技术研究. 北京: 中国科学院研究生院博士学位论文.
张锦. 1998. 超图空间数据模型和面向对象模型的集成//中国地理信息系统协会. 中国地理信息系统协会中国海外地理信息系统协会'98 学术年会论文集. 北京: 中国地理信息系统协会中国海外地理信息系统协会'98 学术年会: 71-77.
张良培, 沈焕锋. 2016. 遥感数据融合的进展与前瞻. 遥感学报, 20(5): 1050-1061.

张良培, 武辰. 2017. 多时相遥感影像变化检测的现状与展望. 测绘学报, 46(10): 1447-1459.
张楠, 邱雪松. 2008. 基于立体 QOS 模型的 Web 服务质量模糊评价. 计算机工程, 34(9): 42-44.
张荣, 阎青. 1998. 一种基于预测树的多光谱遥感图像无损压缩方法. 遥感学报, 2(3): 171-175.
张巍, 龚健雅. 1995. 地理信息系统中复杂地物的 OO 模型. 测绘学报, 24(4): 293-300.
张巍, 许云涛, 龚健雅. 1995. 面向对象的空间数据模型. 武汉测绘科技大学学报, 20(1): 18-22.
张云菲. 2015. 多源道路网与兴趣点的一致性整合方法. 武汉: 武汉大学博士学位论文.
张祖勋, 陶鹏杰. 2017. 谈大数据时代的"云控制"摄影测量. 测绘学报, 46(10): 1238-1248.
章传银, 常晓涛, 成英燕. 2004. 测绘垂直基准相互转换与统一技术//中国测绘学会. 中国科协 2004 年学术年会 14 分会场(海洋开发与可持续发展)论文汇编. 海口: 中国科协 2004 年学术年会 14 分会场(海洋开发与可持续发展): 196-205.
章莉萍, 郭庆胜, 孙艳. 2008. 相邻比例尺地形图之间居民地要素匹配方法研究. 武汉大学学报(信息科学版), 33(6): 604-607.
赵春宇. 2006. 高性能并行 GIS 中矢量空间数据存取与处理关键技术研究. 武汉: 武汉大学博士学位论文.
赵建虎, 刘经南. 2009. 多波束测深及图像数据处理. 武汉: 武汉大学出版社.
赵建虎, 陆振波, 王爱学. 2017. 海洋测绘技术发展现状. 测绘地理信息, 42(6): 1-10.
赵建虎, 童江, 柯灏, 等. 2015. 远距离高精度 GPS 潮汐观测及垂直基准转换研究. 武汉大学学报(信息科学版), 40(6): 761-766.
赵仁亮. 2002. 基于 Voronoi 图的空间关系计算研究. 长沙: 中南大学博士学位论文.
赵珊. 2011. 地理空间信息服务与网格集成理论与方法研究. 郑州: 解放军信息工程大学博士学位论文.
赵学胜, 白建军. 2007. 基于菱形块的全球离散格网层次建模. 中国矿业大学学报, 36(3): 397-401.
赵学胜, 陈军. 2001. 基于球面四元三角网剖分的层次空间关系推理. 测绘学报, 30(4): 355-360.
赵学胜, 侯妙乐, 白建军. 2007. 全球离散格网的空间数字建模. 北京: 测绘出版社.
赵学胜, 王磊, 王洪彬, 等. 2012. 全球离散格网的建模方法及基本问题. 地理与地理信息科学, 28(1): 29-34.
褚杰, 盛一楠. 2017. 无人机倾斜摄影测量技术在城市三维建模及三维数据更新中的应用. 测绘通报, (S1): 130-135.
中国大百科全书测绘学编辑委员会. 1985. 中国大百科全书(测绘学). 北京: 中国大百科全书出版社.
周成虎, 骆剑承, 等. 2009. 高分辨率卫星遥感影像地学计算. 北京: 科学出版社.
周海燕. 2003. 空间数据挖掘的研究. 郑州: 解放军信息工程大学博士学位论文.
周行行, 邹峥嵘, 张永生, 等. 2016. 顾及几何及颜色信息的倾斜影像立面点云提取. 国土资源遥感, 28(4): 43-48.
周启鸣, 刘学军. 2006. 数字地形分析. 北京: 科学出版社.
周巍. 2013. 北斗卫星导航系统精密定位理论方法研究与实现. 郑州: 解放军信息工程大学博士学位论文.
周晓敏, 孟晓林, 张玉萍, 等. 2016. 倾斜摄影测量的城市真三维模型构建方法. 测绘科学, 41(9): 159-163.
周晓云, 刘慎权. 1996. 实现约束 Delaunay 三角剖分的健壮算法. 计算机学报, 19(8): 615-624.
周艳, 朱庆, 黄铎, 等. 2006. 三维城市模型中建筑物 LOD 模型研究. 测绘科学, 20(9): 74-77.
周艳, 朱庆, 张叶廷. 2007. 基于 Hilbert 曲线层次分解的空间数据划分方法. 地理与地理信息科学, (4): 13-17.
朱长青. 1997. 计算方法及其在测绘中的应用. 北京: 测绘出版社.
朱长青, 史文中. 2006. 空间分析建模与原理. 北京: 科学出版社.
朱鼎勋. 1981. 空间解析几何. 上海: 上海科学技术出版社.
朱近之. 2011. 智慧与云计算——物联网的平台. 2 版. 北京: 电子工业出版社.
朱强. 2008. 等高线结构化综合方法研究. 郑州: 解放军信息工程大学硕士学位论文.

朱庆, 陈崇泰, 胡翰, 等. 2017. 顾及纹理特征的航空影像自适应密集匹配方法. 测绘学报, 46(1): 62-72.
朱庆, 陈楚江. 1998. 不规则三角网的快速建立及其动态更新. 武汉测绘科技大学学报, 23(3): 204-207.
朱庆, 林珲. 2004. 数码城市地理信息系统——虚拟城市环境中的三维城市模型初探. 武汉: 武汉大学出版社.
朱蕊. 2012. 多源空间矢量数据一致性处理技术研究. 郑州: 解放军信息工程大学博士学位论文.
朱欣焰, 龚健雅, 黄俊涛, 等. 2000. GeoStar 空间数据组织与管理. 武汉测绘科技大学学报, 25(2): 122-126.
祝若鑫. 2015. 云计算环境下的空间矢量数据存储与管理. 郑州: 解放军信息工程大学硕士学位论文.
Alameh N. 2003. Service chaining of interoperable geographic information web service. IEEE Internet Computing, 7(5): 22-29.
Alparone L, Aiazzi B, Baronti S, et al. 2015. Remote Sensing Image Fusion. Boca Raton: CRC Press.
Basaraner M, Selcuk M. 2008. A structure recognition technique in contextual generalization of buildings and built-up areas. The Cartographic Journal, 45(4): 274-285.
Beard K, Mackaness W. 1991. Generalization operators and supporting structures. Auto Carto , 10: 1-18.
Berge C. 1973. Graphs and Hypergraphs. Amsterdam: North-Holland.
Berners-Lee T, Hendler J, Lassila O. 2001. The semantic web: A new form of web content that is meaningful to computers will unleash a revolution of new possibilities. Scientific American Magazine: 34-43.
Bonham-Carter G F. 1994. Geographic Information System for Geoscientists Modelling with GIS. Toronto: Love Printing Service Ltd.
Brassel K E, Weibel R. 1988. A review and conceptual framework of automated map generalization. International Journal of Geographical Information Systems, 2(3): 229-244.
Chen N C, Di L P, Yu G N, et al. 2010a. Automatic on-demand data feed service for autochem based on reusable geo-processing workflow. IEEE Journal of Selected Topics in Applied Earth Observations and Remote Sensing, 3(4): 418-426.
Chen N C, Di L P, Yu G N, et al. 2010b. Geo-processing workflow driven wildfire hot pixel detection under sensor web environment. Computers & Geosciences, 36(3): 362-372.
Chris D, Chris R. 1998. Positioning Systems in Intelligent Transportation Systems. Boston, London: Artech House.
Christcpher B J. 1997. Geographic Information System and Computer Cartography. Singapore: Longman Publishers Ltd.
Clementini E, Sharma J. 1994. Modelling Topological Spatial Relations: Strategies for Query Processing. Computers and Graphics, 18(6): 815-822.
Cobb M A, Chung M J, Foley H. 1998. A rule-based approach for the conflation of attributed vector data. GeoInformatica, 2(1): 7-35.
Di L, Chen A, Yang W, et al. 2008. The development of a geospatial data grid by integrating OGC web services with globus-based web technology. Concurrency and Computation: Practice and Experience, 20(14): 1617-1635.
Engehofer M J, Franzosa R D. 1991. Point-set topological spatial relations. International Journal of Geographical Information Systems, 5(2): 161-174.
Egenhofer M J, Franzosa R D. 1994. On the equivalence of topological relations. International Journal of Geographical Information Systems, 6(2): 133-152.
Egenhofer M J, Mark D M. 1995. Modeling conceptual neighborhoods of topological relations. International Journal of Geographical Information Systems, 9(5): 555-565.
Fisher M M, Scholten H, Unwin D J. 1996. Spatial Analytical Perspectives on GIS. Abingdon: Taylor and Francis.
Forberg A. 2007. Generalization of 3D building data based on a scale-space approach. ISPRS Journal of

Photogrammetry and Remote Sensing, 62(2): 104-111.

Forberg A, Mayer H. 2002. Generalization of 3D building data based on scale-spaces. International Archives of Photogrammetry and Remote Sensing, 34(4): 225-230.

Foster I, Kesselman C, Tuecke S. 2001. The anatomy of the grid: enabling scalable virtual organizations. International Journal of High Performance Computing Applications, 15(3): 200-222.

Gong J, Li D. 1992. Object-oriented models for thematic data management in a GIS. Australian Journal of Geodesy, Photogrammetry and Surveying, (56): 37-48.

Hardin P J. 1994. Parametric and nearest-neighbour methods for hybrid classification: A comparision of pixel assignment accuracy. Photogrammetric Engineering and Remote Sensing, 60(12): 1439-1448.

Heinzle F, Anders K H, Sester M. 2006. Pattern recognition in road networks on the example of circular road detection// Raubal M, Miller H, Frank A, et al. GIScience. Berlin: Springer: 153-167.

Inmon W H. 2000. 数据仓库. 王志海, 等译. 北京: 机械工业出版社.

Kang B. 2002. Analytical Conflation of Spatial Data from Municipal and Federal Government Agencies. Ohio: Ohio State University.

Keates J S. 1989. Cartographic Design and Production, 2th Edition. London: Longman Scientific.

Kennedy M. 1996. The Global Positioning System and GIS. Chelsea: Ann Arbor Press, Inc.

Kiehle C, Heier C, Greve K. 2007. Requirements for next generation spatial data infrastrucures-standardized web based geoprocessing and web service orchestration. Transactions in GIS, 11(6): 819-834.

Langran G. 1988. Temporal GIS design tradeooffs. URISA Journal, 2(2): 16-25.

Langran G. 1992. Times in GIS. London: Taylor & Francis.

Langran G. 1995. Object-oriented modeling of coastal environmental information. Marine Geodesy. 18(3): 183-196.

Lee D. 1995. Experiment on Formalizing the Feneralization Process//Muller J C, Lagrange J P, Weibel R. GIS and Generalization—Methodology and Practice. London: Taylor & Francis, 219-233.

Lemmens R, Wytzisk A, Granell C, et al. 2006. Integrating semantic and syntactic descriptions to chain geographic services. IEEE Internet Computing, 10(5): 42-52.

Li D, Chen X Y. 1990. Automatically generating triangulated irregular digital terrain model networks by mathmatical morphology. ISPRS Journal of Photogrammetry and Remote Sensing, 46(5): 283-295.

Li R. 1994. Data Structure and Application Issues in 3D Geographic Information System. Geomatica, 48(3).

Li Z. 2007. Algorithmic Foundation of Multi-scale Spatial Representation. Bacon Raton: Taylor & Francis.

Li Z, Yan H, Ai T, et al. 2004. Automated building generalization based on urban morphology and gestalt theory. International Journal of Geographical Information Science, 18(5): 513-534.

Mark D M, Engenhofer M J. 1994. Modelling spatial relations between lines and regions: Combining formal mathematical models and human subjects testing. Cartography and Geographic Systems, 21(4): 195-212.

Margos P, Chin R T. 1990. Threshold superposition in morphological image analysis system: Pattern analysis and machine intelligence. IEEE Transactions, 12(5): 498-504.

Mehmed K. 2013. 数据挖掘: 概念、模型、方法和算法. 2 版. 王晓海, 吴志刚译. 北京: 清华大学出版社.

Molenaar M. 1992. A topology for 3D vector maps. ITC Journal, (1): 25-33.

Mustière S, Devogele T. 2008. Matching networks with different levels of detail. GeoInformatica, 12(4): 435-453.

Papadial D, Theodoridis Y, Sellis T I, et al. 1995. Topological relations in the world of minimum bounding rectangles: A study with R-trees. ACM SIGMOD Record, 24(2): 92-103.

Papazoglou M P, van den Heuvel W J. 2007. Service oriented architectures: Approaches, technologies and research issues. The International Journal on Very Large Data Bases, 16(3): 389-415.

Pastore S. 2008. The service discovery methods issue: A web service UDDI specification framework integrated in a grid environment. Journal of Network and Computer Applications, 31(2): 93-107.

Porta S, Crucitti P, Latora V. 2006. The network analysis of urban streets: A dual approach. Physica(A), 36(2): 853-866.

Qi H. 2009. Detection and Generalization of Changes in Settlements for Automated Digital Map Updating. Hong Kong: The Hong Kong Polytechnic University.

Quattrochi D A, Goodchild M F. 1997. Scale in Remote Sensing and GIS. London: Lewis Publishers.

Raatat H, Yang Z, Gauthier D. 1994. Relational spatial topologies for historical geographical information. International Journal of Geographical Information Science, 8(2): 163-173.

Rau J Y, Chen L C, Tsai F, et al. 2006. LOD generation for 3D polyhedral building model. Lecture Notes in Computer Science, 4319: 44-53.

Riegere M K, Coulson M R C. 1993. Consensus or confusion: Cartographers' knowledge of generalization. Cartographica, 30(1): 69-80.

Robinson A H, Sale R, Morrison J L, et al. 1984. Elements of Cartography. 5th Edition. New York: John Wiley & Sons.

Ruiz J J, Ariza F J, Urena M A, et al. 2011. Digital map conflation: A review of the process and a proposal for classification. International Journal of Geographical Information Science, 25(9): 1439-1466.

Saalfeld A. 1988. Conflation automated map compilation. International Journal of Geographical Information Science, 2(3): 217-228.

Shen H F, Ng M K, Li P X, et al. 2009. Super-resolution reconstruction algorithm to modis remote sensing images. Computer Journal, 52(1): 90-100.

Shen Z F, Luo J C, Zhou C H, et al. 2004. Architecture design of grid GIS and its applications on image processing based on LAN. Information Sciences, 166(1-4): 1-17.

Sheth A, Cardoso J, Miller J, et al. 2002. QoS for Service-oriented middleware. Cybernetics and Informations Technologies, (8): 528-534.

Simon P. 2015. 大数据可视化：重构智慧社会. 漆晨曦译. 北京：人民邮电出版社.

Soffel M, Langhans R. 2015. 时空参考系. 王若璞, 赵东明译. 北京：科学出版社.

Simpson P K. 1992. Fuzzy min-max neural network, Part 1: Classification. IEEE Transactions on Neural Networks, 3(5): 776-786.

Tsai R Y, Huang T S. 1984. Multi-frame image restoration and registration. Advances in Computer Vision and Image Processing, 1: 317-339.

Wald L. 1999. Some terms of reference in data fusion. IEEE Transactions on Geoscience and Remote Sensing, 37(3): 1190-1193.

Wang L, He D C. 1990. A new statistical approach for texture analysis. Photogrammetric Engineering and Remote Sensing, 56(1): 61-66.

Weibel R, Editor G, Jones C B. 1998. Computational perspectives on map generalization. GeoInformatica, 2(4): 307-314.

Wharton S W. 1987. A spectral-knowledge based approach for urban land-cover discrimination. IEEE Transactions on Geoscience and Remote Sensing, 25(3): 272-282.

Yan H, Weibel R, Yang B. 2008. A multi-parameter approach to automated building grouping and generalization.

GeoInformatica, 12(1): 73-89.

Yang B, Luan X, Li Q. 2010. An Adaptive method for identifying the spatial patterns in road networks. Computers, Environment and Urban Systems, 34(1): 40-48.

Yang B, Luan X, Li Q. 2011. Generating hierarchical strokes from urban street networks based on spatial pattern recognition. International Journal of Geographical Information Science, 25(12): 2025-2050.

Zeng L Z, Benatallah B, Ngu A H H. 2004. QOS-aware middleware for web service composition. IEEE Transactions on Software Engineering, 30(5): 311-327.

Zhang X, Ai T, Stoter J, et al. 2013. Building pattern recognition in topographic data: Examples on collinear and curvilinear alignments. GeoInformatica, 17(1): 1-33.